普通高等教育“十三五”规划教材
中国石油和石化工程教材出版基金资助项目

石油炼制工艺学

（第二版）

沈本贤　主编
程丽华　王海彦　杨基和　副主编

中国石化出版社

内容提要

本书内容在第一版的基础上，作了较多的增删与修改，全书内容从石油资源的高效利用和清洁转化出发，根据石油的化学组成、性质和石油产品的要求，阐述了石油炼制的主要方法、基本原理、工艺过程、影响因素、基本计算、发展趋势及典型设备等。全书共分十二章，力求反映石油炼制工业关键技术的新发展。

本书内容可读性、应用性强，可作为高等院校石油炼制，石油化工，油气储存、加工和产品应用等方向的专业教材和炼油工程技术人员的参考书。

重印对教材部分内容做了适当的修改更新。

图书在版编目(CIP)数据

石油炼制工艺学/沈本贤主编．—2版．—北京：
中国石化出版社，2017.7(2022.8重印)
普通高等教育“十三五”规划教材
ISBN 978-7-5114-4559-9

Ⅰ.①石… Ⅱ.①沈… Ⅲ.①石油炼制-生产工艺
-高等学校-教材 Ⅳ.TE624

中国版本图书馆CIP数据核字(2017)第166618号

中国石化出版社出版发行

地址:北京市东城区安定门外大街58号
邮编:100011　电话:(010)57512500
发行部电话:(010)57512575
http://www.sinopec-press.com
E-mail:press@sinopec.com
北京科信印刷有限公司印刷
全国各地新华书店经销

*

787×1092毫米 16开本 30.5印张 763千字
2022年8月第2版第3次印刷
定价:58.00元

序

我国石油炼制工业技术的创新发展需要我国培养更多高素质石油化工专业人才，需要更多有志于对石油炼制工艺有深刻的认识和驾驭能力，有更广阔视野、开展创新的后继新人。

在西方，有人把炼油工业看作是“夕阳工业”，因为炼油能力已饱和；在发展中国家，人们把它看作是“朝阳工业”，因为还需要大力发展。石油工业关系到国家安全战略的实施，喜看今日中国，现代石油化工依然是国民经济的支柱产业之一。

半个多世纪以来，我有幸一直在石油化工领域工作。就我个人的学习、工作经历，深感大学使用的好教材对莘莘学子的培养有很重要的影响和引导作用。努力编写新的高质量《石油炼制工艺学》本科教材，对于石油化工高等院校建设高质量的专业平台课程，无疑是夯实基础的重要工作之一。《石油炼制工艺学》继续不断努力，进一步跟上石油炼制工业技术的发展步伐，既是时代的要求，亦是我们老一代石油炼制工作者的希望。

众所周知，编写教材是一项需静下心来、甘愿寂寞、费时费力的艰苦细致工作。由石油化工高等院校教材协作组成员单位华东理工大学、广东石油化工学院（原茂名学院）、辽宁石油化工大学、常州大学（原江苏工业学院）等共同编写的《石油炼制工艺学》在八年广泛使用的基础上，听取吸收有关高校师生和石油化工企业工程技术人员意见，进行了认真编写修订。这种努力按编写精品课程教材的目标要求，不断提高教材编写质量，认真教书育人的负责精神值得点赞，故乐而为之作序。

这本修订的《石油炼制工艺学》具有一定特色：

（1）弘扬大师风范。专业教科书不仅应是向学生传授专业知识的脚本，而且还应引导学生明了成长为石油化工新人的重任和学习榜样。该教材，弘扬学习感动中国的人物、国家最高科学技术奖获得者闵恩泽大师的风范，采用了石油化工界许多院士、科技工作者发表的成果，使书中既见技术又见人，体现尊重知识、尊重人才的风貌，有利于对当下石油化工学子的导航。

（2）贯穿先进理念。该教材贯穿石油资源高效利用和清洁转化理念，按照方法论系统传授石油炼制基本原理、主要方法、工艺过程、影响因素、典型设备、基本工艺计算等，符合建设资源节约型和社会主义生态文明新时代要求。

(3)形成合力效应。编者们长期在有关高等院校石油化工学科领域一线从事石油炼制工艺学的教学及科学研究与科技转化工作，取得了丰硕的教学和科研成果，具有一定学术造诣，产生了良好影响。在中国石化出版社的组织、支持下，他们集合起来，同心修订合编教材，形成师资正能量合力优势，广泛收集、反复认真研究来自师生和石油化工工程技术人员对教材修改意见，有效加强了编者们对本科教育精力投入的效果。

(4)可读性应用性强。以石油炼制关键技术为主线，对应石油化工企业实际工艺过程装置，并在各章配有习题和思考题，教材内容可读性、应用性强，有利于教与学。

(5)反映新发展成果。按照继承本来、吸收外来、面向未来要求，教材努力吸取、反映国内外石油炼制关键技术的新发展、新成果、新要求，使教材内容体现传承拓展，与时俱进，有利于学生创新能力开发培养。

教材建设任重而道远，教材建设大有可为。愿新版《石油炼制工艺学》在未来的教学实践和使用过程中再接再厉，不断完善，再创育人佳绩。

中国工程院院士 胡永康

2017年6月

第二版前言

本书第一版出版至今，转瞬已经八年。这期间，本书得到了众多读者的厚爱，并提出了一些宝贵的意见和建议；这期间，国内外炼油技术又取得了长足进步，有许多新的发展。为进一步提高本书质量，努力适应发展的新要求，在中国石化出版社的支持下，对本书第一版做了认真修改与补充。

本次修订的原则，是在保持第一版基本结构的前提下，与时俱进，调整和更新内容，努力贯彻建设资源节约型和环境友好型社会的方略，力求进一步反映石油炼制工业关键技术的新发展。使本书作为普通高等院校石油炼制，石油化工，油气储存、加工和产品应用等方向的专业教材和炼油工程技术人员的参考书，更具学术性和实用性。有关高校可根据学校定位和课程教学大纲自主选择重点讲授的内容。

本书修订工作由华东理工大学沈本贤、广东石油化工学院（原茂名学院）程丽华、辽宁石油化工大学王海彦、常州大学（原江苏工业学院）杨基和共同协作完成。沈本贤负责全书修订的统稿及审核。

参加本书修订工作的还有华东理工大学凌昊、欧阳福生、李少萍、陈晖、赵基钢、祝然、刘纪昌、孙辉等同志。

特别感谢中国工程院胡永康院士欣然为本书命笔作序。

中国石油化工股份有限公司金陵分公司张世文先生，对本书的修订工作提出了许多宝贵意见，特致诚挚的谢意。

中国石化出版社王子康、黄志华、张正威同志负责组织协调工作，对本书修订出版提出了很多好建议，在高等院校专业教材协作组大力推进合编共用教材好举措，在此一并表示诚挚的感谢。

衷心感谢所有为石油炼制工艺技术做出贡献的同仁，正是你们的工作成果，才是本书的源泉，亦是本书作为专业教材的价值所在。

由于技术水平不断进步，同时受到时间和编者水平限制，书中还存在不足的地方，恳请读者多加批评指正。

第一版前言

根据2007年10月中国石化出版社在上海召开的《石油炼制工艺学》审稿会议的决定，由石油化工高等院校教材协作组成员单位华东理工大学、茂名学院（现广东石油化工学院）、辽宁石油化工大学、江苏工业学院（现常州大学）共同编写《石油炼制工艺学》，作为普通高等院校石油炼制，石油化工，油气储存、加工和产品应用等方向的专业教材，进一步落实高校教材合编共用的精神。

本书编写主要参考林世雄主编的《石油炼制工程》（第三版）、陈绍洲等主编的《石油加工工艺学》等，在此基础上，从石油资源高效利用和清洁转化出发，与时俱进，调整和更新内容，力求反映石油炼制工业关键技术的新发展。本书阐述石油及其产品的组成、性质与要求，努力贯彻建设资源节约型和环境保护型社会的方略，分析和讨论在原油重质化、劣质化趋势下，石油炼制的主要方法、基本原理、工艺过程、影响因素、基本计算、发展趋势及典型设备等。全书共有十二章，按各校专业特色和教学时数，可根据实际需要，把握精讲的重点。书中附有部分习题与思考题，供参考。

本书主编为沈本贤，副主编为程丽华、王海彦、杨基和。

参加本书编写工作的还有梁朝林、吴世逵、谢颖、陈兴来、黄克敏、欧阳福生、赵基钢、刘纪昌等同志。

黄风林和吴金林同志对本书的编写工作提出了宝贵的意见，特致谢意。

限于编者的能力与水平，书中缺点、错误在所难免，恳请批评指正。

编者

2008年11月

目　录

第一章　绪　论

石油主要是碳氢化合物组成的复杂混合物。关于石油形成的说法，基本上有两种：一种是有机生成说，认为古代的动植物遗体经过许多世纪的堆积，被新岩层覆盖后，与空气隔绝，在缺氧的还原环境下，发生复杂的物理化学变化，在地下逐渐形成石油和天然气。另一种是无机生成说，认为石油是由水和二氧化碳与金属氧化物发生地球化学反应而生成。

石油——这一物质的科学命名，最早是在公元11世纪由我国北宋时期的科学家沈括(1031—1095)在《梦溪笔谈》一书中记载并提出的，比1556年德国人乔治·拜耳提出的“Petroleum”一词早了约500年。Petroleum一词源于拉丁语petro(岩石)与oleum(油)，两者拼起来即Petroleum(石油)。

石油与原油二者在含义上是有区别的，原油是指从地底下开采出来的液体油料，而石油包括了原油、天然气、油页岩干馏油、天然沥青等。在很多场合习惯上将“石油”一词代替“原油”使用，如石油天然气中的石油，即指原油。

一、石油炼制工业在国民经济中的地位和展望

石油不能直接作汽车、飞机、轮船等交通运输工具发动机的燃料，也不能直接作润滑油、溶剂油、工艺用油等产品使用，必须经过石油炼制工艺加工，才能高效利用和清洁转化，获得符合质量要求的各种石油产品。

石油炼制工业生产汽油、煤油、柴油等燃料与润滑油，三烯(乙烯、丙烯、丁二烯)、三苯(苯、甲苯、二甲苯)等化学工业原料，是国民经济支柱产业之一，关系国家的经济命脉和能源安全，在国民经济、国防和社会发展中具有极其重要的地位和作用。世界经济强国无一不是炼油和石化工业强国，发展炼油化工是发展国民经济的需要。

全球炼油工业经历100多年的发展，无论在技术还是产业链方面都已经十分成熟。我国炼油工业经过几十年的自主创新发展，特别是改革开放40多年来快速成长，也已进入发展成熟期。近十几年来，伴随产能的快速扩张，我国炼油产能已呈现严重过剩的局面，炼油行业整合、提升、向化工转型成为趋势。

尽管炼油行业未来发展面临诸多困难，但基于到21世纪中叶石油在全球一次能源中仍将占有1/4左右的预测，以及炼油行业自身的特点，即其与国民经济和人民生活息息相关，属于弹性系数较小的行业，再就是其拥有巨量的实物存量资产，很难在一个相对较短的时间内被消解，因此炼油行业未来数十年内仍会维持一定发展。这为炼油行业进行结构调整、技术升级、产业整合、实施转型发展提供了宝贵的时间和机会。

炼油行业是一个产品均一化，主要依靠低成本确立竞争优势的行业，因此规模经济十分重要。在未来数十年内，进一步通过产业整合，扩大企业规模，实施大型化、集约化、园区化的战略，以尽最大可能降低生产和运营成本是保持竞争力的关键。

未来生态环境保护越来越严格，车用燃料标准势必进一步升级，生物燃料，包括乙醇汽油、生物柴油、生物喷气燃料等所占比重将逐步增加。这些新标准对燃料分子组成的限制将给炼油行业带来前所未有的挑战，但这也为开发适应更苛刻燃油标准的汽油、柴油、喷气燃料的技术和催化剂提供了新的机会。

为应对电动汽车的挑战，近年来内燃机行业加快了技术进步的步伐，汽油机均质压燃技术等一系列新技术的应用对燃油组成提出新的要求，有可能形成新的燃油产品标准。

为应对产能严重过剩和未来汽柴油需求增速减缓的压力，进一步深化油化结合，适时实施部分炼油产能向增产化工原料转型，打造新型炼化一体化企业，建设化工型炼厂，是未来炼油企业发展的一条可行之路。与此相适应的一系列技术，将获得新的发展。

向化工转型将促使炼油技术由重视转化率向更重视选择性转变。传统以蒸馏为基础的馏分炼油过程将逐步被以组分分离为核心的组分炼制过程所取代。基于分子炼油(组分炼油)理念的技术将大有可为。

碳达峰碳中和已成为全球共识。炼油行业是碳排放强度较高的行业，对此责无旁贷，这既面临前所未有的挑战，也存在新的机遇。通过适当的结构调整，简化加工流程，可以减少碳排放；近期内节能仍是炼油企业实现碳减排的主要途径。

5G 技术的应用和工业互联网的全面普及，并行计算和超级计算机的开发、人工智能和大数据技术的快速发展为未来炼油企业实施更高标准的自动化、信息化、智能化提供了物质基础，为炼油行业实现跨越式升级、转型发展提供了新机会和新动力，

石油炼制行业仍将是未来几十年内能源领域最重要的行业。尽管面临多方面严峻的压力和挑战，但伴随能源结构的转型，炼油工业仍存在大量机会，终将通过调整、提高、升级、转型逐步实现自身的转型发展。

二、我国石油工业的发展概况

早在 3000 多年以前的西周时期已经发现石油，在《易经》中就有“泽中有火”的记载。虽然我国发现和应用石油最早，但近代石油工业起步比国际同行晚。

学习有关我国炼油百年发展史，有助于我们了解我国石油工业的发展概况。

20 世纪 20 年代，我国在陕西延长油矿试验炼油；30~40 年代在我国东北建造了人造石油工厂，在四川、云南等内地省份建起了一些用植物油裂解和煤低温干馏生产汽、柴油的小工厂；1937 年在甘肃玉门发现了油矿，并进行开采和炼油。这是我国炼油工业近现代的萌芽时期。

我国现代炼油工业是从新中国成立后才开始建设的。经过 70 多年的奋斗，炼油工业艰苦创业，不断成功开发适合我国国情的新技术，为石油化工提供更多、更好的原料，跻身于世界先进行列。

1949 年我国石油年总产量仅为 12 万吨，其中天然石油 7 万吨，人造石油 5 万吨。1959 年发现并开始开发大庆油田，翻开了我国石油工业发展的新篇章。同时又相继开发了胜利油田、大港油田、江汉油田、长庆油田等一批油气田，全国原油产量迅猛增长，1978 年突破 1 亿吨大关，进入产油大国行列。此外，为弥补国内原油资源的严重不足，我国每年进口大量外国原油。2021 年，我国产原油 1.99 亿吨，进口原油 5.13 亿吨，原油对外依存度达 70%以上。

有了原油的充分供应，炼油厂也得到快速发展，我国炼油能力已跃居世界第二。自 1958 年我国第一座现代化炼油厂兰州炼油厂建成投产，到现在我国已拥有大中型炼厂 120 多座，原油加工能力达 9 亿多吨/年，年实际加工量约 7 亿吨，满足了国民经济和国防发展的需要。被誉为“五朵金花”的催化裂化、延迟焦化、铂重整、尿素脱蜡、催化剂

与添加剂等现代炼油技术的开发，奠定了我国现代炼油工业的基础。1974 年使用催化裂化分子筛催化剂和相应提升管催化裂化工艺在玉门炼油厂工业化试验成功，具有里程碑式的意义。

改革开放 40 多年来，我国炼油工业发展历程大致可分为三个阶段：第一阶段是到 21 世纪初。通过改革开放，吸收消化国外先进技术，立足创新，向市场经济体制转型，炼油工业快速发展。第二阶段是 21 世纪的前 10 年。进行战略重组、改制上市、扩大开放、推进市场化改革，炼油工业高速发展。第三阶段是最近 10 年，进行全面深化改革，油品质量达到国际先进水平，清洁、安全生产成为趋势，进一步注重油化一体化发展，调整产品和产业结构；以创新驱动发展，从做大到做强、从提高数量向提高质量发展。炼油工艺、工程设计及装备技术的进步使我国具备了千万吨级炼厂和大型炼油装置自主设计和工程化能力。

目前，我国已建成较为完整的炼油工业和石化工业体系，在发展过程中，培育造就了以院士们领衔的实力雄厚、专业配套、创新能力强的宏大技术队伍。曾荣获国家最高科技奖的闵恩泽院士和我国石油化工知名科学家——身边的大师，是我们的学习榜样。

三、“石油炼制工艺学”课程特点与学习方法

1. “石油炼制工艺学”课程的特点

（1）当代炼油化工生动反映了化学工业的发展水平

炼油化工是化学工程与技术学科的一个分支，它的主要理论基础是化学工程的“三传一反”(动量传递、热量传递、质量传递、反应工程)和基础化学(如物理化学、有机化学等)。因此本课程是在上述先修课程基础上的有关石油、石化、油气储运工程等工艺专业的必修课，是专业平台课程之一。

（2）石油炼制研究的对象是极多组分的高度复杂的混合物

在处理其物理和化学性质时，都要考虑到复杂混合物的特点。石油炼制通常是按馏分管理的方法进行加工，获得所需产品。传统的化学和化学工程与技术研究的对象是纯物质或有限组分数的混合物，有关基本原理虽也适用于石油和石油产品，不过常常须不同程度地依赖经验，进行必要的合理简化。但人们期望开发基于分子炼油(组分炼油)理念的工艺技术。

（3）石油炼制的主要任务是实现石油资源高效利用和清洁转化

现代化的炼油化工企业涵盖由众多单元过程组合而形成的许多工艺装置，而加工总流程的整体优化和集成创新是石油炼制工艺的核心问题之一。因此，本课程在教学过程中，需注重综合运用知识能力的培养。

2. “石油炼制工艺学”学习方法

根据本课程上述特点，对于如何学习“石油炼制工艺学”提出以下建议供参考：

（1）提倡学习的方法论

对于初学“石油炼制工艺学”的同学来说，本课程内容较多，有一定难度。这就很有必要提倡学习的方法论，重点掌握本课程各章节工艺过程，特别是关键技术所涉及的基本原理、基本方法、基本计算、基本知识、基本技术。当今，科学技术突飞猛进，要与时俱进，培养自学能力，不断汲取石油炼制新技术。

（2）坚持理论联系实际

同学们要积极发挥主观能动性，将先修课程的知识努力运用到本课程学习中，并将工艺学的学习与单独设课的专业实验结合起来；同时，对于炼油生产实际了解不多的同学，应努

力利用下厂实习等机会丰富自己对炼油化工生产实践的感性认识，这对于学好本课程，能较深入理解、掌握石油炼制工艺技术是很有益处的。

（3）培养综合分析问题和解决问题的创新能力

学习的目的全在于应用。为实现石油炼制工业高质量发展，提高石油资源高效利用和清洁转化技术水平，应注重培养自己综合分析问题和解决问题的能力。这就需努力将基础知识、基础技术知识、专业知识和环境科学、技术经济等知识综合、灵活应用于石油炼制工艺，在学习对炼油化工局部优化进而实现整体优化的过程中，培养提高综合分析问题和解决问题的实际能力和本领。

参 考 文 献

[1] 汪燮卿．中国炼油技术[M]. 4版．北京：中国石化出版社，2021.

第二章 石油及其产品的组成和性质

第一节 石油的一般性状及化学组成

一、石油的一般性状、元素组成、馏分组成

（一）石油的一般性状

石油是一种主要由碳氢化合物组成的复杂混合物。世界各油区所产石油的性质、外观都有不同程度的差异。大部分石油是暗色的，通常呈黑色、褐色或浅黄色。石油在常温下多为流动或半流动的黏稠液体。相对密度在0.8~0.98之间，个别原油如伊朗某石油相对密度高达1.016，美国加利福尼亚州的石油相对密度低到0.707。重质原油的相对密度一般大于0.93，而且黏度较高，这类原油蕴藏也较丰富。轻质原油的相对密度一般小于0.80，特点是相对密度小、轻油收率高、渣油含量少，这类原油目前的探明储量较少。我国主要油区原油的相对密度多在0.85~0.95之间，凝点及蜡含量较高，庚烷沥青质含量较低，属偏重的常规原油。

许多石油含有一些有臭味的硫化合物，有浓烈的特殊气味。我国原油一般硫含量都较低，在0.5%以下，只有胜利原油、新疆塔河原油和孤岛原油含硫量较高。表2-1为国内外部分主要原油的一般性质。

表2-1 国内外部分主要原油的一般性质

原油名称	大庆	胜利	长庆	辽河	孤岛	沙特中质油	印尼米纳斯	阿曼	也门马希拉
密度(20℃)/(g/cm³)	0.8628	0.9398	0.8438	0.9487	0.9495	0.8720	0.8466	0.8545	0.8660
运动黏度(50℃)/(mm²/s)	11.73	250.6	4.866	986.5	333.7	7.690	12.9	11.271	9.466
凝点/℃	32	6	14	8	2	-10	34	-28	-2
蜡含量/%	30.0	8.2	13.1	8.4	4.9	—	27.2	3.82	3.42
残炭/%	3.05	7.73	2.22	15.90	7.4	6.37	2.81	—	4.01
胶质/%	9.9	18.7	4.1	23.1	—	—	—	—	—
沥青质/%	0.2	1.1	0.4	1.6	2.9	—	0.2	0.22	1.38
硫含量/%	0.11	1.10	0.09	0.33	2.09	2.53	0.05	1.03	0.54
氮含量/%	0.14	0.46	0.16	0.64	0.43	约0.1	—	—	—
镍含量/(μg/g)	2.9	21.0	1.3	75.0	21.1	29.31	8.49	5.9	1.83
钒含量/(μg/g)	<0.1	1.4	0.5	1.2	2.0	15.56	0.1	—	<0.06

（二）石油的元素组成

石油的组成极其复杂，世界各油区所产的石油，甚至同一油区不同油层和油井所产的石油，在组成和性质上也可能有很大差别，但石油中的元素并不是很多，基本上是由碳、氢、硫、氮、氧五种元素所组成。所以，人们研究石油的化学组成，都是首先研究石油的元素组成。表2-2是某些石油的元素组成。

表 2-2 某些石油的元素组成

原油名称	C/%	H/%	S/%	N/%	O/%	(C+H)/%	H/C(原子比)
大庆	85.87	13.73	0.10	0.16	—	99.60	1.90
胜利	86.26	12.20	0.80	0.41	—	98.46	1.68
大港	85.67	13.40	0.12	0.23	—	99.07	1.86
孤岛	85.12	11.61	2.09	0.43	—	96.73	1.62
辽河	85.86	12.65	—	—	—	98.51	1.75
塔里木	84.9	12.5	0.701	0.284	—	97.4	—
伊朗(轻质)	85.14	13.13	—	—	—	98.27	1.84
美国(堪萨斯)	84.20	13.00	1.90	0.45	—	97.20	1.84
俄罗斯(杜依玛兹)	83.90	12.30	2.67	0.33	—	96.20	1.75
墨西哥	84.20	11.40	3.60	—	—	—	—

从表 2-2 可以看出，石油的组成中最主要的元素是碳和氢，占 96%~99%，其中碳占 83%~87%，氢占 11%~14%。其余的硫、氮、氧和微量元素总含量不超过 1%~4%。少数石油中的硫含量较高，如墨西哥石油含硫 3.6%~5.3%，委内瑞拉石油含硫高达 5.5%。大多数石油含氮很少，约千分之几到万分之几，个别石油含氮量高达1.4%~2.2%。

除碳、氢、硫、氮、氧 5 种主要元素外，在石油中还发现氯、碘、磷、砷、硅等微量非金属元素和铁、钒、镍、铜、铅、钙、钠、镁、钛、钴、锌等微量金属元素。这些微量元素在石油中的含量极低，但对石油加工过程，特别是对催化加工等二次加工过程影响很大。

石油中的各种元素不是以单质存在，而是以碳氢化合物的衍生物形态存在。

(三) 石油的馏分组成

石油是一种多组分的复杂混合物，沸点范围从常温一直到 500℃ 以上。研究石油以及将石油加工成产品，都须先将石油进行分馏，获得各种沸点范围相对较窄的石油馏分。分馏就是根据各组分沸点的差别，将石油切割为若干个馏分。馏分就是一定沸点范围的分馏馏出物。例如<200℃馏分，200~350℃馏分等等。馏分的沸点范围简称为馏程或沸程。

馏分常冠以石油产品的名称，例如汽油馏分、煤油馏分、柴油馏分、润滑油馏分等，但馏分并不就是石油产品。因为馏分并没有满足石油产品的质量要求，还需将馏分进一步加工才能成为石油产品。

原油直接分馏得到的馏分称为直馏馏分，基本保留石油原来的组成和性质。一般把原油中从常压蒸馏开始馏出的温度(初馏点)到 200℃(或 180℃)的轻馏分称为汽油馏分或称石脑油馏分，常压蒸馏 200(或 180)~350℃ 的中间馏分称为煤柴油馏分或称常压瓦斯油(简称 AGO)。将常压蒸馏>350℃的馏分称为常压渣油或常压重油(简称 AR)。由于原油从 350℃ 开始有明显的分解现象，所以对于沸点高于 350℃ 的馏分，需在减压下进行蒸馏，将减压下蒸出馏分的沸点再换算成常压沸点。一般将相当于常压下 350~500℃ 的高沸点馏分称为减压馏分或称润滑油馏分或称减压瓦斯油(简称 VGO)；而减压蒸馏后残留的>500℃ 的馏分称为减压渣油(简称 VR)。表 2-3 是国内外某些原油的馏分组成。

我国原油馏分组成的一个特点是 VR 的含量都较高，<200℃ 的汽油馏分含量较少。

表 2-3　国内外某些原油的馏分组成

原油名称	馏分组成/%			
	初馏点～200℃	200～350℃	350～500℃	>500℃
大　庆	11.5	19.7	26.0	42.8
胜　利	7.6	17.5	27.5	47.4
孤　岛	6.1	14.9	27.2	51.8
辽　河	9.4	21.5	29.2	39.9
华　北	6.1	19.9	34.9	39.1
中　原	19.4	25.1	23.2	32.3
塔里木	20.71	28.07	22.37	28.85
塔　河	11.97	19.46	23.42	45.15
沙特(轻质)	23.3	26.3	25.1	25.3
沙特(混合)	20.7	24.5	23.2	31.6
英国(北海)	29.0	27.6	25.4	18.0

二、石油及石油馏分的烃类组成

(一) 石油的烃类组成

石油中的烃类包括烷烃、环烷烃、芳烃。石油中一般不含烯烃和炔烃，二次加工产物中常含有一定数量的烯烃。

1. 烷烃

烷烃是组成石油的基本组分之一。某些石油中烷烃含量高达 50%～70%，也有一些石油的烷烃含量较低，只有 10%～15%。石油中的烷烃包括正构烷烃和异构烷烃。烷烃存在于石油整个沸点范围中，但随着馏分沸点升高，烷烃含量逐渐减少，馏出温度接近 500℃时，烷烃含量降到 19%～5%或更低。我国石油的烷烃含量一般较高。

常温常压下烷烃有气态、液态、固态三种状态。C_1～C_4的烷烃是气态，C_5～C_{15}的烷烃是液态，C_{16}以上的烷烃是固态。

C_1～C_4的气态烷烃主要存在于石油气体中。石油气体因其来源不同，可分为天然气和石油炼厂气两类。天然气是指埋藏于地层中自然形成的气体。主要成分是甲烷，其含量大约为 93%～99%，还含有少量的乙烷、丙烷、丁烷以及氮气、硫化氢和二氧化碳等，甚至还含有少量低沸点的液态烃。炼厂气是石油加工过程中产生的，主要含有气态烷烃以及烯烃、氢气、硫化氢等。石油气通常含有少量易挥发的液态烃蒸汽，液态烃含量低于 $100g/m^3$的石油气称为干气，含量高于 $100g/m^3$的石油气称为湿气。

C_5～C_{11}的烷烃存在于汽油馏分中，C_{11}～C_{20}的烷烃存在于煤、柴油馏分中，C_{20}～C_{36}的烷烃存在于润滑油馏分中。

C_{16}以上的正构烷烃以及某些大相对分子质量的异构烷烃、环烷烃、芳烃，一般多以溶解状态存在于石油中，当温度降低时就会有一部分结晶析出，称之为蜡。按其结晶形状及来源不同，蜡又分为石蜡和微晶蜡。石蜡是从柴油及减压馏分油中分离出来的，晶形较大并呈板状；微晶蜡从减压渣油中分离出来的，晶形呈细微状，也称地蜡。熔点在 40℃以下的 C_{10}到 C_{18}的各种正构烷烃组成的混合物称为液体石蜡。

石蜡主要由正构烷烃组成，碳原子数为 17～35，平均相对分子质量为 300～450，熔点 30～70℃，主要分布在柴油和轻质润滑油馏分中；微晶蜡主要由环状烃组成，碳原子数为35~60，平均相对分子质量为500~800，熔点70~95℃，主要分布在重质润滑油馏分及渣油中。

蜡对油品的低温流动性影响很大，影响油品的使用性能，但蜡又是很重要的石油产品。石油加工过程中，将蜡从油品中分离出来，既可改善油品的低温流动性，又可使有限的蜡资源得到充分利用。

2. 环烷烃

环烷烃是环状的饱和烃，也是石油的主要组分之一，含量仅次于烷烃。石油中的环烷烃主要是环戊烷和环己烷的同系物。环烷烃有单环、双环和多环，有的还含有芳香环。环烷烃大多含有长短不等的烷基侧链。

环烷烃在石油馏分中的含量一般随馏分沸点的升高而增多，但在沸点较高的润滑油馏分中，由于芳烃含量的增加，环烷烃含量逐渐减少。

单环环烷烃主要存在于轻汽油等低沸点石油馏分中，重汽油中含有少量双环环烷烃。煤油、柴油馏分中除含有单环环烷烃外，还含有双环及三环环烷烃。在高沸点石油馏分中，还有三环以上的稠环环烷烃。

3. 芳烃(芳香烃)

芳烃是含有苯环结构的烃类，也是石油的主要组分之一。芳烃有单环、双环和多环，在石油中的含量通常比烷烃和环烷烃少。芳烃也大多含有长短不等的烷基侧链等官能团。有些多环芳烃具有荧光，这是有些油品能发出荧光的原因。

芳烃在石油馏分中的含量随馏分沸点的升高而增多。汽油馏分中主要含单环芳烃，煤油、柴油以及减压馏分油中都含有单环芳烃，只是随着馏分沸点的升高，侧链数目及侧链长度均增加。双环和三环芳烃存在于煤油、柴油及更高沸点馏分中。稠环芳烃主要存在于减压渣油中，其中多数含有S、N、O等杂原子，属非烃类。

芳烃可与硫酸等强酸发生化学反应，例如苯及其同系物与硫酸作用生成苯磺酸，这一方法可从油品中分离芳烃，也可用于油品精制和石油馏分的族组成分析。芳烃与烯烃可进行烷基化反应，生产石油化工原料(如烷基苯)。芳烃被氧化生成醛和酸，进一步氧化可生成胶状物质。芳烃在镍等催化剂作用下，可进行加氢。

石油中的烷烃、环烷烃、芳烃常常是互相包含，一个分子中往往同时含有芳香环、环烷环及烷基侧链。

(二) 石油及石油馏分烃类组成表示法

石油及石油馏分中的烃类组成可用以下三种方法表示。

1. 单体烃组成

单体烃组成是表明石油及石油馏分中每一个单体化合物的含量。单体烃组成要求提供石油馏分中每一种烃含量的数据。由于石油及其馏分中的单体化合物的数目十分繁多，随着馏分变重，单体化合物的种类和数目也就愈多，分离和鉴定各种单体化合物也就愈困难。所以单体烃组成表示法目前一般只用于说明石油气及汽油馏分的烃类组成。

2. 族组成

“族”是指化学结构相似的一类化合物。族组成表示法是以石油馏分中各族烃相对含量的组成数据来表示。这种方法简单而实用。至于分为哪些族则取决于分析方法以及实际应用的需要。一般对汽油馏分的分析以烷烃、环烷烃、芳香烃这三族烃的含量表示。如果对裂化汽油进行分析，则需增加一项不饱和烃。如果对汽油馏分要求分析更细致些，则可将烷烃再分成正构烷烃和异构烷烃，将环烷烃分成环己烷系和环戊烷系等。煤油、柴油及减压馏分油，若采用液相色谱分析通常是以饱和烃（烷烃加环烷烃），轻芳烃（单环芳烃）、中芳烃（双环芳烃）、重芳烃（多环芳烃）及非烃组分等项目来表示。若采用质谱分析，则族组成可用烷烃（正构烷烃、异构烷烃）、环烷烃（一环、二环、多环环烷烃）、芳香烃（一环、二环及多环芳香烃）和非烃化合物等项目来表示。

对于减压渣油，目前一般是分成饱和分、芳香分、胶质、沥青质四个组分。

3. 结构族组成

高沸点石油馏分及减压渣油中的烃类分子数目繁多。分子结构也十分复杂，往往在一个分子中同时含有芳香环、环烷环及相当长度和数目的烷基侧链。用单体烃组成表示已不可能，若按族组成表示法，也很难准确说明它们究竟属于哪一类烃，它们是混合烃类型的结构。此时就用结构族组成来表示它们的化学组成。

烃类结构族组成概念，就是把分子结构复杂的烃类，例如把化合物 $-C_{10}H_{21}$ 看作是由烷基、环烷基和芳香基这三种结构单元所组成。石油馏分也可以看作是由这三种结构单元组成，把整个馏分当作一个平均分子。结构族组成就是确定复杂分子混合物中这三种结构单元的含量，用石油馏分这个“平均分子”中的总环数（R_T）、芳香环数（R_A）、环烷环数（R_N）以及芳香环上的碳原子占分子总碳原子的百分数（$C_A\%$）、环烷环上的碳原子占分子总碳原子的百分数（$C_N\%$）和烷基侧链上的碳原子占分子总碳原子的百分数（$C_P\%$）来表示。

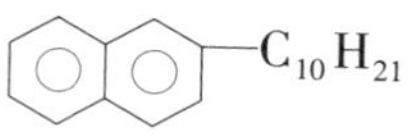

用上述六个结构参数，即 $C_A\%$、$C_N\%$、$C_P\%$ 和 R_T、R_A、R_N，就可对石油馏分的结构族组成进行描述。例如，若有三个化合物所构成的混合物，其中每个化合物所占的摩尔分数为：$C_{15}H_{32}$（30%），（30%），（40%）。该混合物可以看成是具有下列结构参数的平均分子所组成。碳原子数 $C=15\times30\%+14\times30\%+14\times40\%=14.3$，其中：$C_P\%=15\times30\%/14.3=31.47\%$，$C_N\%=14\times30\%/14.3=29.37\%$，$C_A\%=14\times40\%/14.3=39.16\%$，$R_A=3\times40\%=1.2$，$R_N=3\times30\%=0.9$，$R_T=1.2+0.9=2.1$。

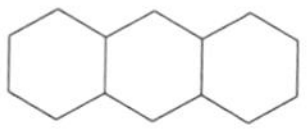

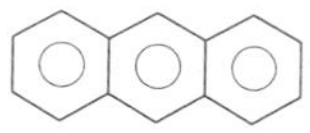

（三）汽油馏分的烃类组成

1. 直馏汽油馏分的单体烃组成

石油直接蒸馏所得到的汽油馏分称为直馏汽油。表 2-4 是四种原油直馏汽油中的主要单体烃。

表 2-4 四种原油直馏汽油中的主要单体烃及其质量分数

烃 类	单体烃名称	大庆 60～145℃	大港 60～153℃	胜利 初馏～130℃	任丘 初馏～130℃
正构烷烃/%	正戊烷	0.09	0.39	2.89	5.58
	正己烷	6.33	2.04	6.37	8.91
	正庚烷	13.93	4.42	8.77	8.34
	正辛烷	15.39	8.69	5.40	5.66
	正壬烷	2.17	4.78	—	1.39
	五种正构烷烃总量	37.91	20.32	23.43	29.88

续表

烃 类	单体烃名称	大庆 60~145℃	大港 60~153℃	胜利 初馏~130℃	任丘 初馏~130℃
异构烷烃/%	2-甲基戊烷	1.32①	0.77	3.67	5.08
	3-甲基戊烷	0.76	0.67	2.68	3.13
	2-甲基己烷	1.40	1.09	2.73	2.57
	3-甲基己烷	1.83	1.25	3.06	2.60
	2-甲基庚烷	2.75	2.38	3.04	3.58
	五种异构烷烃总量	8.06	6.16	15.18	16.96
环烷烃/%	甲基环戊烷	2.72②	2.08	6.21②	4.26
	环己烷	4.75	2.57	4.35	2.60
	甲基环己烷	11.43③	9.18	9.12③	5.72
	1-顺-3-二甲基环己烷	3.66	4.62	2.88④	2.69
	1-反-4-二甲基环己烷				—
	五种环烷烃总量	22.56	18.45	22.56	15.27
芳 烃/%	苯	0.16	0.80	0.80	0.46
	甲苯	1.05	4.17⑤	4.98	1.66
	对二甲苯	0.28	1.57	0.96	0.22
	间二甲苯	0.92⑥	5.21⑥	0.31	—
	邻二甲苯	0.47⑦	0.86⑦	0.38	—
	五种芳烃总量	2.88	12.61	7.43	2.34
单体烃个数		24	22	21	17
占汽油馏分/%		71.41	57.54	68.60	64.45

① 包括2,3-二甲基丁烷；② 包括2,2-二甲基戊烷；③ 包括2,2,3,3-四甲基丁烷；④ 包括1,1-二甲基环己烷；⑤ 包括3,3-二甲基己烷；⑥ 包括3,3,4-三甲基己烷；⑦ 包括2,2,4,5-四甲基己烷。

组成汽油馏分的单体烃数目繁多，如大庆原油60~200℃直馏馏分已鉴定出187种单体烃，但各单体烃含量相差悬殊。从表2-4中所列数据可以看出，主要单体烃20种左右，含量占该直馏汽油馏分总量的一半以上。如大庆60~145℃直馏汽油馏分中，只有24种主要单体烃，含量已占该馏分总重量的71.41%；任丘原油初馏点~130℃汽油馏分中仅有17种主要单体烃，含量也占该馏分的64.45%。大量研究表明，绝大多数石油的直馏汽油馏分中，都存在类似情况。这个重要事实，在实际应用上具有重要意义。

从表2-4中数据还可以看出，直馏汽油中$C_5 \sim C_{10}$的正构烷烃含量最高。异构烷烃中支链较少的含量较高；对同碳原子数的异构烷烃，含量随异构程度增加而减少。我国直馏汽油馏分中一般只含环戊烷系和环己烷系两类化合物，环己烷系含量高于环戊烷系。在环己烷系中，甲基环己烷的含量最高。直馏汽油馏分中芳烃含量较少，尤其苯含量很低，甲苯和二甲苯的相对含量高些，在三种二甲苯异构体中以间二甲苯含量为最高。

2. 直馏汽油馏分的烃类族组成

直馏汽油馏分的单体烃组成分析方法过于细致且费时，较为快速、简便而实用的族组成分析法更适于生产上的需要。我国几种原油汽油馏分的烃类族组成见表2-5。

表 2-5 我国几种原油直馏汽油馏分的族组成(液相色谱法) %

沸点范围/℃	大庆			胜利			大港			孤岛①		
	烷烃	环烷烃	芳烃	烷烃	环烷烃	芳烃	烷烃	环烷烃	芳烃	烷烃	环烷烃	芳烃
60~95	56.8	41.1	2.1	52.9	44.6	2.5	51.5	42.3	6.2	47.5	51.4	1.1
95~122	56.2	39.0	4.8	45.9	49.8	4.3	42.2	47.6	10.2	36.3	59.6	4.1
122~150	60.5	32.6	6.9	44.8	43.6	11.6	44.8	36.7	18.5	27.2	64.1	8.7
150~200	65.0	25.3	9.7	52.0	35.5	12.5	44.9	34.6	20.5	13.3	72.4	14.3

① 孤岛原油第一个馏分的沸点范围为初馏点~95℃。

从表 2-5 中可以看出，在直馏汽油馏分中，烷烃和环烷烃占绝大部分，而芳香烃含量一般不超过 20%。就其分布规律来看，随着沸点的升高，芳香烃含量逐渐增多。芳烃含量的这种分布规律，对大多数国内外原油的直馏汽油馏分都具有普遍意义。

催化裂化、催化重整、焦化等二次加工所得的汽油馏分，烃类族组成与直馏汽油馏分的烃类族组成有较大差别。催化裂化汽油馏分含有较多的异构烷烃，正构烷烃含量比直馏汽油馏分少得多；芳烃含量较直馏汽油馏分有显著增加。催化重整汽油馏分中，芳烃含量远比直馏汽油馏分高得多。此外，大多数二次加工的汽油馏分，均含有不同程度的不饱和烃。

(四) 煤油、柴油馏分(中间馏分)的烃类族组成

煤油、柴油馏分是石油的中间馏分，沸点范围为 200~350℃，平均相对分子质量约为 200~300。该馏分的烷烃主要是 C_{11}~C_{20}左右的烷烃；环烷烃和芳香烃以单环及双环为主，三环及三环以上的环烷烃和芳香烃的含量明显减少。与汽油馏分相比，烃类的分子结构更加复杂，表现在烷烃的碳原子数增多，环烷烃和芳香烃的环数增加，单环环烷烃和单环芳烃的侧链数目增多、侧链长度增长。中间馏分的族组成分析数据如表 2-6 所示，结构族组成如表 2-7 所示。

表 2-6 中间馏分油族组成分析(色谱法)

原　油	沸点范围/℃	族　组　成/%				
		烷烃+环烷烃	轻芳烃	中芳烃	重芳烃	非　烃
孤　岛	180~300	71.21	—	28.44	—	0.35
	300~350	57.69	11.28	14.48	13.21	3.25
胜　利	328~373	71.66	10.89	7.34	8.49	1.61
大　庆	210~220	93.5	5.4	1.1	—	—
	290~300	84.8	9.9	5.3	—	—
	340~350	87.6	6.0	6.2	—	—

表 2-7 中间馏分油的结构族组成

原　油	馏分范围/℃	结构族组成					
		R_A	R_N	R_T	C_P%	C_A%	C_N%
大　庆	200~250	0.15	0.43	0.58	68.5	6.0	25.5
	250~300	0.22	0.60	0.82	74.0	8.0	18.0
	300~350	0.28	0.58	0.86	74.5	9.0	16.5

续表

原油	馏分范围/℃	结构族组成					
		R_A	R_N	R_T	C_P%	C_A%	C_N%
胜利	200~250	0.24	0.77	1.01	55.4	11.0	33.6
	250~300	0.31	0.62	0.93	62.1	12.5	25.4
	300~350	0.31	0.71	1.02	64.7	10.7	24.6
大港	200~250	0.3	1.0	1.3	38.6	17.2	44.2
	250~300	0.4	1.1	1.5	50.0	17.9	32.1
	300~350	0.5	1.1	1.6	56.0	16.0	28.0

从表2-6中可以看出，大庆油350℃以前馏分重芳烃(三环以上)含量极少；而孤岛油300~350℃馏分的重芳烃含量已相当可观(13.21%)，孤岛油的特点是中、重芳烃和非烃含量都较高。

从表2-7中可以看出，随着沸点的升高，总环数(R_T)和芳香环数(R_A)逐渐增加，侧链碳原子百分数(C_P%)也逐渐增加，而环上碳原子百分数(C_A%)和(C_N%)总的趋势是减少，这说明侧链上碳原子数比环上碳原子数增加得更多。侧链碳原子百分数(C_P%)大多在50%以上，大庆油250~350℃馏分中侧链碳原子百分数(C_P%)高达74.0%，说明中间馏分油的平均结构中烷基碳占主体。

(五) 高沸点馏分的烃类组成

石油中的高沸点馏分沸点范围为350~500℃，平均相对分子质量300以上。与中间馏分相比，该馏分的烃类碳原子数更多、环数更多且环的侧链数更多或侧链更长、结构更复杂。高沸点馏分的烷烃主要是C_{20}~C_{36}的烷烃；环烷烃包括单环直到六环的带有环戊烷环或环己烷环的环烷烃，结构主要是稠合类型；芳烃包括单环到四环以及高于四环的芳烃；此外还有稠合的环烷-芳香混合烃。表2-8为大庆、胜利、大港原油高沸点馏分族组成及结构族组成的分析数据。

表2-8 高沸点馏分脱蜡油(-30℃脱蜡)的烃组成

原油名称	馏分范围/℃	烃类族组成(占脱蜡油)/%				结构族组成					
		饱和烃	轻芳烃	中芳烃	重芳烃及胶质	C_P%	C_N%	C_A%	R_N	R_A	R_T
大庆	350~400	76.8	6.5	8.1	8.6	62.5	23.8	13.7	1.21	0.51	1.72
	400~450	75.6	6.4	9.8	8.3	63.0	23.8	13.2	1.78	0.67	2.45
	450~500	66.2	17.5	7.9	8.6	60.5	25.0	14.5	2.10	0.92	3.02
胜利	355~399	58.1	18.1	11.8	12.0	66	21.8	12.2	1.0	0.5	1.5
	399~450	59.4	18.1	11.0	11.5	64	25.0	11.0	1.7	0.5	2.2
	450~500	55.3	15.6	15.2	14.5	60	27.5	12.5	2.3	0.7	3.0
大港	350~400	63.1	12.6	8.3	16.0	62	23.4	14.6	1.09	0.48	1.57
	400~450	66.0	10.6	7.7	15.7	60	28	12.0	1.92	0.48	2.40
	450~500	60.5	12.9	8.0	18.6	57.9	27.7	14.4	2.08	0.67	2.75

这些原油高沸点馏分虽然经过脱蜡，其饱和烃含量仍很高，一般占脱蜡油馏分的一半以上，其中大庆原油高沸点馏分饱和烃的含量最高，在350~400℃馏分中饱和烃高达76.8%。

从结构族组成数据可以看出，随着馏分沸点升高，烷基侧链上的碳原子占总碳原子的百分数逐渐降低，而环烷烃和芳烃的环数都在增加。烷基侧链上的碳原子占总碳原子的百分数最低为57.9%，最高为66%，说明在350~500℃高沸点馏分的平均分子结构中烷基碳仍然占主体。

三、石油中的非烃化合物

石油的主要组成是烃类，但石油中还含有相当数量的非烃化合物，尤其在重质馏分油和减压渣油中含量更高。石油中的硫、氮、氧等杂元素总量一般占1%~4%，但石油中的硫、氮、氧不是以元素形态存在而是以非烃化合物形态存在，它们在石油中的含量相当可观，高达10%~20%，直接影响石油加工过程及产品质量。

石油中的非烃化合物主要包括含硫、含氮、含氧化合物以及胶状沥青状物质。

（一）含硫化合物

硫对石油加工、油品应用和环境保护的影响很大，所以含硫量常作为评价石油的一项重要指标。

含硫化合物在石油馏分中的分布一般是随着石油馏分沸程的升高而增加，其种类和复杂性也随着馏分沸程升高而增加。大部分含硫化合物集中在重馏分油和渣油中。表2-9为我国主要原油各馏分中硫的分布。表2-10为国外原油各馏分中硫的分布。数据表明，汽油馏分的硫含量最低，减压渣油中的硫含量最高，我国大多数原油中约有70%的硫集中在减压渣油中。

表2-9 我国原油各馏分中硫的分布

馏分(沸程)/℃	硫含量/(μg/g)						
	大庆	胜利	孤岛	辽河	中原	江汉[①]	吐哈
原油	1000	8000	20900	2400	5200	18300	300
<200	108	200	1600	60	200	600	20
200~250	142	1900	5200	130	1300	4400	110
250~300	208	3900	8800	460	2200	5900	200
300~350	457	4600	12300	880	2800	6300	300
350~400	537	4600	14200	1190	3400	10400	350
400~450	627	6300	11020	1100	3400	15400	440
450~500	802	5700	13300	1460	4300	16000	680
>500(渣油)	1700	13500	29300	3600	9400	23500	940
$\frac{渣油中硫}{原油中硫}$/%	74.7	73.3	75.0	70.0	68.0	72.2	30.1

① 江汉原油的馏分切割温度稍有差异。

表2-10 国外原油各馏分中硫的分布

馏分(沸程)/℃	硫含量/(μg/g)						
	伊朗轻质	沙特中质	沙特重质	沙特轻质	阿联酋	阿曼[①]	安哥拉
原油	14000	24200	28500	18000	8300	9500	2170
<200	800	700	790	410	270	300	80
200~250	4300	2840	3230	1730	1030	1400	250
250~300	9300	8120	10960	10310	5600	2900	540

续表

馏分(沸程)/℃	硫含量/(μg/g)						
	伊朗轻质	沙特中质	沙特重质	沙特轻质	阿联酋	阿曼[①]	安哥拉
300~350	14400	14230	20400	16110	9300	6200	750
350~400	17000	19590	25200	22100	11600	7400	1090
400~450	17000	22420	27100	23400	12500	9200	1100
450~500	20000	25400	30100	25700	13500	11600	1250
>500(渣油)	34000	38100	55000	39300	16000	21700	2400
$\frac{渣油中硫}{原油中硫}$/%	88.9	48.2	57.3	43.4	30.6	66.1	38.8

① 阿曼原油的馏分切割温度稍有差异。

石油中的硫多以有机硫的形态存在，极少以元素硫存在，已经确定的有：元素硫(S)、硫化氢(H_2S)、硫醇(RSH)、硫醚(RSR′)、二硫化物(RSSR′)、噻吩(噻吩结构式)等，一般以硫醚类和噻吩类为主。此外，还有含硫和氧的化合物，如砜、亚砜和磺酸等，在胶质沥青质中还同时含有硫、氮和氧的更为复杂的化合物。含硫化合物按性质划分时，可分为酸性含硫化合物、中性含硫化合物和对热稳定含硫化合物。

酸性含硫化合物是活性硫化物，主要包括元素硫、硫化氢、硫醇等，它们的共同特点是对金属设备有较强的腐蚀作用。原油中元素硫含量很少，硫化氢含量极少，硫醇含量不多。硫化氢一般是原油中的硫化物受热分解产生的，而硫化氢又能被氧化生成元素硫，所以原油中的元素硫和硫化氢并不一定都是原油本来就有的。硫醇主要存在于汽油馏分中，有时在煤油馏分中也能发现，在350℃以上的高沸点馏分中含量极少。硫醇有极难闻的特殊臭味，特别是甲硫醇(CH_3SH)、乙硫醇(CH_3CH_2SH)等低分子硫醇。空气中甲硫醇浓度达到$2.2\times10^{-12}g/m^3$时，人的嗅觉就可以感觉到。硫醇对热不稳定，低分子硫醇如丙硫醇在300℃下即分解生成硫醚和硫化氢，当温度高于400℃时，硫醇分解生成相应的烯烃和硫化氢。硫醇可与氢氧化钠反应生成硫醇钠。硫醇与烯烃可以缩合生成胶质。

中性硫化合物是非活性硫化物，对金属设备无腐蚀作用，但受热分解后会转变成活性硫化物。中性硫化合物主要包括硫醚和二硫化物等。硫醚是石油中含量较高的硫化物，轻馏分和中间馏分中含量较高，往往可达该馏分含硫量的50%~70%(质)。二硫化物在石油馏分中含量很少，一般不超过该馏分硫含量的10%(质)，而且较多集中于低沸点馏分中。硫醚热稳定性较高，但在硅酸铝存在时加热到300~450℃，会分解生成硫化氢、硫醇和相应的烃类。二硫化物热稳定性较差，加热到130~160℃时，可分解为硫醚和元素硫，或分解为硫醇、烯烃和元素硫。中性硫化合物化学稳定性较高，不能用碱精制方法除去。

对热稳定性硫化合物也是非活性硫化物，对金属设备无腐蚀作用。主要包括噻吩及其同系物，是一种芳香性的杂环化合物，包括噻吩(噻吩结构式)、四氢噻吩(四氢噻吩结构式)、苯并噻吩(苯并噻吩结构式)、二苯并噻吩(二苯并噻吩结构式)、萘并噻吩(萘并噻吩结构式)、苯硫酚

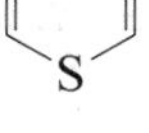

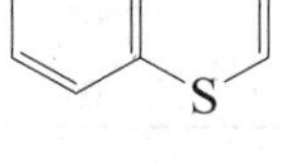

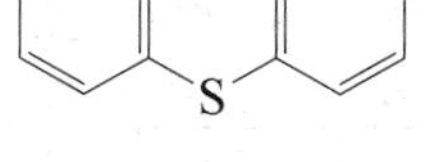

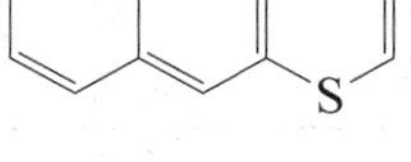

(SH)等。它们是石油中主要的一类含硫化合物，主要存在于石油的中间馏分和高沸点馏分中。噻吩的物理化学性质与苯系芳香烃很接近，易溶解于浓硫酸中，容易被磺化。苯并噻吩系、二苯并噻吩系、萘并噻吩系化合物的结构和性质与苯系稠环化合物相似，热稳定性很高，化学性质也不活泼。

石油中的含硫化合物给石油加工过程和石油产品质量带来许多危害。

① 腐蚀设备　在石油炼制过程中，含硫化合物受热分解产生 H_2S、硫醇、元素硫等活性硫化物，对金属设备造成严重腐蚀。石油中通常还含有 $MgCl_2$、$CaCl_2$等盐类，含硫含盐化合物相互作用，对金属设备的腐蚀将更为严重。石油产品中含有硫化物，在储存和使用过程中同样会腐蚀金属。含硫燃料燃烧产生的 SO_2及 SO_3遇水后生成 H_2SO_3和 H_2SO_4，会强烈腐蚀金属机件。

② 影响产品质量　硫化物的存在严重影响油品的储存安定性，使储存和使用中的油品易氧化变质，生成胶质，影响发动机或机器的正常工作。

③ 污染环境　含硫石油在加工过程中产生的 H_2S 及低分子硫醇等有恶臭的毒性气体，会污染环境，影响人体健康，甚至造成中毒。含硫燃料油燃烧后生成的 SO_2和 SO_3排入大气形成酸雨也会污染环境。

④ 使催化剂中毒　在炼油厂各种催化加工过程中，硫是某些催化剂的毒物，会造成催化剂中毒丧失催化活性。

炼油厂常采用碱精制、催化氧化、加氢精制等方法除去油品中的硫化物。

（二）含氮化合物

石油中氮含量一般比硫含量低，通常在 0.05%~0.5%范围内。我国原油含氮量偏高，在 0.1%~0.5%。氮化合物含量随石油馏分沸点的升高而迅速增加，约有 80%的氮集中在 400℃以上的渣油中。我国大多数渣油集中了原油的约 90%氮。而煤油以前的馏分中，只有微量的氮化物存在。表 2-11 是某些原油各馏分中氮的分布。

表 2-11　某些原油各馏分中氮的分布

馏分(沸程)/℃	氮含量/(μg/g)								
	大庆	胜利	孤岛	中原	二连[①]	轮南	惠州	伊朗轻质	阿曼
原　油	1600	4100	4300	1700	3600	1100	390	1200	1600
<200	0.8	3.0	2.4	1.6	<24	1.3	1.2	2.7	1.7
200~250	6.4	12.4	17.6	11.0	47	4.7	4.2	9.5	2.6
250~300	12.4	77.4	44.3	41.0	148	15.5	13	87.5	8.4
300~350	67.0	111	199	102	531		35	558	94.4
350~400	176	776	927	280	1221	240	127	1072	132
400~450	414	1000	1060	440	1700	615	427	1518	906
450~500	705	1600	1710	660	1900	1265	750	1948	1300
>500(渣油)	2900	8500	8800	5300	5400	2800	3098	3700	5200
$\frac{渣油中氮}{原油中氮}$/%	90.9	92.2	92.5	93.5	89.2	64.9	73.6	70.4	88.9

① 二连的吉尔格朗图地区。

石油中的氮化合物可分为碱性含氮化合物和非碱性含氮化合物两大类。碱性含氮化合物是指在冰醋酸和苯的样品溶液中能够被高氯酸-冰醋酸滴定的含氮化合物，不能被高氯酸-冰醋酸滴定的含氮化合物是非碱性含氮化合物。

为了更精细研究石油中的含氮化合物，也有根据高氯酸的滴定曲线，按 pKa 值将其进一步分成强碱性氮、弱碱性氮和非碱性氮。但这种区分并不严格，而且碱性的强弱仅具有相对的意义。

石油及其馏分中的碱性含氮化合物主要有吡啶系、喹啉系、异喹琳系和吖啶系。随着馏分沸点的升高，碱性含氮化合物的环数也增多。目前已检测到的石油含氮化合物，不论碱性或非碱性含氮化合物，其氮原子均处在环结构中，为氮杂环系化合物，脂肪族含氮化合物在石油中较少发现。

石油中还有另一类重要的非碱性含氮化合物，即卟啉化合物。卟啉化合物是重要的生物标志物质，在研究石油的成因中有重要的意义。

石油中的非碱性含氮化合物性质不稳定，易被氧化和聚合生成胶质，是导致石油二次加工油品颜色变深和产生沉淀的主要原因。在石油加工过程中碱性氮化物会使催化剂中毒。石油及石油馏分中的氮化物应精制予以脱除。

(三) 含氧化合物

石油中的氧含量很少，一般在千分之几范围内，只有个别地区石油含氧量达 2%~3%。石油中的含氧量多是从元素分析中用减量法求得，实际上包含了全部的分析误差，数据并不十分可靠。石油中的氧含量随馏分沸点升高而增加，主要集中在高沸点馏分中，大部分富集在胶状沥青状物质中。胶状沥青状物质中的氧含量约占原油总含氧量的 90%~95%。

石油中的氧元素以有机含氧化合物的形式存在，虽然在石油中的氧含量很低，但含氧化合物的数量仍然可观。

石油中的含氧化合物包括酸性含氧化合物和中性含氧化合物，以酸性含氧化合物为主。酸性含氧化合物包括环烷酸、芳香酸、脂肪酸和酚类等，总称为石油酸。中性含氧化合物包括酮、醛和酯类等。

石油酸主要是环烷酸，脂肪酸等含量很少。环烷酸占石油酸性含氧化合物的 90%左右。环烷酸为难挥发的黏稠状液体，相对密度介于 0.93~1.02 之间，有强烈的臭味，不溶于水而易溶于油品、苯、醇及乙醚等有机溶剂中。刚蒸出的环烷酸为浅黄色，经放置后会迅速变成黄色或浅琥珀色。环烷酸在石油馏分中的分布较特殊，中间馏分(沸程 250~400℃)环烷酸含量最高，低沸点馏分及高沸点重馏分中含量都比较低。

环烷酸一般是一元羧酸，其环烷环数从一至五，且多为稠合环系。碳数为 C_6~C_{10}的低分子环烷酸主要是环戊烷的衍生物；碳数为 C_{12}以上的高分子环烷酸，既有五元环又有六元环，但以六元环为主，其羧基有的直接与环烷环相连，有的与环烷环之间以若干个亚甲基相连。在高分子环烷酸中甚至还存在环烷-芳香混合环的环烷酸。

环烷酸呈弱酸性，容易与碱反应生成各种盐类。环烷酸可与很多金属作用而腐蚀设备；低分子环烷酸因酸性较强而对设备的腐蚀性更强；特别是酸值较大、有水存在和较高的温度下，对设备腐蚀更严重。环烷酸与金属作用生成的环烷酸盐留在油品中还将促进油品氧化。石油加工过程中，通常用碱洗的方法将环烷酸等酸性含氧化合物除去，但重馏分中的环烷酸在碱洗时易乳化而难于分离。

石油中分离出来的环烷酸是非常有用的化工产品。石油酸广泛用作木材防腐剂或环烷酸皂的原料。石油酸的钠盐易溶于水，是很好的水包油型表面活性剂以及乳化沥青的乳化剂，也可用作油包水型原油乳状液的破乳脱水剂以及植物生长的促进剂。环烷酸的锰、钙、锌、铁、镍、钴等盐类可作为燃料和润滑油的添加剂以及油漆催干剂。石油酸本身还可作为许多稀土金属的萃取剂。

石油中还含有脂肪酸和酚类等酸性含氧化合物以及醇、酮、醛、酯类等中性含氧化合物。酚有强烈的气味，呈弱酸性。石油馏分中的酚可以用碱洗法除去。酚能溶于水，炼油厂污水中常含有酚，导致环境污染。石油中的中性含氧化合物含量极少，是非常复杂的混合物。中性含氧化合物可氧化生成胶质，影响油品的使用性能。

(四) 胶状-沥青状物质

胶状沥青状物质是结构复杂、组成不明的高分子化合物的复杂混合物。胶状沥青状物质大量存在于减压渣油中。原油中的大部分硫、氮、氧以及绝大多数金属均集中在胶状沥青状物质中。一般把石油中不溶于低分子(C_5~C_7)正构烷烃，但能溶于热苯的物质称为沥青质。既能溶于苯，又能溶于低分子(C_5~C_7)正构烷烃的物质称为可溶质，渣油中的可溶质实际上包括了饱和分、芳香分和胶质。采用氧化铝吸附色谱法可将渣油中的可溶质分离成饱和分、芳香分和胶质。轻质石油的胶状沥青状物质含量在5%~10%左右，重质石油的胶状沥青状物质含量可高达30%~40%。我国减压渣油中庚烷沥青质含量较低，大多数小于3%；而胶质的含量较高，一般为40%~50%。

胶质通常为褐色至暗褐色的黏稠且流动性很差的液体或无定形固体，受热时熔融。胶质是石油中平均相对分子质量及极性仅次于沥青质的大分子非烃化合物。胶质的相对密度在1.0左右，平均相对分子质量(VPO法，即Vapour Pressure Osmometry)约为1000~3000。胶质是由不同的物质组成的极复杂的多分散体系，所以它们的平均相对分子质量分布范围很宽，例如大庆渣油胶质各亚组分的平均相对分子质量，最小的只有860，最大的为7460。我国原油胶质的H/C原子比在1.4~1.5之间。胶质主要是稠环类结构如芳环、芳环-环烷环及芳环-环烷环-杂环结构。

胶质具有很强的着色能力，油品的颜色主要是由于胶质的存在而造成的，在无色汽油中只要加入0.005%(质)的胶质，就可将汽油染成草黄色。从不同沸点馏分中分离出来的胶质，平均相对分子质量随着馏分沸点的升高而逐渐增大，颜色也逐渐变深，从浅黄、深黄以至深褐色。

胶质是不稳定的物质，在常温下易被空气氧化而缩合为沥青质。胶质对热很不稳定，隔绝空气加热到260~300℃，胶质也能缩合成沥青质。当温度升高到350℃以上，胶质即发生明显的分解，产生气体、液体产物、沥青质以及焦炭。胶质很容易磺化而溶解在硫酸中，可用硫酸来脱除油料中的胶质。

胶质是道路沥青、建筑沥青、防腐沥青等沥青产品的重要组分之一。胶质能提高石油沥青的延展性。但在油品中含有胶质，会使油品在使用时生成炭渣，造成机器零件磨损和输油管路系统堵塞。在石油加工过程中，常用精制方法脱除石油馏分中的胶质。

沥青质是石油中平均相对分子质量最大，结构最为复杂，含杂原子最多的物质。沥青质对不同溶剂具有不同的溶解度，分离沥青质所用溶剂的性质以及分离条件直接影响沥青质的组成和性质。从石油或渣油中用C_5~C_7正构烷烃沉淀分离出的沥青质是暗褐色或黑色的脆性无定形固体。在生产和研究中常用到的是正戊烷沥青质和正庚烷沥青质。沥青质的相对密度稍高于胶质，略大于1.0；平均相对分子质量约为3000~10000(VPO法)，明显高于胶质；H/C原子比为1.1~1.3，低于胶质。沥青质加热不熔融，当温度升到350℃以上时，会分解为气态、液态物质以及缩合为焦炭状物质。沥青质没有挥发性。石油中的沥青质全部集中在减压渣油中。

胶质、沥青质中含有较多的杂原子，但碳、氢元素仍然是主要元素，其主要结构特征仍由碳、氢骨架决定。关于胶质、沥青质分子的基本结构，目前一般认为是以稠合的芳香环系为核心，并合若干个环烷环，在芳香环和环烷环上带有若干个长度不等的烷基侧链，在其分子中还杂有各种硫、氮、氧的基团，并络合有镍、钒、铁等金属。胶质、沥青质分子是由若干个上述的以稠合芳香环系为核心的单元结构(或称单元薄片)所组成，在单元结构之间一般以长度不等的烷基桥或硫醚桥等相连接。图2-1为X光衍射法测定的沥青质结构简图。

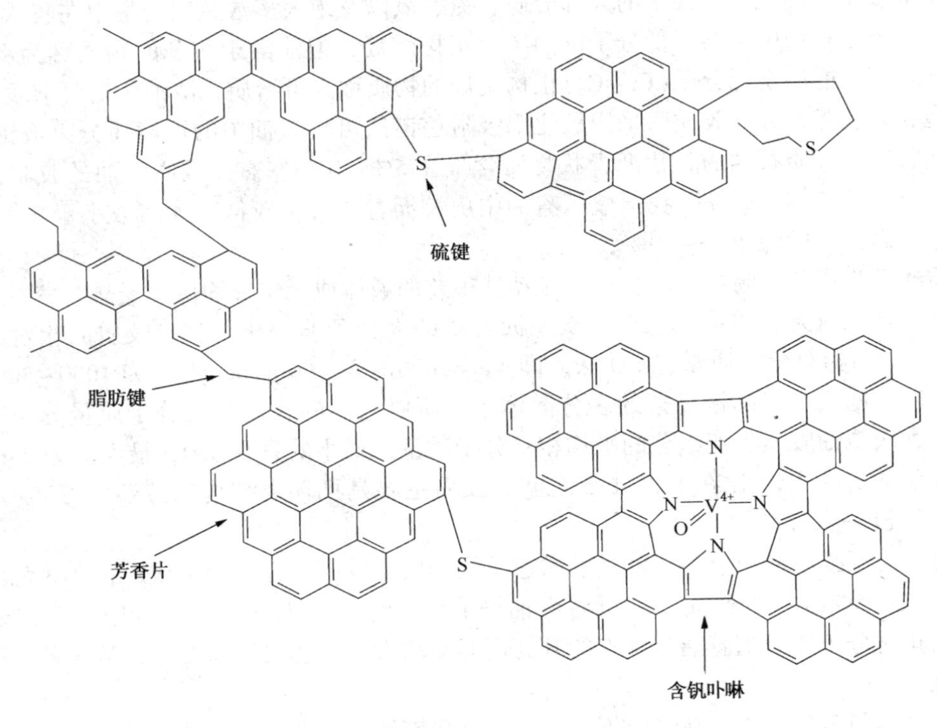

图2-1 X光衍射法测定的沥青质结构简图

胶状-沥青状物质对石油加工和产品使用有一定的影响。含有大量胶状-沥青状物质的减压渣油可用来生产沥青。

四、渣油的组成

减压渣油是原油中沸点最高、平均相对分子质量最大、杂原子含量最多和结构最为复杂的部分。我国大多数油田的原油减压渣油含量较高，>500℃的减压渣油产率一般为40%~50%，几乎占原油的一半。充分利用和合理加工渣油是石油炼制工作者的重要课题之一。

我国原油减压渣油中的碳含量一般在85%~87%之间，氢含量一般在11%~12%之间，硫含量一般都不高，氮含量相对较高，氢碳原子比为1.6左右，平均相对分子质量大多在1000左右。我国原油减压渣油性质的另一特点是金属含量一般不高，并且镍含量远大于钒含量，镍含量一般为几十微克每克，而钒含量只有几个微克每克，镍钒比一般都大于10。

研究渣油的化学组成，常采用将渣油分离成饱和分、芳香分、胶质和沥青质的四组分分析法。该法首先是用正庚烷将渣油中的沥青质沉淀出来，并进行定量。正庚烷的可溶部分则在含水量为1%的中性氧化铝吸附色谱柱上用不同的溶剂进行冲洗，从而再分离为饱和分、芳香分和胶质。表2-12为我国及国外部分减压渣油的化学组成。我国原油减压渣油的饱和分含量差别较大，芳香分含量不太高；庚烷沥青质的含量普遍较低；胶质含量一般较高，几乎占减压渣油的一半。随着现代分析仪器的发展，借助于核磁共振波谱、红外光谱等一些分析手段，对渣油组分进行结构族组成分析，获得减压渣油的结构参数，包括芳碳率、环烷碳率、烷基碳率，以及渣油平均分子中的总环数、芳环数、环烷环数、平均链长等。这些结构参数可以近似地反映各组分在化学结构上的差异，从而为渣油的深度加工和利用提供可靠的基础数据。

表2-12　我国及国外部分减压渣油的化学组成　%

渣油名称	饱和分	芳香分	胶质	庚烷沥青质	戊烷沥青质
大　庆	40.8	32.2	26.9	<0.1	0.4
胜　利	19.5	32.4	47.9	0.2	13.7
孤　岛	15.7	33.0	48.5	2.8	11.3
单家寺	17.1	27.0	53.5	2.4	17.0
高　升	22.6	26.4	50.8	0.2	11.0
欢喜岭	28.7	35.0	33.6	2.7	12.6
任　丘	19.5	29.2	51.1	0.2	10.1
大　港	30.6	31.6	37.5	0.3	—
中　原	23.6	31.6	44.6	0.2	15.5
新疆白克	47.3	25.2	27.5	<0.1	3.0
新疆九区	28.2	26.9	44.8	<0.1	8.5
井　楼	14.3	34.3	51.3	0.1	5.4
科威特	15.7	55.6	22.6	6.1	13.9
卡夫基	13.3	50.8	22.3	13.6	22.6
新疆塔河(>560℃)	9.0	33.0	33.5	24.5	
新疆塔里木(>520℃)	25.3	34.7		39.9	
卡奇萨兰(伊朗)	19.6	50.5	23.0	6.9	13.3
阿哈加依(伊朗)	23.3	51.2	21.1	4.4	9.6
米那斯(印尼)	46.8	28.8	22.6	1.8	12.2
阿拉伯(轻质)	21.0	54.7	18.5	5.8	11.1

五、石油中的微量元素

石油中所含的微量元素一般都处在百万分级至十亿分级范围。微量元素含量虽然很少，但有些元素对石油的加工过程，特别是对催化剂的活性影响很大。

石油中有几十种微量元素，目前已从石油中检测出59种微量元素，其中金属元素45种。我国大庆、胜利、大港等原油的灰分中检测出34种元素。石油中的微量元素按其化学属性可划分为三类：变价金属（V、Ni、Fe、Mo、Co、W、Cr、Cu、Mn、Pb、Ga、Hg、Ti等）、碱金属和碱土金属（Na、K、Ba、Ca、Sr、Mg等）、卤素和其他元素（Cl、Br、I、Si、Al、As等）。

表2-13列出某些原油中某些微量元素的含量。表中数据表明，石油中含量最多的微量元素是钒（V），其次是镍（Ni），我国高升原油镍含量高达122.5μg/g。

表2-13 某些原油的微量元素含量 μg/g

元素	高升	王官屯	孤岛	胜利	羊三木	加利福尼亚（美国）	利比亚	博斯坎（委内瑞拉）	阿尔伯达（加拿大）	伊朗（轻质）
Fe	22.0	8.2	12.0	13.0	7.0	68.9	4.94	4.77	0.696	1.4
Ni	122.5	92.0	21.1	26.0	25.8	98.4	49.1	117	0.609	12
Cu	0.4	0.1	<0.2	0.1	0.17	0.93	0.19	0.21		0.032
V	3.1	0.5	2.0	1.6	0.9	7.5	8.2	1110	0.682	53
Pb	0.1	0.1	0.2	0.2	0.1	—	—	—	—	—
Ca	1.6	15.0	3.6	8.9	38.0	—	—	—	—	—
Mg	1.2	3.0	3.6	2.6	2.5	—	—	—	—	—
Na	29.0	30.0	26.0	81.0	1.2	13.2	13.0	20.3	2.92	0.6
Zn	0.6	0.4	0.5	0.7	0.5	9.76	62.9	0.692	0.670	0.324
Co	17.0	13.0	1.4	3.1	3.9	13.5	0.032	0.178	0.0027	0.30
As	0.208	0.090	0.250	—	0.140	0.655	0.077	0.284	0.024	0.095
Mn	<0.1	<0.1	0.1	0.1	0.2	1.20	0.79	0.21	0.048	—
Al	0.5	0.5	0.3	12.0	1.1	—	—	—	—	—

我国大多数原油的镍含量明显高于钒含量。石油中钒、镍等微量元素的含量与石油的属性有关。一般说来，相对密度比较大的环烷基原油，微量金属镍或钒的含量高于相对密度较小的石蜡基原油。国外原油有的是镍高于钒，有的是钒高于镍。一般说来，含硫及相对密度较高的海相成油的石油含钒较多，低硫高氮及陆相成油的石油镍含量较高。

石油中的微量元素主要富集在>500℃的减压渣油中，含量随着馏分沸程的升高而增加。

在原油中，钾、钠等微量金属多以水溶性无机盐类的形式存在。这些金属盐主要存在于原油乳化的水相里。在原油脱盐过程中易被脱除。镍、钒、铁、铜等微量金属以油溶性的有机化合物或络合物形式存在，这类金属在原油脱盐过程中很难除去，经过蒸馏后，大部分富集于减压渣油中。此外，还有一些微量金属可能以极细的矿物质微粒形式悬浮于原油中。在经过脱盐、脱水的原油中，微量金属主要以有机化合物或络合物形式存在，例如金属卟啉络合物。石油中常见的金属卟啉络合物是镍或钒的卟啉络合物。

原油的几十种微量元素中，对石油加工影响最大的微量元素有钒（V）、镍（Ni）、铁（Fe）、铜（Cu），它们是催化裂化催化剂的毒物，在重油固定床加氢裂化过程中也会造成催化剂失活和床层堵塞；砷（As）是催化重整催化剂的毒物；钠（Na）和钾（K）也会使催化剂减活；在燃气透平中，燃料油中金属钒的存在会对透平叶片产生严重的熔蚀和烧蚀作用。为了延长催化剂的使用寿命和保障装置的安全运行，必须尽可能降低催化加工原料中微量元素的含量。

第二节 石油及其产品的物理性质

石油及其产品的物理性质，是评定石油产品质量和控制石油炼制过程的重要指标，也是设计石油炼制工艺装置和设备的重要依据。

石油及其产品的物理性质是组成它的各种化合物性质的综合表现。石油及其产品是各种化合物的复杂混合物，化学组成不易直接测定，而且许多物理性质没有可加性，所以石油及其产品的物理性质是采用规定的、条件性的试验方法来测定。离开专门的仪器和规定的试验条件，所测油品的性质数据就毫无意义。

在实际工作中，往往是根据某些基本物性数据借助图表查找或借助公式计算其他物性数据。这些图表和公式是依据大量实测数据归纳得到的，是经验性的或半经验性的。由于计算机技术的广泛应用，人们将各种物性之间的关联用数学式表示，方便了物性数据的计算。

一、蒸气压

在一定的温度下，液相与其上方的气相呈平衡状态时的压力称为饱和蒸气压，简称蒸气压。表示液体在一定温度下蒸发和汽化的能力，蒸气压愈高的液体愈容易汽化。

(一) 纯烃的蒸气压

纯烃的饱和蒸气压是温度的函数，随温度的升高而增大。同一温度下，不同烃类具有不同的蒸气压。对于同一族烃类，相对分子质量较大的烃类蒸气压较小。

当体系的压力不太高，液相的摩尔体积与气相的摩尔体积相比可以忽略，温度远高于临界温度时，气相可看作理想气体，纯化合物的蒸气压与温度间的关系可用 Clapeyron－Clausius 方程表示：

$$\frac{\mathrm{d}\ln p}{\mathrm{d}T}=\frac{\Delta H_{\mathrm{V}}}{RT^{2}} \tag{2-1}$$

式中　ΔH_{V}——摩尔蒸发热，J/mol；

R——摩尔气体常数，8.3143J/(mol·K)；

T——温度，K；

p——纯物质在 T 时的蒸气压，Pa。

当温度变化不大时，ΔH_{V} 可视为常数，则 $\ln p$ 与 $1/T$ 呈线性关系，积分上式得：

$$\ln\frac{p_1}{p_2}=\frac{\Delta H}{R}\left(\frac{1}{T_2}-\frac{1}{T_1}\right) \tag{2-2}$$

在实际应用中，一般用其他计算公式或烃类蒸气压图(考克斯图)求纯烃的蒸气压。比较简单的计算公式有 Antoine 方程：

$$\ln p=A-\frac{B}{T+C} \tag{2-3}$$

式中的 A、B、C 是与烃类性质有关的常数，可从有关数据手册查得，此式的使用范围为 1.3～200kPa。

图 2-2 是烃类蒸气压图。此图可以查找烃类在不同温度下的蒸气压，或不同压力下的沸点。该图查出的纯烃蒸气压数值，误差在 2%以内。

【例 2-1】 当压力为 6.67kPa 时，某烷烃的沸点为 110℃，求该烷烃在常压下的沸点。

解： 在 6.67kPa(50mmHg)处作一水平线，在横坐标 110℃处作一垂直线，交点位于“27”(十一烷)线上，在此线上查出与纵坐标 101kPa 的交点，其横坐标温度为 195℃，此即常压 101kPa 下十一烷的沸点。

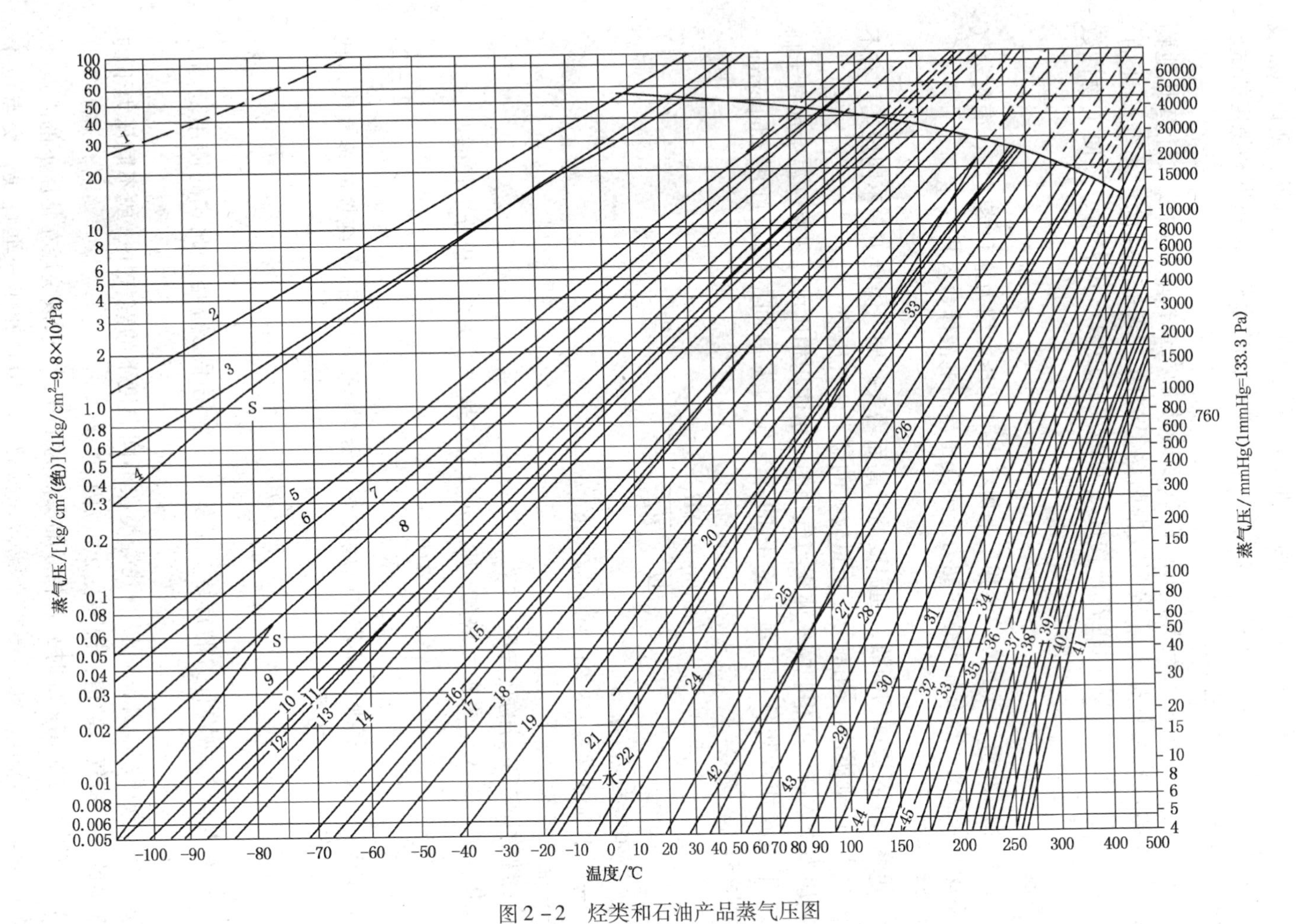

图 2-2 烃类和石油产品蒸气压图

烷烃:1—甲烷;3—乙烷;6—丙烷;9—异丁烷;12—丁烷;14—2,2-二甲基丙烷;15—2-甲基丁烷;17—戊烷;18—2,2-二甲基丁烷;19—己烷;20—异庚烷;21—庚烷;23—异辛烷;24—辛烷;25—壬烷;26—癸烷;27—十一烷;28—十二烷;29—十三烷;30—十四烷;31—十五烷;32—十六烷;33—十七烷;34—十八烷;35—十九烷;36—二十烷;37—二十二烷;38—二十四烷;39—二十六烷;40—二十八烷;41—三十烷
烯烃:2—乙烯;5—丙烯;10—异丁烯、1-丁烯;13—2-顺丁烯;22—二异丁烯(C_8H_{16}) 炔烃:4—乙炔;8—丙炔 二烯烃:7—丙二烯;11—1,3-丁二烯;16—2-甲基1,3-丁二烯 石油产品:42—煤油;43—瓦斯油;44—轻残渣油;45—重残渣油

（二）烃类混合物及石油馏分的蒸气压

混合物蒸气压是温度和组成的函数。对于组分比较简单的烃类混合物，当体系压力不高，气相近似于理想气体，与其相平衡的液相近似于理想溶液时，其总的蒸气压可用Dalton-Raoult定律求得：

$$p = \sum_{i=1}^{n} p_i x_i \qquad (2-4)$$

式中 p，p_i——分别为混合物和组分 i 的蒸气压，Pa；

x_i——平衡液相中组分 i 的摩尔分率。

式(2-4)中的 x_i 随着汽化率的不同而改变，因此，由上式算出的蒸气压只是在某个平衡条件下平衡液相的蒸气压。烃类混合物的蒸气压不仅与体系的温度有关，而且与该条件下的汽化率有关。

石油及其馏分是各种烃类的混合物，组成极为复杂，单体烃的组成难以测定，无法用式(2-4)计算其总蒸气压。但与简单的烃类混合物一样，蒸气压仍然是温度和组成的函数。在一定温度下，馏分越轻，越易挥发，其蒸气压越大。馏分的组成是随汽化率不同而改变的，一定量的油品在汽化过程中，由于轻组分易挥发，因此当汽化率增大时，液相组成逐渐变重，其蒸气压也会随之降低。

对实沸点蒸馏温度差小于30℃的窄石油馏分，蒸气压可根据特性因数和平均沸点由图2-3或图2-4求定。如果特性因数 $K \neq 12$，需对平均沸点作校正，但校正又需要知道蒸气压，所以需用试差法求定石油窄馏分的蒸气压。也可用图2-5求石油窄馏分的蒸气压，但误差较大。

【例2-2】 计算四氢萘在70℃时的蒸气压。已知其常压沸点 $t_b = 207.6$℃，特性因数 $K = 9.78$。

解：① 设 $t'_b = t_b = 207.6$℃。由图2-3查得70℃时蒸气压为667Pa(5mmHg)，再由左上角小图，根据667Pa(5mmHg)、$K = 9.78$ 查得沸点校正值为6.4℃，故校正至 $K = 12$ 的常压沸点应为：

$$t'_b = t_b - \Delta t = 207.6 - 6.4 = 201.2℃$$

② 用 $t'_b = 201.2$℃从图2-3查得70℃蒸气压为867Pa(6.5mmHg)，再由左上角小图根据867Pa(6.5mmHg)和 $K = 9.78$ 查得 $\Delta t = 5.8$℃，则 $t'_b = 207.6 - 5.8 = 201.8$℃。

③ 用 $t'_b = 201.8$℃从图2-3查得70℃蒸气压为840Pa(6.3mmHg)，再由左上角小图根据840Pa(6.3mmHg)和 $K = 9.78$ 查得 $\Delta t = 5.9$℃，则 $t'_b = 207.6 - 5.9 = 201.7$℃。此值与201.8℃只差0.1℃，故认为所求蒸气压为840Pa(6.3mmHg)。

石油窄馏分的蒸气压还可用迭代法计算。由于计算机技术的发展，使应用复杂的迭代公式进行繁琐的迭代过程计算变得简单、快捷、准确。

石油馏分的蒸气压通常有两种表示方法：一种是汽化率为0%时的蒸气压，称为泡点蒸气压或真实蒸气压(汽化率为100%时的蒸气压称为露点蒸气压)，它在工艺计算中常用于计算气液相组成、换算不同压力下烃类的沸点或计算烃类的液化条件；另一种是雷德蒸气压，它是用特定仪器，在规定条件下测定的油品蒸气压，主要用于评价汽油的使用性能。通常，泡点蒸气压要比雷德蒸气压高。

雷德蒸气压测定器如图2-6所示。用GB/T 8017—2012标准方法测定蒸气压时，是将冷却的试样充入蒸气压测定器的燃料室，并将燃料室与37.8℃的空气室相连接(燃料室与空气室的体积比为1：4)。将该测定器浸入恒温浴(37.8℃±0.1℃)中，定期振荡，直到安装在测定器上压力表的压力读数稳定，此时的压力表读数经修正后，即为雷德蒸气压。

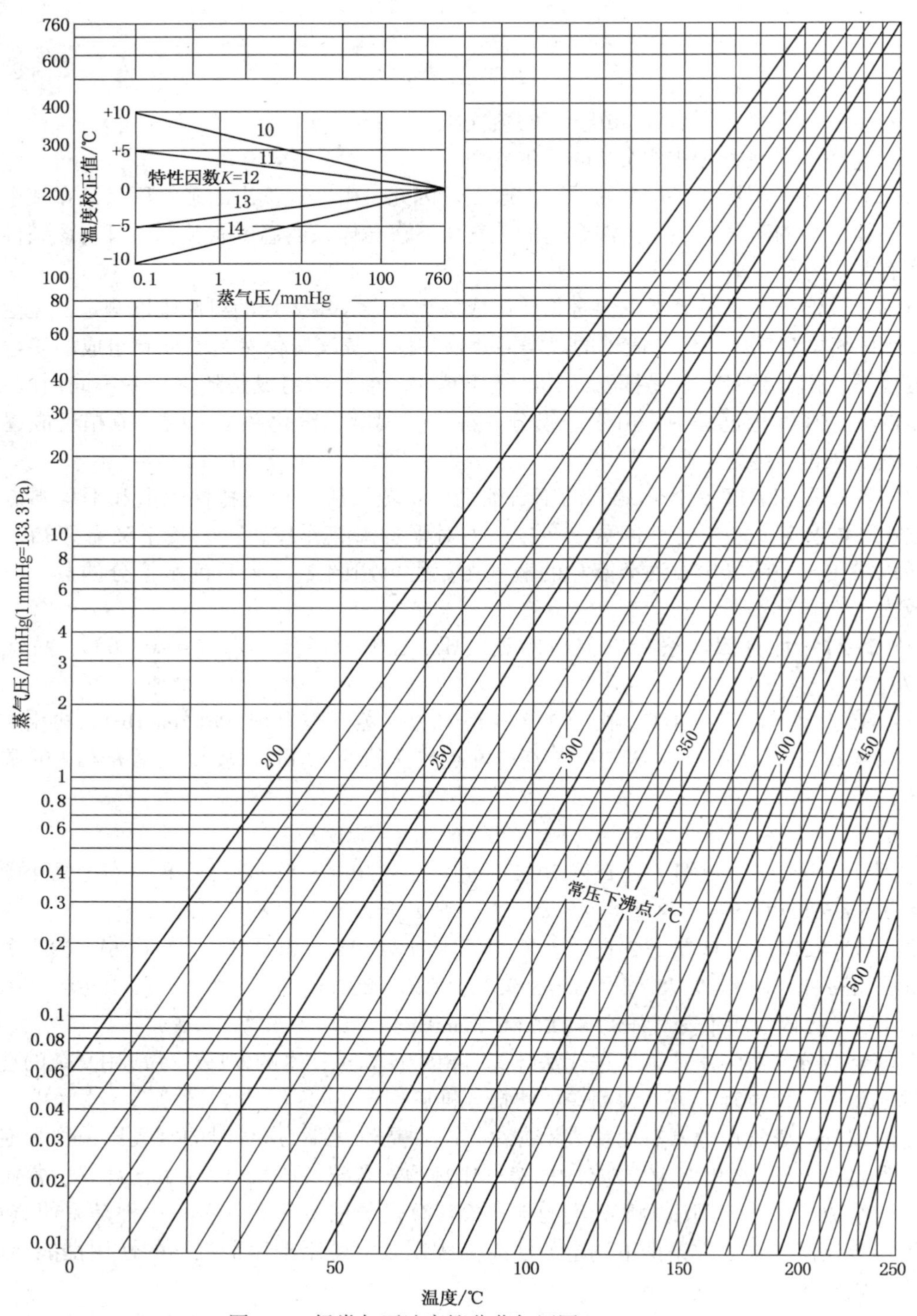

图2-3 烃类与石油窄馏分蒸气压图(0~250℃)

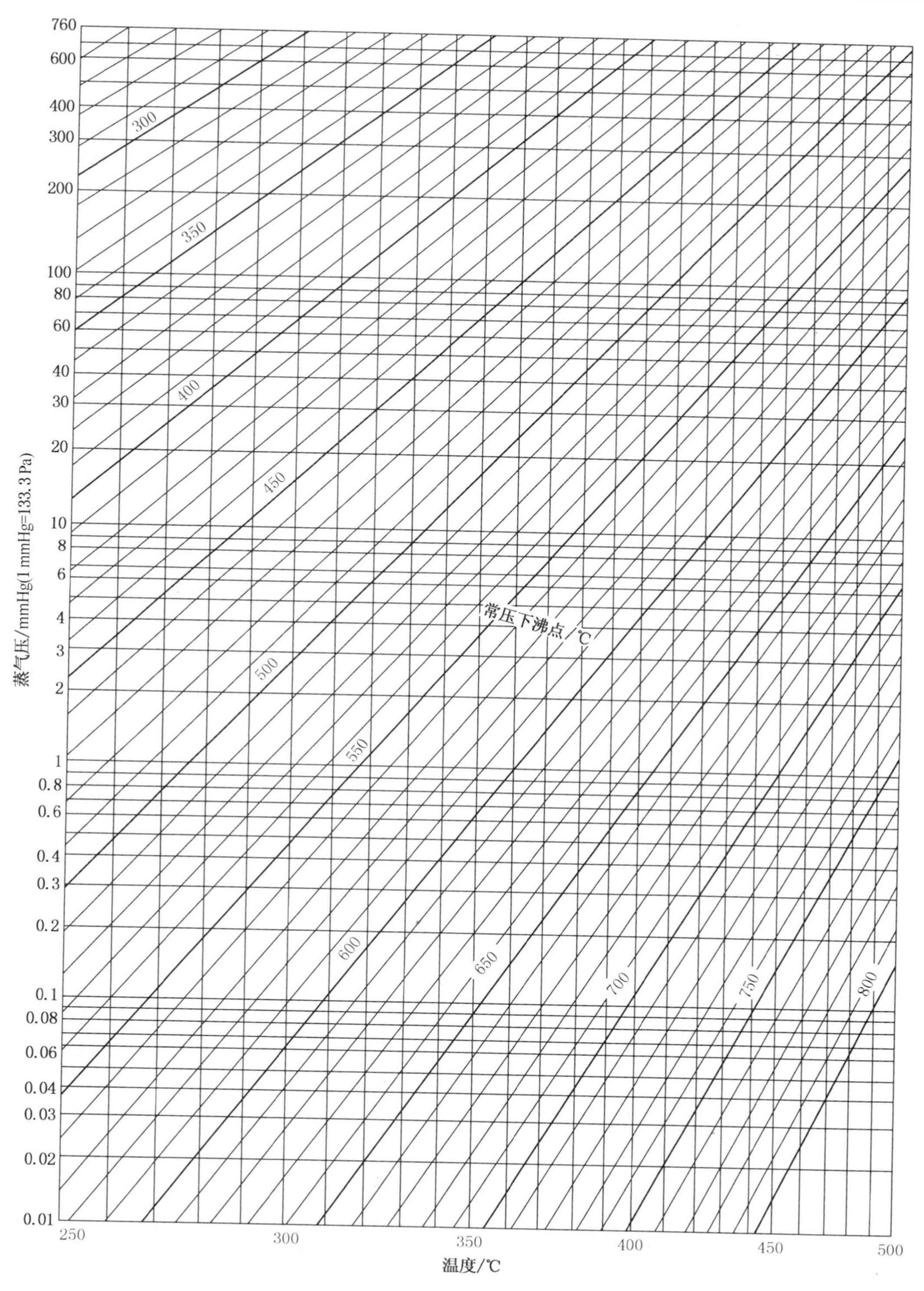

图 2-4　烃类与石油窄馏分蒸气压图(250~500℃)

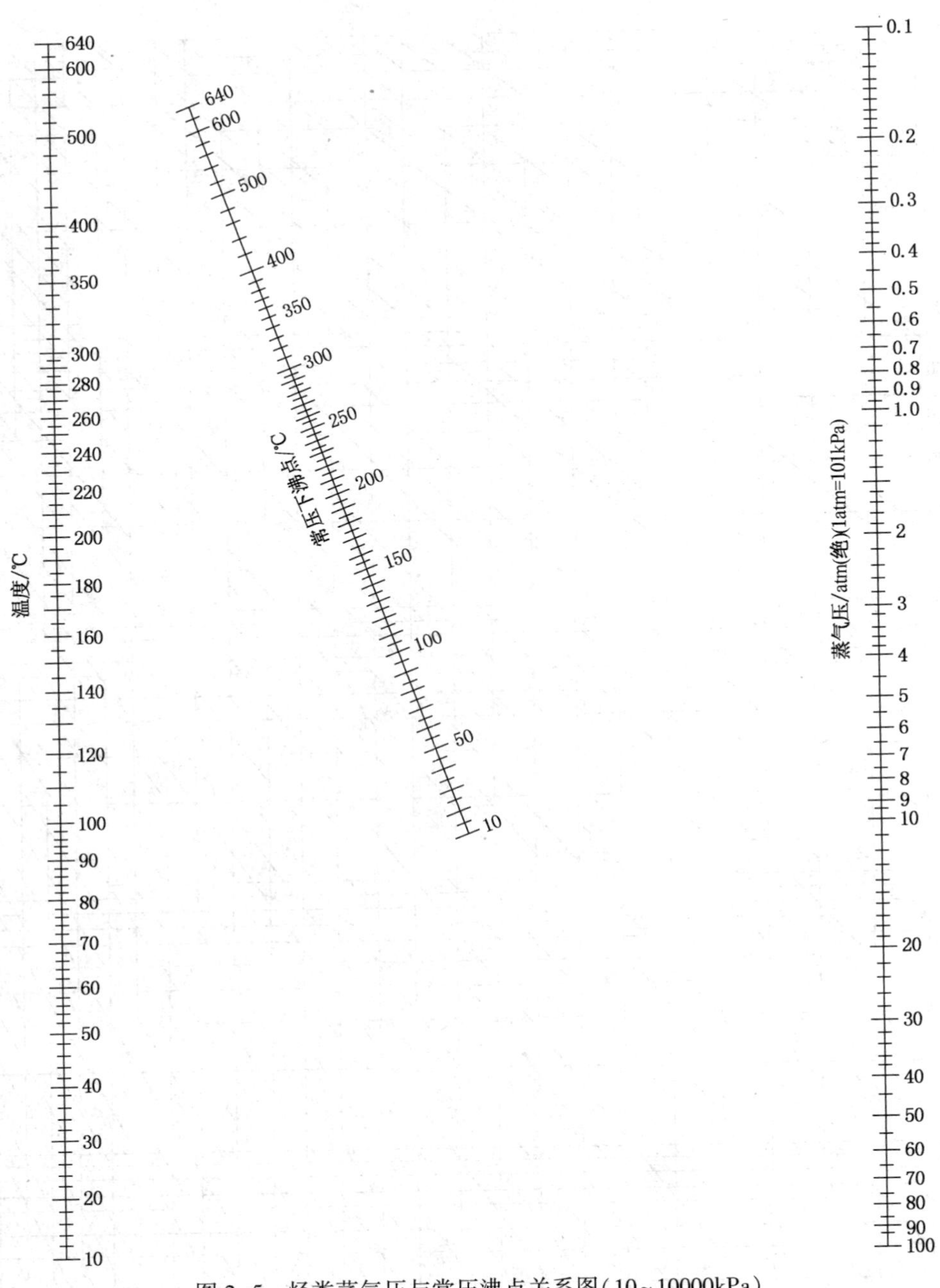

图 2-5 烃类蒸气压与常压沸点关系图(10~10000kPa)

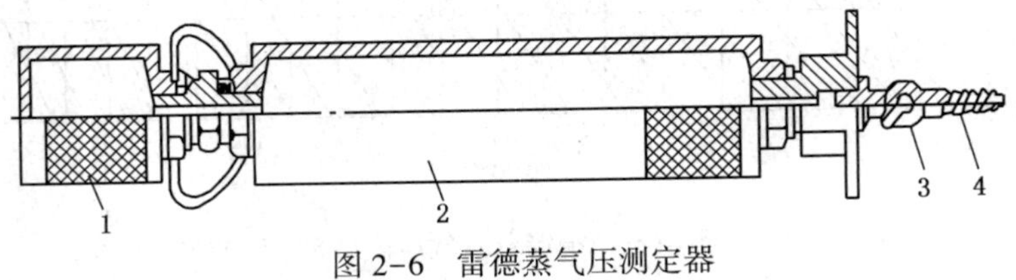

图 2-6 雷德蒸气压测定器

1—燃料室；2—空气室；3—活栓；4—接头

二、馏分组成与平均沸点

（一）沸程与馏分组成

纯液体物质在一定温度下具有恒定的蒸气压。温度越高，蒸气压越大。当纯液体饱和蒸气压与外界压力相等时，液体表面和内部同时出现汽化现象，这一温度称为该液体物质在此压力下的沸点。如不加说明，物质的沸点一般都是指其在常压下的沸点，也称常沸点。

石油馏分是一个复杂的混合物，在一定外压下其沸点与纯液体不同，它不是恒定的，其沸点表现为一个很宽的范围。石油馏分中轻组分相对挥发度大，在蒸馏时，首先汽化，当蒸气压等于外压时，石油馏分开始沸腾，随着汽化过程的不断进行，液相中的较重组分逐渐富集，沸点会逐渐升高。所以，石油馏分是一个沸点连续的多组分混合物，没有恒定的沸点，只有一个沸腾温度范围。在外压一定时，石油馏分的沸点范围称为沸程。

石油馏分沸程数据因所用的蒸馏设备不同而不同。对于同一种油样，采用分离精确度较高的蒸馏设备蒸馏时沸程较宽，反之则较窄。在石油加工生产和设备计算中，常常是以馏程来简便地表征石油馏分的蒸发和汽化性能。

实验室常用比较粗略而又最简便的恩氏蒸馏装置来测定石油馏分的馏程。恩氏蒸馏装置如图 2-7 所示。

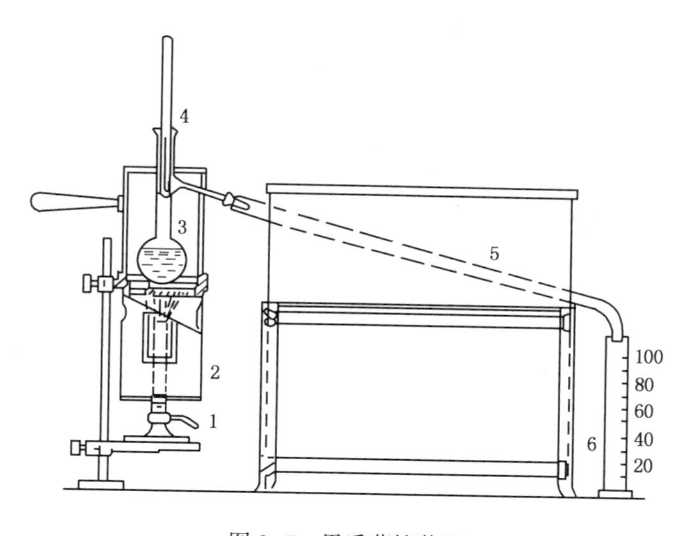

图 2-7 恩氏蒸馏装置

1—喷灯；2—挡风板；3—蒸馏瓶；4—温度计；5—冷凝器；6—接受器

按 GB/T 6536—2010 的标准方法进行恩氏蒸馏时其测定过程如下：将 100mL（20℃）试样在规定的试验条件下，按产品性质不同，控制不同的蒸馏操作升温速度。当冷凝管流出第一滴冷凝液时所对应的气相温度称为初馏点。继续加热，温度逐渐升高，组分由轻到重逐渐馏出，依次记录馏出液为 10mL、30mL 直至 90mL 时的气相温度，分别称之为 10%、30%、……、90%回收温度（馏出温度），也简称为 10%点、30%点、……、90%点。蒸馏过程中气相温度升高到一定数值，不再上升而开始回落，这个最高的气相温度称为终馏点。蒸馏烧瓶底部最后一滴液体汽化的瞬间所测得的气相温度称为干点，此时不考虑蒸馏烧瓶壁及温度计上的任何液滴或液膜。由于终馏点一般在蒸馏烧瓶全部液体蒸发后才出现，故与干点往往相同。有时也可根据产品规格要求，以 98%或 97.5%时的馏出温度来表示终馏温度。

从初馏点到终馏点这一温度范围，叫做馏程。而在某一温度范围内蒸馏出的馏出物，称为馏分。温度范围窄的称为窄馏分，温度范围宽的称为宽馏分，低温范围的称为轻馏分，高温范围的称为重馏分。馏分仍是一个混合物，只不过包含的组分数目少一些。

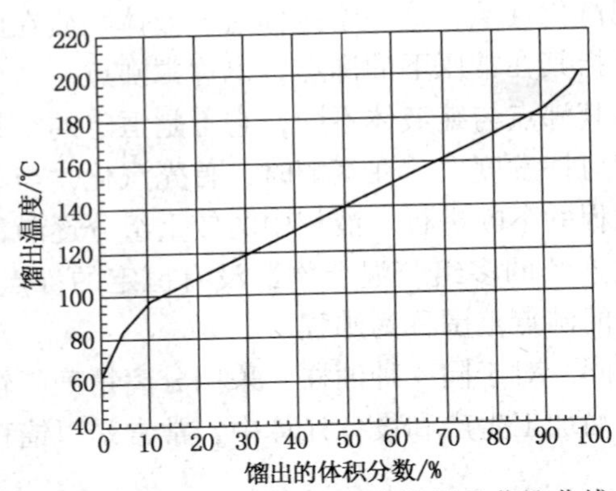

图 2-8　大庆原油汽油馏分的恩氏蒸馏曲线

馏出温度与馏出量(体积百分数)相对应的一组数据，称为馏分组成。如初馏点、10%点、30%点、50%点、70%点、90%点、终馏点等，生产实际中常统称为馏程。根据恩氏蒸馏馏分组成数据，以馏出温度为纵坐标，馏出体积百分数为横坐标作图，得到油品的恩氏蒸馏曲线。图 2-8 为大庆原油汽油馏分的恩氏蒸馏曲线。恩氏蒸馏曲线的斜率表示从馏出量10%到馏出量90%之间，每馏出1%沸点升高的平均度数。斜率体现了馏分沸程的宽窄，馏分越宽斜率越大。恩氏蒸馏曲线的斜率常用式(2-5)计算。

$$斜率\ S = \frac{90\%\ 馏出温度 - 10\%\ 馏出温度}{90 - 10},\ ℃/\% \qquad (2-5)$$

馏程可判断石油馏分组成，可作为建厂设计的基础数据，也是炼油装置生产操作控制的依据，另外可以评定某些油品的蒸发性，判断其使用性能。但石油馏分恩氏蒸馏是间歇式的简单蒸馏，基本不具有精馏作用，石油馏分中的烃类并不是按各自沸点逐一蒸出，而是在温度从低到高的渐次汽化过程中，以连续增高沸点的混合物形式蒸出。也就是说在蒸馏时既有首先汽化的轻组分携带部分沸点较高的重组分一同汽化的过程，同时又有留在液体中的一些低沸点轻组分与高沸点组分被一同蒸出的过程。因此，馏分组成数据仅是粗略地判断油品的轻重及使用性质。

温度超过350℃时，重质馏分易发生分解。因此，对于较重的石油馏分需要在减压条件下蒸馏，以降低馏出温度。蒸馏时的液相温度一般不能超过350℃。蒸馏结束后，将减压下测得的馏分组成数据换算为常压馏分组成数据。

(二) 平均沸点

馏程和馏分组成主要用在油品评价以及油品规格标准上，在工艺计算中不能直接应用。为此引入平均沸点的概念。严格说来平均沸点并无物理意义，但在工艺计算及求定各种物理参数时却很有用。石油馏分平均沸点的定义有以下五种：

1. 体积平均沸点

$$t_{体} = \frac{t_{10} + t_{30} + t_{50} + t_{70} + t_{90}}{5} \qquad (2-6)$$

式中　$t_{体}$——体积平均沸点,℃；

$t_{10}, t_{30}, t_{50}, t_{70}, t_{90}$——恩氏蒸馏 10%、30%、50%、70%、90%的馏出温度,℃。

2. 质量平均沸点

$$t_{重} = \sum W_i t_i \qquad (2-7)$$

式中　$t_{重}$——质量平均沸点,℃；

W_i——i 组分的质量分数；

t_i——i 组分的沸点，℃。

3. 实分子平均沸点

$$t_{分} = \sum N_i t_i \tag{2-8}$$

式中 $t_{分}$——实分子平均沸点，℃；

N_i——i 组分的摩尔分数；

t_i——i 组分的沸点，℃。

4. 立方平均沸点

$$T_{立} = \left(\sum V_i T_i^{\frac{1}{3}}\right)^3 \tag{2-9}$$

式中 $T_{立}$——立方平均沸点，K；

V_i——i 组分的体积分数；

T_i——i 组分的沸点，K。

5. 中平均沸点

$$t_{中} = \frac{t_{分} + t_{立}}{2} \tag{2-10}$$

式中 $t_{中}$——中平均沸点，℃；

$t_{立}$——立方平均沸点，℃。

这五种平均沸点各有其相应的用途，涉及平均沸点时必须注意是何种平均沸点。体积平均沸点主要用于求其他难于直接求得的平均沸点。质量平均沸点用于求油品的真临界温度。实分子平均沸点用于求烃类混合物或油品的假临界温度和偏心因子。立方平均沸点用于求取油品的特性因数和运动黏度。中平均沸点用于求油品氢含量、特性因数、假临界压力、燃烧热和平均相对分子质量等。

体积平均沸点可根据石油馏分恩氏蒸馏数据直接计算。其他几种平均沸点，由体积平均沸点和恩氏蒸馏曲线斜率从图 2-9 中查得校正值，间接计算求得。对于沸程小于 30℃ 的窄馏分，可以认为各种平均沸点近似相等，用 50%点馏出温度代替不会有很大误差。

图 2-9 为平均沸点校正图，在一般情况下该图只适用于恩氏蒸馏斜率小于 5 的石油馏分。

平均沸点在一定程度上反映了馏分的轻重，但不能看出油品沸程的宽窄。例如沸程为 100~400℃ 的馏分和沸程为 200~300℃ 的馏分，它们的平均沸点都可以在 250℃ 左右。

【例 2-3】 已知某油品的恩氏蒸馏数据如下：

馏出/%(体)	初馏点	10	30	50	70	90	终馏点
馏出温度/℃	38	54	84	108	135	182	196

求此油品的各种平均沸点。

解： 此油品的体积平均沸点为：

$$t_{体} = \frac{54 + 84 + 108 + 135 + 182}{5} = 112.6℃$$

恩氏蒸馏 10%~90%曲线斜率为：

$$S = \frac{t_{90} - t_{10}}{90 - 10} = \frac{182 - 54}{80} = 1.6℃/\%$$

根据恩氏蒸馏体积平均沸点和斜率数据，查图 2-9 得质量平均沸点校正值、立方平均沸点校正值、中平均沸点校正值、实分子平均沸点校正值分别为+4.5℃、-4.1℃、-11℃、-18℃，则：

$$t_{质}=112.6+4.5=117.1℃$$

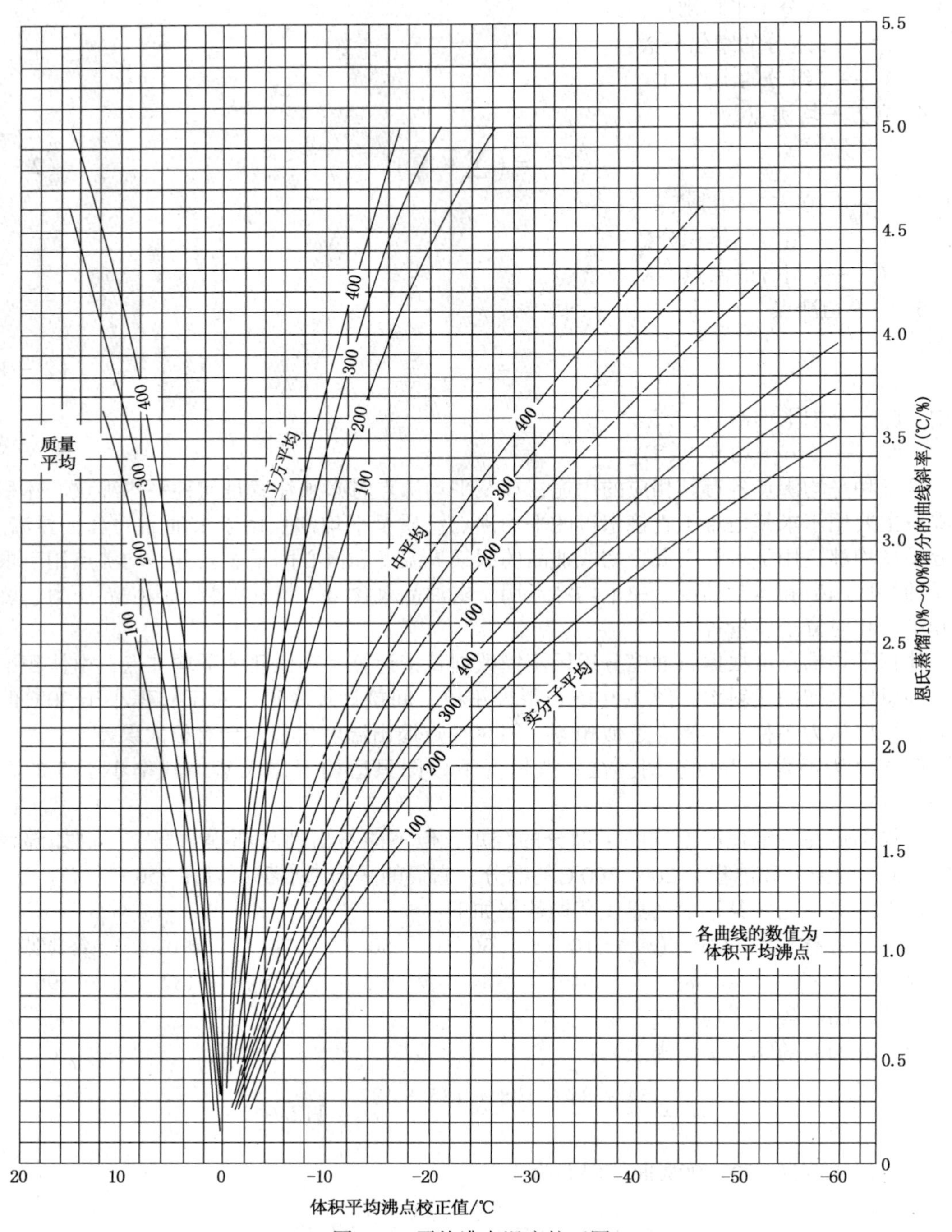

图 2-9 平均沸点温度校正图

$$t_{立}=112.6-4.1=108.5℃$$
$$t_{中}=112.6-11=101.6℃$$
$$t_{实}=112.6-18=94.6℃$$

考虑到油品在加热过程中的裂化作用，当恩氏蒸馏馏出温度高于246℃时，须用式(2-11)进行校正。但馏出温度若是从减压蒸馏数据算出来的，则无须进行校正。

$$\lg D=0.00852t-1.436 \tag{2-11}$$

式中　D——温度校正值(加到馏出温度 t 上),℃；

t——高于246℃的恩氏蒸馏馏出温度,℃。

工艺设计和生产过程中经常要做不同压力下的沸点换算。图2-5适用于压力在10~10000kPa范围内的沸点换算，该图误差较大，也不能针对油品组成进行校正。图2-3及图2-4适用于压力在1.33~101323Pa范围内的沸点换算。用图2-3及图2-4换算比较精确，用于纯烃及沸程小于28℃的石油窄馏分的沸点换算时，平均误差为4%。

三、密度和相对密度

石油及其石油产品密度和相对密度与石油及石油产品的化学组成有密切的内在联系，是石油和石油产品的重要特性之一。在炼厂工艺设计和生产、油品储运、产品计量等方面都经常用到相对密度。石油产品规格中对相对密度都要有一定的要求；有的石油产品如喷气燃料，在质量标准中对相对密度有严格要求。以油品相对密度为基础，可关联出油品的其他重要性质参数，建立实用的数学模型。

(一) 石油及石油产品密度和相对密度

密度是单位体积物质的质量，单位为 g/cm^3 或 kg/m^3。油品的体积随温度变化，但质量并不随温度变化，同一油品在不同温度下有不同的密度，所以油品密度应标明温度，通常用 ρ_t 表示温度 t℃时油品的密度。我国规定油品20℃时密度作为石油产品的标准密度，表示为 ρ_{20}。

液体石油产品的相对密度是其密度与规定温度下水的密度之比。因为水在4℃时的密度等于 $1g/cm^3$，所以通常以4℃水为基准，因而油品的相对密度与同温下油品的密度在数值上是相等的。

油品在 t℃时的相对密度通常用 d_4^t 表示。我国及东欧各国常用的相对密度是 d_4^{20}。欧美各国常用的相对密度是 $d_{60℉}^{60℉}$($d_{15.6}^{15.6}$)，即60℉油品的密度与60℉水的密度之比。d_4^{20} 与 $d_{15.6}^{15.6}$ 之间可利用表2-14根据式(2-12)进行换算。

$$d_4^{20}=d_{15.6}^{15.6}-\Delta d \tag{2-12}$$

式中 Δd 为油品相对密度校正值。

表2-14　$d_{15.6}^{15.6}$ 与 d_4^{20} 换算表

$d_{15.6}^{15.6}$ 或 d_4^{20}	Δd	$d_{15.6}^{15.6}$ 或 d_4^{20}	Δd	$d_{15.6}^{15.6}$ 或 d_4^{20}	Δd
0.700~0.710	0.0051	0.780~0.800	0.0046	0.870~0.890	0.0041
0.710~0.730	0.0050	0.800~0.820	0.0045	0.890~0.910	0.0040
0.730~0.750	0.0049	0.820~0.840	0.0044	0.910~0.920	0.0039
0.750~0.770	0.0048	0.840~0.850	0.0043	0.920~0.940	0.0038
0.770~0.780	0.0047	0.850~0.870	0.0042	0.940~0.950	0.0037

美国石油协会还常用比重指数(°API)来表示油品的相对密度，它与 $d_{15.6}^{15.6}$ 的关系为：

$$比重指数(°API)=\frac{141.5}{d_{15.6}^{15.6}}-131.5 \quad (2-13)$$

由此式可见，相对密度愈小的其°API愈大，而相对密度愈大的其°API愈小。

（二）液体油品相对密度与温度、压力的关系

温度升高油品受热膨胀，体积增大，密度和相对密度减小。在0～50℃温度范围内，不同温度（t℃）下的油品相对密度可按式(2-14)换算。

$$d_4^t = d_4^{20} - \gamma(t-20) \quad (2-14)$$

式中γ为油品体积膨胀系数或相对密度的平均温度校正系数，即温度改变1℃时油品相对密度的变化值。γ可由表2-15查得。

表2-15 油品相对密度的平均温度校正系数

d_4^{20}	γ/[g/(mL·℃)]	d_4^{20}	γ/[g/(mL·℃)]	d_4^{20}	γ/[g/(mL·℃)]
0.7000～0.7099	0.000897	0.8000～0.8099	0.000765	0.9000～0.9099	0.000633
0.7100～0.7199	0.000884	0.8100～0.8199	0.000752	0.9100～0.9199	0.000620
0.7200～0.7299	0.000870	0.8200～0.8299	0.000738	0.9200～0.9299	0.000607
0.7300～0.7399	0.000857	0.8300～0.8399	0.000725	0.9300～0.9399	0.000594
0.7400～0.7499	0.000844	0.8400～0.8499	0.000712	0.9400～0.9499	0.000581
0.7500～0.7599	0.000831	0.8500～0.8599	0.000699	0.9500～0.9599	0.000568
0.7600～0.7699	0.000813	0.8600～0.8699	0.000686	0.9600～0.9699	0.000555
0.7700～0.7799	0.000805	0.8700～0.8799	0.000673	0.9700～0.9799	0.000542
0.7800～0.7899	0.000792	0.8800～0.8899	0.000660	0.9800～0.9899	0.000529
0.7900～0.7999	0.000778	0.8900～0.8999	0.000647	0.9900～1.0000	0.000518

在温度变化范围较大时，可根据GB/T 1885—1998，将测得的油品密度换算成标准密度；如果对相对密度数值上的准确性只要求满足一般工程上的计算时，可以由图2-10换算。

【例2-4】 在28℃下测得某油品的相对密度为0.8591，试求该油品20℃和300℃时的相对密度。

解： 从表2-15查得相对密度为0.8591时温度校正值为0.000699，代入式(2-14)得：

$$d_4^{20}=d_4^{28}+\gamma\times(28-20)=0.8591+0.000699\times(28-20)=0.8647$$

然后将$d_4^{20}=0.8647$换算为$d_{15.6}^{15.6}=0.8689$，查图2-10求得300℃时该油品相对密度为0.665。

液体受压后体积变化很小，压力对液体油品密度的影响通常可以忽略。只有在几十兆帕的极高压力下才考虑压力的影响。

（三）油品相对密度与馏分组成和化学组成的关系

油品相对密度与烃类分子大小及化学结构有关。表2-16为各族烃类的相对密度。

表2-16 各族烃类的相对密度(d_4^{20})

烃类	C_6	C_7	C_8	C_9	C_{10}
正构烷烃	0.6594	0.6837	0.7025	0.7161	0.7300
正构α-烯烃	0.6732	0.6970	0.7149	0.7292	0.7408
正烷基环己烷	0.7785	0.7694	0.7879	0.7936	0.7992
正烷基苯	0.8789	0.8670	0.8670	0.8620	0.8601

从表2-16的数据可以看出，碳原子数相同的各族烃类，因为分子结构不同，相对密度

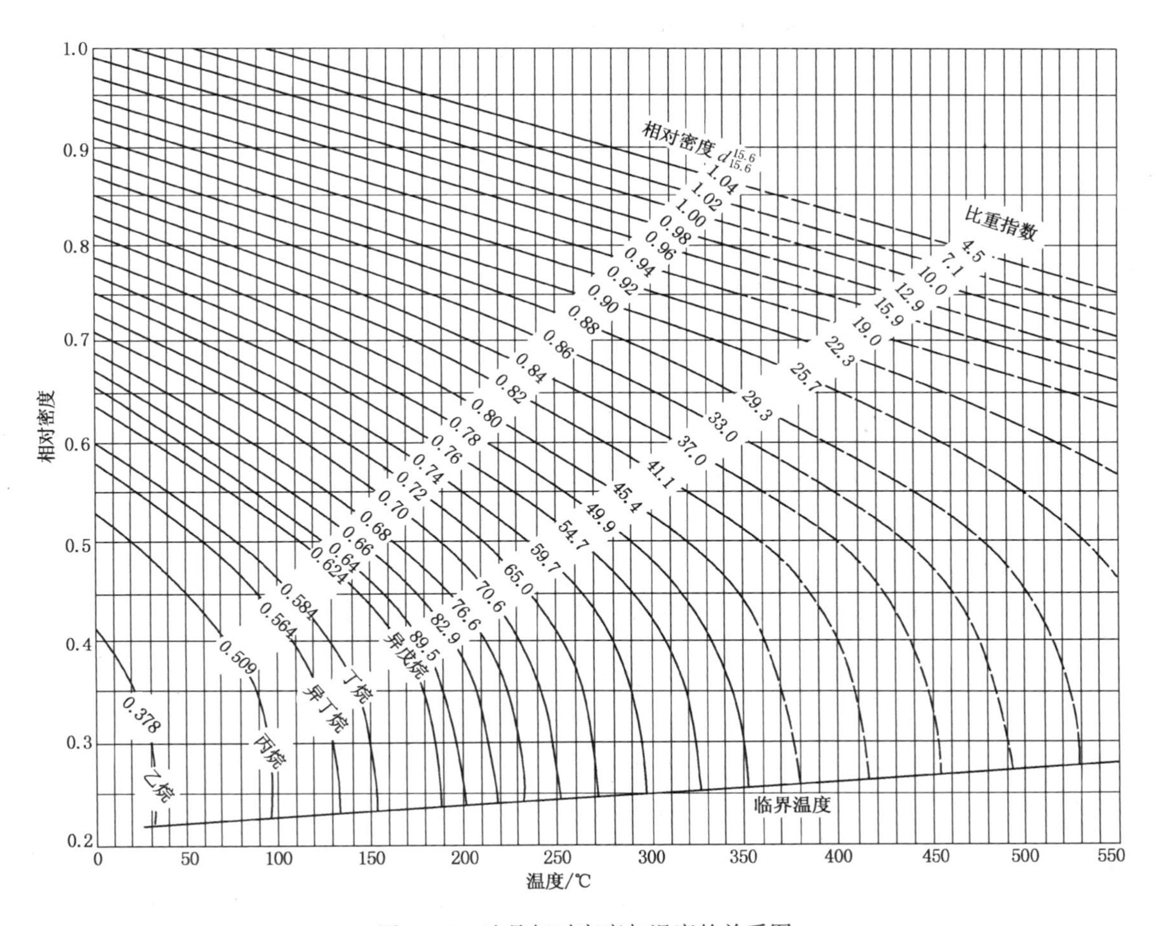

图 2-10　油品相对密度与温度的关系图

有较大差别。芳香烃的相对密度最大，环烷烃次之，烷烃最小，烯烃的稍大于烷烃的；正构烷烃、正构 α-烯烃和正烷基环已烷，其相对密度随碳原子数的增多而增大。正烷基苯则不然，它们的相对密度随碳原子数的增大而减小，这是由于烷基侧链碳原子数增多，苯环在分子结构中所占的比重下降所致。

表 2-17 为原油及其馏分相对密度的一般范围。对同一原油的各馏分，随着沸点上升，相对分子质量增大，相对密度也随之增大。表 2-18 为不同原油部分馏分的相对密度。数据表明，若原油性质不同，相同沸程的两个馏分的相对密度会有较大的差别，这主要是由于它们的化学组成不同所致。环烷基原油的馏分中环烷烃及芳香烃含量较高，所以相对密度较大；石蜡基原油的相应馏分中烷烃含量较高，因而相对密度较小。对于沸点范围相近的石油馏分，根据密度大小可大致判断其化学属性。

表 2-17　原油及其馏分相对密度的一般范围

原油及其馏分	原　油	汽　油	喷气燃料	轻柴油	减压馏分	减压渣油
相对密度(d_4^{20})	0.8~1.0	0.74~0.77	0.78~0.83	0.82~0.87	0.85~0.94	0.92~1.00

表 2-18　不同原油各馏分的相对密度(d_4^{20})

馏分(沸程)/℃	大庆原油	胜利原油	孤岛原油	羊三木原油
初馏点~200	0.7432	0.7446	—	0.7650
200~250	0.8039	0.8206	0.8625	0.8630
250~300	0.8167	0.8270	0.8804	0.8900
300~350	0.8283	0.8350	0.8994	0.9100
350~400	0.8368	0.8606	0.9149	0.9320
400~450	0.8574	0.8874	0.9349	0.9433
450~500	0.8723	0.9067	0.9390	0.9483
>500	0.9221	0.9698	1.0020	0.9820
原　油	0.8554	0.9005	0.9495	0.9492
原油基属	石蜡基	中间基	环烷-中间基	环烷基

在工程计算中，可由图 2-11 查得该石油馏分任意温度下的密度。

(四) 混合物的密度

1. 液体油品混合物的密度

属性相近的油品混合时，混合油品的密度可近似地按可加性进行计算。

$$\rho_{混} = \sum_{i=1}^{n} \nu_i \rho_i = \frac{1}{\sum_{i=1}^{n} \frac{w_i}{\rho_i}} \tag{2-15}$$

式中　ν_i，w_i——组分 i 的体积分率和质量分率；

ρ_i，$\rho_{混}$——组分 i 和混合油品的密度，kg/m^3。

在一般情况下，油品混合的体积变化不大时，利用式(2-15)计算混合油品的密度误差不会很大，可满足工程上的需要。在计算混合油品密度时，各组分的密度必须是同一温度条件下的数值。

高黏度油品的密度难于直接测定。利用油品密度的可加性，用等体积已知密度的煤油与之混合，然后测定混合物的密度，便可利用式(2-15)算出高黏度油品的密度。

2. 气液混合物的密度

在炼油生产过程中，油品有时处于气液混合状态。如果已知气相和液相的质量流率及密度或已知油品汽化率和气、液相密度，则可按下式计算气液混合物的密度。

$$\rho_{混} = \frac{G_{混}}{V_{气} + V_{液}} = \frac{G_{混}}{\frac{G_{气}}{\rho_{气}} + \frac{G_{液}}{\rho_{液}}} \tag{2-16}$$

式中　$\rho_{混}$——气、液混合物的密度，kg/m^3；

$\rho_{气}$，$\rho_{液}$——气相和液相的密度，kg/m^3

$G_{混}$——气、液混合物的质量流率，kg/h；

$G_{气}$，$G_{液}$——气相和液相质量流率，kg/h；

$V_{气}$，$V_{液}$——气相和液相体积流率，m^3/h。

油品密度的测定主要有密度计法和密度瓶法。密度计法在生产中应用最为广泛，密度瓶法主要用于油品的科学研究。

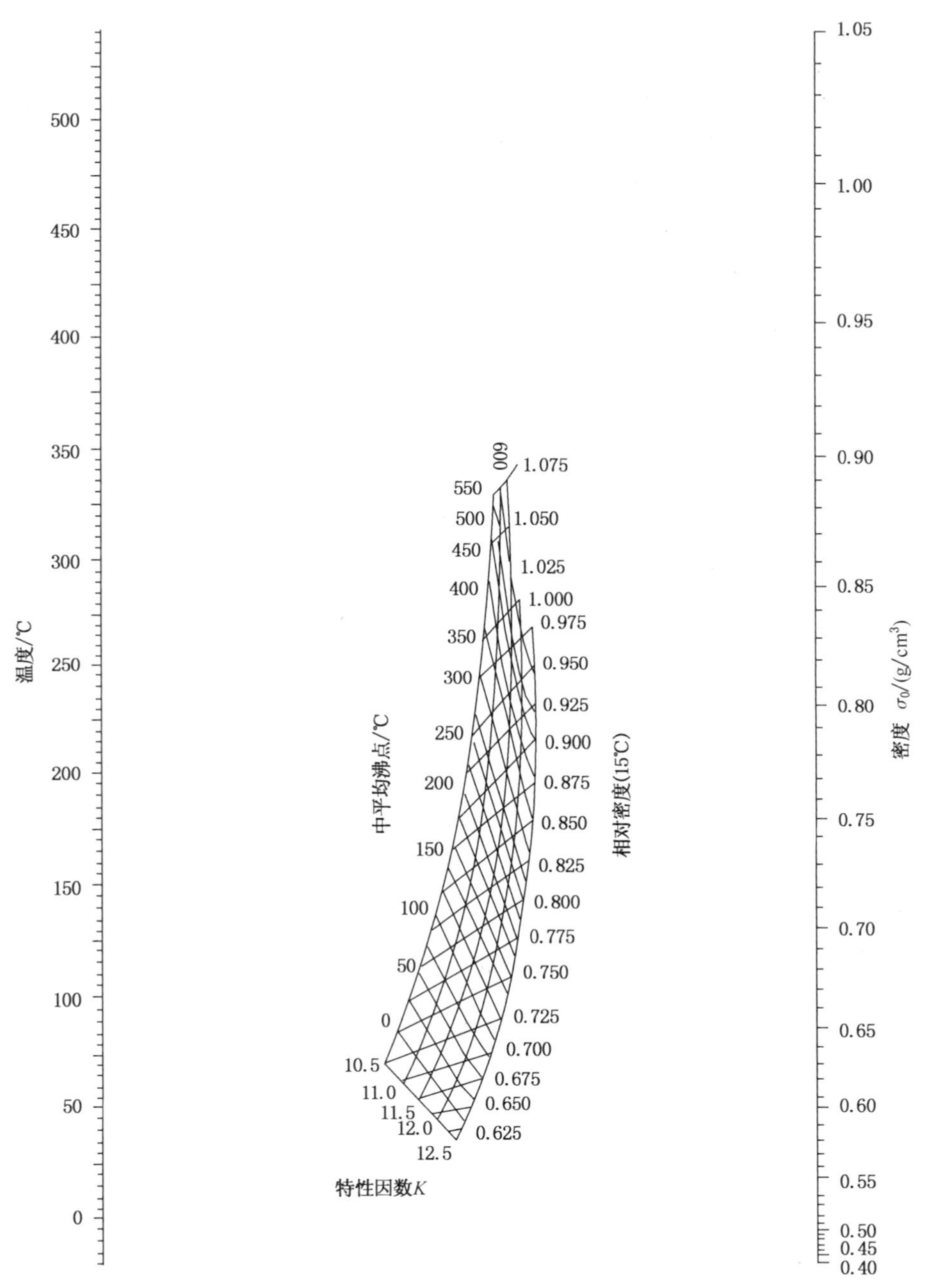

图 2-11　常压下的石油馏分液体密度图

四、特性因数

特性因数是表征石油及石油馏分化学组成的一个重要参数。它是石油及其馏分平均沸点和相对密度的函数。人们根据大量的数据，将石油及其馏分的相对密度、平均沸点、特性因数关联起来，得出特性因数的数学表达式：

$$K = \frac{(T\,^{\circ}\mathrm{R})^{1/3}}{d_{15.6}^{15.6}} = 1.216\,\frac{(T\mathrm{K})^{1/3}}{d_{15.6}^{15.6}} \qquad (2-17)$$

式中，T 为油品平均沸点的绝对温度(K)，最早是分子平均沸点，后改用立方平均沸点，现在一般用中平均沸点。

对同一族烃类，沸点高，相对密度也大，所以同一族烃类的特性因数很接近。在平均沸点相近时，相对密度越大，特性因数越小。当相对分子质量相近时，相对密度大小的顺序为芳香烃>环烷烃>烷烃。所以，特性因数的顺序为烷烃>环烷烃>芳香烃，烷烃的 K 值一般>12，环烷烃的 K 值 11～12，芳香烃的 K 值<11。

相对密度对特性因数的影响比平均沸点更大些，所以对同一族烃类或同一原油的不同馏分，分子越大，馏分越重，特性因数越小。

特性因数不能准确表征含有大量烯烃、二烯烃、芳香烃的馏分的化学组成特性。

在工艺计算中，常用图表求石油馏分的特性因数。图 2-12 是石油馏分特性因数和平均

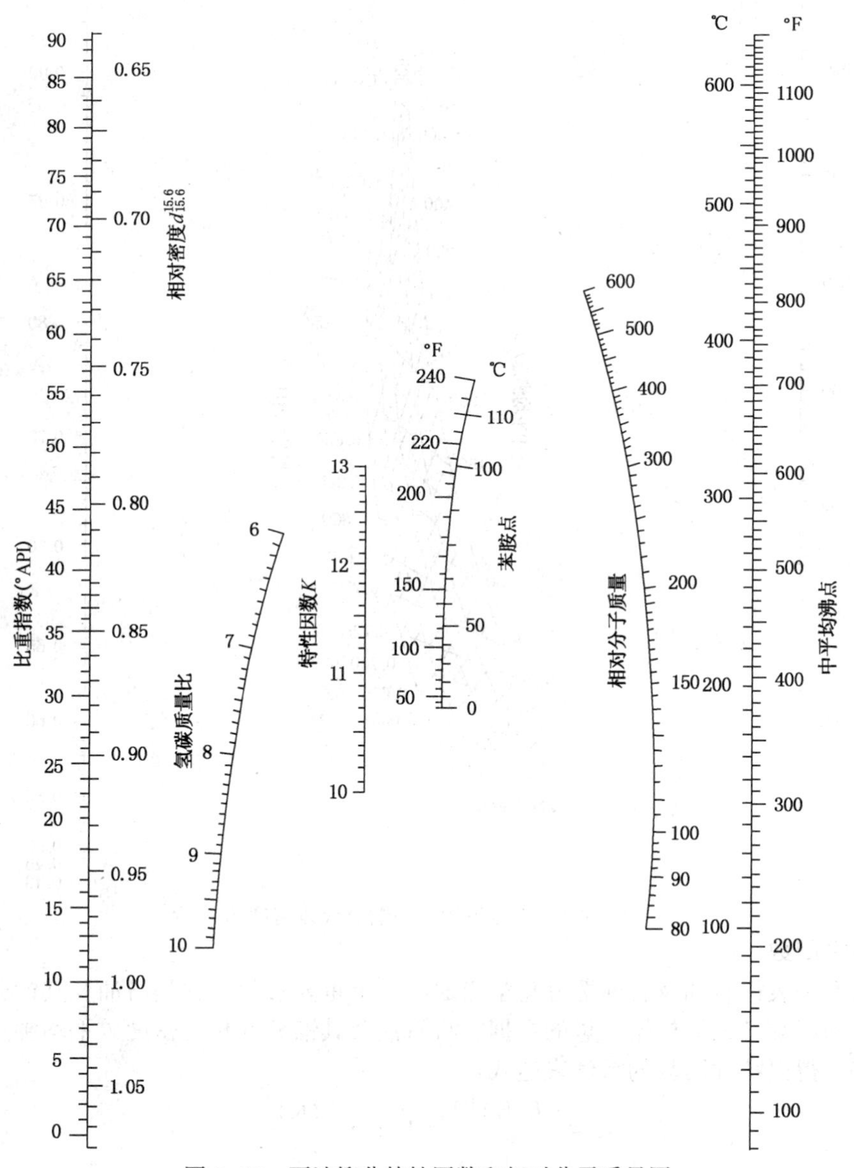

图 2-12　石油馏分特性因数和相对分子质量图

相对分子质量图。只要已知图中任意两个性质的数据，即可直接从图中查得石油馏分的特性因数。但其中碳氢比及苯胺点这两条线的准确性较差。

对于平均相对分子质量比较高的石油馏分，由于难以取得可靠的平均沸点数据，常用易于得到的相对密度指数和黏度数据，从图 2-13、图 2-14 查得特性因数。

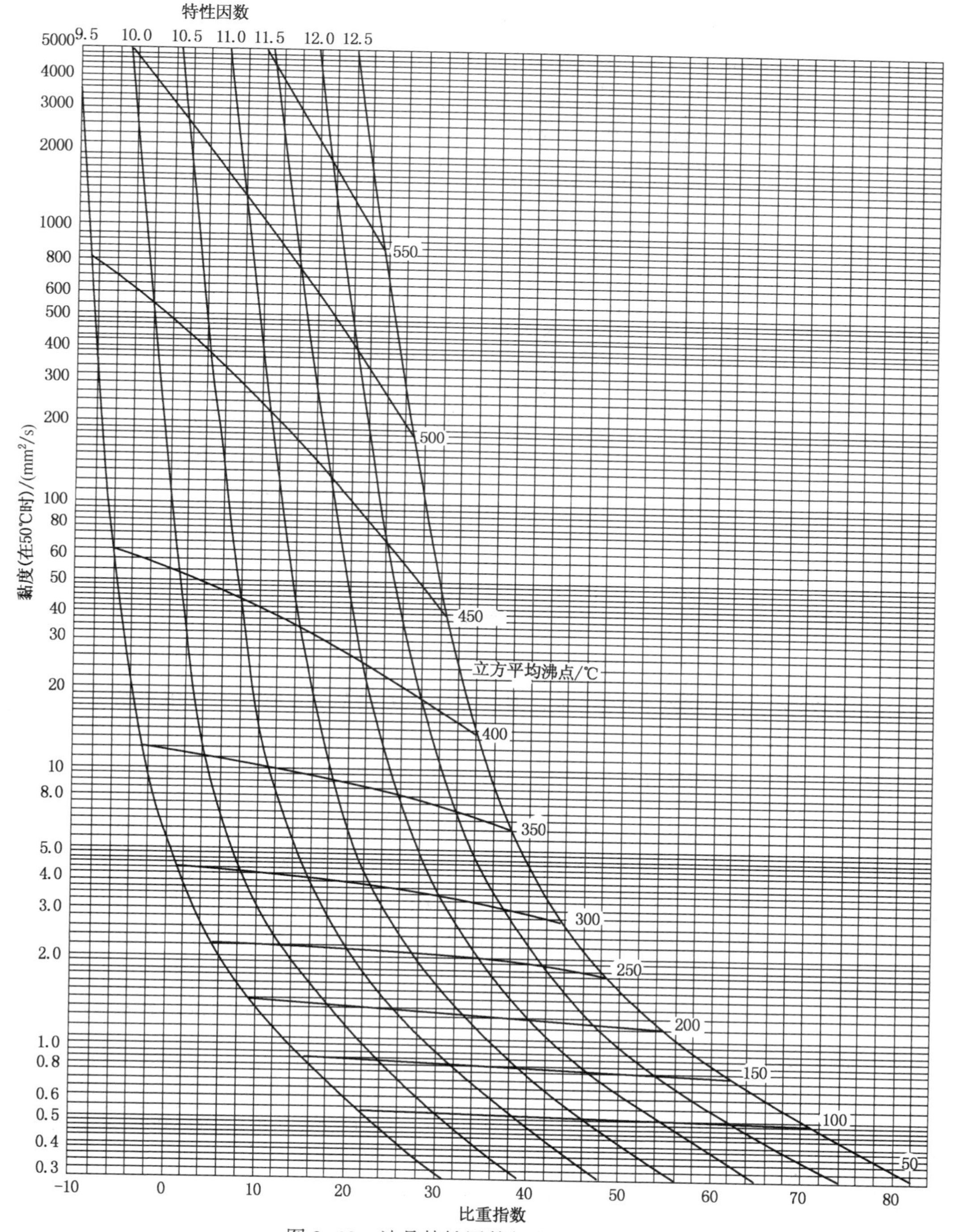

图 2-13　油品特性因数与黏度关系(一)

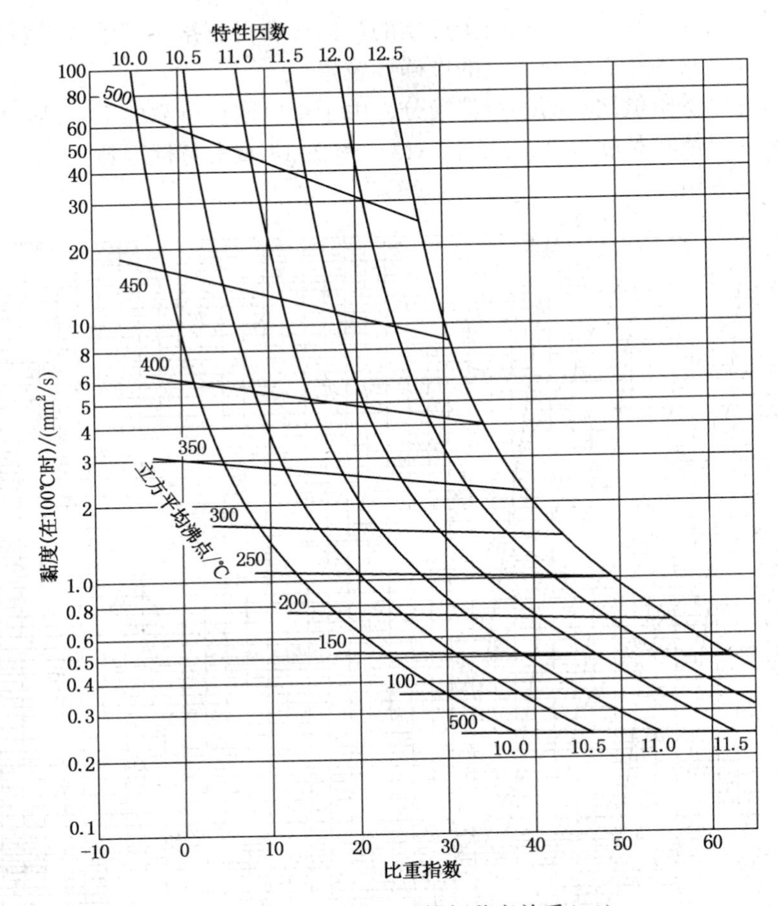

图 2-14 油品特性因数与黏度关系(二)

除特性因数外，相关指数 *BMCI*(即美国矿务局相关指数)也是一个与相对密度及沸点相关联的指标，其定义如下：

$$BMCI=\frac{48640}{t_V+273}+473.7\times d_{15.6}^{15.6}-456.8 \quad (2-18)$$

对于烃类混合物，式中的 t_V 为体积平均沸点(℃)；对于纯烃，t_V 即为其沸点(℃)。对于不同烃类芳香烃的相关指数最高(苯约为 100)，环烷烃的次之(环己烷约为 52)，正构烷烃的相关指数最小，基本为 0。其关系正好与 *K* 值相反，油品的相关指数越大表明其芳香性越强，相关指数越小则表示其石蜡性越强。*BMCI* 这个指标广泛用于表征裂解制乙烯原料的化学组成。

表 2-19 列出了某些原油窄馏分的特性因数和相关指数，由表可看出，这两种指标都可大体反映原油的化学属性。

表 2-19 各原油实沸点窄馏分的物性参数范围

原　油	特性因数(*K*)	相关指数(*BMCI*)	原油基属	原　油	特性因数(*K*)	相关指数(*BMCI*)	原油基属
大　庆	12.0~12.6	17~24	石蜡基	胜　利	11.2~12.2	14~39	中间基
华　北	11.9~12.5	14~33	石蜡基	辽　河	11.4~11.9	28~47	中间基
中　原	11.7~12.6	17~29	石蜡基	孤　岛	11.1~11.7	36~57	环烷-中间基
新　疆	11.8~12.4	19~32	石蜡-中间基	羊三木	11.1~11.7	49~62	环烷基

五、平均相对分子质量

石油和石油馏分是各种烃类的复杂混合物，所含化合物的相对分子质量各不相同，范围很宽。石油馏分相对分子质量用平均值来表征，称为平均相对分子质量。石油馏分的平均相对分子质量在工艺计算中是必不可少的原始数据。在炼油工艺计算中所用的石油馏分相对分子质量一般是指其数均相对分子质量。

表 2-20 为某些原油不同馏分的平均相对分子质量数据。石油馏分的平均相对分子质量随沸点升高而增大。由于各原油的化学组成特性不同，相同沸程石油馏分的平均相对分子质量有一定差别。石蜡基原油的平均相对分子质量最大，中间基原油的次之，环烷基原油的最小。

表 2-20　某些原油馏分的平均相对分子质量

沸点范围/℃	大庆原油	胜利原油	欢喜岭原油	沸点范围/℃	大庆原油	胜利原油	欢喜岭原油
200~250	193	180	185	400~450	392	374	337
250~300	240	205	190	450~500	461	414	362
300~350	270	244	234	>500	1120	1080	1030
350~400	323	298	273	原油基属	石蜡基	中间基	环烷基

尽管如此，石油各馏分的平均相对分子质量还是有个大致的范围：汽油馏分 100~120，煤油馏分 180~200，轻柴油馏分 210~240，低黏度润滑油馏分 300~360，高黏度润滑油馏分 370~500。

计算石油馏分平均相对分子质量的经验关联式很多，下式是常用的关联式之一。

$$M = a + bt_{分} + ct_{分}^2 \tag{2-19}$$

式中　M——平均相对分子质量；

$t_{分}$——实分子平均沸点，℃；

a,b,c——与特性因数有关的常数，见表 2-21。

表 2-21　常数 a、b、c 与特性因数关系

常数 \ 特性因数	10.0	10.5	11.0	11.5	12.0
a	56	57	59	63	69
b	0.23	0.24	0.24	0.225	0.18
c	0.0008	0.0009	0.001	0.00115	0.0014

当两种或两种以上油品混合时，混合油品的平均相对分子质量可用加和法计算：

$$M_m = \frac{\sum_{i=1}^{n} W_i}{\sum_{i=1}^{n} \frac{W_i}{M_i}} \tag{2-20}$$

式中　M_m，M_i——混合油和组分油 i 的平均相对分子质量；

W_i——组分 i 的质量。

在工艺计算中常用图表来求定平均相对分子质量。已知石油馏分的相对密度、中平均沸点、特性因数、苯胺点等之中任意两种性质数据，由图 2-12 求定平均相对分子质量，平均误差<2%。

重质石油馏分的平均相对分子质量，可根据该馏分的黏度查图 2-15 求定。

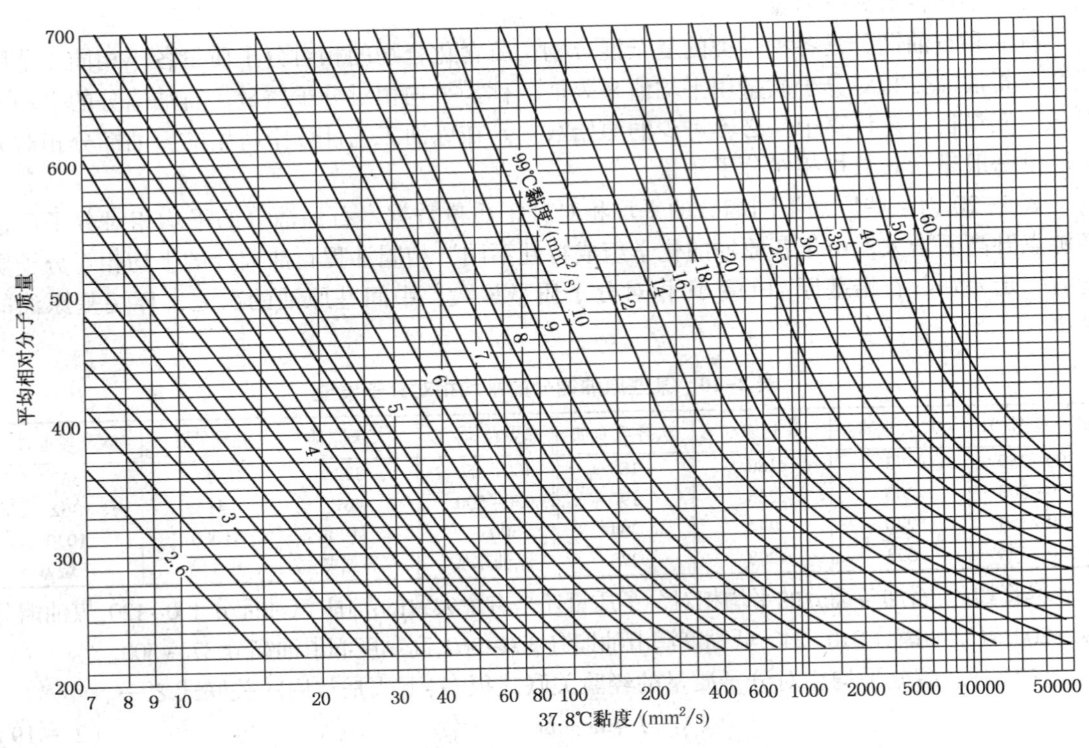

图 2-15 重质石油馏分平均相对分子质量图

润滑油馏分的平均相对分子质量，可根据该馏分的黏度和相对密度查图 2-16 求定。

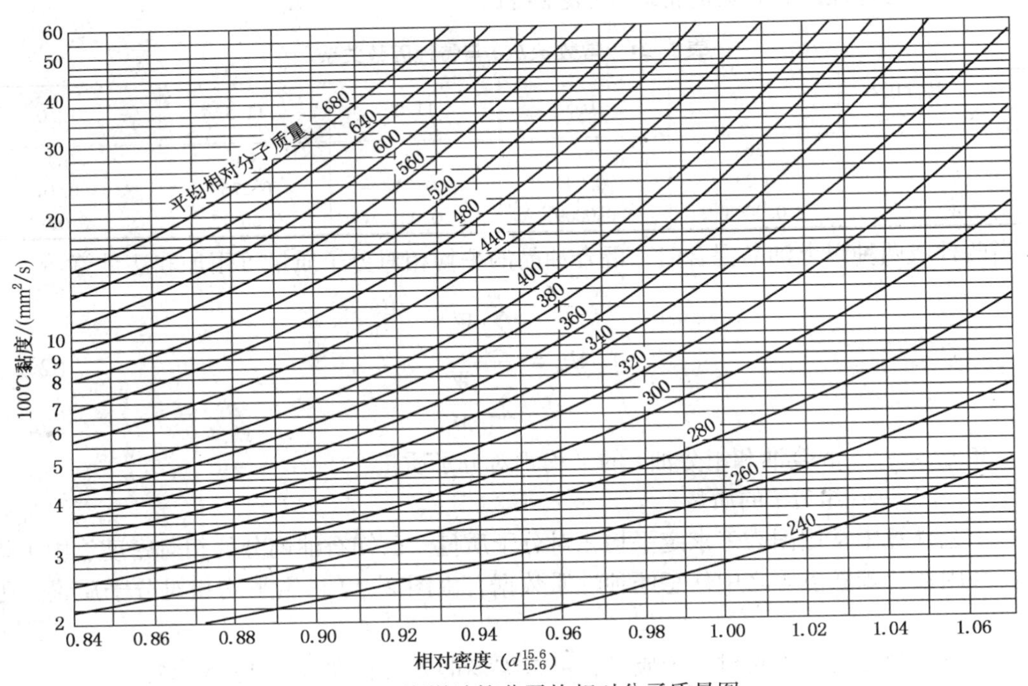

图 2-16 润滑油馏分平均相对分子质量图

六、油品的黏度

当流体在外力作用下流动时，相邻两层流体分子间存在的内摩擦力将阻滞流体的流动，这种特性称为流体的黏性，衡量黏性大小的物理量称为黏度。黏度值用来表示流体流动时分子间摩擦产生阻力的大小。

油品黏度反映了油品的流动性能，所以常用黏度评定油品的流动性。黏度是油品特别是润滑油质量标准中的重要项目之一。在油品流动及输送过程中，黏度对流量、压降等参数影响很大，因此黏度也是工艺计算中重要的物性参数。

（一）黏度的表示方法

黏度的表示方法有动力黏度、运动黏度以及恩氏黏度、赛氏黏度、雷氏黏度等。

1. 动力黏度

动力黏度又称绝对黏度，可表示为：

$$F = \mu S \frac{\mathrm{d}\nu}{\mathrm{d}x} \tag{2-21}$$

式中　F——相邻两层流体作相对运动时产生的内摩擦力（剪切力），N；

S——相邻两层流体的接触面积，m^2；

$\mathrm{d}\nu$——相邻两层流体的相对运动速度，m/s；

$\mathrm{d}x$——相邻两层流体的距离，m；

μ——流体内摩擦系数，即该流体的动力黏度，Pa·s。

动力黏度不随剪切速度梯度 $\mathrm{d}\nu/\mathrm{d}x$ 变化的流体称为牛顿型流体。大多数石油产品在浊点以上时都是牛顿型流体，有蜡析出的油品、加入高分子聚合物添加剂的稠化油、含沥青质较多的重质燃料油等是非牛顿型流体。非牛顿型流体的动力黏度随 $\mathrm{d}\nu/\mathrm{d}x$ 变化，不符合式（2-21）的规律。

动力黏度的物理意义是：两液体层垂直相距1m，其面积各为$1m^2$，以1m/s相对速度运动时所产生的内摩擦力。

有些图表或手册中常用非法定计量单位P（泊）或cP（厘泊）来表示动力黏度，1P＝100cP＝0.1Pa·s，1cP＝1mPa·s。

2. 运动黏度

运动黏度是动力黏度与同温度、同压力下该液体的密度之比。

$$\nu_t = \frac{\mu_t}{\rho_t} \tag{2-22}$$

式中　ν_t——运动黏度，m^2/s；

μ_t——动力黏度，Pa·s；

ρ_t——t℃时液体的密度，kg/m^3。

实际生产及工艺计算中常以mm^2/s作为油品质量指标中的运动黏度单位，$1m^2/s = 10^6 mm^2/s$。有些图表或手册中常用St（斯）或cSt（厘斯）来表示运动黏度，$1St = 100cSt = 100 mm^2/s$。

液体石油产品运动黏度的测定按GB/T 265－1988《石油产品运动黏度测定法和动力黏度计算法》标准试验方法进行，主要仪器是玻璃毛细管黏度计。油品的运动黏度与一定体积的该油品流经毛细管的时间成正比，对于一定形式的黏度计，运动黏度可由下式求得：

$$\nu_t = c\tau \qquad (2-23)$$

式中 c——黏度计常数，m^2/s^2；

τ——一定体积的流体在某温度下流过毛细管所需的时间，s。

毛细管黏度计只能用来测定牛顿型体系的油品黏度。每支毛细管黏度计均有特定的黏度常数，它与黏度计的几何形状有关，需用已知黏度的标准油样加以标定。对于非牛顿型体系的流体，由于其黏度是剪切速率的函数，不能用毛细管黏度计，需用旋转式黏度计来测量。

3. 条件黏度

石油商品规格中还有各种条件黏度，如恩氏黏度、赛氏黏度、雷氏黏度等。它们都是用特定仪器在规定条件下测定的，称为条件黏度。

恩氏黏度是试样在某 t℃时，从恩氏黏度计中流出 200mL 的时间与 20℃同体积的蒸馏水流出的时间之比。用符号°E 表示。

赛氏黏度是试样在某 t℃时，从赛氏黏度计中流出 60mL 的时间(s)。赛氏黏度有赛氏通用黏度和赛氏重油黏度。

雷氏黏度是试样在某 t℃时，从雷氏黏度计中流出 50mL 的时间(s)。

欧美各国常用条件黏度，具体见表 2-22。

表 2-22 各种黏度计的使用范围

黏度计种类	单位	主要采用国家和地区	测定范围		使用温度范围/℃	
			最大	常用	最大	常用
运动黏度计	mm^2/s	国际通用	1.2~15000	2~5000	-100~250	20~100
恩氏黏度计	°E	俄、德及部分欧洲国家	1.5~3000	6.0~300	0~150	20~100
赛氏(通用)黏度计	s	英美等英制国家	1.5~500	2.0~350	0~100	37.8~98.9
赛氏(重油)黏度计	s	英美等英制国家	50~5000	5~1200	25~100	37.8~98.9
雷氏 1 号黏度计	s	英美等英制国家	1.5~6000	9.0~1400	25~120	25~100
雷氏 2 号黏度计	s	英美等英制国家	50~2800	120~500	0~100	0~100

条件黏度可以相对衡量油品的流动性，但它不具有任何物理意义，只是一个公称值。各种黏度可用图 2-17 及图 2-18 换算，误差在 1%以内。各种黏度之间的近似比值为：运动黏度(mm^2/s)∶恩氏黏度(°E)∶赛氏通用黏度(SUS)∶雷氏黏度(RIS)= 1∶0.132∶4.62∶4.05。

(二) 油品黏度与组成的关系

烃类的黏度与烃类分子的大小和结构有密切关系。通常，当碳原子数相同时，各种烃类黏度大小排列的顺序为：正构烷烃<异构烷烃<环烷烃<芳香烃。也就是说，当相对分子质量相近时，具有环状结构的烃类分子的黏度大于链状结构的，而且烃类分子中的环数越多其黏度也就越大；烃类分子中的环数相同时，侧链越长黏度越大。对于同一系列的烃类，除个别情况外，随烃类的相对分子质量增大，分子间引力增大，则黏度也越大。

石油馏分的黏度与馏分组成也是密切相关的。对同种原油，馏分越重，黏度越大；不同原油的相同馏分中，含环状烃多的(K 值小)油品比含烷烃多的(K 值大)具有更高的黏度。

(三) 油品黏度与温度的关系

温度升高时液体分子间距离增大，分子间引力相对减弱，所以液体的黏度随温度的升高而减小；石油产品也一样，油品黏度随温度升高而减小，最终趋近一个极限值，各种油品的极限黏度都非常接近。

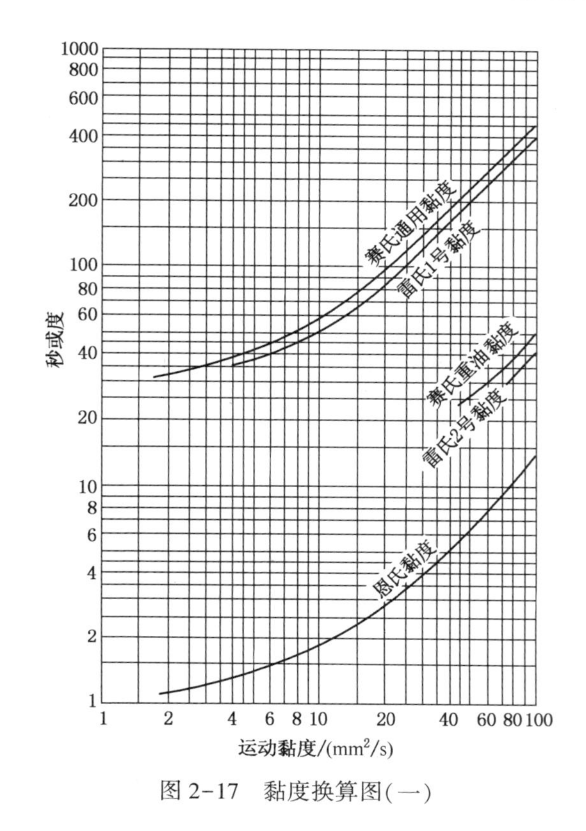

图 2-17　黏度换算图(一)

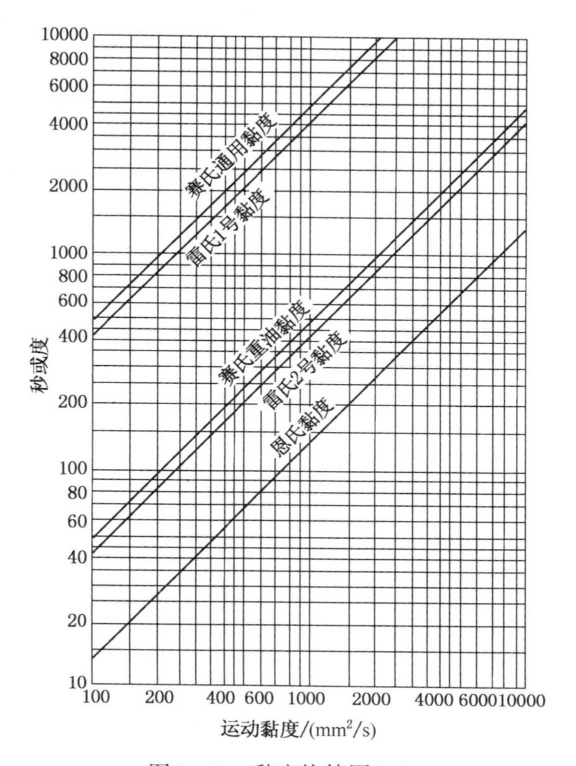

图 2-18　黏度换算图(二)

1. 油品黏度随温度变化的关系式

油品黏度与温度的关系一般用以下经验式关联：

$$\lg\lg(\nu_t + a) = b + m\lg T \tag{2-24}$$

式中　ν_t——油品的运动黏度，mm^2/s；

T——油品的绝对温度，K；

a，b，m——与油品性质有关的经验常数。国外油品常取 $a=0.8$，我国油品取 $a=0.6$ 较为适宜。

根据式(2-24)，若已知某油品在两个不同温度下的黏度，即可算出 b 和 m，从而可计算该油品任意温度下的黏度。也可以 $\lg T$ 为横坐标，$\lg\lg(\nu_t+0.6)$ 为纵坐标的作图法求取。此法比较简便，但由于取了两次对数，使许多黏温性质相差很大的油品在图上看来直线斜率相差很小，所以误差较大，直线外延过远时误差更大，而且只适用于牛顿体系的液体。

2. 黏温特性

油品黏度随温度变化的性质称为黏温特性。黏温特性是衡量润滑油产品性质的重要质量指标。油品黏温特性的表示方法有许多种，最常用的有黏度比和黏度指数。

(1) 黏度比

黏度比是油品两个不同温度下的黏度之比。通常用 50℃ 和 100℃ 运动黏度比值(ν_{50}/ν_{100})来表示。有时也用-20℃和 50℃运动黏度之比。

对于黏度水平相当的油品，黏度比越小，表示油品的黏度随温度变化越小，黏温性质越好。这种表示法比较直观，可以直接得出黏度变化的数值。但有一定的局限性，它只能表示油品在 50~100℃或-20~50℃范围内的黏温特性。但对黏度水平相差较大的油品，不能用黏度比来比较黏温性质的优劣。

(2) 黏度指数

黏度指数(VI)是目前世界上通用的表征黏温性质的指标，是表示油品黏温性质比较好的方法。黏度指数越高，表示油品的黏温特性越好。

GB/T 1995—1998《石油产品黏度指数计算法》中规定，人为地选定两种油作为标准，其一为黏温性质好的 H 油，黏度指数规定为 100；另一种为黏温性质差的 L 油，其黏度指数规定为 0。将这两种油切割成若干窄馏分，分别测定各馏分在 100℃ 及 40℃ 的运动黏度，在两组标准油中分别选出 100℃ 黏度相同的两个窄馏分组成一组，列成表格。试样油品与两种标准油比较计算出黏度指数。表 2-23 为两种标准油某些组的黏度数据。

表 2-23 标准油某些组的黏度数据(L、D、H)

运动黏度(100℃)/(mm^2/s)	运动黏度(40℃)/(mm^2/s)		
	L	H	$D=L-H$
8.60	113.9	66.48	47.40
8.70	116.2	67.64	48.57
8.80	118.2	68.79	49.75
8.90	120.9	69.94	50.96
9.00	123.3	71.10	52.20

欲确定试油的黏度指数，先测定试油在 40℃ 和 100℃ 时的运动黏度，然后在表中查得 100℃ 运动黏度与试油相同的标准油的数据，按式(2-25)计算。

对于 $VI \leqslant 100$ 的油品：

$$VI = \frac{L - U}{L - H} \times 100 \tag{2-25}$$

式中 U——试油在 40℃ 的运动黏度，mm^2/s；

L——与试油 100℃ 运动黏度相同，黏度指数为 0 的标准油在 40℃ 时的运动黏度，mm^2/s；

H——与试油 100℃ 运动黏度相同，黏度指数为 100 的标准油在 40℃ 时的运动黏度，mm^2/s。

对于 $VI>100$ 的油品：

$$VI = \frac{(10^N) - 1}{0.00715} + 100 \tag{2-26}$$

$$N = \frac{\lg H - \lg U}{\lg \nu_{100}} \tag{2-27}$$

试油 100℃ 的运动黏度在 2~70mm^2/s 内，可由表直接查得 L 和 H 值后利用公式直接计算。若数据落在所给两个数据之间，可采用内插法求得 L 和 D 值，再代入公式计算；试油 100℃ 的运动黏度大于 70mm^2/s 时，按下列两式计算 L 和 H 值后，再代入公式计算试样的黏度指数。

$$L = 0.8353\nu_{100}^2 + 14.67\nu_{100} - 216 \tag{2-28}$$

$$H = 0.1683\nu_{100}^2 + 11.85\nu_{100} - 97 \tag{2-29}$$

【例 2-5】 已知某试样在 40℃ 和 100℃ 时的运动黏度分别为 73.3mm^2/s 和 8.86mm^2/s，

求该试样的 *VI*。

解：由 100℃时的运动黏度 8.86mm²/s，查表 2-23 并用内插法计算得

$$L = 118.2 + \frac{8.86 - 8.80}{8.90 - 8.80} \times (120.9 - 118.2) = 119.94$$

$$D = 49.75 + \frac{8.86 - 8.80}{8.90 - 8.80} \times (50.96 - 49.75) = 50.48$$

则
$$VI = \frac{L - U}{D} \times 100 = \frac{119.94 - 73.30}{50.48} \times 100 = 92.39$$

黏度指数的计算结果要求用整数表示，所以本例中 $VI \approx 92$。

上述黏度指数的计算方法可用图 2-19 表示。*L* 标准油、*H* 标准油以及试油在 100℃时的黏度相同，温度降低黏度增大，但三种油的黏温性质不同，所以黏度增大程度不同。图中三条直线的斜率反映了三种油品黏度随温度变化的程度差异。

对于黏温性质很差的油品，其黏度指数可以是负值。

更简便的方法是测定油品 50℃和 100℃运动黏度，通过 GB/T 1995—1998 附录 A 所给的黏度指数计算图直接查出黏度指数。

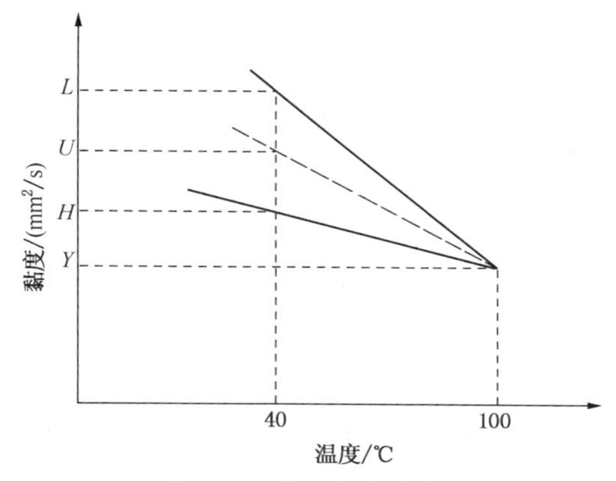

图 2-19　黏度指数示意图

3. 油品黏温性质与化学组成的关系

烃类的黏温性质与分子的结构有密切的关系。表 2-24 为某些烃类的黏度指数。从表中数据可以看出：正构烷烃的黏温性质最好，异构烷烃的黏温性质比正构烷烃差，分支程度越大，黏温性质越差；环状烃的黏温性质比链状烃差，分子中环数越多，黏温性质越差，甚至黏度指数为负值；烃类分子中环数相同时，烷基侧链越长黏温性质越好，侧链上有分支也会使黏度指数下降。

综上所述，正构烷烃的黏温性质最好，少环长烷基侧链的烃类黏温性质良好，多环短侧链的环状烃类的黏温性质很差。

表 2-24　烃类的黏度指数

烃　类	黏度指数(*VI*)	烃　类	黏度指数(*VI*)	烃　类	黏度指数(*VI*)
n-C_{26}	177	C_6H_{11}—C_2—C(C_2—C_6H_{11})—C_2—C_6H_{11}	-6	双环(稠合环己烷)—C_{18}	144
C_5—C(C_5)—C_4—C(C_5)—C_5	72	C_8—C(C_8)—C_2—C_6H_5	108	三环(稠合环己烷)—C_{14}	40
C_8—C(C_8)—C_2—C_6H_{11}	101	C_8—C(C_2—C_6H_5)—C_2—C_6H_5	77	四环(稠合环己烷)—C_8	-70
C_8—C(C_2—C_6H_{11})—C_2—C_6H_{11}	70	C_6H_5—C_2—C(C_2—C_6H_5)—C_2—C_6H_5	-15	—	—

石油及石油馏分的黏温性质也与化学组成有关。烷烃和少环长侧链的环状烃含量越多，黏温性质越好。石蜡基原油馏分的黏温性质最好，中间基的次之，环烷基的最差。这是因为石蜡基原油中含有较多黏温性质良好的烷烃和少环长侧链的环状烃，而在环烷基原油中则含有较多黏温性质不好的多环短侧链的环状烃。表2-25为某些原油减压馏分油的黏度比和黏度指数。

表2-25 某些原油减压馏分油的黏度比和黏度指数

原　油	沸程/℃	ν_{50}/(mm²/s)	ν_{100}/(mm²/s)	黏度比 ν_{50}/ν_{100}	黏度指数(*VI*)
大　庆(石蜡基)	350~400	6.91	2.66	2.60	200
	400~450	15.82	4.65	3.40	140
	450~500	—	8.09	—	—
新　疆(中间基)	350~400	13.00	3.70	3.51	80
	400~450	39.74	7.45	5.33	70
	450~500	128.8	16.20	7.96	60
孤　岛(环烷-中间基)	350~400	16.03	3.99	4.02	40
	400~450	102.0	12.15	8.40	12
	450~500	219.3	19.22	11.41	0
羊三木(环烷基)	350~400	23.27	4.72	4.93	0
	400~450	146.3	13.66	10.71	-35
	450~500	356.9	23.37	15.27	<-100

（四）油品黏度与压力的关系

液体所受的压力增大时，分子间的距离缩小，引力增强，导致黏度增大。4MPa以下的压力对石油产品黏度的影响不大，4MPa以上时影响较大，高于20MPa时有显著的影响。例如在35MPa的压力下，油品的黏度约为常压下的两倍。当压力进一步增加时，黏度的变化率增大，直至使油品变成膏状半固体。黏度的这种性质对于重负荷下应用的润滑油特别重要。压力在4MPa以上时，应对油品黏度作压力校正。

油品黏度随压力变化的性质与分子结构有关。分子构造复杂，环上的碳原子数愈多，黏度随压力的变化率就越大。沥青质和环烷-芳香族油品的黏度随压力增高而变化的要比石蜡基油品快。在500~1000MPa的极高压力下，润滑油因黏度增大而失去流动性，变为塑性物质。

（五）油品黏度的求定

油品常压下50℃、100℃的黏度可分别从图2-13、图2-14查得，37.8和99℃的黏度可从图2-20查得。其他温度下的黏度可利用油品黏度与温度的关系式(2-24)换算。

高压下油品的黏度，一般估算可从图2-21查得。更准确的高压黏度数据可由式(2-30)计算得到，该式不宜用于压力高于70MPa的体系。

$$\lg\frac{\mu}{\mu_0} = 0.0147P(0.0239 + 0.01638\mu_0^{0.278}) \tag{2-30}$$

式中　μ——温度t℃及压力P下的黏度，mPa·s；

μ_0——温度t℃及常压下的黏度，mPa·s；

P——系统压力，10^5Pa。

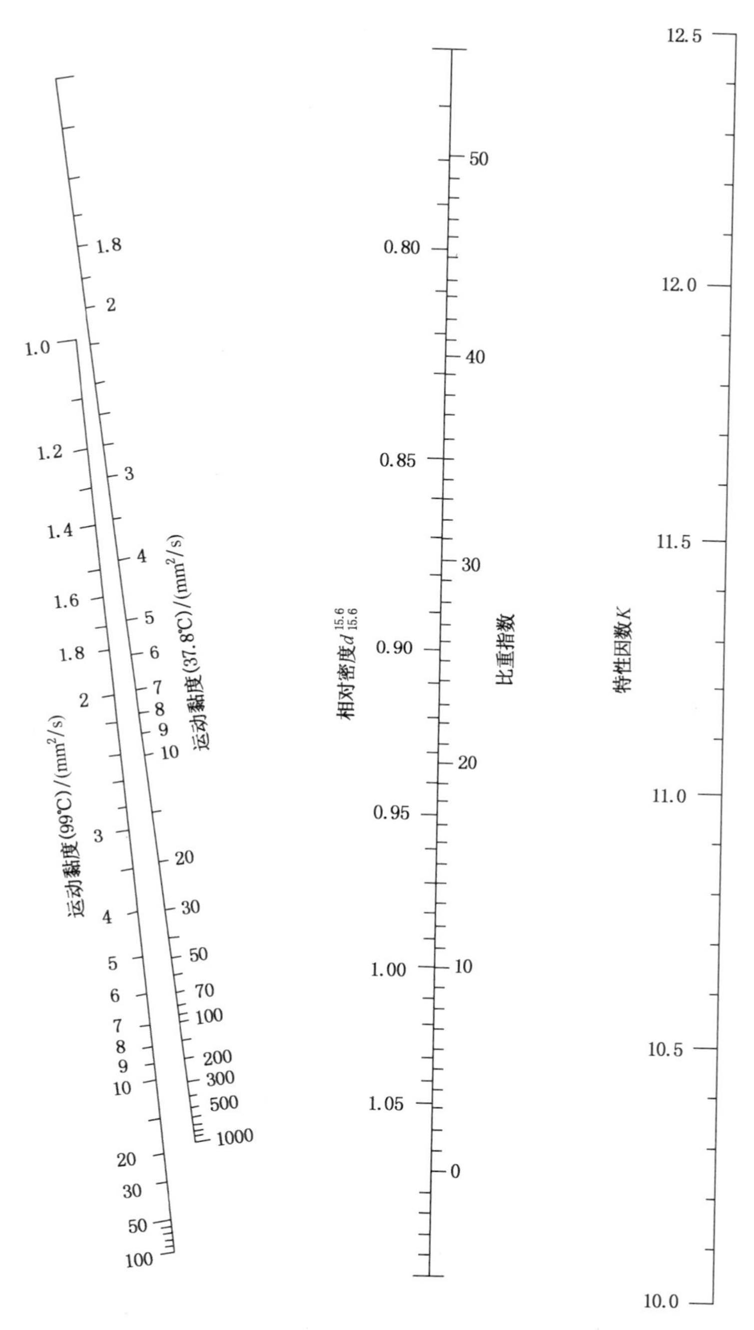

图 2-20　石油馏分常压液体黏度图

利用油品的性质参数从图表上查得的黏度误差高达 20%，因此，工艺计算和工业生产中应尽可能采用实测的数据。

（六）油品的混合黏度

润滑油等产品常常用两种或两种以上馏分调合而成，因此需要确定油品混合物的黏度。

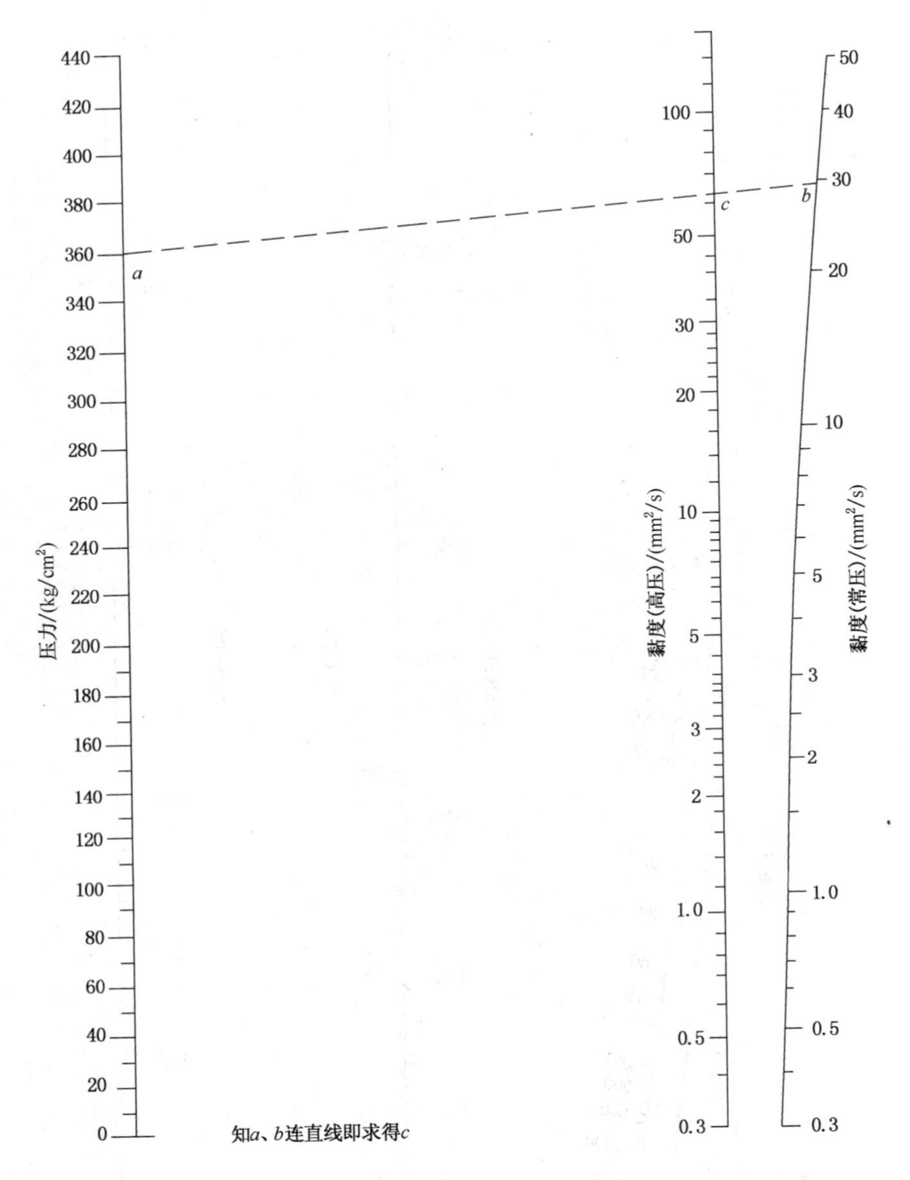

图 2-21　石油馏分在高压下黏度图

（$1kg/cm^2 = 98.067kPa$）

黏度没有可加性，混合的两组分其组成及性质相差愈远，黏度相差愈大，则混合后的黏度与用加和法计算出的黏度两者相差就越大。混合油品的黏度最好实测，不便实测时，可用经验公式和图表求取。图 2-22 可用于求取油品任意混合组成的黏度；也可根据两种油品的黏度和混合油的黏度求两种油品的调合比。

【例 2-6】 两种润滑油黏度分别为$°E_{20}=35$及$°E_{20}=6.5$，欲得到$°E_{20}=20$的混合油，试求二者的混合比例。

解： 将两种润滑油的黏度值$°E_{20}=35$及$°E_{20}=6.5$分别标于图 2-22 中 A、B 两侧的纵坐

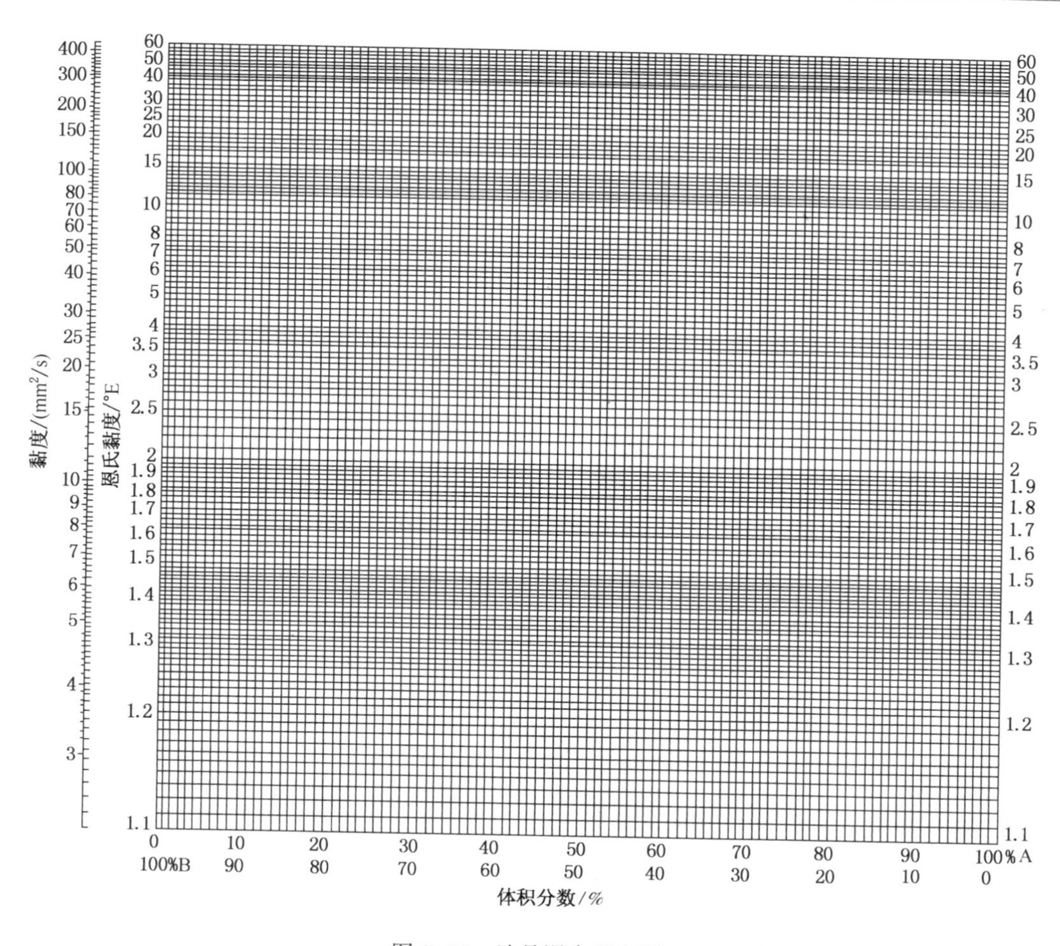

图 2-22 油品混合黏度图

标上，两点间连一直线。从°E=20 点作一直线平行于横坐标轴，与上一直线相交。过交点作一直线垂直于横坐标轴，直线与坐标轴的交点上行即为组分 A 的体积百分数 70%，下行即为组分 B 的体积百分数 30%。所以欲得到°E_{20}=20 的混合油，只要将 70%(体)的°E_{20}=35 的油与 30%(体)°E_{20}=6.5 的油混合即可。

【例 2-7】 已知油品 A 的黏度°E_{100}=2，油品 B 的黏度°E_{100}=20，按 26%(体)A 和 74%(体)B 的比例调合，求混合油黏度。

解：将两种油品的黏度值°E_{100}=2 及°E_{100}=620 分别标于图 2-22 中 A、B 两侧的纵坐标上，两点间连一直线。从 A 油为 26%处作垂线与上一直线相交，自交点作水平线与纵轴的交点°E_{100}=9 即为混合油品的黏度。

（七）气体的黏度

气体的黏滞性与液体有本质区别。液体的黏滞性源于其分子间的引力，当温度升高时其分子能量增高，从而更易相互脱离，导致黏度变小。而气体的黏滞性取决于分子间的动量传递速度。当温度升高时，气体分子的运动加剧，其动量传递速度加快，从而导致在相对运动时其层间的阻力增大。所以，气体的黏度是随着温度的升高而增大的。

在工程计算中，当压力较低时，不同温度下石油馏分蒸汽的黏度可从图 2-23 中查得。

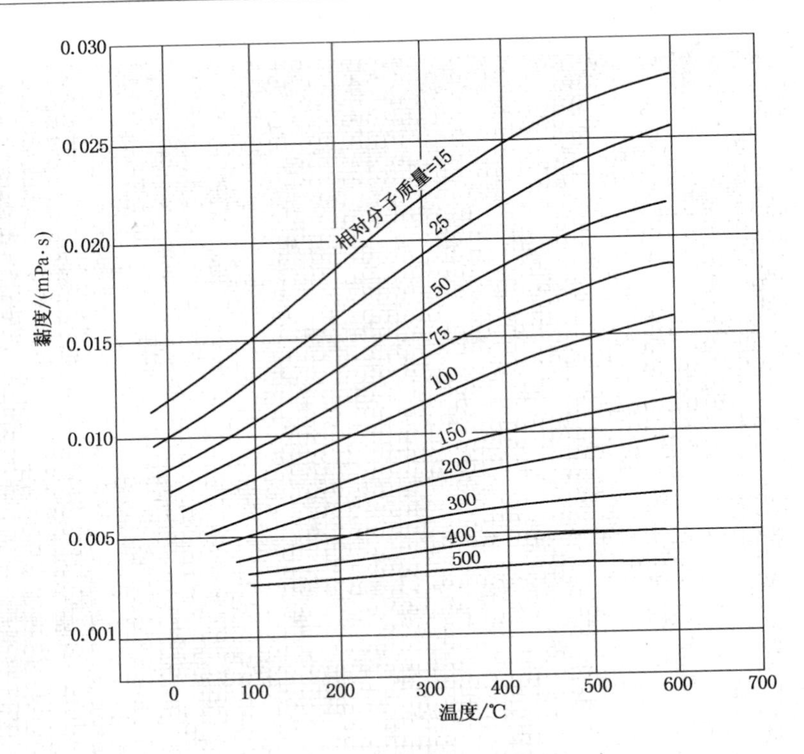

图 2-23 石油馏分蒸汽黏度图

七、临界性质、压缩因子和偏心因子

(一) 临界性质

为了制取更多的高质量的燃料和润滑油等石油产品，常要将石油馏分在高温、高压下加工。在高压状态下，实际气体不符合理想气体分压定律，实际溶液也不符合理想溶液蒸气压定律，因此在高压条件下应用理想气体和理想溶液定律时需要校正，这就要借助于临界性质。

纯物质处于临界状态时，液态与气态的界面消失，气体和液体无法区别。温度高于临界点时，无论压力多高也不能使气体液化，因而临界点的温度是实际气体能够液化的最高温度，称为临界温度 T_C；在临界温度下能使该实际气体液化的最低压力称为临界压力 P_C；实际气体在其临界温度与临界压力下的摩尔体积称为临界体积 V_C。

纯物质的临界常数可从有关图表集或手册中查到。

1. 二元混合物的临界性质

石油馏分及烃类混合物的临界点的情况很复杂。下面先分析二元系统的临界状态。

图 2-24 是含正戊烷 47.6%和正己烷 52.4%的二组分混合物的 P-T 关系图。

图中在 BT_AC 线上是液体刚刚开始沸腾的温度，称为泡点线；在 GT_BC 线上是气体刚刚开始冷凝的温度，称为露点线。泡点线左方是液相区，露点线右方是气相区，两曲线之内是两相区。此混合物在某一压力 P_A 下加热，温度升至 T_A 时开始沸腾，但一经汽化液相中正戊烷的组分浓度就减少了，为保持饱和蒸气压仍为 P_A，必须相应地提高液相温度。随汽化率的增大，体系的温度也逐步升高。温度达到 T_B 时，混合物全部汽化。T_A~T_B 是该混合物

在压力 P_A 下的沸点范围。泡点线与露点线的交点 C 称为临界点。与纯烃不同，C 点不是气液相共存的最高温度 T_1 点，也不是气液相共存的最高压力 P_1 点。对于纯化合物，这三个点是重合的，如 AC' 线上的 C' 点。

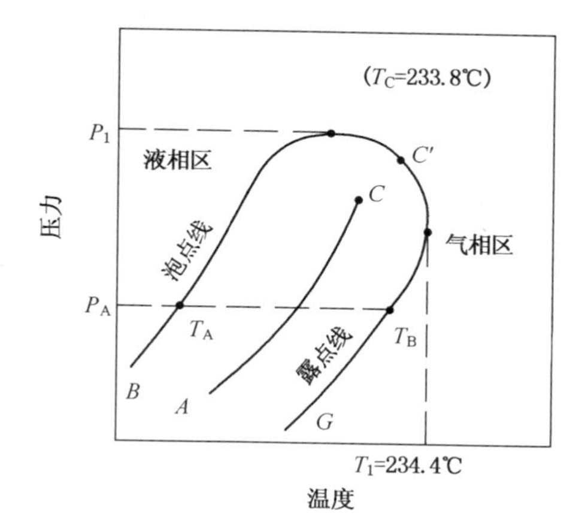

图 2-24　正戊烷-正己烷的 $P-T$ 关系图

这就是说混合物在高于其临界点的温度下仍可能有液体存在，直到 T_1 点为止。T_1 点的温度称为临界冷凝温度。在高于临界点的压力下仍可能有气体存在，直到 P_1 点为止。P_1 点的压力称为临界冷凝压力。临界点 C 随混合物组成变化而改变。

混合物的临界点 C 是根据实验测定的，通常称为真临界温度 T_C 与真临界压力 P_C。

在图 2-24 中，如果用一种挥发度与二元混合物相当的纯烃作蒸气压曲线 AC'，C'点即称为该二元混合物的假临界点（或称虚拟临界点），T'_C 与 P'_C 表示假临界点的温度和压力。当涉及混合物的物性关联时，常用假临界常数。

假临界常数定义如下：

$$\text{假临界温度 } T'_C = \sum_{i=1}^{n} x_i T_{ci} \tag{2-31}$$

$$\text{假临界压力 } P'_C = \sum_{i=1}^{n} x_i P_{ci} \tag{2-32}$$

式中　T_{ci}，P_{ci}——混合物中 i 组分的临界温度与临界压力；

x_i——混合物中 i 组分的摩尔分率。

石油馏分体系比二元混合物体系复杂得多，但基本情况大致是相似的。石油馏分也有真、假临界常数。石油馏分的假临界常数是一个假设值，是为了便于查阅油品的一些物理常数的校正值而引入的一种特性值。

石油馏分的真临界常数和假临界常数的数值不同，在工艺计算中用途也不同。在计算石油馏分的汽化率时常用真临界常数。假临界常数则用于求定其他一些理化性质。

表 2-26 是几种油品的临界常数。从表中数据可见，油品越重，临界温度越高，而临界压力越低。

表 2-26　某些油品的临界常数

油　品	密度/(g/cm³)	沸点范围/℃	临界温度/℃	临界压力/MPa
汽　油	0.759	54~220	216	3.47
汽　油	0.755	96~120	227	3.14
煤　油	0.823	224~315	432	2.21
煤　油	0.836	188~316	436	2.11
粗柴油	0.836~0.887	—	453~478	~1.03
润滑油	0.834	—	455	—

2. 石油馏分临界常数的求取方法

石油馏分临界常数的实际测定比较困难，一般常借助其他物性数据用经验关联式或有关图表求取。

石油馏分的真、假临界温度（T_C、T'_C）从图 2-25 和图 2-26 查得。假临界压力（P'_C）从图 2-27 求取。真临界压力（P_C）可从图 2-28 根据真临界温度与假临界温度的比值以及假临界压力来求定。

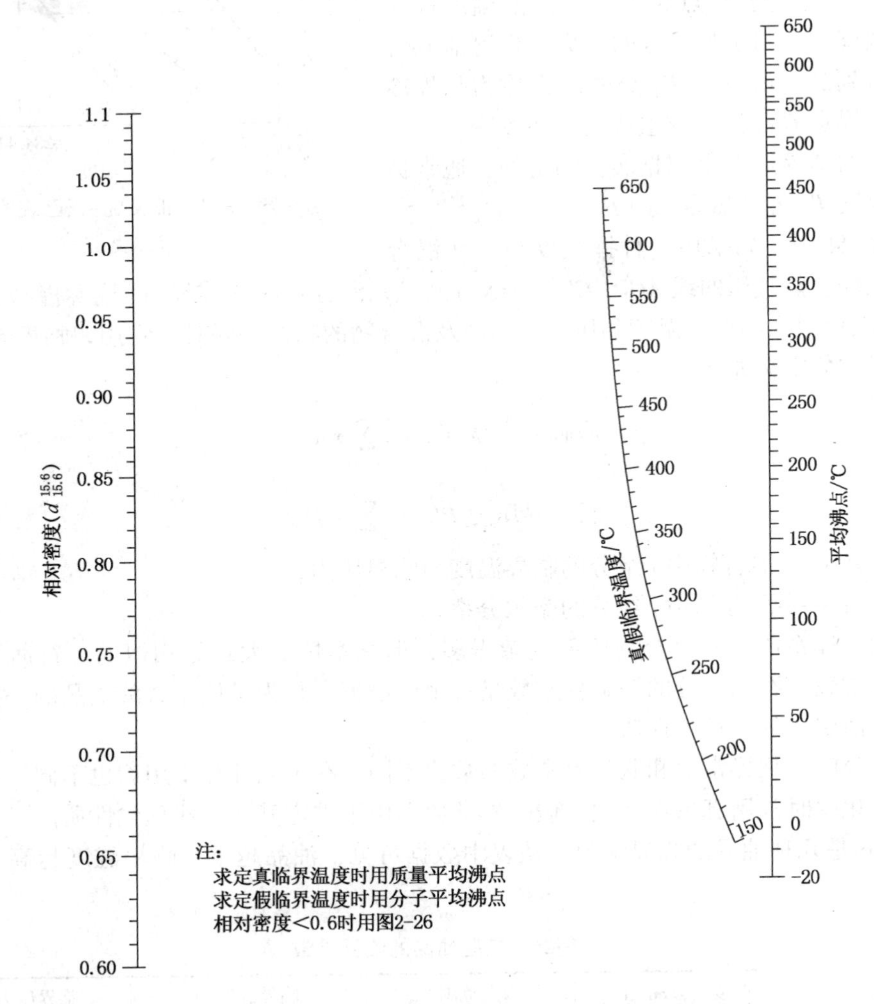

图 2-25 烃类混合物和石油馏分的真假临界温度图（一）

（二）压缩因子

理想气体方程最简单地表征了气体的 P、V、T 关系。压缩因子是用理想气体方程表征实际气体 P、V、T 关系而引入的校正系数，它表示实际气体与理想气体偏差的程度。所以，实际气体 P、V、T 关系可用以下方程描述：

$$PV = ZnRT \tag{2-33}$$

式中 Z 为压缩因子，它的数值大小与气体的性质及状态有关。

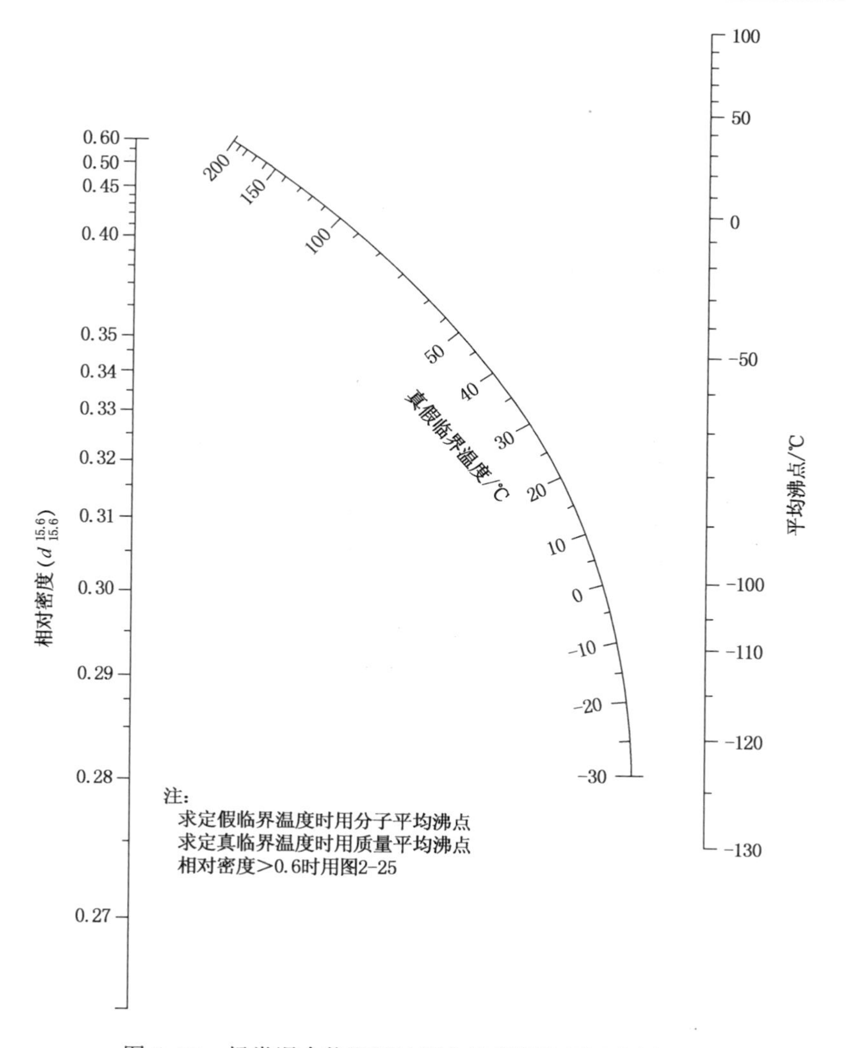

图 2-26　烃类混合物和石油馏分的真假临界温度图(二)

气体处于临界状态时，压缩因子称为临界压缩因子 Z_C。各种气体在临界状态时的压缩因子 Z_C 具有近似相同的数值，大多数气体的 Z_C 在 0.25~0.31 之间。

物质所处的状态与其临界状态相比称为对比状态。对比状态用对比温度、对比压力、对比体积等参数来表征。对比状态的参数定义如下：

$$T_r = T/T_C \tag{2-34}$$

$$P_r = P/P_C \tag{2-35}$$

$$V_r = V/V_C \tag{2-36}$$

式中　T_r，P_r，V_r——分别为对比温度、对比压力和对比体积。

对比状态用来表示物质所处的状态与临界状态的接近程度。在对比状态下，各种物质有相似的特性，这时的压缩因子不受物质性质的影响。各种不同物质，如果具有相同的对比温度 T_r 及对比压力 P_r，那么它们的对比体积 V_r 和压缩因子 Z 值也接近相同。这就是对比状态定律。

压缩因子可以根据对比状态定律，用对比温度和对比压力来求取。图 2-29 是物质的对

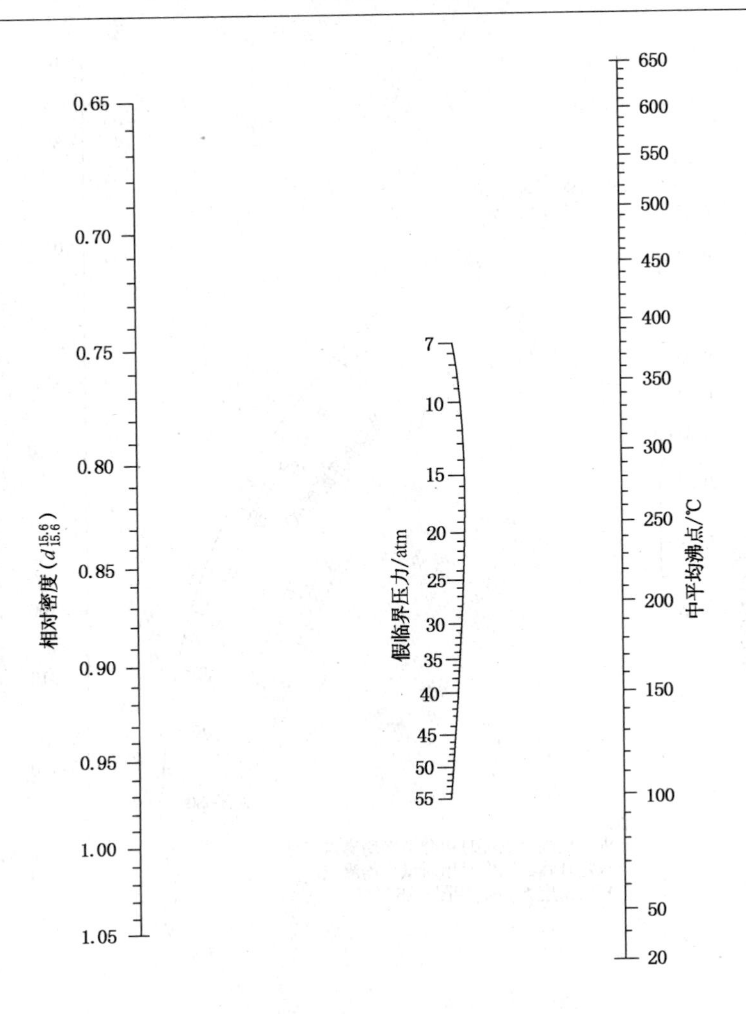

图 2-27 烃类混合物和石油馏分的假临界压力图
(1atm=101.3kPa)

比状态与压缩因子的关系图。

混合物的压缩因子也可按下式计算:

$$Z_{混} = \sum_{i=1}^{n} x_i Z_i \tag{2-37}$$

式中 $Z_{混}$——混合物的压缩因子;

x_i——混合物中 i 组分的摩尔分数;

Z_i——混合物中 i 组分的压缩因子。

(三) 偏心因子

偏心因子是反映物质分子形状、极性和大小的参数。

对于小的球形分子如氩、氪、氙等惰性气体,其偏心因子 $\omega=0$,这类物质称为简单流体。其余的物质称为非简单流体,它们的偏心因子 $\omega>0$。

简单流体在升高压力条件下物质分子间引力恰好在分子中心,其压缩因子只是 T_r 与 P_r 的函数。非简单流体在升高压力的条件下物质分子间的引力不在分子中心,分子具有极性或

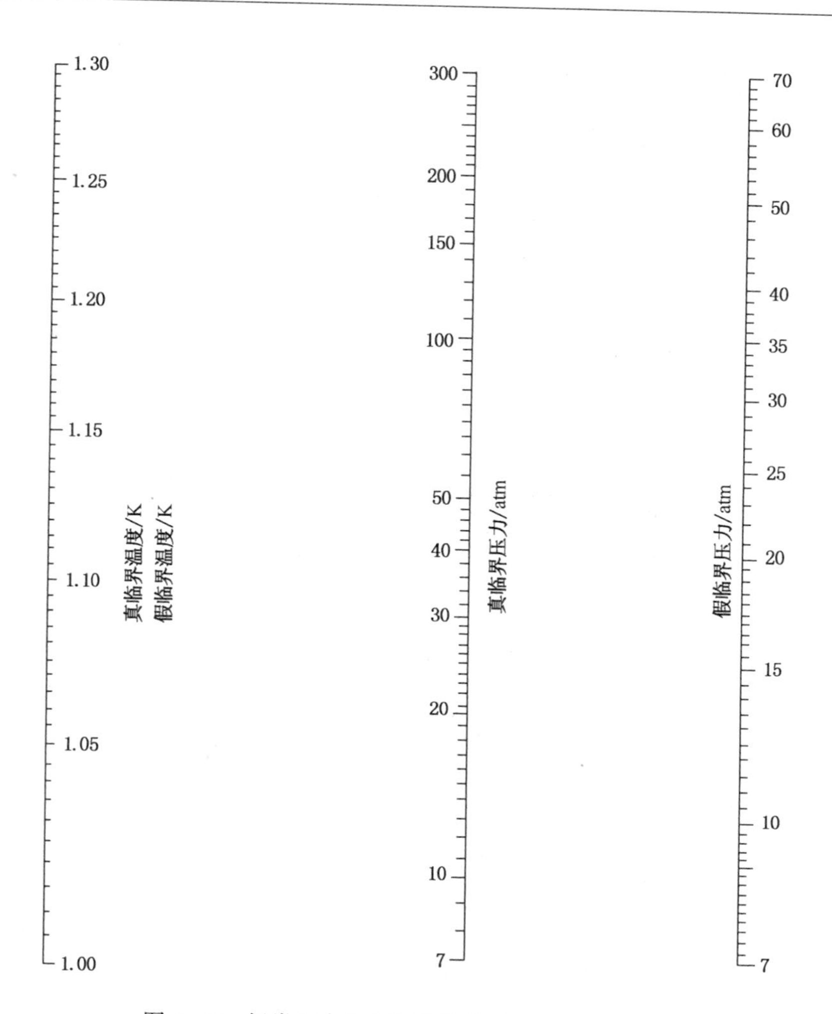

图 2-28　烃类混合物和石油馏分的真假临界压力图

(1atm=101.3kPa)

微极性，压缩因子是 T_r、P_r 和 ω 的函数。

非简单流体的压缩因子 Z 用下式表示：

$$Z = Z^{(0)} + \omega Z^{(1)} \tag{2-38}$$

式中　Z——非简单流体的压缩因子；

$Z^{(0)}$——简单流体的压缩因子，其 $\omega=0$；

$Z^{(1)}$——非简单流体压缩因子校正值，其 $\omega>0$；

ω——偏心因子。

简单流体的压缩因子 $Z^{(0)}$ 和非简单流体压缩因子校正值 $Z^{(1)}$ 以及偏心因子 ω 可从有关图表中查得。

对于同一系列烃类，相对分子质量越大，其偏心因子也越大；当分子中的碳数相同时，烷烃的偏心因子较大，环烷烃和芳香烃的较小。对于实际体系，应引入偏心因子，否则会引起较大误差。

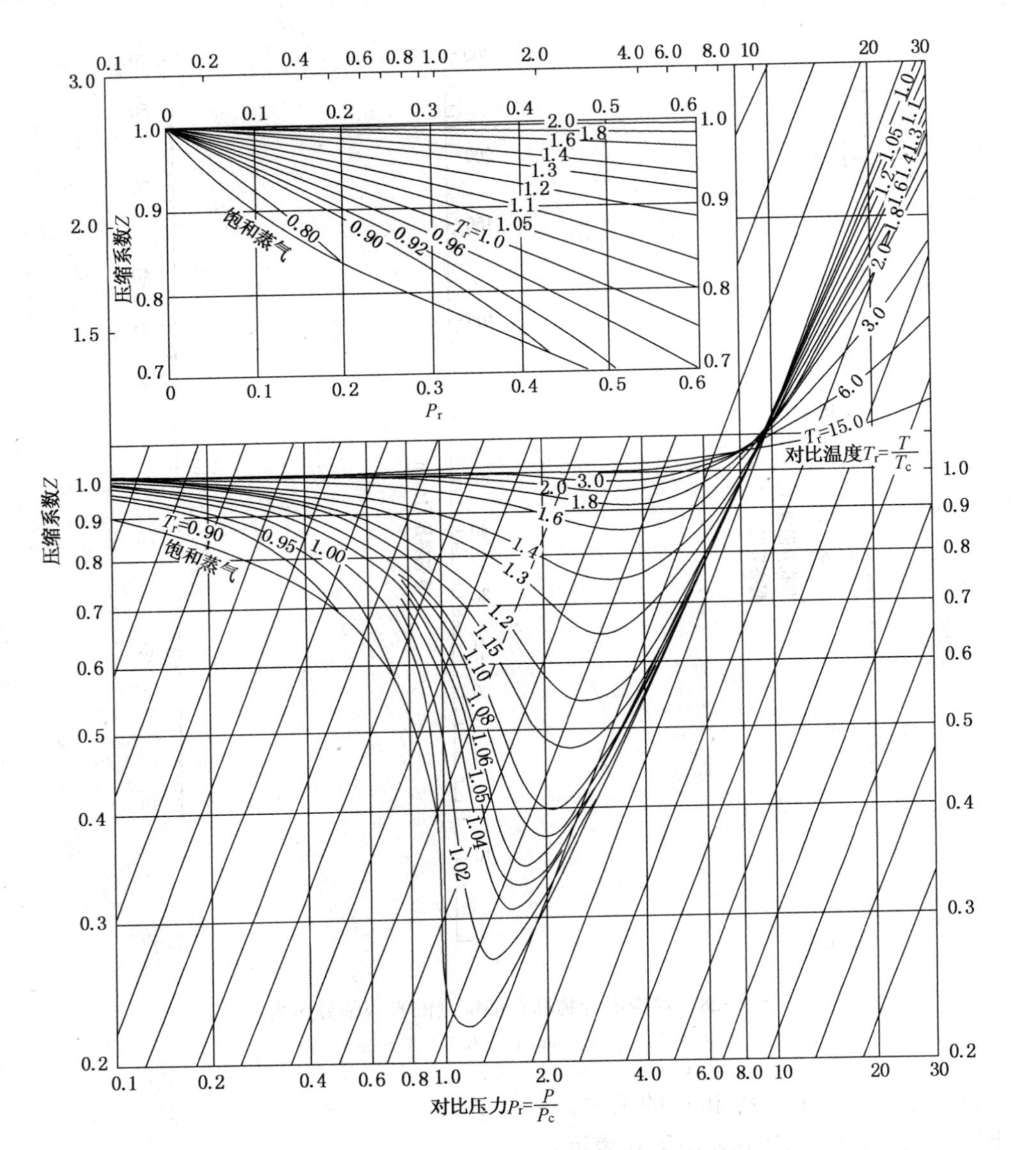

图 2-29 气体通用压缩因数图

① 此图只有在 $T_r<2.5$ 时才能用于氢气、氦气和氖气，此时 $T_r=\frac{T}{T_c+8}$，$P_r=\frac{P}{P_c+8}$；

② 对于气体混合物：$T_r=\frac{T}{T_c}$，$P_r=\frac{P}{P_c}$

混合物的偏心因子可由下式计算：

$$\omega=\sum_{i=1}^{n}x_i\omega_i \tag{2-39}$$

式中 x_i——组分 i 的摩尔分率；

ω_i——组分 i 的偏心因子。

石油馏分的偏心因子也可用以下经验式进行估算：

$$\omega = \frac{3}{7}\left(\frac{\lg P_C}{T_C/T_b - 1}\right) - 1 \tag{2-40}$$

式中　P_C——临界压力，atm(绝)；

T_C——临界温度，K；

T_b——分子平均沸点，K。

偏心因子在石油加工设备设计中应用很广泛，可用于求取石油馏分的压缩因子、饱和蒸气压、热焓、比热容等，以及用于某些物性参数的关联。

八、热性质

在石油加工过程中，石油及其馏分的温度、压力和相态都可能发生变化，这就涉及到体系的能量平衡。石油加工工艺的设计计算和装置核算，都要进行能量平衡计算。这就必须要知道石油及其馏分的质量热容、汽化潜热、焓等热性质。在有化学反应发生时，还必须知道反应热、生成热等。这里只讨论石油及其馏分发生物理变化时的热性质。

（一）质量热容

1. 质量热容

单位质量物质温度升高 1℃ 所吸收的热量称为该物质的质量热容 C，单位为 kJ/(kg·℃)。质量热容随温度升高而增大。质量热容的严格定义应为：单位质量物质在某一温度 T 下，所吸热量 dQ 与温度升高值 dT 之比。即：

$$C = \frac{dQ}{dT} \tag{2-41}$$

工艺计算中常采用平均质量热容 $\bar{C}$。单位质量物质的温度由 T_1 升高到 T_2 时所需的热量为 Q，其平均质量热容 $\bar{C}$ 为：

$$\bar{C} = \frac{Q}{T_2 - T_1} \tag{2-42}$$

温度变化范围不大时，可近似地取平均温度 $(T_1+T_2)/2$ 的质量热容为平均质量热容。温度范围越小，平均质量热容越接近于真实质量热容。

质量热容也与体系的压力和体积的变化情况有关。体积恒定时的质量热容称为质量定容热容 C_V，压力恒定时的质量热容称为质量定压热容 C_P。对于液体和固体，质量定压热容和质量定容热容相差很少。对于气体，两者相差较大，差值相当于气体膨胀时所做的功。对理想气体，两者的差值为气体常数：

$$C_P - C_V = R \tag{2-43}$$

2. 烃类的质量热容

烃类的质量热容随温度和相对分子质量的升高而逐渐增大。压力对于液态烃类质量热容的影响一般可以忽略；但气态烃类的质量热容随压力的增高而明显增大，当压力高于 0.35MPa 时，其质量热容需作压力校正。

相对分子质量相近的烃类中，质量热容的大小顺序是烷烃>环烷烃>芳烃；同一族烃类，分子越大质量热容越小；烃类组成相近的石油馏分中，密度越大质量热容越小。

液相石油馏分的质量热容可根据温度、相对密度和特性因数从图 2-30 查得。

气相石油馏分的质量定压热容，可根据温度和特性因数从图 2-31 中查得。该图仅适用于压力小于 0.35MPa 且含烯烃和芳香烃不多的石油馏分蒸汽。当压力高于 0.35MPa 时，可根据有关图表及公式对气相石油馏分的质量定压热容进行压力校正。

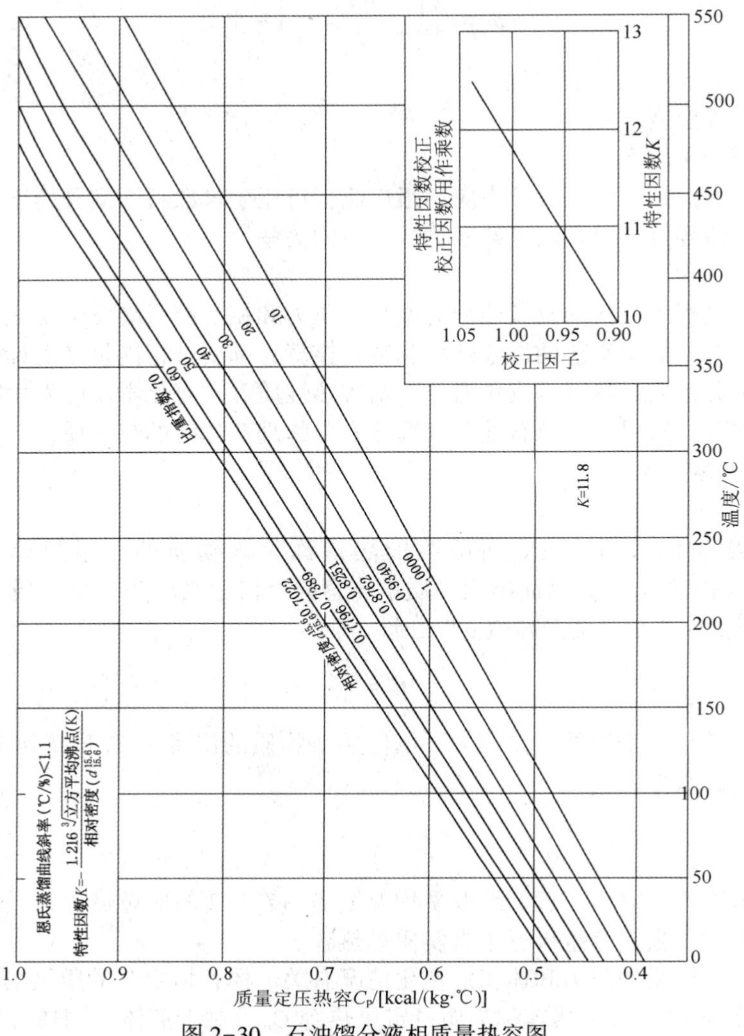

图 2-30　石油馏分液相质量热容图

1kcal/(kg·℃)=4.1868kJ/(kg·℃)

（二）汽化热

单位质量物质在一定温度下由液态转化为气态所吸收的热量称为汽化热，单位为kJ/kg。物质的汽化热随压力和温度的升高而逐渐减小，至临界点时，汽化热等于零。如不特殊说明，物质的汽化热通常是指在常压沸点下的汽化热。

某些油品常压下的汽化热见表 2-27。由表中数据可知，烃类的汽化热随相对分子质量的增大而减小。当相对分子质量相近时，烷烃与环烷烃的汽化热相差不多，而芳香烃的汽化热稍高一些；油品越重也即沸点越高，其汽化热越小。

表 2-27　某些油品常压下的汽化热

油品名称	汽　油	煤　油	柴　油	润滑油
汽化热/(kJ/kg)	290~315	250~270	230~250	190~230

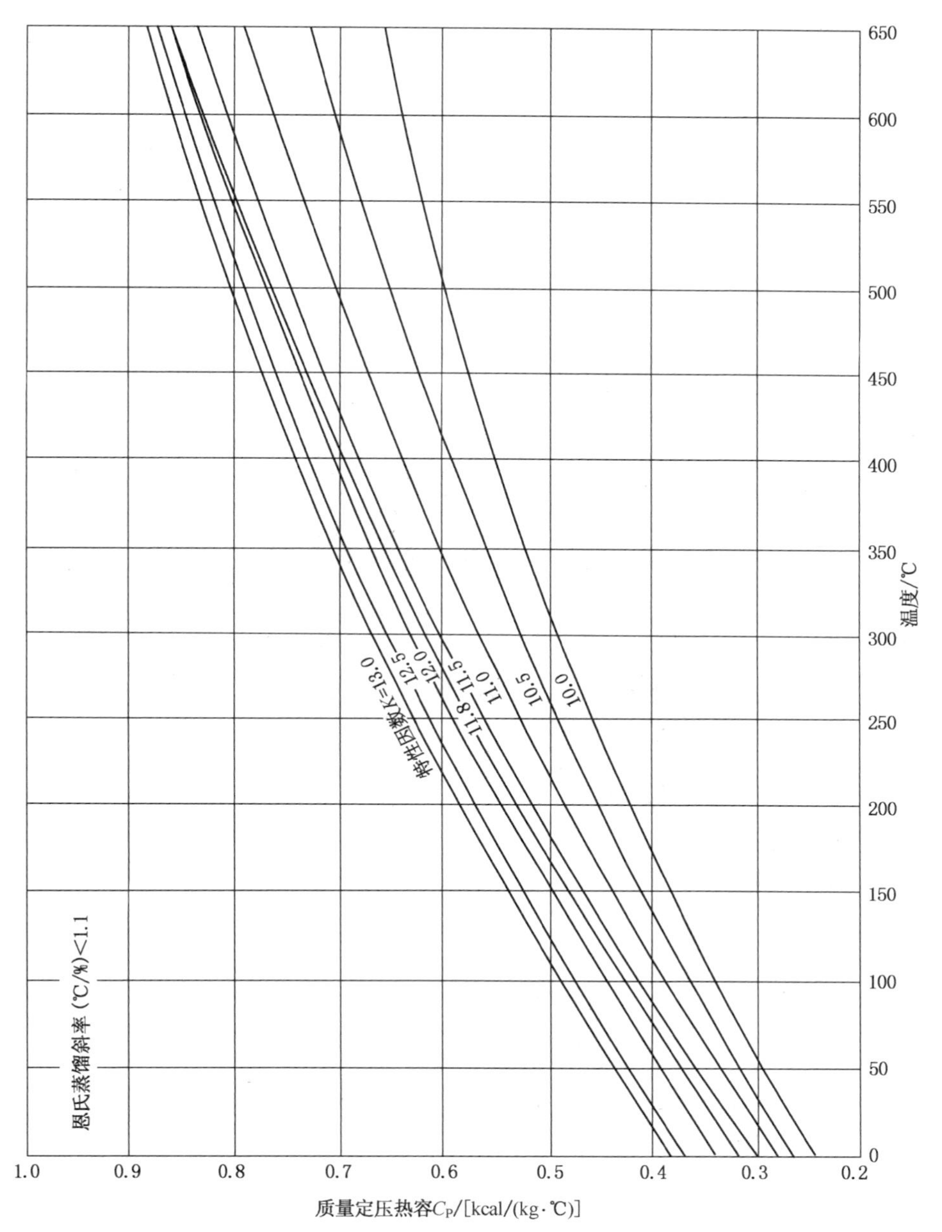

图 2-31　石油馏分气相常压质量热容图

1kcal/(kg·℃)=4.1868kJ/(kg·℃)

纯烃和烃类混合物的汽化热可从有关图表中查得。对于石油馏分，可查图或计算获得在相同条件下气相和液相的焓值，气相和液相的焓值差即为其汽化热。

石油馏分的常压汽化热还可根据其中平均沸点、平均相对分子质量和相对密度三个参数中的两个，从图 2-31 中查得。对其他温度、压力条件下的汽化热，可以用图 2-32 中查取其校正因子 ϕ 后按下式进行校正。

$$\Delta h_T = \Delta h_b \phi \frac{T}{T_b} \tag{2-44}$$

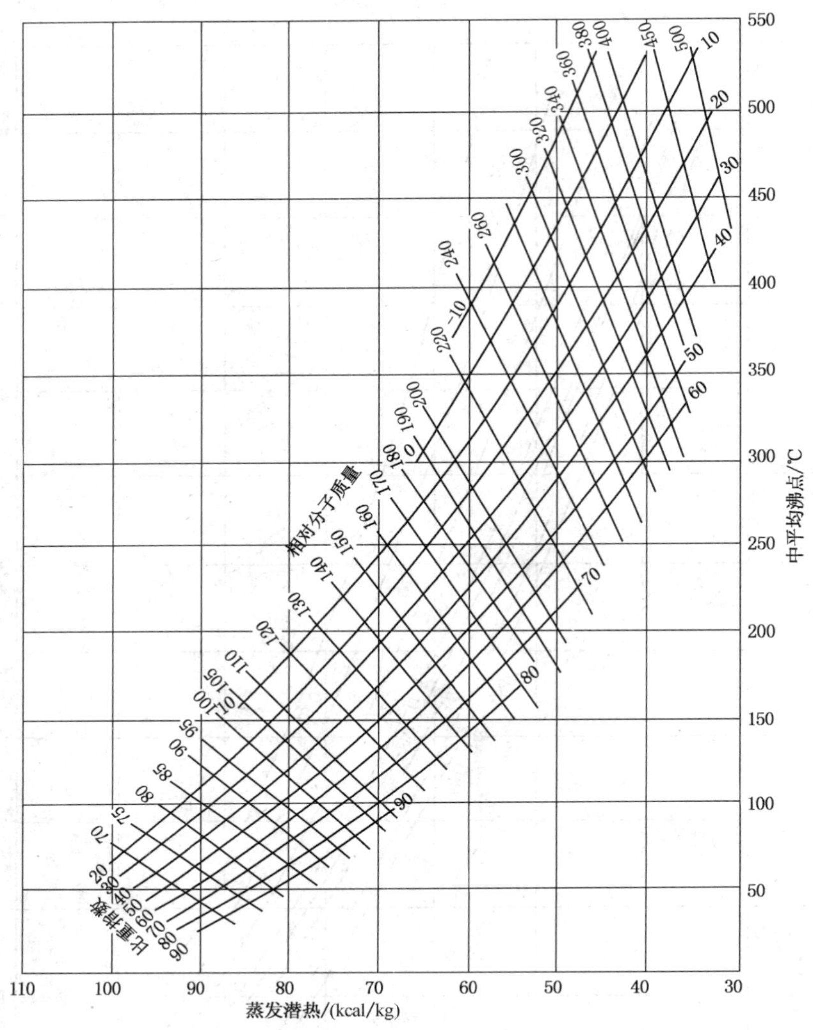

图 2-32 石油馏分常压汽化热图

1kcal/(kg·℃)=4.1868kJ/(kg·℃)

式中 Δh_T，Δh_b——分别为温度 T(K)和常压沸点 T_b(K)时的汽化热，kJ/kg；

ϕ——由图 2-33 查得的校正因子。

(三) 焓

1. 焓的定义

焓是物系的热力学状态函数之一，通常用 H 表示。定义如下：

$$H = U + PV \tag{2-45}$$

式中 U、P、V 分别代表体系的内能、压力、体积。

对热力学性质计算来说，重要的不是物系焓的绝对值，而是焓的变化值。焓的变化值只与物系的始态和终态有关，而与变化的途径无关。在恒压且只做膨胀功的条件下，物系焓值的变化等于体系所吸收的热量。

$$\Delta H = H_2 - H_1 = \Delta U + P\Delta V = Q_p \tag{2-46}$$

式中 ΔH——物系焓变；

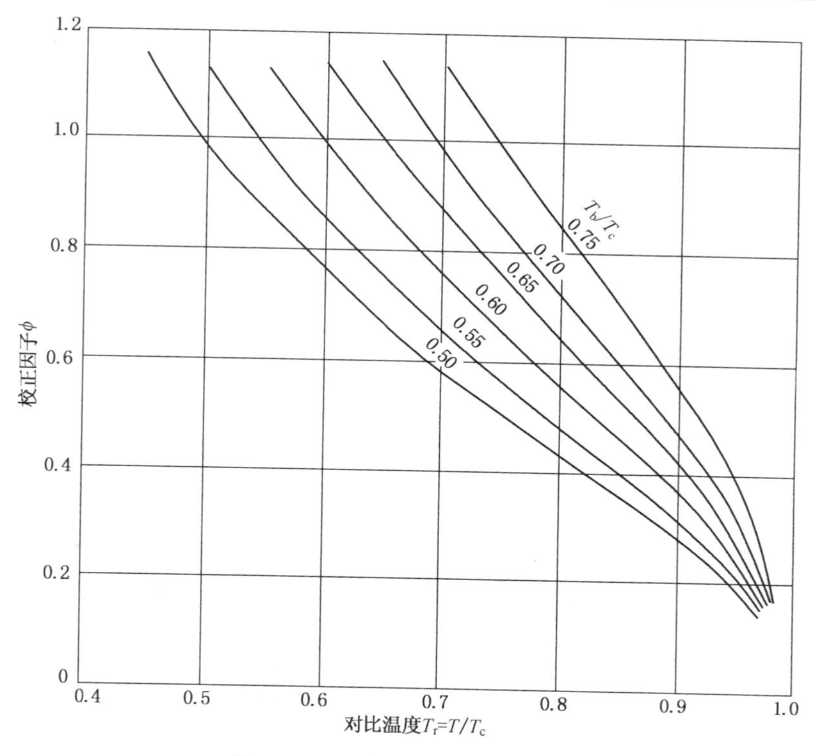

图 2-33　石油馏分汽化热校正图

H_1——物系始态的焓；

H_2——物系终态的焓；

ΔU——物系内能的变化；

ΔV——物系体积的变化；

P——物系压力；

Q_p——物系恒压热。

物系内能的绝对值无法测得，因此焓的绝对值也无法确定，只能测定焓的变化值。为了便于计算，人为地规定某个状态下的焓值为零，称该状态为基准状态，而将物系从基准状态变化到某状态时发生的焓变称为该物系在该状态下的焓值。在焓值的计算中，其基准状态下的压力通常选用常压，即 0. 1013MPa(1atm)；其基准温度可有多种选择，如-17. 8℃(0℉)、0℃或 0K。工程上焓的单位常为 kJ/kg 或 kJ/kmol。

焓值随所选基准状态的不同而不同，只具有相对意义。所以，在计算某个物系物理变化的焓变时，物系的始态和终态焓值的基准状态必须相同，否则无法比较。

2. 石油馏分焓值的求定

油品的焓值是油品性质、温度和压力的函数。在同一温度下，相对密度小及特性因数大的油品具有较高的焓值，烷烃的焓值大于芳香烃的焓值，轻馏分的焓值大于重馏分的焓值。压力对液相油品的焓值影响很小，可以忽略；但压力对气相油品的焓值影响较大，在压力较高时必须考虑压力对焓值的影响。

在工艺计算中，一般是查图求石油馏分的焓值。图 2-34 是石油馏分焓图。该图基准温度为-17. 8℃，是由特性因数 $K=11.8$ 的石油馏分在常压下的实测数据绘制而成。图中有两

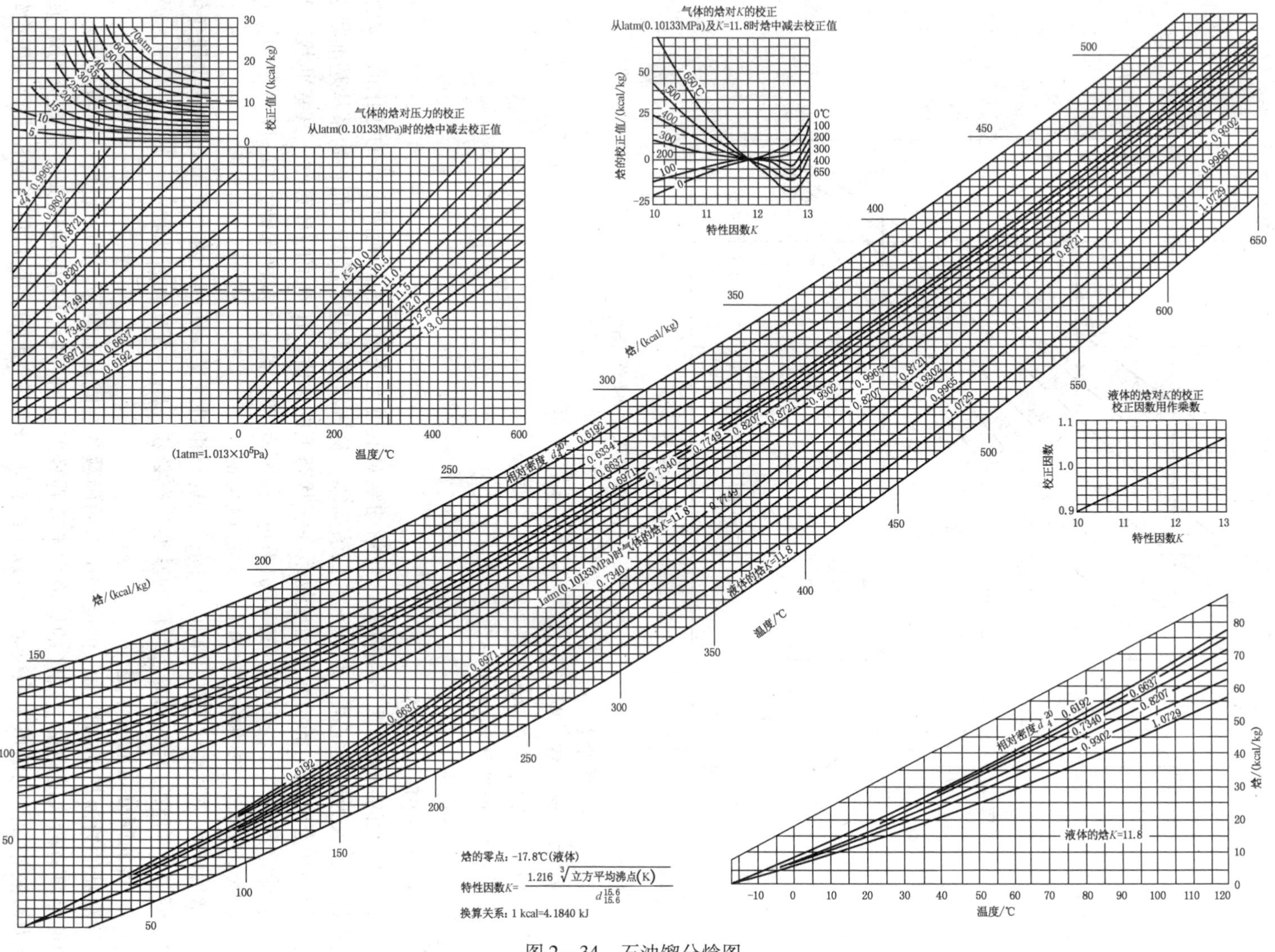
气体的焓对压力的校正
从1atm(0.10133MPa)时的焓中减去校正值
校正值/(kcal/kg)
(1atm=1.013×10⁵Pa)
温度/℃
气体的焓对K的校正
从1atm(0.10133MPa)及K=11.8时焓中减去校正值
焓的校正值/(kcal/kg)
特性因数K
液体的焓对K的校正
校正因数用作乘数
校正因数
焓/(kcal/kg)
相对密度d_4^{20}
1atm(0.10133MPa)时气体的焓K=11.8
液体的焓K=11.8
焓的零点：-17.8℃(液体)
特性因数K= 1.216 ∛立方平均沸点(K) / $d_{15.6}^{15.6}$
换算关系：1 kcal=4.1840 kJ

图 2-34 石油馏分焓图

组曲线，上方的一组为气相石油馏分的焓值，下方的一组为液相石油馏分的焓值。石油馏分的 K 值不等于 11.8 时需要校正。液相焓对 K 的校正查右边中间的小图，校正因数用作乘数。气相焓对 K 的校正查正上方的小图，校正值用作减数；当压力高于 0.5MPa 时，气相焓值要进行校正，气体焓对压力的校正查左上方小图，校正值用作减数。压力高于 7.0MPa 时，无法用该图进行焓的压力校正。

油品处于气、液混相状态时，应分别求定气、液相的性质，在已知汽化率的情况下按可加性求定其焓值。

对恩氏蒸馏曲线斜率小于 2 的石油窄馏分，相同温度时查得的气液相的焓值之差，即为该窄馏分在同一温度下的汽化热。

【例 2-8】 某石油馏分 $d_4^{20}=0.7796$、$K=11.0$。从 100℃、101.3kPa 下加热并完全汽化至 316℃、2.76MPa。试求加热 100kg 油品所需的热量。

解： ① 求液相油品的焓　由图 2-34 右下角局部放大图查得液相油品 $d_4^{20}=0.7796$、$K=11.0$、100℃时的焓为 58kcal/kg。由右边焓的特性因数校正小图查得 $K=11.0$ 时的校正因数为 0.955。校正后的焓为 58×0.955=55.4kcal/kg。

② 求气相油品的焓　由图 2-34 主图上一组曲线查得 $d_4^{20}=0.7796$、$K=11.8$、$t=316$℃常压下气相油品的焓为 251kcal/kg。由左上方焓的压力校正小图查得压力为 2.76MPa 时的校正值为 12kcal/kg，又由正上方焓的特性因数校正小图查得 $K=11.0$ 的校正值为 6kcal/kg，所以 $K=11.0$、$d_4^{20}=0.7796$、$t=316$℃、$P=2.76$MPa 时的气相焓为 251-12-6=233kcal/kg。

③ 加热 100kg 油品所需的热量 Q 为：

$$Q=100\times(233-55.4)=17760\text{kcal}=74360\text{kJ}$$

上述查图求石油馏分焓值的方法比较简便，但不够准确。当压力超过 7.0MPa 或接近体系的临界点时，无法用此图求石油馏分焓值。

石油馏分焓值也可用计算法求取。计算法求石油馏分焓值一般涉及到临界常数、偏心因子等参数，计算过程复杂繁琐，一般要借助计算机进行。

九、低温流动性

石油产品在低温下使用的情况很多，例如我国北方，冬季气温可达-30～-40℃，室外的机器或发动机启动前的温度和环境温度基本相同。对发动机燃料和润滑油，要求具有良好的低温流动性能。油品的低温流动性对其输送也有重要意义。

油品在低温下失去流动性的原因有两个。含蜡量少的油品，当温度降低时黏度迅速增加，最后因黏度过高而失去流动性，这种情况称为黏温凝固；对含蜡较多的油品，当温度逐渐降低时，蜡就逐渐结晶析出，蜡晶体互相连接形成网状骨架，将液体状态的油品包在其中，使油品失去流动性，这种情况称为构造凝固。

油品并不是在失去流动性的温度下才不能使用，在失去流动性之前析出的结晶，就会妨碍发动机的正常工作。因此对不同油品规定了浊点、结晶点、冰点、凝点、倾点和冷滤点等一系列评定其低温流动性能的指标，这些指标都是在特定仪器中按规定的标准方法测定的。

浊点：试油在规定的试验条件下冷却，开始出现微石蜡结晶或冰晶而使油品变浑浊时的最高温度。

结晶点：在油品到达浊点温度后继续冷却，出现肉眼观察到结晶时的最高温度。

冰点：试油在规定的试验条件下冷却至出现结晶后，再使其升温至所形成的结晶消失时的最低温度。

浊点、结晶点和冰点是汽油、煤油、喷气燃料等轻质油品的质量指标之一。

凝点：油品在规定的试验条件下冷却到液面不移动时的最高温度。

倾点：油品在规定的试验条件下冷却，能够流动的最低温度。倾点也称为油品的流动极限。

冷滤点：油品在规定的试验条件下冷却，在 1min 内开始不能通过 363 目过滤网 20mL 时的最高温度。

凝点和倾点是评定原油、柴油、润滑油、重油等油品低温流动性能的指标。

倾点是油品的流动极限，凝点时油品已失去流动性能。倾点和凝点都不能直接表征油品在低温下堵塞发动机滤网的可能性。因此提出了冷滤点概念。冷滤点是表征柴油在低温下堵塞发动机滤网可能性的指标。能够反映柴油低温实际使用性能，最接近柴油的实际最低使用温度。

油品的低温流动性取决于油品的烃类组成和含水量的多少。在相对分子质量相近时，正构烷烃的低温流动性最差，即倾点和凝点最高，其次是环状烃，异构烷烃的低温流动性最好。对同一族烃类，相对分子质量越大低温流动性越差。

十、燃烧性能

石油产品绝大多数是易燃易爆的物质。因此研究油品与着火、爆炸有关的性质如闪点、燃点和自燃点等，对石油及其产品的加工、储存、运输和应用的安全有着极其重要的意义。石油燃料燃烧发出的热量，是能量的重要来源。

1. 闪点

闪点是石油产品等可燃性物质的蒸气与空气形成混合物，在有火焰接近时，能发生瞬间闪火的最低温度。

在闪点温度下的油品，只能闪火不能连续燃烧。这是因为在闪点温度下，液体油品蒸发速度比燃烧速度慢，油气混合物很快烧完，蒸发的油气不足以使之继续燃烧。所以在闪点温度下，闪火只能一闪即灭。

闪火是微小的爆炸，但闪火是有条件的，不会随意闪火爆炸。闪火的必要条件是混合气中烃类或油气的浓度要有一定范围。在这一浓度范围之外不会发生闪火爆炸，因此这一浓度范围称为爆炸极限。能发生闪火的最低油气浓度称为爆炸下限，最高浓度称为爆炸上限。低于下限时油气不足，高于上限时空气不足，均不能发生闪火爆炸。

测定油品的闪点，通常是达到爆炸下限的温度。汽油则不同，室温下密闭容器中的汽油并不发生闪火，而冷却到一定温度则可发生闪火。这是因为汽油的蒸气压高，容易蒸发，室温下密闭容器内的汽油蒸汽浓度已大大超过爆炸上限，只有冷却降温使汽油的蒸气压降低，从而降低汽油蒸汽浓度，才能达到发生闪火的浓度范围，故测得汽油的闪点是汽油的爆炸上限温度。

油品的闪点与馏分组成、烃类组成及压力有关。馏分越重闪点越高。但重馏分中混有极少量轻馏分时，可使闪点显著降低。例如原油，由于有汽油馏分，所以闪点很低。润滑油在使用过程中若混入少量轻质油品，闪点会大大降低。烯烃的闪点比烷烃、环烷烃和芳香烃的都低。闪点随大气压力的下降而降低。

测定油品闪点的方法有两种：一为闭杯闪点，油品蒸发在密闭的容器中进行，对于轻质石油产品和重质石油产品都能测定；另一为开杯闪点，油品蒸发在敞开的容器中进行，一般用于测定润滑油和残油等重质油品的闪点。测定油品开杯闪点时，油品蒸发速度必须大于油蒸汽的自由扩散速度，杯内油蒸汽才可能达到闪火的浓度范围，所以同一油品的开杯闪点值比闭杯闪点值高。

2. 燃点和自燃点

测定油品开杯闪点时，达到闪点温度以后，继续加热提高温度，当到达某一油温时，引火后生成的火焰将不再熄灭，持续燃烧(不少于5s)。油品发生持续燃烧的最低油温称为燃点。

测定闪点和燃点需要从外部引火。如果将油品隔绝空气加热到一定的温度，然后使之与空气接触，则无需引火，油品即可自行燃烧，这就是油品的自燃。发生自燃的最低油温，称为自燃点。

闪点、燃点与油品的汽化性有关，自燃点与油品的氧化性有关。轻馏分分子小、沸点低、易蒸发，所以馏分越轻其闪点和燃点就越低。馏分越轻越难氧化，越重越易氧化，所以轻馏分自燃点比重馏分的高。

烷烃比芳香烃容易氧化，所以烷烃的自燃点比芳香烃低，环烷烃介于两者之间。含烷烃多的油品自燃点较低，含芳烃多的油品自燃点较高。

某些可燃气体及油品与空气混合时的爆炸极限及闪点、燃点、自燃点数据见表2-28。

表2-28 某些可燃气体及油品与空气混合时的爆炸极限、闪点、燃点和自燃点

名称	爆炸极限/%(体)		闪点/℃	燃点/℃	自燃点/℃
	下限	上限			
甲烷	5.0	15.0	<-66.7	650~750	645
乙烷	3.22	12.45	<-66.7	472~630	530
丙烷	2.37	9.50	<-66.7	481~580	510
丁烷	1.36	8.41	<-60(闭)	441~550	490
戊烷	1.40	7.80	<-40(闭)	275~550	292
己烷	1.25	6.90	-22(闭)	—	247
乙烯	3.05	28.6	<-66.7	490~550	540
乙炔	2.5	80.0	<0	305~440	335
苯	1.41	6.75	—	—	580
甲苯	1.27	6.75	—	—	550
石油气(干气)	~3	~13	—	—	650~750
汽油	1	6	<28	—	510~530
灯用煤油	1.4	7.5	28~45	—	380~425
轻柴油	—	—	45~120	—	
重柴油	—	—	>120	—	300~330
润滑油	—	—	>120	—	300~380
减压渣油	—	—	>120	—	230~240
石油沥青	—	—	—	—	230~240
石蜡	—	—	—	—	310~432
原油	—	—	-6.7~32.2	—	~350

在石油加工装置中，重质油品的温度较高，往往超过了自燃点，泄漏出来会很快自燃。所以，轻质油品和重质油品都有发生火灾的危险，都要注意安全生产。

3. 热值(发热量)

单位质量油品完全燃烧时所放出的热量，称为质量热值，单位为kJ/kg；单位体积油品完全燃烧时所放出的热量，称为体积热值，单位是kJ/m^3。

由于氢的质量热值远比碳高，因此，氢碳比越高的燃料其质量热值也越大。在各类烃中，烷烃的氢碳比最高，芳烃最低。因此对碳原子数相同的烃类来说，其质量热值的顺序为烷烃>环烷烃、烯烃>芳香烃。但对于体积热值来说，其顺序正好与此相反，芳烃>环烷烃、烯烃>芳香烃。这主要是由于芳烃的密度较大，而烷烃密度较小的缘故。对于同类烃而言，随沸点增高，密度增大，则其体积热值变大，而质量热值变小。

石油和油品主要是由碳和氢组成。完全燃烧后主要生成二氧化碳和水。根据燃烧后水存在的状态不同，热值可分为高热值和低热值。

高热值又称为理论热值。它规定燃料燃烧的起始温度和燃烧产物的最终温度均为15℃，且燃烧生成的水蒸气完全被冷凝成水所放出的热量。

低热值又称为净热值。它与高热值的区别在于燃烧生成的水是以蒸汽状态存在。如果燃料中不含水分，高、低发热值之差即为15℃和其饱和蒸气压下水的蒸发潜热。石油产品中的各种烃类的低热值约在39775～43961kJ/kg之间。

在生产实际中，加热炉烟囱排出烟气的温度要比水蒸气冷凝温度高得多，水分是以水蒸气状态排出，所以工艺计算中均采用低热值。

热值是加热炉工艺设计中的重要数据，也是喷气燃料等燃料的质量指标。

油品的热值可用实验方法测定，也可以用经验公式及图表来求取。

十一、其他物理性质

（一）溶解性质

1. 苯胺点

苯胺点是在规定的试验条件下，油品与等体积苯胺达到临界溶解的温度。苯胺点是石油馏分的特性数据之一。

烃类与溶剂的相互溶解度与烃类分子结构及溶剂分子结构有关，两者的分子结构越相似，溶解度也越大。升高温度能增大烃类与溶剂的相互溶解度。在较低温度下将烃类与溶剂混合，由于两者不完全互溶而分成两相。加热升高温度，溶解度随之增大，当加热至某温度时，两者就完全互溶，界面消失，此时的温度即为该混合物的临界溶解温度。临界溶解温度低也就反映了烃类和溶剂的互溶能力大。溶剂比不同，临界溶解温度也不同，苯胺点就是以苯胺为溶剂，与油品以1∶1(体)混合时的临界溶解温度。

各族烃类的苯胺点高低顺序为：烷烃>环烷烃>芳烃。对环状烃，多环环状烃的苯胺点远比单环的低。在同一族烃类中，苯胺点随着相对分子质量增大而升高，但上升的幅度很小。油品的苯胺点可以反映油品的组成特性。苯胺点高的油品表明其烷烃含量较高，芳烃含量较低。根据油品的苯胺点可以求得油品的柴油指数、特性因数、平均相对分子质量等参数。

2. 水在油品中的溶解度

水在油品中的溶解度很小，但对油品的使用性能影响很大。油品与大气接触，会吸收溶解一部分水分。水在油品中的溶解度随温度而变化，当温度降低时溶解度变小，溶解的水就析出一部分，成为游离水而沉降在容器底部。油品储运过程中由于温度日夜变化，导致油罐底部积存的游离水日益增多。微量的游离水存在于油品中使油品储存安定性变坏，引起设备腐蚀，对油品的低温性能(如喷气燃料的结晶点)产生负面影响。润滑油含水还会造成乳化，降低润滑效果。

油品的吸水量与化学组成有关。通常水在各族烃类中的溶解度大小顺序为：芳香烃>烯烃>环烷烃>烷烃。温度升高，溶解于油品中的水也增多。

（二）光学性质

油品的光学性质对研究石油的化学组成具有重要的意义。利用光学性质可以单独进行单体烃类或石油窄馏分化学组成的定量测定，也可与其他的方法联合起来研究石油宽馏分的化学组成。油品的光学性质中以折射率为最重要。

折射率即光的折射率又称折光率，是真空中光的速度（2.9986×10^{8} m/s）和物质中光的速度之比，以 n 表示。各族烃类之间的折射率有显著区别。碳数相同时，芳香烃的折射率最高，其次是环烷烃和烯轻，烷烃的折射率最低。在同族烃类中，相对分子质量变化时折射率也随之在一定范围内增减，但远不如分子结构改变时的变化显著。烃类混合物的折射率服从可加性规律。

折射率与光的波长、温度有关。光的波长越短，物质越致密，光线透过的速度就越慢，折射率就越大。温度升高，折射率变小。为了得到可以比较的数据，通常以 20℃时，钠的黄色光（波长 589.26nm）来测定油品的折射率，以 n_D^{20} 表示。对于含蜡润滑油，一般测定 70℃时的折射率，用 n_D^{70} 表示。有机化合物在 20℃时的折射率一般为 1.3～1.7。某些烃类的折射率如表 2-29 所示。

表 2-29 某些烃类的折射率

烃类名称	折射率（n_D^{20}）	烃类名称	折射率（n_D^{20}）	烃类名称	折射率（n_D^{20}）
戊烷	1.3575	环戊烷	1.4064	苯	1.5011
己烷	1.3749	甲基环戊烷	1.4097	甲苯	1.4969
庚烷	1.3877	环己烷	1.4262	乙苯	1.4959
辛烷	1.3974	甲基环己烷	1.4231	异丙苯	1.4915

油品的折射率常用以测定油品的族组成，也用以测定柴油、润滑油的结构族组成，例如 $n-d-M$ 法和 $n-d-\nu$ 法。

（三）电性质

纯净的油品是非极性介质，呈电中性，不带电不导电，电阻很大，是很好的绝缘体。如变压器油是变压器和油开关等电器中很好的绝缘介质。但石油产品不可避免地含有某些杂质，杂质含量以及杂质分子极性强弱影响着油品导电性的大小。

油品中的杂质包括各种氧化物、胶质沥青质、有机酸、碱、盐以及水分等。这些杂质分子都能电离，极性越强越易电离。这些活性化合物只要极低的浓度，就可使液体介质带电。所以油品一般都有一定的导电性。

石油产品由于搅拌、沉降、过滤、摇晃、冲击、喷射、飞溅、发泡以及泵送等相对运动，会产生电荷。如果油品含杂质较多，导电性好，就能把电荷及时带走。如果油品较纯净，设备、管线、容器等的接地不好，电荷就会积聚。这种积聚在油品中的电荷称为静电。在一定的条件下，油品会产生放电现象，产生电火花，从而引起油品的燃烧和爆炸。据统计，石油的火灾爆炸事故约有 10%属于静电事故。因此，在生产中要重视静电的危害，做好设备、管线、容器等的接地，使电荷及时导入地下，确保生产和储运的安全。

（四）表面张力及界面张力

在石油加工过程中，蒸馏、萃取、吸收等工艺过程常涉及到有关表面张力及界面张力的问题。界面张力也是变压器油等石油产品的质量指标之一。

1. 表面张力

液体表面分子与其内部分子所处的环境不同，存在一种不平衡力场。内部分子所受到其他分子的引力各方向相同，相互平衡，合力为零。表面分子受上方气相分子的引力远小于受下方液相分子的引力，合力不等于零，形成一个垂直于表面指向液体内部的内向力。这个内向引力使液体有尽量缩小其表面积的倾向。

表面张力定义为液体表面相邻两部分单位长度上的相互牵引力，其方向与液面相切且与分界线垂直。单位为 N/m，常用符号 σ 表示。表面张力还可定义为液体增大单位表面积时所需要的能量(J/m^2)，也称为液体的表面能或表面自由能。液体的表面张力的大小与液体的化学组成、温度、压力以及与所接触气体的性质等因素有关。

烃类等纯化合物的表面张力数据可从有关图表集中查得。如表 2-30 所示。当温度相同、碳原子数相同时，芳香烃的表面张力最大，环烷烃的次之，烷烃的最小。正构烷烃的表面张力随相对分子质量的增大而增大，环烷烃则不一定如此，芳香烃的表面张力随相对分子质量变化的程度较小。烃类的表面张力均随温度的升高而减小。温度趋近临界温度时表面张力趋近于零。

表 2-30　烃类在不同温度下的表面张力

烃类		表面张力/(10^{-3}N/m)			
		20℃	40℃	60℃	80℃
正构烷烃	正戊烷	16.0	13.9	11.8	9.7
	正己烷	18.0	16.0	14.0	12.1
	正庚烷	20.2	18.2	16.3	14.4
	正辛烷	21.5	19.6	17.8	16.0
环烷烃	环戊烷	22.0	19.6	17.2	14.9
	环己烷	25.2	22.9	20.6	18.4
	甲基环己烷	23.5	21.5	19.5	17.5
	乙基环己烷	25.2	23.3	21.5	19.6
芳香烃	苯	28.8	26.3	23.7	21.2
	甲　苯	28.5	26.2	23.9	21.7
	乙　苯	29.3	27.1	25.0	22.9
	丙　苯	29.0	27.0	24.9	23.0

液体的表面张力随压力的增高而减小，减小的幅度随所接触气体性质的不同而不同。

石油馏分在常温下的表面张力一般在 $24\times10^{-3}\sim39\times10^{-3}$N/m 之间。汽油、煤油、润滑油的表面张力约分别为 26×10^{-3}、30×10^{-3}和 34×10^{-3}N/m。未经精制的石油馏分中还含有一些具有表面活性的非烃类物质，这些物质富集在表面而使表面张力降低。

石油馏分的表面张力可由石油馏分的特性因数、温度、临界温度查图求取，或用经验公式计算求得。

2. 界面张力

界面张力是指每增加一个单位液-液相界面面积时所需的能量。与液体的表面张力相似，两个液相界面上的分子所处的环境和内部分子所处的环境不同，因而受力情况和能量状态也不同。界面张力的单位也是 N/m。界面张力对于萃取等液-液传质过程有重要影响。温度和压力对于界面张力都有影响，但温度的影响要大得多。

石油及石油馏分在生产和应用过程中常与水接触，如原油的脱盐脱水、油品酸碱精制后的水洗、柴油乳化等。油-水界面上的界面张力受两相化学组成及温度等因素的影响。油水体系中少量的表面活性物质会显著影响其界面张力，可增加或降低其界面膜的强度，从而导致油水乳状液的稳定或破坏。原油电脱盐工艺中的破乳，就是利用表面活性物质(破乳剂)

破坏油水乳状液界面膜的好例子。

习题与思考题

1. 什么叫石油？它的一般性质如何？
2. 石油中的元素组成有哪些？它们在石油中的含量如何？
3. 什么叫分馏、馏分？它们的区别是什么？
4. 石油中有哪些烃类化合物？它们在石油中分布情况如何？
5. 烷烃在石油中有几种形态？什么叫干气、湿气？
6. 石油中所含的石蜡、微晶蜡有何区别？
7. 与国外原油相比，我国原油性质有哪些主要特点？
8. 石油分别按照沸程(馏程)、烃类组成可划分为哪些组分？
9. 汽油、煤油、柴油的沸程(馏程)范围是多少？它们的烃类组成如何？
10. 对石油加工和产品质量影响较大的杂原子主要有哪些？它们的分布有何特点？
11. 石油中的非烃类化合物有哪些类型？这些非烃类主要存在形式和特点？它们的存在对原油加工和产品质量有何影响？
12. 反映油品一般性质、蒸发性质、流动性质、热性质、临界性质、燃烧性质的指标有哪些？这些性质是如何定义的？
13. 纯物质及混合物的蒸气压与哪些因素有关？为什么？
14. 为什么要引入平均沸点的概念？平均沸点有哪几种表示法？它们各是怎样求法？
15. 如何计算混合油品的相对密度？它的依据是什么？有何实用意义？
16. 什么是油品的特性因数？为什么特性因数的大小可以大致判断石油及其馏分的化学组成？
17. 有两种油品的特性因数大小相同，且油品A的相对密度(d_4^{20})与油品B的相对密度(d_4^{30})也一样，试问这两种油品的蒸气压一样吗？若不一样，哪一个油品的蒸气压大？为什么？
18. 有两种油品的馏程一样，但油品A的相对密度d_4^{20}大于油品B的相对密度d_4^{20}，这两种油品的特性因素哪一个大？为什么？
19. 什么叫黏度？常用的黏度表示法有几种？如何进行换算？
20. 什么叫黏温性能？它有几种表示法？如何求法？黏温特性有何实用意义？
21. 怎样求油品的混合黏度？它有何实用意义？
22. 有A、B两种润滑油，它们的特性因数相同，且油品A的v_{20}与油品B的v_{50}相同，比较这两种油品的平均沸点、相对密度、平均相对分子质量及蒸气压。
23. 什么叫爆炸极限？
24. 什么叫闪点、燃点、自燃点？油品的组成与它们有什么关系？
25. 什么叫浊点、冰点、凝点、倾点、冷滤点？
26. 在实验室进行重油减压蒸馏，在真空度98.66kPa(740mmHg)下要切取400~500℃的馏分，问减压操作时，温度应控制多少？
27. 常压下沸点为250℃的油品，当真空度为97.33kPa(730mmHg)、93.33kPa(700mmHg)及压力为203kPa(2atm)(绝)时的沸点各为多少？由此可得出什么结论？

28. 求某一残油的相对密度，已知数据如下：

油品名称	原油	轻柴油	重柴油	裂化原料	残油
组成/%（体）	100	30	10	30	30
d_4^{20}	0.905	0.84	0.89	0.92	?

29. 催化裂化重柴油 $d_4^{20}=0.8471$，其恩氏蒸馏数据如下：

馏出体积/%	初馏点	10	30	50	70	90	终馏点
馏出温度/℃	326	337	349	354	361	372	395

求其特性因数 K 及平均相对分子质量 M。

30. 已知某润滑油的黏度°$E_{37.8}=6.1$，求该油品在 37.8℃时的运动黏度与动力黏度、赛氏黏度、10 号雷氏黏度(该油品 $d_4^{37.8}=0.8500$)。

31. 某煤油在 100℃时的运动黏度为 1.0mm²/s，相对密度 $d_4^{20}=0.8400$，求在 100℃时的动力黏度。

32. v_{100}为 8.0mm²/s 的轻质润滑油和 v_{100}为 20.0mm²/s 的重质润滑油，当其黏度指数均为 100 时，其黏度比 v_{50}/v_{100}各为多少？哪种油的黏温性能更好一些？

33. 用 5 种油调合生产 N32 机械油，各种油的黏度和所用的体积数量如下表，求调合油的混合黏度。

组分油	A	B	C	D	E	调合油
体积/m³	3.5	3.5	3.5	3.5	1.8	15.8
v_{50}/(mm²/s)	25.2	19	23.8	24.5	8	v

34. 求油品 $d_{15.6}^{15.6}=0.8705$、$K=10.8$，在 365℃、2MPa(20atm)下全部成为气相时的热焓？在此温度下，当汽化率为 30%时求其热焓？若将此油品从 50℃加热到 365℃，此时汽化率为 30%，求加热 100kg 此油所需热量。

参 考 文 献

[1] 刘长久，张广林．石油和石油产品中非烃化合物[M]．北京：中国石化出版社，1991.

[2] 刘家明，朱敬镐，陈开辈，等．石油炼制工程师手册(第Ⅲ卷)：石油炼制工艺基础数据与图表[M]．北京：中国石化出版社，2017.

[3] 汪文虎，秦延龙．烃类物理化学数据手册[M]．北京：烃加工出版社，1990.

[4] 梁汉昌．石油化工分析手册[M]．北京：中国石化出版社，2000.

[5] 黄乙武．液体燃料的性质和应用[M]．北京：烃加工出版社，1985.

[6] 梁文杰．石油化学[M]．2 版．山东：中国石油大学出版社，2009.

[7] 李淑培．石油加工工艺学(上册)[M]．北京：中国石化出版社，1991.

[8] 林世雄．石油炼制工程[M]．3 版．北京：石油工业出版社，2000.

[9] 邬国英，杨基和．石油化工概论[M]．北京：中国石化出版社，2000.

[10] 汪燮卿．中国炼油技术[M]．4 版．北京：中国石化出版社，2021.

第三章 石油产品

第一节 石油产品的分类

一、石油产品总分类

石油产品种类繁多、用途各异。为了与国际标准相一致，我国参照国际标准化组织 ISO 8681 标准，制定了 GB/T 498—2014 标准体系，将石油产品分为 5 大类，见表 3-1。各门类标准又根据各自特点分成若干组。

表 3-1 石油产品总分类

GB 498—2014 标准			ISO 8681 标准	
序 号	类 别	各类别含义	Class	Designation
1	F	燃 料	F	fuels
2	S	溶剂和化工原料	S	solvents and raw materials for the chemical industry
3	L	润滑剂、工业润滑油和有关产品	L	lubricants，industrial oil and related products
4	W	蜡	W	waxes
5	B	沥 青	B	bitumen

二、石油燃料分类

石油燃料占石油产品总量的 90%以上，其中以汽油、柴油等发动机燃料为主。GB/T 12692. 1—2010《石油产品　燃料(F 类)分类　第 1 部分：总则》将燃料分为五组，详见表 3-2。

表 3-2 石油燃料的分组

组 别	燃料类型	各类别含义
G	气体燃料	主要由来源于石油的甲烷和/或乙烷组成的气体燃料
L	液化石油气	主要由 C_3 和 C_4 烷烃或烯烃或其混合物组成，并且更高碳原子数物质的液体体积小于 5%的气体燃料
D	馏分燃料	由原油加工或石油气分离所得的主要来源于石油的液体燃料。包括汽油、喷气燃料、柴油以及含有少量蒸馏残油的重质馏分油(锅炉燃料)等
R	残渣燃料	含有来源于石油加工残渣的液体燃料。规格中应限制非来源于石油的成分
C	石油焦	由原油或原料油深度加工所得，主要由碳组成的来源于石油的固体燃料

根据发动机工作原理的不同又将馏分燃料(D 组)分为 4 大类，见表 3-3。

表 3-3 馏分燃料的分类和使用范围

类 别	种 类	名 称	使 用 范 围
汽油机燃料	航空燃料	航空汽油	活塞式航空发动机、快速舰艇发动机
	汽车燃料	车用汽油	汽油机汽车、摩托车、舰艇汽油发动机
柴油机燃料	高速柴油机燃料	车用柴油 军用柴油	各种柴油机汽车及牵引机、坦克柴油发动机、拖拉机、内燃机车和舰艇柴油发动机
	中速柴油机燃料	重柴油	中速柴油机
	大功率低速柴油机燃料	船用燃料	大功率低速柴油机
喷气发动机燃料	喷气燃料	煤油型 高闪点型	涡轮喷气发动机、涡轮风扇发动机、涡轮轴发动机、涡轮螺旋桨发动机、涡轮桨扇发动机
锅炉燃料	锅炉燃料	舰用燃料油	舰船锅炉

不同使用场合对所用燃料提出相应质量要求。产品质量标准的制定是综合考虑产品使用要求、所加工原油的特点、加工技术水平及经济效益等因素，经一定标准化程序，对每一种产品制定出相应的质量标准(俗称规格)，作为生产、使用、贮运和销售等各部门必须遵循的具有法规性的统一指标。在我国主要执行的有中华人民共和国强制性国家标准(GB)、推荐性国家标准(GB/T)、国家军用标准(GJB)、石油和石油化工行业标准(SY、SH)以及企业标准(QB)等。

第二节 汽 油

汽油按其具体用途可分为车用汽油、航空汽油、洗涤汽油(属于溶剂类)和启动汽油(属添加剂类)。本节主要介绍车用汽油。

一、汽油机的工作过程及其对燃料的使用要求

汽油的使用要求来源于汽油机的工作要求，因此必须先讨论汽油机的工作状况。

(一) 汽油机的工作过程

按燃料供给方式的不同，汽油机可分为化油器式及喷射式两大类。图 3-1 为化油器式汽油机的结构示意图。

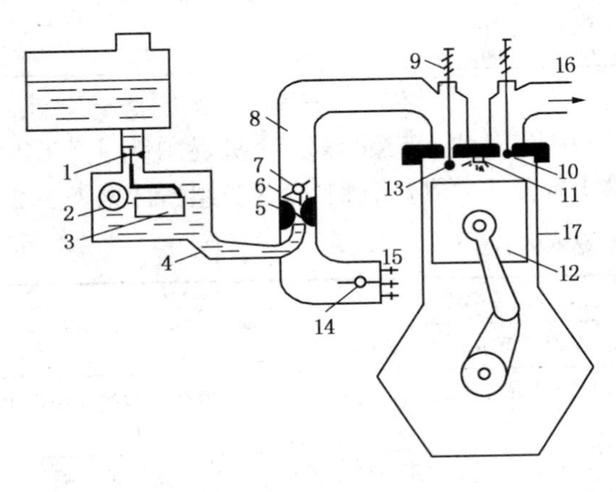

图 3-1 汽油机结构原理示意图

1—针阀；2—浮子室；3—浮子；4—导管；5—喷嘴；6—喉管；7、14—节气阀；8—混合室；9—弹簧；10—排气阀；11—火花塞；12—活塞；13—进气阀；15—空气；16—废气；17—汽缸

在汽缸内，活塞所能达到的最高位置称为“上止点”，活塞所能达到的最低位置称为“下止点”。活塞由上止点移到下止点所走的距离为活塞行程。所让出的容积为汽缸工作容积。活塞到达上止点时，活塞顶以上的容积为燃烧室的容积。活塞处于下止点位置时，活塞以上的汽缸的全部容积为汽缸总容积。压缩比即是指汽缸发动机总容积与燃烧室容积之比。

汽油机若按一个工作循环活塞运动的行程数可分为二行程发动机和四行程发动机。一个工作循环是指完成一次进气、压缩、膨胀做功和排气的过程。四行程发动机是指活塞需要移动四个行程(即活塞上下运动四次)，才完成一个工作循环的发动机。大多数汽油机都属于四行程发动机。图 3-2 为四行程汽油发动机的工作过程示意图。

① 进气 进气阀打开，排气阀关闭，活塞从上止点向下止点移动，活塞上方的容积逐渐增大，汽缸内压力逐渐降至 70~90kPa，于是空气经喉管以 70~120m/s 的高速进入混合室，同时油箱中汽油经浮子室由导管、喷嘴在喉管处与高速空气混合，汽油被喷散成雾状，同时汽化形成可燃性混合气，经进气阀进入汽缸。当活塞运行至下止点时，进气阀关闭。此时混合气温度可达 85~130℃。

② 压缩 进气终了时，处于下止点的活塞靠飞轮惯性作用转而上行。汽缸中可燃性混合气被压缩，温度、压力随之增高，当活塞接近上止点、压缩过程终了时，气体温度、压力

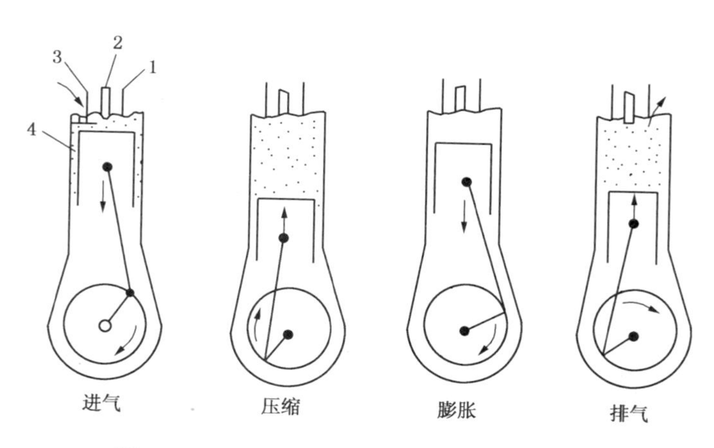

图3-2 四行程汽油发动机的工作过程示意图

1—排气门；2—火花塞；3—进气门；4—活塞

通常可达330～430℃和0.7～1.5MPa。此温度和压力的大小取决于发动机的压缩比。

③ 燃烧膨胀（做功） 活塞上行接近上止点时，火花塞开始打火，点燃混合气，并以20～50m/s的速度向四周传播燃烧。混合气燃烧产生大量的热能，使汽缸内气体的温度和压力骤增。其最高温度可达2000～2500℃、最高压力为3～5MPa，高温高压燃气推动活塞下行，通过连杆带动曲轴旋转对外做功。曲轴连杆机构将燃料燃烧放出的热能转变为机械能，使活塞的往复直线运动变为曲轴的旋转运动，再通过飞轮对外输出动力。

④ 排气 活塞下行到下止点时，活塞靠惯性转而上行，排气阀打开，排出废气。

当活塞再次到达上止点时，排气结束，这样完成一个工作循环，继而重复上述工作循环。如此周而复始，循环不息。汽油机都是由多个汽缸按一定顺序组合而连续进行工作的，使不连续的点火燃烧和膨胀做功过程变成连续的经连杆带动曲轴旋转的过程。

由工作过程可知，汽油在进入汽缸前已经汽化，因此汽油发动机也称为汽化式发动机；因需火花塞点燃，因此又称为点燃式发动机。

目前，汽油机尤其是小型轿车一般采用喷射进油系统来取代化油器进油系统。在此类汽油机中，汽油可在进气道喷射，也可在进气冲程期间直接向汽缸内喷射。它的优点是可根据不同车况的要求，由计算机程序控制汽油和空气的用量，使之达到最佳比例，燃料的燃烧更为完全，耗油量低，排气污染少。

（二）汽油机内的正常燃烧及爆震现象

在汽油机的压缩过程中，可燃混合气的温度和压力上升很快，当达到一定程度后气体中的烃类开始氧化形成一些过氧化物。经火花塞点燃后，形成火焰中心。在正常燃烧的情况下，以火花为中心，逐层发火燃烧，平稳地向未燃区传播，火焰速度约为20～50m/s，如图3-3(a)。未燃混合气和已燃混合气的接触部分因受热而温度升高，同时由于已燃混合气的膨胀而使其压力升高，这样便大体以球面形状逐层发火燃烧，向前推进，直到绝大部分燃料燃尽为止。在这种情况下，气体温度、压力均匀稳定升高，活塞被均匀地推动，发动机处于良好的工作状态。

汽油机在某种情况下，会发生不正常的燃烧，它发生在燃烧过程的后期。当火花塞点火后，随着最初形成的火焰中心在汽缸中的传播，未燃部分混合气受已燃气体的压缩和火焰的辐射，使局部温度达到其自燃点，从而瞬间产生多个燃烧中心，并从这些中心以 100~300m/s 直到 800~1000m/s 的速率传播火焰，如图 3-3(b)。在这种情况下，混合气燃烧迅速完成，瞬间释放大量的能量，局部压力和温度可分别达到 10MPa 和 2000~2500℃。这样，在汽缸内便出现剧烈的压力振荡，从而产生速度很高的冲击波，如同重锤敲击活塞和汽缸各部件，发出金属撞击声，此时燃料燃烧不完全，排出带炭粒的黑烟，此即爆震现象。

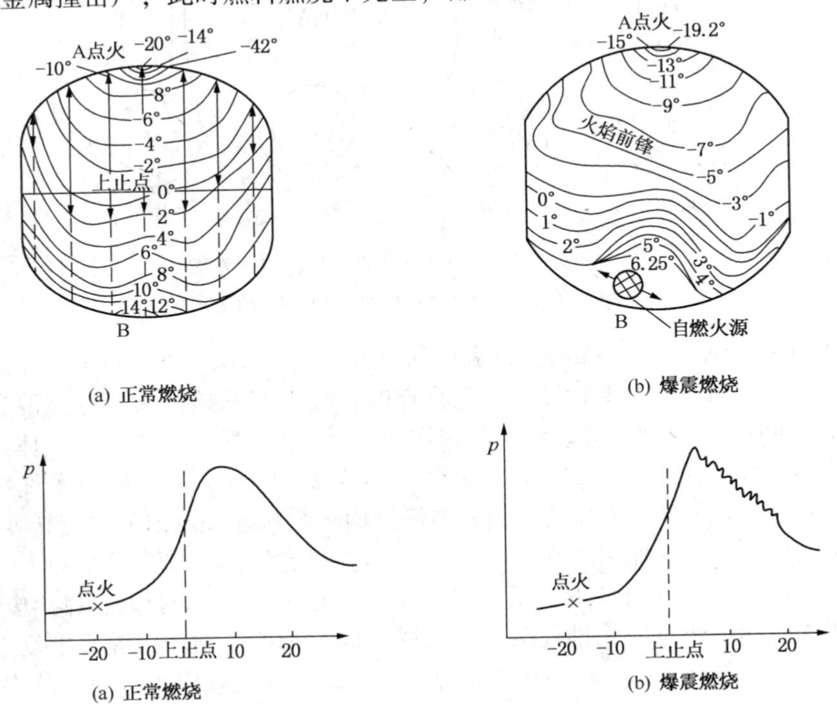

图 3-3 汽油机正常燃烧与爆震燃烧的火焰传播及示意图

爆震会损坏汽缸部件，缩短发动机寿命，燃料燃烧不完全，增加油耗量，发动机效率降低。引起爆震原因除机械结构、驾驶操作和气候条件等因素外，主要与汽油化学组成有关。烃类可因发生氧化反应产生过氧化物而自燃。当汽油组分易氧化，自燃点低于混合气压缩后温度时，可发生自燃而产生爆震。

(三) 汽油机对燃料的使用要求

根据发动机的工作特点，对汽油的使用要求主要有：

① 在所有的工况下，具有足够的挥发性以形成可燃混合气。

② 燃烧平稳，不产生爆震燃烧现象。

③ 储存安定性好，生成胶质的倾向小。

④ 对发动机没有腐蚀作用。

⑤ 排出的污染物少。

二、车用汽油的主要性能

(一) 汽油的蒸发性

合适的蒸发性能是保证发动机正常工作的最基本要求，汽油蒸发性能由其馏程和饱和蒸气压指标来评定。

1. 馏程

汽油的馏程按照 GB/T 6536—2010 规定的简单蒸馏(国外称为 ASTM 蒸馏或恩氏蒸馏)进行测定，馏程能大体表示该汽油的沸点范围和蒸发性能。其主要馏出温度的意义如下：

① 10%馏出温度　反映汽油中低沸点组分的含量，对发动机的启动性具有决定性影响。其值越低，则表明汽油中所含低沸点组分越多、蒸发性越强、启动性越好，在低温下也具有足够的挥发性以形成可燃混合气而易于启动。但若过低，则易于在输油管道汽化形成气泡而影响油品的正常输送，即产生气阻。

② 50%馏出温度　表示汽油的平均蒸发性能，与汽油机启动后升温时间的长短以及加速是否及时均有密切关系。汽油的 50%馏出温度低，在正常温度下便能较多地蒸发，从而能缩短汽油机的升温时间，同时，还可使发动机加速灵敏、运转柔和。如果 50%馏出温度过高，当发动机需要由低速转换为高速，供油量急剧增加时，汽油来不及完全汽化，导致燃烧不完全，严重时甚至会突然熄火。

③ 90%馏出温度和终馏点(或干点)　这两个温度是表示汽油中重组分含量的多少。如该温度过高，说明汽油中含有重质组分过多，不易保证汽油在使用条件下完全蒸发和完全燃烧。这将导致汽缸积炭增多，耗油率上升；同时蒸发不完全的汽油重质部分还会沿汽缸壁流入曲轴箱，使润滑油稀释而加大磨损。有关研究数据表明，与使用干点为 200℃ 的汽油状况相比，使用干点 225℃ 的汽油时，发动机活塞的磨损增大一倍，汽油消耗量也增多 7%。

2. 饱和蒸气压

汽油的饱和蒸气压是用雷德蒸气压测定的(GB/T 8017—2012)。它是衡量汽油在汽油机燃料供给系统中是否易于产生气阻的指标，同时还可相对地衡量汽油在储存运输中的损耗倾向。汽油的饱和蒸气压越大，蒸发性越强，发动机就容易冷启动，但产生气阻的倾向增大，蒸发损耗以及火灾危险性也越大。通过规定汽油的 10%蒸发温度和饱和蒸气压，既保证了发动机的启动性，又可防止气阻的产生。

（二）汽油的抗爆性

1. 评定汽油抗爆性的指标

汽油的抗爆震能力称为抗爆性，是汽油最重要的质量指标之一。

评价汽油抗爆性的指标为辛烷值(简称 ON)，汽油的辛烷值愈高，抗爆性愈好。有关辛烷值的定义及测定要点见表 3-4。

表 3-4　辛烷值测定概述

项　　目	内　　容
爆震试验装置	连续可变化压缩比的单缸发动机，附带相应的负载设备，辅助设备及仪表
标准参比燃料	由异辛烷、正庚烷根据需要按一定比例配成标准燃料。且规定异辛烷(2,2,4-三甲基戊烷)的辛烷值为 100，正庚烷的辛烷值为 0
测定 ON<100 的汽油	把给定汽油与异辛烷和正庚烷组成的混合物用标准实验方法进行比较，如果它们在压缩比等条件相同下，有相同的爆震程度，则混合物中异辛烷的体积分数就是这种汽油的辛烷值
测定 ON>100 的汽油	根据产生相同震动强度需加入异辛烷中的甲苯的量(毫升)查表确定汽油辛烷值

四乙基铅[$Pb(C_2H_5)_4$]加入燃料中能有效破坏生成的过氧化物，防止或延缓因大量过氧化物的积聚、自燃，从而提高燃料的抗爆性，曾经是广泛使用的汽油抗爆剂。但汽油中的铅

会随燃烧后的废气排入大气，污染环境、危害人体健康，我国已于2000年7月停止销售使用车用含铅汽油，推广使用清洁汽油。

车用汽油辛烷值的测定方法主要有两种，即马达法(GB/T 503—2016)与研究法(GB/T 5487—2015)，所测得的辛烷值分别称为马达法辛烷值(MON)和研究法辛烷值(RON)。研究法的实验条件不如马达法苛刻，所以比较不容易发生爆震，所得到的RON通常就比MON高5~10个单位，可由MON= RON×0.8+10近似求得；RON与MON两者的差值称为燃料的敏感度，它反映汽油的抗爆性能随发动机工况改变而变化的程度。此外，还有一种叫道路辛烷值(也称行车辛烷值)，它是用汽车进行实测或在全功率试验台上模拟汽车在公路上行驶的条件下进行测定的。道路辛烷值也可用MON和RON按经验公式计算求得，它的数值介于RON及MON之间。MON和RON的平均值(MON+RON)/2称为抗爆指数(ONI)，它可以近似地表示汽油的道路辛烷值，现也列为衡量车用汽油抗爆性的指标之一。我国车用汽油的牌号按其RON的大小来划分，例如92号汽油即为汽油的RON≥92。目前我国按国家标准(GB 17930—2016)生产89号、92号、95号和98号汽油。

2. 汽油的抗爆性与化学组成的关系

对于结构固定的发动机，其发生爆震的根本原因是汽油组分容易氧化、自燃点低而发生自燃产生多个火焰中心。在相同碳数下，各种烃类易氧化顺序为正构烷烃>环烷烃>烯烃>异构烷烃>芳烃；同种烃类中，大分子烃比小分子烃易氧化。总趋势是：链越长越易氧化，抗爆性越差；支链越短越多、异构程度越高氧化性越差，抗爆性越好。

表3-5列举了各种烃类的辛烷值。对于同族烃类，其辛烷值随相对分子质量的增大而降低。当相对分子质量相近时，各族烃类抗爆性优劣的大致顺序如下：芳香烃>异构烷烃和异构烯烃>正构烯烃及环烷烃>正构烷烃。

表3-5 不同烃类的辛烷值

烃类	RON	MON
正戊烷/2-甲基丁烷/2,2-二甲基丙烷	62/92/85	62/90/80
正己烷/2-甲基戊烷/2,2-二甲基丁烷	25/73/92	26/73/93
正庚烷/2-甲基己烷/2,2-二甲基戊烷/2,2,3-三甲基丁烷	0/42/93/>100	0/46/96/>100
正辛烷/2-甲基庚烷/2,2-二甲基己烷/2,2,3-三甲基戊烷/2,2,4-三甲基戊烷	-10/22/72/100/100	-17/13/77/100/100
1-己烯/2-己烯/4-甲基-2-戊烯	76/93/99	63/81/84
1-辛烯/2-辛烯/3-辛烯/2,2,4-三甲基-1-戊烯	29/56/72/>100	35/56/68/>86
环戊烷/甲基环戊烷/乙基环戊烷/正丙基环戊烷/异丙基环戊烷	—/91/67/31/81	85/80/61/28/76
环己烷/甲基环己烷/乙基环己烷/正丙基环己烷	83/75/46/18	77/71/41/14
苯/甲苯	>100/>100	>100/>100
二甲苯/乙基苯	>100/>100	>100/98
正丙基苯/异丙基苯/1,3,4-三甲基苯	>100/>100/>100	98/98/>100

由表3-5可见，烷烃分子的碳链上分支越多、排列越紧凑，则抗爆性越好。烯烃比同碳数的直链烷烃的抗爆性好，而且烯烃中的双键越接近分子链中间位置，其抗爆性越好。环烷烃比同碳数的正构烷烃的抗爆性好得多，但比异构烷烃的差。环烷环上如带有侧链则其抗爆性变差，侧链越长其辛烷值越低，如果侧链上有支链，则其抗爆性有所改善。芳香烃的抗

爆性在各类烃中最好，许多芳香烃的辛烷值超过 100，带有侧链的芳烃的抗爆性稍差，其辛烷值随侧链的加长而降低。

一般来说辛烷值并不具有简单的可加性。各种烃类组分互相调合时，其调合辛烷值并不一定与其调合比例呈线性关系。其中，烷烃与烷烃或烷烃与环烷烃的调合辛烷值与组成呈线性关系，而烷烃与芳烃或与烯烃的调合辛烷值与组成则不呈线性关系，而且多数情况下有增值的效应。

从馏分组成来看，由同一种原油蒸馏得到的直馏汽油馏分，其终馏点温度越低，抗爆性越好。不同类型原油中的直馏汽油馏分由于化学组成不同，其辛烷值有较大差别。例如，石蜡基的大庆原油的直馏汽油馏分由于其中正构烷烃的含量较高，其辛烷值很低，MON 只有 37，而环烷基的欢喜岭原油的直馏汽油馏分由于含异构烷烃和环烷烃较多，其辛烷值就较高，MON 可达 60。

商品汽油一般由辛烷值较高的催化裂化汽油和催化重整汽油以及高辛烷值的组分(烷基化油和甲基叔丁基醚等)调合而成。目前我国车用汽油的主要组分是催化裂化汽油，因含有较多的芳香烃、异构烷烃和烯烃，所以其抗爆性较好，RON 可达 90 左右。

3. 汽油机压缩比与爆震燃烧的关系

提高汽油机的压缩比，混合气被压缩的程度增大，使压力和温度迅速上升，大大加速了未燃混合气中过氧化物的生成和聚积，使其更容易自燃，因而爆震的倾向增强。所以，对于压缩比越大的汽油机就应该选用抗爆性越好的汽油，才不致产生爆震燃烧。也就是说，不同压缩比的发动机，必须使用抗爆性与其相匹配的汽油，才能提高发动机的功率而不会产生爆震现象。另外，增大压缩比可以提高发动机的功率，节省燃料，降低油耗。因此，汽油机是朝着提高压缩比的方向发展的。

(三) 汽油的安定性

汽油在常温和液相条件下抵抗氧化的能力称为汽油的氧化安定性，简称安定性。安定性好的汽油，在贮存和使用过程中不会发生明显的质量变化；安定性差的汽油，在运输、储存及使用过程中会发生氧化反应，易于生成酸性物质、黏稠的胶状物质及不溶沉渣，使汽油的颜色变深，导致辛烷值下降且腐蚀金属设备。汽油中生成的胶质较多，会使发动机工作时，油路阻塞，供油不畅，混合气变稀，气门被粘着而关闭不严；还会使积炭增加，导致散热不良而引起爆震和早燃等；沉积于火花塞上的积炭，还可能造成点火不良，甚至不能产生电火花。以上原因都会引起发动机工作不正常，增大油耗。

1. 汽油安定性的表示方法

评定汽油安定性的两个重要指标为实际胶质和诱导期。

① 实际胶质　汽油在贮存和使用过程中形成的黏稠、不易挥发的褐色胶状物质称为胶质。它与原油中的胶质在元素组成和分子结构上都不相同，它们主要是油品中的烯烃，特别是二烯烃、烯基苯、硫酚、吡咯等不安定组分。测定实际胶质按照 GB/T 8019—2008 进行，其基本原理是：将汽油置于 150℃恒温浴中，用热空气吹过汽油表面使它蒸发至干，得到棕色或黄色的残余物。实际胶质是以 100mL 试油中所得残余物的质量(mg)来表示的。它表示汽油在发动机中生成胶质的倾向、判断燃料贮存安定性的重要指标。

② 诱导期　诱导期是指在规定的加速氧化条件下，油品处于稳定状态所经历的时间，以 min 表示。它表示汽油在长期贮存中氧化并生成胶质的倾向。诱导期越长，油品形成胶质

的倾向越小，抗氧化安定性越好，油品越稳定，可以贮存的时间越长。但并不是所有的油品都是如此，当油品胶质形成的过程以缩(聚)合反应为主时，并不遵循这一规律。测定诱导期按照 GB/T 8018—2015 进行，其基本原理是：取 50mL 试样(装进玻璃样品瓶置于氧弹内)在压力为 690~705kPa 的氧气流中及温度维持在 100℃±2℃的条件下，来加速油品氧化变质过程。氧化初期，由于反应速率很慢，耗氧较少，氧压基本不变。经过一定时间后，氧化反应加速，耗氧量显著增大，氧压明显下降。从油样放入 100℃的水中开始到氧压明显下降所经历的时间称为诱导期，以 min 表示。

2. 汽油的安定性与其化学组成的关系

影响汽油安定性的首要原因是其化学组成，汽油中的烷烃、环烷烃和芳香烃在常温下均不易发生氧化反应，但其中的各种不饱和烃则容易发生氧化和叠合等反应，从而生成胶质。在不饱和烃中，由于化学结构的不同，氧化的难易也有差异。其产生胶质的倾向依下列次序递增：链烯烃<环烯烃<二烯烃。在链烯烃中，直链的 α-烯烃比双键位于中心附近的异构烯烃更不稳定。在二烯烃中，尤以共轭二烯烃、环二烯烃(如环戊二烯)最不安定，燃料中如含有此类二烯烃，除它们本身很容易生成胶质外，还会促使其他烃类氧化。此外，带有不饱和侧链的芳香烃也较易氧化。

除不饱和烃外，汽油中的含硫化合物，特别是硫酚和硫醇，也能促进胶质的生成。含氮化合物的存在也会导致胶质的生成，使汽油在与空气接触中颜色变红变深，酸度(值)上升，甚至产生胶状沉淀物。

汽油中所含有的不饱和烃和非烃类组分是导致汽油不安定倾向的内因。

直馏汽油馏分不含不饱和烃，所以它的安定性很好；而二次加工生成的汽油馏分由于含有大量不饱和烃以及其他非烃化合物，其安定性较差。

3. 外界条件对汽油安定性的影响

汽油的变质除与其本身的化学组成密切相关外，还和许多外界条件有关，例如温度、金属表面的作用以及与空气接触面积的大小等。下面以共存的硫醇、烯烃为例，简要说明在环境因素的影响下，氧化变质的一般机理。

在贮存和使用过程中，当与金属接触并有氧气存在下，汽油中的硫醇会发生如下反应

$$4RSH+2Cu+O_2 \longrightarrow RSSR+2CuSR+2H_2O$$

生成的二硫化物，可进一步被氧化分解、形成活泼的自由基。

$$RSSR \longrightarrow 2RS\cdot$$

自由基(RS·)极不稳定，在油品氧化变质过程中起着引发剂作用，能够使烯烃转化为活性自由基。

$$RCH{=}CH_2+RS\cdot \longrightarrow RSCH_2\dot{C}HR$$

该活性自由基进一步被氧化，可形成含硫过氧化物。

$$RSCH_2\dot{C}HR+O_2 \longrightarrow RSCH_2CHO\dot{O}R$$

过氧化物进一步与硫醇发生反应，生成含硫酸性物质和新的自由基。

$$RSH+RSCH_2CHO\dot{O}R \longrightarrow RSCH_2CHOOHR+RS\cdot$$

从上述整个氧化反应循环过程中可以看到，只要油品中存在不饱和烃类和非烃类物质(尤其是含硫化合物)，这种通过自由基引发所诱导的氧化反应就会不断地持续下去，并最

终导致酸性产物($RSCH_2CHO\dot{O}HR$)转化成黏稠胶状沉渣。当然，经自由基诱发促使油品中不饱和烃类和非烃类化合物最终形成胶质和沉淀的全部反应过程，还要经过许多复杂的反应历程，如聚合、缩合等。

其他油品的不安定倾向，基本上也是遵循上述自由基氧化反应机理。

温度提高，可使汽油的氧化速度加快、诱导期缩短、生成胶质的倾向增大。许多实验表明，当储存温度增高10℃，汽油中胶质生成的速度约加快2.4~2.6倍。金属表面也能使汽油的安定性降低、颜色易变深、胶质增长加快。在各种金属中，铜的影响最大，它可使该汽油试样的诱导期降低75%。汽油的氧化变质开始于其与空气接触的表面，燃料与空气的接触面积越大，氧化的倾向自然也越大。因此在储存汽油时应采取避光、降温及降低与空气的接触面积等保护措施。

4. 改善汽油安定性的方法

提高汽油安定性，一方面可以采取适当的方法加以精制，以除去其中某些不饱和烃(主要是二烯烃)和非烃化合物等不安定组分；另一方面可以加入适量的抗氧剂和金属钝化剂。

抗氧剂的作用是抑制燃料氧化变质进而生成胶质，金属钝化剂是用来抑制金属对氧化反应的催化作用，通常两者复合使用。抗氧剂又称防胶剂，在燃料中常用的是受阻酚型的添加剂，主要是2,6-二叔丁基对甲酚(T501)。我国目前使用最多的金属钝化剂是*N*，*N*-二亚水杨丙二胺(T1201)，这种金属钝化剂能与铜反应生成稳定的螯合物，从而抑制铜对生成胶质的催化作用。

(四) 汽油的腐蚀性

汽油在使用和储运过程中均与金属相接触，为此要求控制汽油及其燃烧产物对金属的腐蚀性。汽油中会引起腐蚀的物质主要有硫及含硫化合物、有机酸和水溶性酸或碱等。

1. 硫及含硫化合物

硫及各类含硫化合物在燃烧后均生成SO_2及SO_3，它们对金属有腐蚀作用，特别是当温度较低遇冷凝水形成亚硫酸及硫酸后，更具有强烈腐蚀性。硫的氧化物排放到大气中还会造成环境污染，因此对汽油的总硫含量要求非常严格。目前，国内在车用汽油质量标准中规定其硫含量不大于10mg/kg。元素硫在常温下即对铜等有色金属有强烈的腐蚀作用，当温度较高时对铁也能腐蚀。汽油中所含的含硫化合物中相当一部分是硫醇，硫醇不仅具有恶臭还有较强的腐蚀性，同时对元素硫的腐蚀具有协同效应。当汽油中不含硫醇时，元素硫的含量达到50mg/kg会引起铜片的腐蚀；而当汽油中含有10mg/kg的硫醇硫时，只要有10mg/kg的元素硫就会在铜片上出现腐蚀。为此，在汽油的质量标准中对硫醇含量也做了要求，规定硫醇硫含量用博士试验测定通过。此外，还要求汽油通过最直观的反映汽油腐蚀性的铜片腐蚀试验(铜片放入油中恒温50℃，3h后观察铜片腐蚀情况)。

2. 有机酸

油品中有机酸含量少，在无水分和温度较低时，一般对金属不会产生腐蚀作用，但当含量增多且存在水分时，就能严重腐蚀金属。有机酸的相对分子质量越小，它的腐蚀能力就越强。汽油中的有机酸一般情况下主要是原油中原来就含有的环烷酸，它与某些有色金属作用，所生成的腐蚀产物为金属皂类，能加速汽油氧化。同时，皂类物质逐渐聚集在油中形成沉积物，破坏机器的正常工作。汽油在贮存时因氧化所生成的酸性物质，比环烷酸的腐蚀性还要强，它们的一部分能溶于水中，当汽油中有水分落入时，便会增加其腐蚀金属容器的能力。汽油中有机酸的含量用酸度(gKOH/100mL)表示。

3. 水溶性酸或碱

正常生产出的汽油本不应该含有水溶性酸或碱，但是，如果生产中控制不严，或在储存运输过程中容器不清洁，均有可能混入少量水溶性酸或碱。水溶性酸对钢铁有强烈腐蚀作用，水溶性碱则对铝及铝合金能强烈地腐蚀。因此，汽油的质量指标中规定不允许含有水溶性酸或碱。

表 3-6 为国家标准对车用汽油的质量要求。除以上所述的各种对车用汽油使用要求外，还对汽油提出了机械杂质及水分、苯含量、芳烃含量、烯烃含量等清洁性要求。

表 3-6 车用汽油(ⅥA/ⅥB)的技术要求和试验方法(GB 17930—2016)

项目		车用汽油(ⅥA/ⅥB)				试验方法
		89	92	95	98	
抗爆性						
研究法辛烷值(RON)	不小于	89	92	95	98	GB/T 5487
抗爆指数(RON+MON)/2	不小于	84	87	90	93	GB/T 503 GB/T 5487
铅含量[a]/(g/L)	不大于	0.005				GB/T 8020
馏程						GB/T 6536
10%蒸发温度/℃	不高于	70				
50%蒸发温度/℃	不高于	110				
90%蒸发温度/℃	不高于	190				
终馏点/℃	不高于	205				
残留量/%(体)	不大于	2				
蒸气压/kPa						GB/T 8017
从 11 月 1 日至 4 月 30 日		45~85				
从 5 月 1 日至 10 月 31 日		40~65[b]				
胶质含量/(mg/100mL)						GB/T 8019
未洗胶质含量(加入清净剂前)	不大于	30				
溶剂洗胶质含量	不大于	5				
诱导期/min	不小于	480				GB/T 8018
硫含量/(mg/kg)	不大于	10				SH/T 0689
硫醇(博士试验)		通过				NB/SH/T 0174
铜片腐蚀(50℃，3h)/级	不大于	1				GB/T 5096
水溶性酸或碱		无				GB/T 259
机械杂质及水分		无				目测[c]
苯含量/%(体)	不大于	0.8				SH/T 0713
芳烃含量/%(体)	不大于	35				GB/T 30519
烯烃含量/%(体)	不大于	18/15			15	GB/T 30519
氧含量/%(质)	不大于	2.7				NB/SH/T 0663
甲醇含量[a]/%(质)	不大于	0.3				NB/SH/T 0663
锰含量[a]/(g/L)	不大于	0.002				SH/T 0711
铁含量[a]/(g/L)	不大于	0.01				SH/T 0712
密度(20℃)/(kg/m³)		720~775				GB/T 1884 GB/T 1885

[a] 车用汽油中，不得人为加入甲醇以及含铅、含铁和含锰的添加剂。

[b] 广东、广西和海南全年执行此项要求。

[c] 将试样注入 100mL 玻璃量筒中观察，应当透明，没有悬浮和沉降的机械杂质和水分，在有异议时，以 GB/T 511 和 GB/T 260 方法为准。

三、清洁汽油

车用汽油在燃烧时排放有害气体、颗粒物和冷凝物三大物质，对环境、人体健康有一定的危害。其中，有害气体以一氧化碳、碳氢化合物、氮氧化物为主。颗粒物以聚合的碳粒为核心，可长期悬浮于空气中，易被人体吸入。冷凝物指尾气中的一些有机物，包括未燃油、醛类、苯、多环芳烃等多种污染物，在高温尾气中呈气态，遇外界冷空气可凝结，通常吸附在颗粒物上，可随颗粒物吸入到人体肺脏深处长期滞留，具有一定的致癌性。经过催化裂化、烷基化等加工过程得到的汽油不可避免地造成烯烃、芳烃类物质含量的增加，从而增加了尾气中烯烃、甲醛、苯及苯环类物质的排放。芳烃燃烧时产生较高的温度，不仅增加了尾气中的氮氧化物，还可使汽油燃烧不完全。随着全球汽车产业的发展，车用汽油在使用过程中所带来的环境污染也越来越严重，汽车尾气排放受到世界各国的普遍关注。解决汽车尾气对环境带来的不利影响最重要的就是提高燃料质量，减少汽车尾气中有害物质，关键是严格控制汽油中硫、烯烃、芳烃、苯的含量，尤其是减少硫和烯烃的含量。为此，世界各国都大力推进和发展清洁汽油生产技术。20 世纪 90 年代以来，发达国家提出了从源头解决汽车尾气污染问题的根本措施，即炼油厂采用新工艺、新技术生产清洁汽油燃料，为汽车提供低硫、低烯烃、低苯、高辛烷值的汽油。

近年来，我国车用油品质量升级速度不断加快，用 10 多年时间走过了欧美发达国家 20 多年走过的升级道路。从 2003 年至 2017 年，我国完成了车用汽油标准从国 Ⅰ 至国 Ⅴ 的质量升级。汽油质量升级严控汽油中的硫含量，硫含量降低是每一次油品质量升级的重要指标，国 Ⅴ 汽油标准中的硫含量已降至 10mg/kg 以下，与国 Ⅳ 相比降幅达 80%。2017 年 1 月 1 日起，我国全面执行国 Ⅴ 高标号清洁汽油标准，京 Ⅵ 高标号清洁汽油标准在北京开始执行。

2016 年 12 月，我国发布了更加严格的国 Ⅵ 车用汽油标准，国 Ⅵ 车用汽油标准分为 A、B 两个版本，实施时间分别为 2019 年 1 月 1 日与 2023 年 1 月 1 日。A、B 两个版本最大的不同点在于对烯烃含量的要求。2019 年 1 月 1 日起，我国已全面供应国 ⅥA 标准车用汽油。

第三节　柴　　油

一、柴油机的工作过程及其对燃料的使用要求

（一）柴油机的工作过程

图 3-4 为柴油机结构原理示意图。四行程柴油机的工作循环和四行程汽油机基本一样，有进气、压缩、膨胀做功和排气四个过程。两者的主要区别在于：在进气过程中，四行程柴油机吸入汽缸的是新鲜空气，而不是可燃混合气；在压缩行程中，四行程柴油机压缩的仍是空气，目的在于产生高温和高压的空气；在做功行程中，四行程柴油机不是利用点火方式使气体燃烧，而是在被压缩的高温（500～700℃）空气中喷入柴油，自燃做功，推动活塞下行而产生动力。

由于柴油机是靠喷入的柴油达到其自燃点自行燃烧的，所以柴油机也称压燃式发动机。另外，由于压缩的是空气，压缩比不受燃料性质的影响，所以柴油机的压缩比高，因此其热效率一般比汽油机高，当二者功率相同时，柴油机可节约燃料 20%～30%。

柴油机扭矩大，经济性能好，广泛用于农用机械、重型车辆、坦克、铁路机车、船舶舰

艇、工程和矿山机械等。

传统上，柴油发动机比较笨重，升功率指标不如汽油机，噪声、振动较高，炭烟与颗粒(PM)排放比较严重，很少受到轿车的青睐。近些年来，随着小型高速柴油发动机的新发展，一批先进的技术，例如电控直喷、共轨、涡轮增压、中冷等技术得以在小型柴油发动机上应用，使原来柴油发动机存在的缺点得到了较好的解决，而柴油机在节能与CO_2排放方面的优势，则是包括汽油机在内的所有热力发动机无法取代的，成为了“绿色发动机”。

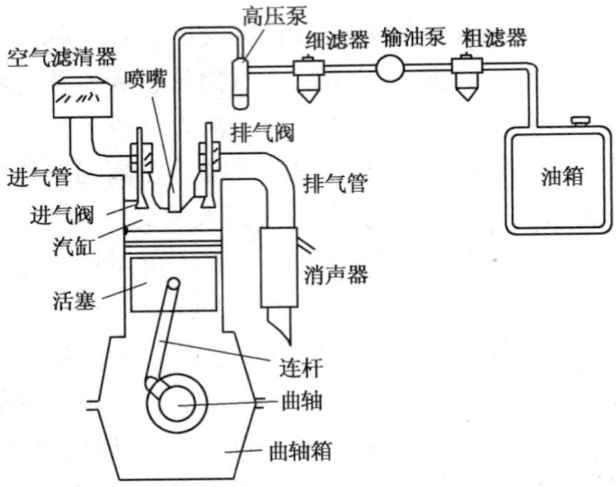

图 3-4 柴油机结构原理示意图

(二) 柴油机内燃料的燃烧过程

柴油在汽缸中燃烧是一个连续而又复杂的雾化、蒸发、混合和氧化燃烧过程，从喷油开始到全部燃烧为止，大体可分为四个阶段。其汽缸中压力与活塞所处位置(用曲轴的转角来表示)的关系如图 3-5 所示。

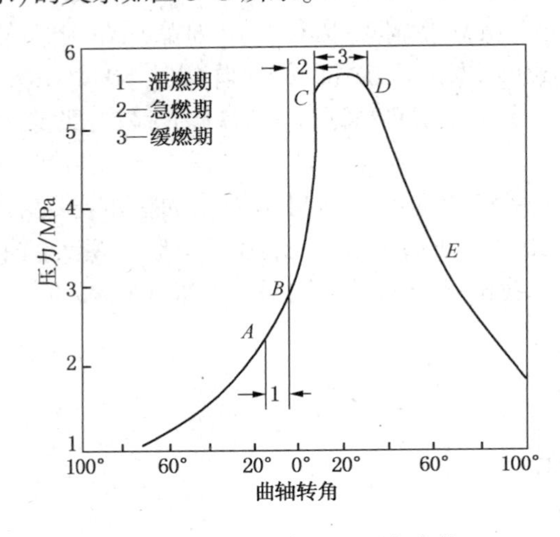

图 3-5 柴油机中汽缸压力变化

1. 滞燃期(发火延迟期)

滞燃期是指从喷油开始(图 3-5 中 *A* 点)到混合气开始着火(图 3-5 中 *B* 点)之间的一段时间。这个时期极短，只有 1～3ms。在这一时期的前段，柴油喷入汽缸后进行雾化、受热、蒸发、扩散以及与空气混合而形成可燃混合气等一系列燃烧前的物理过程。所以，这段时间又称为物理延迟。在这一时期的后段，燃料受热后开始进行燃烧前的氧化链反应，生成过氧化物，过氧化物达到一定浓度便自燃着火，这就是化学延迟。这两种延迟互相影响，在时间上是部分重叠的。这一时期结束时，汽缸内已积累了一定量的柴油和性质很活泼的过氧化物。因此，滞燃期虽然很短促，但它对发动机的工作有决定性的影响。

2. 急燃期

急燃期是指发动机中柴油开始燃烧(图 3-5 中的 *B* 点)直至汽缸中压力不再急剧升高为止(图 3-5 中的 *C* 点)的时间。在急燃期内，燃料着火燃烧，其燃烧速度极快，单位时间内放出的热量很多，汽缸内温度和压力上升很快，压力升高速率的大小对柴油机的工作影响很大。

急燃期中压力上升的速率取决于滞燃期的长短，滞燃期越短，发动机的工作越柔和，如滞燃期过长，着火前喷入的柴油及产生的过氧化物积累过多，一旦燃烧起来，则温度、压力就会剧烈增高，冲击活塞头剧烈运动而发出金属敲击声，这就是柴油机的爆震。柴油机的爆震同样会使柴油燃烧不完全，形成黑烟，油耗增大，功率降低，并使机件磨损加剧，甚至损坏。

因此，缩短滞燃期有利于改善柴油机的燃烧性能。这就要求燃料具有较低的自燃点，发动机应具有较高的压缩比以及较高的进气温度等等。

3. 缓燃期(主燃期)

缓燃期是柴油机中燃烧过程的主要阶段，此时期内烧掉大量的燃料(约占50%~60%)。所谓缓燃期就是指从汽缸压力不再急剧升高时起，到压力开始迅速下降时(通常也即喷油终止时)为止的这一段时间，相当于图3-5中*CD*段。

这个时期的特点是汽缸内的压力变化不大，在后期还稍有下降。经过急燃期后，汽缸中的压力、温度都已上升得很高，这时喷入的燃料的发火延迟期大大缩短，几乎随喷随着火。燃料在柴油机中燃烧时应保证在缓燃期内燃烧掉大部，从而取得较大的功率和较高的效率，而最大压力又不致过高。

4. 后燃期

后燃期是燃烧的最后阶段，指从压力迅速下降到燃烧结束为止，约相当于图3-5中的*DE*段。在后燃期中，喷油虽已停止，汽缸中尚未燃完的燃料仍继续燃烧。但此时的燃烧是在膨胀过程中进行的，压力和温度都逐渐降低，这样会使能量利用效率降低。因此，后燃期中释出的热量不宜超过燃料释放出的全部热量的20%。

由此可见，柴油在柴油机中的燃烧与汽油在汽油机中的燃烧是有原则区别的，前者是靠自燃发火，后者是靠点火燃烧。也就是说从燃烧角度看，对柴油的要求是自燃点低，容易自燃，而对汽油则要求其自燃点高，难于自燃。当柴油的自燃点过高时，会造成滞燃期过长，产生爆震，这种情况发生在燃烧阶段的初期；而汽油机的爆震则是由于汽油的自燃点过低而引起的，这种情况并不发生在燃烧阶段的初期，而是出现在火焰的传播过程中。

(三) 柴油机燃料的使用要求

柴油在柴油机汽缸中发火和燃烧都是在气态下进行的，因而必须先行汽化并与空气形成可燃混合气后，才能使柴油机启动和正常工作。由于柴油机可燃混合气的形成与汽缸内的空气运动有关，所以不同类型燃烧室的柴油机对柴油蒸发性能的要求也有所差异。柴油机的转速越快，它的每一工作循环的时间越短，要求柴油的蒸发速度越快，所用的馏分也就应该越轻。

柴油机根据转速高低分为三种类型，各类型柴油机对燃料的要求也不同。本节主要讨论使用于转速为1000r/min以上高速柴油机的轻柴油。

柴油机燃料系统中供油配件构造精密、燃烧过程短暂复杂，对柴油提出如下要求：

① 凝点低、黏度适中，以保证不间断地供油和雾化。

② 燃烧性能好，以保证在柴油机中能迅速自行发火，燃烧完全、稳定、不产生爆震。

③ 在燃烧过程中，不在喷嘴上生成积炭堵塞喷油孔。

④ 柴油及燃烧产物不腐蚀发动机零件。

⑤ 不含有机械杂质，以免加速高压油泵和喷油嘴磨损，降低寿命或堵塞喷油嘴。不含水分，以免造成柴油机运转不稳定和在低温下结冰。

二、柴油的主要性能

在相同功率下柴油机比汽油机节约燃料近25%。随着我国国民经济的发展，特别是交通运输业与汽车工业的发展，柴油机在各行各业得到广泛应用，柴油的需求量也随之增大，曾经是我国从石油加工所得发动机燃料中产量最高，消耗量最大的油品。同时随着我国发动机工业的发展及环保意识的日益增强，对柴油质量也提出了更高的要求。

(一) 柴油的流动性

为保证柴油机能正常工作，首先需保证及时定量给汽缸供油。良好的流动性有利于柴油的储存、运输和使用。由于柴油供油系统设有供油泵、粗细过滤器、高压泵等设备，一般温度下供油不成问题。但在低温下能否正常供油，却依赖于柴油的低温流动性。柴油的低温流动性与其化学组成有关，其中正构烷烃的含量越高，则低温流动性越差。我国评定柴油低温流动性能的指标为凝点(或倾点)和冷滤点。

1. 凝点和倾点

凝点是柴油质量中一个重要指标，轻柴油的牌号就是按凝点划分的。油品的凝固过程是一个渐变过程，柴油在凝固之前就已出现石蜡晶体，凝点时柴油已失去流动性能，柴油的流动极限用倾点表示。

2. 冷滤点

冷启动试验表明，其最低极限使用温度是冷滤点。冷滤点测定仪是模拟车用柴油在低温下通过过滤器的工作状况而设计的，因此冷滤点比凝点更能反映车用柴油的低温使用性能，它是保证车用柴油输送和过滤性的指标，并且能正确判断添加低温流动改进剂(降凝剂)后的车用柴油质量，一般冷滤点比凝点高2~6℃。为保证柴油发动机的正常工作，户外作业时通常选用凝点低于环境温度7℃以上的柴油。

凝点、倾点及冷滤点与柴油的烃类组成、表面活性剂及柴油的含水量有关。柴油中正构烷烃的含量越多，其倾点、凝点和冷滤点就越高。例如，石蜡基原油及其直馏产品的倾点、凝点和冷滤点要比环烷基原油及其直馏产品高得多；表面活性剂能吸附在石蜡结晶中心的表面上，阻止石蜡结晶的生长，致使油品的凝点、倾点下降。所以当柴油中加入某些表面活性物质(降凝添加剂)，则可以降低油品的凝点，使油品的低温流动性能得到改善；柴油在精制过程中会与水接触，若脱水后的柴油含水量超标，则柴油的倾点、凝点和冷滤点会明显提高。

(二) 柴油的雾化和蒸发性能

为了保证燃料迅速、完全地燃烧，要求柴油喷入汽缸即能尽快形成均匀的混合气，所以要求柴油具有良好的雾化和蒸发性能。影响柴油雾化和蒸发性能的主要因素是柴油的黏度和馏程。

1. 黏度

柴油的黏度对在柴油机中供油量的大小以及雾化的好坏有密切的关系。

柴油的黏度过小时，就容易从高压油泵的柱塞和泵筒之间的间隙中漏出，因而会使喷入汽缸的燃料减少，造成发动机功率下降。同时，柴油的黏度越小，雾化后液滴直径就越小，喷出的油流射程也越短，喷油射角大，因而不能与汽缸中全部空气均匀混合，造成燃烧不完全。黏度过小还会影响油泵的润滑。

柴油的黏度过大会造成供油困难，同时，喷出的油滴的直径过大，油流的射程过长，喷油射角小，使油滴的有效蒸发面积减小，蒸发速度减慢，这样也会使混合气组成不均匀、燃烧不完全、燃料的消耗量增大。

所以，在柴油的质量标准中对各种牌号柴油都规定了允许的黏度范围。柴油的黏度大小与柴油的化学组成有关。一般含烷烃较多的石蜡基原油的柴油黏度较小，而环烷基原油的柴油黏度较大。

2. 馏程

馏分组成影响柴油的雾化和蒸发，影响柴油的燃烧性和启动性，燃烧的好坏也直接影响着积炭、冒黑烟和耗油率。

重组分热值高，经济性好，但可引起发动机内部积炭增加，磨损增大及尾气排放黑烟。如柴油的馏分过重，则蒸发速度太慢，从而使燃烧不完全，导致功率下降、油耗增大以及润滑油被稀释而磨损加重。

柴油轻馏分越多，则蒸发速度越快，柴油机越易于启动。研究表明，柴油中小于300℃馏分的含量对耗油量的影响很大，小于300℃馏分含量越高，则耗油量越小。但若柴油的馏分过轻，则由于蒸发速度太快而使发动机汽缸压力急剧上升，从而导致柴油机的工作不稳定。为了控制柴油的蒸发性不致过强，国家标准中规定了各号柴油的闭口杯法闪点，从储存和运输来看，馏分过轻的柴油不仅蒸发损失大，而且也不安全。所以柴油的闪点也是保证安全性的指标。一般认为轻质燃料在储运时，其闭口闪点高于35℃就是安全的。国外柴油标准闪点指标一般控制在50~55℃，而我国车用柴油标准要求-35号及-50号轻柴油的闪点不低于45℃，-20号不低于50℃，其余牌号轻柴油闪点要求55℃。

（三）柴油的抗爆性

1. 柴油抗爆性的表示方法

柴油的抗爆性，即柴油在发动机汽缸内燃烧时抵抗爆震的能力，换言之，就是柴油燃烧的平稳性。柴油抗爆性(或称为着火性质)通常用十六烷值表示。一般十六烷值高的柴油，抗爆性能好，燃烧均匀，不易发生爆震现象，使发动机热功效率提高，使用寿命延长。但是柴油的十六烷值也并不是越高越好，使用十六烷值过高(如大于65)的柴油同样会形成黑烟，燃料消耗反而增加，这是因为燃料的着火滞燃期太短，自燃时还未与空气混合均匀，致使燃料燃烧不完全，部分烃类因热分解而形成带碳粒的黑烟；另外，柴油的十六烷值太高，还会减少燃料的来源。因此，从使用性和经济性两方面考虑，使用十六烷值适当的柴油才合理。

对十六烷值的要求取决于发动机的设计、特别是发动机的转速及负荷变化大小、启动情况和环境温度等因素。不同转速的柴油机对柴油的十六烷值有不同的要求。高速柴油机的燃料其十六烷值应在40~60，一般使用40~45的燃料；中速柴油机可使用具有30~35的燃料；对于低速柴油机，即使用十六烷值低于25的燃料，其燃烧也不会发生特殊的困难。国外柴油标准十六烷值的规定值一般都在45以上，实际测值也在45左右。我国石油产品标准中规定车用柴油的十六烷值不低于47~51等。

柴油的十六烷值测定与汽油的辛烷值测定相似。它是在规定操作条件的标准发动机试验中，将柴油试样与标准燃料进行比较测定，当两者具有相同的着火滞燃期时，标准燃料的正十六烷值即为试样的十六烷值。标准燃料是用抗爆性好的正十六烷和抗爆性差的七甲基壬烷按不同体积比配制成的混合物。规定正十六烷的十六烷值为100，七甲基壬烷的十六烷值为15。例如，某试样经规定试验比较测定，其着火滞燃期与含正十六烷体积分数为48%、七甲基壬烷体积分数为52%的标准燃料相同，则该试样的十六烷值可按下式计算：

$$CN = \varphi_1 + 0.15\varphi_2 \qquad (3-1)$$

式中 CN——标准燃料即试样的十六烷值；

φ_1——正十六烷的体积分数,%;

φ_2——七甲基壬烷的体积分数,%。

根据我国柴油性质的大量实测数据回归的相对密度与十六烷值的关联式为:

$$十六烷值 = 442.8 - 462.9d_4^{20} \tag{3-2}$$

此式的平均偏差为±3.5。

也可用柴油的十六烷指数来表示柴油抗爆性，它是一个计算值，其计算按 GB/T 11139—1989 标准方法进行，公式如下：

$$CI = 431.29 - 1586.88\rho_{20} + 730.97(\rho_{20})^2 + 12.392(\rho_{20})^3 + 0.0515(\rho_{20})^4 - 0.554B + 97.803(\lg B)^2 \tag{3-3}$$

式中 CI——试样的十六烷指数;

ρ_{20}——试样在20℃时的密度，g/cm³;

B——试样的中平均沸点,℃。

该方法适用于计算直馏馏分、催化裂化馏分以及两者的混合燃料。当原料和生产工艺不变时，可用十六烷指数检验柴油馏分的十六烷值，进行生产过程的质量控制。

柴油指数是表示柴油抗爆性能的另一个计算值。它的表达式为:

$$DI = \frac{(1.8t_A + 32)(141.5 - 131.5d_{15.6}^{15.6})}{100d_{15.6}^{15.6}} \tag{3-4}$$

式中 DI——柴油指数;

t_A——柴油的苯胺点,℃。

已知柴油指数，可通过经验公式(3-5)计算柴油的十六烷值。

$$CI = \frac{2}{3}DI + 14 \tag{3-5}$$

十六烷指数和柴油指数的计算简捷、方便，很适用于生产过程的质量控制，但不允许随意替代用标准发动机试验装置所测定的试验值，柴油规格指标中的十六烷值必须以实测为准。

2. 柴油的十六烷值与化学组成的关系

柴油的十六烷值与其化学组成和馏分组成密切相关。通常，相同碳原子数的不同烃类，以正构烷烃的十六烷值最高，烯烃、异构烷烃和环烷烃居中，芳烃特别是无侧链稠环芳烃的十六烷值最小；烃类的异构化程度越高，环数越多，其十六烷值越低；环烷和芳烃随侧链长度的增加，其十六烷值增加，而随侧链分支的增多，十六烷值显著减小；对于同类烃来说，相对分子质量越大，热稳定性越差，自燃点越低，十六烷值越高。

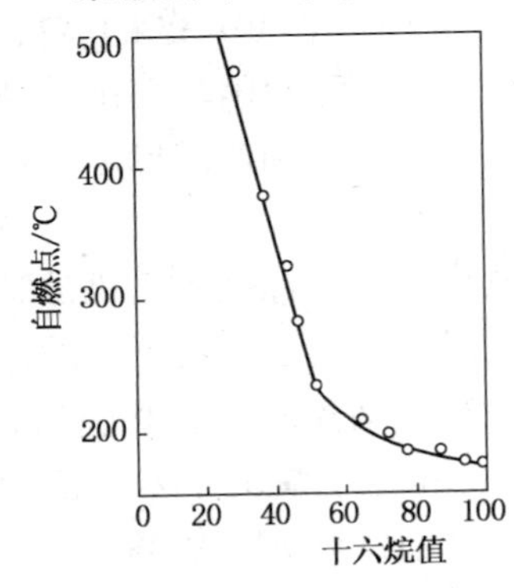

图3-6 十六烷值与自燃点的关系曲线

各种烃类十六烷值的不同，主要是反映其自燃性质的差别。烃类的自燃点越低，则其十六烷值越高。燃料的十六烷值与自燃点之间有如图3-6所示的对应关系。由于化学组成的差异，产自石蜡基原油(大庆油)的直馏柴油(富含直链烃)的十六烷值接近70，而产自环烷-中间基原油(孤岛油)的直馏柴油(富含环烷烃)的十六烷值还不到40，如表3-7所示。

表 3-7　不同类型原油的直馏柴油和二次加工柴油的十六烷值比较

柴油来源	十六烷值	柴油来源	十六烷值
大庆直馏柴油	67~69	孤岛直馏柴油	33~36
大庆催化裂化柴油	46~49	孤岛催化裂化柴油	25~27
大庆延迟焦化柴油	58~60	孤岛催化加氢柴油	30~35
大庆热裂化柴油	56~59		

从表中可以看出，由相同类型原油生产的柴油，直馏柴油的十六烷值要比催化裂化、热裂化和焦化生产的柴油高，其原因就在于化学组成发生了变化，催化裂化柴油含有较多芳烃，热裂化和焦化柴油含有较多烯烃，因此十六烷值有所降低。经过加氢精制的柴油，由于其中的烯烃转变为烷烃，芳烃转变为环烷烃，故十六烷值明显提高。

（四）柴油的安定性、腐蚀性和洁净度

1. 柴油的安定性

与汽油相似，影响柴油安定性的主要原因是油品中存在不饱和烃以及含硫、含氮化合物等不安定组分。柴油的安定性对柴油机工作的影响与汽油的安定性对汽油机工作的影响也基本相同。故用于评定汽油安定性的一些指标如实际胶质、贮存安定性等也适用于柴油质量的检验。

评价柴油的安定性的指标主要有总不溶物和10%蒸余物残炭。总不溶物是表示柴油热氧化安定性的指标，它反映了柴油在受热和有溶解氧的作用下发生氧化变质的倾向。只有贮存安定性、热安定性较好的柴油，才能保证柴油机正常工作。安定性差的柴油，长期贮存，可在油罐或油箱底部、油库管线内及发动机燃油系统生成不溶物。我国车用柴油（GB/T 19147—2016）的热氧化安定性指标中，要求总不溶物含量不大于2.5mg/100mL。10%蒸余物残炭值反映柴油在使用中在汽缸内形成积炭的倾向，残炭值大，说明柴油容易在喷油嘴和汽缸零件上形成积炭，导致散热不良，机件磨损加剧，缩短发动机使用寿命。

2. 柴油的腐蚀性

通过控制硫含量、酸度、水分、铜片腐蚀等指标来防止腐蚀。

柴油中含硫化合物对发动机的工作寿命影响很大，其中活性含硫化合物（如硫醇等）对金属有直接的腐蚀作用。柴油中的硫可明显地增加颗粒物（PM）的排放，导致发动机系统腐蚀和磨损。硫含量增加还会使某些排气处理系统效率降低，而且由于硫中毒，其他一些排气处理系统会长期失效。所有的含硫化合物在汽缸内燃烧后都生成 SO_2 和 SO_3，这些氧化硫不仅会严重腐蚀高温区的零部件，而且还会与汽缸壁上的润滑油起反应，加速漆膜和积炭的形成。同时，柴油机排出尾气中的氧化硫还会污染环境。目前，车用柴油的质量标准中规定硫含量不大于10mg/kg；2018年1月1日起，要求普通柴油的硫含量不大于10mg/kg。

酸度可以反映柴油中含酸物质（特别是有机酸）对发动机的影响。一般在酸量较多且有水存在的情况下，供油部件易受到腐蚀并会出现喷油器孔结焦和汽缸内积炭增加，喷油泵柱塞磨损增大等问题。

3. 柴油的洁净度

影响柴油洁净度的物质主要是水分和机械杂质。精制良好的柴油一般不含水分和机械杂质，但在储存、运输和加注过程中都有可能混入。柴油中如有较多的水分，在燃烧时将降低柴油的发热值，在低温下会结冰，从而使柴油机的燃料供给系统堵塞。而机械杂质的存在除了会引起油路堵塞外，还可能加剧喷油泵和喷油器中精密零件的磨损。因此，在轻柴油的质量标准中规定水分含量不大于痕迹，并不允许有机械杂质，还对柴油的灰分提出了要求。

(五) 柴油产品的品种和牌号

我国生产的柴油品种分为轻柴油、重柴油和专用柴油，其中轻柴油产量约占柴油总产量的98%。轻柴油按凝点划分为5号、0号、-10号、-20号、-35号和-50号六个牌号；重柴油则按其50℃运动黏度(mm²/s)划分为10号、20号、30号三个牌号。不同凝点的轻柴油适用于不同的地区和季节，不同黏度的重柴油适用于不同类型和不同转速的柴油发动机。车用柴油占轻柴油30%左右，其余为普通柴油，用于拖拉机、内燃机车、工程机械、内河船舶和发电机组等。车用柴油的质量标准见表3-8。

表3-8 车用柴油(Ⅵ)的技术要求和试验方法(GB/T 19147—2016)

项目	质量指标(Ⅵ)						试验方法
	5号	0号	-10号	-20号	-35号	-50号	
氧化安定性(以总不溶物计)/(mg/100mL) 不大于	2.5						SH/T 0175
硫含量/(mg/kg) 不大于	10						SH/T 0689
酸度(以KOH计)/(mg/100mL) 不大于	7						GB/T 258
10%蒸余物残炭/%(质) 不大于	0.3						GB/T 17144
灰分/%(质) 不大于	0.01						GB/T 508
铜片腐蚀(50℃，3h)/级 不大于	1						GB/T 5096
水含量/%(体) 不大于	痕迹						GB/T 260
润滑性 校正磨痕直径(60℃)/μm 不大于	460						SH/T 0765
多环芳烃含量/%(质) 不大于	7						SH/T 0806
总污染物含量/(mg/kg) 不大于	24						GB/T 33400
运动黏度(20℃)/(mm²/s)	3.0~8.0		2.5~8.0		1.8~7.0		GB/T 265
凝点/℃ 不高于	5	0	-10	-20	-35	-50	GB/T 510
冷滤点/℃ 不高于	8	4	-5	-14	-29	-44	SH/T 0248
闪点(闭口)/℃ 不低于	60			50	45		GB/T 261
十六烷值 不小于	51			49	47		GB/T 386
十六烷指数 不小于	46			46	43		SH/T 0694
馏程/℃							GB/T 6536
50%回收温度/℃ 不高于	300						
90%回收温度/℃ 不高于	355						
95%回收温度/℃ 不高于	365						
密度(20℃)/(kg/m³)	810~845			790~840			GB/T 1884 GB/T 1885
脂肪酸甲酯含量/%(体) 不大于	1.0						NB/SH/T 0916

三、清洁柴油

柴油是石油炼制工业中最重要的产品之一，随着柴油发动机技术的发展，全球范围内对柴油的总需求量越来越大，国内柴油需求量亦很高。但是，柴油的增长除受原油重质化等市场因素的影响外，更受环境保护、安全等因素的限制。环境保护要求石油炼制生产环境友好产品，生产低硫、低芳烃的清洁柴油以减少汽车有害物质的排放。

随着汽车工业的高速发展，柴油的消耗增长率升高，柴油车排放的尾气对环境的污染也越来越严重。柴油的主要污染物含硫为SO_x且对NO_x、PM(颗粒物)的形成有促进作用。柴油芳烃影响发动机的点火性能，易形成 NO_x、PM。密度及十六烷值与 PM 的排放量有很好的相关性。因此，世界各国柴油的质量标准对上述成分的要求越来越严格。

如同车用汽油质量升级的态势，我国也在不断加快车用柴油质量升级进程。从 2005 年至 2017 年，我国完成了车用柴油标准从国Ⅱ至国Ⅴ的质量升级。2017 年 1 月 1 日起，我国全面执行国Ⅴ高标号清洁柴油标准，京Ⅵ高标号清洁柴油标准在北京开始执行。

2016 年 12 月，我国发布了更加严格的国Ⅵ车用柴油标准。2019 年 1 月 1 日起，我国已全面供应国Ⅵ标准车用柴油。相对于国Ⅴ车用柴油标准，多环芳烃含量要求更加严格，要求不大于 7%。

第四节 喷气燃料

点燃式航空发动机受高空空气稀薄及螺旋桨效率所限，只能在 10000m 以下的空域飞行，时速也无法超过 900km。喷气式发动机借助高温燃气从尾喷管喷出时所形成的反作用力推动前进，可以在 20000m 以上高空以 1~4 马赫(马赫数即为速度与音速的比数，通常用 *M* 表示。音速约为 1190km/h)高速飞行。目前广泛应用在军用与民航中。

一、喷气式发动机的工作过程及其对燃料的使用要求

（一）涡轮喷气发动机的工作过程

喷气式发动机是和汽油机、柴油机完全不同的一类发动机，按发动机结构和工作原理的不同分为涡轮喷气式、涡轮螺旋桨式和充压式三种类型。现以应用最广泛的涡轮喷气式发动机为例，介绍其结构和工作原理，如图 3-7，它是由空气压缩机、燃烧室、燃气涡轮和尾喷管等部分构成。

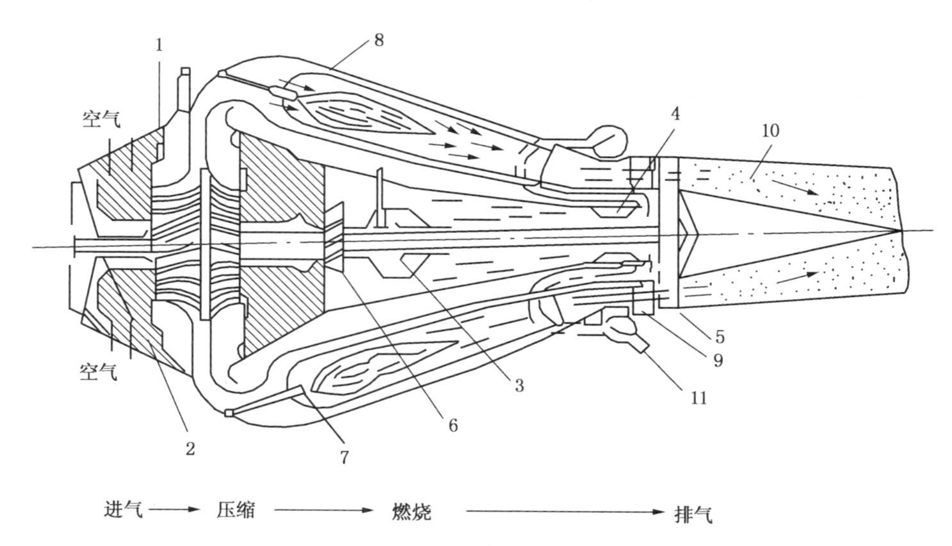

图 3-7 涡轮喷气式发动机工作原理示意图

1—双面供气离心式压缩机；2—前轴承；3—中轴承；4—后轴承；5—燃气涡轮；6—供冷却空气叶轮；7—燃料油喷嘴；8—燃烧室；9—涡轮整流窗；10—尾喷管；11—冷却空气出口

涡轮喷气式发动机工作时，空气从进气道进入离心式压缩机，经加压到 0.3~0.5MPa，温度升到 150~200℃，以 40~60m/s 的速度进入燃烧室，与喷嘴喷出的燃料混合并在燃烧室内连续不断燃烧，燃烧室中心的燃气温度可达 1900~2200℃。燃烧后的高温气体与冷空气混

合，温度降至750~800℃左右后进入燃气涡轮，推动涡轮以8000~16000r/min高速旋转，从而带动空气压缩机工作。燃气最后进入尾喷管，并在500~600℃的温度下高速喷入大气，产生的反作用力推动飞机前进。

这种发动机没有汽缸，燃料在压力下连续喷入到高速的空气流中，一经点燃便连续燃烧，并不像活塞式发动机那样，燃料的供应、燃烧间歇进行。另外，活塞式发动机燃料的燃烧在密闭的空间进行，而喷气式发动机燃料的燃烧是在35~40m/s的高速气流中进行的，所以燃烧速度必须大于气流速度，否则会造成火焰中断。发动机工作原理的特殊性决定其所用燃料使用性能的特殊性。

(二) 喷气发动机对燃料的要求

喷气燃料(旧称航空煤油)的最主要功能是通过燃烧产生热能做功，此外还有其他功能，如用作压缩机和尾喷管的某些部件的工作液体，在燃油-润滑油换热器中用作润滑油冷却剂，在供油部件中用作润滑介质。这些功能都是在高空飞行条件下实现的，所以对燃料的质量要求非常严格，以确保安全可靠。对喷气式发动机燃料质量的主要要求有：

① 良好的燃烧性能。

② 适当的蒸发性。

③ 较高的热值和密度。

④ 良好的安定性。

⑤ 良好的低温性。

⑥ 无腐蚀性。

⑦ 良好的洁净性。

⑧ 较小的起电性和着火危险性。

⑨ 适当的润滑性。

二、喷气燃料的主要性能

(一) 喷气燃料的燃烧性能

喷气发动机对燃料的要求非常严格，要求燃料在任何情况下都要进行连续、平稳、迅速和完全燃烧。评定喷气燃料燃烧性能的指标有热值、密度、烟点、辉光值、萘系芳烃含量等。

1. 热值和密度

热值表示喷气燃料的能量性质，喷气式飞机的飞行高，速度大，续航远，这些都需要燃料具有足够的热能转化为功作保障。按发动机的用途不同，对热值的要求也略有差异。例如，对于远程飞行的民航飞机宜采用体积热值大(密度大)的燃料，这样，在一定容量的油箱中可装有更多质量的燃料，储备更多的热量，可供飞行的时间和距离越长；而对于续航时间不长的歼击机，为减少飞机载荷，应尽量使用质量热值高的燃料。

质量热值和体积热值是一对矛盾，对碳原子数相同的烃类来说，质量热值大其体积热值就小。兼顾这两方面，环烷烃是喷气燃料较理想的组分。

2. 烟点

又称无烟火焰高度，是指规定条件下，试样在标准灯具中燃烧时，产生无烟火焰的最大高度，单位为毫米。它是评定喷气燃料在燃料过程中生成积炭倾向的指标。积炭是指积聚在喷嘴、火焰筒壁上的在燃烧过程中产生的炭质微粒。喷嘴上的积炭会恶化燃料的雾化质量，使燃烧过程变坏，严重影响燃料燃烧完全度。附在火焰筒壁上的积炭，会使火焰筒因受热不均匀而变形，甚至产生裂纹。此外，在发动机工作时，火焰筒壁上剥落下来的积炭碎片会进入涡轮，擦伤叶片。

喷气燃料烟点的高低与生成积炭的大小有密切相关，烟点越高，积炭越小。因此，烟点与油品组成的关系，就是积炭与油品组成的关系。烃类的 H/C 越小，生成积炭的倾向越大。各种烃类生成积炭的倾向为双环芳烃>单环芳烃>带侧链芳烃>环烷烃>烯烃>烷烃。飞行试验证明，油品中芳烃特别是双环芳烃含量增高，喷气燃料燃烧不完全，生成的炭粒增多，火焰的明亮度显著增大，使燃料室接受辐射而超温，故生成积炭的倾向显著增大。

3. 辉光值

辉光值是在标准仪器内，用规定的方法测定火焰辐射强度的一个相对值，用固定火焰辐射强度下火焰温度升高的相对值表示。辉光值反映燃料燃烧时的辐射强度，用它可以评定燃料生成积炭的倾向。

辉光值与燃料的化学组成有关。当烃类碳原子数相同时，各种烃类辉光值大小顺序为烷烃>环烷烃、烯烃>芳烃。生炭性强的燃料(如富含芳烃的燃料)，辉光值小；生炭性小的燃料，辉光值大。

(二) 燃料的启动性能

喷气燃料除了应保证发动机在严寒冬季能迅速启动外，还需保证发动机在高空一旦熄火时也能迅速再点燃，恢复正常燃烧，以保证飞行安全。要保证发动机在高空低温下再次启动，必须要求燃料能在 0.01~0.02MPa 和−55℃的低温下形成可燃混合气并能顺利点燃，且稳定地燃烧。这就要求燃料要具有良好的启动性能，这与燃料的黏度、蒸发性有关。

1. 黏度

燃料的雾化程度越好，越能加快可燃混合气的形成，因而也就加快了燃烧速度，有利于燃烧的稳定和完全。而燃料的雾化质量与其黏度有直接联系，黏度过大，则喷射角小而射程远，液滴大，雾化不良，以致燃烧不均匀，不完全，同时低温流动性差，供油量减少。燃烧不完全的气体进入燃气涡轮后继续燃烧，容易使涡轮叶片过热或烧坏；黏度过小，喷射角大而射程近，火焰燃烧区宽而短，易引起局部过热，同时黏度过小使燃料泵的磨损加大。因此要求燃料要有适宜的黏度范围。

2. 蒸发性

馏分较轻的喷气燃料蒸发性好，能较快地与空气形成可燃混合气，其燃烧启动性好；馏分过重，则不利混合，喷入燃烧室的燃料不能立即蒸发燃烧，待积累相当多时，发生突然燃烧造成发动机受震击而损伤，同时未蒸发的燃料受热分解，形成积炭。

(三) 喷气燃料的安定性

1. 储存安定性

喷气燃料的不饱和烃与非烃化合物含量相对较少，储存安定性也较高。喷气燃料的储存安定性与汽油、柴油的指标有些类似，如实际胶质、诱导期、碘值等。

2. 热安定性

当飞行速度超过音速以后，由于与空气摩擦生热，使飞机表面温度上升，油箱内燃料的温度也上升，可达 100℃以上。在这样高的温度下，燃料中的不安定组分更容易氧化而生成胶质和沉淀物。这些胶质沉积在热交换器表面上，导致冷却效率降低；沉积在过滤器和喷嘴上，则会使过滤器和喷嘴堵塞，并使喷射的燃料分配不均，引起燃烧不完全等。因此，对长时间作超音速飞行的喷气燃料，要求具有良好的热安定性。

(四) 喷气燃料的低温性能

喷气燃料的低温性能，是指在低温下燃料在飞机燃料系统中能否顺利地泵送和过滤的性能，即不能因产生烃类结晶体或所含水分结冰而堵塞过滤器，影响供油。喷气燃料的低温性能是用结晶点或冰点来表示的。

不同烃类的结晶点相差悬殊，相对分子质量较大的正构烷烃及某些芳香烃的结晶点较高，而环烷烃和烯烃的结晶点则较低；在同族烃中，结晶点大多随其相对分子质量的增大而升高。燃料中含有的水分在低温下形成冰晶，也会造成过滤器堵塞、供油不畅等问题。在相同温度下，芳香烃特别是苯对水的溶解度最高。因而从降低燃料对水的溶解度的角度来看，也需要限制芳香烃的含量。

(五) 喷气燃料的腐蚀性

喷气燃料的腐蚀主要是指喷气燃料对储运设备和发动机燃料系统产生的腐蚀。对金属材料有腐蚀作用的主要是燃料中的含氧、含硫化合物和水分。需要注意的是，喷气发动机的高压燃料油泵一般都采用了镀银机件，而银对于硫化物的腐蚀极为敏感。因此，喷气燃料质量标准中增加了银片腐蚀试验。

(六) 喷气燃料的洁净度

喷气发动机燃料系统机件的精密度很高，因而，即使较细的颗粒物质也会造成燃料系统的故障。引起燃料脏污的物质主要是水、表面活性物质、固体杂质及微生物。

水的存在，除了对燃料的腐蚀性、低温性产生不良影响外，还会破坏燃料在系统部件中所起的润滑作用，并能导致絮状物的生成和微生物的滋长。燃料中的表面活性物质会增强油水乳化，使油中的水不易分离，并且会促使一些细微的杂质聚集在过滤器上，使过滤器的使用周期大大缩短。固体杂质对于燃料系统中的高压油泵和喷油嘴等精密部件危害极大。喷气燃料中若含有细菌不但会加速油料容器的腐蚀和使涂层松软，如果条件有利、还会大量繁殖，以致堵塞过滤器。

我国喷气燃料质量标准中，规定不能含有机械杂质，并用外观和水反应试验等技术指标来保证喷气燃料的洁净度。水反应试验的目的是检查喷气燃料中的表面活性物质及其对燃料和水的界面的影响。为保证喷气燃料的洁净度，对油品储运提出更高要求，在油品使用前还要经过充分沉降和过滤。

(七) 喷气燃料的起电性及着火危险性

喷气发动机的耗油量很大，在机场往往采用高速加油。在泵送燃料时，燃料和管壁、阀门、过滤器等高速摩擦，油面就会产生和积累大量的静电荷，其电势可达到数千伏甚至上万伏。这样，到一定程度就会产生火花放电，如果遇到可燃混合气，就会引起爆炸失火，往往酿成重大灾害。影响静电荷积累的因素很多，其中之一是燃料本身的电导率。同时考虑到防火安全性，质量标准对燃料的电导率及闪点提出了要求。

(八) 喷气燃料的润滑性

喷气发动机燃料泵依靠自身泵送的燃料润滑，因此要求燃料具有较好的润滑性。燃料组分的润滑性能按照非烃化合物>多环芳烃>单环芳烃>环烷烃>烷烃的顺序依次降低。可见，含有少量的极性物质，对喷气燃料的润滑性能是有利的。当然，含量不能过多，否则会引起腐蚀等其他弊病。由此可见，对喷气燃料的精制深度要适当，若精制过深，则会使其润滑性能变差。

（九）喷气燃料牌号

喷气燃料又称航空煤油，主要以加氢裂化煤油馏分和加氢精制的直馏煤油馏分加入适量添加剂调合而成。按生产方法可分为直馏喷气燃料和二次加工喷气燃料两类；按馏分的宽窄、轻重又可分为宽馏分型、煤油型及重煤油型，共分为1号、2号、3号、4号、5号、6号六个牌号。3号喷气燃料为较重煤油型燃料，民航飞机、军用飞机通用，已逐步取代1号和2号喷气燃料，成为产量最大的喷气燃料，其质量标准见表3-9。

从喷气燃料的使用性能来看，喷气燃料的理想组分应是环烷烃。这是因为虽然正构烷烃质量热值大、积炭生成倾向小，但体积热值小，并且低温性能差，所以不甚理想；芳烃虽然有较高的体积热值，但质量热值低，且燃烧不完全，易形成积炭，吸水性大，所以更不是理想的烃类，规格中限定芳烃含量不能大于20%；烯烃虽然具有较好的燃烧性能，但安定性差，生成胶质的倾向大，也被限制使用，因此，综合考虑各方面的因素，环烷烃是喷气燃料的理想组分。

表3-9　3号喷气燃料质量标准（GB 6537—2018）

项　目		质量指标	试验方法
外观		室温下清澈透明，目视无不溶解水及固体物质	目测
颜色	不小于	+25①	GB/T 3555
组成			
总酸值/(mgKOH/g)	不大于	0.015	GB/T 12574
芳烃含量/%(体)	不大于	20.0②	GB/T 11132
烯烃含量/%(体)	不大于	5.0	GB/T 11132
总硫含量/%(质)	不大于	0.20	SH/T 0689
硫醇硫③/%(质)	不大于	0.0020	GB/T 1792
或博士试验		通过	NB/SH/T 0174
直馏组分/%(体)		报告	
加氢精制组分/%(体)		报告	
加氢裂化组分/%(体)		报告	
合成烃组分/%(体)		报告	
挥发性			
馏程			GB/T 6536
初馏点/℃		报告	
10%回收温度/℃	不高于	205	
20%回收温度/℃		报告	
50%回收温度/℃	不高于	232	
90%回收温度/℃		报告	
终馏点/℃	不高于	300	
残留量/%(体)	不大于	1.5	
损失量/%(体)	不大于	1.5	
闪点(闭口)/℃	不低于	38	GB/T 21789
密度(20℃)/(kg/m³)		775～830	GB/T 1884 GB/T 1885
流动性			
冰点/℃	不高于	-47	GB/T 2430
运动黏度/(mm²/s)			GB/T 265
20℃	不小于	1.25④	
-20℃	不大于	8.0	

续表

项目		质量指标	试验方法
燃烧性			
净热值/(MJ/kg)	不小于	42.8	GB/T 384
烟点/mm	不小于	25.0	GB/T 382
或烟点最小为20mm时,			
萘系烃含量/%(体)	不大于	3.0	SH/T 0181
腐蚀性			
铜片腐蚀(100℃, 2h)/级	不大于	1	GB/T 5096
银片腐蚀⑤(50℃, 4h)/级	不大于	1	SH/T 0023
安定性			
热安定性(260℃, 2.5h)			GB/T 9196
压力降/kPa	不大于	3.3	
管壁评级	不小于	3, 且无孔雀蓝色或异常沉淀物	
洁净性			
胶质含量/(mg/100mL)	不大于	7	GB/T 8019
水反应⑥			GB/T 1793
界面情况/级	不大于	1b	
分离程度/级	不大于	2	
固体颗粒污染物含量/(mg/L)	不大于	1.0	SH/T 0093
导电性			
电导率⑦/(pS/m)		50~600	GB/T 6539
水分离指数			SH/T 0616
未加抗静电剂	不小于	85	
加入抗静电剂	不小于	70	
润滑性			
磨痕直径 WSD/mm	不大于	0.65⑧	SH/T 0687
经铜精致工艺的喷气燃料, 油样应按 SH/T 0182 方法测定铜离子含量, 不大于 150μg/kg			
含有合成烃的喷气燃料要求应符合 GB 6537—2018 中 4.3 的要求。			

① 民用喷气燃料颜色为"报告"。从供应商输送到客户过程中, 客户接收喷气燃料时, 颜色若出现变化, 执行以下要求: 初始赛波特颜色大于+25, 颜色变化不大于 8; 初始赛波特颜色在 25~15 之间, 变化不大于 5; 初始赛波特颜色小于 15 时, 变化不大于 3。

② 对于民用航空燃料规定体积分数为不大于 25.0%。

③ 硫醇硫和博士试验可任做一项, 当硫醇性硫和博士试验发生争议时, 以硫醇性硫为准。

④ 对于民用航空燃料, 20℃的黏度指标不作要求。

⑤ 对于民用航空燃料, 此项指标可不要求。

⑥ 对于民用航空燃料, 此项指标不作要求。

⑦ 燃料离厂时要求大于 150pS/m(20℃)。如燃料不要求加抗静电剂, 对此项指标不作要求。

⑧ 民用航空燃料要求 WSD 不大于 0.85mm。

第五节 润滑油及润滑脂

当两个相对运动表面, 在外力作用下发生相对位移时, 存在一个阻止物体相对运动的作用力, 此作用力叫摩擦力, 两个相对的接触面, 叫摩擦副。

摩擦现象的种类很多, 有外摩擦、内摩擦、滑动摩擦、滚动摩擦、干摩擦、边界润滑摩擦、流体润滑摩擦、混合润滑摩擦等。摩擦带来的表观现象如高温、高压、噪声、磨损, 其中危害最大的是磨损, 它直接影响机械设备的正常运转甚至失效。

润滑就是在相对运动的摩擦接触面之间加入润滑剂, 使两接触表面之间形成润滑膜, 变干摩擦为润滑剂内部分子间的内摩擦, 以达到减少摩擦, 降低磨损, 延长机械设备使用寿命的目的。润滑剂必须具有控制摩擦、减少磨损、冷却降温、密封隔离、阻尼振动等基本功能。润滑剂有润滑油、润滑脂、固体润滑剂、气体润滑剂四大类，其中润滑油和润滑脂为石油产品。虽然润滑油的产量仅占原油加工量的2%左右，但因其使用对象、条件千差万别，润滑油的种类品种多达数百种，而且对其质量要求非常严格，其加工工艺也较复杂。本节主要讨论润滑油的有关知识。

一、润滑油的组成、基本性能与质量要求及分类

（一）润滑油的组成

润滑油是由基础油和添加剂组成的。基础油分为矿物油、合成油及半合成油；添加剂有清净分散剂、抗氧抗磨剂、抗氧剂、极压抗磨减摩剂、防锈剂、增黏剂、降凝剂、抗泡剂、抗乳化剂等。

（二）润滑油的基本性能

根据润滑油的基本功能，要求润滑油要具备以下基本性能：

① 摩擦性能　要求润滑油具有尽可能小的摩擦系数，保证机械运行敏捷而平稳，减少能耗。

② 适宜的黏度　黏度是润滑油最重要的性能，因此选择润滑油时首先考虑黏度是否合适。高黏度易于形成动压膜，油膜较厚，能支承较大负荷，防止磨损。但黏度太大，即内摩擦太大，会造成摩擦热增大，摩擦面温度升高，而且在低温下不易流动，不利于低温启动；低黏度时，摩擦阻力小，能耗低，机械运行稳捷，温升不高。但如黏度太低，则油膜太薄，承受负荷的能力小，易于磨损，且易渗漏流失，特别是容易渗入疲劳裂纹，加速疲劳扩展，从而加速疲劳磨损，降低机械零件寿命。

③ 极压性　当摩擦件之间处于边界润滑状态时，黏度作用不大，主要靠边界膜强度支承载荷，因此要求润滑油具有良好的极压性，以保证在边界润滑状态下，如启动和低速重负荷时，仍有良好的润滑。

④ 化学安定性和热稳定性　润滑油从生产、销售、贮存到使用有一个过程，因此要求润滑油要具有良好的化学安定性和热稳定性，使其在贮存、运输、使用过程中不易被氧化、分解变质。对某些特殊用途的润滑油还要求耐强化学腐蚀和耐辐射。

⑤ 材料适应性　润滑油在使用中必然与金属和密封材料相接触，因此要求其对接触的金属材料不腐蚀，对橡胶等密封材料不溶胀。

⑥ 纯净度　要求润滑油不含水和杂质。因水能造成油料乳化，使油膜变薄或破坏，造成磨损，而且使金属生锈；杂质可堵塞油滤和喷嘴，造成断油事故，杂质进入摩擦面能引起磨粒磨损。因此，一般润滑油的规格标准中都要求油色透明，且不含机械杂质和水分。

（三）润滑油的常用质量指标

润滑油的常用质量指标如表3-10所示。

表3-10　润滑油的常用质量指标

名　称	意　义	试验方法
黏度/(mm^2/s)	润滑油的主要技术指标，绝大多数的润滑油是根据其黏度的大小来划分牌号的，黏度大小直接影响润滑效果	GB/T 265
黏度指数(*VI*)	润滑油黏温性能的数值表示	GB/T 1995
闪点(开口)/℃	润滑油运输及使用的安全指标，同时也是润滑油的挥发性指标。闪点低的润滑油，挥发性高，容易着火，安全性较差。润滑油的挥发性高，在工作过程容易蒸发损失，严重时甚至引起润滑油黏度增大，影响润滑油的作用。重质润滑油的闪点如突然降低，可能发生轻油混油事故	GB/T 3536

续表

名　称	意　义	试验方法
倾点/℃ 凝点/℃	评定润滑油低温流动性的指标之一。某些润滑油产品的牌号是以润滑油的凝点高低来划分的	GB/T 3535
水分/%	润滑油中如有水分存在，将破坏润滑油膜，使润滑效果变差，加速油中有机酸对金属的腐蚀作用。水分还造成对机械设备的锈蚀，并导致润滑油的添加剂失效，使润滑油的低温流动性变差，甚至结冰，堵塞油路，妨碍润滑油的循环及供应	GB/T 260
机械杂质/%	润滑油中不溶于汽油或苯的沉淀和悬浮物，经过滤而分出的杂质。润滑油中机械杂质的存在，将加速机械零件的研磨、拉伤和划痕等磨损，而且堵塞油路油嘴和滤油器，造成润滑失效。变压器中有机械杂质，会降低其绝缘性能	GB/T 511
抗乳化性/min	评定润滑油在一定温度下的分水能力。抗乳化性好的润滑油，遇水后，虽经搅拌振荡，也不易形成乳化液，或虽形成乳化液但是不稳定，易于迅速分离。抗乳化性差的油品，其抗氧化安定性也差	GB/T 7305
抗泡性/mL	评价润滑油生成泡沫倾向及泡沫的稳定性，抗泡性不好，在润滑系统中会形成泡沫，且不能迅速破除，将影响润滑油的润滑性，加速它的氧化速度，导致润滑油的损失，也阻碍润滑油在循环系统中的传送，使供油中断，妨碍润滑，对液压油则影响其压力传送	GB/T 12579
腐蚀性(铜片腐蚀、有机酸、水溶性酸碱)	腐蚀试验是测定油品在一定温度下对金属的腐蚀作用。腐蚀试验不合格是不能使用的，否则将对设备造成腐蚀。腐蚀是在氧(或其他腐蚀性物质)和水分同时与金属表面作用时发生的。因此防止腐蚀目的在于防止这些物质侵蚀金属表面	GB/T 5096 GB/T 7304 GB/T 259
氧化安定性	润滑油在实际使用、贮存和运输中氧化变质或老化倾向的重要特性。氧化安定性差，易氧化生成有机酸，造成设备的腐蚀。润滑油氧化的结果，黏度逐渐增大(聚醚油除外)，流动性变差，同时还产生沉淀、胶质和沥青质，这些物质沉积于机械零件上，恶化散热条件，阻塞油路，增加摩擦磨损，造成一系列恶果	SH/T 0196 SH/T 0259

(四) 润滑油的分类

我国 GB 7631. 1—2008《润滑剂、工业用油和有关产品(L类)的分类》列于表 3-11。此分类与 ISO 6743/0—81《润滑剂、工业润滑油和有关产品的 L 类分类标准》等效。

表 3-11　润滑剂、工业用油和有关产品(L 类)的分类

组别	应用场合	分类标准
A	全耗损系统 Total loss systems	GB/T 7631. 13
B	脱模 Mould release	—
C	齿轮 Gears	GB/T 7631. 7
D	压缩机(包括冷冻机和真空泵)Compressors(including refrigeration and vacuum pumps)	GB/T 7631. 9
E	内燃机油 Internal combustion engine oil	GB/T 7631. 17
F	主轴、轴承和离合器 Spindle bearing, bearing and associated clutches	GB/T 7631. 4
G	导轨 Slideways	GB/T 7631. 11
H	液压系统 Hydraulic systems	GB/T 7631. 2
M	金属加工 Metal working	GB/T 7631. 5
N	电器绝缘 Electrical insulation	GB/T 7631. 15
P	气动工具 Pneumatic tools	GB/T 7631. 16
Q	热传导液 Heat transfer fluid	GB/T 7631. 12
R	暂时保护防腐蚀 Temporary protection against corrosion	GB/T 7631. 6

续表

组别	应用场合	分类标准
T	汽轮机 Turbines	GB/T 7631.10
U	热处理 Heat treatment	GB/T 7631.8
X	用润滑脂的场合 Applications requiring grease	GB/T 7636.8
Y	其他应用场合 Other application	—
Z	蒸汽汽缸 Steam cylinders	—

二、润滑油基础油

润滑油一般以基础油和添加剂调合而成。就体积而言，基础油是润滑剂的最重要成分。按所有润滑剂的质量平均计算，基础油占润滑剂配方的95%以上。有些润滑剂系列(如某些液压油和压缩机润滑油)，其化学添加剂仅占1%。因而基础油决定着润滑油的基本性质。基础油分为矿物油和合成油两大类。所谓矿物油，就是以原油的减压馏分或减压渣油为原料，并根据需要经过脱沥青、脱蜡和精制等过程而制得的润滑油基础油。矿物润滑油使用量占全部润滑油的90%以上。

(一)基础油的质量要求

为满足润滑油的质量要求，基础油的质量有严格要求，表3-12列出了部分基础油的技术要求。

(二)基础油的分类

目前，国际标准化组织(ISO)未对润滑油基础油统一分类，世界各大公司一般都是根据黏度指数将润滑油基础油分类。

1. 我国基础油的分类

我国于1983年根据原油的类属及其性质对润滑油基础油进行分类。随着润滑油趋向于低黏度、多级化和通用化，对基础油的黏度指数提出了更高的要求。原有的基础油分类方法已不能适用于新形势下的需要，1995年中国石化提出了新的润滑油基础油分类方法。内容如下：

① 范围　标准规定了润滑油基础油的详细分类。

润滑油基础油根据黏度指数分类；根据适用范围分为通用基础油和专用基础油。

② 黏度等级划分　润滑油基础油的黏度等级按赛氏通用黏度划分，其数值为某黏度等级基础油运动黏度所对应的赛氏通用黏度整数近似值。低黏度组分称中性油，黏度等级以40℃赛氏通用黏度表示；高黏度组分称光亮油，黏度等级以100℃赛氏通用黏度表示。我国基础油黏度等级(牌号)的划分及黏度范围列于表3-13。

③ 所用代号说明　润滑油基础油的代号是根据黏度指数和适用范围确定的。每个品种由一组英文字母组成的代号表示。

通用基础油的代号由表示黏度指数高低的英文字母组成。VI为黏度指数(Viscosity Index)英文字母头，L、M、H、VH、UH分别为低(Low)、中(Middle)、高(High)、很高(Very High)、超高(Ultra High)的英文字头。

专用基础油代号由润滑油通用基础油代号和专用符号组成。专用符号为代表该类基础油特性的一个英文字母。W为Winter的字头，表示其低凝特性；S为Super的字头，表示其深度精制特性。

表 3 - 12 HVI 润滑通用基础油标准(Q/SHR 001—95)

项目 \ 黏度等级牌号(按赛氏通用黏度划分)		HVI 75	HVI 100	HVI 150	HVI 200	HVI 350	HVI 400	HVI 500	HVI 650	HVI 120BS	HVI 150BS	实验方法
运动黏度/(mm^2/s)	40℃	13 ~ 15	20 ~ 22	28 ~ 32	38 ~ 42	65 ~ 72	74 ~ 82	95 ~ 107	120 ~ 135	320 ~ 360	~ 420	GB/T 265
	100℃	报告	报告	报告	报告	报告	报告	报告	报告	25 ~ 28	30 ~ 33	
外观		透明	透明	透明	透明	透明	透明	透明	透明	透明	透明	目测①
色度/号	不大于	0.5	1.0	1.5	2.0	3.0	3.5	4.0	5.0	5.0	6.0	GB/T 6540
黏度指数(*VI*)	不小于	100	100	100	98	95	95	95	95	95	95	GB/T 1995
闪点(开口)/℃	不低于	175	185	200	210	220	225	235	255	265	290	GB/T 3536
倾点②/℃	不高于	-9	-9	-9	-9	-5	-5	-5	-5	-5	-5	GB/T 3535
中和值/(mgKOH/g)	不大于	0.02	0.02	0.02	0.02	0.03	0.03	0.03	0.03	0.03	0.03	GB 4945
残炭/%	不大于	—	—	—	—	0.01	0.01	0.15	0.25	0.6	0.7	GB 268
密度(20℃)/(kg/m^3)		报告	报告	报告	报告	报告	报告	报告	报告	报告	报告	GB/T 1884 ~ 1885
苯胺点/℃		报告	报告	报告	报告	报告	报告	报告	报告	报告	报告	GB/T 262
硫/%		报告	报告	报告	报告	报告	报告	报告	报告	报告	报告	GB/T 387
氮/%		报告	报告	报告	报告	报告	报告	报告	报告	报告	报告	GB/T 9170
碱性氮/%		报告	报告	报告	报告	报告	报告	报告	报告	报告	报告	GB/T 0162
蒸发损失(Noack 法,250℃,1h)/%		—	报告	报告	报告	—	—	—	—	—	—	SH/T 0059
氧化安定性(旋转氧弹法)③ 150℃/min	不小于	180	180	180	180	180	180	130	130	110	110	SH/T 0193

① 将油品注入 100mL 洁净量筒中,油品应均匀透明,如有争议,将油温控制在 25℃ ±2℃下,应均匀透明。

② 出口产品 200 号以后倾点均执行 -9℃。

③ 试验补充规定:加入 0.8% T501。采用精度为千分之一的天平,称取 0.88gT501 于 250mL 烧杯中,继续加入待测油样,至总质量为 110g(供平行试验用)。将油样均匀加热至 50 ~ 60℃,搅拌 15min,冷却后装入玻璃瓶备用。

表 3-13 我国基础油黏度牌号及黏度范围

属性	基础油黏度范围		黏度牌号	属性	基础油黏度范围		黏度牌号
	运动黏度/(mm^2/s)	赛氏黏度/s			运动黏度/(mm^2/s)	赛氏黏度/s	
中性油	9~10	55~59	60	光亮油	16~20	82~99	90
	13~15	70~74	75		16~22	82~107	90
	20~22	98~106	100		25~28	120~134	120
	28~32	133~151	150		26~30	125~143	125/140
	38~42	178~196	200		30~33	143~156	150
	55~63	256~292	300		41~45	193~211	200/220
	65~72	302~334	350				
	95~107	440~496	500				
	110~125	510~579	600				
	120~135	556~625	650				
	135~150	625~695	750				
	160~180	741~843	900				
	200~230	927~1065	1200				

润滑油通用基础油产品代号如下：

中性油：通用基础油代号 赛氏 40℃通用黏度(s)；

光亮油：通用基础油代号 赛氏 40℃通用黏度(s) BS；

润滑油专用基础油产品代号如下：

中性油：通用基础油代号专用符号 赛氏 40℃通用黏度(s)；

光亮油：通用基础油代号专用符号 赛氏 40℃通用黏度(s) BS；

例如：高黏度指数 150 中性油代号：HVI150；

中黏度指数低凝 150 中性油代号：MVIW150；

高黏度指数 150 光亮油代号：HVI150BS；

中黏度指数深度精制 90 光亮油代号：MVIS90BS。

④ 润滑油基础油分类见表 3-14。

表 3-14 润滑油基础油分类及代号(Q/SHR 001—1995)

类别 \ 品种代号 \ 黏度指数		超高黏度指数	很高黏度指数	高黏度指数	中黏度指数	低黏度指数
		$VI \geq 140$	$120 \leq VI < 140$	$90 \leq VI < 120$	$40 \leq VI < 90$	$VI < 40$
通用基础油		UHVI	VHVI	HVI	MVI	LVI
专用基础油	低凝	UHVIW	VHVIW	HVIW	MVIW	—
	深度精制	UHVIS	VHVIS	HVIS	MVIS	—

2. 美国石油学会(API)分类

该分类法根据基础油的物理性质及化学组成将其分为如下 5 类，见表 3-15。

表 3-15 API 润滑油基础油分类

类 型	饱和烃含量/%	硫含量/%		黏度指数
Ⅰ	<90	和/或	>0.03	80~120
Ⅱ	≥90	和	≤0.03	80~120
Ⅲ	≥90	和	≤0.03	≥120

续表

类 型	饱和烃含量/%	硫含量/%	黏度指数
Ⅳ	聚α-烯烃(PAO)		
Ⅴ	其他(不包括在Ⅰ~Ⅳ类中的基础油)		

第Ⅰ类为石蜡基基础油，一般由传统的溶剂精制工艺生产。

第Ⅱ类为石蜡基基础油，一般由加氢转化工艺生产。

第Ⅲ类为石蜡基基础油，由更苛刻的加氢转化和异构脱蜡工艺生产。

第Ⅳ类为聚α-烯烃(PAO)合成油。

第Ⅴ类为其他基础油，包括环烷基基础油、中等黏度指数的石蜡基基础油及其他合成油等。

在汽车工业不断追求更好的燃料经济性、更低的机油消耗、更长的换油期、更低的有害物排放等目标的推动下，对润滑油基础油提出了更高的要求(表3-16)，即更低的黏度(可降低发动机燃料消耗)、更低的挥发性(可减少机油消耗和有害排放)和更高的饱和烃含量(可达到更高的使用性能，更长的换油期)等。这一形势的发展促进了对Ⅱ、Ⅲ类及以上级别基础油的需求。

表3-16 新一代润滑油对基础油的要求

润 滑 油	性 能 要 求	对基础油的要求
发动机油	低排放	低黏度时，油的挥发性低
	低油耗	
	省燃料	低黏度，高VI
	延长换油期	抗氧性好
齿轮油	不换油	抗氧性好
	省燃料	高VI
传动液	流动性好	高VI
	省燃料	低黏度，低挥发性

三、内燃机润滑油

内燃机润滑油简称内燃机油，也称发动机油或曲轴箱油，它是润滑油中耗量最大的一类。由于工作条件相当苛刻，对它的质量要求也就比较高，所以除基础油需经过严格精制外，还要加入各类添加剂，以使其达到质量指标。

(一) 内燃机润滑油的工作条件

内燃机润滑系统见图3-8，它是由下曲轴箱、润滑油泵、润滑油散热器、粗滤清器、细滤清器组成。润滑油通过油泵的压力循环或通过激溅等方法，被送到汽缸和活塞之间，以及连杆轴承、曲轴轴承等摩擦部位，以保证发动机的正常润滑和运转。随着内燃机向高速和大功率的方向发展，它的工作条件越来越苛刻，其主要特点如表3-17。

表3-17 内燃机工作特点

特 点	含 义
使用温度高	汽缸和活塞都直接与2000℃以上燃气接触，汽油机活塞顶部温度可达250℃，柴油机活塞顶部的温度约为300℃，曲轴箱油温约100℃
摩擦件间的负荷较大	主轴承处的负荷为5~12MPa，连杆轴承处可达35MPa

续表

特 点	含 义
运动速度多变	活塞在汽缸中的运动速度周期性变化，最快速度达每秒数十米，而在上止点和下止点时其速度为零
所处的环境复杂	润滑油循环使用，长时间与空气中的氧以及多种能对氧化反应起催化作用的金属相接触

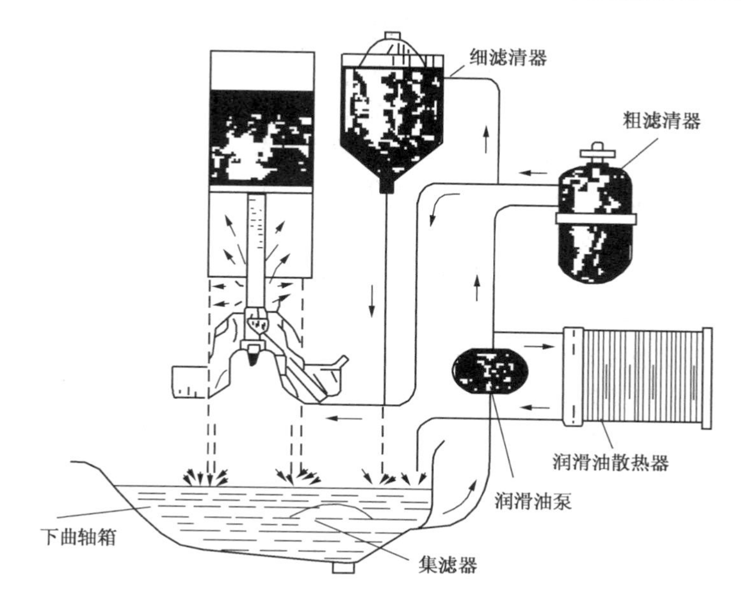

图 3-8 内燃机润滑系统

(二) 内燃机油的作用及性能要求

1. 内燃机油的主要作用

内燃机油的主要作用见表 3-18。

表 3-18 内燃机油的作用

作 用	含 义
润滑与减摩	润滑油在各运动部件之间形成油膜，降低摩擦、减少摩擦副的磨损和因摩擦引起的功率损失和摩擦热。从而增加了机械的有效功率，降低了燃料的消耗，节约了能量，同时也延长了机械的使用寿命
冷 却	润滑油循环使用，将内燃机中燃烧产生的热量带至润滑油散热器散发出去，达到冷却目的
密 封	润滑油在活塞环与缸套、活塞环与环梢之间起到密封作用，防止窜气，保证发动机的正常工作
清 洁	润滑油可将内燃机工作时由润滑油及燃料形成的沉积物从机件上清洗下来并分散在油中
防锈和抗腐蚀	燃料燃烧产生一定量的水和氧化硫等酸性物质对各金属部件有腐蚀作用。润滑油加入了可中和及增溶酸的添加剂，从而使内燃机润滑油具有防锈和抗腐蚀性能
缓 冲	润滑油能吸收轴承和发动机其他零部件之间的振动，从而减少发动机的噪声，延长了发动机的使用寿命

2. 内燃机油的主要性能

随着内燃机中所使用的发动机性能不断地改进，润滑油的工作条件日益苛刻，对排出废气的管理和对安全性的要求也更加严格。为保证内燃机油具备应有的功用，对内燃机油性能的要求也日趋严格。主要体现在以下六个方面：

① 适宜的黏度和黏温性能　内燃机油的黏度主要关系到发动机在低温下的启动性（又称低温泵送性）和机件的磨损程度，燃油和润滑油的消耗量和功率损耗的大小。由于内燃机各部位工作温度范围比较宽广，可从室温（冬季可达-40℃以下）到300℃以上，因此要求内燃机油应有适宜的黏度和黏温性能，也就是说，要考虑到在低温下的启动性和在高温、高剪切下能保持润滑油膜最低黏度，以便使润滑油在低温下有足够流动性，不致由于黏度太大而得不到充分润滑，燃料消耗过高；而在高温下又不致由于黏度太小，油膜容易破坏，密封作用差，机油耗量增大。所以要求内燃机油黏温性能好。特别是那些要求南北方通用，冬夏通用的多级润滑油，对黏温特性的要求更高。

为改善油品的黏温特性，通常需选择黏温特性较好的基础油，加入黏度指数改进剂来提高油品的黏温特性，加入降凝剂来改善润滑油的低温流动性。

② 良好的氧化安定性　内燃机润滑油在高温工作条件下，氧化速度加速，易于变质生成腐蚀金属的酸性物质和使黏度变大的胶质、油泥等而失去润滑作用，造成粘环、拉缸和机件腐蚀。为提高油品的氧化安定性，通常在油中添加抗氧剂、抗腐蚀剂等。

③ 良好的清净分散性　燃料在内燃机燃烧室中燃烧而生成的炭粒烟尘、未燃燃料及润滑油氧化生成的积炭和油泥等，集结在一起会在活塞、活塞环槽、汽缸壁和排气口处沉积、结焦、或堵塞滤清器和油孔，使发动机磨损增加、散热不良、活塞环粘着、换气不良、排气不畅、供油不足而造成润滑不良、油耗增大、功率下降。因此要求在内燃机油中添加清净分散剂，使油具有良好的清净分散性，不仅有高温清净作用，能将摩擦副上的沉积物清洗下来，而且也要具有良好的低温分散性，能阻止颗粒物的积聚和沉积，在润滑油通过机油滤清器时将它们过滤掉。

④ 良好的润滑性、抗磨性　内燃机承受的负荷较大，特别是曲轴主轴承、连杆轴承、活塞销轴承、凸轮挺杆间间隙处等，常常承受冲击载荷而处于边界润滑状态，容易产生擦伤性磨损，因此，要求内燃机具有完善的润滑系统，内燃机油具有良好的润滑性和抗磨性。采用严格的考核评定方法来保证质量。

⑤ 良好的抗腐蚀性和酸中和性　内燃机油在使用过程中由于受温度、空气及某些金属的影响，自身会氧化生成具有腐蚀作用的酸性物质和油泥，对金属有腐蚀性，另外燃料的燃烧产物，如含硫燃料燃烧后产生的盐酸和氢溴酸等，也会使内燃机零件腐蚀。因此要求内燃机油具有良好的抗腐蚀性和酸中和性。所以在内燃机油的技术指标中规定了总碱值（TBN），总碱值大的油，酸中和能力强，防止金属腐蚀的能力也强。

⑥ 良好的抗泡沫性　内燃机油在油底壳中，由于曲轴的强烈搅动和进行飞溅润滑，很容易生成气泡而影响润滑油的润滑性能，同时会使油泵抽空，导致故障，因此现代的内燃机油中都添加抗泡沫剂以提高其抗泡沫性。

（三）内燃机油的分类

内燃机润滑油广泛用于汽车、坦克、内燃机车、船舶、施工机具等移动式或固定式发动机润滑。内燃机油质量分级按美国石油学会（API）标准进行分级，黏度分级按美国汽车工程师学会(SAE)标准进行分类。

1. 内燃机油质量等级的分类

我国参照SAE J183分类方法，以S代表汽油机油系列(加油站供售用油，Service station oil)，分为SE、SF、SG、SH、SJ、SL、SM、SN等质量等级，其质量等级依次提高。柴油机油系列则以C代表(商业用油：Commercial oil)，分为CC、CD、CF-2(2表示二冲程柴油机)、CF-4、CG-4、CH-4、CI-4、CJ-4(4表示四冲程柴油机)等质量等级，其质量等级也是依次提高。

在内燃机润滑油中还有一类既可用于汽油机又可用于柴油机的产品，它们称为通用内燃机油，如SJ/CF-4、CD/SF。此类通用内燃机油的性能全面、适应面宽，可简化油品管理、方便使用。

2. 内燃机油黏度的分类

我国内燃机油黏度分类国家标准见表3-19。内燃机油黏度等级分为含字母W(冬季用油)及不含字母W两个系列。含字母W的黏度等级对低温性能有特殊要求，其牌号根据其最大低温黏度、最高边界泵送温度及100℃时最小运动黏度来划分。不含W的黏度系列牌号仅根据其100℃时运动黏度来划分。

近年来，内燃机中越来越多地使用多级油。所谓多级油是指其100℃黏度在某一非W黏度等级范围内，而同时其低温黏度和边界泵送温度又能满足某一W黏度等级的指标，可表示为5W/30及10W/40等。多级油大多是由较低黏度的基础油添加黏度添加剂稠化后制成的，所以也称稠化机油。多级油的黏温性质显著优于单级油，它的使用不受地区和季节的限制，冬、夏季和南、北地域通用，同时还可以节约燃料。多级油又称冬夏两用油或四季用油。

表3-19 内燃机油的黏度分类(GB/T 14906—2004)

黏度等级	低温动力黏度		边界泵送温度/℃	100℃运动黏度/(mm²/s)	
	温度/℃	黏度/(mPa/s) 不大于	不高于	不小于	小于
0W	-30	3250	-35	3.8	—
5W	-25	3500	-30	3.8	—
10W	-20	3500	-25	4.3	—
15W	-15	3500	-20	5.6	—
20W	-10	4500	-15	5.6	—
25W	-5	6000	-10	9.3	—
20	—	—	—	5.6	9.3
30	—	—	—	9.3	12.5
40	—	—	—	12.5	16.3
50	—	—	—	16.3	21.9
60	—	—	—	21.9	26.1

3. 内燃机润滑油的品种

我国国家标准规定的汽油机油的品种如表3-20所示，柴油机油的品种列于表3-21。

表3-20 汽油机油的品种(GB 11121—2006)

质量等级	黏度等级
SE、SF	0W/20，0W/30，5W/20，5W/30，5W/40，5W/50，10W/30，10W/40，10W/50，15W/30，15W/40，15W/50，20W/40，20W/50，30，40，50
SG、SH、SJ、SL	0W/20，0W/30，5W/20，5W/30，5W/40，5W/50，10W/30，10W/40，10W/50，15W/30，15W/40，15W/50，20W/40，20W/50，30，40，50

表 3-21 柴油机油的品种(GB 11122—2006)

质量等级	黏度等级
CC、CD	0W/20, 0W/30, 0W/40, 5W/20, 5W/30, 5W/40, 5W/50, 10W/30, 10W/40, 10W/50, 15W/30, 15W/40, 15W/50, 20W/40, 20W/50, 20W/60, 30, 40, 50, 60
CF、CF-4、CH-4、CI-4	0W/20, 0W/30, 0W/40, 5W/20, 5W/30, 5W/40, 5W/50, 10W/30, 10W/40, 10W/50, 15W/30, 15W/40, 15W/50, 20W/40, 20W/50, 20W/60, 30, 40, 50, 60

商品牌号综合了内燃机油的使用场合、质量等级和黏度等级等信息。如 SL 10W/30 中 SL——质量等级为“L”级汽油机油；10W/30——多级油的黏度等级，表示冬夏季通用油；10W——W 黏度等级为“10”级；30——100℃黏度等级为“30”级。

我国现行的内燃机油质量标准中除规定了其理化性能外，还提出了发动机试验要求。内燃机油的发动机试验包括轴瓦腐蚀试验、剪切安定性试验、低温锈蚀试验、高温清净性和抗磨性试验以及按照不同程序进行的发动机性能评定试验。除符合上述要求外，对于新研制的内燃机油，往往还要进行长距离的实地行车试验，才能评定其质量是否合格。每类润滑油都有特定的评定方法和指标体系，柴油机油的要求比汽油机油的要求更为苛刻。

除此以外，对于二冲程汽油机润滑油、铁路内燃机车柴油机润滑油、船用柴油机油和航空润滑油还各有其牌号及质量指标。

四、齿轮油

齿轮机构是机械中最主要的传动机构，用于传递运动和动力，在汽车、拖拉机、机床和轧钢机等机械设备中得到广泛应用。

(一) 齿轮的工作特点

运动和动力的传递是在齿轮机构中每对啮合齿面的相互作用、相互运动中完成的。齿轮的当量半径小，难形成油楔；齿轮之间的接触面积很小，基本是线接触，所以其承受的压力大，如汽车传动装置中双曲线齿轮其接触部位的压力可高达 1000~4000MPa。在运动过程中既有滚动摩擦，又有滑动摩擦，而且滑动的方向和速度急速变化。齿轮的工作条件使齿轮油极易从齿间被挤压出来，容易引起齿面的擦伤和磨损。为此，齿轮油要具有在高负荷下使齿面处于边界润滑和弹性流体动力润滑状态的性能。

(二) 齿轮油的主要性能

由齿轮的工作特点可知，齿轮油除了具有一般润滑油的性能外，尤其突出的是具有良好的抗磨损、耐负荷的性能，也就是要有较高的承载能力，因此在齿轮油中要特别添加抗磨剂。

测定润滑油承载能力需借助摩擦磨损试验机，此种试验机的类型甚多，各有其用途。此处只介绍四球试验机，如图 3-9 所示，它的摩擦件是由四个 ϕ12.7mm 的铬钢球组成。上球用卡头卡住，由电动机带动旋转，转数为 1400~1500r/min，下面三个球固定在球盒中，浸以试油，并有加载装置，在规定的负荷下使上球和下球压紧。试验时，不断加大负荷(P)，并用显微镜测定球上因磨损形成的磨痕直径(D_H)的大小，可得如图 3-10 所示的双对数坐标曲线。曲线上的第一个转折点 B 表明油膜开始破裂，钢球之间开始卡咬，此时 P_B 叫做最大无卡咬负荷，也称为临界负荷，AB 之间称为无卡咬区域。BC 之间，由于部分卡咬而磨损急剧增加，称为延迟卡咬区域。CD 之间为接近卡咬区域，此时的磨损增加率虽比 BC 间的小，但其磨痕直径仍在逐步增大。D 为烧结点，即达到因烧结而焊死或磨痕直径为 4mm 时的情况，P_D 称为烧结负荷。

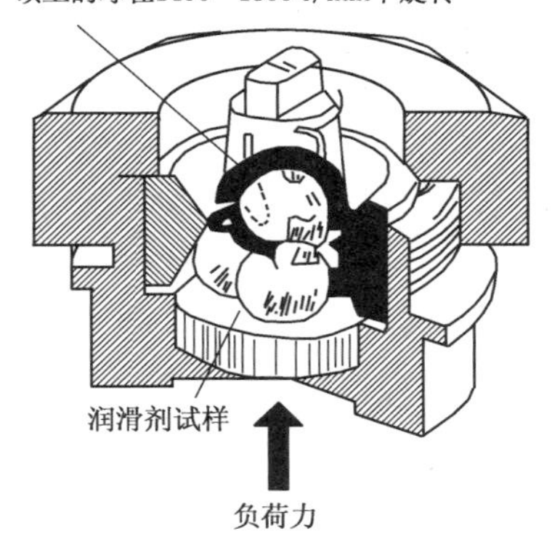

图 3-9 四球摩擦件示意图

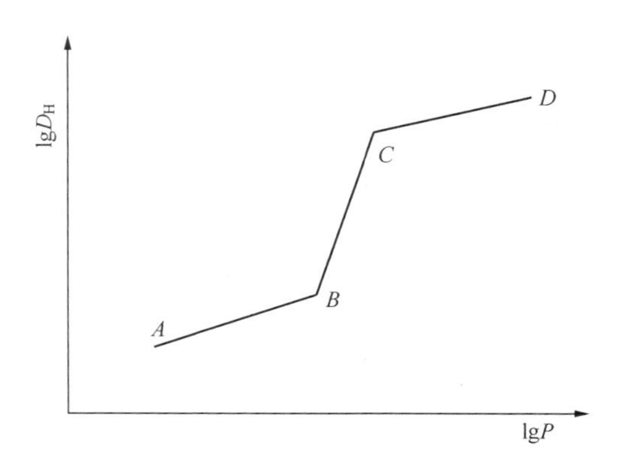

图 3-10 四球机试验曲线(磨痕直径 D_H，负荷 P)

除上述四球试验机外，还需用 Timken 试验机及 FZG 齿轮试验机等进行评定。若开发新的齿轮油品种，还需要通过专用的齿轮油台架试验机的评定。

(三) 齿轮油的分类

我国的齿轮油分为车辆齿轮油及工业齿轮油两大类。

车辆齿轮油按其使用条件的苛刻程度分为四种，见表 3-22。汽车齿轮油的黏度分类见表 3-23，分为含字母 W 和不含字母 W 两个系列。含字母 W 的黏度等级以低温黏度达 150Pa·s 时的最高温度和 100℃时最小运动黏度划分；不含字母 W 的黏度等级以 100℃时运动黏度划分。黏度等级有单级和多级之分，一个多级润滑油，如 80W-90，其黏度满足 80W 的低温要求并且在 90 高温要求规定范围之内。

车辆齿轮油以统一方法命名，每个品种代号后附有黏度等级，如 GL-4 90、GL-5 80W-90。

表 3-22 车辆齿轮油的分类(GB/T 28767—2012)

品种代号	使用说明	油品名称
GL-3	适用于速度和负荷比较苛刻的汽车手动变速箱及较缓和的螺旋伞齿轮驱动桥	普通车辆齿轮油(SH/T 0350—1992)
GL-4	适用于速度和负荷比较苛刻的螺旋伞齿轮和较缓和的准双曲面齿轮，可用于手动变速箱和驱动桥	中负荷车辆齿轮油
GL-5	适用于高速冲击负荷、高速低扭矩和低速高扭矩下操作的各种齿轮，特别是准双曲面齿轮	重负荷车辆齿轮油(GB 13895—1992)
MT-1	适用于在大型客车和重型卡车上使用的非同步手动变速器	非同步手动变速箱油

表 3-23 车辆齿轮油黏度分类(GB/T 17477—2012)

黏度牌号	黏度达到 150Pa·s 的最高温度/℃	100℃运动黏度/(mm^2/s)	
		最 小	最 大
70W	-55	4.1	
75W	-40	4.1	
80W	-26	7.0	

续表

黏度牌号	黏度达到 150Pa·s 的最高温度/℃	100℃运动黏度/(mm^2/s)	
		最 小	最 大
85W	-12	11.0	
80	—	7.0	<11
85	—	11.0	<13.5
90	—	13.5	<18.5
110	—	18.5	<24.0
140	—	24.0	<32.5
190	—	32.5	<41.0
250	—	41.0	—

工业齿轮油根据应用场合分类，分为闭式齿轮油和开式齿轮油两大类，工业闭式齿轮油分为CKB、CKC、CKD、CKE、CKS、CKT六个品种，工业开式齿轮油分为CKH、CKJ、CKM三个品种，具体见表3-24。就黏度而言，它们根据GB/T 3141按40℃运动黏度的中心值分为68、100、150、220、320、460、680等多个黏度等级。具体产品采用统一的方法命名，如L-CKD320，其中"320"为黏度等级。

表3-24 工业齿轮润滑油的分类(GB/T7631.7—1995)

品种代号 L-	组成和特性	典型应用
CKB	精制矿油，并具有抗氧、抗腐和抗泡性	在轻负荷下运转的齿轮
CKC	CKB 油，并提高其极压和抗磨性	保持在正常或中等恒定油温和重负荷下运转的齿轮
CKD	CKC 油，并提高其热/氧化安定，能用于较高温度	在高的恒定温度和重负荷下运转的齿轮
CKE	CKB 油，并具有低的摩擦系数	在高摩擦下运转的齿轮(即蜗轮)
CKS	在极低和极高温度条件下使用的具有抗氧、抗摩擦和抗腐性的润滑剂	在更低的、低的或更高的恒定流体温度和轻负荷下运转的齿轮
CKT	用于极低和极高温度和重负荷下的 CKS 型润滑剂	在更低的、低的或更高的恒定流体温度和重负荷下运转的齿轮
CKH	通常具有抗腐性的沥青型产品	在中等环境温度和通常在轻负荷下运转的圆柱形齿轮或伞齿轮
CKJ	CKH 型产品，并提高其极压和抗磨性	
CKM	允许在极限负荷条件下使用的、改善抗擦伤性的产品和具有抗腐蚀性的产品	偶然在特殊重负荷下运转的齿轮

五、润滑脂

润滑脂是由基础油、稠化剂和添加剂组成的一种在常温下呈油膏状(半固体)的塑性润滑剂。稠化剂是一些有稠化作用的固体物质，通常可分为皂基稠化剂和非皂基稠化剂。

(一) 润滑脂的特性

润滑脂在常温低负荷下，类似固体，能保持自己的形状而不流动，能黏附于机械摩擦部件的表面，起到良好的润滑作用，而又不致使润滑脂滴落或流失；同时还能起到保护和密封作用，减少设备因与其他杂质的接触而受到的腐蚀作用。在较高的温度或受到超过一定限度的外力时或当机械部件运动摩擦而升温时，润滑脂开始塑性变形，像流体一样能流动，类似黏性流体而润滑机械部件，从而减少运动部件表面间的摩擦和磨损。当运动停止后润滑脂又能恢复一定的稠度而不流失。正因为润滑脂有这样的特殊性能，因此才被广泛地应用于航空、汽车、纺织、食品等工业的机械和轴承的润滑上。

（二）润滑脂的种类及应用

润滑脂按基础油分类可分为矿物油润滑脂和合成润滑脂；按稠化剂来分可分为皂基润滑脂和非皂基润滑脂；按用途分类可分为抗磨润滑脂、防护密封润滑脂和专用润滑脂。目前广泛应用的润滑脂都属于抗磨润滑脂。从生产工艺出发，按稠化剂类型分类情况见表 3-25。

表 3-25 润滑脂类型及应用

润滑脂类型		工艺过程	应用
烃基润滑脂		以微晶蜡稠化基础油制成	主要用作防护作用
皂基润滑脂	钙基	以动植物油所含脂肪酸钙皂稠化中等黏度的石油润滑油而制成	应用于中小型电机、水泵、拖拉机等中等转速、中等负荷滑动轴承的润滑，使用温度范围 -10～60℃
	钠基	由天然或合成脂肪酸钠皂稠化中等黏度石油润滑油或合成润滑油制成	适用于各种中等负荷机械设备的润滑，但不适用于与水相接触的润滑部位，使用温度范围 -10～100℃
	钙-钠基	具有钙基和钠基润滑脂的特点，有钙基脂的抗水性，又有钠基脂的耐温性	用于润滑中等负荷的电机、鼓风机、汽车底盘、轮毂等部位滚动轴承，使用温度范围 90～100℃
	锂基	由天然脂肪酸（硬脂酸或 12-羟基硬脂酸）锂皂稠化石油润滑油或合成润滑油制成	广泛应用于飞机、汽车、机床和各种机械设备的轴承润滑，能长期在 120℃ 左右使用
	复合钙基	用脂肪酸钙皂和低分子有机酸钙盐制成的复合钙皂稠化中等黏度石油润滑油或合成润滑油制成	适用于较高温、高负荷的机械轴承，使用温度可在 150℃ 左右
	复合铝基	由硬脂酸和低分子有机酸（如苯甲酸）的复合铝皂稠化不同黏度石油润滑油制成	适用于各种电机、交通运输业、钢铁企业及其他工业机械设备的润滑、集中润滑系统以及较潮湿条件下的机械润滑
	复合锂基	由脂肪酸锂皂和低分子有机酸锂盐（如壬三酸、癸二酸、水杨酸和硼酸盐等）两种或多种化合物共结晶，稠化不同黏度石油润滑油制成	应用于轧钢厂炉前辊道轴承、汽车轮轴承、重型机械、各种高温抗磨轴承以及齿轮、蜗轮、蜗杆等润滑
无机润滑脂	膨润土润滑脂	由表面活性剂（如二甲基十八烷基苄基氯化铵或氨基酰胺）处理后的有机膨润土稠化不同黏度的石油润滑油或合成润滑油制成	适用于汽车底盘、驾驶舱、万用节、水泵、轮毂等轴承的低速机械设备的润滑，其使用温度可达 160℃
	硅胶润滑脂	表面改质的硅胶稠化甲基硅油制成的润滑脂	可用于电气绝缘及真空密封
有机润滑脂		各种有机化合物稠化石油润滑油或合成润滑油制得，如聚脲润滑脂	具有特殊用途，使用温度可达 200～250℃

（三）润滑脂的主要使用性能及质量指标

典型润滑脂的主要使用性能和经济性见表 3-26。

表 3-26　几种典型润滑脂的主要使用性能和经济性

基础油	稠化剂	滴点/℃	耐热性	机械安定性	耐水性	防锈性	泵送性	橡胶相容性	最高使用温度/℃	价格
石油基础油	钙皂	90~100	差	好	优	好	优	好	60	低
	钠皂	150~180	好	好	差	好	差	好	100	低
	钙钠皂	130~150	一般	好	一般	好	好	好	80	低
	铝皂	70~90	差	差	优	优	好	好	50	低
	锂皂	170~190	好	好	好	好	优	好	120	中
	复合钙皂	>250	好	好	一般	一般	差	好	150	低~中
	复合铝皂	>250	好	好	优	优	优	好	160	中
	复合锂皂	>250	好	好	好	好	优	好	160	中
	微晶蜡	>50	差	差	优	优	—	好	50	低~中
	膨润土	无	优	好	一般	一般	—	好	160	中
	聚脲	>250	优	好	优	好	好	好	180	中~高

润滑脂的主要质量指标有：

① 滴点　是指润滑脂在规定条件下加热时，从标准仪器的脂杯中滴下第一滴液体(或流出液柱长 25mm)时的温度。它反映出该温度下润滑脂已由半固态转变为液态。滴点是润滑脂规格中的重要指标，用它可以大致区别不同类型的润滑脂、粗略估计其最高使用温度以及检验润滑脂的质量。通常皂基润滑脂的使用温度要比其滴点低 10~30℃。滴点的高低主要取决于皂或高分子烃等稠化剂的性质。

② 锥入度　是指在规定的温度(25℃±0.5℃)、负荷(150g±0.2g)和时间(5s)的条件下，锥体刺入润滑脂的深度，以 0.1mm 表示。锥入度是润滑脂常用的控制工作稠度及润滑脂进入摩擦点性能的指标。润滑脂的商品牌号通常是以锥入度的大小来划分的。润滑脂的锥入度范围一般在 150~400 之间。锥入度按照测定指标的不同，分为工作锥入度、非工作锥入度、延长工作锥入度和块锥入度。

③ 析油量　润滑脂的析油量是评价润滑脂的胶体安定性的指标。油的析出量越大，说明胶体的安定性越差，当润滑脂的析油量超过 5%~20%时，则不能使用。

润滑脂其他质量指标还有抗磨性、贮存安定性、抗水淋性、高温性等。

第六节　其他石油产品

一、燃料油

燃料油俗称烧火油，主要作为锅炉燃料为家庭供暖、工业提供热能，广泛用于冶金、金属加工、炼焦、陶瓷、玻璃等工业。大部分燃料油由渣油和柴油馏分调合构成，有些是减黏裂化产物，一般对颜色没有特别要求。

(一) 燃料油的分类及用途

按 SH 0356—1996 质量标准，燃料油分 1 号、2 号、4 号轻、4 号、5 号轻、5 号重、6 号和 7 号八个牌号。1 号、2 号油是馏分燃料油，适合于家庭或工业小型燃烧器上使用。特别是 1 号油适用于汽化型燃烧器，或用于要求低倾点燃料场合。4 号轻、4 号油是重质馏分燃料油，适用于要求该黏度范围的工业燃烧器上。5号轻、5号重、6号和7号油是黏度和馏程范围递增的残渣燃料油，适用于工业燃烧器。为了便于装卸和正常雾化，此类燃料油通常需要预热。

部分牌号燃料油的质量指标见表3-27。

表3-27 部分牌号燃料油的质量指标

项目			质量指标(SH 0356—1996)			试验方法
			2号	4号	6号	
闪点(闭口)/℃		不低于	38	55	60	GB/T 261
水和沉淀物/%(体)		不大于	0.05	0.50	2.00	GB/T 6533
馏程/℃	10%	不高于	282	—	—	GB/T 6536
	90%	不高于	338	—	—	
运动黏度/(mm^2/s)	40℃	不小于	1.9	5.5	—	GB/T 265或GB/T 111377
		不大于	3.4	24.0	—	
	100℃	不小于	—	—	15.0	
		不大于	—	—	50.0	
10%蒸余物残炭/%		不大于	0.35	—	—	SH/T 0160
灰分/%		不大于	—	0.10	—	GB/T 508
硫含量/%		不大于	0.50	—	—	GB/T 380
铜片腐蚀(50℃，3h)/级		不大于	3	—	—	GB/T 5096
密度(20℃)/(kg/m^3)		不大于	872	—	—	GB/T 1884
倾点/℃		不高于	-6	-6	50	GB/T 3535

（二）燃料油的主要性能

燃料油应具有良好的泵送性能、雾化性能和燃烧性能，以及腐蚀性小、稳定不分层、闪点较高、安全性好等特性。

燃料油主要质量指标有：黏度、闪点、灰分、水分、硫含量、机械杂质等。其中，黏度是燃料油的重要指标。黏度过大会导致燃料的雾化性能恶化，喷出的油滴过大，造成燃烧不完全，燃烧炉热效率下降。所以，使用黏度较大的燃料油时必须经过预热，以保证喷嘴要求的适当黏度。低黏度的燃料油的质量指标中规定了其40℃运动黏度的范围，而对于高黏度燃料油则以其100℃运动黏度为指标。对于低黏度的燃料油，质量标准中要求其倾点不能太高，以保证它在储运和使用中的流动性。而对于黏度较大的燃料油，因使用时需加热，所以一般不控制其倾点。燃料油中的含硫化合物在燃烧后均生成二氧化硫和三氧化硫，它们会污染环境，危害人体健康，同时遇水后变成的亚硫酸和硫酸会严重腐蚀金属设备。所以对各牌号燃料油的硫含量有相应的控制要求。控制机械杂质是为了防止喷嘴堵塞，灰分少能保持炉管有良好的传热效率。

二、炼厂气

石油炼制过程产生的烃类气体统称炼厂气，也称装置尾气，主要由常温常压下为气态的C_1~C_4各种烃类组成。经脱硫、加压蒸馏可到如表3-28所示的附加值高、用途广泛的各种产品。

表 3-28 炼厂气产品

产品名称	状 态	主要用途
瓦 斯	C_1、C_2 气体	燃料、制氢原料
液化石油气	C_3、C_4 混合烃加压液态	工业及民用燃料、汽车燃料、化工原料
丙 烯	加压液态	化工原料
丁 烯	加压液态	化工原料
丙 烷	加压液态	渣油脱沥青溶剂
丁 烷	加压液态	玻璃加工等专用燃料、打火机专用气、化工发泡剂

大部分炼厂气产品由石化企业内部消耗，对外销售的产品主要有液化石油气和工业丁烷。

液化石油气和工业丁烷均为经加压液化的易燃易爆物品，受热时容易膨胀、汽化。液化石油气或工业丁烷一旦泄漏，形成的烃类气体的密度是空气的 1.5~2 倍，这些烃类气体将在地表面上飘浮、聚集，造成环境污染、引起中毒或爆炸事故。因此，在储存、运输、使用液化石油气和工业丁烷过程中应严格按有关规定操作、注意安全。

三、溶剂油及化工轻油原料

（一）溶剂油

溶剂油是对某些物质起溶解、洗涤、萃取作用的轻质石油产品。主要由直馏馏分或催化重整抽余油等分馏和精制而成，不含裂化馏分。馏程较窄，组分轻、蒸发性强，属易燃易爆轻质油品，在使用和储运中，必须特别注意防火安全，要求使用场所通风良好。同时，溶剂油是一种质量要求较高的油品，其储运的容器、管线及泵等设备必须符合规定要求，以防产品被污染。我国溶剂油发展十分迅速，种类较多，GB 1922—2006 将石油馏分组成的油漆及清洗用溶剂油按馏程分为 5 个牌号。各种溶剂油的用途及执行标准汇总于表 3-29。随着环保要求的日益增强，有些企业将溶剂油原料经加氢精制后分馏出馏程更窄的硫含量及芳烃含量极低的环保型溶剂油。

表 3-29 主要溶剂油的馏程及用途

品 种	馏 程/℃	主要用途	执行标准
1 号油漆及清洗用溶剂油	115~155（中沸点）	主要用做快干型油漆溶剂（或稀释剂），也可用做毛纺羊毛脱脂剂及精密仪器清洗剂	GB 1922—2006
2 号油漆及清洗用溶剂油	150~185（高沸点、低干点）	用做油漆溶剂（或稀释剂）以及干洗溶剂	GB 1922—2006
3 号油漆及清洗用溶剂油	150~215（高沸点）	主要用做油漆溶剂（或稀释剂）以及干洗溶剂，也用于金属表面清洗	GB 1922—2006
4 号油漆及清洗用溶剂油	175~215（高沸点、高闪点）	用在工作环境要求油漆、除油污及衣物干洗剂闪点较高的场合	GB 1922—2006
5 号油漆及清洗用溶剂油	200~300（煤油型）	用做金属表面除油污溶剂，尤其适用于轴承及金属部件防锈油脂的脱除	GB 1922—2006
工业己烷	63~71	用作包括植物油脂在内的各种萃取过程的溶剂	GB 17602—1998

续表

品　　种	馏　　程/℃	主要用途	执行标准
植物油抽提溶剂	61~76	主要适用于食用油脂抽提	GB 16629—2008
橡胶工业用溶剂油	80~120	用作橡胶工业的溶剂	SH 0004—1998
航空洗涤汽油	40~180	用于精密机件的洗涤	SH/T 0114—1998
高沸点芳烃溶剂	149~180	适用于做涂料的稀释剂和用于生产农药乳化剂等化工产品的原料	GB/T 29497—2013

一般要求溶剂油具有以下特性：溶解性好，挥发性均匀，无味、无毒、无色，当然还要考虑经济性。

（二）石油芳烃

石油芳烃是重要的化工原料和溶剂，主要由催化重整生成油经芳烃抽提、精馏等工艺制得。也可由乙烯裂解焦油、煤焦油经加氢精制、芳烃抽提、精馏等工艺制得。石油芳烃主要产品及用途见表3-30。

表3-30　主要石油芳烃产品及用途

产品名称	馏程/℃	主要用途	执行标准
石油苯	79.6~80.5	用作有机合成或其他化工原料	GB/T 3405—2011
石油甲苯	—	用作有机溶剂硝化、合成工艺的化工原料	GB/T 3406—2010
石油混合二甲苯	137.5~141.5或137~143	用作涂料的溶剂及稀释剂；用作有机合成或其他化工原料；用作氯化橡胶、氯丁二烯聚合物的溶剂	GB/T 3407—2019
重芳烃	125~200	适用于油漆工业中作溶剂和稀释剂；用于生产双氧水过程作蒽的溶剂	Q/SH 30901—2003

石油芳烃均属于易燃易爆危险品，而且均有毒性，储运及使用过程应严格按有关规定操作，配备消防、安全设备，做好安全防护措施。

（三）化工轻油原料

化工轻油原料是炼油过程中的中间产品，其产品种类及用途见表3-31。

表3-31　部分化工轻油原料及用途

产品名称	馏程或40℃运动黏度	主要用途	执行标准
3号白油原料	初馏点~300℃	用作生产白油的原料	Q/SHMMZ 01—2002
4号白油原料	初馏点~363℃	用作生产白油的原料	Q/SHMMZ 01—2002
5号白油原料	2.8~6.0mm²/s	用作生产白油的原料、润滑油基础油	Q/SHMM 106—2001
3号软麻油	10~18mm²/s	主要用于麻袋厂配制麻纤维柔软剂软化液；还可用于软化皮革，提高皮革光亮度	Q/SHMMZ 01—2002
石脑油	44~190mm²/s	用于轻油裂解制取乙烯及合成氨等化工原料，或一般溶剂	Q/SHH. H 010—2003
140号化工轻油	~205℃	用于轻油裂解制取乙烯及合成氨等化工原料，或一般溶剂	Q/SHMMZ 03—2002

四、石油酸

石油酸是石油炼制过程中的副产品，以石油馏分碱渣经加温、破乳、沉降分油后酸化、水洗和沉降脱水而制得。按石油酸含量分为55号、65号、75号、85号等牌号，可用于生产各种环烷酸或某些环烷酸盐；用作生产防锈剂及燃料抗磨添加剂、润滑油极压添加剂的原料；用作油漆涂料催干剂、各种漆胶及苯胺染料的溶剂；用作木材和电缆的防腐剂。

粗石油酸再经提纯、精制、精馏等工艺可生产得到质量要求很高的喷气燃料抗磨剂。

五、石油固体产品

（一）石油蜡

蜡广泛存在于自然界，在常温下大多为固体，按其来源可分为动物蜡、植物蜡和从石油或煤中得到的矿物蜡。在化学组成上，石油蜡和动、植物蜡有很大的区别，前者是烃类，而后二者则是高级脂肪酸的酯类。石油蜡包括液蜡、石油脂、石蜡和微晶蜡，它是具有广泛用途的一类石油产品。液蜡一般是指C_9~C_{16}的正构烷烃，它在室温下呈液态。液蜡可以制成α-烯烃、氯化烷烃、仲醇等，以生产合成洗涤剂、农药乳化剂、塑料增塑剂等化工产品。液蜡的制取有分子筛脱蜡和尿素脱蜡两种方法。石油脂又称凡士林，通常是以残渣润滑油料脱蜡所得的蜡膏为原料，按照不同稠度的要求掺入不同量的润滑油，并经过精制后制成一系列产品，广泛应用于工业、电器、医药、化妆、食品等行业。

我国原油多数为含蜡原油，蜡的资源十分丰富，同时，我国主要以“老三套”物理工艺生产润滑油，富产各种蜡产品。下面主要介绍有关石蜡和微晶蜡的知识。

1. 石蜡和微晶蜡的主要性能

（1）石蜡

石蜡又称晶形蜡，它是从柴油及石油减压馏分中经脱蜡和脱油精制而得到的固态烃类。其烃类分子的碳原子数为17~35，商品石蜡的碳原子数一般为22~36，沸点范围为300~500℃，平均相对分子质量为360~500。石蜡的主要性能指标是熔点、含油量和安定性。

① 熔点　石蜡是烃类的混合物，因此它并不像纯化合物那样具有严格的熔点。所谓石蜡的熔点，是指在规定的条件下，冷却熔化了的石蜡试样，当冷却曲线上第一次出现停滞期的温度。各种蜡制品都对石蜡要求有良好的耐温性能，即在特定温度下不熔化或软化变形。按照使用条件、使用的地区和季节以及使用环境的差异，要求商品石蜡具有一系列不同的熔点。

影响石蜡熔点的主要因素是所选用原料馏分的轻重，从较重馏分脱出的石蜡的熔点较高。此外，含油量对石蜡的熔点也有很大的影响，石蜡中含油越多，则其熔点就越低。

② 含油量　是指在一定的试验条件下，能用丙酮-苯（或丁酮）分离出蜡中润滑油馏分的含量。石油蜡含油量是评定生产中油蜡分离程度的指标。含油量过高会影响石蜡的色度和储存的安定性，还会降低石蜡的硬度、熔点。

③ 安定性　石蜡制品在造型或涂敷过程中，长期处于热熔状态，并与空气接触，假如安定性不好，就容易氧化变质、颜色变深，甚至发出臭味。此外，使用时在光照下石蜡也会变黄。因此，要求石蜡具有良好的热安定性、氧化安定性和光安定性。

影响石蜡安定性的主要因素是所含有的微量的非烃化合物和稠环芳烃。

（2）微晶蜡

我国过去把微晶蜡称为地蜡，地蜡一词原指天然存在的矿地蜡，现这种资源已经枯竭，但有时仍沿用这个旧称。微晶蜡是石油重馏分或减压渣油经溶济脱沥青后进一步精制、脱蜡、脱油得到的产品。它的碳原子数为31~60，平均相对分子质量为500~800。

微晶蜡的平均相对分子质量大，组成复杂，比石蜡难熔化，无明显的熔点，其耐热性能一般用滴点或滴熔点表示。滴点的测定方法与润滑脂的相同。滴熔点是指在规定的条件下，将已冷却的温度计垂直浸入试样中，使试样黏附在温度计球上，然后将附有试样的温度计置于试管中，水浴加热至试样熔化，当试样从温度计球部滴落第一滴时温度计的读数即为试样的滴熔点。滴熔点一般比滴点高1~2℃，微晶蜡的滴熔点取决于其化学组成和含油量，其范围为67~92℃。

微晶蜡不像石蜡那样容易脆裂，具有较好的延性、韧性和黏附性，其密度、黏度与折光率均明显高于石蜡，而化学安定性较石蜡差。由于其耐水防潮绝缘性能好，因而广泛用于绝缘材料、密封材料和高级凡士林生产等。

2. 石蜡与微晶蜡产品的品种和应用

（1）石蜡产品的品种和应用

石蜡产品按其加工深度和熔点的不同分为全精炼石蜡(GB/T 446)、半精炼石蜡(GB/T 254)、食品用石蜡(GB 188626)和粗石蜡(GB/T 1202)四大系列，每个系列又包含多个品种。

半精炼石蜡是石蜡产品中产量最大、应用最广的品种。该系列产品是以含油蜡为原料，经发汗或溶剂脱油，再经白土或加氢精制所得到的产品。GB/T 254—2010中按熔点不同分为50号、52号、54号、56号、58号、60号、62号、64号、66号、68号、70号11个牌号。半精炼石蜡适用于蜡烛、蜡笔、包装用纸、文教用品、一般电讯材料及轻工、化工原料等。

（2）微晶蜡产品的品种和应用

我国微晶蜡(NB/SH/T 0013—2019)按照滴熔点不同将产品分为70号、75号、80号、85号、90号共5个牌号，各牌号产品按照颜色的不同分为A、B两档。

微晶蜡广泛用于绝缘材料、密封材料、食品包装和高级凡士林生产等。

石蜡与微晶蜡之间的性质差别可归纳为表3-32。

表3-32 石蜡和微晶蜡性质比较

项目	石蜡	微晶蜡
主要来源	减压馏分	减压渣油
结晶形状	片状	针状或微粒状
平均相对分子质量	300~450	500~800
熔点(或滴熔点)/℃	50~72	67~92
相对密度	较小	较大
折射率	较小	较大
化学组成	以正构烷烃为主	以带长链环状烃为主

（二）石油沥青

石油沥青是以减压渣油为主要原料制成的一类石油产品，它是黑色固态或半固态黏稠状物质。

1. 石油沥青的主要性能

（1）感温性

石油沥青随温度而发生性质变化的性能称为沥青的感温性。最常用的评定指标是针入度指数(简称*PI*)值。

$$PI = \frac{20(1 - 25A)}{1 + 50A} \tag{3-6}$$

$$A = \frac{\lg P_{T_1} - \lg P_{T_2}}{T_1 - T_2} \tag{3-7}$$

式中 T_1，T_2——两个不同的试验温度，℃；

P_{T_1}，P_{T_2}——在 T_1、T_2 温度下测定的针入度，1/10mm。

当 $PI<-2$ 时，沥青的温度敏感性强；当 $PI>2$ 时，虽温度敏感性弱，但沥青具有明显的凝胶特性，沥青的耐久性不好，所以，普遍规定 PI 在-1.0～+1.0 之间。PI 是评价沥青性能指标的核心。

(2) 高温变形性能

评定石油沥青在高温下流动变形的指标为软化点，它是沥青最基本的一种性质指标。

软化点是在试验规定的条件下，试样受热软化到使两个放在沥青上的钢球下落 25mm 距离时的温度平均值，以℃表示。软化点高，表示石油沥青的耐高温性越强，受热后不致迅速软化，并在高温下有较高的黏滞性，所铺路面不易因受热而变形。但软化点太高，则会因不易熔化而造成铺浇施工的困难。

(3) 低温抗裂性能

石油沥青在低温下易转变为脆硬的玻璃态，很容易开裂，通常以针入度、脆点以及延度来评价。

① 针入度(GB/T 4509—2010) 在 25℃±0.5℃和 5s 的时间内，荷重 100.0g±0.1g 的标准针下垂直穿入沥青试样的深度，以 1/10mm 表示。是表示沥青黏稠程度或软硬的指标。针入度越小，表明沥青越稠硬。在现阶段，针入度仍然是我国选择沥青标号的最主要依据。对于道路沥青来说，针入度大即较稀的沥青比较稠沥青的路面裂缝少。在寒冷地区，为预防路面开裂，宜采用针入度较大的软质沥青。针入度的大小还可以判断沥青和石料混合搅拌的难易。

为了考察沥青在较低温度下塑性变形的能力，有时还需要测定其在 15℃，10℃或 5℃下的针入度。

② 脆点(GB/T 4510—2017) 在一薄金属片的一面涂以沥青，使之成为厚约 0.5mm 的均匀薄膜，以 1℃/min 的速度降温，同时每分钟将金属片以一定的速率和一定的曲率弯曲一次。沥青最初发生裂缝时的温度为脆点。脆点高的沥青在低温下易转变为脆硬的玻璃态，很容易开裂。通常，针入度大的沥青其脆点越低、抗裂性能也越好。

③ 延度(GB/T 4508—2010) 以规定的蜂腰形试件，在一定温度下以一定速度拉伸试样至断裂时的长度，以 cm 表示。是表示沥青在一定温度下断裂前扩展或伸长能力的指标。延度大，表明沥青的塑性变形性能好，不易出现裂纹，即使出现裂纹也容易自愈。

同一沥青不同温度下的延度不同，选择适宜的试验温度作为评价沥青低温抗裂性能显得特别重要。一般需要测定其在 15℃，10℃或 5℃下的延度。

(4) 抗老化性能

抗老化性能是指抵抗老化的能力。所谓老化是指石油沥青在运输、贮存、加热及使用过程中，由于长期暴露在空气中，加上温度及日光等环境条件的影响，沥青会因氧化而变硬、变脆。表现为针入度和延度减小、软化点增高。所以还要求沥青具有较好的抗老化性能，以延长其使用寿命。测定沥青抗老化性能的主要方法是薄膜烘箱法(GB/T 5304—2001)，即将沥青薄膜(约厚 3.2mm)在 163℃的烘箱中加热 5h，通过测定试样在加热前后物理性质的变化，来确定热和空气对沥青质量的影响。衡量其性质变化的具体指标有针入度比等，针入度比是经薄膜烘箱试验后试样的针入度与原试样的针入度之比，用百分率来表示。针入度比小，说明该沥青的抗老化性不好。

除以上性能外，沥青还需具有抗疲劳性能、黏附性能及其他性能。

2. 石油沥青的品种及应用

石油沥青按其用途可分为道路沥青、建筑沥青、涂料沥青、电缆沥青及橡胶沥青，石油沥青主要用于道路铺设和建筑工程上，也广泛用于水利工程、管道防腐、电器绝缘和油漆涂料等方面。

石油沥青产品中产量最高的主要是道路沥青和建筑沥青。

我国道路石油沥青按针入度分为 200、180、140、100、60 五个牌号(NB/SH/T 0522—2010)。目前还有适用于修筑高等级道路的石油沥青，称为重交通道路石油沥青，其质量指标见表 3-33。此外还有高黏高弹道路沥青、阻燃道路沥青等。

表 3-33　重交道路石油沥青质量指标

项　目	质量指标(GB/T 15180—2010)						试验方法
	AH-130	AH-110	AH-90	AH-70	AH-50	AH-30	
针入度(25℃，100g，5s)/(1/10mm)	120~140	100~120	80~100	60~80	40~60	20~40	GB/T 4509
延度(15℃，5cm/min)/cm　不小于	100	100	100	100	80	报告	GB/T 4508
软化点(环球法)/℃	38~51	40~53	42~55	44~57	45~58	50~65	GB/T 4507
溶解度/%　不小于	99.0						GB/T 11148
闪点(开口)/℃　不低于	230					260	GB/T 267
密度(25℃)/(g/cm³)	报告					GB/T 8928	
蜡含量/%　不大于	3.0					SH/T 0425	
薄膜烘箱试验(163℃，5h)							
质量变化/%　不大于	1.3	1.2	1.0	0.8	0.6	0.5	GB/T 5304
针入度比/%　不小于	45	48	50	55	58	60	GB/T 4509
延度(15℃,5cm/min)/cm　不小于	100	50	40	30	报告	报告	GB/T 4508

我国建筑石油沥青按针入度分为 10、30 和 40 三个牌号。主要用作屋面或地下设施的防水材料，是由减压渣油经氧化法加工制成的。这类沥青要求硬度大、耐温性好、有良好的粘结性和防水性能，并有较好的抗氧化和抗老化能力，以保证能较长时间使用而不致因老化变脆而开裂。

(三) 石油焦

石油焦为黑色或暗灰色的固体石油产品，它是带有金属光泽、呈多孔性的无定形碳素材料。石油焦一般含碳 90%~97%，含氢 1.5%~8.0%，其余为少量的硫、氮、氧和金属，其 H/C(原子比)在 0.8 以下。

1. 石油焦的主要性能

① 挥发分。如石油焦中所含挥发分的量太多，在燃烧时焦炭易于破碎。

② 纯度。评定石油焦纯度的指标是硫含量及灰分等。

硫含量是石油焦最关键的质量要求。因为在生产石墨电极焦时，即使在高温煅烧石墨化过程中，硫也不能全部释出，仍残留在石墨电极里。但当电极处在1500℃以上的高温时，硫会分解出来，使电极晶体膨胀，再冷却时又会收缩，以致使电极破裂。对于化学工业用石油焦，硫含量高还会在生产电石时产生硫化氢污染环境。高灰分会阻碍结构的结晶，从而使成品电极的机械强度和电性能降低。此外，石墨电极中灰分的存在还会影响冶金产品的纯度。

③ 结晶度。结晶度是指焦炭的结构和形成中间相小球体的大小。小的小球体形成的焦炭，结构多孔如海绵状，大的小球体形成的焦炭，结构致密如纤维状或针状，其质量较海绵焦优异。在质量指标中，真密度粗略地代表了这种性能，真密度高表示结晶度好。

④ 抗热震性。抗热震性是指焦炭制品在承受突然升至高温或从高温急剧冷却的热冲击时的抗破裂性能。针状焦的制品有好的抗热震性，因而有较高的使用价值。热膨胀系数代表这种性能。热膨胀系数愈低，则抗热震性愈好。

⑤ 颗粒度。颗粒度反应焦炭中所含粉末焦和块状颗粒焦(可用焦)的相对含量。粉末焦大多数是在除焦和贮运过程中受挤压摩擦等机械作用破碎而成，所以其量大小也是一种机械强度的表现。生焦经煅烧成熟焦后可以防止破碎。颗粒焦多、粉末焦少的焦炭，使用价值较高。

2. 石油焦的分类

石油焦通常有三种分类方法。

① 按加工深度，可分为生焦和熟焦。前者由延迟焦化装置的焦炭塔得到，又称原焦，它含有较多的挥发分，强度较差；后者是生焦经过高温煅烧(1300℃)处理除去水分和挥发分而得，又称煅烧焦。煅烧焦再在2300~2500℃下进行石墨化，使微小的石墨结晶长大，最后可以加工成电极。

② 按硫含量的高低，可分为高硫焦(硫含量大于4%)、中硫焦(硫含量2%~4%)和低硫焦(硫含量小于2%)。硫含量增高，焦炭质量降低，其用途亦随之而改变。焦炭的硫含量取决于原料的硫含量。由于环境保护的要求，硫含量大于3%的高硫石油焦的生产和销售将会受到限制。

③ 按其显微结构形态的不同，可分为海绵焦和针状焦。前者多孔如海绵状，又称普通焦。后者致密如纤维状，又称优质焦，它在性质上与海绵焦有显著差别，具有密度高、强度高、热膨胀系数低等特点，在导热、导电、导磁和光学上都有明显的各向异性。针状焦主要是从芳烃含量高且非烃含量少的原料制得。

3. 石油焦的品种及应用

石油焦包括延迟石油焦、针状焦和特种石油焦。

(1) 延迟石油焦

按硫含量等质量指标将延迟石油焦分为一级品和合格品(1A、1B、2A、2B、3A、3B)7个牌号。一级品和1A、1B焦适用于炼钢工业中制作普通功率石墨电极，也用于炼铝工业中制作碳素；2A、2B焦用于炼铝工业中制作碳素；3A、3B焦用于制造化学工业中的碳化物(电石和碳化硅)或用作金属铸造等的燃料。延迟石油焦经粒级分类及煅烧可生产广泛用于冶金、机械、电子、原子能行业的煅烧石油焦。

(2) 针状焦

除对针状焦的硫含量、灰分和挥发分有更严格的规定外，还要求其具有较大的真密度及较小的热膨胀系数。真密度能大体反映针状焦的结晶度，真密度大表示其结晶度高、结构致密，这样可确保成品电极的机械强度高。热膨胀系数小反映针状焦的抗热冲击性能好，这是指其在承受突然升至高温或从高温急剧冷却时不易破裂。针状焦主要用作制造炼钢用高功率和超高功率的石墨电极，用针状焦生产的石墨电极具有热膨胀系数低、电阻低、结晶度高、纯度高、密度大等优良性能，从而可以提高电炉炼钢的冶炼强度，缩短冶炼时间。

（3）特种石油焦

特种石油焦是核工业和国防工业上不可缺少的重要原料，它是生产核反应堆用石墨套管的原料，反应堆内层的中子反射层也是由石墨制成。因此，要求它有更高的质量，所含的灰分、硫含量、挥发分都要更少。

（四）工业硫黄

工业硫黄是以炼油脱硫工艺过程回收所得富含 H_2S 的酸性气为原料，经过克劳斯工艺而制得。工业硫黄有块状、粉状、粒状和片状等固态硫黄，还有液体工业硫黄。固体工业硫黄适用于制取硫酸、火柴、火药、农药、医药、造纸、染料、橡胶制品、制糖和食品等工业的原料。工业硫黄技术要求见表 3-34，其优等品、一等品应呈黄色或淡黄色，工业硫黄中不应含任何机械杂质。

表 3-34 工业硫黄质量指标

项目		质量指标			试验方法
		优级品	一级品	合格品	
硫/%	不小于	99.90	99.50	99.00	GB/T 2449
水分/%	不大于	0.10	0.50	1.0	GB/T 2449
灰分/%	不大于	0.03	0.1	0.2	GB/T 2449
酸度（以 H_2SO_4 计）/%	不大于	0.003	0.005	0.02	GB/T 2449
有机物/%	不大于	0.03	0.30	0.80	GB/T 2449
砷/%	不大于	0.0001	0.01	0.05	GB/T 2449
铁/%	不大于	0.003	0.005	—	GB/T 2449
筛余物①					
孔径 150μm	不大于	无	无	3.0	GB/T 2449
孔径 75μm	不大于	0.5	1.0	4.0	

① 表中的筛余物仅用于粉状硫黄。

工业硫黄是炼油过程中变废为宝的副产品，随着原油硫含量的逐步增加，如何综合使用日益增产的硫黄是急需研究的课题。

习题与思考题

1. 石油产品分为哪几大类？这些产品有哪些主要用途？
2. 简述汽油机、柴油机的工作过程。它们有何本质区别？
3. 为什么汽油机的压缩比不能设计太高，而柴油机的压缩比可以设计很高？
4. 汽油机、柴油机产生爆震的原因是什么？
5. 什么是辛烷值？其测定方法有几种？提高辛烷值的方法有哪些？

6. 车用汽油的主要质量指标有哪些？它们的使用意义是什么？

7. 反映喷气燃料燃烧性能优劣的两项质量指标是什么？各有何实用意义？

8. 什么叫十六烷值？提高十六烷值的方法是什么？轻柴油的十六烷值是否越高越好？

9. 什么叫熔点、软化点、滴点、针入度、延伸度？

10. 汽油、轻柴油、重质燃料油、石蜡、地蜡、沥青的商品牌号分别依据哪种质量指标来划分的？

11. 参照发达国家对清洁汽油、清洁柴油的要求，我国主要存在哪些差距？

12. 润滑油(剂)的主要起哪些作用？润滑油(剂)主要有哪几部分组成？

13. 润滑油按使用场合主要分为哪几类？

14. 简述油品添加剂的分类和作用？

15. 简述内燃机油的发展方向？

16. 简述石蜡和微晶蜡的原料来源、烃类组成特点和主要性能指标？

17. 简述石油沥青的用途、原料来源、组成特点和主要性能指标？

18. 简述石油焦的用途、原料来源、主要性能指标？

19. 如何根据油品的特性实现油品的安全管理？

20. 为何要对储运过程中的油料进行质量检验？

参 考 文 献

[1] 林世雄. 石油炼制工程[M]. 3版. 北京：石油工业出版社，2000.
[2] 汪燮卿. 中国炼油技术[M]. 4版. 北京：中国石化出版社，2021.
[3] 陈绍洲，常可怡. 石油加工工艺学[M]. 上海：华东理工大学出版社，1997.
[4]《石油商品应用服务实例》编写组. 石油商品应用服务实例[M]. 北京：烃加工出版社，1989.
[5] 寿德清. 储运油料学[M]. 山东：石油大学出版社，1988.
[6] 刘济瀛. 中国喷气燃料[M]. 北京：中国石化出版社，1991.
[7] 董浚修. 润滑原理及润滑油[M]. 北京：烃加工出版社，1987.
[8] 吕兆岐，唐俊杰，王锡础，等. 国内外润滑油品简明手册[M]. 北京：中国石化出版社，1996.
[9] 寿德清，山红红. 石油加工概论[M]. 北京：石油大学出版社，1996.
[10] 蒋德明. 内燃机原理[M]. 北京：中国农业机械出版社，1988.
[11] 中国石油化工总公司销售公司. 新编石油商品知识手册[M]. 北京：中国石化出版社，1996.
[12] 梁文杰. 石油化学[M]. 2版. 山东：中国石油大学出版社，2009.
[13] 王丙申，钟昌龄，孙淑华，等. 石油产品应用指南[M]. 北京：石油工业出版社，2002.
[14] 沈金安. 沥青及沥青混合料路用性能[M]. 北京：人民交通出版社，2001.
[15] 施代权，赵修从. 石油化工安全生产知识[M]. 北京：中国石化出版社，2001.
[16] 陈冬梅. 车用润滑油(液)应用与营销[M]. 北京：中国石化出版社，2002.
[17] 欧风. 石油产品应用技术手册[M]. 北京：中国石化出版社，1998.
[18] 洪定一. 炼油与石油化工技术进展[C]. 北京：中国石化出版社，2015.

第四章　原油评价与原油加工方案

不同油区所产的原油在组成和性质上差别较大，即使在同一油区，不同油层和油井的原油在组成和性质上也可能有很大的差别。不同组成的原油表现出的物理性质不同。而不同的化学组成及物理性质对原油的使用价值、经济效益都有影响。对许多原油来说，它的各项性质指标间往往存在着利弊交错、优劣共存的现象，这样就需要对原油进行分析评价。人们根据对所加工原油的性质、市场对产品的需求、加工技术的先进性和可靠性，以及经济效益等诸方面的分析，制订合理的加工方案。

第一节　原油的分类

为了合理地开采、集输和加工原油必须对原油进行分类。由于原油的组成极为复杂，要确切分类是困难的。人们研究原油的分类方法，按一定的指标将原油分类。概括地说，原油可按地质、化学、物理及工业等观点分类。一般倾向于化学分类，其次是工业分类。化学分类法有关键馏分特性分类法、特性因数分类法、相关系数分类法、结构族组成分类法等。这里主要介绍特性因数分类法、关键馏分特性分类法和工业分类法。

一、化学分类

原油的化学分类以化学组成为基础。化学组成不同是原油性质差异的根本原因，因此化学分类比较科学，相对比较准确，应用比较广泛。但原油的化学组成分析比较复杂，所以，通常是利用与化学组成有关联的物理性质作为分类依据。

（一）特性因数分类

特性因数 K 能反映原油的化学组成性质，可对原油进行分类。原油的特性因数可以与馏分油类似的方法求得。采用特性因数对原油进行分类如下：

石蜡基原油——特性因数 $K>12.1$；

中间基原油——特性因数 $K=11.5\sim12.1$；

环烷基原油——特性因数 $K=10.5\sim11.5$。

石蜡基原油一般含烷烃量超过50%。其特点是密度较小，含蜡量较高，凝点高，含硫、含胶质量低。这类原油生产的汽油辛烷值低，柴油十六烷值较高，生产的润滑油黏温性质好。大庆原油是典型的石蜡基原油。环烷基原油一般密度大，凝点低。生产的汽油环烷烃含量高达50%以上，辛烷值较高；喷气燃料密度大，凝点低，质量发热值和体积发热值都较高；柴油十六烷值较低；润滑油的黏温性质差。环烷基原油中的重质原油，含有大量胶质和沥青质，可生产高质量沥青，如我国的孤岛原油。中间基原油的性质介于石蜡基和环烷基原油之间。

特性因数分类能够反映原油组成的特性，但存在如下缺陷：第一，原油低沸点馏分和高沸点馏分中烃类的分布规律并不相同，特性因数分类不能分别表明各馏分的特点。第二，原油的组成极为复杂，原油的平均沸点难以测定，无法用公式求得 K 值，而用黏度、相对密度指数查图求得的特性因数 K 不够准确。所以，以特性因数 K 作为原油的分类依据，有时不完全符合原油组成的实际情况。

(二) 关键馏分特性分类

关键馏分特性分类以原油的两个关键馏分的相对密度为分类标准。用原油简易蒸馏装置，在常压下蒸馏得250~275℃馏分作为第一关键馏分，残油用不带填料柱的蒸馏瓶，在5.3kPa(40mmHg)的残压下蒸馏，切取275~300℃馏分(相当于常压下395~425℃馏分)作为第二关键馏分。测定两个关键馏分的相对密度，对照表4-1中的相对密度分类标准，确定两个关键馏分的类别，然后按表4-2确定该原油所属类型。关键馏分也可取实沸点蒸馏装置蒸出的250~275℃馏分作为第一关键馏分，取395~425℃馏分作为第二关键馏分。

特性因数K值是根据关键馏分的中平均沸点和相对密度指数间接求得的，在关键馏分特性分类中，不用K值作为分类标准，仅作为参考数据。

表4-1 关键馏分的分类指标

关键馏分	石蜡基	中间基	环烷基
第一关键馏分 (250~275℃馏分)	d_4^{20}<0.8210 相对密度指数>40 (K>11.9)	d_4^{20}=0.8210~0.8562 相对密度指数=33~40 (K=11.5~11.9)	d_4^{20}>0.8562 相对密度指数<33 (K<11.5)
第二关键馏分 (395~425℃馏分)	d_4^{20}<0.8723 相对密度指数>30 (K>12.2)	d_4^{20}=0.8723~0.9305 相对密度指数=20~30 (K=11.5~12.2)	d_4^{20}>0.9305 相对密度指数<20 (K<11.5)

表4-2 关键馏分分类类别

序　号	第一关键馏分的属性	第二关键馏分的属性	原油类别
1	石蜡基	石蜡基	石蜡基
2	石蜡基	中间基	石蜡-中间基
3	中间基	石蜡基	中间-石蜡基
4	中间基	中间基	中间基
5	中间基	环烷基	中间-环烷基
6	环烷基	中间基	环烷-中间基
7	环烷基	环烷基	环烷基

二、工业分类

原油工业分类也称商品分类，可作为化学分类的补充，在工业上也有一定的参考价值。分类的根据包括：按密度分类、按硫含量分类、按酸含量分类、按氮含量分类、按蜡含量分类、按含胶质量分类等。但各国的分类标准都按本国原油性质规定，互不相同。原油密度低则轻质油收率较高，硫含量高则加工成本高。国际石油市场对原油按密度和硫含量分类并计算不同原油的价格。按原油的相对密度来分类最简单。

(一) 按原油的相对密度分类

轻质原油——相对密度(d_4^{20})<0.852；

中质原油——相对密度(d_4^{20})=0.852~0.930；

重质原油——相对密度(d_4^{20})=0.931~0.998；

特稠原油——相对密度(d_4^{20})>0.998。

这种分类比较粗略，但也能反映原油的共性。轻质原油一般含汽油、煤油、柴油等轻质馏分较高；或含烷烃较多，含硫及胶质较少，如青海原油和克拉玛依原油。有些原油轻质馏分含量并不多，但由于含烷烃多，所以密度小，如大庆原油。

重质原油一般含轻馏分和蜡都较少，而含硫、氮、氧及胶质沥青质较多，如孤岛原油、阿尔巴尼亚原油。

（二）按原油的硫含量分类

低硫原油——硫含量<0.5%；

含硫原油——硫含量为0.5%～2.0%；

高硫原油——硫含量>2.0%。

大庆原油为低硫原油，胜利原油为含硫原油，孤岛原油、委内瑞拉保斯加原油为高硫原油。低硫原油重金属含量一般都较低，含硫原油重金属含量有高有低。在世界原油总产量中，含硫原油和高硫原油约占75%，我国含硫原油也在逐渐增长。

（三）按原油的酸含量分类

低酸原油——酸值<0.5mgKOH/g；

含酸原油——酸值0.5～1.0mgKOH/g；

高酸原油——酸值>1.0mgKOH/g。

（四）按原油的氮含量分类

低氮原油——氮含量<0.25%；

高氮原油——氮含量>0.25%。

低硫原油大多数氮含量也低，原油中氮含量比硫含量低。

（五）按原油的蜡含量分类

低蜡原油——含蜡0.5%～2.5%；

含蜡原油——含蜡2.5%～10%；

高蜡原油——含蜡>10%。

（六）按原油的含胶质分类

低胶原油——原油中硅胶胶质含量不超过5%；

含胶原油——原油中硅胶胶质含量为5%～15%；

多胶原油——原油中硅胶胶质含量大于15%。

我国目前通常是采用关键馏分特性，补充以硫含量的分类。表4-3为几种主要原油的分类结果。

表4-3　几种主要原油的分类

原油名称	大庆混合	克拉玛依	胜利混合	大港混合
相对密度（d_4^{20}）	0.8615	0.8689	0.9144	0.8896
硫含量/%	0.11	0.04	0.83	0.14
特性因数 K	12.5	12.2～12.3	11.8	11.8
特性因数分类	石蜡基	石蜡基	中间基	中间基
第一关键馏分 d_4^{20}	0.814（K=12.0）	0.828（K=11.9）	0.832（K=11.8）	0.860（K=11.4）
第二关键馏分 d_4^{20}	0.850（K=12.5）	0.850（K=12.5）	0.881（K=12.0）	0.887（K=12.0）
关键馏分特性分类	石蜡基	中间基	中间基	环烷-中间基
建议原油分类命名	低硫石蜡基	低硫中间基	含硫中间基	低硫环烷-中间基

续表

原油名称	印尼米纳斯	印尼韦杜里	苏丹尼罗河	阿曼原油	也门马西拉
相对密度(d_4^{20})	0.8587	0.9005	0.8826	0.8808	0.8818
硫含量/%	0.05	0.13	0.14	1.03	0.54
第一关键馏分 d_4^{20}	0.8160	0.8138	0.8076	0.8267	0.8336
第二关键馏分 d_4^{20}	0.8720	0.8361	0.8395	0.8908	0.8976
关键馏分特性分类	石蜡基	石蜡基	石蜡基	中间基	中间基
建议原油分类命名	低硫石蜡基	低硫石蜡基	低硫石蜡基	含硫中间基	含硫中间基

从表4-3中可以看出，由于关键馏分特性分类指标，对低沸点馏分和高沸点馏分规定了不同的标准。所以，关键馏分特性分类比特性因数分类更符合原油组成的实际情况，比特性因数分类更为合理。

第二节　原油评价

原油评价一般是指在实验室采用蒸馏和分析方法，全面掌握原油性质，以及可能得到产品和半产品的收率和其一些基本性质。目前，我国原油评价根据目的不同可分为三大类：石油加工原油评价、油田原油评价、商品原油评价。本节主要讨论石油加工原油评价，按评价的目的主要分为两类：一类为常规评价，目的是为一般炼厂设计提供参数，或作为各炼厂进厂原油每半年或一季度原油评价的基本内容；另一类为综合评价，目的是为石油化工型的综合性炼厂提供生产方案参数，其内容较全面。石油加工原油评价主要包括以下基本内容。

一、原油性质分析

原油含水量大于0.5%时先脱水。原油经脱水后，进行一般性质分析。包括相对密度、黏度、凝点或倾点、硫含量、氮含量、蜡含量、胶质、沥青质、残炭、水分、盐含量、灰分、机械杂质、元素分析、微量金属、馏程、闪点及原油的基属等。几种国产原油的一般性质见表4-4，几种进口原油的一般性质见表4-5，苏丹某区高酸原油的性质见表4-6。

表4-4　几种国产原油的一般性质

性　质		大庆	胜利	大港	克拉玛依	辽河
密度(20℃)/(g/cm³)		0.8587	0.9005	0.8826	0.8808	0.8818
运动黏度(50℃)/(mm²/s)		19.5	83.4	17.3	32.3	21.9
凝点/℃		32	28	28	-57	21
含蜡量(吸附法)/%		25.1	14.6	15.4	2.1	8.7
沥青质/%		0.1	5.1	13.1	0.5	—
硅胶胶质/%		8.9	23.2	9.7	15.0	15.7
酸值/(mgKOH/g)		—	—	—	0.74	0.98
残炭/%		3.0	6.4	3.2	3.8	4.8
元素分析/%	C	86.3	86.3	85.7	86.1	—
	H	13.5	12.6	13.4	13.3	—
	S	0.15	0.88	0.12	0.12	0.18
	N	—	0.41	0.23	0.27	0.31
微量金属/(μg/g)	V	<0.1	1.0	<1	—	0.6
	Ni	2	26	18	—	32
<300℃馏出/%		25.6	18.0	26.0	31.0	—

表 4-5 几种进口原油的一般性质

性质	米纳斯	加拿大	阿曼	阿联酋	库托布	马里布	卡宾达
密度(20℃)/(g/cm³)	0.8476	0.824	0.8544	0.8243	0.8032	0.8119	0.8579
API度	34.6	39.5	34	40.45	44	42.5	32.3
特性因数 K	12.6	11.8	12.3	12.1	11.9	11.9	12.1
凝点/℃	37	-12	<-20	-21	-17	-14	15
黏度/(mm²/s)							
40℃		2.95		5.84	1.56	1.91	13.44
50℃	16.68		15.41		1.37	1.68	10.34
盐含量/(mg/L)	18	33	3.76	7.32		3.9	9.4
硫含量/%	0.12	0.42	0.793	0.70	0.04	0.08	0.111
氮含量/%		0.075			0.034	0.05	0.36
残炭/%	2.85	1.88	3.08	1.85	2.2	0.89	3.79
沥青质/%	4.1		0.5		1.4		
Ni/(μg/g)	11.2	1.01	8.0	1.17	11.4	1.1	33.64
V/(μg/g)	<1	0.986	6.06	0.69	0.4	0.276	2.76
实沸点切割/%							
<80℃		5.4	2.5	4.89	8.67	9.61	2.6
80~200℃	13.37	24.39	17.14	24.91	33.66	32.82	14.75
200~240℃	4.33	6.67	6.11	7.70	8.14	7.82	6.15
240~300℃	10.8	12.08	10.43	12.96	13.84	11.82	8.08
300~350℃	9.73	9.68	9.27	9.41	8.54	8.68	9.53
350~500℃	34.47	20.78	24.34	24.03	17.14	16.58	23.19
>500℃	27.30	21.0	30.21	15.98	4.99	9.63	32.73
损失				0.12	5.02	3.04	2.97

表 4-6 苏丹某区高酸原油的性质

性质	数据	性质	数据
密度(20℃)/(g/cm³)	0.9325	金属含量/(μg/g)	
运动黏度(80℃)/(mm²/s)	156.45	铁	55.3
残炭/%	6.70	镍	19.3
酸值/(mgKOH/g)	12.52	铜	3.2
胶质/%	13.50	钒	1.1
沥青质/%	0.28	铅	2.1
蜡含量/%	12.84	钙	557
碳/%	86.63	钠	80.2
氢/%	12.18	镁	4.7
硫/%	0.11	0~350℃收率/%	11.5
氮/%	0.22	350~500℃收率/%	27.0
		>500℃收率/%	61.5

上述几种进口原油的主要特点见表 4-7。

表 4-7 几种进口原油的主要特点

原油名称	属性	主要特点
米纳斯	石蜡基	轻组分少，含硫低，镍含量、凝点、黏度、沥青质均高
加拿大	中间基	气体含量高，轻油多，凝点、黏度低，含硫、镍、钒低，含盐高

续表

原油名称	属性	主要特点
阿　曼	石蜡基	轻组分多，凝点低，黏度大，含镍、钒、硫均高
阿联酋	中间基	气体含量及轻油多，含硫高，镍、钒含量低，凝点、黏度低
库托布	中间基	气体含量及轻油多，凝点、黏度低，含镍高，含硫、钒低
马里布	中间基	气体含量高，轻油多，凝点、黏度低，含硫、镍、钒均少
卡宾达	中间基	气体含量高，轻油多，凝点、黏度高，盐、镍含量高，硫、钒含量低

二、原油实沸点蒸馏及窄馏分性质

原油实沸点蒸馏是考察原油馏分组成的重要试验方法。实沸点蒸馏是在实验室中，用比工业上分离效果更好的设备，把原油按照沸点高低分割成许多馏分。所谓实沸点蒸馏也就是分馏精度比较高，其馏出温度与馏出物质的沸点相接近的意思，这并不是说真正能够分离出一个个的纯烃来。

原油实沸点蒸馏，关键在蒸馏装置，虽然有些国家把它列为标准，总的来说并不统一。原油实沸点蒸馏可采取以下测定方法(参照 GB/T 17280)：试验装置是一种间歇式釜式精馏设备，精馏柱内装有不锈钢高效填料，顶部有回流，回流比约 5 :1，分离能力相当于 15~17 块理论板。热量交换条件和物质交换条件较好，在精馏柱顶部取出的馏出物几乎由沸点相近的组分所组成，接近馏出物的真实沸点。

操作时将原油装入蒸馏釜中加热进行蒸馏，控制馏出速度为 3~5mL/min，每一窄馏分约占原油装入量的 3%。实沸点蒸馏整个操作过程分三段进行。第一段在常压下进行，大约可蒸出 200℃前的馏出物。第二段在减压下进行，残压为 1.3kPa(10mmHg)。第三段也在减压下进行，残压小于 677Pa(5mmHg)，馏出物不经精馏柱。为避免原油受热分解，蒸馏釜温度不得超过 350℃。馏出物的最终沸点通常为 500~520℃，釜底残留物为渣油。蒸馏完毕，将减压下各馏分的馏出温度换算为常压下相应的温度。未蒸出的残油从釜内取出，以便进行物料衡算及有关性质测定。

原油在实沸点蒸馏装置中按沸点高低切出的窄馏分，按馏出顺序编号，称重及测量体积，然后测定各窄馏分和渣油的性质。如测定密度、黏度、凝点、苯胺点、酸值、硫含量、氮含量、折射率等，并计算黏度指数、特性因数等。所得数据见表 4-8。

表 4-8　大庆原油实沸点蒸馏及窄馏分性质数据

馏分号	沸点范围/℃	占原油/%		密度(20℃)/(g/cm³)	运动黏度/(mm²/s)			凝点/℃	闪点(开)/℃	折射率	
		每馏分	累计		20℃	50℃	100℃			n_D^{20}	n_D^{70}
1	初~112	2.98	2.98	0.7108	—	—	—	—	—	1.3995	—
2	112~156	3.15	6.13	0.7461	0.89	0.64	—	—	—	1.4172	—
3	156~195	3.22	9.35	0.7699	1.27	0.89	—	-65	—	1.4350	—
4	195~225	3.25	12.60	0.7958	2.03	1.26	—	-41	78	1.4445	—
5	225~257	3.40	16.00	0.8092	2.81	1.63	—	-24	—	1.4502	—
6	257~289	3.46	19.46	0.8161	4.14	2.26	—	-9	125	1.4560	—
7	289~313	3.44	22.90	0.8173	5.93	3.01	—	4	—	1.4565	—
8	313~335	3.37	26.27	0.8264	8.33	3.84	1.73	13	157	1.4612	—
9	335~355	3.45	29.72	0.8348	—	4.99	2.07	22	—	—	1.4450

续表

馏分号	沸点范围/℃	占原油/%		密度(20℃)/(g/cm³)	运动黏度/(mm²/s)			凝点/℃	闪点(开)/℃	折射率	
		每馏分	累计		20℃	50℃	100℃			n_D^{20}	n_D^{70}
10	355~374	3.43	33.15	0.8363	—	6.24	2.61	29	184	—	1.4455
11	374~394	3.35	36.50	0.8396	—	7.70	2.86	34	—	—	1.4472
12	394~415	3.55	40.05	0.8479	—	9.51	3.33	38	206	—	1.4515
13	415~435	3.39	43.44	0.8536	—	13.3	4.22	43	—	—	1.4560
14	435~456	3.88	47.32	0.8686	—	21.9	5.86	45	238	—	1.4641
15	456~475	4.05	51.37	0.8732	—	—	7.05	48	—	—	1.4675
16	475~500	4.52	55.89	0.8786	—	—	8.92	52	282	—	1.4697
17	500~525	4.15	60.04	0.8832	—	—	11.5	55	—	—	1.4730
渣油	>525	38.5	98.54	0.9375	—	—	—	41①	—	—	—
损失	—	1.46	100.0	—	—	—	—	—	—	—	—

① 软化点。

为了合理地制定原油加工方案，还必须将原油进行蒸馏，切割成汽油馏分、煤油馏分、柴油馏分及重整原料、裂解原料和裂化原料等，并测定其主要性质。另外，还要进行汽油、柴油、减压馏分油的烃类族组成分析；进行润滑油、石蜡和地蜡的潜含量测定。为了得到原油的气液平衡蒸发数据，还应进行原油的平衡蒸发实验。

三、原油的实沸点蒸馏曲线、性质曲线及产率曲线

根据窄馏分的各种性质就可以绘制出原油及其窄馏分的性质曲线，进一步得到一些性质的中百分比曲线，更重要的还可得到原油各种产品的产率曲线，如汽油产率曲线。这样就完成了原油的初步评价，对原油的性质有了较全面的了解，为原油的加工方案提供了基础参数和理论依据。

（一）原油的实沸点蒸馏曲线

根据表4-8的数据可绘制原油的实沸点蒸馏曲线和中百分比性质曲线。

以原油实沸点蒸馏所得窄馏分的馏出温度为纵坐标，以总收率(累计质量分数)为横坐标作图，可得原油的实沸点蒸馏曲线，如图4-1所示。

（二）原油的性质曲线

从原油实沸点蒸馏所得的各窄馏分仍然是一个复杂的混合物，所测得的窄馏分性质是组成该馏分的各种化合物的性质的综合表现，具有平均的性质。在绘制原油性质曲线时，假定测得的窄馏分性质表示该窄馏分馏出一半时的性质，这样标绘的性质曲线就称为中百分比性质曲线。以表4-8大庆原油的数据为例，第五号窄馏分开始时的沸点为225℃，最后沸点为257℃，馏程为30℃。该窄馏分从总馏出为12.60%开始收集，到总馏出为16.00%时收集完毕，馏分占原油重3.40%，其性质如20℃密度为0.8092g/cm³，既不是开始收集时第一滴馏分的密度，也不是收集完毕时最后一滴馏分的密度，该密度实际上是沸程为225~257℃这个馏分的平均值。在作原油的密度性质曲线时，就假定这一密度平均值相当于该馏分馏出一半时的密度，即代表馏出量=(12.60%+16.00%)/2=14.30%时馏分的密度。在标绘曲线时，以0.8092为纵坐标、14.30%为横坐标。第六号窄馏分的密度为0.8161，对应的馏出量为(16.0%+19.46%)/2=17.73%，标绘曲线时，以0.8161为纵坐标、17.73%为横坐标。其余

类推。这样就得到中百分比密度曲线上的各个点，连接各点即得原油的中百分比密度曲线。用同样的方法可以绘出其他性质的中百分比性质曲线。中百分比性质曲线一般与实沸点蒸馏曲线绘制在同一张图上。大庆原油性质曲线如图 4-1 所示。

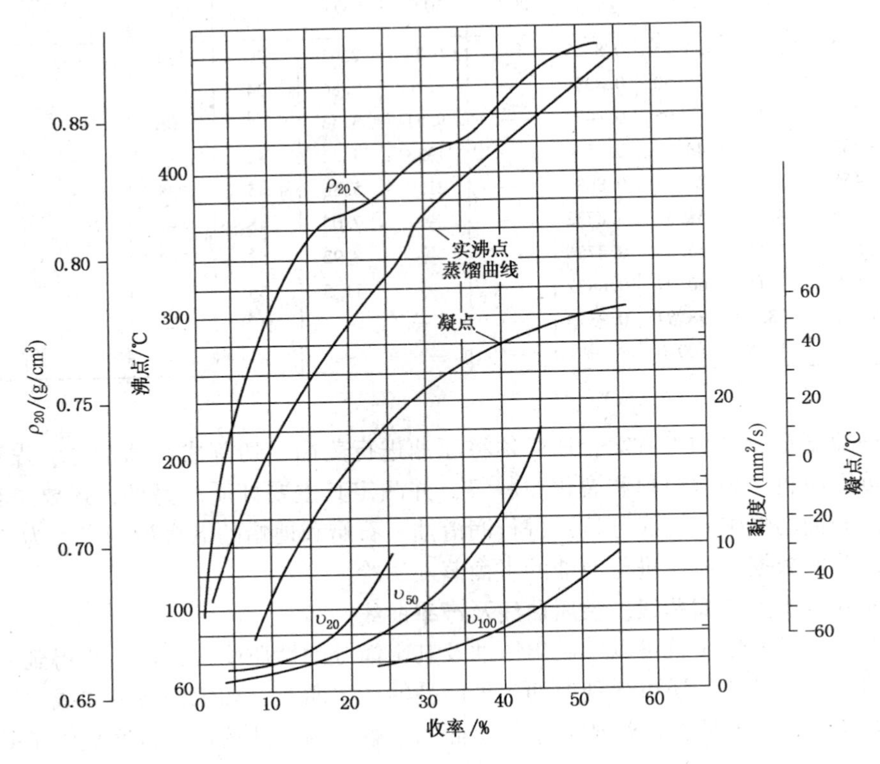

图 4-1 大庆原油实沸点蒸馏曲线及中百分比性质曲线

原油中百分比性质曲线表示窄馏分的性质随沸点的升高或累计馏出百分数增大的变化趋势。通过中百分比性质曲线，可以预测任意一个窄馏分的性质。例如要了解馏出率在23.0%~27.0%之间的窄馏分的性质，可由图 4-1 中横坐标为(23.0%+27%)/2=25%处，查对应的性质曲线，查得该窄馏分的 20℃密度为 0.828g/cm^3，20℃运动黏度为 8.7mm^2/s。原油的性质只有密度有近似的可加性，所以，中百分比性质曲线只能预测窄馏分的性质，预测宽馏分的性质时所得数据不可靠。原油的中百分比性质曲线不能用作制定原油加工方案的依据。

(三) 直馏产品的性质及产率曲线

制定原油加工方案时，比较可靠的方法是作出各种直馏产品的产率性质曲线。原油的直馏产品通常是较宽的馏分，为取得较准确可靠的性质数据，必须由实验测定。通常的做法是先由实沸点蒸馏将原油切割成多个窄馏分和残油，然后根据产品的需要，按含量比例逐个混对窄馏分并顺次测定混合油品的性质。也可以直接由实沸点蒸馏切割得相应石油产品的宽馏分，测定宽馏分的性质。

以汽油为例，将蒸出的一个最轻馏分(如初馏点~130℃)为基本馏分，测定其密度、馏分组成、辛烷值等，然后按含量比例依次混入后面的窄馏分，就可得到初馏点~130℃、初馏点~180℃、初馏点~200℃等汽油馏分，分别测定其性质，将产率性质数据列表或绘制产率性质曲线。要测取不同蒸馏深度的重油产率性质数据时，先尽可能把最重的馏分蒸出，测定剩下残油性质，然后按含量比例依次混对相邻蒸出的窄馏分，分别测定其性质，所得数据列表或绘制重油产率性质曲线。

表4-9~表4-13分别列出了大庆原油直馏汽油和重整原料油、直馏柴油、裂化原料油、润滑油、重油的性质数据。图4-2为大庆汽油馏分产率性质曲线，图4-3为大庆原油重油产率性质曲线。

表4-9　大庆原油直馏汽油和重整原料油的性质

沸点范围/℃	占原油/%	ρ_{20}/(g/cm³)	馏程/℃			酸度/[mgKOH/(100mL)]	含硫/%	含砷/(μg/g)	族组成/%			辛烷值(*MON*)
			10%	50%	90%				烷烃	环烷烃	芳烃	
60~130	4.07	0.7241	92	106	126	—	—	—	51.19	45.44	3.37	—
初馏~130	4.26	0.7109	75	96	136①	0.9	0.009	0.163	56.2	41.7	2.1	—
初馏~200	9.38	0.7439	94	127	196①	1.1	0.02	—	—	—	—	37

① 干点。

表4-10　大庆原油直馏柴油的性质

沸点范围/℃	占原油/%	ρ_{20}/(g/cm³)	馏程/℃			苯胺点/℃	柴油指数	凝点/℃	ν_{20}/(mm²/s)	含硫/%	闪点/℃	酸度/[mgKOH/(100mL)]
			初馏点	50%	终馏点							
180~300	13.2	0.8072	203	246	—	—	—	—	—	0.028	81	—
180~330	21.0	0.8142	207	271	331	80.1	72.9	-5	4.45	0.048	93	2.0
180~350	18.9	0.8169	232	278	330	81.0	72.6	-2	5.02	0.064	105	2.0

表4-11　大庆原油裂化原料油性质

沸点范围/℃	占原油/%	ρ_{20}/(g/cm³)	特性因数	折射率(n_D^{70})	黏度/(mm²/s)		含硫/%	残炭/%	结构族组成/%				
					50℃	100℃			C_P	C_N	C_A	R_N	R_A
320~500	27.22	0.8546	12.4	1.4571	12.47	4.03	0.18	0.03	73.85	15.65	10.77	0.77	0.44
350~500	21.92	0.8574	12.45	1.4596	15.54	4.67	0.17	0.03	74.46	14.31	11.23	0.75	0.49

表4-12　大庆原油的润滑油潜含量和性质

项　目	350~400℃馏分			400~450℃馏分			450~500℃馏分			>500℃渣油		润滑油潜含量	
	原馏分	脱蜡油	P+N+轻A	原馏分	脱蜡油	P+N+轻A	原馏分	脱蜡油	P+N+轻A	原渣油	P+N+轻A	馏分油	渣油
对原油收率/%	9.4	5.3	4.6	11.8	7.1	6.0	9.1	5.6	4.4	41.4	7.5	15.0	7.5
凝点/℃	31	-10	-12	43	-4	-4	51	-4	-4	—	—	—	—
ν_{50}/(mm²/s)	6.91	8.75	7.97	15.82	26.08	22.14	—	63.92	46.24	—	162.5	—	—
ν_{100}/(mm²/s)	2.66	3.01	2.84	4.65	5.96	5.57	8.09	10.92	9.49	106	23.1	—	
ν_{50}/ν_{100}	—	2.91	2.81	—	4.38	3.97	—	5.82	4.87	—	7.15	—	—
黏度指数	—	94	112	—	92	104	—	82	106	—	98	—	—

表 4-13　大庆原油重油的性质

项　　目	>350℃重油	>400℃重油	>500℃重油
占原油/%	67.6	59.9	40.38
ρ_{20}/(g/cm³)	0.8974	0.9019	0.9209
凝点/℃	35	42	45
残炭/%	4.6	5.3	7.8
灰分/%	0.0015	0.0029	0.0041
Ni/(μg/g)	3.75	4.5	7.0
V/(μg/g)	0.03	0.04	—
Fe/(μg/g)	0.60	1.15	1.10
Cu/(μg/g)	1.27	1.15	0.85
ν_{100}/(mm²/s)	26.79	40.76	111.45
硫含量/%	0.31	0.35	0.27
闪点(开)/℃	231	262	324
恩氏黏度(100℃)/°E	3.64	5.50	15.04

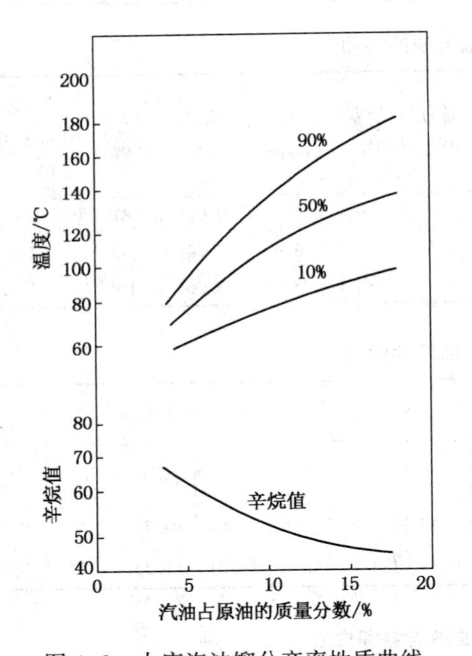

图 4-2　大庆汽油馏分产率性质曲线

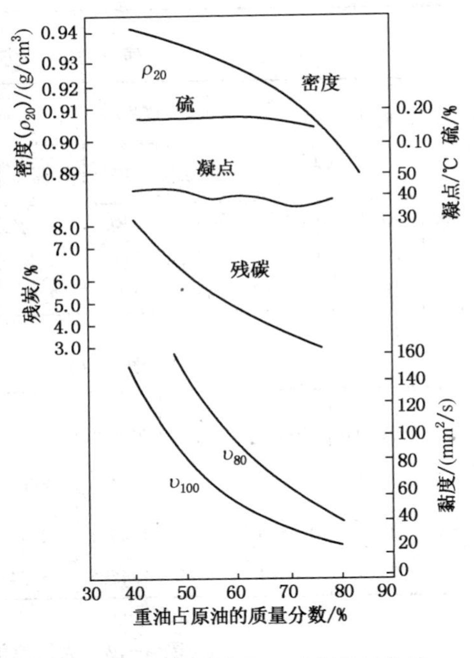

图 4-3　大庆原油重油产率性质曲线

中东原油主要馏分性质数据见表 4-14。

根据这些原油评价数据，可以着手制定原油切割方案。制定原油蒸馏切割方案就是要确定原油蒸馏中生产哪些产品，在什么温度下切割，所得产品产率和性质如何。其方法就是将产品产率性质数据与各种油品规格进行比较，依据实沸点蒸馏曲线确定各种产品的切割温度。

原油常减压蒸馏装置除生产个别产品外，多数馏分作为调合组分和二次加工的原料，故对原油的蒸馏切割，主要是考虑满足二次加工对原料质量的要求。

表4-14　中东原油主要馏分性质

原油名称	毕利	乌姆谢夫	扎库姆（低）	阿拉伯（轻）	巴士拉（轻）	扎库姆（高）	伊朗（轻）	阿拉伯（中）	巴士拉（中）	伊朗（重）	阿布布科什	科威特	迪拜	阿拉伯（重）	巴士拉（重）	卡夫儿
研究法辛烷值																
70～100℃	47	55.6	53.7	50.5	52.7	47.9	56.8	46.6	56.0	59.8	53.3	53.3	57.1	50.5	55.3	40.1
100～150℃	32.3	45.5	40.3	36.9	39.5	36.5	43.8	30.5	36.0	46.6	43.9	39.8	47.1	34.7	42.7	33.3
150～190℃	16.2	34.2	25.7	22.0	24.6	28.5	29.0	18.2	24.3	32.4	33.4	30.5	35.8	17.3	26.8	25.8
190～235℃馏分																
冰点/℃	-45.8	-45.7	-43.7	-45.2	-46	-47.5	-45.2	-47.2	-46.4	-46.9	-44.5	-40.5	-44.7	-44.5	-53.5	-48.2
芳烃/%（V）	21.6	21.9	22.1	22.4	18.0	22.1	18.6	18.5	16.7	23.4	23.8	19.5	23.0	20.2	19.4	18.7
硫含量/%	0.2215	0.3166	0.1277	0.1377	0.2737	0.1419	0.2236	0.37	0.4216	0.3648	0.2606	0.4364	0.4664	0.288	0.6352	0.2767
烟点/mm	23.3	21.4	23.1	22.9	24.7	23.4	23.4	22.1	24.0	22.4	21.5	26.0	19.5	24.4	20.0	24.5
235～280℃																
硫含量/%	0.5094	0.769	0.455	0.7233	0.8129	0.56	0.474	0.89	1.058	0.749	0.72	1.159	1.168	0.7763	1.388	0.894
十六烷值	54.8	52.2	54.4	53.5	53.3	52	50.6	53.2	52.3	50.2	51	53.4	47.5	52.1	47.2	53.4
倾点/℃	-26.9	-31.5	-25.3	-28.8	-25.9	-30.6	-25.5	-26.4	-35.9	-28.2	-30.7	-26.8	-29.6	-28.8	-34.8	-24.3
280～360℃																
硫含量/%	0.8694	1.25	0.855	1.2159	1.3869	1.24	1.025	1.514	1.7934	1.19	1.47	1.93	1.659	8	2.243	1.637
十六烷值	54.6	52.1	54.9	53.0	53.7	52	50.2	52.2	51.0	50.3	50.6	51.5	48.5	50.5	44.4	51.6
倾点/℃	-3.4	-8.7	-2.6	-8	-5.1	2.1	-3.2	-3.3	-14.9	-3.3	-7.7	-8	-6.9	-6.2	-10.8	-6.7
360～565℃																
硫含量/%	1.805	2.19	1.837	2.48	2.3953	2.496	1.9537	3.013	3.2633	1.997	2.7653	3.268	2.6885	2.8475	3.9	3.0
氮含量/%	0.033	0.0653	0.0781	0.0549	0.1278	0.0950	0.1609	0.0897	—	0.1373	—	0.115	0.1451	0.0756	—	0.1071
Ni/(μg/g)	0.06	0.06	0.03	0.05	0.14	—	0.29	0.07	—	0.55	—	0.13	0.4	0.09	0.25	0.09
V/(μg/g)	0.09	0.17	0.01	0.12	0.05	—	0.37	0.03	—	0.55	—	0.37	0.39	0.14	0.09	0.31
特性因数	11.98	11.94	12.14	11.84	11.80	11.86	11.77	11.78	11.68	11.80	11.81	11.82	11.77	11.78	11.54	11.75
>360℃																
硫含量/%	2.068	2.688	2.178	3.14	3.2748	3.0246	2.5624	4.11	4.3323	2.7487	3.3335	4.083	2.9583	4.3	5.1686	4.409
Ni/(μg/g)	1.52	1.66	0.75	8.92	9.78	13.79	26.1	23.91	33.7	58.35	13.7	14.8	27.8	29.6	18.8	27.5
V/(μg/g)	2.27	6.27	0.88	41.31	35.35	17.52	70.3	79.17	93.6	207.5	23.48	55.2	83.3	94.8	153	94.6
残炭/%	4.2	5.0	3.7	7.6	8.70	8.86	7.4	8.04	10.1	10.0	8.43	10.6	6.59	13.2	15.8	13.4
>565℃																
Ni/(μg/g)	6.0	5.23	2.62	25	28.8	42.43	70.1	54	76.5	135	41.57	35.7	87	64	35.2	55.5
V/(μg/g)	9.0	19.9	3.15	116	105	54.18	189.5	179	212.6	482	71.26	133	262	205	288.5	191
残炭/%	16.2	15.1	14.3	20.3	25.8	27.29	26.7	18.18	23.3	21.35	25.6	24.4	21.3	27.7	30.6	23.5
硫含量/%	2.88	3.8	3.07	4.34	5.01	4.13	3.6	5.51	5.69	3.7456	4.49	5.24	3.54	6.0	6.29	5.85

能源市场和石油化工生产对轻质油品的需求不断增长，渣油轻质化问题已成为炼油技术发展中最重要的问题之一。因此，还应对渣油进行更深入的评价。例如用超临界溶剂萃取技术，在<250℃的较低温度下，将渣油大体上按平均相对分子质量大小分离成多个窄馏分。该分离技术所抽出的馏分油的累计收率可达减渣的80%~90%，最重的窄馏分的平均沸点(相当于常压下)可达850℃以上。完成分离后，对各窄馏分和抽余残渣油进行组成、性质的测定，从而得到详细的渣油组成和性质数据。根据实验数据分析各性质的变化规律，较全面地认识渣油的性质，提出合理的渣油加工方案。

第三节　原油加工方案

原油加工方案，其基本内容是生产什么产品及用什么样的加工过程来生产这些产品。原油加工方案的确定取决于诸多因素，例如市场需要、经济效益、投资力度、原油的特性等。这里主要从原油特性的角度来讨论如何选择原油加工方案。理论上可以从任何一种原油生产出各种所需的石油产品，但如果选择的加工方案适应原油的特性，则可以做到用最小的投入获得最大的产出。

原油的综合评价结果是确定原油加工方案的基本依据。有时还须对某些加工过程作中型试验以取得更详细的数据。对生产喷气燃料和某些润滑油，往往还需作产品的台架试验和使用试验。

原油加工方案大体上可以分为三种基本类型：

① 燃料型　主要产品是用作燃料的石油产品。除了生产部分重油燃料油外，减压馏分油和减压渣油通过各种轻质化过程转化为各种轻质燃料。

② 燃料-润滑油型　除了生产用作燃料的石油产品外，部分或大部分减压馏分油和减压渣油还用于生产各种润滑油产品。

③ 燃料-化工型　除了生产燃料产品外，还生产化工原料及化工产品，例如某些烯烃、芳烃、聚合物的单体等。这种加工方案体现了充分合理利用石油资源的要求，也是提高炼厂经济效益的重要途径，是石油加工的发展方向。

这只是大体的分类，实际上各个炼厂的具体加工方案是多种多样的，主要目标是提高经济效益和满足市场需要。

一、大庆原油加工方案

大庆原油的相对密度约为0.85~0.86，特性因数$K=12.5\sim12.6$，硫含量0.09%~0.11%，属于低硫石蜡基原油。其主要特点是含蜡量高、凝点高、沥青质含量低、重金属含量低、硫含量低。

大庆原油的直馏汽油或重整原料馏分含量较少。初馏~200℃馏分收率仅9.8%~11.3%。汽油馏分烷烃和环烷烃含量高，芳烃含量低，辛烷值低(只有37)，不可直接使用，可作为汽油调合组分或通过催化重整提高辛烷值。

大庆原油喷气燃料馏分的密度较小、结晶点高。130~250℃馏分密度0.7788 g/cm^3，结晶点-47℃。所以只能生产2号喷气燃料。

180~300℃馏分芳香烃含量较低，无烟火焰高度大，含硫较少，经适当精制可得到高质量的灯用煤油。

直馏柴油的十六烷值高，柴油指数高达70以上，燃烧性能良好，但其收率受凝点的限制。180～300℃馏分可作-20号轻柴油，180～330℃馏分可作-10号轻柴油，180～350℃馏分可作0号轻柴油，收率分别为13.2%、17.5%和20.8%。

煤、柴油馏分烷烃含量多，是制取乙烯的良好原料。

350～500℃减压馏分的润滑油潜含量约占原油的15%。饱和烃加轻芳烃的黏度指数大于100，加入中质芳烃后，黏度指数仍然在100左右。所以，大庆原油350～500℃馏分是生产润滑油的良好原料。

减压渣油(>500℃)约占原油的40%，密度0.9209g/cm³，硫含量低，沥青质和重金属含量低、饱和分含量高，可掺入减压馏分油作为催化裂化原料，也可经丙烷脱沥青及精制生产残渣润滑油。减压渣油含沥青质和胶质较少而蜡含量较高，难以生产高质量的沥青产品。

润滑油馏分溶剂脱蜡所得蜡膏，脱油后蜡熔点符合42～47℃的商品石蜡要求，产率约为原油的2%。

根据评价结果，大庆原油宜采用燃料-润滑油型加工方案，其加工方案如图4-4所示。

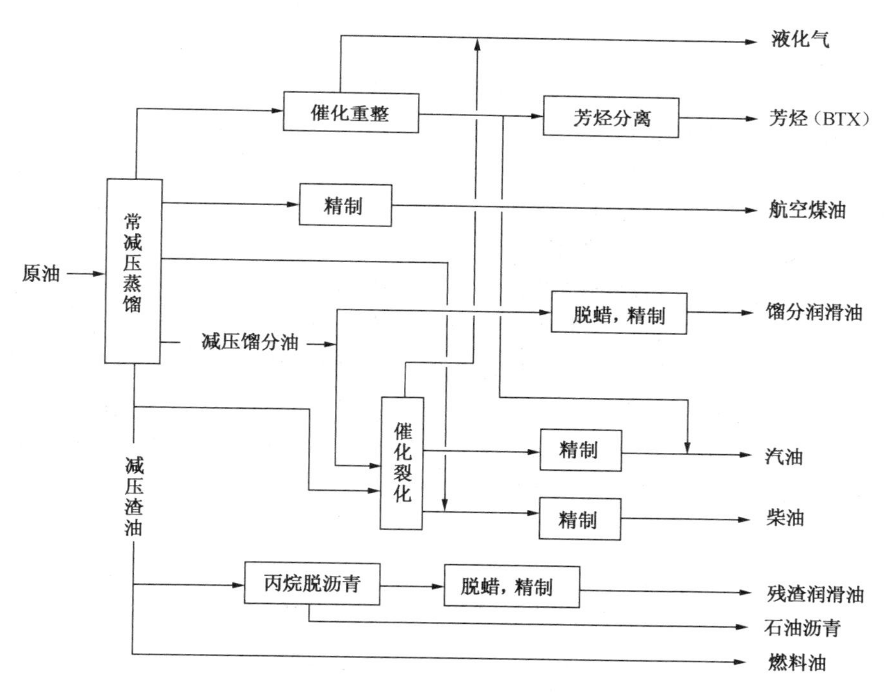

图4-4　大庆原油燃料-润滑油加工方案

二、胜利原油加工方案

胜利原油的相对密度约0.88～0.91，特性因数$K=11.6\sim12.0$，硫含量0.7%～0.8%，属于含硫中间基原油。其主要特点是密度较大、含硫较多、胶质沥青质含量大，<325℃轻馏分含蜡少、凝点低，>325℃馏分含蜡多、凝点高。在加工方案中应考虑原油含硫的问题。

胜利原油的直馏汽油或重整原料馏分含量较少。初馏～200℃馏分收率仅7.6%。汽油馏分烷烃含量比大庆原油低，芳烃含量比大庆原油高，辛烷值为47。该馏分是催化重整的良好原料。

喷气燃料馏分的密度大、结晶点低。130~230℃馏分密度0.7932 g/cm³，结晶点-63℃。可以生产1号喷气燃料。由于芳烃含量较高，应注意解决符合无烟火焰高度规格要求的问题。

灯用煤油馏分因芳烃含量较高，必须精制除去芳烃，才能符合无烟火焰高度规格的要求。

直馏柴油的柴油指数较高、凝点不高，可以生产-20号、-10号、0号柴油及舰艇用柴油。由于含硫及酸值超过规定指标，产品须适当精制。

减压馏分油(350~500℃)占原油的27%左右。脱蜡油收率较高，达70%以上，凝点-26~-30℃。355~399℃馏分脱蜡油黏度指数为92，可生产一般用润滑油。399~500℃馏分脱蜡油黏度指数更低，不宜生产润滑油。减压馏分油脱蜡油的黏度指数低，而且该馏分硫含量及酸值较高，生产润滑油不够理想，可以用作催化裂化或加氢裂化的原料。

减压渣油(>500℃)约为原油的47.1%，密度0.9698g/cm³，残炭13.9%。减压渣油的硫、氮、金属等含量高，黏温性质不好，不宜用来生产润滑油。胶质沥青质含量47.3%，可以生产沥青产品。由于残炭值和重金属含量较高，只能少量掺入减压馏分油中作为催化裂化原料，最好是先经加氢处理后再送去催化裂化。渣油加氢处理投资高，一般多用作延迟焦化的原料。胜利减压渣油由于含硫较高，所得石油焦的品级不高。

根据评价结果，胜利原油宜采用燃料型加工方案。为提高轻质油收率，可采用渣油加氢、催化裂化、加氢裂化、延迟焦化等二次加工过程，进行深度加工。因硫、氮等含量较高，直馏和二次加工油品都需要进行精制。胜利原油燃料型加工方案如图4-5。

三、原油的燃料-化工型加工方案

为了合理利用石油资源和提高经济效益，可采用燃料-化工型加工方案。该方案综合利用原油资源，既生产燃料油品，又生产化工原料和化工产品。实际上许多炼油厂的加工方案都考虑同时生产化工原料和化工产品，只是其程度因原油性质和其他具体条件不同而异。有的是最大量地生产化工产品，有的则只是予以兼顾。多数炼油厂主要是生产化工原料和聚合物的单体，有的也生产少量的化工产品。图4-6例举了一个燃料-化工型加工方案。

四、进口原油、含(高)硫原油加工方案

(一)进口原油加工方案

由表4-7可以看出，大部分进口原油气体含量多，轻油收率高。部分原油不适合单炼，而应和较重的原油混炼加工。各种原油混合比例和切割方案见表4-15。

表4-15 进口原油的加工方案

原油名	加工方式	混炼比例	切割方案
米纳斯	单炼		汽油-烷基化原料-柴油
加拿大	混炼	加拿大/大庆=4/6	重整原料-溶剂油-柴油
阿曼	单炼		汽油-烷基化原料-柴油
阿联酋	混炼	阿联酋/管输=1/1	汽油-烷基化原料(或溶剂油)-柴油
库托布	混炼	库托布/管输=3/7	重整原料-烷基化原料(或溶剂油)-柴油
马里布	混炼	马里布/黄岛=3/7	重整原料(或汽油)-煤油-柴油
卡宾达	单炼		重整原料(或汽油)-煤油-柴油

(二)含(高)硫原油加工方案

目前，世界上低硫原油仅占17%，含硫原油占30.8%，高硫原油比例高达58%，并且

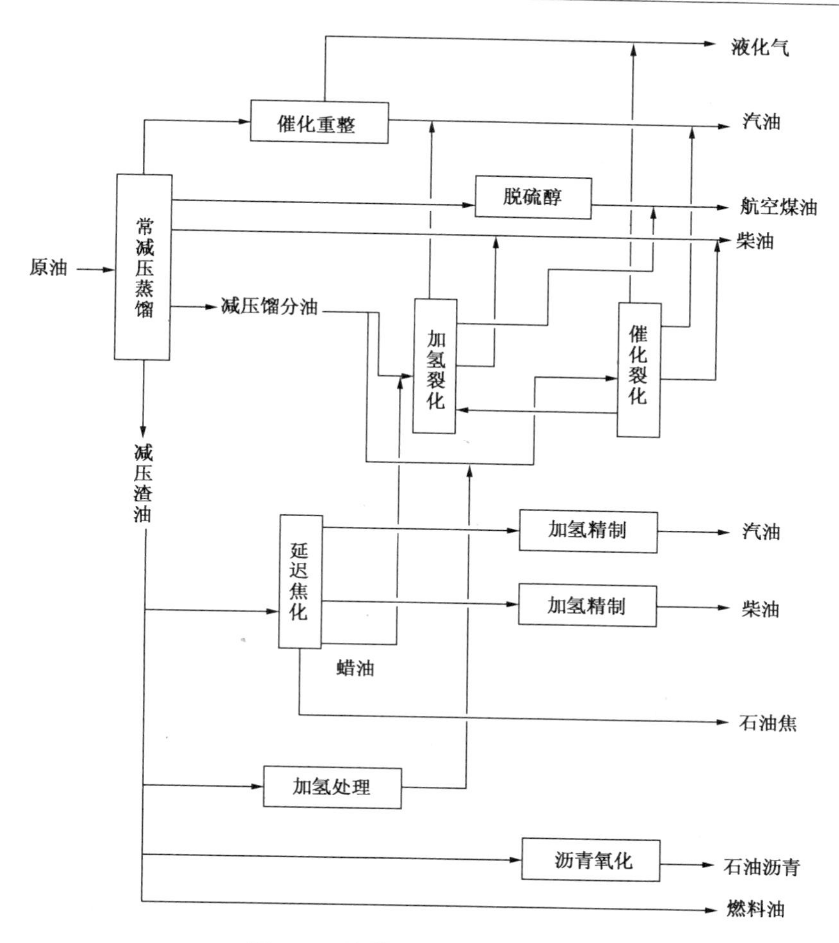

图 4-5 胜利原油燃料型加工方案

这种原油含硫量高的趋势还将进一步增大。

近些年，由于世界经济全面复苏，导致全球对石油需求大幅增长，尽管石油储备丰富，但短期供应难以满足需求，加上中东地区的政治、军事等因素，都推动着原油价格一路走高。全球石油市场呈现出一个持续上涨的高油价时期。原油成本占炼油厂总成本的 85%~90%。在目前世界炼油厂加工重质含硫/高硫原油能力不足、轻质低硫原油的需求增加而供应不能增加的情况下，轻质低硫原油与劣质原油的价差在扩大，因此选择含硫和高硫原油进行加工是企业降低成本、增加效益的途径之一。

含硫原油具有的一些共同特点是：硫含量高，氮含量低，凝点低，酸值小，金属含量高，尤其是钒含量高，因此在加工方案中，轻质部分的加工方案(原油蒸馏、常压馏出物的精制处理、各种气体的利用)基本一样，只是相对于国内原油而言，其馏出物比例大，含硫氮等杂质多，所以装置处理负荷稍大，且油品一般都要经过加氢精制。但是，常压渣油的加工则有多种多样的工艺组合可供选择。

从中东含硫原油评价数据看：

① 中东含硫原油的轻馏分(小于 65℃)较多，可根据其馏分组成，选择适宜的用途；各汽油馏分辛烷值都不高，所以需将重汽油馏分切入喷气燃料馏分，其余轻汽油馏分经过催化

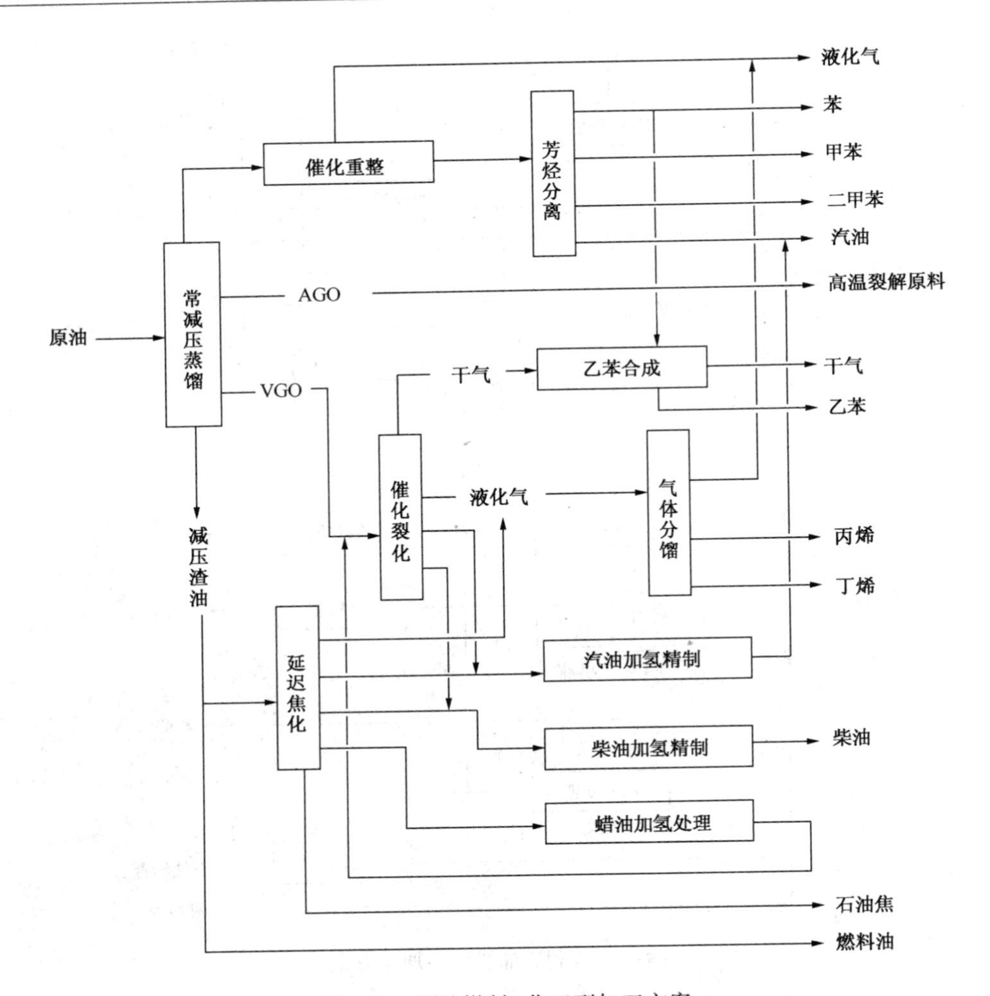

图 4-6　原油燃料-化工型加工方案

重整作为汽油组分；

② 中东含硫原油的喷气燃料馏分除硫醇硫较高外，其烟点、芳烃含量均符合 3 号喷气燃料标准要求，经脱硫醇工艺后，可得到合格产品；

③ 中东含硫原油的柴油馏分十六烷值较高，倾点较低，可以生产低凝柴油，但由于硫含量较高，需通过加氢精制工艺才能生产合格的柴油产品；

④ 中东含硫原油 VGO 生产燃料的加工路线通常有两种即加氢脱硫后作催化裂化原料和直接作加氢裂化原料；

⑤ 渣油加工路线是高硫原油加工的关键，通常有两种加工路线，即脱碳路线(一般为延迟焦化或溶剂脱沥青方案)和加氢路线(常减压渣油加氢脱硫)。一般来说，中东含硫原油的不同加工方案主要体现在重油加工方面。

以 5000kt/a 炼油厂为例，选取硫质量分数为 2.39%的某种高硫混合原油为原料，以生产满足欧Ⅲ排放标准的汽柴油为目标，可制定三种加工方案即蜡油加氢精制-催化裂化-延迟焦化方案、加氢裂化(全循环)-延迟焦化方案以及常压渣油加氢-催化裂化加工方案。

常压渣油加氢-催化裂化方案流程示意见图 4-7。常压渣油的加工路线采用中国石化石油化工科学研究院(RIPP)开发的渣油加氢处理(RHT)技术，其大于350℃的加氢重油作催化裂化原料。直馏柴油和催化裂化柴油混合，经加氢精制技术，生产满足欧Ⅲ排放标准的柴油产品。直馏石脑油(大于65℃馏分)作为催化重整装置的原料，重整汽油将苯抽提后，作为汽油的调合组分。将直馏轻石脑油(小于65℃)馏分作为异构化原料，生产异构化汽油组分。

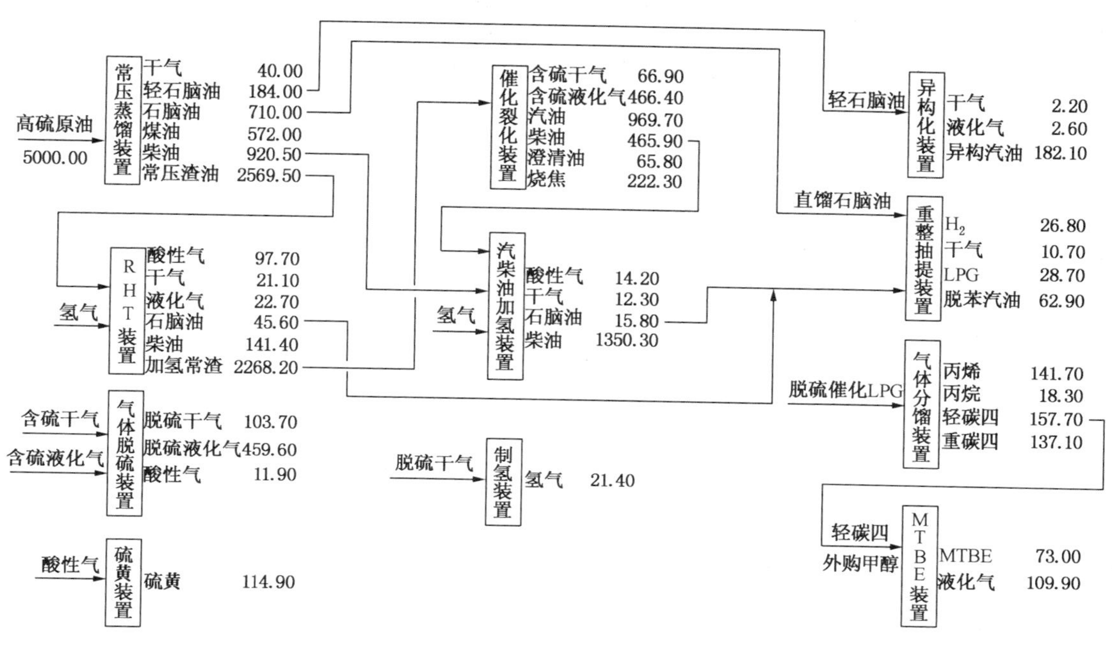

图4-7　常压渣油加氢-催化裂化方案流程示意(单位：kt/a)

五、含酸原油加工方案

原油中的酸主要指其中的环烷酸，环烷酸是一种具有臭味且难挥发的无色液体，不溶于水，易溶于油品等有机溶剂中。一般原油中酸值超过0.5mgKOH/g时，原油在加工过程中就会造成腐蚀。原油的酸值高，钙含量相应也很高。如中国石油天然气勘探开发公司在苏丹新开采的原油中，含有大量的环烷酸，酸值在10~14mgKOH/g，金属钙含量也很高。原油中钙主要以石油环烷酸盐形式存在。为避免原油中钙对后续加工过程的影响，需要进行脱钙，而脱钙后的原油酸值会进一步升高，因此含酸原油的加工需要将脱钙和脱酸工艺进行组合。

加工高酸原油，如何解决严重的环烷酸腐蚀问题显得非常迫切。传统的“一脱四注”防腐蚀措施主要针对低温操作，对高温效果不明显。加氢精制可以有效脱除原油中的环烷酸，但投资成本高，同时原料需要进行深度脱钙。针对环烷酸主要在较高温度区域产生腐蚀，可以应用抑制腐蚀添加剂。由于添加剂在操作过程中不断消耗，且不能再生，所以必须成本低廉，才具有应用可能；同时添加剂必须无害，不能在抑制环烷酸腐蚀的同时带来新的问题；所开发的抑制剂必须在高温下能够有效抑制环烷酸的腐蚀。

习题与思考题

1. 对原油进行分类的目的是什么？主要分类方法有哪些？

2. 简述我国主要原油的类型?
3. 简述原油评价的目的? 简述常规评价、综合评价的主要内容?
4. 确定原油加工方案的基本依据是什么?
5. 试述含硫原油、高酸原油加工的对策。

参 考 文 献

[1] 袁晴棠.中国劣质原油加工技术进展与展望[J].当代石油石化,2007,15(12):1-6.
[2] 张瑞泉,康威,郭志东.原油分析评价[M].北京:石油工业出版社,2000.
[3] 黄鉴.进口原油评价数据集[M].北京:中国石化出版社,2001.
[4] 汪燮卿,吴志国.重质和高酸原油加工技术的探讨[C]//.中国工程院化工、冶金与材料工程学部第五届学术会议论文集.北京:中国石化出版社,2005.
[5] 陈苏.高硫原油的加工路线比较[J].石油炼制与化工,2007,38(5).
[6] 钱伯章.含硫原油加工工艺研究[J].石油规划设计,2005,16(5).
[7] 田春荣.2005年中国石油进出口状况分析[J].国际石油经济,2006,14(3).
[8] 李娟,汝永笑.主要加工的进口原油性质分析与研究[J].福建化工,2002,3.

第五章 原油蒸馏

原油是极其复杂的混合物，通过原油的蒸馏可以按所制定的产品方案将其分割成直馏汽油、煤油、轻柴油或重柴油馏分及各种润滑油馏分和渣油等。原油蒸馏是石油加工中第一道不可少的工序，故通常称原油蒸馏为一次加工，其他加工工序则称为二次加工。蒸馏过程得到的这些半成品经过适当的精制和调合便成为合格的产品，也可以按不同的生产方案分割出一些二次加工过程所用的原料，如重整原料、催化裂化原料、加氢裂化原料等，以便进一步提高轻质油的产率或改善产品质量。

原油的一次加工能力即原油蒸馏装置的处理能力，常被视为一个国家炼油工业发展水平的标志。截至2015年底，我国原油蒸馏装置加工能力超过7亿吨/年，居世界第二位。

第一节 原油及其馏分蒸馏类型

一、平衡汽化

液体混合物加热并部分汽化后，气、液两相一直密切接触，达到一定程度时，气、液两相才一次分离，此分离过程称为平衡汽化，又称一次汽化。在一次汽化过程中，混合物中各组分都有部分汽化，由于轻组分的沸点低，易汽化，所以一次汽化后的气相中含有较多轻组分，液相中则含有较多的重组分。

工业生产上有一种应用较广泛的蒸馏类型称为闪蒸。所谓闪蒸是指进料以某种方式被加热至部分汽化，经过减压设施，在一个容器（如闪蒸罐、蒸发塔、蒸馏塔的汽化段等）的空间内，在一定的温度和压力下，气、液两相迅即分离，得到相应的气相和液相产物的过程。如图5-1所示。

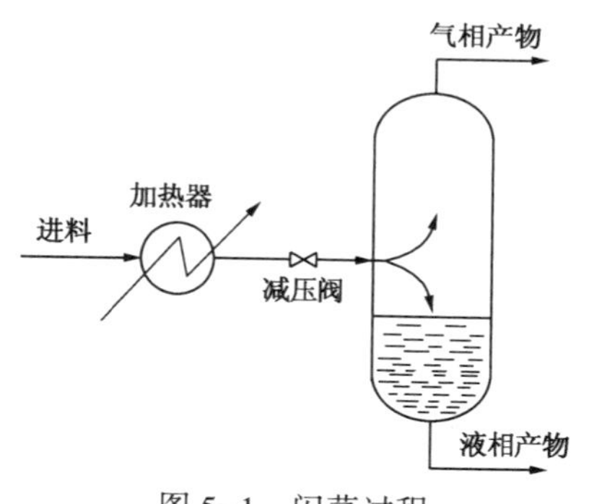

图5-1 闪蒸过程

在上述过程中，如果气、液两相有足够的时间密切接触，达到了平衡状态，则这种汽化方式称为平衡汽化。在实际生产过程中，并不存在真正的平衡汽化，因为真正的平衡汽化需要气、液两相有无限长的接触时间。然而在适当的条件下，气、液两相可以接近平衡，因而可以近似地按平衡汽化来处理。

平衡汽化的逆过程称为平衡冷凝。例如催化裂化分馏塔顶气相馏出物，经过冷凝冷却进入接受罐中进行分离，此时汽油馏分冷凝为液相，而裂化气和一部分汽油蒸气则仍为气相（裂化富气）。

平衡汽化和平衡冷凝都可以使混合物得到一定程度的分离，气相产物中含有较多的低沸点轻组分，而液相产物中则含有较多的高沸点重组分。但是在平衡状态下，所有组分都同时存在于气、液两相中，而两相中的每一个组分都处于平衡状态，因此这种分离是比较粗略的。

二、简单蒸馏——渐次汽化

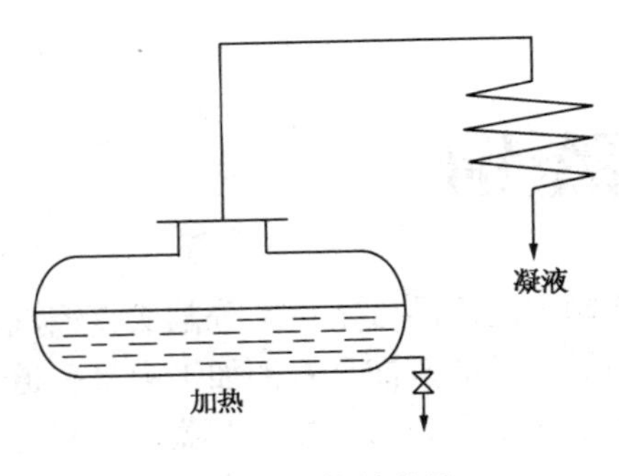

图 5-2　简单蒸馏

简单蒸馏是实验室或小型装置上常用于浓缩物或粗略分割油料的一种蒸馏方法。如图 5-2 所示，液体混合物在蒸馏釜中被加热，在一定压力下，当温度到达混合物的泡点温度时，液体即开始汽化，生成微量蒸气。生成的蒸气当即被引出并经冷凝冷却后收集起来，同时液体继续加热，继续生成蒸气并被引出。这种蒸馏方式称为简单蒸馏或微分蒸馏。

在简单蒸馏中，每个瞬间形成的蒸气都与残存液相处于平衡状态(实际上是接近平衡状态)，由于形成的蒸气不断被引出，因此，在整个蒸馏过程中，所产生的一系列微量蒸气的组成是不断变化的。最初得到的蒸气中轻组分最多，随着加热温度的升高，相继形成的蒸气中轻组分的浓度逐渐降低，而残存液相中重组分的浓度则不断增大。但是对在每一瞬间所产生的微量蒸气来说，其中的轻组分浓度总是要高于与之平衡的残存液体中的轻组分浓度。由此可见，借助于简单蒸馏，可以使原料中的轻、重组分得到一定程度的分离。

从本质上看，上述过程是由无穷多次平衡汽化所组成的，是渐次汽化过程。与平衡汽化相比较，简单蒸馏所剩下的残液是与最后一个轻组分含量不高的微量蒸气相平衡的液相，而平衡汽化时剩下的残液则是与全部气相处于平衡状态，因此简单蒸馏所得的液体中的轻组分含量会低于平衡气化所得的液体中的轻组分含量。换言之，简单蒸馏的分离效果要优于平衡汽化。

简单蒸馏是一种间歇过程，而且分离程度不高，一般只是在实验室中使用。广泛应用于测定油品馏程的恩氏蒸馏，可以看作是简单蒸馏。严格地说，恩氏蒸馏中生成的蒸气并未能在生成的瞬间立即被引出，而且蒸馏瓶颈壁上也有少量蒸气会冷凝而形成回流，因此，只能把它看作是近似的简单蒸馏。

三、精馏

(一) 精馏原理

精馏是分离液相混合物很有效的手段。精馏有连续式和间歇式两种，现代石油加工装置中全部采用连续式精馏；而间歇式精馏则由于它是一种不稳定过程，而且处理能力有限，因而只用于小型装置和实验室(如实沸点蒸馏等)。

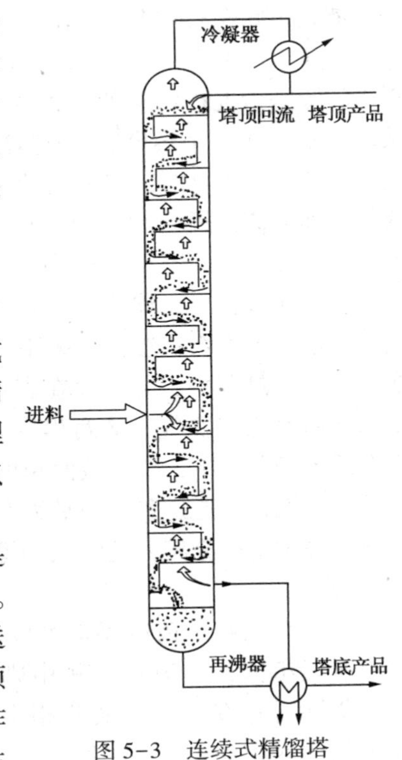

图 5-3　连续式精馏塔

图 5-3 是一连续式精馏塔，它有两段：进料段以上是精馏段，进料段以下是提馏段，因而是一个完全精馏塔。精馏塔内装有提供气、液两相接触的塔板或填料。塔顶送入轻组分浓度很高的液体，称为塔顶回流。通常是把塔顶馏出物冷凝后，取其一部分作为塔顶回流，而其余部分作为塔顶产品。塔底有再沸器，加热塔底流出的液体以产生

一定量的气相回流，塔底气相回流是轻组分含量很低而温度较高的蒸气。由于塔顶回流和塔底气相回流的作用，沿着精馏塔高度建立了两个梯度：①温度梯度，即自塔底至塔顶温度逐级下降。②浓度梯度，即气、液相物流的轻组分浓度自塔底至塔顶逐级增大。由于这两个梯度的存在，在每一个汽、液接触级内，进行传质和传热，达到平衡而产生新的平衡的气、液两相，使气相中的轻组分和液相中的重组分分别得到提浓。如是经过多次的气、液相逆流接触，最后在塔顶得到较纯的轻组分，而在塔底则得到较纯的重组分。这样，不仅可以得到纯度较高的产品，而且可以得到相当高的收率。这样的分离效果显然远优于平衡汽化和简单蒸馏。

由此可见，精馏过程有两个前提：一是气、液相间的浓度差，是传质的推动力；二是合理的温度梯度，是传热的推动力。

精馏过程的实质是不平衡的气液两相，经过热交换，气相多次部分冷凝与液相多次部分汽化相结合的过程，从而使气相中轻组分和液相中的重组分都得到了提浓，最后达到预期的分离效果。

为了使精馏过程能够进行，必须具备以下两个条件：

(1)精馏塔内必须要有塔板或填料，它是提供气液充分接触的场所。气液两相在塔板上达到分离的极限是两相达到平衡，分离精确度越高，所需塔板数越多。例如，分离汽油、煤油、柴油一般仅需4~8块塔板，而分离苯、甲苯、二甲苯时，塔板数达几十块以上。

(2)精馏塔内提供气、液相回流，是保证精馏过程传热传质的另一必要条件。气相回流是在塔底加热(如重沸器)或用过热水蒸气汽提，使液相中的轻组分汽化上升到塔的上部进行分离。塔内液相回流的作用是在塔内提供温度低的下降液体，冷凝气相中的重组分，并造成沿塔自下而上温度逐渐降低。为此，必须提供温度较低、组成与回流入口处产品接近的外部回流。

借助于精馏过程，可以得到一定沸程的馏分，也可以得到纯度很高的产品，例如纯度可达99.99%的产品。对于石油精馏，一般只要求其产品是有规定沸程的馏分，而不是某个组分纯度很高的产品，或者在一个精馏塔内并不要求同时在塔顶和塔底都出很纯的产品。因此，在炼油厂中，常常有些精馏塔在精馏段抽出一个或几个侧线产品，也有一些精馏塔只有精馏段或提馏段，前者称为复杂塔，而后者称为不完全塔。例如原油常压精馏塔，除了塔顶馏出汽油馏分外，在精馏段还抽出煤油、轻柴油和重柴油馏分(侧线产品)。原油常压精馏塔的进料段以下的塔段，与前述的提馏段不同，在塔底，它只是通入一定量的过热水蒸气，降低塔内油气分压，使一部分带下来的轻馏分蒸发，回到精馏段。由于过热水蒸气提供的热量很有限，轻馏分蒸发时所需的热量主要是依靠物流本身温度降低而得，因此，由进料段以下，塔内温度是逐步下降而不是逐步增高的。

综上所述，原油常压精馏塔是一个复杂塔，同时也是一个不完全塔。

(二) 回流的作用和回流方式

塔内回流的作用一是提供塔板上的液相回流，造成气液两相充分接触，达到传热、传质的目的；二是取走塔内多余的热量，维持全塔热平衡，以控制、调节产品的质量。

从塔顶打入的回流量，常用回流比来表示：

$$回流比 = \frac{回流量(m^3/h)}{塔顶产品流量(m^3/h)}$$

回流比增加，塔板的分离效率提高；当产品分离程度一定时，加大回流比，可适当减少塔板数。但是增大回流比是有限度的，塔内回流量的多少是由全塔热平衡决定的。如果回流比过大，必然使下降的液相中轻组分浓度增大，此时，如果不相应地增加进料的热量或塔底的热量，就会使轻组分来不及气化，而被带到下层塔板甚至塔底，一方面减少了轻组分的收率，另一方面也会造成侧线产品或塔底产品不合格。此外，增加回流比，塔顶冷凝冷却器的负荷也随之增加，提高了操作费用。

根据回流的取热方式不同，回流可分为以下几种方式。

(1)冷回流

冷回流是塔顶气相馏出物以过冷液体状态从塔顶打入塔内。塔顶冷回流是控制塔顶温度，保证产品质量的重要手段。冷回流入塔后，吸热升温、汽化、再从塔顶蒸出。其吸热量等于塔顶回流取热，回流热一定时，冷回流温度越低，需要的冷回流量就越少。但冷回流的温度受冷却介质、冷却温度的限制。冷却介质用水时，冷回流的温度一般不低于冷却水的最高出口温度，常用的汽油冷回流温度一般为30~45℃。

(2)热回流

在塔顶装有部分冷凝器，将塔顶蒸气部分冷凝成液体作回流，回流温度与塔顶温度相同(为塔顶馏分的露点)，它只吸收汽化潜热，所以，取走同样的热量，热回流量比冷回流量大，热回流也可有效地控制塔顶温度，适用于小型塔。

(3)循环回流

循环回流从塔内抽出经冷却至某个温度再送回塔中，物流在整个过程中都是处于液相，而且在塔内流动时一般也不发生相变化，它只是在塔里塔外循环流动，借助于换热器取走回流热。

① 塔顶循环回流。它的主要作用是塔顶回流热较大，考虑回收这部分热量以降低装置能耗。塔顶循环回流的热量的温位(或者称能级)较塔顶冷回流的高，便于回收；塔顶馏出物中含有较多的不凝气(例如催化裂化主分馏塔)，使塔顶冷凝冷却器的传热系数降低，采用塔顶循环回流可大大减少塔顶冷凝冷却器的负荷，避免使用庞大的塔顶冷凝冷却器群；降低塔顶馏出线及冷凝冷却系统的流动压降，以保证塔顶压力不致过高(如催化裂化主分馏塔)，或保证塔内有尽可能高的真空度(例如减压精馏塔)。

在某些情况下，也可以同时采用塔顶冷回流和塔顶循环回流两种形式的回流方案。

② 中段循环回流。循环回流如果设在精馏塔的中部，就称为中段循环回流。它的主要作用是：使塔内的气、液相负荷沿塔高分布比较均匀；石油精馏塔沿塔高的温度梯度较大，从塔的中部取走的回流热的温位显然要比从塔顶取走的回流热的温位高出许多，因而是价值更高的可利用热源。

大、中型石油精馏塔几乎都采用中段循环回流。当然，采用中段循环回流也会带来一些不利之处：中段循环回流上方塔板上的回流比相应降低，塔板效率有所下降；中段循环回流的出入口之间要增设换热塔板，使塔板数和塔高增大；相应地增设泵和换热器，工艺流程变得复杂些，等等。对常压塔，中段回流取热量一般以占全塔回流热的40%~60%为宜。中段回流进出口温差国外常采用60~80℃，国内则多用80~120℃。

近年来炼厂节能的问题日益受到重视，在某些情况下，为了多回收一些能级较高的热量，有的常压塔还考虑采用第三个中段循环回流。

第二节 原油及原油馏分的蒸馏曲线及其换算

原油和原油馏分的汽-液平衡关系可以通过三种实验室蒸馏方法来取得，即：恩氏蒸馏、实沸点蒸馏和平衡汽化。在三种蒸馏方法中，恩氏蒸馏数据最容易获得，实沸点蒸馏数据次之，平衡汽化数据最难获得。在实际工艺过程的设计计算中常常遇到平衡汽化的问题，往往需要从较易获得的恩氏蒸馏或实沸点蒸馏曲线换算得平衡汽化数据。此外，有时也需要在这三种蒸馏曲线之间进行相互转换。

一、原油及原油馏分的三种蒸馏曲线

(一) 恩氏蒸馏曲线

恩氏蒸馏是一种简单蒸馏，它是以规格化的仪器和在规定的试验条件下进行的，故是一种条件性的试验方法。将馏出温度(气相温度)对馏出量(体积百分率)作图，就得到恩氏蒸馏曲线，见第二章图2-8。

恩氏蒸馏的本质是渐次汽化，基本上没有精馏作用，因而不能显示油品中各组分的实际沸点，但它能反映油品在一定条件下的汽化性能，而且简便易行，所以广泛用作反映油品汽化性能的一种规格试验。由恩氏蒸馏数据可以计算油品的一部分性质参数，因此，它也是油品的最基本的物性数据之一。

(二) 实沸点蒸馏曲线

实沸点蒸馏是一种实验室间歇精馏。如果一个间歇精馏设备的分离能力足够高，则可以得到混合物中各个组分的量及对应的沸点，所得数据在一张馏出温度-馏出百分率的图上标绘，可以得到一条阶梯形曲线。实际上，实沸点蒸馏设备是一种规格化的蒸馏设备，规定其精馏柱应相当于15~17块理论板，而且是在规定的试验条件下进行，它不可能达到精密精馏那样高的分离效率。另一方面，石油中所含组分数极多，而且相邻组分的沸点十分接近，而每个组分的含量却又很少。因此，油品的实沸点曲线只是大体反映各组分沸点变迁情况的连续曲线，见第四章图4-1。

实沸点蒸馏主要用于原油评价。原油的实沸点蒸馏实验是相当费时间的，为了节省实验时间，近十几年出现了用气体色谱分析来取得原油及其馏分的模拟实沸点数据的方法。其中有的是采用转化色谱的方法。气体色谱法模拟实沸点蒸馏可以节约大量实验时间，所用的试样量也很少，但是用此方法不能同时得到一定的各窄馏分数量以供测定各窄馏分的性质之用。因此，在作原油评价时，气体色谱模拟法还不能完全代替实验室的实沸点蒸馏。

(三) 平衡汽化曲线

在实验室平衡汽化设备中，将油品加热汽化，使气、液两相在恒定的压力和温度下密切接触一段足够长的时间后迅即分离，即可测得油品在该条件下的平衡汽化分率。在恒压下选择几个合适的温度(一般至少要五个)进行试验，就可以得到恒压下平衡汽化率与温度的关系。以汽化温度对汽化率作图，即可得油品的平衡汽化曲线。

根据平衡汽化曲线，可以确定油品在不同汽化率时的温度(如精馏塔进料段温度)，泡点温度(如精馏塔侧线温度和塔底温度)，露点温度(如精馏塔顶温度)等。

(四) 三种蒸馏曲线的比较

图5-4是同一种油品的三种蒸馏曲线。由图5-4可以看到：就曲线的斜率而言，平衡

汽化曲线最平缓，恩氏蒸馏曲线比较陡一些，而实沸点蒸馏曲线的斜率则最大。这种差别正是这三种蒸馏方式分离效率差别的反映，即实沸点蒸馏的分离精确度最高，恩氏蒸馏次之，而平衡汽化则最差。

通常在标绘蒸馏曲线时所用温度都是指气相馏出温度，正如图 5-4 所示。为了比较三种蒸馏方式，我们以液相温度为纵坐标进行标绘，可得图 5-5 所示的曲线。由图 5-5 可见：为了获得相同的汽化率，实沸点蒸馏要求达到的液相温度最高，恩氏蒸馏次之，而平衡汽化则最低。这是因为：实沸点蒸馏是精馏过程。精馏塔顶的气相馏出温度与蒸馏釜中的液相温度必然会有一定的温差，这个温差在原油实沸点蒸馏时可达数十度之多；恩氏蒸馏基本上是渐次汽化过程，但由于蒸馏瓶颈散热产生少量回流，多少有一些精馏作用，因而造成气相馏出温度与瓶中液相温度之间有几度至十几度的温差；至于平衡汽化，其气相温度与液相温度是一样的。

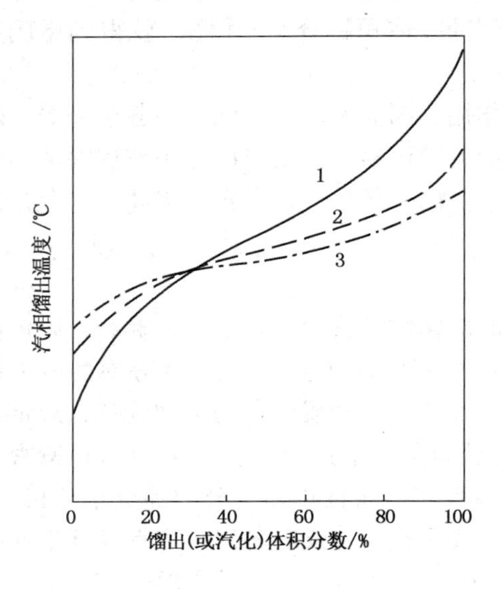

图 5-4 三种蒸馏曲线比较
1—实沸点蒸馏；2—恩氏蒸馏；3—平衡汽化

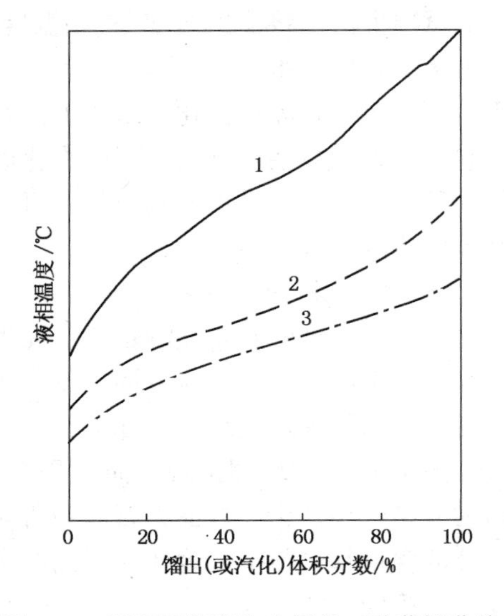

图 5-5 用液相温度为坐标的三种蒸馏曲线
1—实沸点蒸馏；2—恩氏蒸馏；3—平衡汽化

由此可见，在对分离精确度没有严格要求的情况下，采用平衡汽化可以用较低的温度而得到较高的汽化率。这一点对炼油过程有重要的实际意义。因为这不但可以减轻加热设备的负荷，而且也减轻或避免了油品因过热分解而引起降质和设备结焦。这就是为什么平衡汽化的分离效率虽然最差却仍然被大量采用的根本原因。

二、蒸馏曲线的相互换算

三种蒸馏曲线的换算主要求助于经验的方法。通过大量实验数据的处理，找到各种曲线之间的关系，制成若干图表以供换算之用。由于各种石油和石油馏分的性质有很大的差异，而在做关联工作时不可能对所有的油料都进行蒸馏试验，因而所制得的经验图表不可能有广泛的适用性，而且在使用时也必然会带来一定的误差。因此，在使用这些经验图表时必须严格注意它们的适用范围以及可能的误差。只要有可能，应尽量采用实测的实验数据。下面介绍的换算图表一般都是以体积分数来表示收率。

（一）常压蒸馏曲线的相互换算

1. 常压恩氏蒸馏曲线和实沸点蒸馏曲线的互换

这种互换可以利用图 5-6 和图 5-7。这两张图适用于特性因数 $K=11.8$，沸点低于 427℃的油品。据考核，计算馏出温度与实验值相差约 5.5℃，偏离规定条件时可能产生重大误差。

图的用法：先用图 5-6 将一种蒸馏曲线的 50%点温度换算为另一种曲线的 50%点温度。再将该蒸馏曲线分为若干线段（如 0～10%，10%～30%，30%～50%，50%～70%，70%～90%和 90%～100%），用图 5-7 将这些线段的温差值换算为另一种蒸馏曲线的各段温差。最后以已经换得的 50%点为基点，向两头推算出曲线的其他各点。

换算时，凡恩氏蒸馏温度高出 246℃者，考虑到裂化的影响，须用下式进行温度校正：

$$\lg D = 0.00852t - 1.691 \quad (5-1)$$

式中 D——温度校正值（加至 t 上），℃；

t——超过 246℃的恩氏蒸馏温度，℃。

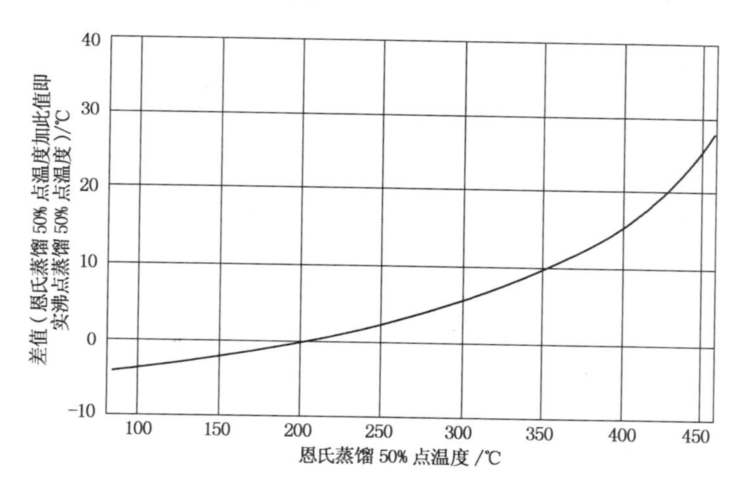

图 5-6 实沸点蒸馏 50%馏出温度与恩氏蒸馏 50%馏出温度的关系

【例 5-1】 某轻柴油馏分的常压恩氏蒸馏数据如下：

馏出（体积分数）/%	0	10	30	50	70	90	100
温度/℃	239	258	267	274	283	296	306

将其换算为实沸点蒸馏曲线。

解：

① 首先作裂化校正，校正后的恩氏蒸馏数据为：

馏出（体积分数）/%	0	10	30	50	70	90	100
温度/℃	239	261.2	270.8	278.4	288.3	302.8	314.2

② 图 5-6 确定实沸点蒸馏 50%点。由图 5-6 查得它与恩氏蒸馏 50%点之差值为 4.0℃，故：实沸点蒸馏 50%点＝278.4+4.0＝282.4（℃）。

③ 用图 5-7 查得实沸点蒸馏曲线各段温差：

曲线线段	恩氏蒸馏温差/℃	实沸点蒸馏温差/℃
0%~10%	22.2	38
10%~30%	9.6	18.9
30%~50%	7.6	13
50%~70%	9.9	13.4
70%~90%	14.5	18.6
90%~100%	11.4	13

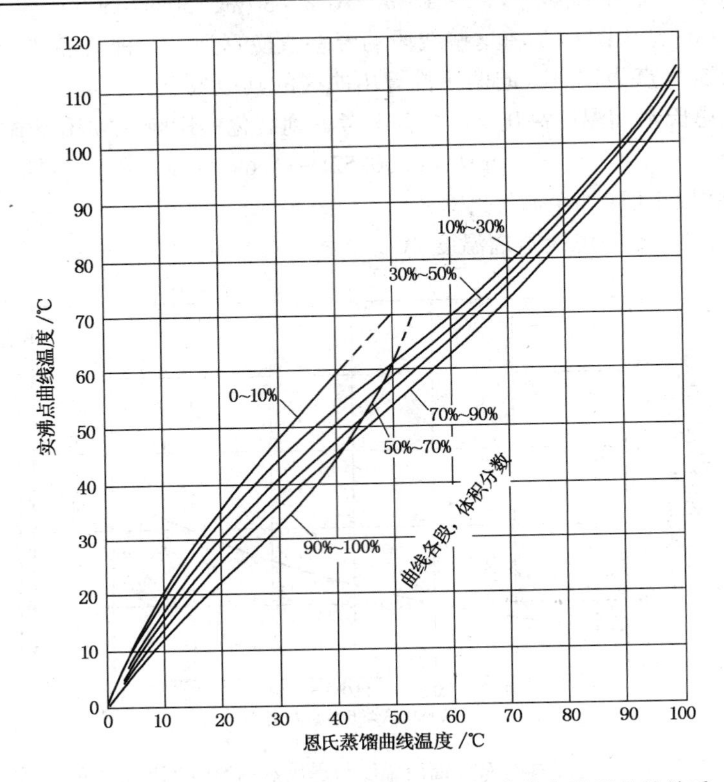

图 5-7 实沸点蒸馏曲线各段温差与恩氏蒸馏曲线各段温差的关系

④ 由实沸点蒸馏 50%点(282.4℃)推算得其他实沸点蒸馏点温度：

30%点=282.4-13=269.4(℃)

10%点=269.4-18.9=250.5(℃)

0%点=250.5-38=212.5(℃)

70%点=282.4+13.4=295.8(℃)

90%点=295.8+18.6=314.4(℃)

100%点=314.4+13=327.4(℃)

将实沸点蒸馏数据换算为恩氏蒸馏数据时，计算程序类似，只是 50%点需用试差法确定。

2. 常压恩氏蒸馏曲线和平衡汽化曲线的互相换算

这类换算可借助于图 5-8 和图 5-9 进行，此两图适用于特性因数 $K=11.8$，沸点低于427℃的油品，据若干实验数据核对，计算值与实验值之间的偏差在8.3℃以内。使用方法同图5-6和图5-7相仿，只是在换算50%点时要用到恩氏蒸馏曲线10%~70%的斜率。

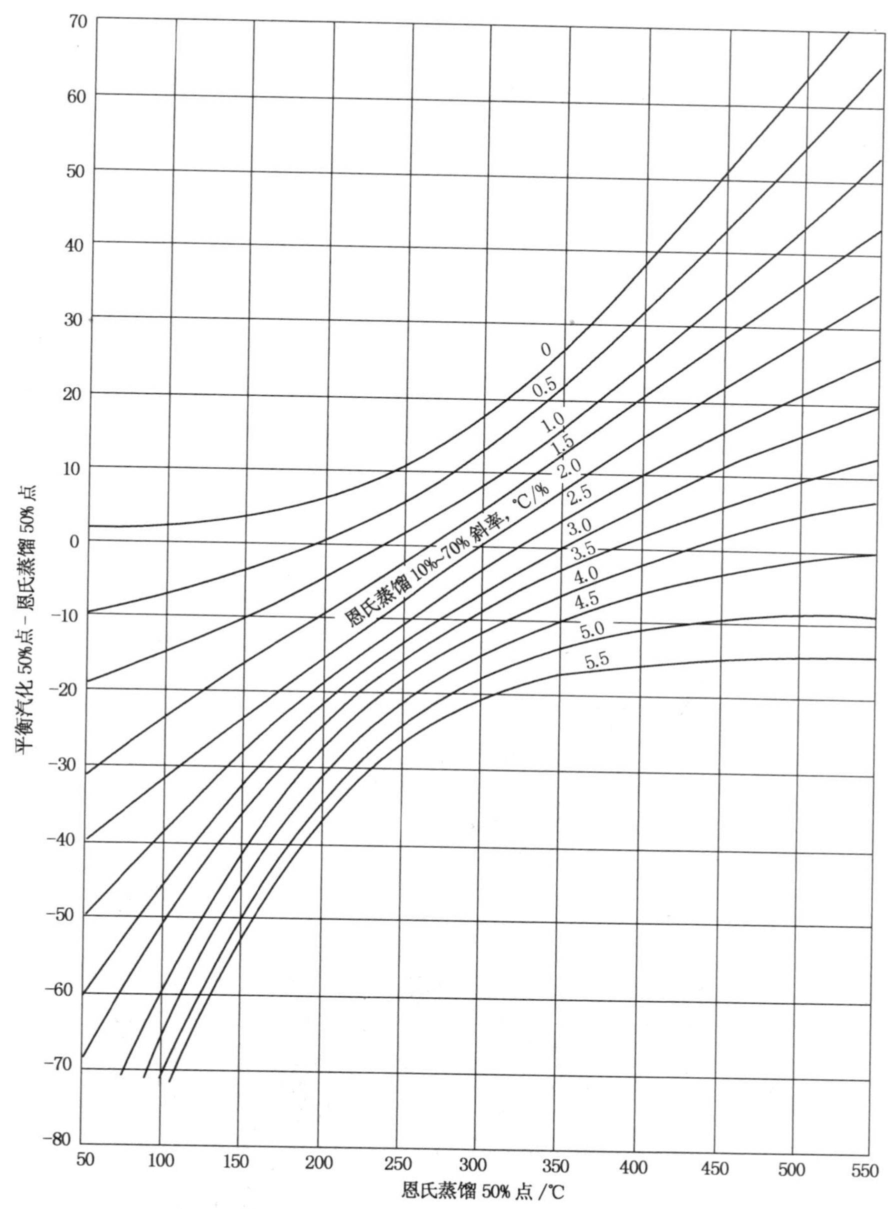

图5-8　常压恩氏蒸馏50%点与平衡汽化50%点换算图

【例5-2】 某轻柴油馏分的常压恩氏蒸馏数据如下(已经裂化校正)

馏出(体积分数)/%	0	10	30	50	70	90	100
温度/℃	239	261.2	270.8	278.4	288.3	302.8	314.2

将其换算为常压平衡汽化数据。

解：

① 图 5-8 换算 50%点温度：

恩氏蒸馏 10%～70%斜率＝(288.3－261.2)/(70－10)＝0.45(℃/%)

由图查得：

平衡汽化 50%点－恩氏蒸馏 50%点＝9.5(℃)

平衡汽化 50%点＝278.4+9.5＝287.9(℃)

② 图 5-9 查得平衡汽化曲线各段温差

曲线线段	恩氏蒸馏温差/℃	平衡汽化温差/℃
0%～10%	22.2	9.4
10%～30%	9.6	5.0
30%～50%	7.6	3.8
50%～70%	9.9	4.5
70%～90%	14.5	6.2
90%～100%	11.4	3.2

③ 由 50%点及各线段温差推算平衡汽化曲线的各点温度：

30%点＝287.9－3.8＝284.1(℃)

10%点＝284.1－5.0＝279.1(℃)

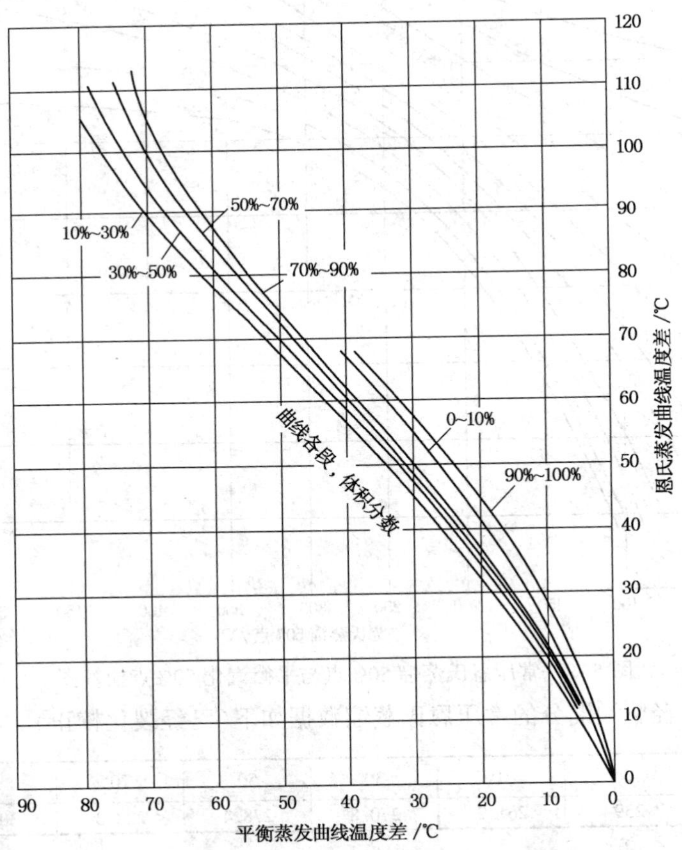

图 5-9　平衡汽化曲线各段温差与恩氏蒸馏曲线各段温差关系图

0%点=279.1−9.4=269.7(℃)

70%点=287.9+4.5=292.4(℃)

90%点=292.4+6.2=298.6(℃)

100%点=298.6+3.2=301.8(℃)

3. 常压实沸点蒸馏曲线与平衡汽化曲线的换算

利用图5−10进行换算。该图引进了参考线的概念，所谓参考线是指通过实沸点蒸馏或平衡汽化曲线的10%点与70%点的直线。具体换算可参阅有关书籍。

这种通过参考线换算的方法比较麻烦，而且偏差也较大，因此，当同时具备恩氏蒸馏和实沸点蒸馏数据时，建议从恩氏蒸馏数据换算平衡汽化曲线更为妥当。

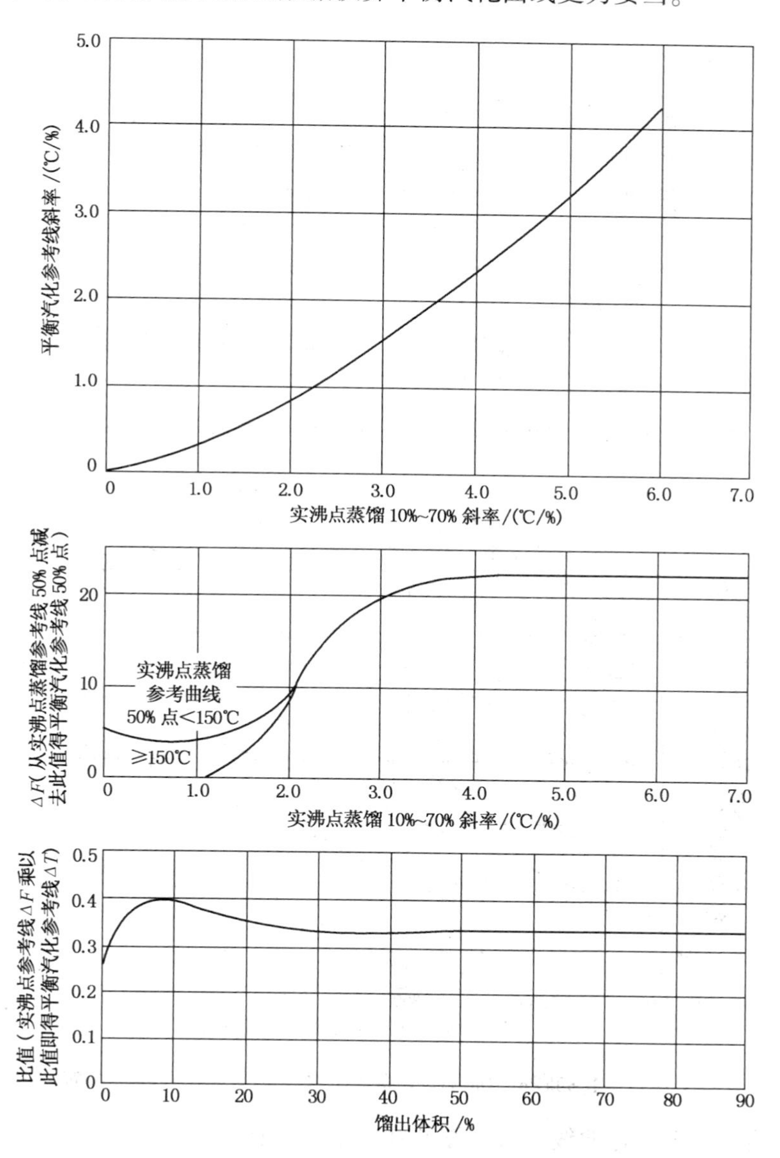

图5−10 常压实沸点蒸馏曲线与平衡汽化曲线的换算

（二）减压 1.33kPa（残压 10mmHg）蒸馏曲线的相互换算

恩氏蒸馏和实沸点蒸馏曲线互换用图 5-11。使用该图时假定恩氏蒸馏 50%点温度与实沸点蒸馏 50%点温度相同。

恩氏蒸馏和平衡汽化曲线互换用图 5-12 和图 5-13。

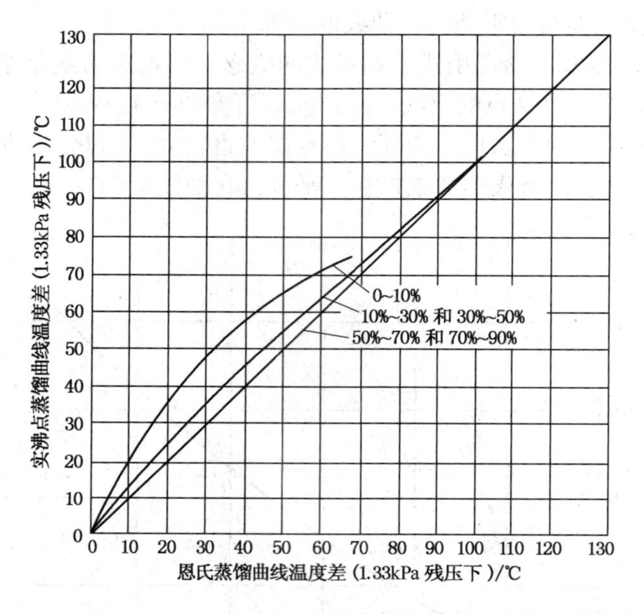

图 5-11 1.33kPa（10mmHg）恩氏蒸馏与实沸点蒸馏曲线各段温差换算

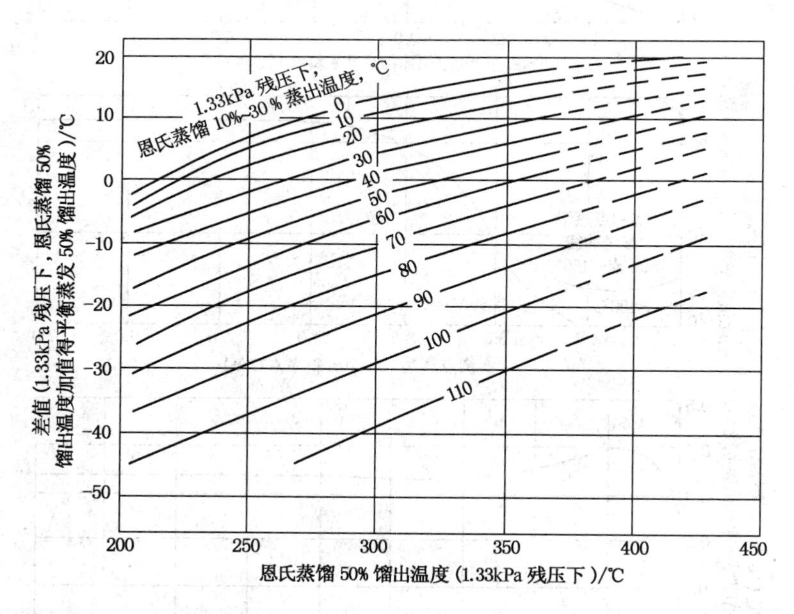

图 5-12 1.33kPa（10mmHg）恩氏蒸馏与平衡汽化 50%点换算

实沸点蒸馏和平衡汽化曲线互换用图 5-14 和图 5-15。

这套换算图是根据若干重残油的实验数据归纳而得，当然只适用于重残油。据校验，使用这些图表换算的误差约在14℃以内。它们的用法同常压恩氏蒸馏与实沸点蒸馏曲线的换算图的用法相似。

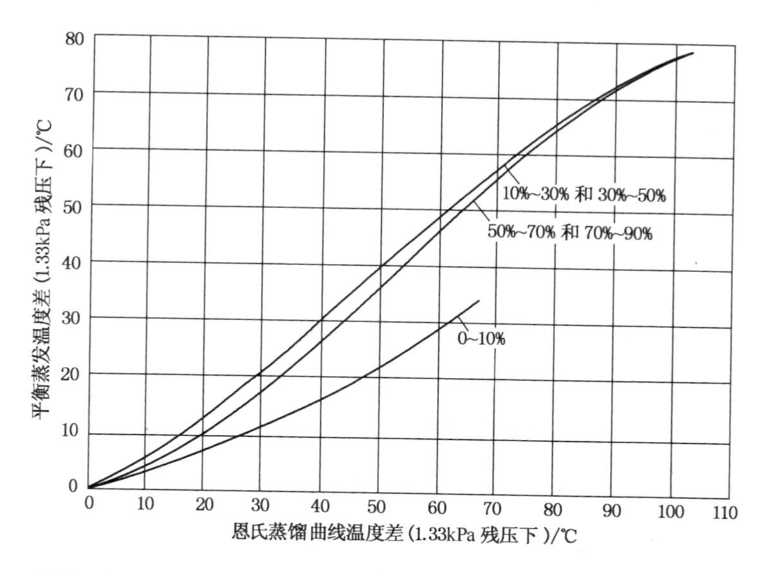

图5-13 1.33kPa(10mmHg)恩氏蒸馏与平衡汽化曲线段温差换算

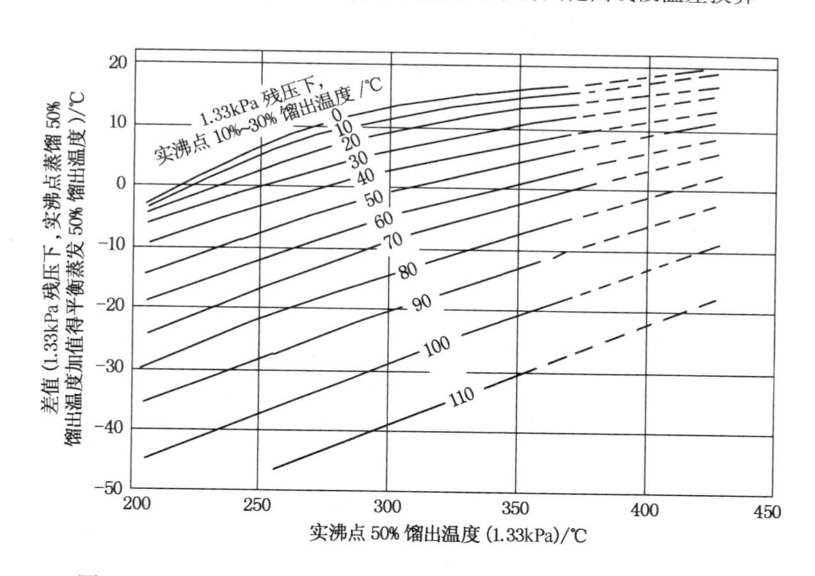

图5-14 1.33kPa(10mmHg)实沸点蒸馏与平衡汽化50%点换算

(三)常压平衡汽化曲线换算为高压平衡汽化曲线

这种换算需借助于石油馏分的$P-T-e$相图,见图5-16。此图的纵坐标是压力的对数,横坐标是绝对温度。如果将一种石油馏分在几个不同的压力下的平衡汽化数据标绘在这种坐标纸上,就会发现不同压力下同样汽化百分数的各点可以连成直线,而且这一束不同汽化百分数的$P-T$线会聚于一点,这一点称为焦点。基于这种特性,只要能确定该石油馏分的焦点,再有一套常压平衡汽化数据,就可以作出该油品的$P-T-e$相图。从而可以读出不同压力下的平衡汽化数据。

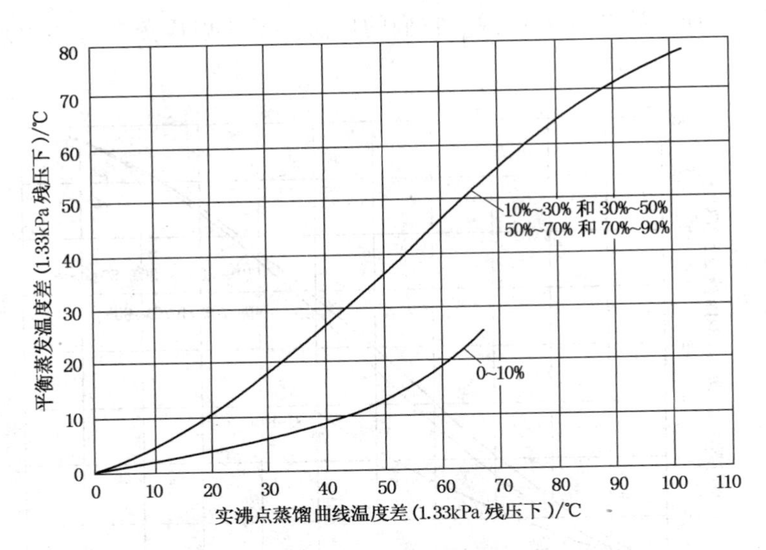

图 5-15 1.33kPa(10mmHg)实沸点蒸馏与平衡汽化曲线各段温差换算

石油馏分 $P-T-e$ 相图中的焦点只不过是由实验数据制作的不同汽化率 e 的几条 $P-T$ 线的会聚点，它并不是临界点。石油馏分的焦点位置可由图 5-17 和图 5-18 求得。

本法只适用于临界温度以下的温度，接近于临界区时，也不可靠。当采用的常压平衡汽化数据为实验值时，误差一般在 11℃以内。本法不适用于求定减压下的平衡汽化数据。

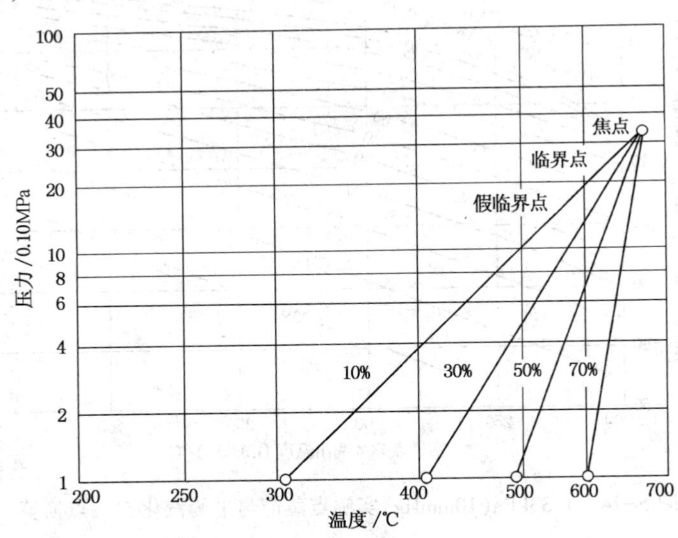

图 5-16 石油馏分的 $p-T-e$ 相图

【例 5-3】 已知某原油的常压平衡汽化数据如下：

汽化(体积分数)/%	10	30	50	70
温度/℃	302.5	405.0	492.0	579.5

其他性质为：相对密度 $d_4^{20}=0.9459$；特性因数 $K=11.7$；体积平均沸点 = 468.5℃；恩

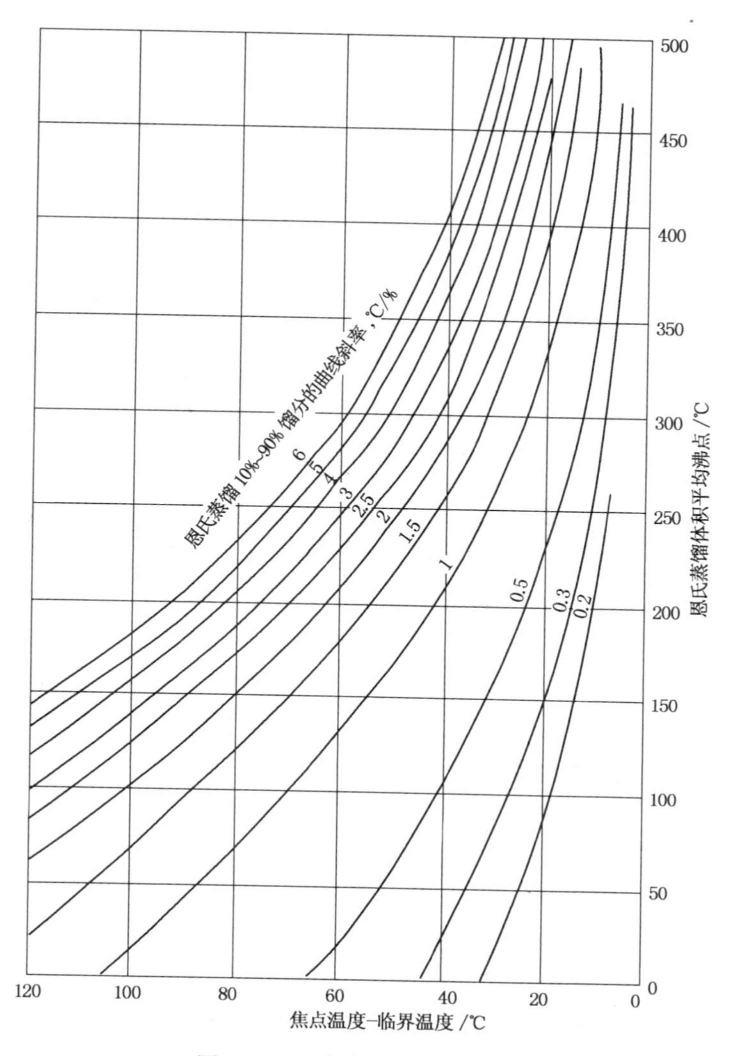

图 5-17 石油馏分焦点温度图

氏蒸馏曲线 10%～90%的斜率＝6. 0℃/%；临界温度＝638℃；临界压力＝2. 72MPa，求该原油在 220kPa 下的平衡汽化数据。

解：由图 5-17 和图 5-18 确定，焦点温度＝638+32＝670℃

焦点压力＝2. 72+0. 78＝3. 5MPa

在 $p-T-e$ 相图坐标纸上标出焦点和常压平衡汽化的各点，联成一组 $p-T-e$ 直线，即得该原油的 $p-T-e$ 相图，见图 5-16。由图可读得 220kPa 的平衡汽化数据：

汽化(体积分数)/%	10	30	50	70
温度/℃	356	448	515	600

关于各种蒸馏曲线的换算要强调的是：所有这些方法图表都是根据一定数量的实验数据归纳而得，因而是经验性的，在使用时必须注意它们的适用范围和可能的误差。而且，这些经验图表的基础数据都来源于外国原油，虽然其数据来源比较广泛，但是有时也会遇到不能

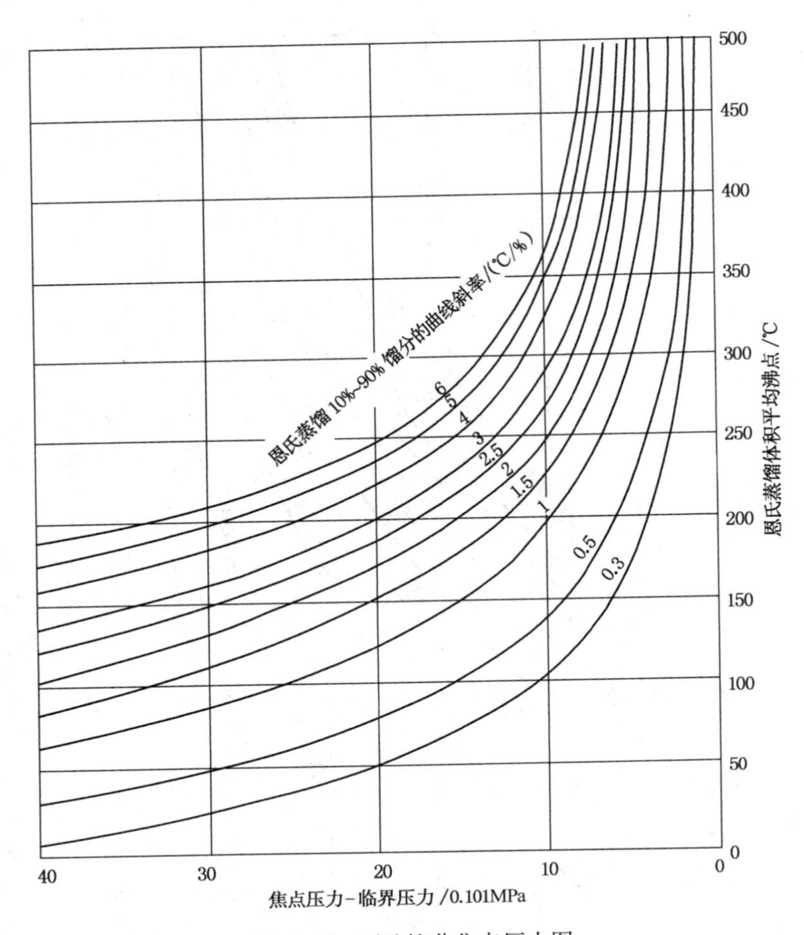

图 5-18　石油馏分焦点压力图

反映我国某些原油性质特点的情况。因此，在进行工艺计算时，应力求采用实际的实验数据，特别是对工艺计算全局有重要影响之处更应如此。

近年来，由于计算机技术的迅速发展，采用处理多元系气液平衡的方法来处理石油馏分气液平衡的研究工作有很大进展。但是，由于石油组成的复杂性，就目前来说，在实际的工艺计算过程中，常常还需要采用上面介绍的方法。

第三节　原油蒸馏塔内气液负荷分布规律

原油蒸馏塔内上下的平均相对物流分子质量差别较大，因此，塔内的气、液相摩尔流量在每层塔板上是不相同的。蒸馏塔内气、液相负荷是蒸馏塔设计与操作的重要依据。

为了分析原油蒸馏塔内气、液相负荷沿塔高的分布规律，可以选择几个有代表性的截面，作适当的隔离体系，然后分别作热平衡计算，求出它们的气、液负荷，从而了解它们沿塔高的分布规律。下面我们以常压精馏塔为例进行分析。在以下计算分析中所用的符号意义如下：

F，D，M，G，W——分别为进料、塔顶汽油、侧线煤油、侧线柴油和塔底重油的流量，kmol/h；

t_M，t_G，t_w——分别为侧线煤油、侧线柴油和塔底重油的温度，℃；

t_F，t_1——分别为进料和塔顶的温度，℃；

L_0——塔顶回流量，kmol/h；

e——进料汽化率，mol 分率；

S——塔底汽提蒸汽用量，kmol/h；

t_S——汽提用过热水蒸气温度，℃；

h——物流焓，kJ/kmol，上角标 V 代表气相，L 表示液相。

一、塔顶气、液相负荷

图 5-19 是常压蒸馏塔全塔热平衡示意图。对虚线框出的这个隔离体系作热平衡。

为简化计，侧线汽提蒸汽量暂不计入。

先不考虑塔顶回流，则进入该隔离体系的热量 $Q_入$ 为：

$$Q_入 = Feh^V_{F,\ t_F} + F(1-e)h^L_{F,\ t_F} + Sh^V_{S,\ t_S},\ \text{kJ/h}$$

离开隔离体系的热量 $Q_出$ 为：

$$Q_出 = Dh^V_{D,\ t_1} + Sh^V_{S,\ t_1} + Mh^L_{M,\ t_M} + Gh^L_{G,\ t_G} + Wh^L_{W,\ t_W},\ \text{kJ/h}$$

令 $Q = Q_入 - Q_出$，kJ/h

则 Q 显然是为了达到全塔热平衡必须由塔顶回流取走的热量，亦即全塔回流热。温度为 t_0，流量为 L_0 的塔顶回流入塔后，在塔顶第一层塔板上先被加热至饱和液相状态，继而汽化为温度 t_1 的饱和蒸气，自塔顶逸出并将回流热 Q 带走。所以

$$Q = L_0(h^V_{L_0,\ t_1} - h^L_{L_0,\ t_0}),\ \text{kJ/h}$$

塔顶回流量：

$$L_0 = \frac{Q}{h^V_{L_0,\ t_1} - h^L_{L_0,\ t_0}},\ \text{kmol/h}$$

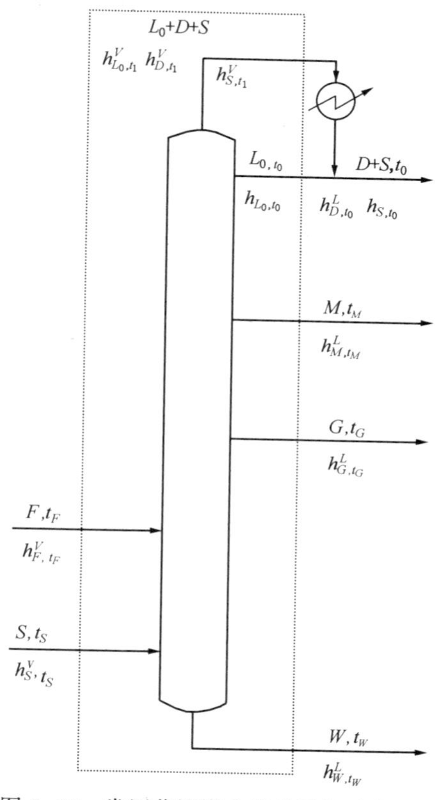

图 5-19 常压蒸馏塔全塔热平衡示意图

塔顶气相负荷：

$$V_1 = L_0 + D + S,\ \text{kmol/h}$$

二、汽化段气、液相负荷

如果将过汽化量忽略，则汽化段液相负荷（即精馏段最低一层塔板 n 流下的液相回流量）为：

$$L_n = 0,\ \text{kmol/h}$$

实际计算中应将过汽化量计入，此时 L_n 不等于零，L_n 的计算方法类似于下面介绍的塔中部某板下的回流的计算方法。

气相负荷（从汽化段进入精馏段的气相流量）为：

$$V_F = D + M + G + S + L_n$$

三、最低侧线抽出板下方的气、液相负荷

图 5-20 是汽化段至柴油侧线抽出板下的塔段。

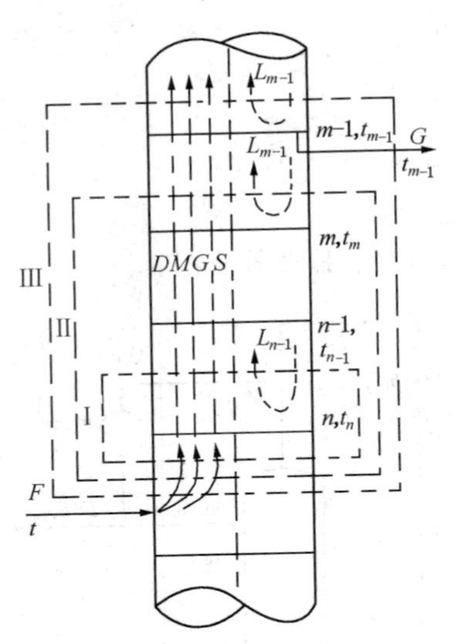

图 5-20 常压塔汽化段与精馏段的气、液相负荷

先考察 L_{n-1}。为此，作隔离体系 I，暂不计液相回流 L_{n-1} 在 n 板上汽化时焓的变化，则进、出隔离体系的热量为：

$$Q_{\text{入}, n} = Dh^V_{D, t_F} + M^V_{M, t_F} + Gh^V_{G, t_F} + Wh^V_{W, t_F} + Sh^V_{S, t_F}$$

$$Q_{\text{出}, n} = Dh^V_{D, t_n} + Mh^V_{M, t_n} + Gh^V_{G, t_n} + Wh^V_{W, t_n} + Sh^V_{S, t_n}$$

在精馏过程中，沿塔自下而上有一个温度梯度，故 $t_F>t_n$

所以 $Q_{\text{入},n}>Q_{\text{出},n}$

令 $Q_n=Q_{\text{入},n}-Q_{\text{出},n}$

则 Q_n 就是液相回流 L_{n-1} 在第 n 板上汽化所取走的热量，称为 n 板上的回流热，所以其回流量为：

$$L_{n-1} = \frac{Q_n}{h^V_{L_{n-1}, t_n} - h^L_{Ln-1, t_{n-1}}}, \text{ kmol/h}$$

上式的分母项是由该回流在温度 t_n 时的千摩尔汽化潜热和回流由 t_{n-1} 升温至 t_n 时吸收的显热所组成，而前者则占主要部分。

可见，即使在汽化段处没有液相回流的情况下，汽化段上方的塔板上已有回流出现，若没有这个回流，温度为 t_F 的上升蒸气在第 n 板是不会降低到温度 t_n 的。

第 n 板上的气相负荷：

$$V_n = D + M + G + S + L_{n-1}, \text{ kmol/h}$$

现在再考察柴油抽出板(第 m-1 板)下的 V_m 和 L_{m-1}。

在图 5-20 作隔离体系Ⅱ，并作该体系热平衡。进出该隔离体系的热量如下：

$$Q_{\text{入}, m} = Dh^V_{D, t_F} + Mh^V_{G, t_F} + Gh^V_{G, t_F} + Wh^V_{W, t_F} + Sh^V_{S, t_F} = Q_{\text{入}, n}, \text{ kJ/h}$$

$$Q_{\text{出}, m} = Dh^V_{D, t_m} + Mh^V_{M, t_m} + Gh^V_{G, t_m} + Sh^V_{S, t_m}, \text{ kJ/h}$$

令 m 板上的回流热为 Q_m，则

$$Q_m = Q_{\text{入}, m} - Q_{\text{出}, m}$$

而 $Q_n=Q_{\text{入},n}-Q_{\text{出},n}$

由于 $t_m<t_n$，故 $Q_{\text{出},m}<Q_{\text{出},n}$

所以 $Q_m>Q_n$

即汽化段以上，沿塔高上行，须由塔板上取走的回流热逐板增大。

从第 m-1 板流至第 m 板的液相回流量为：

$$L_{m-1} = \frac{Q_m}{h^V_{L_{m-1}, t_m} - h^L_{m-1, t_{m-1}}}, \text{ kmol/h}$$

上式中的分母项仍可看作回流 L_{m-1} 的摩尔蒸发潜热与由 t_m 降至 t_{m-1} 显热之和。烃类的摩尔汽化潜热随着相对分子质量和沸点的减小而减小，而沿塔高每层塔板上的回流越来越大，这样，以摩尔数表示的液相回流量沿塔高是逐渐增大的，即

$$L_n < L_{n-1} < L_m < L_{m-1}$$

现在分析气相负荷。

自第 n 板上升的气相负荷应为：

$$V_n = D + M + G + S + L_{n-1}, \text{ kmol/h}$$

自第 m 板上升的气相负荷为：

$$V_m = D + M + G + S + L_{m-1}, \text{ kmol/h}$$

将式 V_m 与 V_n 比较，既然 $L_{n-1}<L_{m-1}$，显然 $V_m>V_n$

与液相回流的变化规律一样，以摩尔流量表示的气相负荷也是沿塔高的高度自下而上渐增。

四、经过侧线抽出板时的气、液相负荷

以柴油抽出板 $m-1$ 板为例，按图 5-20 对隔离体系Ⅲ作热平衡。暂不计回流。

$$Q_{入, m-1} = Q_{入, n} = Q_{入, m}$$

而 $Q_{出,m-1}=Dh^V_{D,t_{m-1}}+Mh^V_{D,t_{m-1}}+Gh^L_{G,t_{m-1}}+Sh^V_{S,t_{m-1}}$

上式可写成：

$$Q_{出, m-1} = Dh^V_{D, t_{m-1}} + Mh^V_{M, t_{m-1}} + Gh^V_{G, t_{m-1}} + Sh^V_{S, t_{m-1}} - G(h^V_{G, t_{m-1}} - h^L_{G, t_{m-1}})$$

第 $m-1$ 板上的回流热：

$$Q_{m-1} = Q_{入, m-1} - Q_{出, m-1}, \quad \text{kJ/h}$$

故由第 $m-2$ 板流至第 $m-1$ 板的液相回流量为：

$$L_{m-2} = \frac{Q_{m-1}}{h^V_{L_{m-2}, t_{m-1}} - h^L_{L_{m-2}, t_{m-2}}}, \quad \text{kmol/h}$$

由以上分析不难看出，经过柴油抽出板 $m-1$ 板时，除了因为塔板温度的下降而引起的回流热的少量增加以外，回流热还有一个突然的较大增加。这个突增值就是 $G(h^V_{G,t_{m-1}}-h^L_{G,t_{m-1}})$，它相当于柴油馏分的冷凝潜热。与回流热的突增情况相对应，流到柴油抽出板上的液相回流量 L_{m-2} 也要比自该抽出板流下去的液相回流量 L_{m-1} 要多出一个较大的突增量。多出的回流量可以看作是由两部分组成的：一部分是由于塔板自下而上的温降所需的回流量，这一部分和没有侧线抽出的塔板是类似的；另一部分则相当于上述回流热的突变，即该侧线馏分（如柴油）的冷凝潜热须由这部分回流在抽出板上汽化而带走。正是由于这部分突增回流的变化，才能使柴油馏分蒸气在抽出板上冷凝下来，并从抽出口抽出。

由此可得出这样的结论：沿塔高自下而上，每经过一个侧线抽出塔板，液相回流量除由于塔板温降所造成的少量增加外，另有一个突然的增加。这个突增量可以认为等于侧线抽出量，因为 L_{m-2} 与柴油的组成和物性（如汽化潜热）可以近似地看作是相同的。至于侧线抽出板上的气相负荷，则情况与液相负荷有所不同。柴油抽出板上的气相负荷为：

$$V_{m-1} = D + M + S + L_{m-2}, \quad \text{kmol/h}$$

与 V_m 相比较，V_{m-1} 中减少了 G，但是 L_{m-2} 比 L_{m-1} 却除了因塔板温降而引起的少量增加外，还增加了一个突增量，这个突增量正好相当于 G。因此，在经过侧线抽出板时，虽然液相负荷有一个突然的增量，而气相负荷却仍然只是平缓地增大。

五、塔顶第一、二层塔板之间的气、液相负荷

前面讨论的从汽化段往上的液相回流分布情况所涉及的回流都是热回流。到了塔顶第一

板上，情况发生了变化，进入塔顶第一板上的液相回流不是热回流而是冷回流，即是温度低于泡点的液体。因此，在第一板上的回流量的变化不同于其下面各板上回流变化的规律。下面我们分析一下回流量在一、二层板之间的变化情况。

图 5-21 示出塔顶部的物流及其温度。塔顶回流量为 L_0，温度为 t_0，塔顶第一层塔板温度为 t_1，而 $t_0<t_1$。Q_2 为第二层塔板的回流热，Q_1 为第一层塔板上的回流热。从第一板流至第二板的回流量 L_1 为：

$$L_1=\frac{Q_2}{h^V_{L_1,t_2}-h^L_{L_1,t_1}},\quad \text{kmol/h}$$

塔顶冷回流量为：

$$L_0=\frac{Q_1}{h^V_{L_0,t_1}-h^L_{L_0,t_0}},\quad \text{kmol/h}$$

当不设中段循环回流时，Q_1 也就是全塔回流热。

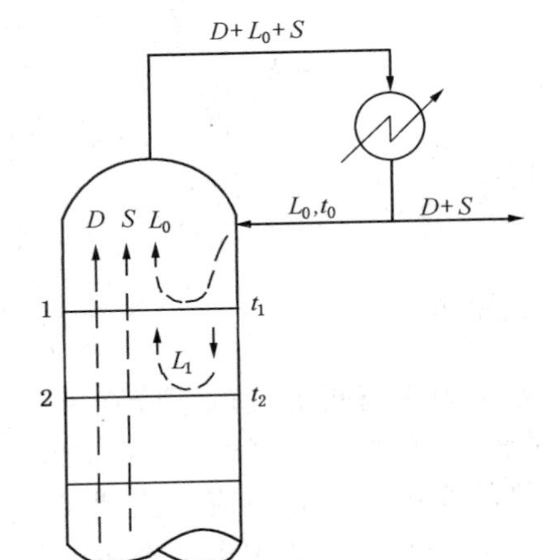

图 5-21 塔顶部气、液相负荷

一般来说，相邻两层塔板的温降是不大的，回流热的增长也不多，液相回流组成和蒸发潜热的变化不会很显著。因而可近似地认为 $Q_1\approx Q_2$，$t_1\approx t_2$。$h^V_{L_1,t_2}\approx h^V_{L_0,t_1}$。但 t_0 明显地低于 t_1，故 $h^L_{L_0,t_0}<h^L_{L_1,t_1}$，所以 $L_1>L_0$。

既然 $V_1=D+S+L_0$，kmol/h

而 $V_2=D+S+L_1$，kmol/h

显然 $V_2>V_1$

可见，在塔顶第一、二层塔板之间，气、液相负荷达到最高值，越过塔顶第一板后，气、液相负荷急剧下降。

综合以上对各塔段的分析，原油精馏塔内的气、液相负荷分布规律可归纳如下(不考虑汽提水蒸气)：

原油进入汽化段后，其气相部分进入精馏段。自下而上，由于温度逐板下降引起液相回流量(kmol/h)逐渐增大，因而气相负荷(kmo/h)也不断增大。到塔顶第一、二层塔板之间，气相负荷达到最大值。经过第一板后，气相负荷显著减小。从塔顶送入的冷回流，经第一板后变成了热回流(即处于饱和状态)，液相回流量有较大幅度的增加，达到最大值。在这以后自上而下，液相回流量逐板减小。每经过一层侧线抽出板，液相负荷均有突然的下降，其减少的量相当于侧线抽出量。到了汽化段，如果进料没有过汽化量，则从精馏段最末一层塔板流向汽化段的液相回流量等于零。通常原油入精馏塔时都有一定的过汽化度，则在汽化段会有少量液相回流，其数量与过汽化量相等。

进料的液相部分向下流入汽提段。如果进料有过汽化度，则相当于过汽化量的液相回流也一起流入汽提段。由塔底吹入水蒸气，自下而上地与下流的液相接触，通过降低油气分压的作用，使液相中所携带的轻质油料汽化。因此，在汽提段，由上而下，液相和气相负荷愈来愈小，其变化大小视流入的液相携带的轻组分的多寡而定。轻质油料汽化所需的潜热主要靠液相本身来提供，因此液体向下流动时温度逐板有所下降。

塔内的气、液相负荷分布是不均匀的，即上大下小，而塔径设计是以最大气、液相负荷来考虑的。对一定直径的塔，处理量受到最大蒸气负荷的限制，因此，经济性差。

同时，全塔的过剩热全靠塔顶冷凝器取走，一方面要庞大的冷凝设备与大量的冷却水，投资、操作费用高。另一方面低温位的热量不易回收和利用。因此采用中段循环回流来解决以上的问题。

图 5-22 表示采用中段循环回流前后常压塔精馏段气、液相负荷分布规律的变化。中段循环回流的进出口位置示意见图 5-23。

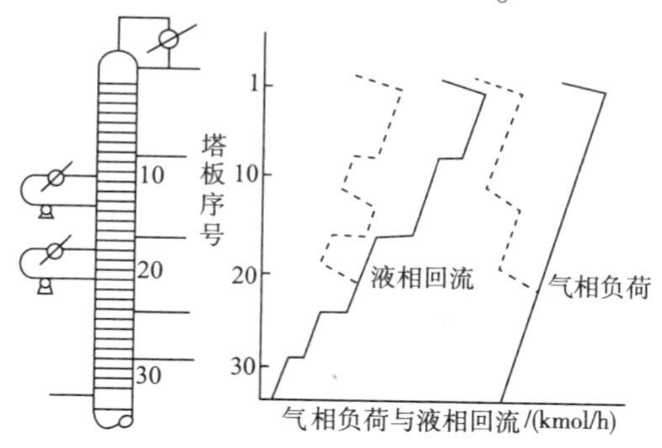

图 5-22　采用中段循环回流前后常压塔精馏段气、液相负荷分布的变化

——只有塔顶冷回流；

---采用两个中段循环回流时(未包括循环量本身)

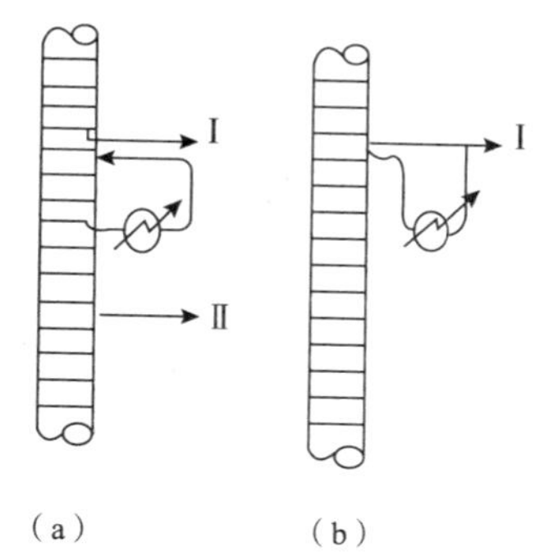

图 5-23　中段循环回流的进出口位置

由于循环回流设置在原油精馏塔的中部，故称为中段循环回流。原油蒸馏塔沿塔高的温度梯度较大，从塔的中部抽出的回流热的温位显然要比从塔顶抽出的回流热的温位高出许多，因而是价值更高的可利用热源。大、中型原油蒸馏塔几乎都采用中段循环回流。当然，采用中段循环回流也会带来一些不利之处，如中段循环回流上方塔板上的回流比相应降低，塔板效率也有下降；中段循环回流的出入口之间要增设换热塔板，使塔板数和塔高增大；相应增设泵和换热器，工艺流程变得复杂些，等等。上述不利影响应予以注意并采取一定的措施，例如使中段回流上部回流比减小的问题，可以对中段回流的取热量适当限制以保证塔上部的分馏精度能满足要求。对常压塔，中段回流取热量一般以占全塔回流热的 40%～60% 为宜。

设置中段循环回流时，还需考虑以下几个具体问题：

(1) 中段循环回流的数目。理论上讲，数目愈多，塔内气、液负荷愈均匀，但工艺流程也愈复杂，设备投资也高。一般说来，对有三四个侧线的精馏塔，推荐用两个中段回流；对只有一二个侧线的塔，以采用一个中段回流为宜。采用第三个中段回流的价值不大。在塔顶和一线之间，一般不设中段回流，因为这对使负荷均匀化的作用不太大，而且取出热量的温位也较低。

(2) 中段循环回流进出口的温差。温差愈大在塔内需要增设的换热塔板数也愈多，而且温位降低过多的热量也不好利用。国外采用的温差常在 60～80℃，国内则多采用80～120℃。

(3) 中段循环回流的进出口位置。中段回流的进塔口一般设在抽出口的上部。在两个侧线之间，若抽出口太靠近下一个侧线不好，因为上方塔板上的回流大减，上面几层塔板的分馏效果降低很多。若进塔口紧挨着上一侧线 I 的抽出口也不太好，因为可能会有部分循环回流混入侧线 I 的柴油箱中，使侧线 I 的干点升高。因此，常用的方案是使中段回流的返塔入口与侧线Ⅰ的抽出板隔一层塔板，见图5-23(a)。在某些情况下，也采用图5-23(b)的方案，此时，侧线抽出板要采用全抽出斗。

第四节　原油蒸馏工艺流程

原油的常减压蒸馏是石油加工的第一道工序，是依次使用常压和减压的方法，将原油按照沸程范围切割成汽油、煤油、柴油、润滑油原料、裂化原料和渣油。在进行常减压蒸馏时，必须进行原油的预处理。传统的原油预处理是指对原油进行脱盐脱水，随着高酸值原油数量的增加，原油的预处理现也包括脱酸部分。

一、原油脱盐脱水

原油从油田开采出来后，必须先在油田进行初步的脱盐脱水，以减轻在输送过程中的动力消耗和管线腐蚀。但由于原油在油田的脱盐脱水效果不稳定，含盐量及含水量仍不能满足炼厂的需要。

(一) 原油含盐含水的危害

① 增加能量消耗　原油在蒸馏过程中要经历汽化、冷凝的相变化，水的汽化潜热很大(2255kJ/kg)，若水与原油一起发生相变时，必然要消耗大量的燃料和冷却水。而且原油在通过换热器、加热炉时，因所含水分随温度升高而蒸发，溶解于水中的盐类将析出且在管壁上形成盐垢，这不仅降低了传热效率，也会减小管内流通面积而增大流动阻力，水汽化之后体积明显增大，系统压力上升，导致泵出口压力增大，动力消耗增大。

② 干扰蒸馏塔的平稳操作　水的相对分子质量比油小得多，水汽化后使塔内气相负荷增大，含水量的波动必然会打乱塔内的正常操作，轻则影响产品分离质量，重则因水的“爆沸”而造成冲塔事故。

③ 腐蚀设备　氯化物，尤其是氯化钙和氯化镁，在加热并有水存在时，可发生水解反应放出HCl，后者在有液相水存在时即成盐酸，造成蒸馏塔顶部低温部位的腐蚀。

$$CaCl_2+2H_2O \longrightarrow Ca(OH)_2+2HCl$$

$$MgCl_2+2H_2O \longrightarrow Mg(OH)_2+2HCl$$

当加工含硫原油时，虽然生成的FeS能附着在金属表面上起保护作用，可是，当有HCl存在时，FeS对金属的保护作用不但被破坏，而且还加剧了腐蚀。

$$Fe+H_2S \longrightarrow FeS+H_2$$

$$FeS+2HCl \longrightarrow FeCl_2+H_2S$$

④ 影响二次加工原料的质量　原油中所含的盐类在蒸馏之后会集中于减压渣油中，当渣油进行二次加工时，无论是催化裂化还是加氢脱硫都要控制原料中钠离子的含量，否则将使催化剂中毒。含盐量高的渣油作为延迟焦化的原料时，加热炉管内因盐垢而结焦，产物石油焦也会因灰分含量高而降低等级。

为了减少原油含盐含水对加工的危害，目前对设有重油催化裂化装置的炼厂提出了深度电脱盐的要求：脱后原油含盐量要小于3mg/L，含水量小于0.2%。

(二) 原油脱盐脱水原理

原油中的盐大部分能溶于水，为了能脱除悬浮在原油中的盐细粒，在脱盐脱水之前向原油中注入一定量不含盐的清水，充分混合，然后在破乳剂和高压电场的作用下，使微小水滴聚集成较大水滴，借重力从油中分离，达到脱盐脱水的目的，这通常称为电化学脱盐脱水过程。

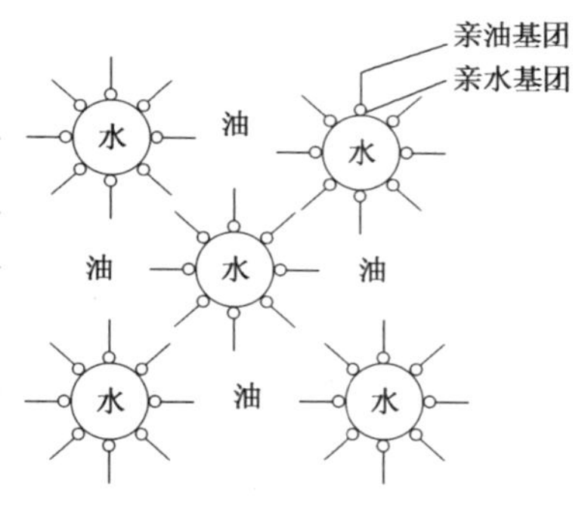

图 5-24　乳化剂形成“油包水”型乳化液的示意图

含水的原油是一种比较稳定的油包水型乳状液(见图 5-24)，之所以不易脱除水，主要是由于它处于高度分散的乳化状态。特别是原油中的胶质、沥青质、环烷酸及某些固体矿物质都是天然的乳化剂，它们具有亲水或亲油的极性基团。因此，极性基团浓集于油水界面而形成牢固的单分子保护膜。

保护膜阻碍了小颗粒水滴的凝聚，使小水滴高度分散并悬浮于油中，只有破坏这种乳化状态，使水珠聚结增大而沉降，才能达到油与水的分离目的。

水滴的沉降速度符合球形粒子在静止流体中自由沉降的斯托克斯定律：

$$u = \frac{d^2(\rho_1 - \rho_2)}{18\mu\rho_2}g \qquad (5-2)$$

式中　u——水滴沉降速度，m/s；

d——水滴直径，m；

ρ_1——水的密度，kg/m^3；

ρ_2——油的密度，kg/m^3；

μ——油的运动黏度，m^2/s；

g——重力加速度，m/s^2。

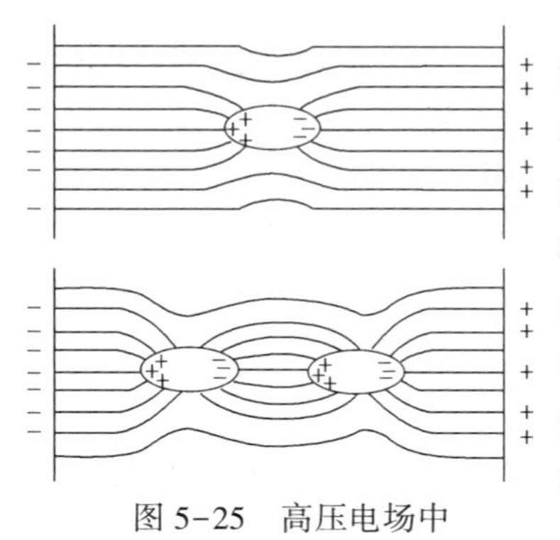
图 5-25　高压电场中水滴的偶极聚结

由式(5-2)可知，要增大沉降速度，主要取决于增大水滴直径和降低油的黏度，并使水与油密度差增加，前者由加破乳化剂和电场力来达到目的；后者则通过加热来实现。破乳化剂是一种与原油中乳化剂类型相反的表面活性剂，具有极性，加入后便削弱或破坏了油水界面的保护膜，并在电场的作用下，使含盐的水滴在极化、变形、振荡、吸引、排斥等复杂的作用后，聚成大水滴(图 5-25)。同时，将原油加热到 80~120℃，不但可使油的黏度降低，而且增大水与油的密度差，从而加快了水滴的沉降速度。

(三) 原油电脱盐工艺流程

原油的二级脱盐脱水工艺原理流程示意图如图 5-26 所示。

原油在与热源换热后加入水、破乳剂，通过静态混合器达到充分混合后从底部进入脱盐罐。一级脱盐罐脱盐率在 90%~95%之间，在进入二级脱盐罐之前，仍需注入淡水，一级注水是为了溶解悬浮的盐粒，二级注水是为了增大原油中的水量，以增大水滴的偶极聚结力。脱水原油从脱盐罐顶部引出，经接力泵送至换

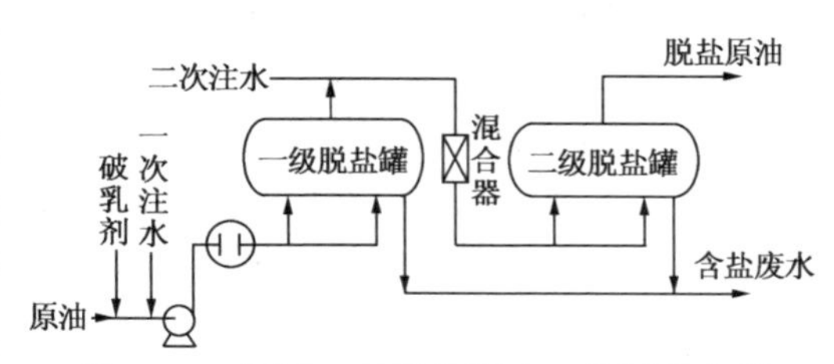

图 5-26　原油二级脱盐脱水工艺原理流程

热、蒸馏系统。脱出的含盐废水从罐底排出，经隔油池分出污油后排出装置。

长期来原油电脱盐脱水的工艺技术及设备有了长足的进步，出现了交流电脱盐技术、直流电脱盐技术、脉冲直流电脱盐技术、高速电脱盐技术，推动了电脱盐技术不断发展。但随着原油的重质化和劣质化变化趋势，在加工重质化、劣质化原油过程中，由于重质原油和水的密度差甚小，脱盐脱水的推动力变小，使实现脱后原油含盐、含水达到要求和排出污水含油达标，增加了难度。

近几年华东理工大学、江苏金门能源装备有限公司开发的双进油双电场原油深度脱盐脱水工艺技术有利于提高原油脱盐脱水效率。该技术在电脱盐脱水罐中设置了上、下两个低速电场；电脱盐脱水罐外进油总管末端分为两路进油支线，分别向上部电场和下部电场供油。原油进入罐内上、下两个电场，在强电场的作用下，原油中的水滴迅速聚结成大水滴而沉降，提高了原油脱盐脱水效率。上部电场聚集沉降到盘底的含盐污水通过落水管排到电场底部，避免了含盐污水与下部电场脱后原油逆流接触，避免了污染脱后原油。

(四) 影响脱盐脱水的因素

针对不同原油的性质、含盐量多少和盐的种类，合理地选用不同的电脱盐工艺参数。

1. 温度

温度升高可降低原油的黏度和密度以及乳化液的稳定性，水的沉降速度增加。若温度过高(>140℃)，油与水的密度差反而减小，同样不利于脱水。同时，原油的导电率随温度的升高而增大，所以温度太高不但不会提高脱水、脱盐的效果，反而会因脱盐罐电流过大而跳闸，影响正常送电。因此，原油脱盐温度一般选在 105~140℃。

2. 压力

脱盐罐需在一定压力下进行，以避免原油中的水轻组分汽化，引起油层搅动，影响水的沉降分离。操作压力视原油中轻馏分含量和加热温度而定，一般在 0.8~2MPa。

3. 注水量及注水的水质

在脱盐过程中，注入一定量的水与原油混合，将增加水滴的密度使之更易聚结，同时注水还可以破坏原油乳化液的稳定性，对脱盐有利。注水量一般为 5%~7%。增加注水量，脱盐效果会提高，但注水过多，会引起电极间出现短路跳闸。

4. 破乳剂和脱金属剂

破乳剂是影响脱盐率的最关键的因素之一。近年来随着新油井开发，原油中杂质变化很大，而石油炼制工业对馏分油质量的要求也越来越高，针对这一情况，许多新型广谱多功能破乳剂问世，一般都是二元以上组分构成的复合型破乳剂。破乳剂的用量一般是 10~30μg/g。

为了将原油电脱盐功能扩大，近年来开发了一种新型脱金属剂，它进入原油后能与某些金属离子发生螯合作用，使其从油转入水相再加以脱除。这种脱金属剂对原油中的 Ca^{2+}、Mg^{2+}、Fe^{2+} 的脱除率可分别达到 85.9%、87.5%和 74.1%，脱后原油含钙可达到 3μg/g 以下，能满足重油加氢裂化对原料油含钙量的要求。由于减少了原油中的导电离子，降低了原油的电导率，也使脱盐的耗电量有所降低。

5. 电场梯度

单位距离上的电压称为电场梯度。电场梯度越大，破乳效果越好。但电场梯度大于或等于电场临界分散梯度时，水滴受电分散作用，使已聚集的较大水滴又开始分散，脱水脱盐效果下降。我国现在各炼油厂采用的实际强电场梯度为500~1000V/cm，弱电场梯度为150~300V/cm。

二、原油脱酸

目前世界原油市场上高酸值原油（总酸值大于1.0mgKOH/g）的产量占全球原油总产量的5%左右，并且每年还在以0.3%的速度增长。而且随着油田的深度开发，原油酸值还有不断上升的趋势，这将给高酸值原油的加工带来极大的困难。

（一）加工含酸原油面临的问题

石油中的酸性含氧化合物包括环烷酸、芳香酸、脂肪酸和酚类等，总称为石油酸。环烷酸占石油酸性含氧化合物的90%左右，因此原油中酸的腐蚀主要是环烷酸的腐蚀。

在石油炼制过程中，环烷酸的腐蚀性极强，酸值在0.5mgKOH/g以上就会产生强烈腐蚀，因加工高酸值原油引起的设备腐蚀而造成的泄漏、停车事故时有发生，直接影响着生产安全及运转周期，造成巨大的经济损失。

（二）原油脱酸的方法

由于原油中的环烷酸为油溶性，用一般的方法难以脱除，通过向原油中加入适当的中和剂及增溶剂，使原油中的环烷酸和其他酸与中和剂反应，将其先转化为水溶性或亲水的化合物即生成盐进入溶剂相及水相，在破乳剂的共同作用下，在一定的电场强度和温度下将原油中的环烷酸除去。

（三）影响因素

1. 中和剂的用量

原油中注中和剂的目的是为了中和原油中的有机酸，使其生成亲水的盐类，从而使其随着水分的脱除而脱除，因此，中和剂用量的选择非常关键，太大会导致油水乳化严重，造成脱后含水高，太小则不能将有机酸充分中和，降低脱酸率。

2. 破乳剂

使用中和剂时，随着中和剂用量的增大，中和率的提高，原油乳化程度加重，如果采用一些性能优良的破乳剂，可以有助于原油破乳脱水。因此，需要选择合适的破乳剂。

破乳剂的作用就是破坏原油中形成的乳化膜，对确定的破乳剂，破乳作用的好坏，还与破乳剂用量有关。破乳剂用量的大小，取决于原油中乳化膜的多少，这个量必须通过试验才能确定。

3. 增溶剂的用量

加入增溶剂的目的是为了促进生成的环烷酸盐在水中的溶解，提高脱酸率，合适的增溶剂用量应通过试验来确定。

4. 原油脱酸电场强度

在电场作用下，原油中的乳化液滴沿电场方向极化，各相邻液滴间的静电作用力促使它们聚结下沉，相邻液滴间的聚结力与偶极距成正比。电场对原油破乳脱水有明显作用，加上适当电压，原油中悬浮的微小水滴迅速聚结下沉。电场强度增大时，微小水滴的聚结作用增强，同时大水滴间的分散作用也增大，所以，脱酸电场要考虑几方面的相互作用。电场强度一般选在900~1000V/cm。

5. 原油脱酸温度

原油黏度降低，油水界面张力减小，水滴膨胀使乳化膜强度减弱。水滴热运动增加，碰撞结合机会增多，乳化剂在油中溶解度增加，所有这些均导致原油中乳化水滴破乳聚结，有利于脱酸。合适的脱酸温度为110~130℃。

6. 注水量

原油注水的目的是为了溶解油中的环烷酸盐类，从而使其随着水分的脱除而脱除，因此，注水量的选择非常关键，太大会导致脱盐电耗增加，甚至跳闸，造成脱后含水高，太小则不能将油中的环烷酸盐洗除。

三、三段汽化蒸馏的工艺流程

原油蒸馏流程，就是原油蒸馏生产的炉、塔、泵、换热设备、工艺管线及控制仪表等按原料生产的流向及加工技术要求内在联系而形成的有机组合。将此种内在的联系用简单的示意图表达出来，即成为原油蒸馏的流程图。原油蒸馏过程中，在一个塔内分离一次称一段汽化。原油经过加热汽化的次数，称为汽化段数。

汽化段数一般取决于原油性质、产品方案、处理量等。原油蒸馏装置汽化段数可分为以下几种类型：

① 一段汽化式：常压；

② 二段汽化式：初馏(闪蒸)-常压；

③ 二段汽化式：常压-减压；

④ 三段汽化式：初馏-常压-减压；

⑤ 三段汽化式：常压-一级减压-二级减压；

⑥ 四段汽化式：初馏-常压-一级减压-二级减压。

①、②主要适用于中、小型炼厂，只生产轻、重燃料或较为单一的化工原料。

③、④用于大型炼厂的燃料型、燃料-润滑油型和燃料-化工型。

⑤、⑥用于燃料-润滑油型和较重质的原油，以提高拔出深度或制取高黏度润滑油料。

原油蒸馏中，常见的是三段汽化。现以目前燃料-润滑油型炼厂应用最为广泛的初馏-常压-减压三段汽化式为例，对原油蒸馏的工艺流程加以说明，装置的工艺原则流程如图5-27所示。

经过预处理的原油换热到230~240℃，进入初馏塔，从初馏塔塔顶分出轻汽油或催化重整原料油，其中一部分返回塔顶作顶回流。初馏塔侧线不出产品，但可抽出组成与重汽油馏分相似的馏分，经换热后，一部分打入常压塔中段回流入口处(常压塔侧一线、侧二线之间)，这样，可以减轻常压炉和常压塔的负荷；另一部分则送回初馏塔作循环回流。

初馏塔底油称作拔头原油(初底油)，经一系列换热后，再经常压炉加热到360~370℃进入常压塔，它是原油的主分馏塔，在塔顶冷回流和中段循环回流作用下，从汽化段至塔顶温度逐渐降低，组分越来越轻，塔顶蒸出汽油。常压塔通常开3~5根侧线及对应的汽提塔，煤油(喷气燃料与灯煤)、轻柴油、重柴油、变压器原料油等组分则呈液相按轻重依次馏出，这些侧线馏分经汽提塔汽提出轻组分后，经泵升压，与原油换热，回收一部分热量后经冷却到一定温度才送出装置。

常压塔底重油又称常压渣油(AR)，用泵抽出送至减压炉，加热至400℃左右进入减压塔。塔顶分出不凝气和水蒸气，进入大气冷凝器。经冷凝冷却后，用二至三级蒸汽抽空器抽

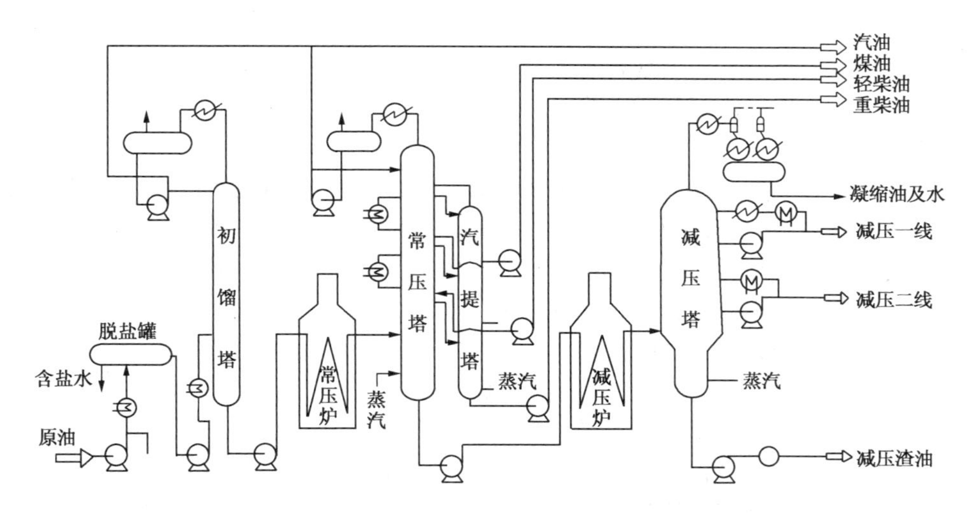

图 5-27 三段汽化的常减压蒸馏工艺流程

出不凝气，维持塔内残压。通常“干式”操作工况时，减压塔顶残压为 1. 1～2. 1kPa；“湿式”操作工况时，减压塔顶残压为 5. 3～8kPa。减压塔一般设有 4～5 根侧线和对应的汽提塔，经汽提后与原油换热并冷却到适当温度送出装置。减压塔底油又称减压渣油（VR），经泵升压后送出与原油换热回收热量，再经适当冷却后送出装置。

润滑油型减压塔在塔底吹入过热蒸汽汽提，对侧线馏出油也设置汽提塔，因为塔内有水蒸气而称为湿式操作。对塔底不吹过热蒸汽、侧线油也不设汽提塔的燃料型减压塔，因塔内无水蒸气而称为干式操作。它的优点是降低能耗和减少含油污水量，它的缺点是失去了水蒸气降低油气分压的作用，对减少减压渣油<500℃含量和提高拔出率不利，对这一点即使采用提高塔顶真空度和以全填料层取代塔盘降低全塔压降也难以完全弥补，所以还要保留一些蒸汽。近年来有些炼厂对燃料型减压塔采用微湿汽提的操作方式，即在减压加热炉入口注入一些过热蒸汽，以提高油在炉管内的流速，对黏度大、残炭值高的原油可起到提高传热效率、防止炉管结焦、延长操作周期的作用，在塔底也吹入少量过热蒸汽，有助于渣油中轻组分的挥发，将渣油中<500℃含量降到 5%以下。炉管注汽和塔底吹汽两者总和不超过 1%，此量大大低于常规的塔底 2%～3%的汽提量。

四、原油蒸馏流程的讨论与分析

（一）初馏塔的作用

原油蒸馏是否采用初馏塔应根据具体条件对有关因素进行综合分析后决定。下面讨论初馏塔的作用。

1. 原油的轻馏分含量

含轻馏分较多的原油在经过换热器被加热时，随着温度的升高，轻馏分汽化，从而增大了原油通过换热器和管路的阻力，这就要求提高原油输送泵的扬程和换热器的压力等级，也就是增加了电能消耗和设备投资。

如果将原油经换热过程中已汽化的轻组分及时分离出来，让这部分馏分不必再进入常压炉去加热。这样一则能减少原油管路阻力，降低原油泵出口压力；二则能减少常压炉的热负荷，二者均有利于降低装置能耗。因此，当原油含汽油馏分接近或大于 20%时，可采用初馏塔。

2. 原油脱水效果

当原油因脱水效果波动而引起含水量高时，水能从初馏塔塔顶分出，使得主塔-常压塔操作免受水的影响，保证产品质量合格。

3. 原油的含砷量

对含砷量高的原油如大庆原油（As>2000μg/g），为了生产重整原料油，必须设置初馏塔。重整催化剂极易被砷中毒而永久失活，重整原料油的砷含量要求小于200μg/g。如果进入重整装置的原料的含砷量超过200μg/g，则仅依靠预加氢精制是不能使原料达到要求的。此时，原料应在装置外进行预脱砷，使其含砷量小于200μg/g以下后才能送入重整装置。重整原料的含砷量不仅与原油的含砷量有关，而且与原油被加热的温度有关。例如在加工大庆原油时，初馏塔进料温度约230℃，只经过一系列换热，温度低且受热均匀，不会造成砷化合物的热分解，由初馏塔顶得到的重整原料的含砷量小于200ng/g。若原油加热到370℃直接进入常压塔，则从常压塔顶得到的重整原料的含砷量通常高达1500ng/g。重整原料含砷量过高不仅会缩短预加氢精制催化剂的使用寿命，而且有可能保证不了精制后的含砷量降至1ng/g以下。因此，国内加工大庆原油的炼油厂一般都采用初馏塔，并且只取初馏塔顶的产物作为重整原料。

4. 原油的硫含量和盐含量

当加工含硫原油时，在温度超过160~180℃的条件下，某些含硫化合物会分解而释放出H_2S，原油中的盐分则可能水解而析出HCl，造成蒸馏塔顶部、气相馏出管线与冷凝冷却系统等低温部位的严重腐蚀。设置初馏塔可使大部分腐蚀转移到初馏塔系统，从而减轻了主塔常压塔顶系统的腐蚀，这在经济上是合理的。但是这并不是从根本上解决问题的办法。实践证明，加强脱盐脱水和防腐蚀措施，可以大大减轻常压塔的腐蚀而不必设初馏塔。

（二）原油常压蒸馏塔的工艺特征

由于原油是复杂混合物及炼油工业规模巨大，原油蒸馏塔具有自己的特点。下面具体讨论常压塔的工艺特征。

1. 复合塔

原油通过常压蒸馏要切割成汽油、煤油、轻柴油、重柴油和重油等产品。按照一般的多元精馏办法，需要有N-1个精馏塔才能把原料分割成N个产品。如图5-28所示，当要分成五种产品时就需要四个精馏塔串联方式排列。当要求得到较高纯度的产品时，这种方案无疑是必要的。但是在石油精馏中，各种产品本身依然是一种复杂混合物，它们之间的分离精确度并不要求很高，两种产品之间需要的塔板数并不多，如果按照图5-28的方案，则要有多个矮而粗的精馏塔。这种方案投资和能耗高，占地面积大，这些问题随生产规模增大而显得更加突出。因此，可以把这几个塔结合成一个塔如图5-29所示。这种塔实际上等于把几个简单精馏塔重叠起来，它的精馏段相当于原来四个简单塔的四个精馏段组合而成，而其下段则相当于塔1的提馏段，这样的塔称为复合塔。

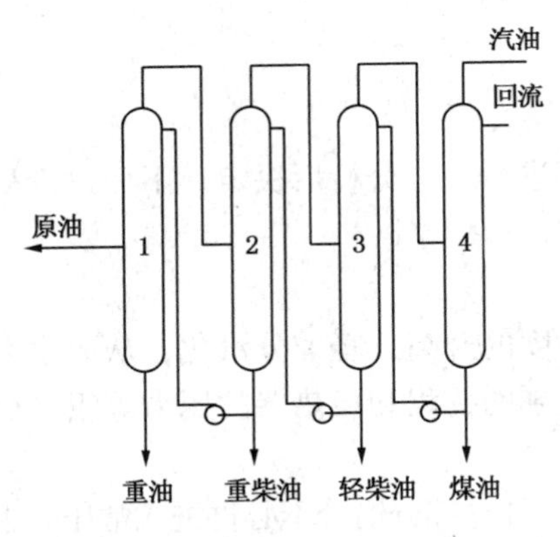

图5-28 常压蒸馏塔排列方案

诚然，这种塔的分馏精确度不会很高，例如在轻柴油侧线抽出板上除了柴油馏分以外，还有较轻的煤油和汽油的蒸气通过，这必然会影响到侧线产品——轻柴油的馏分组成。但是，由于这些石油产品要求的分馏精确度不是很高，而且可以采取一些弥补的措施，因而常压塔实际上是采用复合塔的形式。

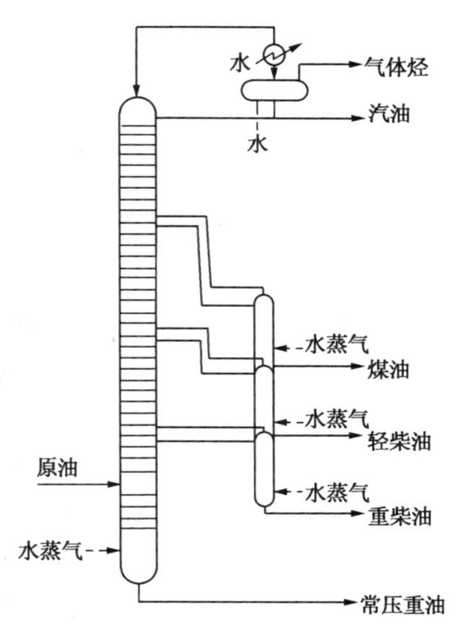

图 5-29 常压蒸馏塔

2. 设汽提塔和汽提段

在复合塔内，在汽油、煤油、柴油等产品之间只有精馏段而没有提馏段，侧线产品中必然会含有相当数量的轻馏分，这样不仅影响本侧线产品的质量(如轻柴油的闪点等)，而且降低了较轻馏分的产率。为此，在常压塔的外侧，为侧线产品设汽提塔，在汽提塔底部吹入少量过热水蒸气以降低侧线产品的油气分压，使混入产品中的较轻馏分汽化而返回常压塔。这样既可达到分离要求，而且也很简便。显然，这种汽提塔与精馏塔的提馏段在本质上有所不同。侧线汽提用的过热水蒸气量通常为侧线产品的 2%~3%。各侧线产品的汽提塔常常重叠起来，但相互之间是隔开的。

在有些情况下，侧线的汽提塔不采用水蒸气而仍像正规的提馏段那样采用再沸器。这种做法是基于以下几点考虑：

① 侧线油品汽提时，产品中会溶解微量水分，对有些要求低凝点或低冰点的产品如喷气燃料可能使冰点升高。采用再沸提馏可避免此弊病。

② 汽提用水蒸气的质量分数虽小，但水的相对分子质量比煤油、柴油低数十倍，因而体积流量相当大，增大了塔内的气相负荷。采用再沸提馏代替水蒸气汽提有利于提高常压塔的处理能力。

③ 水蒸气的冷凝潜热很大，采用再沸提馏有利于降低塔顶冷凝器的负荷。

④ 采用再沸提馏有助于减少装置的含油污水量。

采用再沸提馏代替水蒸气汽提会使流程设备复杂些，因此采用何种方式要具体分析。至于侧线油品用作裂化原料时则可不必汽提。

常压塔进料汽化段中未汽化的油料流向塔底，这部分油料中还含有相当多的<350℃轻馏分。因此，在进料段以下也要有汽提段，在塔底吹入过热水蒸气以使其中的轻馏分汽化后返回精馏段，以达到提高常压塔拔出率和减轻减压塔负荷的目的。塔底吹入的过热水蒸气的质量分数一般为 2%~4%。常压塔底不可能用再沸器代替水蒸气汽提，因为常压塔底温度一般在 350℃左右，如果用再沸器，很难找到合适的热源，而且再沸器也十分庞大。减压塔的情况也是如此。

由上述可见，常压塔不是一个完全精馏塔，它不具备真正的提馏段。

3. 全塔热平衡

由于常压塔塔底不用再沸器，热量来源几乎完全取决于加热炉加热的进料。汽提水蒸气(一般约 450℃)虽也带入一些热量，但由于只放出部分显热，且水蒸气量不大，因而这部分热量是不大的。

全塔热平衡的情况引出以下问题：

① 常压塔进料的汽化率至少应等于塔顶产品和各侧线产品的产率之和，否则不能保证要求的拔出率或轻质油收率。至于一般二元或多元精馏塔，理论上讲进料的汽化率可以在0~1之间任意变化而仍能保证产品产率。在实际设计和操作中，为了使常压塔精馏段最低一个侧线以下的几层塔板（在进料段之上）上有足够的液相回流以保证最低侧线产品的质量，原料油进塔后的汽化率应比塔上部各种产品的总收率略高一些。高出的部分称为过汽化度。常压塔的过汽化度一般为2%~4%。实际生产中，只要侧线产品质量能保证，过汽化度低一些是有利的，这不仅可减轻加热炉负荷，而且由于炉出口温度降低可减少油料的裂化。

② 在常压塔只靠进料供热，而进料的状态（温度、汽化率）又已被规定的情况下，由全塔热平衡决定的全塔回流比，变化的余地不大。幸而常压塔产品要求的分离精确度不太高，只要塔板数选择适当，在一般情况下，由全塔热平衡所确定的回流比已完全能满足精馏的要求。二元系或多元系精馏与原油精馏不同，它的回流比是由分离精确度要求确定的，至于全塔热平衡，可以通过调节再沸器负荷来达到。在常压塔的操作中，如果回流比过大，必然会引起塔的各点温度下降、馏出产品变轻，拔出率下降。

4. 恒分子回流的假定完全不适用

在二元和多元精馏塔的设计计算中，为了简化计算，对性质及沸点相近的组分所组成的体系作出了恒分子回流的近似假设，即在塔内的气、液相的摩尔流量不随塔高而变化。这个近似假设对原油常压精馏塔是完全不能适用的。石油是复杂混合物，各组分间的性质可以有很大的差别，它们的摩尔汽化潜热可以相差很远，沸点之间的差别甚至可达几百度，例如常压塔顶和塔底之间的温差就可达250℃左右。显然，以精馏塔上、下部温差不大、塔内各组分的摩尔汽化潜热相近为基础所作出的恒分子回流这一假设对常压塔是完全不适用的。

（三）减压蒸馏塔的工艺特征

原油中的350℃以上的高沸点馏分是润滑油和催化裂化、加氢裂化的原料，但是由于在高温下会发生分解反应，所以在常压塔的操作条件下不能获得这些馏分，只能通过减压蒸馏取得。通过减压蒸馏可以从常压重油中蒸馏出沸点约550℃以前的馏分油。减压蒸馏的核心设备是减压精馏塔和它的抽真空系统。

根据生产任务的不同，减压塔可分为润滑油型和燃料型两种，见图5-30和图5-31。润滑油型减压塔是为了提供黏度合适、残炭值低、色度好、馏程较窄的润滑油料。燃料型减压塔主要是为了提供残炭值低、金属含量低的催化裂化和加氢裂化原料，对馏分组成的要求是不严格的。无论哪种类型的减压塔，都要求有尽可能高的拔出率。

1. 减压塔的一般工艺特征

① 降低从汽化段到塔顶的流动压降。这主要依靠减少塔板数和降低气相通过每层塔板的压降。

② 降低塔顶油气馏出管线的流动压降。为此，减压塔塔顶不出产品，塔顶管线只供抽真空设备抽出不凝气用。因为减压塔顶没有产品馏出，故只采用塔顶循环回流而不采用塔顶冷回流。

③ 减压塔塔底汽提蒸汽用量比常压塔大，其主要目的是降低汽化段中的油气分压。近年来，少用或不用汽提蒸汽的干式减压蒸馏技术有较大的发展。

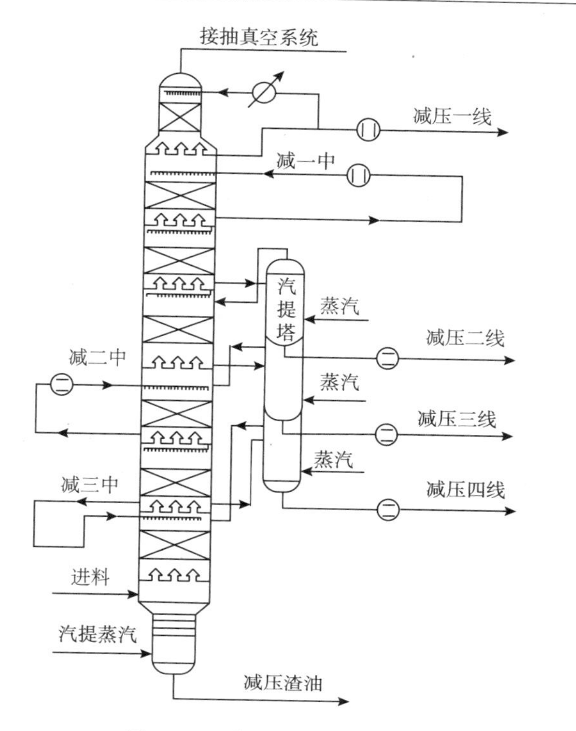

图 5-30 润滑油型减压塔图

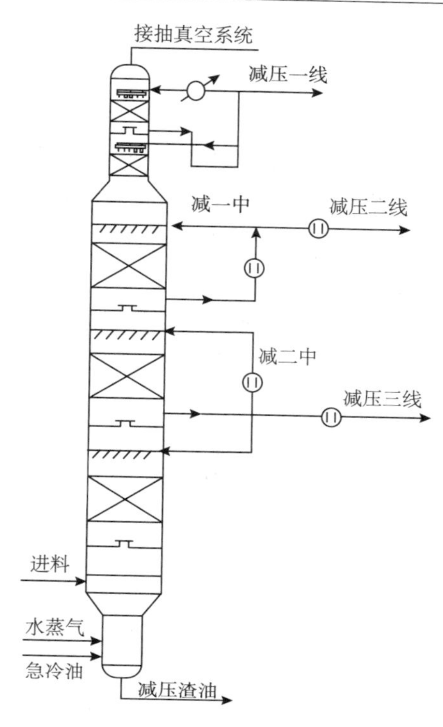

图 5-31 燃料型减压塔图

④ 降低转油线压降，通过降低转油线中的油气流速来实现。减压塔汽化段温度并不是常压重油在减压蒸馏系统中所经受的最高温度，此最高温度的部位是在减压炉出口。为了避免油品分解，对减压炉出口温度要加以限制，在生产润滑油时不得超过 395℃，在生产裂化原料时不超过 400~420℃，同时在高温炉管内采用较高的油气流速以减少停留时间。

⑤ 缩短渣油在减压塔内的停留时间。塔底减压渣油是最重的物料，如果在高温下停留时间过长，则其分解、缩合等反应进行得比较显著。其结果，一方面生成较多的不凝气使减压塔的真空度下降；另一方面会造成塔内结焦。因此，减压塔底部的直径通常缩小以缩短渣油在塔内的停留时间。此外，有的减压塔还在塔底打入急冷油以降低塔底温度，减少渣油分解、结焦的倾向。

由于上述各项工艺特征，从外形来看，减压塔比常压塔显得粗而短。此外，减压塔的底座较高，塔底液面与塔底油抽出泵入口之间的位差在 10m 左右，这主要是为了给热油泵提供足够的灌注头。

2. 减压塔的抽真空系统

减压塔之所以能在减压下操作，是因为在塔顶设置了一个抽真空系统，将塔内不凝气、注入的水蒸气和极少量的油气连续不断地抽走，从而形成塔内真空。减压塔的抽真空设备可以用蒸汽喷射器(也称蒸汽喷射泵或抽空器)或机械真空泵。在炼油厂中的减压塔广泛地采用蒸汽喷射器来产生真空，图 5-32 是常减压蒸馏

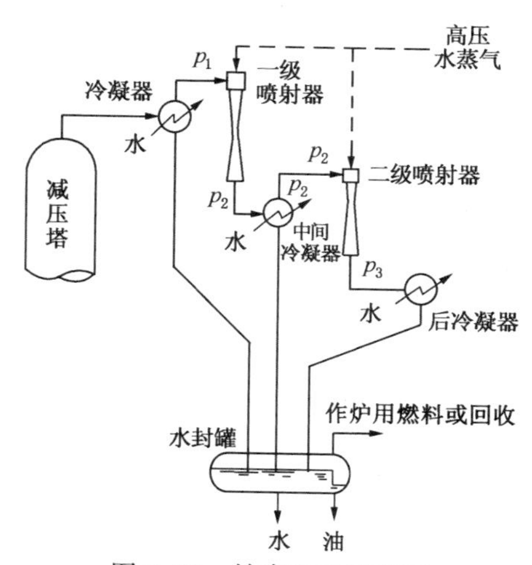

图 5-32 抽真空系统流程

装置常用的蒸汽喷射器抽真空系统的流程。

(1) 抽真空系统的流程

减压塔顶出来的不凝气、水蒸气和少量油气首先进入一个管壳式冷凝器。水蒸气和油气被冷凝后排入水封罐，不凝气则由一级喷射器抽出从而在冷凝器中形成真空。由一级喷射器抽来的不凝气再排入一个中间冷凝器，将一级喷射器排出的水蒸气冷凝。不凝气再由二级喷射器抽出经后冷凝器从水封罐顶排出，作为炉用燃料或回收。

冷凝器是在真空下操作的。为了使冷凝水顺利地排出，排液管内水柱的高度应足以克服大气压力与冷凝器内残压之间的压差以及管内的流动阻力。通常此排液管的高度至少应在10m以上，在炼油厂俗称此排液管为大气腿。

(2) 冷凝器

图5-32中的冷凝器是采用间接冷凝的管壳式冷凝器，故通常称为间接冷凝式二级抽真空系统。它的作用在于使可凝的水蒸气和油气冷凝而排出，从而减轻喷射器的负荷。冷凝器本身并不形成真空，因为系统中还有不凝气存在。

另外，最后一级冷凝器排放的不凝气中，气体烃(裂解气)占80%以上，并含有硫化物气体，造成大气污染和可燃气的损失。国内外炼厂都开始回收这部分气体，把它用作加热炉燃料，既节约燃料，又减少了对环境的污染。

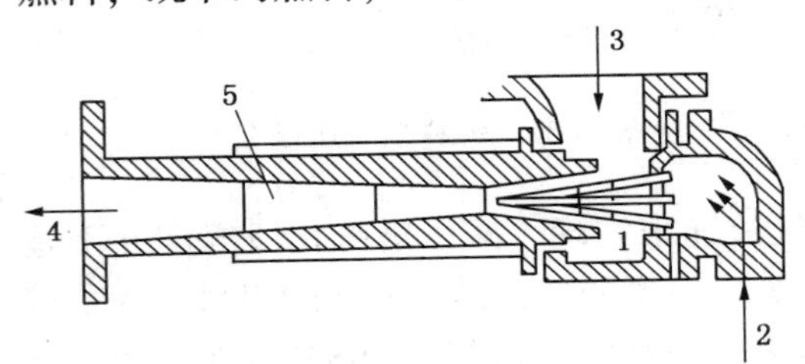

图5-33 蒸汽喷射器
1—喷管；2—蒸汽入口；3—气体入口；
4—混合气出口；5—扩张器

(3) 蒸汽喷射器

蒸汽喷射器(或蒸汽喷射泵)如图5-33所示。蒸汽喷射器由喷嘴、扩张器和混合室构成。高压工作蒸汽进入喷射器中，先经收缩喷嘴将压力能变成动能，在喷嘴出口处可以达到极高的速度(1000~1400m/s)，形成了高度真空。不凝气从进口处被抽吸进来，在混合室内与驱动蒸汽混合并一起进入扩张器，扩张器中混合流体的动能又转变为压力能，使压力略高于大气压，混合气才能从出口排出。

(4) 增压喷射泵

在抽真空系统中，不论是采用直接混合冷凝器、间接式冷凝器还是空冷器，其中都会有水存在。水在其本身温度下有一定的饱和蒸气压，故冷凝器内总是会有若干水蒸气。因此，理论上冷凝器中所能达到的残压最低只能达到该处温度下水的饱和蒸气压。

减压塔顶所能达到的残压应在上述的理论极限值上加上不凝气的分压、塔顶馏出管线的压降、冷凝器的压降，所以减压塔顶残压要比冷凝器中水的饱和蒸气压高，当水温为20℃时，冷凝器所能达到的最低残压为0.0023MPa，此时减压塔顶的残压就可能高于0.004MPa了。

实际上，20℃的水温是不容易达到的，二级或三级蒸汽喷射抽真空系统，很难使减压塔顶达到0.004MPa以下的残压。如果要求更高的真空度，就必须打破水的饱和蒸气压这个极限。因此，在塔顶馏出气体进入一级冷凝之前，再安装一个蒸汽喷射器使馏出气体升压，如图5-34所示。

由于增压喷射器前面没有冷凝器，所以塔顶真空度就能摆脱水温限制，而相当于增压喷射器所能造成的残压加上馏出线压力降，使塔内真空度达到较高程度。但是，由于增压喷射器消耗的水蒸气往往是一级蒸汽喷射器消耗蒸汽量的四倍左右，故一般只用在夏季、水温高、冷却效果差、真空度很难达到要求的情况下以及干式蒸馏使用增压器。

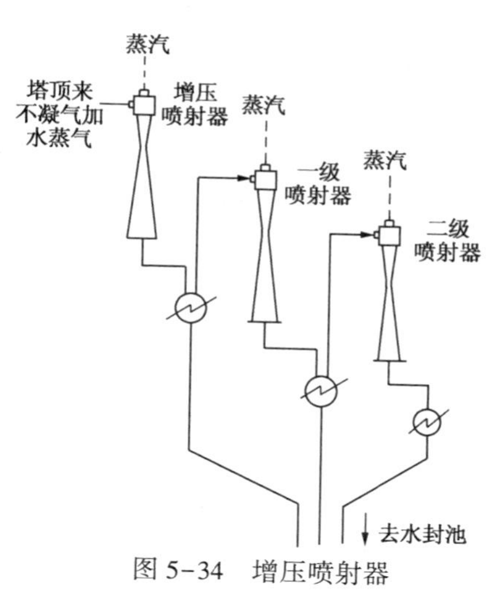

图 5-34 增压喷射器

五、原油蒸馏中轻烃的回收

近年来，随着国内原油市场的变化和国内与国际原油价格的接轨，国内各主要炼厂加工中东油的比例越来越高。中东原油一般都具有硫含量高、轻油收率和总拔较高的特点，尤其是中东轻质原油，如伊朗轻油和沙特轻油的硫含量一般在 1.5%以上，350℃前馏分含量在 50%左右，C_5以下的轻烃含量达 2%~3%。从常压蒸馏中所得到的轻烃组成看，其中 C_1、C_2占 20%左右，C_3、C_4占 60%左右，而且都以饱和烃为主。国产原油几乎不含 C_5以下的轻烃，这样就给常减压装置带来一个新的技术问题——轻烃回收问题。

大量轻烃如果不加以回收，只作为低压瓦斯供加热炉作燃料，不仅在经济上不合理，而且大量的低压瓦斯在炼厂利用起来也比较困难。在加工中东含硫原油时，如果轻烃没有很好的回收设施，会造成常压蒸馏塔压力的波动，影响正常操作。回收轻烃不仅是资源合理利用的需要，也是加工含硫原油实际生产操作的要求。

只有处理好轻烃回收和含硫轻烃回收问题，才能提高炼油厂的综合效益。因此对新建的以加工中东原油为主的炼厂，应该考虑单独建立轻烃回收系统。对掺炼进口原油的老厂，在没有单独设置回收系统时，常借助于催化裂化的富余能力，可采用两种方法：

① 常减压与催化裂化联合回收轻烃　常减压与催化裂化联合回收轻烃的方法，最大的优点在于常减压装置不再增加新的设备。虽然常压塔顶压力高了一点，但各侧线馏分油质量还能达到要求，操作也比较稳定，所以，这种轻烃回收方法得到应用。如若在常减压装置增加一台轻烃压缩机，把常压部分的低压轻烃经压缩机增压后，再送往催化裂化装置回收轻烃，这就可以把常压塔的操作压力控制得更低，有利于提高常压塔的分馏效果。

② 提压操作回收轻烃　提压操作回收轻烃，首先是提压操作，然后才是回收轻烃。提压操作对常压分馏来说是不适宜的。要实现提压操作，只有在初馏塔实行。提高初馏塔操作压力，使 C_3、C_4轻烃，在较高的压力和较低的温度下被汽油馏分充分吸收，把吸收有 C_3、C_4轻烃的汽油馏分送到脱丁烷塔，轻烃和汽油馏分得到分离。常压塔顶二级冷凝油中，也存在轻烃，也通过脱丁烷塔来回收轻烃。我国在 800 万吨/年常减压装置已成功地采用提压操作的方法回收轻烃。提压操作回收轻烃，选用初馏塔-闪蒸塔-常压塔组成的三塔工艺流程不仅比较合理，而且也完全可行。

不同的轻烃回收方法，各有特点。

第五节　原油蒸馏的能耗与节能技术

原油蒸馏装置消耗能量约占炼厂总用能的 25%~30%，为炼油厂消耗自用燃料量最大的生产装置。因而，常减压蒸馏装置的节能技术对企业降低加工成本、合理利用石油资源、增强竞争能力等方面都有着举足轻重的作用。

常减压蒸馏装置主要采用新工艺、新设备以及优化操作等技术进行节能。

一、采用新技术，改进工艺过程

改进工艺过程是蒸馏装置节能的重要手段，包括改进工艺生产流程，采用节能新工艺、新技术等内容。

（一）原油深度脱盐

原油常减压蒸馏装置是炼油厂的“龙头”装置，而电脱盐又是常减压蒸馏的第一道工序。当今的电脱盐工艺已不仅是一种防腐手段，而且已变成为下游装置提供优质原料所必不可少的预处理装置，是炼油厂降低能耗、减轻设备结垢和腐蚀、减少催化剂消耗及改善产品质量的重要工艺过程，并直接关系到炼油厂的经济效益。

用过滤法对原油进行深度脱盐技术是一种对乳化原油破乳的新技术。该技术首先要选择一种良好的固体吸附剂作为过滤材料，并制成破乳过滤柱。这种过滤法工艺具有明显的节电、节水、节省破乳剂的效果。

（二）提高原油拔出率

随着经济的不断发展，世界石油资源呈现原油重质化现象，原油的重质化导致了常减压蒸馏的拔出率日益降低。从某种意义上讲，常减压蒸馏装置的拔出率是衡量其技术水平的一个重要指标。关于提高常减压蒸馏拔出率的研究有很多，但传统的利用节能降耗、设备改造、工艺改进等方法提高拔出率的潜力已经越来越小，因此人们开始把研究重心转移到试图找到一种能对原油体系进行活化的物质，通过对原油进行活化达到提高拔出率的目的。基于这一想法强化蒸馏技术得到了发展。加入活化剂强化原油蒸馏从根本上提高轻质油的拔出率，从而更加合理地利用宝贵石油资源，为炼油企业带来效益。

强化蒸馏提高原油拔出率所带来的经济效益不仅体现在蒸馏装置上，更重要的是体现在下游加工装置、产品调合、化工生产等更高的经济效益上。如润滑油装置，减压深拔增大了润滑油料，给工厂带来巨大的经济效益；减轻氧化沥青和延迟焦化的加工负荷，有利于提高沥青和针状焦的质量。

一般加入活化剂0.5%~6%，拔出率可提高2%~17%，且不影响油品的性质和质量。现有炼油装置采用强化技术，不必改动原有工艺和操作条件，投入少，见效快，效益高，对设备、产品及环保无不良影响。

二、采用新型、高效、低耗设备

（一）塔内构件的改造，提高分离效率

分馏塔是原油蒸馏过程的核心设备，塔内传质构件即塔板、塔填料，是油品分馏塔最关键的部件，对于一个操作方案已定的分馏塔，塔内传质构件选用是否得当，直接关系着能否保证产品质量，发挥设备潜力，提高轻油收率，高产、优质、低消耗地完成各项任务。

1. 采用波纹填料，提高传质效率

蒸馏装置发展趋势是现代填料塔逐步取代传统填料塔，且大部分取代大型板式塔。在乱堆填料、规整填料和塔板的比较中，规整填料的压降低，另外，规整填料还有传质效率高、处理量大、塔的放大效应小等优点。

2. 使用新型塔板，改善分馏效率

板式塔历来应用最广，随着塔器技术不断进步，各种新型高效塔板应运而生，并获得了广泛应用。导向浮阀目前应用最为广泛，主要有三种形式：矩形导向浮阀、梯形导向浮阀及组合导向浮阀。一般而言，液流强度较小时用矩形浮阀较好；液流强度较大时，梯形浮阀较好；适当配比的组合导向浮阀兼有矩形浮阀和梯形浮阀的优点，克服了二者的缺点，具有更广的适用范围和更好的操作性能。

（二）使用新型换热器，提高换热器的热回收率

原油蒸馏过程中有大量余热需要回收，也有大量低温热量需要冷凝或冷却，故需用很多换热器和冷凝冷却器，耗用大量钢材，因此提高冷换设备的换热效率、减少换热面积对节约钢材和投资、减少能耗具有重要意义。近几年我国原油蒸馏主要采用螺纹管换热器，它应用在原油蒸馏装置中，可有效地节省建设投资，如一个新建的3.5 Mt/a燃料–润滑油型蒸馏装置由于较多地选用了螺纹管换热器省了约2500 m^2换热面积，占总换热面积的24.6%，使装置在换热器的投资上降低了四分之一；折流杆换热器可以提高外膜传热系数，减少壳程压力降。

（三）采用新措施，提高加热炉效率

加热炉是主要的能源转换设备，在炼油厂综合能耗中约占1/3是通过加热炉进行转换和消耗的。因此提高加热炉热效率和热负荷已成为挖潜增效的主要措施。目前可采取的措施有：开发和应用高效率大能量燃烧器，采用降低过剩空气系数和减少雾化蒸汽量的技术措施；采用多种形式的扩面管和各种除灰技术；广泛应用陶纤衬里等隔热材料，减少散热损失；加强烟气热回收，减少排烟热损失，开发应用各种形式的空气预热器，配置余热锅炉；采用高效监测仪表，微机控制管理。

（四）采用变频技术，降低装置电耗

由于原油供应日益紧张，一些厂家蒸馏装置加工量波动较大。对此，若主要依靠调节阀节流来调节流量的机泵，装置的机泵经常处于“大马拉小车”的情况，造成机泵的电耗量增加，而在常减压装置上应用变频调速技术节能效果是十分显著的。

三、优化换热网络

国内常减压蒸馏装置的热回收率一般为60%，一些经过最优化设计的蒸馏装置热回收率可达到80%左右。目前国内常减压蒸馏装置进一步提高热回收率的关键在于如何解决好低温位热源的利用问题。

常减压蒸馏装置低温热源来自两个方面，一个来自于高温位热源经过多次换热温度逐渐降低，最终变成了低温位热源；另外一个是低温位热源直接来自轻质油，轻质油从塔内馏出的温度不高，它本来就是低温位热源。低温位热能的利用是常减压装置节能工作中的重要一环，随着节能工作的深入开展，其重要性也日益增大。低温位热能经过利用，可以节约燃料，减少冷却水用量和空冷器的电力消耗，有很大的节能效果。它在回收利用中的主要困难是由于温位较低，换热时与冷流的温差较小，需要用较大的换热面积、占地和投资。低温位热的回收，可以从两个方面入手：首先是选用适宜的工艺流程，采用先进的换热网络技术；其次是更新换热设备，用高效换热器提高传热效果。

（一）原油分多段换热，充分利用低温位热源

含硫原油中轻组分多，在常减压蒸馏过程中会产生比较多的低温位热，回收利用这部分

低温位热难度较大。在加工国产原油的时候，因为轻组分油少，初馏塔和闪蒸塔的作用不突出，加工含硫原油初馏塔和闪蒸塔的作用显得尤为重要。初馏塔和闪蒸塔既有单独与常压塔匹配的工艺流程，也有一起与常压塔匹配的工艺，甚至有两个闪蒸塔与常压塔匹配的工艺。不论是何种工况，都是从有利于加工含硫原油出发，既要实现装置原油加工能力的最大化，又要使加热炉负荷，尤其是常压炉负荷不会大幅度增加。利用好低温位热源预热原油，最大限度地使轻组分在较低的原油预热温度下从中分离。含硫原油，无须从加热炉获取热量，而是通过与低温位热源换热，原油换热到150~250℃，经过初馏塔、闪蒸塔就可以得到分离。分离出轻组分后的拔头原油，可以进一步与中低温位热源进行换热，原油的多段换热就有了实际意义。

含硫原油经过初馏和闪蒸，进常压炉拔头油的量比进装置的原油量少16%左右。而加工国产原油时，初馏塔或闪蒸塔的拔出率只有3%~6%。尽管加工含硫原油时低温位热多，但是由于原油的多段换热，充分发挥初馏塔和闪蒸塔的作用，做到轻组分在低温下充分汽化分离，低温位热得到有效回收利用，原油经换热，进常压炉的温度与加工国产原油时相当，一般也可达到294℃左右。

(二) 利用窄点技术，优化换热网络

窄点换热技术的显著特点是与原油换热的热源每经过一次热交换，它的温度降幅比较小，相应地原油温升也比较小。

常减压蒸馏得到的各种馏分从塔内馏出时，具有不同的温位。按照窄点技术，每一热馏分油要分几个温度段与原油等冷介质进行热交换。热源和冷源都被分割成众多的温度段，换热网络的优化就有了数量上的保证。过去传统的换热方式，原油每经过一次换热，温升幅度大，热源经换热温降幅度也大，热交换次数少，换热网络的优化比较困难。

加工中东含硫原油，低温位热量多，高温位热量不足。换热流程采用窄点技术设计，有利于换热网络的优化，提高低温位热的回收利用率。国内某厂加工中东含硫原油，温降幅度小于50℃的占65%~85%，温降幅度超过100℃的仅为3%~4%。

第六节 原油蒸馏装置的腐蚀与防护

随着采油技术的不断进步，我国原油产量稳步增长，尤其是重质原油产量增长较快，使炼厂加工的原油种类日趋复杂、性质变差、含硫量和酸值都有所提高。此外，我国加工进口原油的数量也逐年增加，其中含硫量高的中东原油必须采取相应对策防止设备腐蚀。

一般可从原油的盐、硫、氮含量和酸值的大小来判断加工过程对设备造成腐蚀的轻重，通常认为含硫量>0.5%、酸值>0.5mgKOH/g、总氮>0.1%和盐未脱到5mg/L以下的原油，在加工过程中会对设备和管线造成严重腐蚀。

一、腐蚀机理

(一) 低温部位 $HCl-H_2S-H_2O$ 型腐蚀

低温部位腐蚀是因为原油加工过程中，脱盐不彻底的原油中残存的氯盐，在120℃以上发生水解生成HCl，HCl属挥发性强酸，它随原油的轻组分及水汽一同进入塔顶冷凝系统。加工含硫原油时塔内有 H_2S，当HCl和 H_2S 为气体状态时只有轻微的腐蚀性，一旦进入有液体水存在的塔顶冷凝区，不仅因HCl生成盐酸会引起设备腐蚀，而且形成了 $HCl-H_2S-H_2O$

的介质体系，由于 HCl 和 H_2S 相互促进构成的循环腐蚀会引起更严重的腐蚀，反应式如下：

$$Fe+2HCl \longrightarrow FeCl_2+H_2$$

$$Fe+H_2S \longrightarrow FeS+H_2$$

$$FeS+2HCl \longrightarrow FeCl_2+H_2S$$

这种腐蚀多发生在初、常压塔顶部和塔顶冷凝冷却系统的空冷器、水冷器等低温部位。这些部位的腐蚀也称为低温露点腐蚀。

（二）高温部位硫腐蚀

原油中的硫可按对金属作用的不同分为活性硫化物和非活性硫化物。非活性硫在 160℃ 开始分解，生成活性硫化物，在达到 300℃ 以上时分解尤为迅速。高温硫腐蚀从 250℃ 左右开始，随着温度升高而加剧，最严重腐蚀在 340~430℃。活性硫化物的含量越多，腐蚀就越严重。反应式如下：

$$Fe+S \longrightarrow FeS$$

$$Fe+H_2S \longrightarrow FeS+H_2$$

$$RCH_2SH+Fe \longrightarrow FeS+RCH_3$$

高温硫腐蚀常发生在常压炉出口炉管及转油线、常压塔进料部位上下塔盘、减压炉至减压塔的转油线、进料段塔壁与内部构件以及减压塔底、减压渣油转油线、减压渣油换热器等等。尤其是减压渣油中硫的含量一般都在原油中总硫含量的 50% 以上，且这些部位温度一般都在 350℃ 以上，所以极易发生硫腐蚀。高温渣油部位的腐蚀泄漏，是近年国内石油加工企业易发生的严重问题。图 5-35 和图 5-36 分别为某炼油厂减压渣油转油线腐蚀试样表面及断面形貌图，由图 5-35 可以看出，基体表面出现严重的大面积腐蚀，腐蚀部位有大量产物聚积，基体表面凸凹不平，局部出现洼陷，腐蚀产物出现许多裂纹和空洞，并有剥落倾向。说明渣油引起的高温腐蚀非常严重，且主要是均匀腐蚀。由图 5-36 可以看出，在基体表面生成了一层均匀的、较厚的腐蚀产物膜，腐蚀产物在金属表面上的堆积厚度不均，多为块状，腐蚀产物膜多孔、疏松，不具备完全的保护性能。此外，可看出腐蚀已经深入到基体内部，并形成楔子状缺陷。这说明，高温渣油除造成严重的大面积均匀腐蚀外，其引起的局部腐蚀也很严重，这些严重的局部腐蚀可能是导致减压渣油转油线穿孔并造成火灾的直接原因。

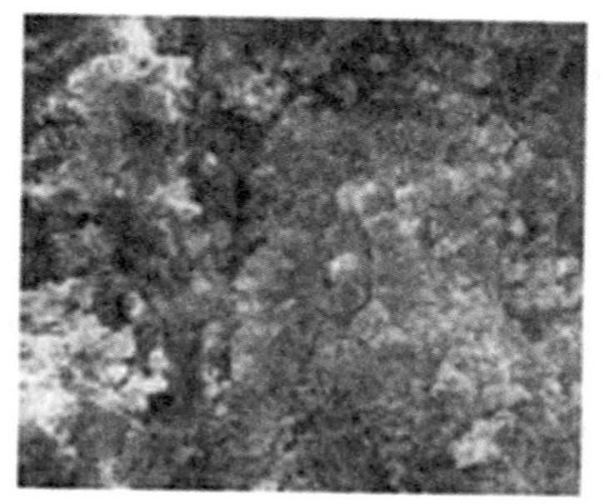

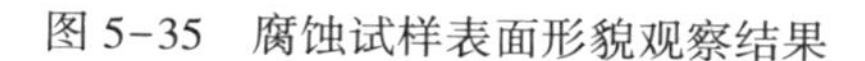

图 5-35 腐蚀试样表面形貌观察结果

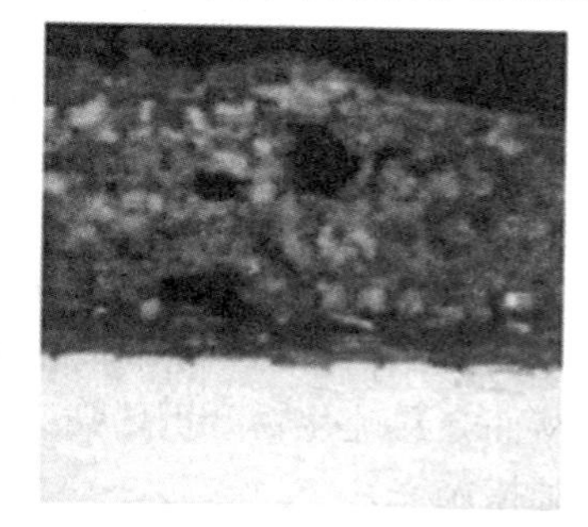

图 5-36 腐蚀试样断面形貌观察结果

腐蚀程度不仅与温度、硫含量、H_2S 浓度有关，而且与介质的流速和流动状态有关，介质的流速越高，金属表面上由腐蚀产物 FeS 形成的保护膜越容易被冲刷而脱落，因界面不断被更新，金属的腐蚀也就进一步加剧，称为冲蚀。

理论上，高温下硫的腐蚀产物是硫化铁，它可以形成沉淀附着在金属表面，形成一定的保护膜。但在实际情况下，由于硫化铁的结晶形态变化很大且不稳定，极易发生转化，随其厚度增加，产物易开裂、剥落，因此金属硫化物形成的膜仍然不能对基体产生足够的保护性，所以现场仍然发生着严重的腐蚀。只有当流速不高，或没有环烷酸存在时，腐蚀形成的 FeS 膜才能起到一定保护作用。

（三）高温部位环烷酸腐蚀

环烷酸腐蚀主要发生在炼油装置的高温部位。如常减压装置的常压转油线、减压转油线、常压炉及减压炉出口、常减压塔进料段塔壁、减三线等；催化裂化和焦化装置的主要腐蚀部位有高温重油管线、加热炉炉管、分馏塔及相应的换热器等。一般情况下，当原油的酸值大于 0.5mgKOH/g，温度在 270~280℃ 和 350~400℃ 时环烷酸腐蚀较为严重。

环烷酸具有一元脂肪酸的全部特点，腐蚀大多发生在液相，如果气相中没有凝液和雾沫夹带，则气相腐蚀很小。但如果环烷酸在气相中产生冷凝液，将形成液相腐蚀，环烷酸与铁的腐蚀反应为

$$2RCOOH+Fe \longrightarrow Fe(RCOO)_2+H_2$$

由于腐蚀生成的环烷酸铁可以溶解在油中，易被流动的介质冲走，腐蚀形态为带锐角边的蚀坑或蚀槽，从而暴露出金属裸面，使腐蚀不断进行。

在原油加工过程中，原油中的非活性硫在 24~340℃ 可以分解生成硫化氢，在 340~400℃ 时硫化氢又分解为硫。在高温下，单质硫或者其他活性硫具有非常强的活性，很容易和铁发生反应，生成的硫化亚铁不溶于油，覆盖在钢铁表面形成保护膜。在一定意义上能够阻止基底金属的继续腐蚀。但是如果有环烷酸存在，情况则有很大的不同。原油中环烷酸与硫化亚铁作用生成环烷酸铁和硫化氢，破坏防护膜，在高流速的环境下，流体带走腐蚀产物，使金属裸露出新的表面，同时带来腐蚀介质，于是腐蚀反应十分剧烈，这正是蒸馏装置高温、高速冲刷部位发生严重腐蚀的原因。

另外，环烷酸铁残渣虽不具有腐蚀性，但遇到硫化氢后会进一步反应生成硫化亚铁和环烷酸：

$$Fe(OOCR)_2+H_2S \longrightarrow FeS+2RCOOH$$

生成的硫化亚铁形成沉淀附着在金属表面，形成一定的保护膜。虽然这层膜易脱落不能完全阻止环烷酸与铁作用，但它的存在显然减缓了环烷酸的腐蚀，而释放的环烷酸又引起下游腐蚀，如此循环。

上述几种反应在一定的条件下是可逆的。原油加工过程中的腐蚀主要是环烷酸和硫化物引起的，这两种物质的相互作用和相互制约、促进，使腐蚀问题变得错综复杂。不同的原油中含有不同类型的硫化物(活性的和非活性的)，它们的含量和存在形式既能抑制又能促进环烷酸腐蚀，从而导致硫化物既可增强又可降低含酸原油的腐蚀性。

二、防腐蚀措施

（一）消除 $HCl-H_2S-H_2O$ 型腐蚀的措施

目前普遍采取的工艺防腐措施是：“一脱三注”。实践证明，这一防腐措施基本消除了氯化氢的产生，抑制了对常减压蒸馏馏出系统的腐蚀。

1. 原油电脱盐脱水

充分脱除原油中氯化物盐类，减少水解后产生的 HCl，是控制三塔塔顶及冷凝冷却系统

Cl^-腐蚀的关键。

2. 塔顶馏出线注氨

原油注碱后，系统腐蚀程度可大大减轻，但是硫化氢和残余氯化氢仍会引起严重腐蚀。因此，可采用注氨中和这些酸性物质，进一步抑制腐蚀。注入位置应在水的露点以前，这样，氨与氯化氢气体充分混合才有理想的效果，生成的氯化铵被水洗后带出冷凝系统。注入量按冷凝水的 pH 值来控制，维持 pH 在 7~9。

3. 塔顶馏出线注缓蚀剂

缓蚀剂是一种表面活性剂，分子内部既有 S、N、O 等强极性基团，又有烃类结构基团，极性基团一端吸附在金属表面上，另一端烃类基团与油介质之间形成一道屏障，将金属和腐蚀性水相隔离开，从而保护了金属表面，使金属不受腐蚀。将缓蚀剂配成溶液，注入到塔顶管线的注氨点之后，保护冷凝冷却系统，也可注入塔顶回流管线内，以防止塔顶部腐蚀。

4. 塔顶馏出线注碱性水

注氨时会生成氯化铵沉积既影响传热效果又会造成垢下腐蚀，因氯化铵在水中的溶解度很大，故可用连续注水的办法洗去。

过去曾在原油脱盐后，注入纯碱(Na_2CO_3)或烧碱(NaOH)溶液，这样可以起到三方面的作用：

① 能部分使原油中残留的容易水解的氯化镁等变成不易水解的氯化钠。

② 将已水解(部分不可避免的盐类)生成的氯化氢中和。

③ 在碱性条件下，也能中和油中环烷酸和部分硫化物，减轻高温重油部位的腐蚀。

但注碱也带来一些不利因素，对后续的二次加工过程有不利影响，如 Na^+会造成裂化催化剂中毒，使延迟焦化装置的炉管结焦、焦炭灰分增加、换热器壁结垢等，在加工环烷酸含量高的原油时还发现环烷酸是一种很好的清净剂，在一定条件下它可以破坏碳膜和 FeS 膜，使金属表面失去保护而加剧腐蚀。所以近年来在深度电脱盐的前提下，调整好注氨、注缓蚀剂量，停止向原油中注碱，也能控制塔顶低温部位腐蚀，所以已将“一脱四注”改为“一脱三注”。

原油深度电脱盐、向塔顶馏出线注氨、注缓蚀剂、注碱性水是行之有效的低温轻油部位的防腐措施。对于高温部位的抗硫腐蚀和抗环烷酸腐蚀，则须依靠合理的材质选择和结构设计加以解决。

（二）高温部位硫腐蚀的防腐措施

高温部位硫腐蚀的防腐措施主要是材质升级和系统腐蚀检测。在材料方面，国外实验研究证明，在 538℃以下含铝 6%的铝铁合金抗硫化氢和硫腐蚀的能力同含铬 29%的合金钢相当，一般粉末包埋渗铝含量可达 30%左右，使用渗铝钢可以有效地解决高温硫和硫化氢的腐蚀问题。国内一些实验也证明，对于高温硫化氢，316L 的耐蚀性最好，渗铝钢耐蚀性能优于 18-8 不锈钢。在系统腐蚀检测方面，包括腐蚀介质理化分析、腐蚀速率挂片监测、腐蚀定测厚等，其中尤其重要的是不停车高温定点测厚，它是防止安全事故的有效手段。

（三）高温部位环烷酸腐蚀的防腐措施

1. 掺炼

目前国内外加工高酸原油一般多采用掺炼措施，即在高酸原油中掺炼一定量的低酸原油，保证进装置的原油酸值在 0.5mgKOH/g 以下，从而减轻设备腐蚀。国外也有炼油厂掺炼后原油酸值控制在 0.3mgKOH/g 以下，但原油掺炼并不能彻底解决问题。

2. 碱中和

过去炼油厂加工高酸原油多采用碱中和的方法。碱中和可以降低各馏分油的酸值，从而控制环烷酸腐蚀。但由于注碱会导致催化裂化催化剂钠中毒，因此目前多数炼油厂不采用这种技术。

3. 材质升级

材质升级是控制高酸原油腐蚀的一个有效途径。在高温部位采用316L材质或碳钢+316L复合板，使用效果良好。为防止高温腐蚀，国内炼油厂还大量采用了渗铝钢产品。该产品在20世纪末由洛阳石化工程公司设备研究所采用固体粉末包埋渗铝技术生产，具有渗件表面光滑、渗层致密、脆性层少、性能稳定和不易渗漏等优点。针对高酸原油对高温部位阀门密封面的腐蚀问题，采用SF-5T合金堆焊阀门密封面，取得了良好的防护效果。

4. 缓蚀剂技术

国外在应用缓蚀剂抑制环烷酸腐蚀方面的研究有近50年的历史，早期主要以胺和酰胺为主，但由于这类缓蚀剂在高温下易分解，因此逐渐被其他品种所代替。近年来，国外的研究主要以耐高温的磷系和非磷系缓蚀剂为主。如Betz公司研究开发的三烷基膦酸盐和碱金属磷酸盐-酚盐硫化物的混合物、巯基三吖嗪、含有芳基的亚磷酸盐化合物以及Exxon公司开发的聚硫化物等，都具有较好的抑制高温环烷酸和硫化物腐蚀的效果。

国内近年来也开发了一些高温环烷酸缓蚀剂品种，如磷酸三乙酯、硫代磷酸酯以及商品化的SH9018、GX-195等，取得了一定的防护效果。

使用缓蚀剂增加了额外的费用支出，如果连续使用，一个炼油厂每年可能要花费数十万甚至数百万人民币，因此应当仅在需要的时候注入缓蚀剂。通常采用腐蚀探针监测腐蚀速度，如果腐蚀速度超过许可的范围，就应加入缓蚀剂。

5. 腐蚀监测及预测技术

对于高酸原油带来的高温腐蚀，国内外通常采用腐蚀挂片、电阻探针、腐蚀旁路、馏分油铁离子分析和超声波测厚等方法进行腐蚀监测。

在高温环烷酸腐蚀预测软件方面国内外也开展了一些工作。开发腐蚀控制系统提供原油评价技术和原油数据库可以快速地预测炼油厂炼制不同高酸原油时可能发生的腐蚀问题，从而指导炼油厂原油的采购和加工。采用神经网络算法对炼油过程中的环烷酸腐蚀行为进行分析并建立数学模型，综合考虑温度、环烷酸浓度、流速、材质与环烷酸腐蚀速度之间的关系，为研究环烷酸腐蚀规律和预测评估设备腐蚀状况提供新的思路和方法。

随着高酸原油加工量的增长和酸值的升高，国内炼油厂将面临严重的腐蚀问题。各炼油厂和科研单位应加强对高酸原油(尤其是酸值超过3以上的原油)的腐蚀防护措施研究，从缓蚀剂、腐蚀监测等方面入手，开发加工高酸原油新的防腐蚀技术，降低防腐蚀成本，使企业从加工高酸原油中获得最大的利润。

第七节　原油蒸馏塔工艺计算

原油蒸馏工艺计算大致有两种情形：一是蒸馏塔工艺设计计算，二是蒸馏塔的工艺核算。前者是根据油品性质数据以及工艺要求，设计一个合适的蒸馏塔，并确定有关操作参数；后者是在现有蒸馏塔结构、操作、油品等数据已知的条件下核算现有设备是否符合生产要求，为蒸馏塔的操作、改造提供依据。

一、蒸馏塔的物料平衡与热平衡

（一）蒸馏塔的物料平衡

蒸馏塔的物料平衡是计算设计蒸馏塔尺寸、操作条件以及决定相关设备工艺条件的主要依据，是分析生产，找出生产中存在问题的重要手段之一。

原油蒸馏塔的物料平衡，可分为全塔和局部物料平衡。全塔的物料平衡如图5-37所示。

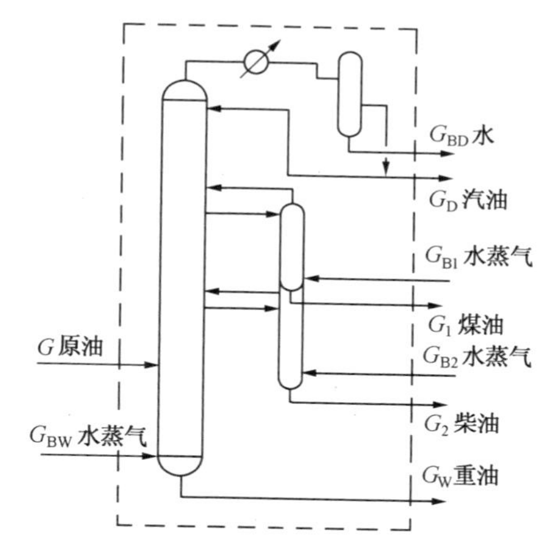

图5-37 蒸馏塔物料平衡图

蒸馏塔物料平衡计算首先要画好草图，然后取好要求确定物料平衡部位的隔离系统，如图5-37中的虚线为计算全塔物料平衡时的隔离系统。另外，计算前还应确定计算基准，常以每小时的流量作为基准。图中的塔顶回流和汽提塔汽提出的油蒸气属于塔内部循环，其流量大小，不计入物料平衡内。最后，可列出物料平衡计算式或列表。

进入隔离系统物料(入方)有：

G——原油进塔量，kg/h；

G_{BW}——塔底汽提水蒸气量，kg/h；

G_{B1}——一侧线汽提水蒸气量，kg/h；

G_{B2}——二侧线汽提水蒸气量，kg/h。

离开隔离系统物料(出方)有：

G_D——塔顶产品量，kg/h；

G_1——一侧线产品量，kg/h；

G_2——二侧线产品量，kg/h；

G_W——塔底产品量，kg/h；

G_{BD}——塔顶冷凝水，kg/h。

根据物料平衡，总进料量等于总出料，即入方=出方，故

$$G + G_{BW} + G_{B1} + G_{B2} = G_D + G_1 + G_2 + G_W + G_{BD}$$

蒸馏塔的局部物料平衡可按以上同样方法求定。

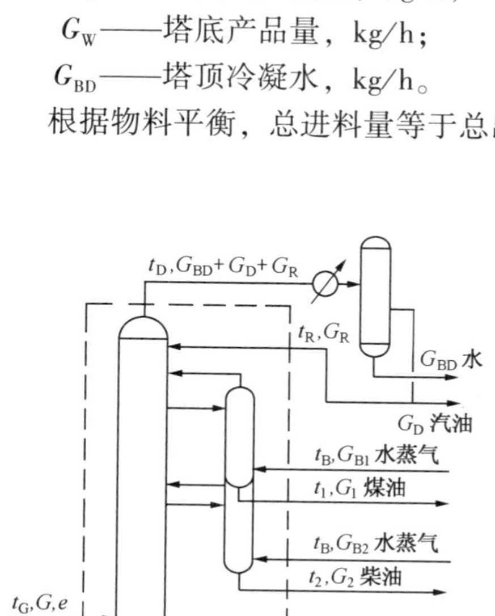

图5-38 蒸馏塔热平衡隔离系统图

（二）全塔热平衡

热量平衡也是确定设备工艺条件和工艺尺寸所必须进行的计算内容，同时还是分析生产的重要依据。

蒸馏塔的热量平衡，分为全塔热平衡和局部平衡。下面以全塔热平衡为例，介绍确定热平衡的方法。原油蒸馏塔全塔热平衡如图5-38所示。

热平衡计算步骤与物料平衡计算步骤基本相同。首先画出草图，其次取好隔离体系，在草图上标出进、出口物料量、温度、压力等已知或未知条件，最后建立热平衡方程式(或列表)。

入塔热量：

$$Q_{入} = Geh_{t_G}^V + G(1-e)h_{t_G}^L + G_{BD}h_{t_B}^V + G_R h_{t_R}^L$$

式中 $Q_{入}$——进入蒸馏塔的总热量，kJ/h；

G——原油进塔量，kg/h；

G_{BD}——进入蒸馏塔的水蒸气量，kg/h；

e——原油在进料处的汽化率；

G_R——塔顶回流量，kg/h；

t_G——原油进料塔温度,℃；

t_B——水蒸气的温度,℃；

$h^V_{t_G}$——进塔原油中气相的热焓，kJ/kg；

$h^L_{t_G}$——进塔原油中液相的热焓，kJ/kg；

$h^V_{t_B}$——水蒸气的热焓，kJ/kg；

$h^L_{t_R}$——冷回流的热焓，kJ/kg。

出塔热量：

$$Q_{出} = G_D h^V_{t_D} + G_R h^V_{t_D} + G_1 h^L_{t_1} + G_2 h^L_{t_2} + G_W h^L_{t_W} + G_{BD} h^V_{t_D}$$

式中 $Q_{出}$——出蒸馏塔的总热量，kJ/h；

G_D——塔顶汽油量，kg/h；

G_1——一侧线产品量，kg/h；

G_2——二侧线产品量，kg/h；

G_W——塔底产品量，kg/h；

t_D——汽油馏出温度,℃；

t_1——一侧线的温度,℃；

t_2——二侧线的温度,℃；

t_W——塔底油温度,℃。

$h^V_{t_D}$——塔顶汽油的气相热焓，kJ/kg；

$h^L_{t_2}$——一侧线油的液相热焓，kJ/kg；

$h^L_{t_2}$——二侧线油的液相热焓，kJ/kg；

$h^V_{t_W}$——塔底油的液相热焓，kJ/kg；

$h^V_{t_D}$——塔顶水蒸气的热焓，kJ/kg。

若不考虑塔的散热损失，则 $Q_{入}=Q_{出}$，整理后得：

$$[Geh^V_{t_G} + G(1-e)h^L_{t_G} + G_{BD}h^V_{t_B}] - (G_D h^V_{t_D} + G_1 h^L_{t_1} + G_2 h^V_{t_2} + G_W h^L_{t_W} + G_{BD} h^L_{t_D}) = G_R(h^V_{t_D} - h^L_{t_R})$$

式中，$G_R(h^V_{t_D}-h^L_{t_R})$为全塔剩余的热量，也就是回流应取走的总热量，即全塔回流热。回流热分配大致按以下比例：塔顶回流取热为40%~50%(包括顶循环回流)，中段循环回流取热为50%~60%，各厂家根据实际情况决定。

二、蒸馏塔主要操作条件的确定

(一) 经验塔板数

石油的组成相当复杂，目前还不能用分析法计算塔，一般采用生产中可行的经验数据，表5-1是国内外常压塔板数参考值。

(二) 汽提水蒸气用量

石油精馏塔的汽提蒸汽一般都是用温度为400~450℃的过热水蒸气(压力约为

0.3MPa)，用过热蒸汽的主要原因是防止冷凝水带入塔内。侧线产品汽提的目的主要是驱除其中的低沸点组分，从而提高产品的闪点和改善分馏精确度；常压塔底汽提主要是为了降低塔底重油中350℃以前馏分的含量以提高直馏轻质油品的收率，同时也减轻了减压塔的负荷，减压塔底汽提的目的则主要是降低汽化段的油气分压，从而在所能达到的最高温度和真空度之下尽量提高减压塔的拔出率。

表5-1　国内外常压塔塔板数[①]

初步分离的馏分	国内			国外
	一	二	三	
汽油-煤油	10	8	10	6~8
煤油-轻柴油	8	9	9	4~6
轻柴油-重柴油	7	7	4	4~6
重柴油-裂化料	8	8	4	—
最低侧线-进料	3	4	4	3~6[②]
进料-塔底	4	4	6	—

① 表中塔板数均未包括循环回流的换热塔板。

② 也可用填料代替。

汽提蒸汽的用量与需要提馏出来的轻组分含量有关，在设计计算中可以参考表5-2所列的经验数据选择汽提蒸汽的用量。

表5-2　汽提蒸汽用量

塔	产品	蒸汽用量/%(对产品)
常压塔	溶剂油	1.5~2
	煤　油	2~3
	轻柴油	2~3
	重柴油	2~4
	轻润滑油	2~4
	塔底重油	2~4
初馏塔	塔底油	1.2~1.5
减压塔	中、重润滑油	2~4
	残渣燃料油	2~4
	残渣汽缸油	2~5

由于原料不同，操作情况多变，适宜的汽提蒸汽用量还应当通过实际生产情况的考察来调整。近年来，由于对节能问题的重视，在可能的条件下，倾向于减少汽提蒸汽的用量。

(三) 过汽化油量

原料油是以部分汽化状态进入塔内，当气体部分的量仅等于塔顶及各侧线产品的量时，最低一侧线至汽化段之间的塔板将产生“干板”现象(即塔板上无液相回流)，从而使此处塔板失去精馏作用。因此，要求进料的汽化量除了包括塔顶和各侧线的产品外，还应有一部分多余的量，这就是过汽化油量。过汽化油量应适当，过小影响分离效果；过大将增加加热炉的负荷，提高汽化段温度，同时也增加了外回流量。表5-3为国内某些炼厂的蒸馏塔过汽化油量。

(四) 操作压力

原油常压蒸馏塔的最低操作压力最终是受制于塔顶产品接受罐的温度下塔顶产品的泡点压力。常压塔顶产品通常是汽油馏分或重整原料，当用水作为冷却介质时，塔顶产品冷至

40℃左右，产品接受罐(在不使用二级冷凝冷却流程时也就是回流罐)在0.1～0.25MPa的压力操作时，塔顶产品能基本上全部冷凝，不凝气很少。为了克服塔顶馏出物流经管线和设备的流动阻力，常压塔顶的压力应稍高于产品接受罐的压力，或者说稍高于常压。常压塔的名称概出于此。

表5-3 国内某些原油蒸馏塔过汽化油量(占进料的质量分数) %

塔名称	一	二	三	四	推荐值
初馏塔	5.3	5			2～5
常压塔	2.5	2	2	2.85	2～4
减压塔	1.2		2		3～6

在确定塔顶产品接受罐或回流罐的操作压力后，加上塔顶馏出物流经管线、管件和冷凝冷却设备的压降即可计算得塔顶的操作压力。根据经验，通过冷凝器或换热器壳程(包括连接管线在内)的压降一般约为0.02MPa，使用空冷器时的压降可能稍低些。国内多数常压塔的塔顶操作压力大约在0.13～0.16MPa之间。

塔顶操作压力确定后，塔其他部位的操作压力也随之可以计算得到。塔各部位的操作压力与油气流经塔板时所造成的压降有关。油气由下而上流动，故塔内压力由下而上逐渐降低。常压塔采用的各种塔板的压降大致如表5-4所示。

表5-4 各种塔板的压力降

塔板形式	压力降/kPa	塔板形式	压力降/kPa
泡 罩	0.5～0.8	舌 型	0.25～0.4
浮 阀	0.4～0.65	金属破沫网	0.1～0.25
筛 板	0.25～0.5		

由加热炉出口经转油线到蒸馏塔汽化段的压力降通常为0.034MPa，由蒸馏塔汽化段的压力即可推算出炉出口压力。

(五) 操作温度

确定蒸馏塔各部位的操作压力后，就可以求定各点的操作温度。

从理论上说，在稳定操作的情况下，可以将蒸馏塔内离开任一块塔板或汽化段的气、液两相都看成处于相平衡状态。因此，气相温度是该处油气分压下的露点温度，而液相温度则是其泡点温度。虽然在实际上由于塔板上的气、液两相常常未能完全达到相平衡状态而使实际的气相温度稍偏高或液相的温度稍偏低，但是在设计计算中都是按上述的理论假设来计算各点的温度。

上述的计算方法中要计算油气分压时必须知道该处的回流量。因此，求定各点的温度时需要综合运用热平衡和相平衡两个工具，用试差计算的方法。计算时，先假设某处温度为t，作热平衡以求得该处的回流量和油气分压，再利用相平衡关系——平衡汽化曲线，求得相应的温度t'(泡点、露点或一定汽化率的温度)。t'与t的误差应小于1%，否则须另设温度t，重新计算直至达到要求的精度为止。

为了减小猜算的工作量，应尽可能地参照炼厂同类设备的操作数据来假设各点的温度值。如果缺乏可靠的经验数据，或为作方案比较而只需做粗略的热平衡时，可以根据以下经验来假设温度的初值：①在塔内有水蒸气存在的情况下，常压塔顶汽油蒸气的温度可以大致定为该油品的恩氏蒸馏60%点温度。②当全塔汽提水蒸气用量不超过进料量的12%时，侧线抽出板温度大致相当于该油品的恩氏蒸馏5%点温度。

下面分别讨论求定各点温度的方法。

1. 汽化段温度

汽化段温度就是进料的绝热闪蒸温度。已知汽化段和炉出口的操作压力，而且产品总收率或常压塔拔出率和过汽化度、汽提蒸汽量等也已确定，就可以算出汽化段的油气分压。进而可以作出进料(在常压塔的情况下即为原油)在常压下的、在汽化段油气分压下的以及炉出口压力下的三条平衡汽化曲线如图5-39。根据预定的汽化段中的总汽化率e_F，由该图查得汽化段温度t_F，由e_F和t_F可算出汽化段内进料的焓值。

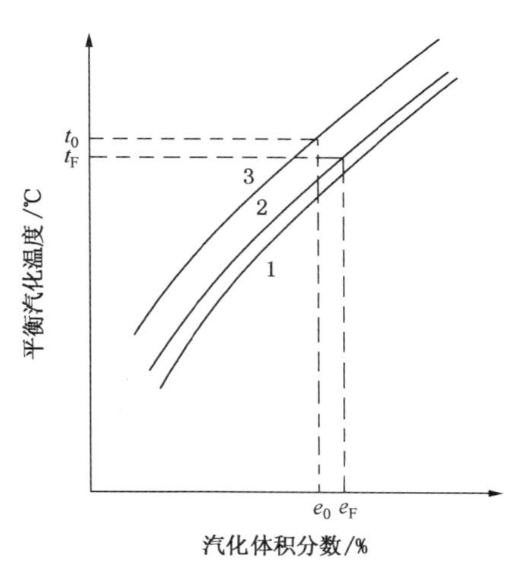

图5-39 进料的平衡汽化曲线

1—常压下平衡汽化曲线；

2—汽化段油气分压下的平衡汽化曲线；

3—炉出口压力下的平衡汽化曲线

在汽化段内发生的是绝热闪蒸过程。如果忽略转油线的热损失，则加热炉出口处进料的焓h_0应等于汽化段内进料的焓h_F。加热炉出口温度t_0必定高于汽化段温度t_F，而炉出口处汽化率e_0则必然低e_F。

前已提及，为了防止进料中不安定组分发生显著的化学反应，进料被加热的最高温度(即加热炉出口温度)应有所限制。因此，如果由前面求得的t_F、e_F推算出的t_o超出允许的最高加热温度，则应对所规定的操作条件进行适当的调整。

生产喷气燃料时，原油的最高加热温度一般为360~365℃，而在生产一般石油产品时则可放宽至约370℃。在设计计算时可以根据此要求选择一个合适的炉出口温度t_0，并在图5-39上查得炉出口的汽化率e_0，从而求出炉出口处油料的焓值h_0。考虑到转油线上的热损失，此h_0值应稍大于由汽化段的t_F、e_F推算出的h_F值。如果h_0值高出h_F值甚多，说明进料在塔内的汽化率还可以提高；反之，若h_0值低于h_F值而炉出口温度又不允许再提高，则可以调整汽提水蒸气量或过汽化度使汽化段的油气分压适当降低以保证所要求的拔出率。

2. 塔底温度

进料在汽化段闪蒸形成的液相部分，汇同精馏段流下的液相回流(相当于过汽化部分)，向下流至汽提段。塔底通入过热水蒸气逆流而上与油料接触，不断地将油料中的轻馏分汽提出去。轻馏分汽化需要的热量一部分由过热水蒸气供给，一部分由液相油料本身的显热提供。由于过热水蒸气提供的热量有限，加之又有散热损失，因此油料的温度由上而下逐板下降，塔底温度比汽化段温度低不少。虽然文献资料中有关于计算塔底温度方法的介绍，但计算值与实际情况往往有较大的出入，所以一般均采用经验数据。原油蒸馏装置的初馏塔、常压塔及减压塔的塔底温度一般比汽化段温度低5~10℃。

3. 侧线温度

严格地说，侧线抽出温度应该是未经汽提的侧线产品在该处的油气分压下的泡点温度。它比汽提后的产品在同样条件下的泡点温度略低一点。然而往往能够得到的是经汽提后的侧线产品的平衡汽化数据。考虑到在同样条件下汽提前后的侧线产品的泡点温度相差不多，为简化起见，通常都是按经汽提后的侧线产品在该处油气分压下的泡点温度来计算。

侧线温度的计算要用猜算法。先假设侧线温度 t_m，作适当的隔离体和热平衡，求出回流量，算得油气分压，再求得该油气分压下的泡点温度 t'_m。t'_m应与假设的 t_m相符，否则重新假设 t_m，直至达到要求的精度为止。这里要说明两点：

① 计算侧线温度时，最好从最低的侧线开始，这样计算比较方便。因为进料段和塔底温度可以先行确定，则自下而上作隔离体和热平衡时，每次只有一个侧线温度是未知数。

② 为了计算油气分压，需分析一下侧线抽出板上气相的组成情况。该气相是由下列物料构成的：通过该层塔板上升的塔顶产品和该侧线上方所有侧线产品的蒸气，还有在该层抽出板上汽化的内回流蒸气以及汽提水蒸气。可以认为内回流的组成与该塔板抽出的侧线产品组成基本相同，因此，所谓的侧线产品的油气分压即是指该处内回流蒸气的分压。国内一般采用以下的方法：即把除回流蒸气以外的所有油气都看作和水蒸气一样的起着降低分压的作用。

4. 塔顶温度

塔顶温度是塔顶产品在其本身油气分压下的露点温度。塔顶馏出物包括塔顶产品、塔顶回流(其组成与塔顶产品相同)蒸气、不凝气(气体烃)和水蒸气。塔顶回流量需通过假设塔顶温度作全塔热平衡才能求定。算出油气分压后，求出塔顶产品在此油气分压下的露点温度，以此校核所假设的塔顶温度。

原油初馏塔、常压塔的塔顶不凝气量很少，可忽略不计。忽略不凝气以后求得的塔顶温度较实际塔顶温度约高出 3%，可将计算所得的塔顶温度乘以系数 0.97 作为采用的塔顶温度。

在确定塔顶温度时，应同时校核水蒸气在塔顶是否会冷凝。若水蒸气的分压高于塔顶温度下水的饱和蒸气压，则水蒸气就会冷凝。遇到此情况时应考虑减少水蒸气用量或降低塔的操作压力，重新进行全部计算。对于一般的原油常压蒸馏塔，只要汽提水蒸气用量不是过大，则只有当塔顶温度约低于 90℃时才会出现水蒸气冷凝的可能性。

5. 侧线汽提塔塔底温度

当用水蒸气汽提时，汽提塔塔底温度比侧线抽出温度约低 8～10℃，有的也可能低得更多些。当需要严格计算时，可以根据汽提出的轻组分的量通过热平衡计算求取。

当用再沸提馏时，其温度为该处压力下侧线产品的泡点温度，此温度有时可高出该侧线抽出板温度十几度。

三、原油常压蒸馏塔工艺计算实例

(一) 计算所需基本数据

① 原料油性质，其中主要包括实沸点蒸馏数据、密度、特性因数、平均相对分子质量、含水量、黏度和平衡汽化数据等。

② 原料油处理量，包括最大和最小可能的处理量。

③ 根据正常生产和检修情况确定的年开工天数。

④ 产品方案及产品性质。

⑤ 汽提水蒸气的温度和压力。

上述基本数据通常由设计任务给定。此外，应尽可能收集同类型生产装置和生产方案的实际操作数据以资参考。

(二) 设计计算步骤

① 根据原料油性质及产品方案确定产品的收率，作出物料平衡。

② 列出(有的需通过计算求得)有关各油品的性质。

③ 决定汽提方式，并确定汽提蒸汽用量。

④ 选择塔板的形式，并按经验数据定出各塔段的塔板数。

⑤ 画出蒸馏塔的草图，其中包括进料及抽出侧线的位置、中段回流位置等。

⑥ 确定塔内各部位的压力和加热炉出口压力。

⑦ 决定进料过汽化度，计算汽化段温度。

⑧ 确定塔底温度。

⑨ 假设塔顶及各侧线抽出温度，作全塔热平衡，算出全塔回流热，选定回流方式及中段回流的数量和位置，并合理分配回流热。

⑩ 校核各侧线及塔顶温度，若与假设值不符合，应重新假设和计算。

⑪ 作出全塔气、液相负荷分布图，并将上述工艺计算结果填在草图上。

⑫ 计算塔径和塔高。

⑬ 作塔板水力学核算。

【例 5-3】 以胜利原油为原料，设计一套处理量为 250×10^4t（年开工日按 330d 计算）的常减压蒸馏装置。该装置的常压蒸馏生产汽油、煤油、轻柴油、重柴油和重油，产品规格见表 5-5。原油的实沸点蒸馏数据及平衡汽化数据由实验室提供，见图 5-40。

表 5-5 产品部分规格

产品	密度/(kg/m³)	恩氏蒸馏数据/℃						
		0%	10%	30%	50%	70%	90%	100%
汽油	702.7	34	60	81	96	109	126	141
煤油	799.4	159	171	179	194	208	225	239
轻柴油	828.6	239	258	267	274	283	296	306
重柴油	848.4	289	316	328	341	350	368	376
重油	941.6	—	344	—	—	—	—	—

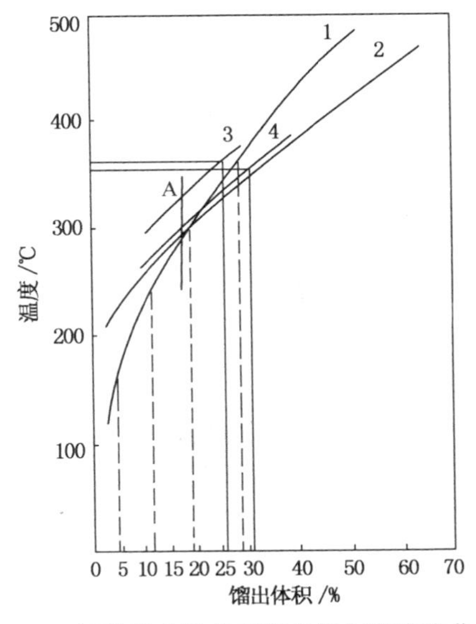

图 5-40 原油的实沸点蒸馏曲线与平衡汽化曲线

1—原油的常压下实沸点蒸馏曲线；2—原油的常压平衡汽化曲线；3—炉出口压力下原油的平衡汽化曲线；4—汽化段油气分压下原油的平衡汽化曲线

根据上述条件设计原油常压分馏塔。

工艺设计计算过程及结果如下：

1. 原油切割方案

根据设计任务书及原油、产品性质数据，确定切割方案，见表5-6。

表5-6 胜利原油常压切割方案

产品	实沸点切割点/℃	实沸点馏程/℃	收率/%	
			体积分数	质量分数
汽油	—	~154.8	4.3	3.51
煤油	145	131.6~258	7.2	6.67
轻柴油	239.6	220.8~339.2	7.2	6.91
重柴油	301.6	274.9~409.3	9.8	9.64
重油	360	~312.5	71.5	73.27

当产品方案已经确定，同时具备产品的馏分组成和原油的实沸点蒸馏曲线时，可以根据各产品的恩氏蒸馏数据换算得到它们的实沸点馏程即0%点和100%，例如在本例中已列于表5-6。相邻两个产品是互相重叠的，即实沸点蒸馏($t_0^H - t_{100}^L$)是负值。实沸点切割温度一般就在这个重叠值的一半之处，即：

$$切割点 = (t_0^H + t_{100}^L)/2$$

按照切割温度，可以从原油的实沸点曲线查出各产品的收率。

2. 物料平衡

由年开工天数及各产品的收率，即可作出常压塔的物料平衡，如表5-7。表中的物料平衡忽略了损失(气体+损失)，实际生产中常压塔的损失约占原油的0.5%。

表5-7 物料平衡(按330d/a)

油品		产率		处理量或产量			
		体积分数	质量分数	10^4t/a	t/d	kg/h	kmol/h
原油		100	100	250	7576	315700	
产品	汽油	4.3	3.51	8.77	266	11100	117
	煤油	7.2	6.67	16.69	505	21040	139
	轻柴油	7.2	6.91	17.30	524	21800	100
	重柴油	9.8	9.64	24.10	730	30400	105
	重油	71.5	73.27	183.14	5551	231360	—

3. 产品的有关性质参数

以汽油为例列出详细的计算、换算过程，其他产品仅将计算、换算结果列于表5-8中。

表5-8 计算结果汇总

油品	密度/(kg/m³)	比重指数(°API)	特性因数(*K*)	相对分子质量(*M*)	平衡汽化温度/℃		临界参数		焦点参数	
					0%	100%	温度/℃	压力/MPa	温度/℃	压力/MPa
汽油	702.7	70.3	12.2	95	—	108.6	270.0	3.34	328.5	5.91
煤油	799.4	44.5	11.7	152	185.6	—	383.4	2.5	413.4	3.26
轻柴油	828.6	38.8	12.0	218	273.6	—	461.6	1.84	475.2	2.17

续表

油品	密度/(kg/m³)	比重指数(°API)	特性因数(K)	相对分子质量(M)	平衡汽化温度/℃		临界参数		焦点参数	
					0%	100%	温度/℃	压力/MPa	温度/℃	压力/MPa
重柴油	848.4	34.4	12.1	290	339.6	—	516.6	1.62	529.6	1.89
塔底重油	941.6	18.2	11.9	—	—	—	—	—	—	—
原油	860.4	32	—	—	—	—	—	—	—	—

计算时，所用到的恩氏蒸馏温度未作裂化校正，工程计算允许这样。

(1) 体积平均沸点 $t_{体}$

$$t_{体} = \frac{60 + 81 + 96 + 109 + 126}{5} = 94.5℃$$

(2) 恩氏蒸馏 90%~10%斜率

$$90\%\sim10\%斜率 = \frac{126-60}{90-10} = 0.825(℃/\%)$$

(3) 立方平均沸点

由图 2-9 查得校正值为-2.5℃，$t_{立} = 94.5-2.5 = 92℃$

(4) 中平均沸点

由图 2-9 查得校正值为-5℃，$t_{中} = 94.5-5 = 89.5℃$

(5) 比重指数(API 度)

$$API度 = \frac{141.5}{d_{15.6}^{15.6}} - 131.5 = 70.3$$

(6) 特性因数 K

由图 2-12 查得：$K = 12.2$

(7) 平均相对分子质量

由图 2-12 查得，$M = 95$

(8) 平衡汽化温度

由图 5-8 求得汽油平衡汽化 100%温度为 108.9℃。

恩氏蒸馏/%(体)	10	30	50	70	90	100
馏出温度/℃	60	81	96	109	126	141
恩氏蒸馏温差/℃	21	15	13	17	15	
平衡汽化 50%温度/℃			96-4.5=91.5℃			
平衡汽化温度/℃			91.5	97.1	104.4	108.9

(9) 临界温度

由图 2-25 查得，临界温度=270℃。

(10) 临界压力

由图 2-28 查得，临界压力=3.27MPa。

(11) 焦点压力

由图 5-18 查得，焦点压力=57.9MPa。

(12) 焦点温度

由图 5-17 查得，焦点温度=61+267.5=328.5℃。

(13) 实沸点切割范围

由图查 5-6、图 5-7 查得：

恩氏蒸馏/%(体)	50	70	90	100
馏出温度/℃	96	109	126	141
恩氏蒸馏温差/℃		13	17	15
实沸点温差/℃		19	22	16.5
实沸点 50%点温度/℃		96+0.2=96.2		
实沸点温度/℃	96.2	115.2	137.2	153.7

塔顶汽油产品，只需查出它的实沸点 100%点温度；塔底重油只需查出它的实沸点 0%点温度，但塔底重油很重，缺乏常压恩氏蒸馏数据时，可由实验室直接提供该点温度；其他各侧线产品均应求 0%及 100%点的实沸点温度，即可决定产品切割方案中有关数据，详见表 5-6。

4. 汽提蒸汽用量

侧线产品及塔底重油均采用温度为 420℃、压力为 0.3MPa 的过热水蒸气汽提，参考表 5-2取汽提蒸汽量如表 5-9。

表 5-9 汽提水蒸气用量

油品	质量分数(对油)/%	kg/h	kmol/h
一线煤油	3	631	35.0
二线轻柴油	3	654	36.3
三线重柴油	2.8	851	47.3
塔底重油	2	4627	257
合计		6763	375.6

5. 塔板形式和塔板数

选用浮阀塔板。

参照表 5-1 选定塔板数如下：

汽油-煤油段	9 层(考虑一线生产航煤)
煤油-轻柴油段	6 层
轻柴油-重柴油段	6 层
重柴油-汽化段	3 层
塔底汽提段	4 层

考虑采用两个中段回流，每个中段循环回流用 3 层换热塔板，共 6 层。全塔塔板数总计为 34 层。

6. 操作压力

取塔顶产品罐压力为 0.13MPa；塔顶采用两级冷凝冷却流程；取塔顶空冷器压力降为 0.01MPa，使用一个管壳式后冷器，壳程压力降取 0.017MPa。故

塔顶压力=0.13+0.01+0.017=0.157MPa(绝)

取每层浮阀塔板压力降为 0.5kPa(4mmHg)，则推算得常压塔内各关键部位的压力如下：

塔顶压力 0.157 MPa

一线抽出板(第 9 层)上压力 0.1615 MPa

二线抽出板(第 18 层)上压力 0.166 MPa

三线抽出板(第 27 层)上压力 0.170 MPa

汽化段压力(第 30 层下)0.172 MPa

取转油线压力降为 0.035MPa，则

加热炉出口压力＝0.172+0.035＝0.207MPa

7. 蒸馏塔计算草图

将塔体、塔板、进料及产品进出口、中段循环回流位置、汽提返塔位置、塔底汽提点等绘成草图如图 5-41。以后的计算结果如操作条件和物料流量等可以陆续填入图中。这样的计算草图可使设计计算对象一目了然，便于分析计算结果的规律性，避免漏算重算，容易发现错误，因而是很有用的。

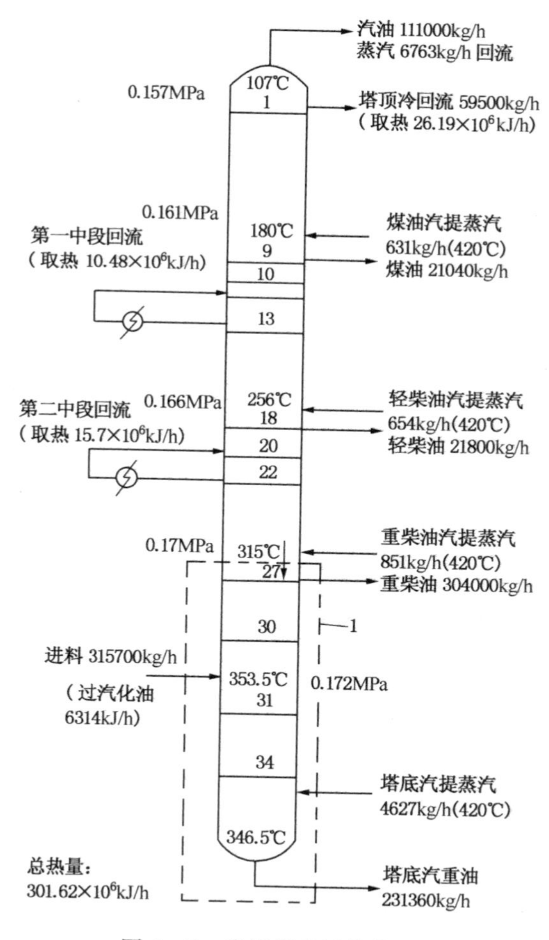

图 5-41　常压塔的计算草图

8. 汽化段温度

(1) 汽化段中进料的汽化率与过汽化度

取过汽化度为进料的2%(质量分数)或2.03%(体积分数),

要求进料在汽化段中的汽化率 e_F 为:

$$e_F(\text{体积分数}) = (4.3\% + 7.2\% + 7.2\% + 9.8\% + 2.03\%) = 30.53\%$$

(2) 汽化段油气分压

汽化段中各物料的流量如下:

汽油　　117kmol/h

煤油　　139kmol/h

轻柴油　　100kmol/h

重柴油　　105kmol/h

过汽化油　　21kmol/h

油汽量合计　　482kmol/h

其中过汽化油的相对分子质量取300。

还有水蒸气257kmol/h(塔底汽提)。

由此计算得汽化段的油气分压为:

0.172×482/(482+257)=0.112(MPa)

(3) 汽化段温度的初步求定

汽化段温度应该是在汽化段油气分压0.112MPa之下汽化30.53%(体)的温度,为此需要作出在0.112MPa下原油平衡汽化曲线。见图5-40中的曲线4。

在不具备原油的临界参数和焦点参数而无法作出原油 $p-T-e$ 相图的情况下,曲线4可用以下的简化法求定:由图5-40可得到原油在常压下的实沸点曲线与平衡汽化曲线的交点为291℃。利用第二章中的烃类与石油窄馏分的蒸气压图,将此交点温度291℃换算为0.112MPa的温度299℃。从291℃作垂直于横坐标的直线 A,在 A 线上找到299℃之点,过此点作平行于原油常压平衡汽化曲线2的曲线4,即为原油在0.112MPa下的平衡汽化曲线。

由曲线4可以查得当 e_F 为30.53%(体)时的温度为353.5℃,此即欲求的汽化段温度 t_F。此 t_F 是由相平衡关系求得,还需对它进行校核。

(4) t_F 的校核

校核的主要目的是看由 t_F 要求的加热炉出口温度是否合理。校核的方法是作绝热闪蒸过程的热平衡计算以求得炉出口温度。

当汽化率 $e_F=30.53\%$(体),$t_F=353.3$℃时,进料在汽化段中的焓 h_F 计算如表5-10。表中各物料的焓值可由第二章中介绍的方法和图表求得。

表5-10　进料带入汽化段的热量($p=0.172$MPa,$t=353.5$℃)

油　料	密度/(kg/m³)	流量/(kg/h)	焓/(kJ/kg)		热量[①]/(GJ/h)
			气相	液相	
汽　油	702.7	11100	1176	—	13.05
煤　油	799.4	21040	1147	—	22.94
轻柴油	828.6	21800	1130	—	24.63
重柴油	848.4	30400	1122	—	34.11

续表

油 料	密度/(kg/m³)	流量/(kg/h)	焓/(kJ/kg)		热量①/(GJ/h)
			气相	液相	
过汽化油	895.0	6314	1118	—	7.05
重 油	941.6	225046	—	888	199.84
合 计	—	315700	—	—	301.62

① $1GJ=1\times10^6 kJ$

所以 $h_F=301.62\times10^6/315700=955.4(kJ/kg)$

再求出原油在加热炉出口条件下的焓 h_0。按前述方法作出原油在炉出口压力0.207MPa之下的平衡汽化曲线(图5-40中的曲线3)。这里忽略了原油中所含的水分，若原油含水，则应当作炉出口处油气分压下的平衡汽化曲线。因考虑到生产喷气燃料，限定炉出口温度不超过360℃。由曲线3可读出在360℃时的汽化率 e_0 为25.5%(体)。显然 $e_0<e_F$，即在炉出口条件下，过汽化油和部分重柴油处于液相。据此可算出进料在炉出口条件下的焓值 h_0，见表5-11。

表5-11 进料在炉出口处携带的热量($p=0.207MPa$，$t=360℃$)

油 料	密度/(kg/m³)	流量/(kg/h)	焓/(kJ/kg)		热量/(GJ/h)
			气相	液相	
汽 油	702.7	11100	1201	—	13.33
煤 油	799.4	21040	1164	—	24.49
轻柴油	828.6	21800	1151	—	25.09
重柴油(气相)	837.5	21100	1143	—	24.12
重柴油(液相)	895.0	9300	—	971	9.03
重 油	941.6	231360	—	904	209.15
合 计	—	315700	—	—	305.21

所以 $h_0=305.21\times10^6/315700=966.77(kJ/kg)$

校核结果表明 h_0 略高于 h_F，所以在设计的汽化段温度353.5℃之下，既能保证所需的拔出率(体积分数30.53%)，炉出口温度也不至于超过允许限度。

9. 塔底温度

取塔底温度比汽化段温度低7℃，即

353.35−7=346.5℃

10. 塔顶及侧线温度的假设与回流热分配

(1) 假设塔顶及各侧线温度

参考同类装置的经验数据，假设塔顶及各侧线温度如下：

塔顶温度	107℃	轻柴油抽出层温度	256℃
煤油抽出层温度	180℃	重柴油抽出层温度	315℃

(2) 全塔回流热

按上述假设的温度条件作全塔热平衡，见表5-12。

表 5-12 全塔热平衡

物料		流量/(kg/h)	密度(ρ_{20})/(kg/m³)	操作条件		焓/(kJ/kg)		热量/(GJ/h)
				MPa	℃	气相	液相	
入方	进料	315700	860.4	0.172	353.5	—	—	301.62
	汽提蒸汽	6763	—	0.3	420	3316	—	22.43
	合计	322463	—	—	—	—	—	324.05
出方	汽油	11100	703.7	0.157	107	611	—	6.78
	煤油	21040	799.4	0.161	180	—	444	9.34
	轻柴油	21800	862.5	0.166	256	—	645	14.06
	重柴油	30400	848.4	0.170	315	—	820	24.93
	重油	231360	941.6	0.175	346.5	—	858	198.5
	水蒸气	6763	—	0.157	107	2700	—	18.26
	合计	322463	—	—	—		—	271.87

全塔回流热 Q=324.05−271.87=52.38(GJ/h)。

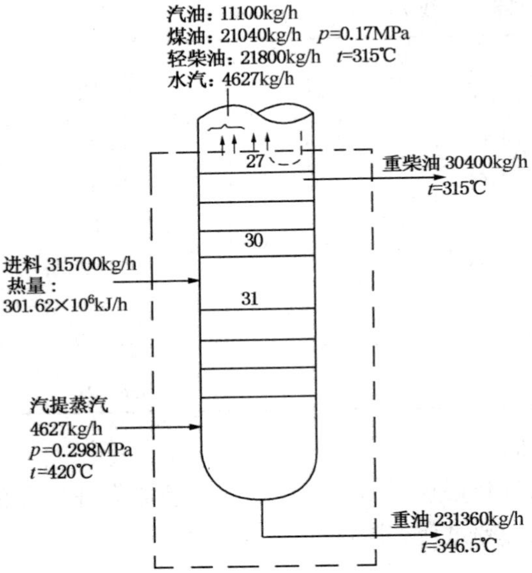

(3) 回流方式及回流热分配

塔顶采用二级冷凝冷却流程，塔顶回流温度定为60℃。采用两个中段回流，第一个位于煤油侧线与轻柴油侧线之间(第11~13层)，第二个位于轻柴油侧线与重柴油侧线之间(第20~22层)。

回流热分配如下：

塔顶回流取热50%　　Q_0=26.19GJ/h

一中回流取热20%　　Q_{c1}=10.48GJ/h

二中回流取热30%　　Q_{c2}=15.71GJ/h

11. 侧线及塔顶温度的校核

校核应自下而上进行。

(1) 重柴油抽出板(第27层)温度

按图5-42中的隔离体系Ⅰ作第27层以下塔段的热平衡，如表5-13。

图 5-42 重柴油抽出板以下塔段热平衡

由热平衡得

$$316.96\times10^6+795L=293.68\times10^6+1026L$$

所以，内回流 L=100780(kg/h)

或　100780/282=357(kmol/h)

重柴油抽出板上方气相总量为：

117+139+100+357+257=970(kmol/h)

重柴油蒸气(即内回流)分压为：

0.17×357/970=0.0626(MPa)

表 5-13　第 27 层以下塔段热平衡

物料		流量/(kg/h)	密度(ρ_{20})/(kg/m³)	操作条件		焓/(kJ/kg)		热量/(GJ/h)
				压力/MPa	温度/℃	气相	液相	
入方	进料	315700	860.4	0.172	353.5	—	—	301.62
	汽提蒸汽	4627	—	0.3	420	3316	—	15.34
	内回流	L	~846	0.17	~308.5	—	795	$795L$
	合计	$320327+L$	—	—	—	—	—	$316.96\times10^6+796L$
出方	汽油	11100	703.7	0.17	315	1080	—	11.99
	煤油	21040	799.4	0.17	315	1055	—	22.20
	轻柴油	21800	862.5	0.17	315	1034	—	22.54
	重柴油	30400	848.4	0.170	315	—	820	24.93
	重油	231360	941.6	0.175	346.5	—	858	198.5
	水蒸气	4627	—	0.17	315	3107	—	14.37
	内回流	L	~846	0.17	315	1026	—	$1026L$
	合计	$320327+L$	—	—	—	—	—	$2793.68\times10^6+1026L$

由重柴油常压恩氏蒸馏数据换算 0.0626MPa 下平衡汽化 0%点温度。可以用图 5-8 和图 5-9 先换算得常压下平衡汽化数据，再由常压与减压平衡汽化 30%或 50%点温度换算图(可由有关图表集的书籍中查取)换算成 0.0626MPa 下的平衡汽化数据。其结果如下：

恩氏蒸馏/%(体)	0		10		30		50
馏出温度/℃	289		316		328		341
恩氏蒸馏温差/℃		27		12		13	
平衡汽化温差/℃		9.5		6.4		6.6	
平衡汽化温度/℃	336.5		346		352.4		359
0.0133MPa 平衡汽化温度/℃	177.5		187		193.4		200
0.0626MPa 平衡汽化温度/℃	315.5		325		331.4		328

由上求得的在 0.0626MPa 下重柴油的泡点温度为 315.5℃，与原假设的 315℃很接近，可认为原假设温度是正确的。

(2) 轻柴油抽出板和煤油抽出板温度

校核的方法与校核重柴油抽出板温度的方法相同，可通过作第 18 层板以下和第 9 层板以下塔段的热平衡来计算。计算过程从略。计算结果如下：

轻柴油抽出层温度　　256℃

煤油抽出层温度　　181℃

结果与假设值相符，故认为原假设值是正确的。

(3) 塔顶温度

塔顶冷回流温度 $t_0=60$℃。其焓值 $h^L_{L_0,t_1}$ 为 163.3kJ/kg。

塔顶温度 $t_1=107$℃，回流(汽油)蒸气的焓 $h^V_{L_0,t_1}=611$kJ/kg。故塔顶冷回流量为

$$L_0=Q/(h^V_{L_0,\ t_1}-h^L_{L_0,\ t_1})=26.19\times10^6/(611-163.3)=58500(\text{kg/h})$$

塔顶油气量(汽油+内回流蒸气)为

$$(58500+11100)/95=733(\text{kmol/h})$$

塔顶水蒸气流量为

$$6763/18=376(\text{kmol/h})$$

塔顶油气分压为

$$0.157\times733/(733+376)=0.1038(\text{MPa})$$

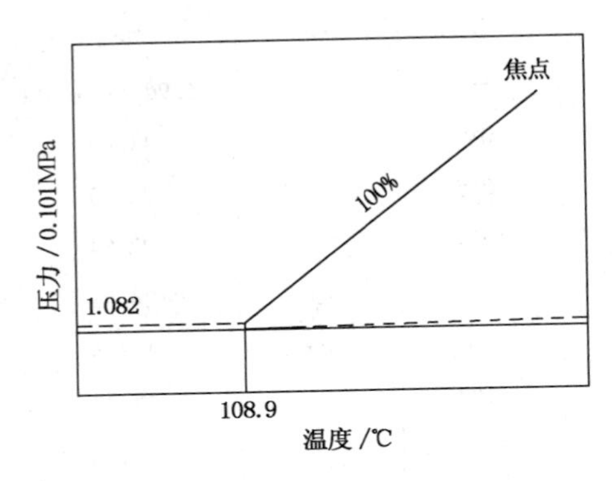

图 5-43 汽油的露点线相图

塔顶温度应该是汽油在其油气分压下的露点温度。由恩氏蒸馏数据换算得汽油常压露点温度为 108.9℃。已知其焦点温度和压力依次为 328.5℃和 5.9MPa，据此可在平衡汽化坐标纸上作出汽油平衡汽化 100%点的 $p-T$ 线，如图 5-43。由该相图可读得油气分压为 0.1038MPa 时的露点温度为 110℃。考虑到不凝气的存在，该温度乘以系数 0.97，则塔顶温度为

$$110\times0.97=106.8(℃)$$

与假设的 107℃很接近，故原假设温度正确。

最后验证一下在塔顶条件下，水蒸气是否会冷凝。

塔顶水蒸气分压为

$$0.157-0.1038=0.0532(\text{MPa})$$

相应于此压力的饱和水蒸气温度为 83℃远低于塔顶温度 107℃，故在塔顶，水蒸气处于过热状态，不会冷凝。

12. 全塔气、液负荷分布图

选择塔内几个有代表性的部位（如塔顶、第一层板下方、各侧线抽出板上下方、中段回流进出口处、汽化段及塔底汽提段等），求出这些部位的气、液相负荷，就可以作出全塔气、液相负荷分布图。图 5-44 就是通过计算第 1、8、9、10、13、17、18、19、22、26、27、30 各层塔板及塔底汽提段的气、液负荷绘制而成，此图的横坐标也可以 kmol/h 表示。由图可见，第 19 层塔板以上塔段内的气、液相负荷是比较均匀的。二中段回流抽出板处的气相负荷和液相回流量最大。请注意在此图中，精馏段的液相负荷分布曲线只是指内回流，并未包括中段循环回流量。如果要使各塔段的负荷更均匀些，可以适当增加塔顶和一中段回流的取热量，减少二中段回流的取热量。不过二中段回流的温度较高，对换热更为有利，从能量回收的角度来看，二中段回流的取热比例稍大些是合理的。

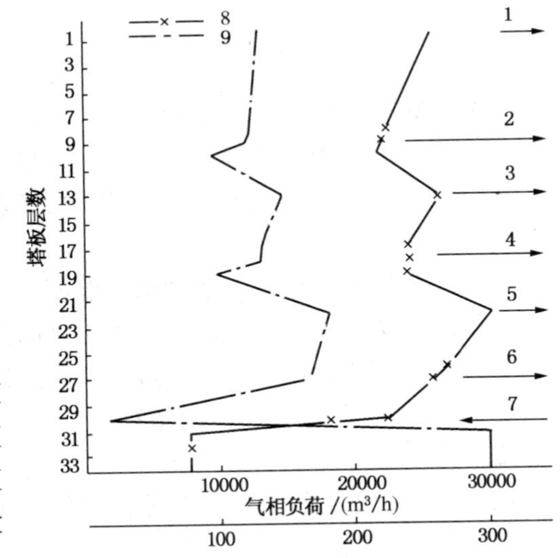

图 5-44 常压塔全塔气、液相负荷分布图

1—第一层下；2—煤油抽出板；3—第一中段回流出口；4—轻柴油抽出板；5—第二中段回流出口；6—重柴油抽出板；7—进料；8—气相负荷；9—液相负荷（不包括中段回流）

这里存在着一次投资与长期操作费用之间的关系如何处理以达到最优方案的问题。从图中还可看出，汽提段的液相负荷很大，气相负荷却很小，所以在塔板选型和设计时要注意。几层中段回流换热板上把循环回流量算在内的液相负荷也是很可观的，比其他的精馏塔板上的液相负荷要高出很多。所以原油蒸馏塔的精馏段、汽提段和中段回流换热板往往选用不同的塔板形式，塔板结构也有相应的特点。

图 5-44 虽然并不十分精确，但是对一般工艺计算而言，这样的精度能满足要求。

至于原油常压蒸馏塔还包括的塔径和塔高的计算、塔板水力学核算等内容。此处从略，请参阅先修课程化工原理等。

习题与思考题

1. 什么叫一次汽化、渐次汽化？一次汽化、渐次汽化各有何优缺点？它们间有何区别和联系？

2. 在三种蒸馏方法的温度-馏出体积曲线图上，为什么实沸点蒸馏的初馏点最低，而终馏点最高？恩氏蒸馏为何介于二者之间？

3. 简述原油蒸馏(初馏塔、常压蒸馏、减压蒸馏)的作用？

4. 简述原油常压蒸馏(塔)、减压蒸馏(塔)的特点？

5. 简述水蒸气汽提在原油蒸馏过程中的作用？

6. 何谓“过汽化度”？它有何作用？其一般取值范围为多少？

7. 石油蒸馏塔内汽液相负荷分布有何特点？

8. 原油蒸馏中为何会出现全塔剩余热？通过哪些方法(措施)实现全塔热平衡？

9. 简述石油蒸馏过程中常用的回流取热方式及其作用？

10. 减压蒸馏塔如何实现高真空？

11. 比较干式减压蒸馏、湿式减压蒸馏的优缺点？

12. 在原油蒸馏中，何为侧线产品？何为减压馏分？

13. 按汽化段数划分，原油蒸馏工艺可分为哪三类？

14. 原油中含盐含水对石油加工过程有哪些危害？

15. 简述原油预处理的目的(作用)？可采取哪些相应的工艺措施？

16. 原油换热流程优化设计应遵循何原则？

17. 当某侧线馏出油出现下列质量情况时，应作怎样的操作调节：

(1) 头轻(初馏点低或闪点低)；

(2) 尾重(干点高、凝点高或残炭值高)；

(3) 头轻尾重(馏程范围过宽)。

18. 常减压蒸馏装置设备的腐蚀分几种？常用的防腐措施有哪些？它们的作用及注入部位如何？

参考文献

[1] 林世雄．石油炼制工程[M]．3 版．北京：中国工业出版社，2000.
[2] 侯芙生．中国炼油技术[M]．3 版．北京：中国石化出版社，2011.
[3] 陈绍洲，常可怡．石油加工工艺学[M]．上海：华东理工大学出版社，1997.

[4] 张德义．含硫原油加工技术[M]．北京：中国石化出版社，2003.
[5] 李志强. 原油蒸馏工艺与工程[M]. 北京：中国石化出版社，2010.
[6] 沈本贤，凌昊，蒋长胜，等. 一种更新的重质油脱盐脱水设备：201010264495.0[P].
[7] 杨基和，桂华，张毅锋．利用窄点技术对常减压换热网络的扩建设计[J]．石油与天然气化工，1996，25(4)：197-202.
[8] 詹世平．炼油厂常减压工段换热网络的优化设计[J]. 化学工业与工程，1995，12(3)：38-42.
[9] 郑嘉惠．跨世纪国内外炼油新技术的发展动向[J]. 石油炼制与化工，1996，27(12)：6-13.
[10] 娄世松，左禹，楚喜丽，等．高酸值原油脱酸工艺的研究[J]. 石油炼制与化工，2004，35(7)：36-40.
[11] 唐晓东，肖黄飞，崔盈贤，等．高酸值原油脱酸剂技术的实验研究[J]. 西南石油大学学报，2007，29(3)：104-107.
[12] 周培荣，贾鹏林，许适群等．加工高硫原油与高酸原油的防腐蚀技术[J]. 全面腐蚀控制，2003，17(3)：1-7.
[13] 胡洋，薛光亭．加工高酸值原油设备腐蚀与防护技术进展[J]．石油化工腐蚀与防护，2004，21(4)：5-8.
[14] 王颖华．原油常减压装置节能技术[J]. 天然气与石油，2006，24(3)：59-64.
[15] 李照峰，张黎鹏．原油强化蒸馏技术的工业应用[J]. 石油与天然气化工，2004，33(2)：98-101.
[16] 杜荣熙．过滤法原油脱盐脱水技术研究[J]. 石油炼制与化工，1999，30(11)：10-12.
[17] 刘新华．利用活化剂强化常减压蒸馏[J]. 石化技术，2000，7(2)：112-117.
[18] 连喜增．常减压装置增产柴油采取的措施[J]. 济炼科技，2000，8(1)：6-10.
[19] 白国权．L1 条型浮阀和梯型浮阀塔板在常压塔的应用[J]. 油气加工，2000，10(1)：41-44.
[20] 石永军．规整填料在减压塔改造中的应用[J]. 山东化工，2002，31 (2)：16-17.
[21] 朱耘青．石油炼制工艺学[M]. 北京：中国石化出版社，1998.

第六章　催化裂化

第一节　概　　述

催化裂化是重质油在酸性催化剂存在下，在500℃左右、$1\times10^5\sim3\times10^5$Pa下发生以裂化反应为主的一系列化学反应，生成轻质油、气体和焦炭的过程。催化裂化是现代化炼油厂用来改质重质瓦斯油和渣油的核心技术，是重质原料轻质化的主要技术措施，也是炼厂获取经济效益的重要手段。

一、催化裂化在炼油厂中的地位和作用

随着对轻质油品特别是对汽油需求量的增加，催化裂化无论是加工能力、装置规模，还是工艺技术均以较快的速度发展。半个多世纪来，我国催化裂化装置从无到有，技术水平由低到高，装置规模和加工能力从小到大，研究思路从跟踪模仿转变到自主创新，实现了跨越式发展。目前我国催化裂化工艺技术水平达到国际先进水平。已有150多套不同类型的催化裂化装置建成投产，处理量已接近2亿吨/年。催化裂化在重油转化中发挥了重要作用。催化裂化工艺提供70%以上的车用汽油、约40%的丙烯和30%的柴油，为国民经济的发展作出了巨大的贡献。

二、催化裂化的发展概况

世界上第一套工业意义上的固定床催化裂化装置于1936年4月6日正式运转，采用固定床技术；随后的几年中，又分别出现了移动床(TCC)和流化床催化裂化技术(FCC)。1942年第一套流化催化裂化装置在美国投产。

我国第一套自行设计、自行施工和安装的60万吨/年的流化催化裂化装置于1965年5月5日，在抚顺石油二厂投料试车成功。正是这项在我国石油工业发展史上留下光辉一页的“五朵金花”技术之首的炼油新技术，使中国炼油工业一步跨越了20年，标志着中国炼油技术进入当时的世界先进水平的行列，由此成为中国炼油工业史上一个划时代的日子。首套流化催化裂化装置的试车成功大大加速了我国炼油工业发展的步伐。

20世纪70年代提升管与沸石催化剂的结合使流化催化裂化技术发生了质的飞跃，原料范围更宽，产品更加灵活多样，装置操作更稳定。进入21世纪，我国相继开发出几种独特的降低催化裂化汽油烯烃含量和硫含量的催化裂化技术，较为典型的有变径流化床双反应区催化裂化工艺和双提升管并联的催化裂化工艺(FDFCC和TSRFCC)。其中多产异构烷烃(MIP)工艺技术已大面积推广应用，累计建成工业装置超过100套。从技术发展的角度来说，最基本的是反应-再生形式和催化剂性能两个方面的发展。

图6-1为催化裂化反应-再生系统的五种主要形式。

原料油在催化剂上进行催化裂化时，一方面通过分解等反应生成气体、汽油等较小分子的产物，另一方面同时发生缩合反应生成焦炭。这些焦炭沉积在催化剂的表面上，使催化剂的活性下降。因此，经过一段时间的反应后，必须烧去催化剂上的焦炭以恢复催化剂的活性。这种用空气烧去积炭的过程称为“再生”。由此可见，一个工业催化裂化装置必须包括反应和再生两个部分。

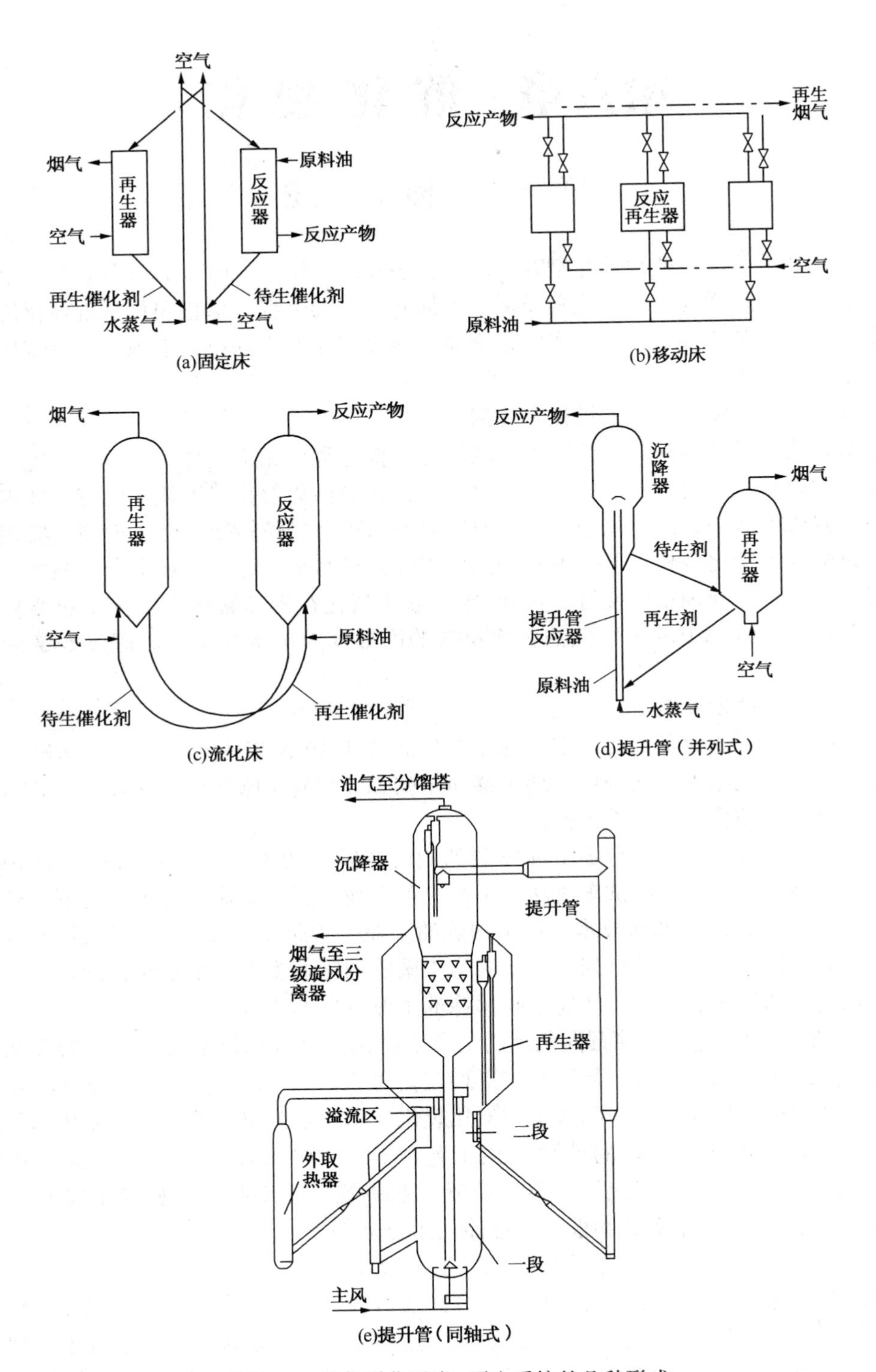

图 6-1　催化裂化反应-再生系统的几种形式

（一）固定床催化裂化技术

固定床催化裂化技术特点是预热后的原料进入反应器内进行反应，通常只经过几分钟到十几分钟，催化剂的活性就因表面结焦而开始下降，这时，停止进料，用水蒸气吹扫后，通入空气进行再生。因此，反应和再生是轮流间歇地在同一个反应器内进行。为了在反应时供热及在再生时取走热，在反应器内装有取热的管束，用一种融盐循环取热。为了使生产连续化，可以将几个反应器组成一组，轮流地进行反应和再生。固定床催化裂化的设备结构复杂，生产连续性差，因此，在工业上已被其他形式所代替，但是在试验研究中它还有一定的使用价值。

（二）移动床催化裂化技术

移动床催化裂化技术特点是反应和再生分别在反应器和再生器内进行。原料油与催化剂同时进入反应器的顶部，它们互相接触，一面进行反应，一面向下移动。当它们移动至反应器的下部时，催化剂表面上已沉积了一定量的焦炭，于是油气从反应器的中下部导出而催化剂则从底部下来，再由气升管用空气提升至再生器的顶部，然后，在再生器内向下移动的过程中进行再生。再生过的催化剂经另一根气升管又提升至反应器。为了便于移动和减少磨损，将催化剂做成3~6mm直径的小球。由于催化剂在反应器和再生器之间循环，起到热载体的作用，因此，移动床内可以不设加热管。但是在再生器内，由于再生时放出热量很大，虽然循环催化剂可带走一部分热量，但仍不能维持合适的再生温度。因此，在再生器内须分段安装一些取热管束，用高压水进行循环以取走剩余热量。

（三）流化床催化裂化技术

流化床催化裂化技术特点是反应和再生也是分别在两个设备中进行，其原理与移动床相似，只是在反应器和再生器内，催化剂与油气或空气形成流化状态，进行反应和再生。催化剂做成直径为20~100μm的微球，它在两器之间的循环像流体一样方便。由于在流化状态时，反应器或再生器内温度分布均匀，而且催化剂的循环量大，可以携带的热量多，减少了反应器和再生器内温度变化的幅度，大大简化了设备的结构，使它具有处理量大、设备结构简单、操作方便灵活、产品性质稳定等优点，因此得到广泛发展。20世纪50年代最有代表性的是高低并列式密相床流化催化裂化，或称Ⅳ型催化裂化。

（四）提升管催化裂化技术

自60年代以来，为配合高活性的分子筛催化剂，流化床反应器又发展为提升管反应器，提升管催化裂化技术特点是整个裂化反应在提升管中进行。该技术特点是物料和催化剂运行如活塞流状并以很快速度完成反应，物流返混少，二次反应减少，轻油收率高。目前提升管催化裂化装置已占据了主导地位。

催化剂在催化裂化的发展中起着十分重要的作用。在催化裂化发展初期，利用天然的活性白土作催化剂。40年代起广泛采用人工合成的硅酸铝催化剂，60年代出现了分子筛催化剂；由于它具有活性高、选择性和稳定性好等特点，很快就被广泛采用，使催化裂化技术有了跨越性的发展，除了促进提升管反应技术的发展外，还促进了再生技术的迅速发展。

催化裂化在20世纪对炼油工业的贡献是人所共知的，面对21世纪的形势和任务，催化裂化迎来了新挑战。在今后一段时期内，催化裂化技术将会围绕以下几个方面发展：

① 继续改进工艺、设备、催化剂技术，尽可能多地转化劣质重油；提高轻质产品收率。对我国而言，特别要在保证长周期运转上下功夫。

② 继续研究开发多产低碳烯烃的工艺,为发展石油化工和清洁燃料组分的生产提供原料。

③ 利用其反应机理，继续研究开发能满足市场产品需求的催化裂化工艺和催化剂。

④ 为清洁生产，研究开发减少排放的工艺、催化剂、添加剂以及排放物的无害化处理。

⑤ 同步发展催化裂化与其他工艺的组合优化。

⑥ 过程模拟和计算机应用。

⑦ 新催化材料的开发和应用。

由于石油仍是不可替代的运输燃料，随着原油的重质化和对轻质燃料需求的增长，发展重油深度转化、增加轻质油品收率仍将是本世纪炼油行业的重大发展战略。近十几年来，我国催化裂化掺炼渣油量在不断上升，已居世界领先地位。催化剂的制备技术已取得了长足的进步，国产催化剂在渣油裂化能力和抗金属污染等方面均已达到或超过国外的水平。在减少焦炭、取出多余热量、催化剂再生、能量回收等方面的技术有了较大发展。

第二节　催化裂化的原料和产品

一、原料

催化裂化的原料范围广泛，可分为馏分油和渣油两大类。馏分油主要是直馏减压馏分油(VGO)，馏程350~500℃，也包括少量的二次加工重馏分油如焦化蜡油(CGO)、渣油溶剂脱沥青油(DAO)等；渣油主要是减压渣油、加氢处理渣油等。渣油都是以一定的比例掺入到减压馏分油中进行加工，其掺入的比例主要受制于原料的金属含量和残炭值。对于一些金属含量很低的石蜡基原油也可以直接用常压重油作为原料。当减压馏分油中掺入渣油时则通称为重油催化裂化(RFCC)，1995年之后我国新建的装置均为掺炼渣油的RFCC。

通常评价催化裂化原料的指标有馏分组成、特性因数K值、相对密度、苯胺点、残炭、硫含量、氮含量、金属含量等。其中残炭、金属含量和氮含量对RFCC影响最大。

(一) 馏分组成

对以饱和烃为主要成分的直馏馏分油来说，馏分越重越容易裂化，所需条件越缓和，且焦炭产率也越高，而对芳烃含量较高的渣油并不服从此规律。对重质原料，密度只要小于0.92，对馏程无限制。

(二) 烃类族组成

含环烷烃多的原料容易裂化，液化气和汽油产率高，汽油辛烷值也高，是理想的催化裂化原料。含烷烃多的原料也容易裂化，气体产率高，但汽油产率和辛烷值较低。含芳烃多的原料，难裂化，汽油产率更低，液化气产率也低，且生焦多，生焦量与进料的化学组成有关。烃类的生焦能力：芳烃>烯烃>环烷烃>烷烃。

分析重质原料油烃类族组成比较困难，一般是通过测定特性因数K值、含氢量、相对密度、苯胺点、黏度等物理性质，间接地进行判断。

特性因数K值可表明原料的裂化性能和生焦倾向,K值越高越容易裂化,生焦倾向也越小。

原料油的氢含量也可反映它的烃族组成。原料油氢含量低，说明饱和烃减少，芳烃、胶质和沥青质增加，残炭值增大，生焦率提高，转化率下降。

(三) 残炭

残炭值反映了原料中生焦物质含量的多少和生焦倾向。残炭值越大，焦炭产率就越高。

馏分油原料的残炭值一般不大于0.4%，而渣油的残炭值较高，一般都在4%以上，致使焦炭产率高达10%左右，热量过剩，因此解决热平衡问题是实现渣油催化裂化的关键之一。目前我国已有装置能处理残炭高达7%~8%的劣质原料。

（四）含硫、含氮化合物

硫含量会影响裂化的转化率、产品选择性和产品质量。Keyworty等研究了原料硫在催化裂化产品中的分布。硫含量增加，转化率下降，汽油产率下降，气体产率增加；随着裂化反应同时发生脱硫反应生成的H_2S，引起设备腐蚀，进入到产品中的有机硫化物造成产品质量不合格，烟气中的SO_x含量超过排放标准，造成环境污染。

原料中的氮化合物，特别是碱性氮化物能强烈地吸附在催化剂表面，中和酸性中心，使催化剂活性降低；中性氮化物进入裂化产物会使油品安定性下降。Fu and Schaffer研究了30种不同的氮化合物对两种工业催化裂化催化剂活性和选择性的影响，他们发现氮化合物的气相质子亲和力越强，对催化剂的毒性就越大。焦炭中的氮化物在再生过程中生成NO_x进入烟气中，污染大气。

因此原料中含有上述物质对生产是不利的，原料的硫含量和氮含量要分别限制在0.5%和0.3%以下。

（五）金属

金属包括碱性金属钠和铁、镍、钒、铜等重金属。它们大都以有机金属化合物的形式存在，分为挥发性和不可挥发性两种。前者相当于一个平均沸点约620℃的化合物，在减压蒸馏时可能被携带进入作为催化裂化原料的减压馏分油中。不可挥发的重金属化合物为一种胶体悬乳物存在于渣油中。所以渣油以及来自焦化、减黏裂化和脱沥青等装置的油料中重金属含量都比较高，比馏分油高几十倍，甚至几百倍。

钠除本身具有碱性使催化剂酸性中心减活外，更主要的是它与钒在高温下生成低熔点钒酸钠盐将破坏催化剂的晶格结构，使钒对催化剂的危害比镍还要大。

镍和钒沉积在催化剂上，具有强的催化脱氢活性，使反应选择性急剧变差，生成大量的焦炭和氢气。为此，催化裂化原料中要限制重金属的含量。目前已能成功地处理含镍小于10μg/g的重油，采用一定措施后还可以处理镍含量小于20μg/g、钒含量小于1μg/g的原料，同时要注意加强电脱盐，控制原油中钠含量小于1μg/g。

表6-1对减压馏分油（VGO）、常压渣油（AR）、减压渣油（VR）、焦化蜡油（CGO）和溶剂脱沥青油（DAO）等五种可能作为催化裂化原料的油品性质作了比较。渣油的特点是馏程宽、密度大、芳烃含量高、残炭值高、硫、氮和金属杂质多，给催化裂化加工带来许多困难。但我国类似于大庆原油一类的低硫石蜡基原油的AR性质较好，残炭值和金属含量都不高，可以直接作RFCC的原料，其他原油的AR和所有的VR因残炭和金属含量高只能与VGO掺炼，可能达到的最大掺炼比视原油类型、装置的工艺和设备条件而不同，目前大庆原油的VR可达到40%~50%，管输原油的VR在30%左右。CGO虽然在馏程、密度、残炭和金属含量方面与VGO较为近似，但它的硫、氮杂质含量、烯烃含量和芳烃含量都比VGO要高，尤其是氮含量高的危害性很大，使轻质油收率降低，生焦量增大，CGO的掺炼比一般在20%左右。劣质的VR可用溶剂脱去沥青得到DAO，与VR相比DAO的残炭值和金属含量都有下降，正庚烷不溶物（沥青质）明显减少，再作为掺炼组分时裂化性能已有明显改善。

表6-1为几种催化裂化原料的性质。

表 6-1 几种催化裂化原料的性质比较

原油类型	大庆				胜利					阿拉伯(轻)			
项目 \ 来源	减压馏分(VGO)	常渣(AR)	减渣(VR)	焦化蜡油(CGO)	减压馏分(VGO)	常渣(AR)	减渣(VR)	焦化蜡油(CGO)	脱沥青油(DAO)	减压馏分(VGO)	常渣(AR)	减渣(VR)	脱沥青油(DAO)
馏程/℃	350~500	>350	>500	320~480	350~500	>400	>500	323~494	—	370~520	>350	>500	—
d_4^{20}	0.8564	0.8959	0.9220	0.8763	0.8876	0.9460	0.9698	0.9178	0.9340	0.9141	0.9514	0.9969	0.9861
v_{100}/(mm^2/s)	4.60	28.9	104.5		5.94	139.7	861.7	5.06	50	6.93	32.83	1035	
Rc/%	<0.1	4.3	7.2	0.31	<0.1	9.6	13.9	0.74	4.5	0.12	9.36	19.7	10.7
H/%	13.80	13.27	—	12.38	13.50	11.77		11.46	—	11.69	11.20	—	—
S/%	0.045	0.15	0.91	0.29	0.47	1.2	1.95	1.20	—	2.61	3.29	4.31	3.25
N/%	0.068	0.2	—	0.37	<0.1	0.6	—	0.69	—	0.078	0.16	—	0.1
K/(μg/g)	12.5	—	—	—	—	12.3	—	—	—	11.85	—	—	—
Ni/(μg/g)	<0.1	4.3	7.2	0.3	<0.1	36	46	0.5	12	—	6.5	68	19①
V/(μg/g)	0.01	<0.1	0.1	0.17	<0.1	1.5	2.2	0.01	<2	—	27.2	140	—
饱和烃/%	86.8	61.4	—	—	71.8	40.0	—	—	—	65.8	49.3	—	—
芳烃/%	13.4	22.1	—	—	23.3	34.3	—	—	—	31.6	34.0	—	—
胶质/%	0.0	16.45	—	—	4.9	24.9	—	—	—	2.6	16.7	—	—
沥青质(C_7)/%	—	0.05	2.5~3.0②	—	—	0.8	4.22②	—	<0.05	—	16.7	10.0②	0.05②
占原油/%	26~30	71.5	42.9	—	27	68.0	47.1	—	—	24.3	50.39	22.4	—
DAO收率/%	—	—	—	—		—	—	—	60	—	—	—	78

① Ni+V。② 胶质+沥青质。

二、产品

催化裂化的产品包括气体、液体和焦炭。

(一) 气体

在一般工业条件下，气体产率约为10%~20%，其中含有H_2、H_2S和C_1~C_4等组分。C_1~C_2的气体叫干气，约占气体总量的10%~20%，其余的C_3~C_4气体叫液化气(或液态烃)，其中烯烃含量可达50%左右。

干气中含有10%~20%的乙烯，它不仅可作为燃料，还可作生产乙苯、制氢等的原料。

液化气中含有丙烯、丁烯，是宝贵的石油化工原料和合成高辛烷值汽油的原料；丙烷、丁烷可作制取乙烯的裂解原料，也是渣油脱沥青的溶剂。同时，液化气也是重要的民用燃料气来源。

(二) 液体产物

汽油：汽油产率约30%~60%，其研究法辛烷值约80~90，又因催化汽油所含烯烃中，α-烯烃很少，且基本不含二烯烃，所以安定性较好。

柴油：柴油产率约为0%~40%，因含有较多的芳烃，所以十六烷值较直馏柴油低，由重油催化裂化得到的柴油的十六烷值更低，只有25~35，而且安定性很差，这类柴油需经过加氢处理，或与质量好的直馏柴油调合后才能符合轻柴油的质量要求。

重柴油(回炼油)：是馏程在350℃以上的组分，可作回炼油返回到反应器内，以提高轻质油收率，但因其含芳烃多(35%~40%)使生焦率增加，不回炼时就以重柴油产品出装置，也可作为商品燃料油的调合组分。

油浆：油浆的产率约5%~10%，是从催化裂化分馏塔底得到的渣油，含有少量催化剂细粉，可以送回反应器回炼以回收催化剂，但因油浆富含多环芳烃而容易生焦，在掺炼渣油时为了降低生焦率要向外排出一部分油浆。油浆经沉降除去催化剂粉末后称为澄清油，因多环芳烃的含量较大（50%~80%），所以是制造针焦的好原料，或作为商品燃料油的调合组分，也可作为加氢裂化的原料。

（三）焦炭

焦炭的产率约为5%~7%，重油催化裂化的焦炭产率可达8%~10%。焦炭是缩合产物，它沉积在催化剂的表面上，使催化剂丧失活性，所以要用空气将其烧去使催化剂恢复活性，因而焦炭不能作为产品分离出来。

第三节　催化裂化的化学反应

催化裂化原料在固体催化剂上进行催化裂化反应是一个复杂的物理化学过程。各种产品的数量和质量不仅取决于组成原料的各类烃在催化剂上的反应，而且还与原料气在催化剂表面上的吸附，反应产物的脱附以及油气分子在气流中的扩散等物理过程有关。

一、烃类的催化裂化基本反应

（一）烷烃

烷烃主要发生分解反应，碳链断裂生成较小的烷烃和烯烃。例如：

$$\underset{\text{正庚烷}}{\mathrm{C{-}C{-}C{-}C{-}C{-}C{-}C}} \longrightarrow \underset{\text{正丁烷}}{\mathrm{C{-}C{-}C{-}C}} + \underset{\text{丙烯}}{\mathrm{C{=}C{-}C}}$$

$$\underset{\text{2-甲基庚烷}}{\mathrm{C{-}C{-}C{-}C}\overset{\beta}{-}\mathrm{C{-}\underset{\displaystyle C}{\underset{|}{C}}{-}C}} \xrightarrow{\beta\text{断裂}} \underset{\text{正丁烷}}{\mathrm{C{-}C{-}C{-}C}} + \underset{\text{异丁烯}}{\mathrm{C{=}\underset{\displaystyle C}{\underset{|}{C}}{-}C}}$$

生成的烷烃又可继续分解成更小的分子。分解发生在最弱的C—C键上，烷烃分子中的C—C键能随着向分子中间移动而减弱，正构烷烃分解时多从中间的C—C键处断裂，异构烷烃的分解则倾向于发生在叔碳原子的β键位置上。分解反应的速率随着烷烃相对分子质量和分子异构化程度的增加而增大。

（二）烯烃

烯烃很活泼，反应速率快，在催化裂化中占有很重要的地位。烯烃的主要反应有：

1. 分解反应

分解为两个较小分子的烯烃，反应速率比烷烃高得多。例如在同样条件下，正十六烯的分解速率比正十六烷的高一倍。其他分解规律与烷烃相似。

2. 异构化反应

相对分子质量不变，只改变其分子结构的反应称异构化反应。烯烃的异构化反应有三种：

① 骨架异构。分子中碳链重新排列，如正构烯烃变成异构烯烃，支链位置发生变化，五元环变为六元环等。

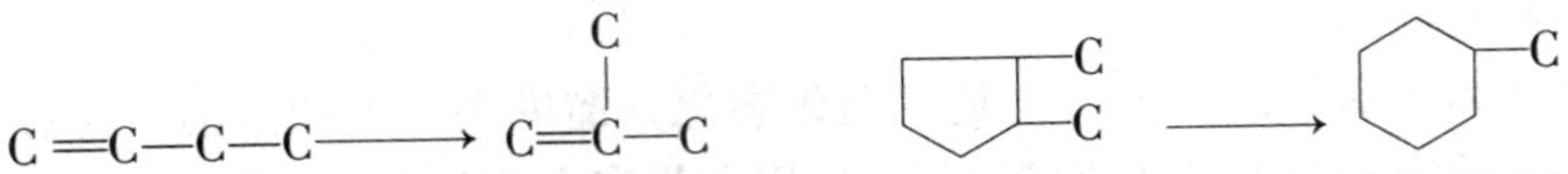

$$C{=}C{-}C{-}C \longrightarrow C{=}C(C){-}C$$

1-丁烯 异丁烯

二甲基环戊烷 → 甲基环己烷

② 双键位移异构。烯烃的双键向中间位置转移。

$$C{=}C{-}C{-}C{-}C{-}C \longrightarrow C{-}C{-}C{=}C{-}C{-}C$$

1-己烯 3-己烯

③ 几何结构。烯烃分子空间结构改变，如顺丁烯变为反丁烯。

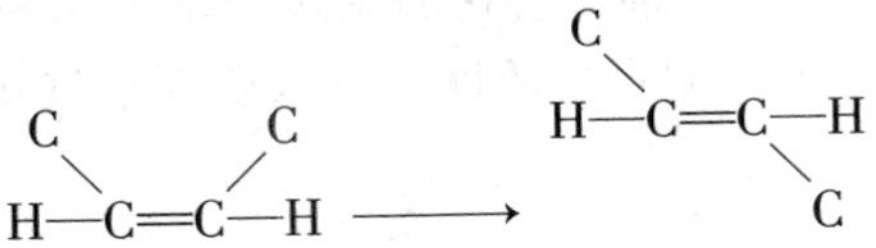

2-顺丁烯 → 2-反丁烯

3. 氢转移反应

某烃分子上的氢脱下来后立即加到另一烯烃分子上使之饱和的反应称为氢转移反应。它包括烯烃分子之间、烯烃与环烷、芳烃分子之间的反应，其结果是一方面某些烯烃转化为烷烃，另一方面，给出氢的化合物转化为多烯烃及芳烃或缩合程度更高的分子，直到缩合至焦炭。氢转移反应是造成催化裂化汽油饱和度较高及催化剂失活的主要原因。反应温度和催化剂活性对氢转移反应影响很大。在高温下(如500℃左右)，氢转移反应速率比分解反应速率慢得多，所以高温时，催化汽油的烯烃含量高。而低温下(如400~450℃)，氢转移反应速率降低的程度不如分解反应(因分解反应速率常数的温度系数较大)，汽油的烯烃含量就会低些，因此如要生产低烯烃汽油时，可采用较低的反应温度和活性较高的催化剂，以促进氢转移反应，降低汽油中的烯烃含量。

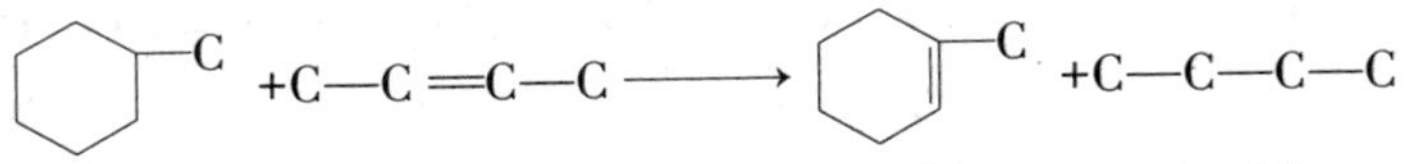

甲基环己烷 + $C{-}C{=}C{-}C$ → 甲基环己烯 + $C{-}C{-}C{-}C$

甲基环己烷 2-丁烯 甲基环己烯 正丁烷

4. 芳构化反应

烯烃环化并脱氢生成芳烃的反应。

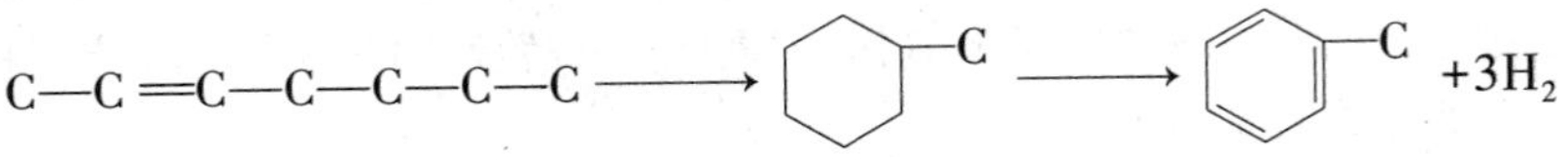

$C{-}C{=}C{-}C{-}C{-}C{-}C$ → 甲基环己烷 → 甲苯 $+3H_2$

2-庚烯 甲基环己烷 甲苯

(三) 环烷烃

环烷烃主要发生分解、氢转移和异构化反应。环烷烃的分解反应一种是断环裂解成烯烃，另一种是带长侧链的环烷烃断侧链。因为环烷烃的结构中有叔碳原子，因此分解反应速率较快。环烷烃可通过氢转移反应转化成芳烃。带侧链的五元环烷烃也可以异构化成六元环烷烃，再进一步脱氢生成芳烃。

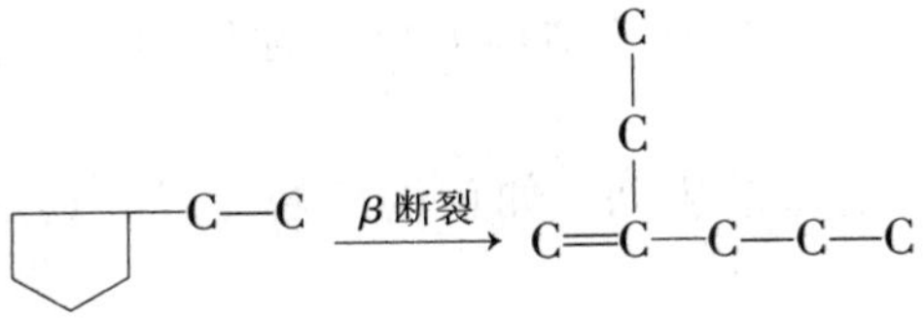

乙基环戊烷 $\xrightarrow{\beta\text{断裂}}$ $C{=}C(C{-}C){-}C{-}C{-}C$

乙基环戊烷 → 2-乙基-1-戊烯

$$\text{戊基环戊烷} \xrightarrow{\beta\text{断裂}} \text{甲基环戊烷} + C=C-C-C\ (\text{1-丁烯})$$

(四) 芳香烃

芳香烃的芳核在催化裂化条件下极为稳定，如苯、萘、联苯。但连接在苯核上的烷基侧链却很容易断裂，断裂的位置主要发生在侧链与苯核相连的C—C链上，生成较小的芳烃和烯烃。这种分解反应也称为脱烷基反应。侧链越长，异构程度越大，脱烷基反应越易进行。但分子中至少要有三个碳以上的侧链才易断裂，脱乙基较困难。

$$\text{异丁基苯} \longrightarrow \text{苯} + \text{异丁烯}\ (C=C(C)-C)$$

多环芳香烃的裂化速率很低，它们的主要反应是缩合成稠环芳烃，最后成为焦炭，同时放出氢使烯烃饱和。

综上所述，在催化裂化的条件下，原料中各种烃类进行着错综复杂的反应，不仅有大分子裂化成小分子的分解反应，也有小分子生成大分子的缩合反应(甚至缩合成焦炭)。与此同时，还进行异构化、氢转移、芳构化等反应。在这些反应中，分解反应是最主要的反应，催化裂化正是因此而得名。各类烃的分解速率为：烯烃>环烷烃、异构烷烃>正构烷烃>芳香烃。

二、烃类的催化裂化正碳离子反应机理

前面我们讨论了在催化裂化条件下各种烃类进行的基本反应。为了了解这些反应是怎样进行的并解释某些现象，例如裂化气体中C_3、C_4多，汽油中异构烃多等，我们再进一步讨论烃类在裂化催化剂上进行反应的历程，或称反应机理。

到目前为止，正碳离子学说被公认为解释催化裂化反应机理比较好的一种学说。其他虽然也有一些理论在某些方面是正确的，但是不能像正碳离子学说解释问题的范围那样广泛。

所谓正碳离子，是指缺少一对价电子的碳所形成的烃离子，或叫带正电荷的碳离子。

$$RC^{+}H_2$$

正碳离子的基本来源是由一个烯烃分子获得一个氢离子H^+(质子)而生成。例如：

$$C_nH_{2n}+H^{+}\longrightarrow C_nH_{2n+1}^{+}$$

氢离子来源于催化剂酸性活性中心。芳烃也能接受催化剂酸性中心提供的质子生成正碳离子。烷烃的反应历程可认为是烷烃分子与已生成的正碳离子作用而生成一个新的正碳离子，然后再继续进行以后的反应。

下面我们通过正十六烯的催化裂化反应来说明正碳离子学说。

① 正十六烯从催化剂表面或已生成的正碳离子获得一个H^+而生成正碳离子：

$$nC_{16}H_{32}+H^{+}\longrightarrow C_5H_{11}-\overset{\displaystyle H}{\underset{+}{C}}-C_{10}H_{21}$$

$$nC_{16}H_{32}+C_3H_7^+ \longrightarrow C_3H_6+C_5H_{11}-\overset{H}{\underset{+}{C}}-C_{10}H_{21}$$

② 大的正碳离子不稳定，容易在β位置上断裂：

$$C_5H_{11}-\overset{H}{\underset{+}{C}}-CH_2\overset{\beta}{-}C_9H_{19}\longrightarrow C_5H_{11}-\overset{H}{C}=CH_2+\underset{+}{C}H_2-C_8H_{17}$$

③ 生成的正碳离子是伯碳离子，不稳定，易于变成仲正碳离子，然后又接着在β位置上断裂：

$$\underset{+}{C}H_2-C_8C_{17}\longrightarrow CH_3-\underset{+}{C}H-C_7H_{15}$$

$$\longrightarrow CH_3-CH=CH_2+\overset{+}{C}H_2-C_5H_{11}$$

以上所述的伯正碳离子的异构化、大正碳离子在β位置上断裂、烯烃分子生成正碳离子等反应可以继续下去，直至不能再断裂的小正碳离子(即 $C_3H_7^+$、$C_4H_9^+$)为止。

④ 正碳离子的稳定程度依次是叔正碳离子>仲正碳离子>伯正碳离子，因此生成的正碳离子趋向于异构叔正碳离子。例如：

$$C_5H_{11}-\overset{+}{C}H_2\longrightarrow C_4H_9-\overset{+}{C}H-CH_3$$

$$\longrightarrow CH_3-\overset{+}{\underset{CH_3}{C}}-C_3H_7$$

⑤ 正碳离子和烯烃结合在一起生成大分子的正碳离子：

$$CH_3-\overset{+}{C}H-CH_3+H_2C=CH_2-CH_2-CH_3\longrightarrow CH_3-\underset{CH_3}{CH}-CH_2-\overset{+}{C}H-CH_2-CH_3$$

⑥ 各种反应最后都由正碳离子将 H^+还给催化剂，本身变成烯烃，反应中止。例如：

$$C_3H_7^+\longrightarrow C_3H_6+H^+(\text{催化剂})$$

正碳离子学说可以解释烃类催化裂化反应中的许多现象。例如：由于正碳离子分解时不生成比 C_3、C_4更小的正碳离子，因此裂化气中含 C_1、C_2少(催化裂化条件下总会伴随有热裂化反应发生，因此总有部分 C_1、C_2产生)；由于伯、仲正碳离子趋向于转化成叔正碳离子，因此裂化产物中含异构烃多；由于具有叔正碳离子的烃分子易于生成正碳离子，因此异构烷烃或烯烃、环烷烃和带侧链的芳烃的反应速率高，等等。正碳离子还说明了催化剂的作用，催化剂表面提供 H^+，使烃类通过生成正碳离子的途径来进行反应，而不像热裂化那样通过自由基来进行反应，从而使反应的活化能降低，提高了反应速率。

正碳离子学说是根据一些已被证明是正确的理论(例如关于电子作用、键能等理论)推论出来的，而且正碳离子的存在早经导电试验证实，实际发生的现象与由正碳离子学说推论所得的结果也很相符。但是正碳离子学说也还有不完善的地方，例如对于纯烷烃裂化时最初的正碳离子是如何产生的等问题还没有十分满意的解释。

正碳离子学说的发展已有 60 多年的历史。它主要是根据在无定形硅酸铝催化剂上反应的研究结果来阐述的。关于烃类在结晶型分子筛催化剂上的反应机理，经过 30 多年的研究，大多数的研究结果证明它也是正碳离子反应，正碳离子反应机理同样适用。分子筛催化剂的表面也呈酸性，能提供 H^+。分子筛催化剂的活性比硅酸铝催化剂的高得多，仅从酸性中心及其酸强度的比较尚不能满意地解释。有的研究工作者从其他角度(如产生静电场、晶格内反应物的局部浓度高等)来解释此现象。总的来看，这些问题还有待于更深入的研究。

为了加深对烃类催化裂化反应特点的认识，表 6-2 根据实际现象和反应机理对烃类的催化裂化反应同热裂化反应作一比较。

表 6-2 烃类的催化裂化反应同热裂化反应的比较

裂化类型	催化裂化	热裂化
反应机理	正碳离子反应	自由基反应
烷 烃	1. 异构烷烃的反应速率比正构烷烃的高得多 2. 裂化气中的 C_3、C_4 多，$\geqslant C_4$ 的分子中含 α-烯烃少，异构物多	1. 异构烷烃的反应速率比正构烷烃的快得不多 2. 裂化气中 C_1、C_2 多，$\geqslant C_4$ 的分子中含 α-烯烃多，异构物少
烯 烃	1. 反应速率比烷烃的快得多 2. 氢转移反应显著，产物中烯烃尤其是二烯烃较少	1. 反应速率与烷烃的相似 2. 氢转移反应很少，产物的不饱和度高
环烷烃	1. 反应速率与异构烷烃的相似 2. 氢转移反应显著，同时生成芳烃	1. 反应速率比正构烷烃的还要低 2. 氢转移反应不显著
带烷基侧链($\geqslant C_3$)的芳烃	1. 反应速率比烷烃的快得多 2. 在烷基侧链与苯环连接的键上断裂	1. 反应速率比烷烃的慢 2. 烷基侧链断裂时，苯环上留有 1～2 个 C 的侧链

三、石油馏分的催化裂化反应

石油馏分是由各种单体烃组成的，因此单体烃的反应规律是石油馏分进行反应的依据。例如，石油馏分也进行分解、异构化、氢转移、芳构化等反应，但并不等于各类烃类单独裂化结果的简单相加，它们之间相互影响。石油馏分的催化裂化反应有两方面的特点。

(一) 各种烃类之间的竞争吸附和对反应的阻滞作用

烃类的催化裂化反应是在催化剂表面上进行的。对于 VGO 裂化来说，在一般催化裂化条件下可认为是一个气-固非均相催化反应，从而也就遵从气-固非均相反应的 7 个步骤：①油气流扩散到催化剂颗粒的外表面(外扩散)；②从外表面经催化剂微孔扩散到活性中心上面(内扩散)；③在催化剂活性中心化学吸附；④在催化剂的作用下进行化学反应；⑤生成的反应产物从催化剂表面上脱附下来；⑥产物经催化剂微孔里扩散到催化剂外表面(内扩散)；⑦产物从催化剂外表面扩散到流体体相(外扩散)。

由此可见，烃类进行催化裂化反应的先决条件是在催化剂表面上的吸附。各种烃类在催化剂表面的吸附能力大致为：稠环芳烃>稠环环烷烃>烯烃>单烷基侧链的单环芳烃>环烷烃>烷烃。在同一族烃类中，大分子的吸附能力比小分子的强。而各种烃类的化学反应速率快慢顺序大致为：烯烃>大分子单烷基侧链的单环芳烃>异构烷烃及环烷烃>小分子单烷基侧链的单环芳烃>正构烷烃>稠环芳烃。

由于这两个排列顺序是不一致的，特别是稠环芳烃，它的吸附能力强而化学反应速率却最低。因此，当裂化原料中含这类烃类较多时，它们就首先牢牢占据了催化剂的表面，但由于反应得很慢，而且不易脱附，甚至缩合至焦炭干脆不离开催化剂表面了，这样大大阻碍了其他烃类的吸附和反应，使整个石油馏分的催化裂化反应速率降低。而环烷烃，既有一定的反应能力，又有一定的被吸附能力，因而是催化裂化原料的理想组分。

认识这个特点对指导生产有现实意义。例如芳香基原料油、催化裂化回炼油和油浆，其中含有较多的稠环芳烃不仅难裂化还易生焦，所以须选择合适的反应条件，如缩短反应时间以减少生焦，或降低反应温度和延长反应时间以提高裂化深度，这就是选择性催化裂化的原理。或者把上述原料先通过加氢使原料中的稠环芳烃转化成环烷烃，变成优质的裂化原料。

（二）复杂的平行–顺序反应

石油馏分的催化裂化同时朝几个方向进行反应，这种反应称为平行反应，生成的反应产物又可继续进行反应，这种反应称为顺序反应。因此石油馏分的催化裂化反应是一个复杂的平行–顺序反应。如图 6–2 所示。

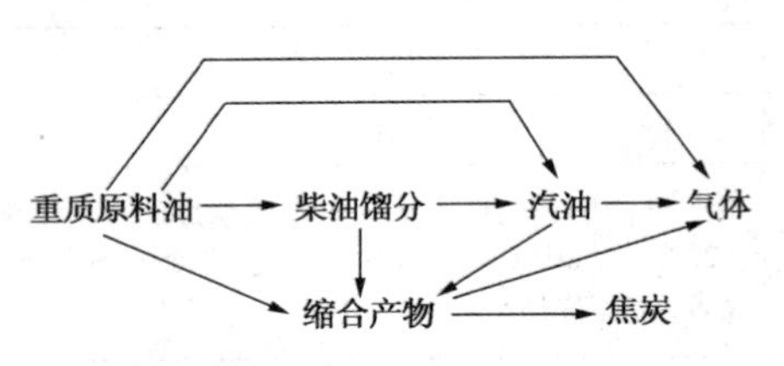

图 6–2　石油馏分催化裂化的平行–顺序反应模型

平行–顺序反应的一个重要特点是反应深度（即转化率）对各产品产率的分布有重要影响。图 6–3 表示了某提升管反应器内原料油的转化率及各反应产物的产率沿提升管高度（也就是随着反应时间的延长）的变化情况。由图 6–3 可见，随着反应时间的延长，转化率提高，最终产物气体和焦炭的产率一直增大。汽油的产率在开始一段时间内增大，但在经过一最高点后则下降，这是因为达到一定的反应深度后，再加深反应，它们进一步分解成更轻馏分（如汽油分解成气体，柴油分解成汽油）的速率高于生成它们的速率。通常把初次反应产物再继续进行的反应称为二次反应。

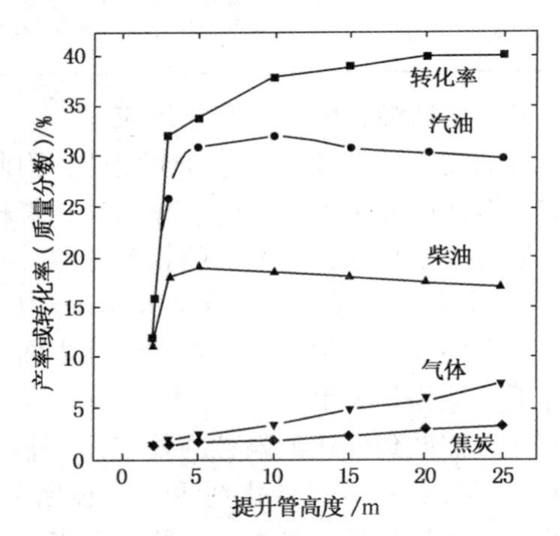

图 6–3　反应产物产率沿提升管高度的变化

催化裂化的二次反应是多种多样的，其中有些是有利的，有些则是不利的。例如，反应生成的烯烃再异构化生成高辛烷值组分，烯烃和环烷烃氢转移生成稳定的烷烃和芳香烃等，这些反应都是我们所期望的。而烯烃进一步裂化为干气，丙烯、丁烯通过氢转移而饱和，烯烃及高分子芳烃缩合生成焦炭等反应则是不利的。因此，实际生产中应适当控制二次反应。当生产中要求更多的原料转化成产品，以获取较高的轻质油收率时，则应限制原料转化率不要太高，使原料在一次反应后即将反应产物分馏。然后把反应产物中与原料馏程相近的中间馏分（回炼油）再送回反应器重新进行裂化，这种操作方式称为“回炼操作”。回炼油的沸点范围与原料油大体相当，其中包括了相当多的反应中间产物，芳烃含量比新鲜原料高，相对地比较难裂化。

有不少装置还将油浆进行回炼，这种操作称为“全回炼操作”。

当主要目的产品是汽油（即以汽油方案生产）时，选择在汽油产率最高点处的单程转化率下操作，把回炼油作为重柴油产品出装置；油浆经澄清除去催化剂粉末后，作为澄清油出装置。这时就叫做非回炼操作，或单程裂化。

四、重油(渣油)的催化裂化反应

由于重油的化学组成与减压馏分油有较大的差异，与馏分油相比，重油的催化裂化反应有其重要特点：

① 除了平均相对分子质量较大外，重油中的芳香分含有较多的多环芳烃和稠环芳烃，重油中还含有较多的胶质和沥青质。因此，重油催化裂化时会有较高的焦炭产率和相应较低的轻质油产率。表6-3表示了在500℃、完全转化的条件下胜利减压渣油中各组分的催化裂化反应结果。

表6-3 胜利减渣各组分催化裂化反应产物分布(质量分数) %

原　料	$C_5 \sim C_{12}$	$C_{13} \sim C_{20}$	$C_5 \sim C_{20}$	焦　炭
脱沥青油	41.9	10.4	52.3	24.4
饱和分	61.4	10.0	71.4	5.9
芳香分	43.4	14.6	58.0	16.6
胶质	33.4	10.3	43.7	33.7
轻胶质	37.6	10.3	47.9	28.1
中胶质	34.2	10.6	44.8	31.4
重胶质	30.2	7.7	37.9	37.8

由表6-3可见，渣油中的饱和分、芳香分、轻胶质、中胶质、重胶质在分别进行催化裂化反应时，其轻质油收率依次下降，而焦炭产率则依次增大，呈现良好的规律性。渣油中的饱和分仍然是优质的催化裂化原料，轻胶质也有不太低的轻质油收率。进一步研究表明，轻质油收率与裂化原料的氢碳原子比有良好的线性关系，而焦炭产率也与裂化原料的残炭值有良好的线性关系。

我国减压渣油化学组成的一个重要特点是胶质含量高(多数达50%左右)，而沥青质，尤其是正庚烷沥青质含量相对较低。在催化裂化反应中，沥青质基本转化成焦炭，因此胶质的反应行为对焦炭的影响显得十分重要。研究表明，焦炭的主要来源即为胶质且随着胶质含量的增加，焦炭产率呈线性趋势增加。这一结论对指导工业生产具有重要的指导意义。由于胶质中约有25%转化为焦炭，因此对催化裂化的原料中胶质的含量有一控制指标，一般不宜超过30%。由此可见，对于许多渣油来说，采用溶剂脱沥青方法先脱去减渣中部分最重的组分再去作催化裂化原料，将比直接把减渣全馏分掺入裂化原料中在技术经济上更为合理。

② 对于以重油为原料的催化裂化反应，由于其含有相当数量沸点很高的组分，它们在催化裂化条件下不会汽化。由于这部分大分子液相的存在，它就成为了气-固-液三相反应。在液相中的反应主要是非催化的热反应，反应的选择性差。可以这样简要地描述重油的催化裂化反应过程：重油在与炽热的催化剂接触时，重油的一部分迅速汽化和反应，其未汽化部分则附着在催化剂外表面并被吸入微孔中，同时进行裂化反应(主要是热反应)，较小分子的裂化产物汽化，而残留物则继续进行液相反应，直至缩合至焦炭。研究表明，重油的雾化程度、与催化剂的接触方式和状况、汽化状况对最终的反应结果至关重要。

③ 常用作裂化催化剂的Y型分子筛的孔径一般为0.99~1.3nm，重油中较大的分子如多环芳烃、沥青质、胶质等，它们的平均直径都要比催化剂的孔径大，难以直接进入分子筛的微孔中去。因此，在重油催化裂化时，大分子先在具有较大孔径的催化剂基质上进行反

应，生成的较小分子的反应产物再扩散至分子筛微孔内进行进一步的反应。

五、催化裂化的几个基本概念

（一）转化率

转化率是原料转化为产物的百分率，是表示反应深度的指标。若以原料油为100，则

$$转化率（质量分数）=\frac{100-未转化的原料}{100}\times100\% \qquad (6-1)$$

式(6-1)中的“未转化的原料”指沸程与原料相当的那部分油料，实际上它的组成及性质已不同于新鲜原料。在科研生产中常用下式来表示转化率：

转化率=气体产率+汽油产率+焦炭产率=100%-柴油以上液体产物占原料比例　(6-2)

从原理上来说，式(6-1)反映了反应的实质。对于式(6-2)来说，如果原料是柴油馏分，则计算结果与用式(6-1)计算结果一致，但是当原料是重质馏分油而且柴油是产品之一时，以上两式计算的结果就不一致了，但是习惯上还是采用式(6-2)来表示转化率。采用式(6-2)计算时应注意：

① 气体是指干气、液化气和损失三者之和。

② 由于不同生产方案切割的汽油干点不一样，为了用同一基准进行比较，通常规定以实沸点蒸馏220℃作为汽油的切割点，这样确定的转化率称为“220转化率”。当汽油干点<205℃时，要把柴油中实沸点220℃以前的部分折算到汽油中去。

③ 工业上为了获得较高的轻质油收率，经常采用回炼操作。因此，转化率又有单程转化率和总转化率之分。

单程转化率是指总进料（包括新鲜原料、回炼油和回炼油浆）一次通过反应器的转化率。

$$单程转化率（质量分数）=\frac{气体+汽油+焦炭}{总进料}\times100\% \qquad (6-3)$$

总转化率是以新鲜原料为基准计算的转化率。

$$总转化率（质量分数）=\frac{气体+汽油+焦炭}{新鲜原料}\times100\% \qquad (6-4)$$

在以重质油作原料时，若有必要，也可以在等式右方的分子项中加入柴油产率。

单程转化率是反应速率和反应时间的直接反映。因此，在考察动力学问题时总是使用单程转化率。

在回炼操作中，将回炼油（包括回炼油浆）量与新鲜原料量的比值称为回炼比；将总进料量与新鲜原料量的比值称为循环系数。

$$回炼比=\frac{回炼油量}{新鲜原料量}=\frac{总转化率}{单程转化率}-1 \qquad (6-5)$$

$$循环系数=\frac{总进料量}{新鲜原料量}=1+回炼比 \qquad (6-6)$$

总转化率、单程转化率、循环系数之间的关系是：

$$总转化率=单程转化率\times循环系数 \qquad (6-7)$$

产品产率也有单程产率和总产率之分，单程产率是产品占总进料量的比值，总产率是产品占新鲜原料量的比值，一般所说的产品产率都是指总产率。

$$总产率=单程产率\times循环系数 \qquad (6-8)$$

(二) 空速和反应时间

空间速度(简称空速)是指每小时通过单位质量(或单位体积)催化剂的原料油质量(或体积)。以质量为单位的称质量空速，以20℃液体体积为单位的称体积空速。

$$质量空速 = \frac{总进料量(t/h)}{藏量(t)} \tag{6-9}$$

$$体积空速 = \frac{总进料量(m^3/h)}{藏量(m^3)} \tag{6-10}$$

在移动床或流化床催化裂化装置中，催化剂不断地在反应器和再生器之间循环，但是在任何时间，两器内部各自保持有一定的催化剂量。两器内经常保持的催化剂量称为藏量。对流化床反应器，是指分布板(管)以上的催化剂量。

空速的大小反映了反应时间的长短。空速越大，说明单位催化剂藏量通过的原料油量越多，原料油分子停留在催化剂上的时间就越短，故可用空速的倒数来相对地表示反应时间，称为假反应时间(τ)。

$$\tau = \frac{1}{空速} \tag{6-11}$$

假反应时间不是真实的反应时间，但正比于真实时间。

在提升管反应器内，催化剂的密度很小，催化剂本身占有的空间很小，因此在计算反应时间时常按油气通过空的提升管反应器(V_R)的时间(θ)来计算。考虑到油气的体积流量也不断在变化，计算时采用提升管入口和出口两处的体积流量的对数平均值(V_I)。

$$\theta = \frac{V_R}{V_I} \tag{6-12}$$

$$V_I = \frac{V_{out} - V_{in}}{\ln(V_{out}/V_{in})} \tag{6-13}$$

式中 V_{out}、V_{in}分别为提升管出口和入口处的油气体积流量，实际上，θ也是假反应时间。

六、催化裂化反应的热力学和动力学分析

研究一个化学反应的热力学和动力学对选择适宜的反应条件和设计反应器是很有必要的。

(一) 烃类催化裂化反应的热力学

热力学主要是研究化学反应发生的方向、化学平衡和热效应。

1. 化学反应方向及化学平衡

从热力学的角度分析，在常压、400~500℃时烃类的催化裂化反应可分为三类：

① 平衡时基本上进行完全的反应(>95%)，如长链的烷烃或烯烃的分解、烯烃间的氢转移以及环烷烃脱氢生成芳烃、烯烃及烷烃环化脱氢反应。这类反应的化学平衡常数值很大，例如

$$n\text{-}C_{10}H_{22} \rightarrow n\text{-}C_7H_{16} + C_3H_6$$

在454℃时的平衡常数为109.6，可以认为$n\text{-}C_{10}H_{22}$几乎全部分解。因此，分解反应可以看作是不可逆的反应。也就是说，烃类的分解反应实际上不受化学平衡的限制。

此类反应进行的深度不受化学平衡的限制，而主要是由化学反应速率和反应时间决定的。

② 平衡时进行不完全的反应，如异构化、烷基转移、烷烃及环烷烃开环生成烯烃、烯烃及烷烃环化生成环烷烃、芳烃缩合及某些氢转移反应等的化学平衡常数值不是很大，在一般反应条件下不可能进行完全而受到化学平衡的限制。但是在反应速率不太高以及反应时间不长的条件下，此类反应还未达到平衡时，反应速率已成为决定反应深度的主要因素了。

③ 不能有效发生的反应，如烯烃与烷烃生成大分子烷烃的反应、甲基化反应、芳烃加氢及烯烃叠合反应等。

综上所述，催化裂化主要的分解反应是不可逆反应，在反应条件下，大部分可能进行的反应都没有达到平衡。实际上，裂化反应达到平衡时几乎全部转化为石墨及氢(甲烷除外)。烃类的催化裂化反应实际上不存在化学平衡限制的问题。因此对催化裂化反应一般不研究它的化学平衡而重点研究它的动力学问题。

2. 反应热

在催化裂化反应中，烃类的分解反应、脱氢反应等是吸热反应，而氢转移、异构化反应、缩合等反应是放热反应。分解反应是催化裂化的主反应，而且它的热效应较大，所以催化裂化反应总体表现为吸热反应。随着转化率的加深，某些放热反应如氢转移、缩合反应渐趋重要，于是总的热效应降低，如图 6-4 所示。

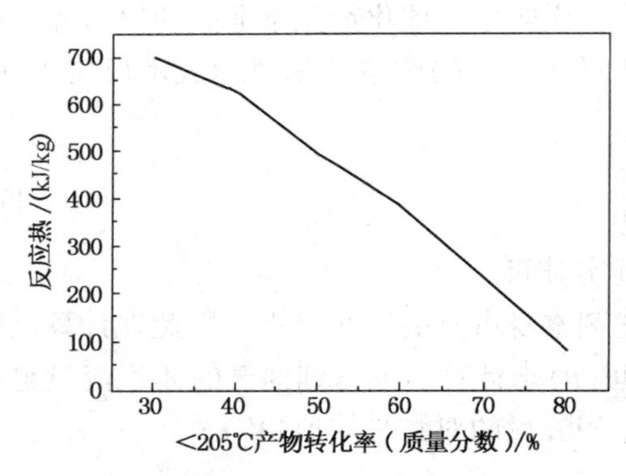

图 6-4 裂化反应热与转化率的关系

由于催化裂化的原料和反应产物的组成很复杂，欲想根据原料及产品的生成热来计算反应热实际上是行不通的。因此，在工业生产中一般采用经验方法计算。

对工业催化裂化装置，反应热的表示方法通常有三种：

① 以生成的汽油量或“汽油+气体”(<205℃产物)量为基准，如图 6-4 中以 kJ/kg 来表示。

② 以新鲜原料为基准，在一般的工业条件下反应热约为 290~420kJ/kg。这种表示方法没有考虑到反应深度对反应热的影响，显然更粗糙。表 6-4 给出了采用不同催化剂时裂化反应热。

表 6-4 裂化反应热

催化剂	低铝无定形	高铝无定形	早期沸石	HY 型沸石	稀土交换 Y 型沸石	部分稀土 Y 型交换沸石	超稳沸石
反应热/(kJ/kg)	630	560	465	370	185	325	420

③ 以催化反应生成的焦炭中的碳(即催化碳)为基准，当反应温度为 510℃时，一般采用的数据为 9127kJ/kg 催化碳。在其他温度下，则将该值乘以该反应温度下的校正系数，如图 6-5 所示。

催化碳的计算方法如下：

$$催化碳=总碳-附加碳-可汽提碳$$

式中 总碳——再生时烧去的焦炭中的总碳量；

附加碳——由于原料中的残炭造成的焦炭中的碳，它不是催化反应生成的，附加碳=新鲜原料量×新鲜原料的残炭(%)×0.6；

可汽提碳——吸附在催化剂表面上的油气在进入再生器以前没有汽提干净，在再生器内也和焦炭一样被烧掉了，但实际上它不是焦炭，这种形式的焦炭中的碳称为可汽提碳，可汽提碳=催化剂循环量×0.02%。

(二) 催化裂化反应动力学

催化裂化反应动力学主要是研究化学反应的速率。当处理量和转化率确定后，反应器的大小就决定于反应速率。催化裂化是一个复杂的平行-顺序反应，所以各反应的反应速率还对产品分布和质量有重要的影响。

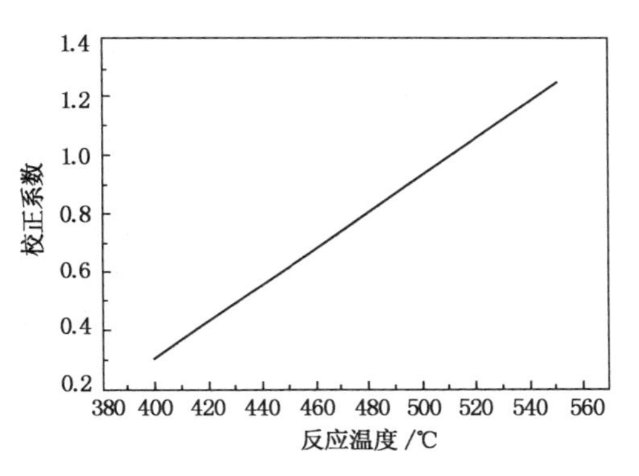

图 6-5 裂化反应热的校正系数

通常对催化裂化生产的要求是希望比较高的转化率，这样可以提高装置的处理能力。对产品分布希望干气和焦炭的产率低些，液化气、汽油、柴油的产率高些。产品质量则希望汽油辛烷值高，安定性好；柴油十六烷值和安定性也能满足使用要求。但这些要求往往是相互矛盾的，如提高转化率，干气及焦炭产率就要提高；多产柴油必然影响液化气和汽油的产率。提高汽油辛烷值，就会降低柴油十六烷值。

在一般工业条件下，催化裂化反应通常表现为化学反应控制。因此，下面仅从化学反应控制的角度来讨论影响烃类催化裂化反应速率的一些主要因素。

1. 催化剂活性

提高催化剂的活性有利于提高反应速率，也就是在其他条件相同时，可以得到较高的转化率，从而提高了反应器的处理能力。提高催化剂的活性还有利于促进氢转移和异构化反应，因此在其他条件相同时，所得裂化产品的饱和度较高、含异构烃类较多。

催化剂的活性决定于它的组成和结构。

2. 反应温度

反应温度对催化裂化的反应速率和产品产率分布以及产品质量都有显著的影响。阿累尼乌斯的微分方程式反映了反应速率常数随温度的变化关系：

$$\frac{\mathrm{d}\ln K}{\mathrm{d}T}=\frac{E}{RT^2} \qquad (6-14)$$

式中 K——反应速率常数，即反应物浓度为单位浓度时的反应速率；

T——反应温度，K；

E——活化能，J/mol；

R——气体常数，8.31J/(K·mol)

提高反应温度则反应速率增大；活化能越高，反应速率增加得越快。催化裂化反应的活化能约在42~125kJ/mol，反应速率的温度系数大约为1.1~1.2，即温度每升高10℃时反应速率约提高10%~20%。烃类热裂化反应的活化能较高，约210~290 kJ/mol，其反应速率的温度系数约1.6~1.8，比催化裂化高得多。因此，当反应温度继续提高时，热裂化反应的速率提高得比较快；当反应温度继续提高（例如到500℃以上），热裂化反应渐趋重要。于是裂化产品中反映出热裂化反应产物的特征，例如气体中C_1、C_2增多，产品的不饱和度增大等。故催化裂化反应温度不宜过高。应当指出：即使是在这样高的温度下，主要的反应仍然是催化裂化反应而不是热裂化反应。

反应温度还通过对各类反应的反应速率的影响来影响产品的分布和质量。催化裂化反应可简化为下式：

$$\text{原料}\rightarrow\begin{cases}\xrightarrow{k_1}\text{汽油}\xrightarrow{k_2}\text{气体}\\ \xrightarrow{k_3}\text{焦炭}\end{cases}$$

式中k_1、k_2、k_3分别代表原料→汽油、汽油→气体及原料→焦炭三个反应的反应速率常数的温度系数。在一般情况下，$k_2>k_1>k_3$，即当反应温度提高时，汽油→气体的反应速率加快最多，原料→汽油反应次之，而原料→焦炭的反应速率加快得最少。这样，如果所达到的转化率不变，则气体产率增加，汽油和焦炭产率降低。图6-6表示了这种变化的情况。

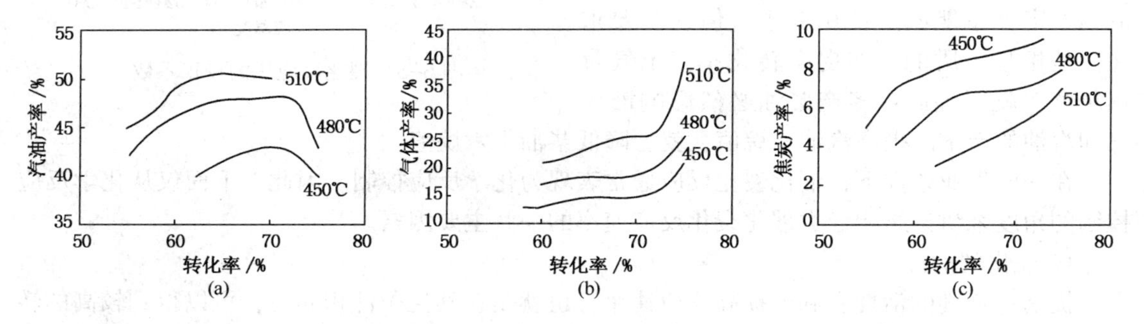

图6-6　反应温度、转化率对产品分布的影响(原料：克拉玛依原油320~570℃)

当提高反应温度时，由于分解反应(产生烯烃)和芳构化反应的反应速率常数比氢转移反应的大，因而前两类反应的速率提高得快，于是汽油和柴油馏分中的烯烃和芳烃含量有所增加，烷烃含量降低，因而汽油的辛烷值提高，柴油的十六烷值降低且残炭值和胶质含量增加。

在生产实践中，反应温度是调节转化率的主要参数。不同的反应温度可实现不同的生产方案。低温多产柴油的方案，采用较低的反应温度(460~470℃)，在低转化率，高回炼比的条件下操作；多产汽油的方案，反应温度较高(500~530℃)，在高转化率、低回炼比或单程条件下操作；多产气体的方案，则选择更高的反应温度。

3. 反应压力

反应压力是指反应器内的油气分压。提高油气分压意味着反应物浓度提高，因而反应速率加快。研究数据表明，反应速率大约与油气分压的平方根成正比。因此提高反应压力，可提高转化率，但同时也增加了原料中重质组分和产物在催化剂上的吸附量，从而提高生焦的反应速率，使焦炭产率明显提高，气体中的烯烃相对产率下降，汽油产率也略有下降，但安定性提高。

在实际生产中，压力一般是固定不变的，不作为调节参数。另外，反应压力主要不是由反应系统决定的。由于压力平衡的要求，反应压力和再生压力之间应保持一定的差压，不能任意改变。反应压力随着再生压力而定，而再生压力又应根据全装置的综合考虑决定。

一般来说，对于给定大小的设备，提高压力是增加装置处理能力的主要手段，但装置的处理能力常常又要受到再生系统烧焦能力的制约，因此在工业上一般不采用太高的反应压力，目前采用的反应压力约 0.1~0.4MPa(表)；对没有设回收能量的烟气轮机的装置，多采用较低的反应压力，一般在 0.2MPa(表)以下。反应器内的水蒸气会降低油气分压，从而使反应速率降低，不过在工业装置中，这个影响在一般情况下变化不大。

4. 剂油比

剂油比是催化剂循环量与总进料量之比，用 C/O 表示：

$$剂油比(C/O)=催化剂循环量/总进料 \tag{6-15}$$

剂油比实际上反映了单位催化剂上有多少原料油进行反应，并在其上沉积焦炭。因此，剂油比增大，原料油与催化剂的接触机会更多，并减少了单位催化剂上的积炭量，提高了催化剂活性，从而提高了转化率。但剂油比增加，会使焦炭产率升高，这主要是由于提高了转化率。另外，进料量不变而剂油比增加就说明催化剂循环量加大，从而使沉降器汽提段的负荷增大，汽提效率降低。因而相当于提高焦炭产率。剂油比与原料油性质和生产方案有关，一般适宜的剂油比为 3~7。汽油方案，剂油比为 5~7；柴油方案和渣油裂化的剂油比为3~5。

七、催化裂化反应动力学模型

前面我们只是定性地讨论了原料组成及反应条件对反应速率及反应结果的影响，如果我们能够把这些关系定向的关联起来，则对反应器的设计和生产控制都将是十分有利的。这也就是研究反应动力学模型所需要解决的问题。

(一)传统的催化裂反应动力学模型

对于催化裂化反应动力学模型的研究已有多年的历史，下面对传统的催化裂化反应集总动力学模型做简单介绍。

所谓“集总”是对复杂系统的一种动力学处理方法，它的基本原理是将一个复杂系统的反应过程，例如石油的催化裂化、重整及加氢等反应过程，进行合理的简化而使之能够进行动力学处理。以重瓦斯油的催化裂化为例，我们可以把催化裂化原料和产品归纳成三个集总：重瓦斯油、C_5~210℃汽油、≤C_4气体+焦炭，从而把整个瓦斯油催化裂化的过程看成图 6-7 反应网络。

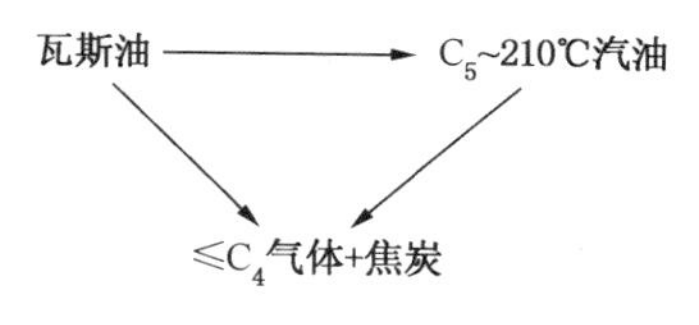

图 6-7 三集总网络图

根据这样的反应网络得到的动力学模型则称为三集总动力学模型。对于石油催化裂化这样复杂的过程，上述模型只能计算汽油和气体+焦炭的产率，似过于简单。为了更好地模拟和取得更多的信息，可以根据需要将原料和产品分成更多数目的集总来进行研究，当然，由此得到的动力学模型要复杂得多，研究的工作量也要大得多。下面我们主要介绍威克曼等研究的十集总模型。

十集总动力学模型把催化裂化的原料油和产品划分为 10 个集总，他们是：

P_h—— >343℃ 的烷烃；

N_h—— >343℃ 的环烷烃；

C_{Ah}—— >343℃ 的芳香核；

C_h—— >343℃ 的芳香烃中的烷基侧链；

P_1—— 221~343℃ 的烷烃；

N_1—— 221~343℃ 的环烷烃；

C_{A1}—— 221~343℃ 的芳香核；

C_1—— 221~343℃ 芳香烃中的烷基侧链；

G——C_5~210℃ 汽油；

C——C_1~C_4气体及焦炭。

以上各集总的量都以质量分数(对原料)计算，其中：

$$P_h+N_h+C_{Ah}+C_h= >343℃\ \text{重循环油(或原料)}$$

$$P_1+N_1+C_{A1}+C_1=221\sim343℃\ \text{轻循环油}$$

原料和轻循环油中各集总的含量是用质谱及 $n-d-M$ 法测定而得。

重瓦斯油的催化裂化反应可以用图 6-8 的反应网络来描述。

图 6-8 中的每个箭头代表一个独立进行的反应，箭头上标注的 K 表示该反应的反应速率常数，例如 K_{PhP1} 表示由 P_h 转化为 P_1 反应的反应速率常数。根据对单体烃裂化动力学的研究结果，认为反应网络中的所有反应都是一级不可逆反应。由此可以写出描述各集总的生成速度的一组动力学方程，例如：

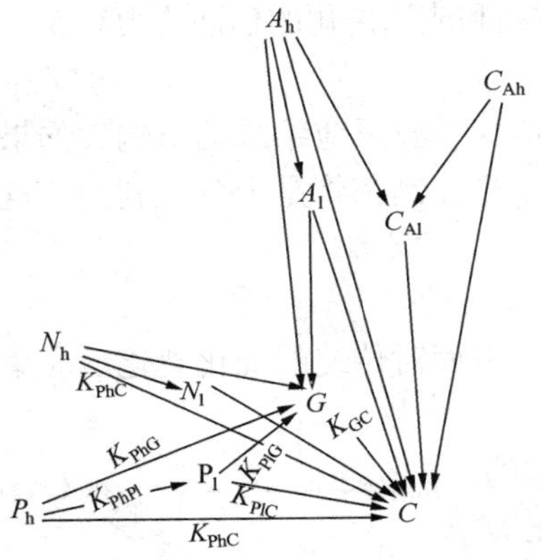

$$\frac{dP_h}{dt}=-(K_{PhG}+K_{PhP1}+K_{PhC})P_h \tag{6-16a}$$

$$\frac{dP_1}{dt}=-(K_{P1G}+K_{P1C})P_1+\nu_{PhP1}K_{PhP1}P_h \tag{6-16b}$$

$$\frac{dG}{dt}=\nu_{PhG}K_{PhG}P_h+\nu_{NhG}K_{NhG}N_h+\nu_{AhG}K_{AhG}A_h+\upsilon_{P1G}K_{P1G}P_1+\nu_{N1G}K_{N1G}N_1+\nu_{A1G}K_{A1G}A_1-K_{GC}G \tag{6-16c}$$

图 6-8 十集总动力学模型反应网络

等等。这些动力学方程都是线性方程，这些线性方程组还可以用矩阵的形式来表示，若以 K 表示反应速率常数的矩阵、α 表示组成向量，则可以写成：

$$\frac{d\alpha}{dt}=K\alpha \tag{6-17}$$

上述反应的各反应速率常数 K_{ij} 可以通过实验确定。在确定各 K_{ij} 之后，若已知原料的组成，则可通过式(6-17)计算不同反应时间下的各产品产率以及轻、重循环油的组成。

在建立上述反应网络时有一点要特别提出，即威克曼等把芳香烃区分为芳烃中的烷基侧链 A 和芳烃核 C_{A1} 两个集总，因为这两者在催化裂化中的行为有明显的区别。集总 A 的反应速度很快，而芳烃核的反应速度小而且不生成汽油，只生成气体和焦炭。实际上，单环芳烃和少量双环芳烃也会进入 G 集总中去，在处理时已把这种变化隐含到集总 A 的变化中去了。

威尔曼等还考虑了原料中的重芳烃环 C_{Ah} 的吸附对催化剂活性的影响和催化剂因表面结焦而逐渐失活等因素。

(二)基于结构导向集总的催化裂化反应动力学模型

ExxonMobil 公司的 Stephen Jaffe 等提出的结构导向集总方法(Structure Oriented Lumping,

SOL)是从分子水平描述原油中复杂烃混合物的组成、反应和性质的新方法。

1. 结构导向集总方法基本概念

结构导向集总方法认为，油品中所有复杂烃类分子均可拆解为 22 个分子片段或分子结构基团，称为结构单元。通过这 22 种结构单元的有机组合原则上可以表征所有的烃类分子。复杂烃类中的单个分子可用一行向量进行表征，这样一个复杂烃类分子混合物就可以用一个矩阵来进行表示，每一行向量后面附着该分子的百分含量。图 6-9 显示了传统的 22 个结构单元所代表的分子片段及其化学计量数，具体来说：A6 相当于苯环；A4 为依附于 A6 环或别的 A4 环来构造像萘之类稠环芳烃的四碳芳香环增量；A2 为含两个碳的芳香环增量，如芘；N6、N5 分别为 6 个碳及 5 个碳的脂肪环；N4、N3、N2、N1 分别为连接在芳环或环烷环上的代表 4 个碳、3 个碳、2 个碳、1 个碳的脂肪环增量；R 为除环上碳之外，总共具有的碳数；me 指依附于分子芳香环或脂肪环上的甲基组数目；br 为连在烷烃、烯烃或烷基支链上的烷基取代基个数；A-A 表示两环之间的桥键；IH 用以指定分子不饱和程度的氢增量(除了芳环上的不饱和度)；NS、NN、NO 为连接两个碳原子间的硫、氮、氧原子；RS、RN、RO 分别代表碳氢之间的硫、氮、氧原子；AN 代表芳环上的氮原子；O=代表羰基或醛基氧原子。

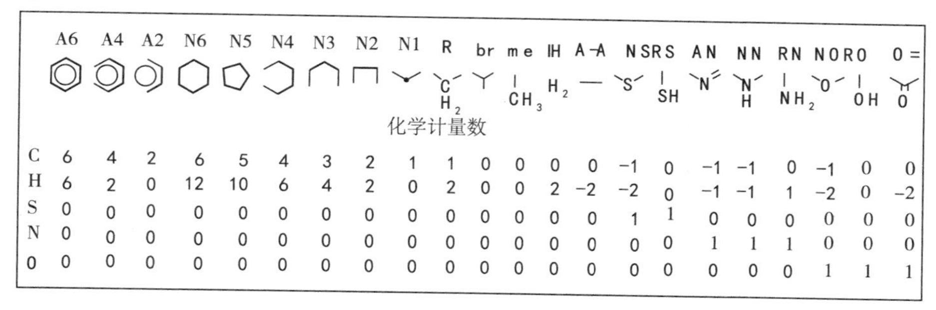

图 6-9 22 个结构单元的含义及其化学计量数

基于以上 22 个结构单元的有机组合，原则上可以表征原料油中的所有烃类分子。图 6-10为几种烃类分子及其结构向量表达示例(未做说明的结构向量值为 0)。

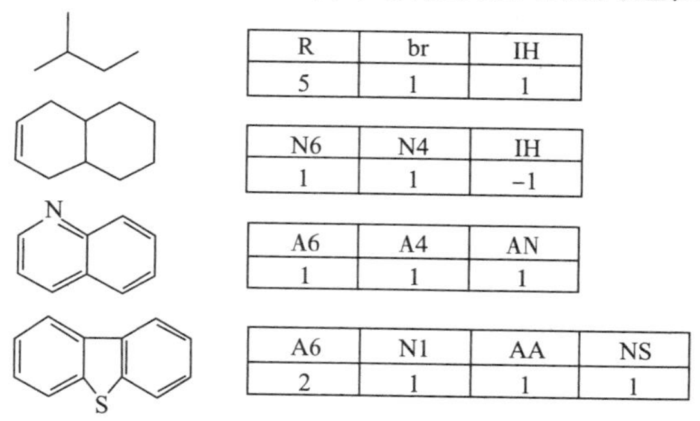

R	br	IH
5	1	1

N6	N4	IH
1	1	-1

A6	A4	AN
1	1	1

A6	N1	AA	NS
2	1	1	1

图 6-10 烃类分子及其结构向量

2. 结构导向集总动力学模型的构建

构建结构导向集总动力学模型，需采用 SOL 方法建立描述原料油分子组成的矩阵；结合反应机理制定反应规则，建立从原料矩阵到产物矩阵的反应网络；给定速率常数初值，求解反应网络得到产物矩阵；结合实验结果优化模型参数，提高动力学模型预测的准确性和适用性。

(1)原料油分子组成的结构向量描述和分子矩阵

采用结构导向集总方法对原料油(包括渣油、蜡油、馏分油等)组成进行分子水平的描述，可构建原料分子矩阵。原料油矩阵中分子种类的确定方法大体相同，结合原料油的分析特征，选取如饱和烃(正构、异构)、芳香烃、含硫化物、含氧化物、含氮化物、环烷酸及金属等同系物作为分子核心。图6-11为一组比较完整的同系物分子核心图。通过制定一定的规则对这些同系物分子核心添加一定长度的侧链，可形成成百上千种不同种类的分子，将这些分子用结构向量的形式表示，便形成原料分子矩阵。矩阵中每一行表示分子集总的种类，矩阵的列数表示原料油中分子集总的个数。值得注意的是，由于分子核心选取及侧链个数添加的不同，原料油分子矩阵中选取的分子集总个数不尽相同。

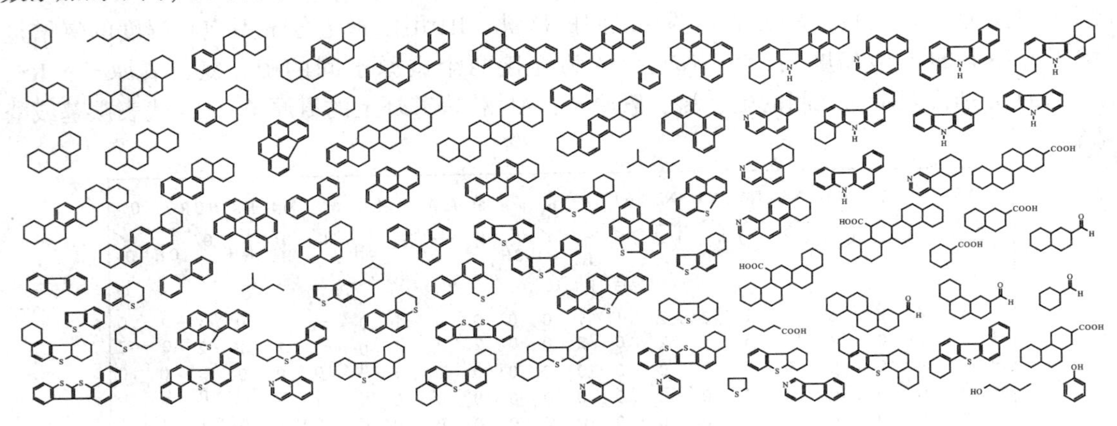

图6-11　同系物分子核心图

(2)原料油各分子集总的相对含量

为求取各分子集总的相对含量，需综合多种分析手段对重质油详细烃类组成进行分析。结合结构-性质关系，给定所选分子集总含量的初值，通过结构向量、借助基团贡献法模型可以计算其整体性质，诸如相对分子质量、密度、沸点、残炭等基本性质。

以渣油为例，首先通过傅里叶红外、核磁共振、凝胶色谱等多种手段的分析，确定渣油中可能存在的平均分子结构，这为确定各分子集总含量的初值提供了有效信息。然后，采用实沸点蒸馏将渣油切割得到若干窄馏分。剩下的残余油进行溶剂脱沥青，得到脱沥青油和脱油沥青。然后分别进行族组成分析，分离得到饱和分、芳香分、胶质沥青质。对饱和分及芳香分分别进行色谱-质谱分析获取其烃类组成信息。最后，对分离得到的各种馏分油进行性质测定，包括测定重均相对分子质量，馏程，C、H、S、N元素，相对密度，残炭，镍、钒金属含量。

基于实验分析测定的油品的宏观性质数值，以及由油品初始分子矩阵采用基团贡献法计算所得性质数值，通过两者残差平方和的适当组合构建目标函数 F，如式(6-18)。可通过诸如模拟退火算法等优化算法，计算得到使目标值 F 最小的分子组成矩阵中各分子集总的百分含量。

$$F = \alpha_1(\frac{C_e - C_c}{C_e})^2 + \alpha_2(\frac{H_e - H_c}{H_e})^2 + \alpha_3(\frac{S_e - S_c}{S_e})^2 + \alpha_4(\frac{N_e - N_c}{N_e})^2$$
$$+ \alpha_5(\frac{O_e - O_c}{O_e})^2 + \alpha_6(\frac{Sa_e - Sa_c}{Sa_e})^2 + \alpha_7(\frac{Ar_e - Ar_c}{Ar_e})^2 + \alpha_8(\frac{R_e - R_c}{R_e})^2$$
$$+ \alpha_9(\frac{As_e - As_c}{As_e})^2 + \alpha_{10}(\frac{D_e - D_c}{D_e})^2 + \alpha_{11}(\frac{Ni_e - Ni_c}{Ni_e})^2 + \alpha_{12}(\frac{V_e - V_c}{V_e})^2$$
$$+ \alpha_{13}(\frac{CCR_e - CCR_c}{CCR_e})^2 + \alpha_{14}(\frac{MW_e - MW_c}{MW_e})^2 \quad (6-18)$$

其中，C、H、S、N、O 为元素含量，饱和分 Sa，芳香分 Ar，胶质 R，沥青质 As，相对密度 D，Ni、V 为金属含量，平均相对分子质量 MW，残炭 CCR 等；$\alpha_1 \sim \alpha_{14}$ 为权重因子；下标 e 表示实验值，下标 c 表示计算值。

如果计算所得的性质指标与实验测定值基本一致，则该矩阵可能与油品分子组成相对应。如若不吻合，可调整分子组成矩阵中各分子集总的相对含量，直到计算指标与校验指标相吻合。

(3)原料油分子矩阵衍生得到产物分子矩阵

由原料油分子矩阵衍生得到产物分子矩阵，首先需要制定一定的规则判断特定原料油分子集总发生的特定反应。根据反应机理，制定反应规则让特定的分子沿着符合催化规律的反应路径进行反应。每一条反应规则均由两部分构成，即反应物选择规则与产物生成规则。前者用来判断哪些分子能发生此类反应，后者用来确定分子发生反应后生成哪些产物分子。

根据催化裂化反应正碳离子反应机理，可制定 126 条反应规则用来描述重油的催化裂化反应行为。

反应规则的描述采用以下逻辑符号：$\wedge$ 表示且，$\vee$ 表示或，*rand*(1) 表示 0~1 内的随机数，*round* 表示取最近的整数。简单的反应规则如下所示：

如烯烃催化裂化反应

反应物选择规则： $A6+N6+N5=0$，$R\geq6$，$IH=0$

产物生成规则：产物 1：$R_1=\text{rand}[3, R-3]$，$IH_1=0$

产物 2：$R_2=R-R_1$，$IH_2=0$

如开环反应

反应物选择规则：$A6+N5=0$，$N6=1$，$N4=1$，$IH=0$

产物生成规则： 产物 1：$N4_1=N4-1$，$R_1=R+6$，$IH_1=IH-1$

其次需要确定反应网络的求解方法。确定了反应规则，将反应规则逐条编制成 MatLab 可识别的程序语言，原料矩阵中的分子集总自动按照规则进行反应生成一系列产物分子集总，形成反应网络。由于石油馏分中的烃类分子多发生复杂的串并联反应，因此需要选取合适的方法求解反应网络，得到产物分子矩阵。

石油烃类中所存在的串并联反应网络计算复杂度随反应深度的加深呈几何级数增长，以四氢萘催化裂化反应为例，SOL 法反应网络的生成过程如图 6-12 所示。

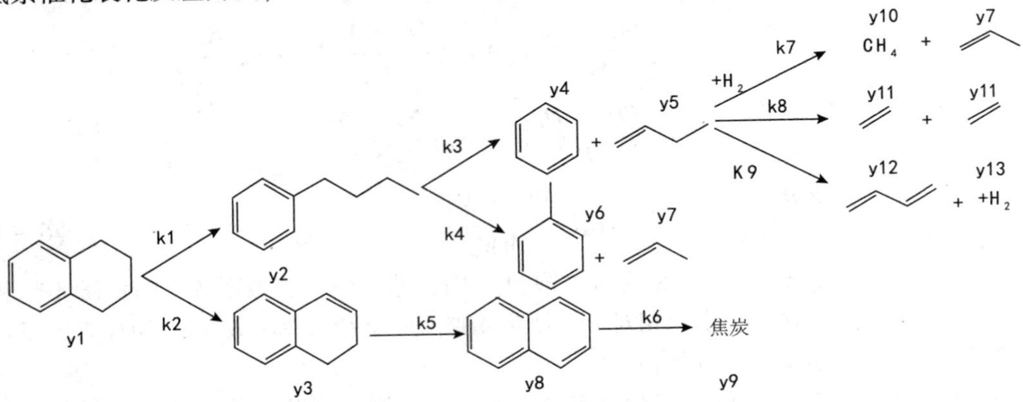

图 6-12 四氢萘反应网络

由图 6-12 可知，通过反应规则的判定，四氢萘催化裂化反应的反应网络涉及 13 种分子，每种分子的浓度用 y_i 表示。四氢萘及其反应产物在催化裂化过程中可能发生九步反应，每步反应速率常数用 k_i 表示，通过反应规则的判断，由原料分子 y1 衍生得到了图 6-12 所示的反应网络。九步反应分别是 1 开环，2 脱氢，3 脱烷基，4 侧链裂化，5 脱氢芳构化，6 缩合生焦，7 热裂化，8 热裂化，9 脱氢。通过反应规则的判断由原料 y1 分子得到了其他 12 种产物分子。根据催化裂化反应正碳离子反应机理，将所有反应均假设为一级不可逆反应，建立 13 个反应动力学方程，如图 6-13 所示。四氢萘反应网络相当于一个简单的 13 集总的动力学模型，所有微分方程均为一阶线性常微分方程。

$$
\begin{aligned}
& \mathrm{d}y1/\mathrm{d}z = -(k1 + k2)xy1 \\
& \mathrm{d}y2/\mathrm{d}z = k1 \times y1 - (k3 + k4) \times y2 \\
& \mathrm{d}y3/\mathrm{d}z = k2 \times y1 - k5 \times y5 \\
& \mathrm{d}y4/\mathrm{d}z = k3 \times y2 \\
& \mathrm{d}ys/\mathrm{d}z = k3 \times y2 - (k7 + k8 + k9) \times y5 \\
& \mathrm{d}y6/\mathrm{d}z = k4 \times y2 \\
& \mathrm{d}y7/\mathrm{d}z = k4 \times y2 + k7 \times y5 \\
& \mathrm{d}y8/\mathrm{d}z = k5 \times y3 - k6 \times y8 \\
& \mathrm{d}y9/\mathrm{d}z = k6 \times y8 \\
& \mathrm{d}y10/\mathrm{d}z = k7 \times y5 \\
& \mathrm{d}y11/\mathrm{d}z = 2k8 \times y5 \\
& \mathrm{d}y12/\mathrm{d}z = k9 \times y5 \\
& \mathrm{d}y13/\mathrm{d}z = k9 \times y5
\end{aligned}
$$

图 6-13 四氢萘反应动力学方程组

为了便于计算机识别该反应网络，需要将反应网络中的所有分子用催化裂化产物分子组成矩阵中其所对应的行向量表示，得到如表 6-5 所示的四氢萘反应网络分子结构向量矩阵(矩阵中所有元素为零的列向量省略)和如表 6-6 所示的四氢萘反应网络反应物-产物对。

表 6-5 四氢萘反应网络分子矩阵

分子编号	A6	A4	N4	R	IH	分子编号	A6	A4	N6	R	IH
1	1	0	1	0	0	8	1	1	0	0	0
2	1	0	4	0	0	9	—	—	—	—	—
3	1	1	0	0	-1	10	0	0	0	1	1
4	1	0	0	0	0	11	0	0	0	2	0
5	0	0	0	4	0	12	0	0	0	4	-1
6	1	0	0	1	0	13	0	0	0	0	1
7	0	0	0	3	0						

表 6-6 四氢萘反应网络反应物-产物对矩阵

反应编号	Reactant1	Product1	Product2	反应编号	Reactant1	Product1	Product2
1	1	2	0	6	8	9	0
2	1	3	0	7	5	10	7
3	2	4	5	8	5	11	11
4	2	6	7	9	5	12	13
5	3	8	0				

通过原料分子矩阵可以获得反应开始时的各分子集总的初始浓度。对于图 6-13 所示的动力学方程组，是一个知道初值的一阶常微分方程组的初值问题。对于整个催化裂化反应网络来说，如图 6-12 所示的反应网络成千上万，极为复杂。采用改进的四阶龙格-库塔法，可降低微分方程组的求解难度。

仍以四氢萘的反应网络为例，利用改进的龙格-库塔法和矩阵变换来求解四氢萘反应网络的方法如图 6-14 所示。

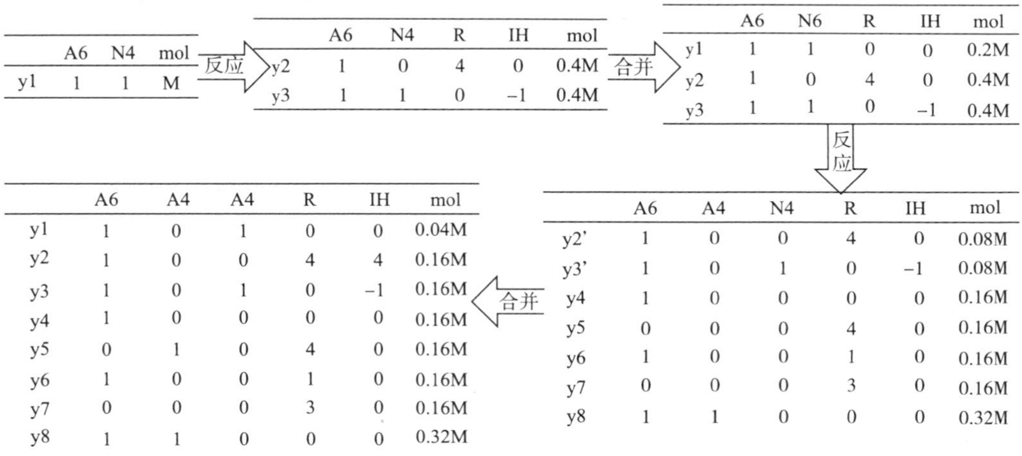

	A6	N4	mol
y1	1	1	M

反应 →

	A6	N4	R	IH	mol
y2	1	0	4	0	0.4M
y3	1	1	0	-1	0.4M

合并 →

	A6	N6	R	IH	mol
y1	1	1	0	0	0.2M
y2	1	0	4	0	0.4M
y3	1	1	0	-1	0.4M

反应 ↓

	A6	A4	N4	R	IH	mol
y2'	1	0	0	4	0	0.08M
y3'	1	0	1	0	-1	0.08M
y4	1	0	0	0	0	0.16M
y5	0	0	0	4	0	0.16M
y6	1	0	0	1	0	0.16M
y7	0	0	0	3	0	0.16M
y8	1	1	0	0	0	0.32M

← 合并

	A6	A4	A4	R	IH	mol
y1	1	0	1	0	0	0.04M
y2	1	0	0	4	4	0.16M
y3	1	0	1	0	-1	0.16M
y4	1	0	0	0	0	0.16M
y5	0	1	0	4	0	0.16M
y6	1	0	0	1	0	0.16M
y7	0	0	0	3	0	0.16M
y8	1	1	0	0	0	0.32M

图 6-14 矩阵变换形式求解四氢萘反应网络

图 6-15 为整个反应网络的计算框图。

同时，需求取反应速率常数。反应网络构建完成确定了烃类分子可能进行的所有反应路

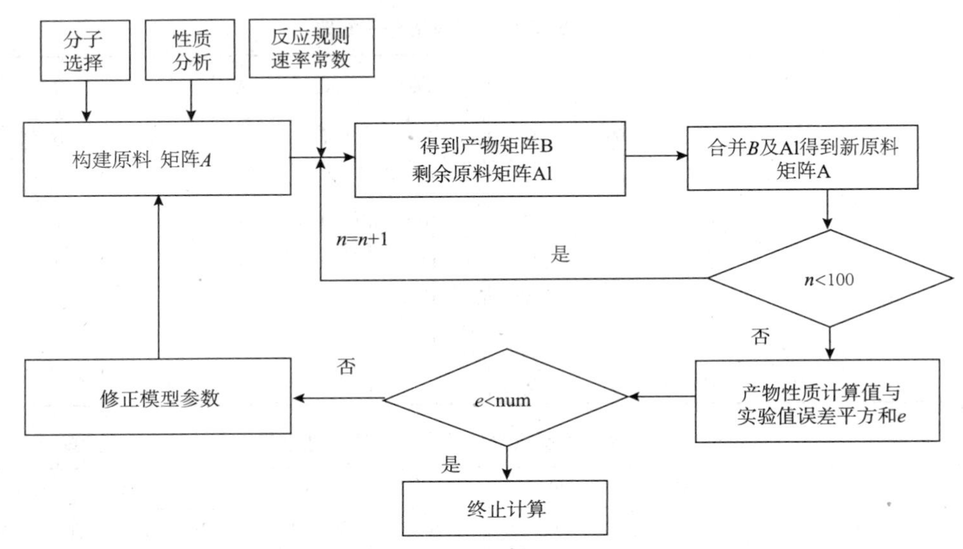

图 6-15 反应网络计算框图

径。为了定量计算产物分布，需给定每步反应的量，这由每个反应的反应速率决定。

基于同一个反应规则下，同系物分子反应速率常数存在一定的递变规律的特点，经改进的计算反应速率常数 k_{ij} 公式为：

$$k_{ij} = A_i \exp(-E_{0,i}/RT) \times \exp(-\alpha_i \times \Delta H_{rxn,j}/RT) \tag{6-19}$$

式中 i 表示同系物族的种类，j 表示该同系物族中特定的反应。A 为指前因子，E_0、α 为 Polanyi 参数，ΔH_{rxn} 为反应焓变，R 为气体常数 8.3145J/(mol·K)，T 为反应温度(K)。

将反应速率常数拟合为五部分的函数：

$$k = k_r \phi_1 f \phi_2 k_u \tag{6-20}$$

其中 $k_r = \exp(-\alpha_i \times \Delta H_{rxn,j}/RT)$ 为反应规则 r 时的基本反应速率常数，即式(6-19)的后面部分。例如 3-甲基庚烯和正庚烷发生裂化反应时的基本速率常数 k_r 是一致的。

$\varphi_1 = A_i \exp(-E_{0,i}/RT)$ 表示不同的同系物族对反应速率常数的影响函数，即式(6-19)的前面部分，对该方程求解。同族化合物反应的指前因子及活化能的值通常先结合文献给定一定初值，再进行优化。活化能值是通过不同温度下的反应结果回归得到的。

$f(R, br, M)$ 为同一规则下同一种同系物中，结构差异对反应速率常数的影响，通常为支链碳数 R、支链数 br 以及相对分子质量 M 的函数。α 为 Polanyi 参数。例如认为催化裂化规则下，正构烷烃裂化时，

$$f = \frac{R \times (R+5)}{\alpha} \tag{6-21}$$

ϕ_2 为催化剂失活因子，采用如下公式求解：

$$\phi_2 = (1 + 0.23 \times cokeprecent)^{-2.94} \times (1 + a \times mc)^b \tag{6-22}$$

式中 $cokeprecent$ 为每一瞬时反应产生的焦炭量，mc 为每一瞬时原料矩阵中镍钒等金属元素含量，a、b 为金属含量对催化剂活性的影响参数。

k_u 为装置因子，对于小试装置取为 1。

采用分层法计算反应速率常数，能够大幅减少需要计算值。

最终以计算的产物分布与实验测定值的误差平方和为目标函数，采用智能优化算法(如

遗传算法)结合非线性回归等方法即可完成参数的优化工作。

第四节 催化裂化催化剂

催化剂是一种能够改变化学反应速率，却不改变化学反应平衡，本身在化学反应中不被明显消耗的化学物质。催化剂的作用是促进化学反应速率，从而提高反应器的处理能力。而且，催化剂能有选择性地促进某些反应速率，因此，催化剂对产品的产率分布及质量好坏起着重要作用。

一、裂化催化剂的种类、组成和结构

(一) 无定形硅酸铝催化剂

无定形硅酸铝催化剂包括活性白土和合成无定形硅酸铝催化剂，是一系列含少量水的不同比例的氧化硅(SiO_2)和氧化铝(Al_2O_3)所组成的复杂化合物，它们具有孔径大小不一的许多微孔，一般平均孔径为4~7nm，新鲜硅酸铝催化剂的比表面积可达500~700m^2/g。

无定形硅酸铝催化剂其必要的活性组分是Al_2O_3、SiO_2和少量的水，但在催化剂的制备过程中不可避免地会残留一些极少量的杂质，如SO_4^{2-}、Fe、Na_2O等，这些杂质都是有害成分。

硅酸铝的催化活性来源于其表面的酸性。硅酸铝中的硅和铝均为四配位结合，Si^{4+}与四个氧离子配位，形成SiO_4四面体，而半径与Si^{4+}相当的Al^{3+}同样也与四个O^{2-}配位，形成AlO_4四面体，见图6-16(a)。由于Al:O键趋向正电荷较强的Si，使Al带有正电性，此即非质子酸(Lewis acid)。在有少量水存在时，由于Al原子的正电性使水分子离解为H^+与OH^-，其中OH^-与Al^+结合，而H^+则在Al原子附近呈游离状态，此即质子酸(Brönsted acid)，见图6-16(b)。

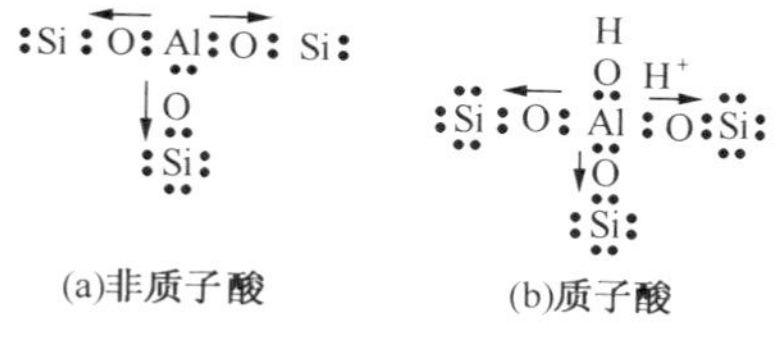

图6-16 硅酸铝表面的非质子酸和质子酸

可以看出，不管是哪种酸性中心，都必须在有铝的部位形成，而硅只是使铝能在催化剂结构中比较均匀地分散开。所以Al:O:Si是活性结构，而Si:O:Si则是非活性结构。可见催化剂的活性大小和铝的含量有关，所以高铝硅酸铝催化剂比低铝硅酸铝催化剂活性高。但研究表明Al_2O_3含量并不是越多越好，这是因为Al_2O_3过多一方面不可能全部和SiO_2结合，出现“自由氧化铝”，另一方面并不能都在微孔表面上，而有些会在骨架内部，所以，Al_2O_3的含量最好不要超过30%~40%。

(二) 分子筛催化剂

分子筛是一种水合结晶型硅酸盐，它具有均匀的微孔，其孔径与一般分子大小相当，由于其孔径可用来筛分大小不同的分子，故称为分子筛，亦称沸石、分子筛沸石或沸石分子筛，它包括天然和人工合成的两种，通常是白色粉末，粒度为0.5~1.0μm或更大，无毒无味无腐蚀性，不溶于水和有机溶剂，溶于强酸和强碱。

沸石分子筛具有独特的规整晶体结构，其中每一类沸石都具有一定尺寸、形状的孔道结构，并具有较大比表面积，大部分沸石分子筛表面具有较强的酸中心，同时晶孔内有强大的库仑场起极化作用。这些特性使它成为性能优异的催化剂。

分子筛的化学组成可表示如下：

$$M_{2/n}O \cdot Al_2O_3 \cdot xSiO_2 \cdot yH_2O$$

式中 M——金属阳离子或有机阳离子，人工合成时通常为 Na；

n——金属阳离子的价数；

x——SiO_2的摩尔数，即 SiO_2/Al_2O_3的摩尔比，称为硅铝比；

y——结晶水的摩尔数。

分子筛按其组成及晶体结构的不同可分为多种类型。其中最常见的如表 6-7 所示。目前，应用于催化裂化的主要是 Y 型分子筛。

表 6-7 几种分子筛型号、化学组成和孔径

型 号	孔径/nm	单元晶胞化学组成	$n(Si)/n(Al)$	$n[SiO_2/n(Al_2O_3)]$
4A	0.42	$Na_{12}[(AlO_2)_{12}(SiO_2)_{12}] \cdot 27H_2O$	1	2
5A	0.5	$Na_{2.6}Ca_{4.7}[(AlO_2)_{12}(SiO_2)_{12}] \cdot 31H_2O$	1	2
13X	0.8~0.9	$Na_{86}[(AlO_2)_{86}(SiO_2)_{106}] \cdot 264H_2O$	1.23	2.5
Y	0.9~1.0	$Na_{56}[(AlO_2)_{56}(SiO_2)_{136}] \cdot 264H_2O$	2.45	4.9
M(丝光沸石)	0.58~0.70	$Na_8[(AlO_2)_8(SiO_2)_{40}] \cdot 24H_2O$	5.00	10
ZSM-5	0.52~0.58	$Na_8[(AlO_2)_8(SiO_2)_{93}] \cdot 46H_2O$	31.00	>30

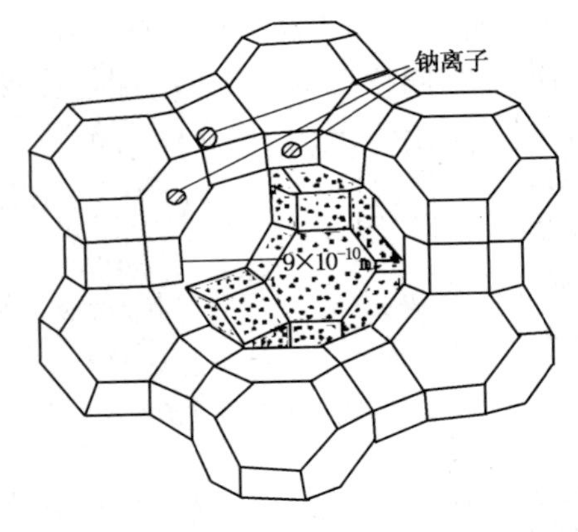

图 6-17 Y 型分子筛的单元晶胞结构

Y 型分子筛属于大孔、三维孔道结构的一类，如图 6-17 所示。每个单元晶胞由八个削角八面体组成，削角八面体的每个顶端是 Si 或 Al 原子，其间由氧原子相连接。由八个削角八面体围成的空洞称为“八面沸石笼”，八面沸石笼的最大孔口为十二元环，孔道尺寸为 0.9nm。它是催化反应进行的主要场所。Na^+在单胞中分布有 3 种位置。

在原型的 NaY 型分子筛中，每一个铝氧四面体(AlO_4^-)附近就有一个钠离子，由于电势平衡而没有酸性，也就没有催化裂化活性，用其他阳离子特别是多价阳离子置换后的 Y 型分子筛有很高的催化活性。以 NaY 型分子筛为基础制备出的用于裂化催化剂的分子筛有 HY、REY、USY、REHY(REUSY)四种。

经过离子交换以后的分子筛之所以具有催化活性，目前主要有两种解释：一种是固体酸催化理论，这一理论认为分子筛经阳离子(NH_4^+、H^+及高价阳离子)交换后可产生 B 酸中心，再经脱水可产生 L 酸中心，它们均可与反应物形成正碳离子，并按正碳离子机理进行催化转化。另一种是静电场理论，这一理论认为阳离子在沸石晶体表面引起的静电场，能够把烃类分子诱导极化为正碳离子，如图 6-18 所示。图中 A^+是沸石分子筛表面与晶格联系的阳离子，它促使 C—H 极化，但并不需要全部解离，其结果形成正碳离子，按正碳离子机理进行酸催化反应。静电场理论较好说明了阳离子电荷多少、离子半径大小对催化活性的影响，阳离子价数越高，离子半径越小，静电场越大，活性越高。此外沸石分子筛的硅铝比对静电强度影响也较大，高硅铝比的 Y 型分子筛的电场要比 X 型的高。

经过离子交换的分子筛酸性中心数目约为无定形硅酸铝的一百多倍，因此其活性比无定

形硅酸铝高出上百倍，这样高的活性在目前的生产工艺中还难以应用，同时单纯的分子筛也难以制成一定强度的微球，因此，目前在工业上所用的分子筛催化剂仅含有10%～35%的分子筛，其余是载体(也称基质)和黏结剂。工业上广泛采用的载体是低铝硅酸铝和高铝硅酸铝，也有的采用其他类型的载体。载体除了起稀释作用外，还具有以下重要作用：

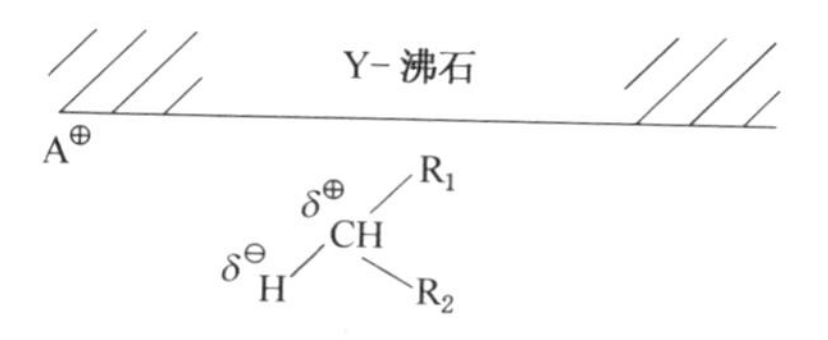

图6-18 分子筛表面对C—H链的极化作用

① 提供足够的表面和孔道，使分子筛分散得更好，并利于油气扩散。

② 载体自身提供一定活性，使大分子能进行一次裂化。

③ 在离子交换时，分子筛中的钠不可能完全被置换掉，而钠的存在会影响分子筛的稳定性。载体不仅可以容纳分子筛中未除去的钠，从而提高分子筛的稳定性，且还能增加催化剂的抗毒性能。

④ 在再生和反应时，载体起到热量贮存和传递的作用。

⑤ 适宜的载体可增强催化剂的机械强度。

⑥ 分子筛的价格较高，使用载体可降低催化剂的生产成本。

由于掺炼渣油的需要，对催化剂载体又提出了新的要求，需要载体能提供一部分酸性中心。因为Y型分子筛的孔道自由直径只有0.9nm，而渣油分子尺寸为2.5～15.0nm，这些大分子要进入分子筛晶体孔道内反应显然是不可能的，根据“分步裂解”的设想，渣油中的胶质、沥青质等大分子先在载体表面依靠来自再生器的再生催化剂带来的热量瞬间汽化，发生热裂解反应使烷基侧链和连接环的环烷初步断裂，然后这些已渐小的分子再进入酸性中心的载体中孔和沸石的二次孔，进一步裂解成能进入沸石微孔的分子，最终的裂化是在沸石微孔的酸性中心上完成的，载体的酸性中心起到了中间传递的作用。在加工含氮量高的CGO原料时，也需要依靠载体提供的部分酸性中心吸附碱性氮化物来保护沸石。因此，对于重油催化裂化催化剂，要认真研究其载体的活性、表面结构等物理化学性质。

二、裂化催化剂的物理性质

(一) 密度

裂化催化剂是多孔性物质，故其密度有三种表示方法：

① 真实密度(又称骨架密度)。颗粒的骨架本身所具有的密度，即颗粒的质量与扣除颗粒内微孔体积时的骨架实体体积$V_{骨架}$之比，即

$$\rho_t = \frac{m}{V_{骨架}} \tag{6-23}$$

真实密度一般是2～2.3 g/cm³。

② 颗粒密度。把微孔体积$V_{孔}$计算在内的单个颗粒的密度，即

$$\rho_p = \frac{m}{V_{骨架} + V_{孔}} \tag{6-24}$$

颗粒密度一般是0.9～1.2 g/cm³。

③ 堆积密度。催化剂堆积时包括微孔体积和颗粒间的空隙体积$V_{空}$的密度，即

$$\rho_b = \frac{m}{V_{骨架} + V_{孔} + V_{空}} \tag{6-25}$$

堆积密度一般为0.5~0.8 g/cm^3，常用于计量催化剂的体积和质量。对于微球状(粒径为20~100μm)的分子筛催化剂，堆积密度又可分为以下三种情况：

(a) 松动状态。催化剂装入量筒内经摇动后，待催化剂刚刚全部落下时，立即读取的体积所计算得到的密度。

(b) 沉降状态。上述量筒中的催化剂静置两分钟后，由读取的体积计算的密度。

(c) 密实状态。将量筒中的催化剂在桌上振动数次至体积不再变时，由读取的体积计算的密度。

(二) 空隙率

催化剂颗粒与颗粒之间的空隙体积 $V_{空}$ 与堆积体积 $V_{堆}$ 之比为空隙率或自由空间率 ε，即

$$\varepsilon = \frac{V_{空}}{V_{堆}} \tag{6-26}$$

(三) 结构特性

包括孔隙率和孔体积、比表面积和孔直径。

孔隙率是指颗粒内部的微孔体积与包括微孔体积在内的颗粒体积之比。

孔体积是指单位质量催化剂颗粒内部微孔的总体积，以mL/g表示。

比表面积是单位质量催化剂微孔内外表面积的总和，以m^2/g表示。通常比表面积越大，催化活性也越高。活性中心部位大约只占催化剂总表面积的百分之几。在使用中由于各种因素的作用，孔径会变大，孔体积减小，比表面积降低。新鲜催化剂的比表面积在400~650m^2/g之间，而平衡催化剂(装置内正在运行的催化剂)降到100~150m^2/g。

孔直径(或孔径)是指颗粒微孔的平均孔直径，可由孔体积和比表面计算而得到：

$$当量孔直径 = 4 \times \frac{孔体积}{比表面积} \times 10^3,\ \mathrm{nm} \tag{6-27}$$

(四) 筛分组成和机械强度

通常将催化剂颗粒的大小称作粒度，催化剂的颗粒大小是不均匀的，大小颗粒所占的百分数，叫做粒度分布或筛分组成。良好的筛分组成是为了保证催化剂在反应器、再生器和循环管中都处于流化状态、传热的面积大以及气流夹带催化剂损失小。比较适宜的筛分组成是：0~40μm的细粉含量在10%~15%，>80μm的粗粒含量在15%~20%，40~80μm的中间颗粒含量占70%左右。由于催化剂颗粒之间及催化剂与器壁之间的激烈碰撞，使大颗粒粉碎以及细颗粒不易被旋风分离器回收下来，所以在平衡催化剂中大于80μm的粗粒和小于20μm的细粉的含量会降低。

为了避免在生产过程中催化剂过度粉碎以减少损耗和保证良好的流化质量，要求催化剂有一定的机械强度。目前我国采用“磨损指数”评价微球催化剂的机械强度。测定方法是将一定量的微球催化剂放在特定的仪器中，并用高速气流冲击4h后，将所生成的<15μm细粉的质量占试样中>15μm催化剂质量的百分数称为磨损指数。通常该值不大于3~5。

三、裂化催化剂的使用性质

(一) 活性

催化剂加快化学反应速度的能力称为活性。分子筛催化剂的活性在实验室通常是用微反活性法(MAT)测定。该方法大致如下：在微型固定床反应器中放置5.0g待测催化剂，采用标准原料(一般都用某种轻柴油，在我国规定用大港235~337℃轻柴油)，在反应温度为

460℃、质量空速为 $16h^{-1}$、剂油比为 3.2 的反应条件下反应 70s，所得反应产物中的（<204℃汽油+气体+焦炭）质量占总进料的百分数即为该催化剂的微反活性（MA）。

微反活性只是一种相对比较的评价指标，它并不能完全反映实际生产的情况，因为实际生产的条件很复杂，微反活性测定的条件与之相差甚远。

分子筛催化剂的活性比无定形硅酸铝高得多。这是因为一是沸石活性中心浓度较高；二是由于沸石细微孔结构的吸附性强，在酸中心附近烃浓度较高；三是在沸石孔中静电场作用下，通过 C—H 键极化促使正碳离子的生成和反应。三者总的作用结果使得沸石分子筛催化剂具有非常高的活性。

（二）选择性

催化剂可以增加目的产物或改善产品质量的性能称为选择性。催化裂化的主要目的产物是汽油，裂化催化剂的选择性就可以用“汽油产率/焦炭产率”或“汽油产率/转化率”来表示。活性高的催化剂，选择性不一定好，所以评价催化剂好坏不仅考虑它的活性，还要考虑它的选择性。

分子筛催化剂的选择性优于无定形硅酸铝催化剂，主要体现为汽油组分中含饱和烃及芳烃多，汽油质量好；且单程转化率提高，不易产生“过裂化”，裂化效率较高，在焦炭产率相同时，分子筛催化剂的汽油产率要高出 15%~20%。

（三）稳定性

催化剂在使用过程中保持其活性及选择性的性能称为稳定性。催化剂在反应和再生过程中由于高温和水蒸气的反复作用，使催化剂孔径、比表面等物理性质发生变化，导致活性下降，这种现象称为老化。因此新鲜催化剂的活性（初活性）不能真实地反映实际的生产情况，在测定新鲜催化剂的活性前需先将催化剂老化，在我国，水热老化的条件是将催化剂在 800℃、常压、100%水蒸气下处理 4h 或 17h。老化后测定的活性与初活性相比较，由活性下降的情况来评价催化剂的稳定性。老化后活性降低得越少说明催化剂的稳定性越好。

新鲜催化剂在开始投用的一段时间内活性下降很快，但降低到一定程度后则缓慢下降。此外，由于催化剂会损失而需定期地或不断地补充一定量的新鲜催化剂，因此在生产装置中的催化剂活性可能保持在一个稳定的水平上，此时的活性被称为“平衡催化剂活性”。平衡催化剂活性的高低取决于催化剂的稳定性和新鲜催化剂的补充量。分子筛催化剂的平衡活性多为 60~70。

（四）抗重金属污染性能

原料油中镍、钒、铁、铜等金属盐类，在反应中会分解沉积在催化剂的表面上，使催化剂的活性降低、选择性变差。从而导致汽油、液化气产率下降，干气及焦炭产率上升，干气中氢含量显著增加。目前比较常用的表示催化剂被重金属污染程度的方法是污染指数：

污染指数=0.1（14Ni+4V+Fe+Cu）

式中的 Ni、V、Fe、Cu 分别表示催化剂上镍、钒、铁、铜的含量，单位为 μg/g。污染指数低于 200 者通常可认为是较干净的催化剂，高于 1000 时则认为是污染严重的。

在实际生产中，当催化剂被重金属污染严重时，会促进脱氢反应，使裂化气中氢含量增大，因此可根据裂化干气中的 H_2/CH_4 值来判断催化剂被污染的程度。

催化剂的重金属污染严重时，会使气压机和主风机超负荷，大大降低装置的生产能力。因此克服催化剂的重金属污染是一个十分重要的问题。

四、工业用分子筛裂化催化剂的种类

若依分子筛分类，目前工业用分子筛裂化催化剂大致可分为稀土 Y(REY)、超稳 Y(USY)和稀土氢 Y(REHY)三种。此外，尚有一些复合型的催化剂。分子筛催化剂虽然可以分成几类，但不同类型的分子筛催化剂可配用各种类型的载体，这样可组合成种类繁多的催化剂品种，所以其商品牌号也是不胜枚举的。有些催化剂从类型和性能来看是基本上相同的，但在不同生产厂家却都有自己的商品牌号。表 6-8 列出了我国炼厂中使用的几种催化剂。

表 6-8 几种国产裂化催化剂的组分与特性

类型	商品名称	基质	Al_2O_3 含量/%	比表面积/(m^2/g)	孔体积/(mL/g)	微反活性(800℃，4h)/%	特点
REY	Y-15	全合成	>25	≥400	≥0.50	≥70	用于瓦斯油裂化
	CRC-1	半合成	>47	≥110	≥0.30	≥70	高密度，用于掺渣油裂化，抗重金属能力较强
	LB-1	全白土	45	≮200	0.22	62	高密度，水热稳定性好
USY	ZCM-7	半合成	40~45	180~240	0.20~0.35	≥60	焦炭选择性好，轻油产率高，用于掺渣油裂化
	LCH-7	半合成	48~52	180~250	0.28~0.40	65	焦炭选择性好，轻油产率高，汽油辛烷值高
	CC-15	全合成	26	388	0.35	70	焦炭选择性好，轻油产率高，强度好
REHY	RHZ-200	半合成	19	250~400	0.40~0.55	≥70	中等堆积密度，轻质油收率高，汽油选择性好
	RHZ-300	半合成	45	180~240	0.35~0.40	≥70	活性、选择性皆优，抗氮性好
	LCS-7	半合成	28	≮300	0.40~0.60	68	中等堆积密度，焦炭产率低，轻油收率高
	CC-14	半合成	19	230~380	0.50~0.67	70	中等堆积密度，轻质油收率高，汽油选择性好

裂化催化剂的品种繁多，如何根据需要和具体条件来选择适用的催化剂是一个须认真考虑的问题。一般来说，有几个原则可供参考：

① 在掺炼渣油的比例增大时，要选用 REHY 乃至 USY 型分子筛催化剂。若原料油的重金属含量高，则宜选用具有小表面积的基质的 USY 型催化剂。

② 当要求的产品方案从最大轻质油收率向最大汽油辛烷值方向变化时，催化剂的选择也相应地从 REY 向 REHY 以至 USY 型催化剂方向变化。

③ 根据现有装置的具体条件尤其是制约条件来选用催化剂。例如，当再生器负荷较紧张时，应选用焦炭选择性优良的 REHY 或 USY 型催化剂；又如当催化剂循环量受到制约时，也就是剂油比受到制约时，宜选用活性高的 REHY 乃至 REY 型催化剂。

实际上，要确定选择哪一种催化剂最合适，还是要通过实验室评价和工业试用。

为了进一步提高反应的选择性、改善产品质量、避免大气污染、加强环境保护，近年来还开发了许多种催化裂化助剂。这些助剂主要以加添加剂的方式加入到裂化催化剂或裂化原料中，使用灵活，可以根据具体情况随时启用或停用、或调整用量。目前工业上使用的主要五种助剂如表 6-9 所列。

表 6-9 催化裂化助剂的组成及作用

助剂名称	组成特点	作用
CO 助燃剂	Pt 或 Pd/Al_2O_3	将再生器内的 CO 转换为 CO_2，减少烟气对空气的污染，降低再生剂含碳量，充分利用 CO 的燃烧热
金属钝化剂	含 Sb、Sn 的化合物	钝化渣油裂化催化剂上污染的金属镍和钒，改善裂化产物的选择性
辛烷值助剂	H-ZSM-5 分子筛	择形裂化汽油中低辛烷值的直链烷烃，提高汽油辛烷值
SO_x 转移剂	MgO 等金属氧化物	可与烟气中 SO_3 作用生成金属硫酸盐，减少再生烟气排向大气中的 SO_x 量
降烯烃助剂	镧、铈、钕化合物等	改善催化剂的氢转移活性，提高芳构化活性并进一步降低汽油中烯烃含量

自催化裂化技术工业化以来，催化剂一直在不断地发展。国内开发的超稳 Y 型催化剂和国外催化剂处于同等水平，目前，国产新催化剂性能明显优于国外同时代的新产品，国产渣油催化剂具有更好的重油裂化能力，抗金属污染，优良的焦炭选择性，并且在催化剂单耗上也低于国外。我国开发的催化裂化家族技术所用的催化剂具有世界水平。在今后裂化催化剂与国外的竞争中，关键是要开发新一代的分子筛裂化活性组分。

五、裂化催化剂的失活与再生

(一) 裂化催化剂的失活

在反应-再生过程中，裂化催化剂的活性和选择性不断下降，此现象称为催化剂的失活。裂化催化剂的失活原因主要有三：高温或高温与水蒸气的作用；裂化反应生焦；毒物的毒害。

1. 水热失活

在高温，特别是有水蒸气存在条件下，裂化催化剂的表面结构发生变化，比表面积减小、孔容减小，分子筛的晶体结构破坏，导致催化剂的活性和选择性下降。无定形硅酸铝催化剂的热稳定性较差，当温度高于 650℃时失活就很快。分子筛催化剂的热稳定性比无定形硅酸铝的要高得多。REY 分子筛的晶体崩塌温度约 870~880℃，USY 分子筛的崩塌温度约 950~980℃。实际上，在高于 800℃时，许多分子筛就已开始有明显的晶体破坏现象发生。在工业生产中，对分子筛催化剂，一般在<650℃时催化剂失活很慢，在<720℃时失活并不严重，但当温度>730℃时失活问题就比较突出了。表 6-10 列出了近年来工业新鲜催化剂与水热减活的平衡剂的某些物性的比较。

表 6-10 新鲜剂与水热减活平衡剂的物性比较

物性参数		新鲜剂	平衡剂
表面积/(m^2/g)		200~640	60~130
孔体积/(mL/g)		0.17~0.71	0.16~0.45
堆积密度/(g/mL)	大密度剂	0.79~0.88	0.70~0.82
	小密度剂	0.48~0.53	0.70~0.82
微反活性(MA)/%		70~83	56~70

2. 结焦失活

催化裂化反应生成的焦炭沉积在催化剂的表面上，覆盖催化剂上的活性中心，使催化剂的活性和选择性下降。随着反应的进行，催化剂上沉积的焦炭增多，失活程度加大。

工业催化裂化所产生的焦炭可认为包括四类焦炭：

① 催化焦——烃类在催化剂活性中心上反应时生成的焦炭。其氢碳比较低(H/C 原子比约 0.4)。催化焦随反应转化率的增大而增加。

② 附加焦——原料中的焦炭前身物(主要是稠环芳烃)在催化剂表面上吸附、经缩合反应产生的焦。附加焦与原料的残炭值、转化率及操作方式等因素有关。

③ 可汽提焦——也称剂油比焦，因在汽提段汽提不完全而残留在催化剂上的重质烃类，其氢碳比较高。可汽提焦与汽提段的汽提效率、催化剂的孔结构状况等因素有关。

④ 污染焦——由于重金属沉积在催化剂表面上促进了脱氢和缩合反应而产生的焦。污染焦的量与催化剂上的金属沉积量、沉积金属的类型及催化剂的抗污染能力等因素有关。

3. 毒物引起的失活

在实际生产中，对裂化催化剂的毒物主要是某些金属(铁、镍、铜、钒等重金属及钠)和碱性氮化合物。

(二) 裂化催化剂的再生

裂化催化剂在反应器和再生器之间不断地进行循环，通常在离开反应器时催化剂(待生剂)上含炭约1%，须在再生器内烧去积炭以恢复催化剂的活性。对无定形硅酸铝催化剂，要求再生后的催化剂(再生剂)的含碳量降至 0.5%以下，对分子筛催化剂则一般要求降至 0.2%以下，而对超稳 Y 分子筛催化剂则甚至要求降至 0.05%以下，通过再生可以恢复由于结焦而丧失的活性，但不能恢复由于结构变化及金属污染引起的失活。裂化催化剂的再生过程决定着整个装置的热平衡和生产能力，因此，在研究催化裂化时必须十分重视催化剂的再生问题。

1. 再生反应和再生反应热

催化剂上沉积的焦炭主要是反应缩合产物，它的主要成分是碳和氢，当裂化原料含硫和氮时，焦炭中也含有硫和氮。焦炭的经验分子式可写成$(CH_n)_m$，一般情况下，n 值在0.5~1的范围。由生产装置再生器物料衡算得的焦炭组成有时可得 n 值远大于 1，其原因一是残留有较多的吸附油气；二是物料平衡计算时所用的计算及分析数据有偏差。

催化剂再生反应就是用空气中的氧烧去沉积的焦炭。再生反应的产物是 CO_2、CO 和 H_2O。一般情况下，再生烟气中的 CO_2/CO 比值在 1.1~1.3。在高温再生或使用 CO 助燃剂时，此比值可以提高，甚至可使烟气中的 CO 几乎全部转化为 CO_2。再生烟气中还含有 SO_x(SO_2、SO_3)和 NO_x(NO、NO_2)。由于焦炭本身是许多化合物的混合物，而且没有确定的组成，因此，无法写出它的分子式，故其化学反应方程式只能笼统地用下式表示：

$$\text{焦炭} \xrightarrow{O_2} CO + CO_2 + H_2O$$

再生反应是一个放热反应，而且热效应相当大，足以提供本装置热平衡所需的热量，甚至还有相当多的剩余热量。再生反应热的数值与焦炭的组成 H/C 及再生烟气的 CO_2/CO 有关。由于焦炭的确切组成不能确定，在催化裂化工艺计算中通常根据元素碳和元素氢的燃烧热值并结合焦炭的 H/C 及烟气中的 CO_2/CO 来计算再生反应热，并称此计算值为再生反应的总热效应。

元素碳和元素氢的燃烧热如下：

$$
\begin{aligned}
&C + O_2 \longrightarrow CO_2 \quad 33873\text{kJ/kg (C)}\\
&C + 0.5O_2 \longrightarrow CO \quad 10258\text{kJ/kg (C)}\\
&\cdots\cdots\\
&H_2 + 0.5O_2 \longrightarrow H_2O \quad 119890\text{kJ/kg (H)}
\end{aligned}
\qquad (6-28)
$$

这种计算方法实质上是把焦炭看成是碳和氢的混合物，从理论上讲是不正确的。从反应的热效应的角度来看，单质碳和单质氢的燃烧热与焦炭燃烧热相比较，其中相差了由碳和氢生成焦炭的生成热。若把焦炭看作是稠环芳烃，由此生成热大约是500~450 kJ/kg，约占由式(6-28)计算得的总热效应的1%~2%。

目前工业上流行的计算方法是从上述总热效应扣除“焦炭脱附热”而得净热效应，即为可利用热。焦炭脱附热的数值是总热效应的11.5%。

2. 再生反应动力学

再生反应速度直接影响催化剂的活性、选择性，对装置的生产能力及设备的设计都起着决定性的作用。

通常认为沉积在催化剂上的焦炭是由多环芳烃组成的高分子化合物，氢碳原子比在0.4~1.0之间。烧焦过程中，由于氢的燃烧速率很快，碳的燃烧相对较慢，因此，烧焦动力学实质上就是烧碳动力学。影响烧碳反应速度的主要因素有再生温度、氧分压、催化剂的含碳量等。催化剂的分类也可能会对烧碳反应速度产生影响。

在实际应用中碳的燃烧可视为对碳与氧均为不可逆的一级反应，碳的燃烧速率($-r_c$)可以用基本的反应速率方程式来描述。

$$-r_c = -\frac{dC}{dt} = k_c pC \qquad (6-29)$$

式中 C——催化剂上含碳量,%；

k_c——烧碳反应速率常数，$(\text{MPa}\cdot\text{min})^{-1}$；

p——氧分压，MPa。

$$k_c = A\exp(-E/RT) \qquad (6-30)$$

对于不同类型的催化剂，k_c 的值会有所不同。典型国产REY和USY催化剂在630~750℃范围内，活化能 E 分别为142100kJ/mol和94000kJ/mol，A 值分别为 $1.78\times10^{10}(\text{MPa}\cdot\text{min})^{-1}$ 和 $6.57\times10^{7}(\text{MPa}\cdot\text{min})^{-1}$。

对于微球催化剂，再生温度高达800℃，反应速度仍属化学反应区控制。

上述再生反应动力学方程是就单纯的化学反应本身而言，或者说是本征反应动力学。在实际生产中，待生催化剂是在流化床中再生的，流化状态对反应物的有效浓度有直接的影响，从而也对再生反应速度产生重要的影响。因此，只有通过深入研究，以取得能正确描述再生器内气固流动行为的数学模型，才能正确预测再生过程的实际反应速度。

国内常用的一种烧焦动力学方程是埃索研究工程公司推荐的烧碳速率公式，是在基本方程的基础上附以气固流型的某些假设导出的。

$$CBR = 0.5WVPT_0C_R^{0.7} \qquad (6-31)$$

式中 CBR——碳燃烧速率，kg/h；

W——再生器分布板以上催化剂总藏量，t(再生床层藏量约为总藏量的80%)；

V——再生器效率因数或称装置因数，其值与流化状态有关；

P——压力因数，$P=P_T \cdot P_0$；

P_T——再生器顶部压力[kPa(绝)]与基准压力129kPa之比；

P_0——氧分压因数，再生器出口烟气过剩氧含量[%(体)]和再生器入口空气氧含量[21%(体)]的对数平均值与出口烟气氧含量为2%(体)时的对数平均值(8.08)的比值。$P_0=\frac{21-O_2}{\ln 21/O_2}\times\frac{1}{8.08}$，其中$O_2$为烟气中过剩氧含量，8.08为$\frac{21-2}{\ln 21/2}$；

T_0——再生器密相床温度因数；$T_0=\exp(15.46-13400/T)$，其中T为再生器密相床温度，K；

C_R——再生剂上的含碳量,%，对分子筛催化剂，C_R的指数取1。

上述方程可应用：

① 对生产装置，可利用现有数据求得装置因数，用以评价再生器的效率；

② 设计新装置，根据经验选取V值，计算催化剂藏量和再生器尺寸。

3. 再生操作的主要影响因素

(1) 再生温度

温度越高燃烧速度越快。采用热稳定性较好的分子筛催化剂，再生温度可提高到650~700℃，特别是使用高温完全再生技术的装置温度可达720℃以上，使再生剂含碳量降到0.05%~0.02%。但再生温度也要受催化剂稳定性和设备材质的限制。提高再生温度不仅能降低再生剂含碳量，且能减少再生器内催化剂的藏量。这样可缩短催化剂在高温下的停留时间，为减少催化剂失活创造了有利条件。

(2) 氧分压

氧分压是操作压力与再生气体中氧分子浓度的乘积。因此提高再生器压力或烟气中氧的浓度都有利于提高烧碳速率。再生器压力是由两器压力平衡确定的，平时不作为调节手段。烟气中氧的浓度是操作变量，通常控制在1%~2%，使用分子筛催化剂后，为防止二次燃烧，一般烟气中氧含量控制在0.5%左右，但当采用完全再生时，烟气中含氧量常在3%以上，过高会增加能量损失。

(3) 再生剂含碳量

再生剂含碳量越高则烧碳速率越高，但是再生的目的是要把碳烧掉，所以此因素不是调节操作的手段。

(4) 再生器的结构形式

主要是考虑如何保证使流化质量良好，空气分布均匀并与催化剂充分接触，尽量减小返混，避免催化剂走短路。例如：采取待生催化剂以切线方向进再生器，催化剂与主风逆流接触等措施都可以改善烧碳效果。通常设备结构的综合影响以再生器效率因数来表示。据报道，当低床层气速(0.6~0.7m/s)时，V为180~220；当床层气速达1.2m/s时，V=300~350，有的装置可高达430。

(5) 再生时间

是指催化剂在再生器内的停留时间，是催化剂藏量与催化剂循环量之比。

催化剂在再生器内的停留时间越长所能烧去的焦炭越多，再生剂含碳量就越低。但延长再生时间，实际就是提高藏量，也就是需要加大再生器体积。同时催化剂在高温下停留时间增长会使减活过程加快。因此，采用增加藏量的办法来提高烧碳速率是不可取的。目前的趋势是设法提高烧碳强度。

$$烧碳强度 = \frac{G(C_0 - C_R)}{W} \quad (6-32)$$

式中 G——催化剂循环量，t/min；

W——再生器催化剂藏量，t；

C_0，C_R——待生剂及再生剂含碳量，%。

采用提高再生温度、氧分压和改善气固接触等手段来降低藏量，以提高烧碳强度。目前再生时间一般为3~5min，甚至更短。

第五节 催化剂的流化输送

根据管路中气-固混合物的密度大小可将催化剂的流化输送分为稀相输送和密相输送两类。

一、稀相输送

稀相输送也称为气力输送。它是靠气体的流动来推动固体颗粒运动的。稀相输送中气-固混合物密度一般小于100kg/m^3。在提升管反应器、烧焦罐的稀相管、催化剂的加料管和卸料管等处都属于稀相输送。

（一）提升管中的气-固滑动现象

对于具有一定筛分组成的裂化催化剂，要实现稀相输送，操作气速必须大于最大颗粒的自由沉降速度 u_t，粒子才能有一个垂直向上的运动速度 $u_p = u - u_t$。我们把气流速度 u 与颗粒速度 u_p 的比值称为滑落系数 ϕ。固体颗粒的上升速度总是落后于气体速度的这个现象称为滑落现象。

$$\phi = \frac{u}{u_p} = \frac{u}{u - u_t} > 1 \quad (6-33)$$

当气流速度增加时，颗粒速度也随之增加，使滑落系数逐渐减小而趋近于1，也就是说此时催化剂的返混现象减小至最低程度。根据一些实验数据，微球裂化催化剂的 u_t 约为0.6m/s。在 u_t=0.6~1.2m/s范围内，气体线速对滑落系数的影响如图6-19所示。当气速>25m/s时，滑落系数几乎不再变化，其值很接近于1.0。由于提升管反应器油气进口处的线速为4~8m/s，原料油气在向上流动过程中，反应生成小分子油气，使气体体积增大，因此在提升管出口处的油气线速增大至10~18m/s，催化剂也由比较低的初速度逐渐加快到接近油气的速度，使滑落

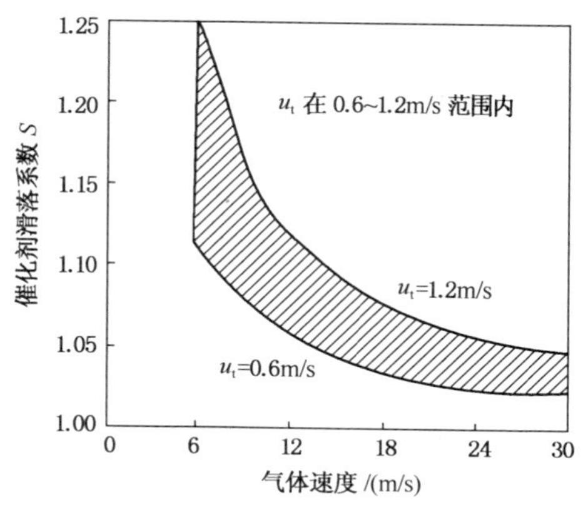

图6-19 气体线速催化剂滑落系数的影响

系数比较接近于1，即催化剂与油气几乎是同向、等速向上运动，返混很小，大大减小了二次反应。这种情况对分子筛催化剂是特别有利的。

由于滑落现象，稀相输送中按颗粒速度计算的实际流化密度 $\rho_{实}$ 大于按气流速度观测的表观密度 $\rho_{表}$。

$$\rho_{实} = \phi \times \rho_{表} \tag{6-34}$$

（二）稀相输送的流动特性和最小气流速度

为了保证颗粒能够达到稀相输送，必须有一个最小气流速度。在垂直管和水平管稀相输送的流动特性不完全相同，对最小气流速度的限制也不相同。

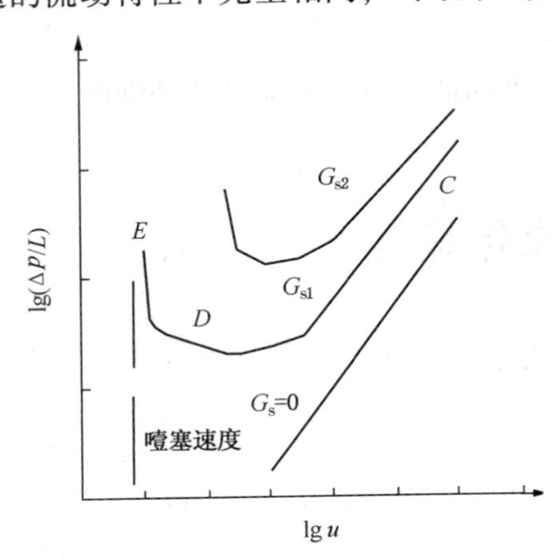

图 6-20 垂直管稀相输送特性

① 在垂直管路中气流速度对管路压降的影响如图 6-20 所示。当固体质量流速 $G_s = 0$，即只有气体通过提升管时，单位管长的压降 $\Delta p/L$ 随着气速 u 的增大而增大。此 $\Delta p/L$ 主要是气体流动的压降。当固体质量流速为某定值 G_{s1} 时，所测压降是混合物密度产生的静压与混合物流动压降之和。在高气速 C 点时，提升管内固体密度较小，流动压降占主导地位。因此，当气速下降时，静压虽由于密度增大而增大，但摩擦压降却因气速下降而减小，故总的 $\Delta p/L$ 下降，如 CD 段。当气速从 D 点再继续下降时，管内的固粒密度急剧增大，于是静压的增大起主导作用，总的 $\Delta p/L$ 也随之急剧增大，如 DE 段。至接近 E 点时，管内密度太大，气流已不足以支持固粒，因而出现腾涌。E 点处的气体表观速度即为噎塞速度。对于较大的固体质量流速，此转折点出现在较高的气速处，如图中 G_{s2}。

为了在提升管内维持良好的流动状态，管内气速必须大于噎塞速度。噎塞速度主要取决于催化剂的筛分组成、颗粒密度等物性。此外，管内固体质量流速或管径越大，噎塞速度也越高。根据实验，微球裂化催化剂用空气提升时的噎塞速度约为 1.5m/s。实际工业采用的气速在油气入口处为 4~8m/s，远高于此噎塞速度。但在预提升段，由于预提升蒸汽的流量较小，应注意维持这一段的气体速度大于 1.5m/s。

② 在水平稀相输送管路中，气流速度对压降的影响如图 6-21 所示。与垂直管中一样，当固体质量流速 $G_s = 0$，即只有气体通过提升管时，单位管长的压降 $\Delta p/L$ 随着气速 u 的增大而增大。当固体质量流速提为某定值 G_{s1} 时，所测压降此时只是混合物的流动压降。随着气流速度由 u_c 逐渐减小，颗粒速度也将随之降低，使管路中颗粒浓度增加。但因为是水平管，颗粒静压为零，故 $\Delta p/L$ 完全随气流速度的降低而降低，如 CD 段。当气流速度到达 u_D 后，气流速度再稍减小，部分颗粒则开始沉积在管底不再流动，这时的空管截面气速 u_D，称为沉积速度。它是水平管在该输送条件下的最小气流速度。到达沉积速度后，并不是颗粒全部堵塞管

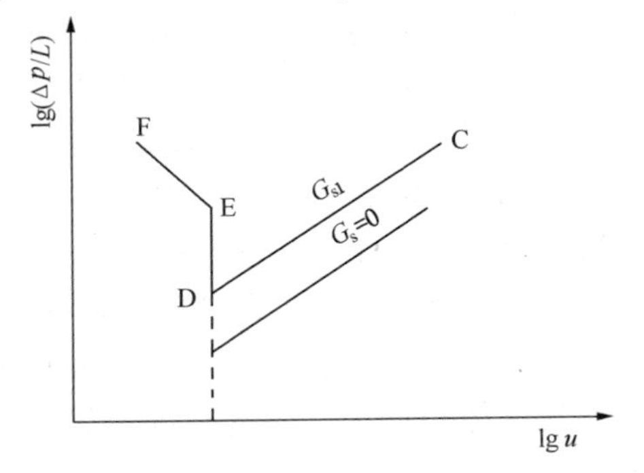

图 6-21 水平管稀相输送特性

路，而且由于部分颗粒沉积在管底使有效流通截面减小，输送量减少，使$\Delta p/L$突然上升，如DE段。如果继续降低气速，颗粒沉积越来越厚，管子有效流通截面越来越小，阻力相应越来越大，颗粒输送量也越来越小，直到完全堵塞，如EF段。

当固体质量流速相同时，对于均匀颗粒，噎塞速度和沉积速度大约相等；对于不均匀颗粒，沉积速度大约是噎塞速度的3~6倍。

③ 斜管的稀相输送性能介于水平管路和垂直管路之间。当斜管与水平管成10°时，其沉积速度与水平输送相差不大。斜管与垂直管成8°时，其噎塞速度与垂直输送时无明显差别。斜管与水平成22°~45°时，其沉积速度比水平输送时高1.5~3.0m/s。

实际的稀相输送系统，往往既有垂直管段，又有水平和倾斜管段。对具有一定筛分组成的颗粒，应选择较大的沉积速度作为最小输送气速。但气速过高，会使压降增大，损失能量，磨损严重。一般操作气速在8~20m/s的范围内。

二、密相输送

密相输送中的气-固混合物的密度大于100kg/m³。流化催化裂化装置中，催化剂在反应器和再生器之间的循环属于密相输送，在Ⅳ型催化裂化装置采用U形管输送，而在提升管催化裂化装置则采用斜管或立管输送。

固体颗粒的密相输送有两种形态：黏滑流动和充气流动。当固粒向下流动时，气体与固粒的相对速度不足以使固粒流化起来，此时固粒之间互相压紧、阵发性地缓慢向下移动，这种流动形态称为黏滑流动。如果固粒与气体的相对速度较大，足以使固粒流化起来，此时的气-固混合物具有流体的特性，可以向任意方向流动，这种流动形态称为充气流动。充气流动时气体的流速应稍高于固粒的起始流化速度。黏滑流动主要发生在粗颗粒的向下流动，例如移动床反应器内的催化剂运动就属于黏滑流动。充气流动主要发生在细颗粒的流动，例如催化裂化装置各段循环管路中的流动都属于充气流动。但如果气体流速低于起始流化速度，则在立管或斜管中有可能出现黏滑流动，这种情况应尽可能避免发生。

（一）密相输送基本原理

下面以水蒸气系统为例来说明密相输送基本原理。图6-22是一盛水的U形管，在其右上侧有加热器，使该处的水因受热而汽化。设$p'_1=p'_2=p$，当阀关闭时：

阀的左方1点处静压$p_1=\rho_{水}h+p$

阀的右方2点处静压$p_2=\rho_{水}h_2+\rho_{水汽}h_1+p$

由于$\rho_{水}>\rho_{水汽}$，故$p_1>p_2$。因此，当阀打开时，水就会从左管流向右管，而在流动时，根据力学能量平衡原理，则有：

$$p_1-p_2=h_1(\rho_{水}-\rho_{水汽})=\Delta p_f+\Delta p_a \tag{6-35}$$

式中Δp_f是流经阀及管线的摩擦压降，Δp_a是速度改变时引起的压降，数值较小，可忽略。

上式也可看作是

推动力=阻力

即由U形管两端的静压头之差产生的推动力用来克服流动时的阻力。显然，U形管两端的密度差越大，低密度料柱的高度越长，所产生的推动力就越大，管路中的流速也越大。应当注意，这时的p_1和p_2是指流体静止时1点和2点的压力。当流体流动时，1点和2点处的压力就不再是p_1和p_2了。

如果$p'_1\neq p'_2$，上述关系仍然成立，但p_1-p_2值可能增大或减小，甚至会变成负值，此时流动的方向就变成由右向左了。

（二）Ⅳ型及提升管催化裂化的催化剂循环输送

Ⅳ型催化裂化的U形管输送原理与上述情况相同。只不过是在U形管右侧的上方改用通入空气(增压风)的方法来降低这段管内的密度，由U形管两端密度差产生的静压头，造成输送的推动力，用来克服催化剂流动时的阻力。当推动力与阻力达到平衡时，就得到恒定的催化剂循环量。在提升管式催化裂化装置，常用斜管进行催化剂输送，上述输送原理也同样适用。催化剂在图6-23的斜管中流动时：

$$[p_1 + (L\sin\theta)\rho] - p_2 = \Delta p_{f,t} + \Delta p_{f,v} \quad (6-36)$$

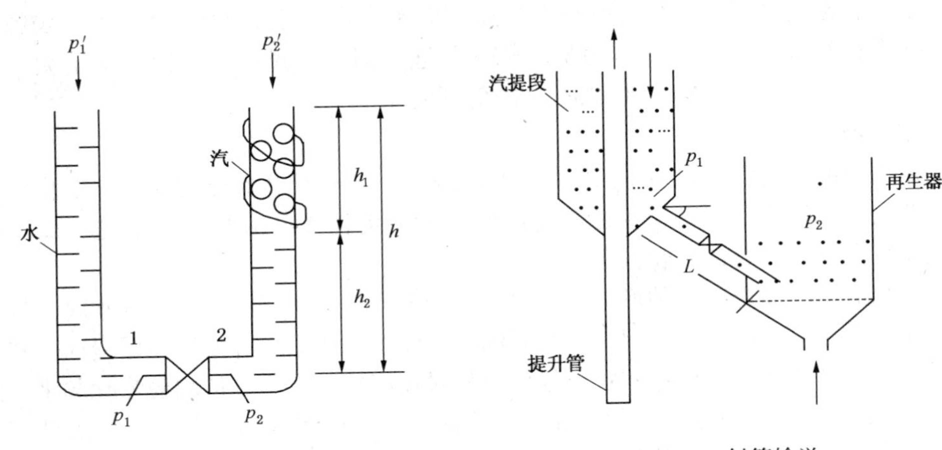

图6-22　密相输送原理

图6-23　斜管输送

式中ρ为斜管中的密度，$\Delta p_{f,v}$和$\Delta p_{f,t}$分别为滑阀及管路的摩擦压降。显然，当方程式左方的流动推动力不变时，调节滑阀开度即可改变$\Delta p_{f,v}$的数值，从而也使$\Delta p_{f,t}$发生变化，因$\Delta p_{f,t}$近似地正比于催化剂在管中的质量流速的平方，于是催化剂的循环量得到调节。

在设计斜管时必须注意斜管的倾斜角度。图6-24是固粒由垂直管通过底部小孔流动时的情景。在没有充气时，离底边$H=(D/2)\tan\theta_f$处开始形成一个倒锥形的流动区，圆锥体以外的固粒基本上不流动。这个倒圆锥周边和水平面的夹角θ_f称为内摩擦角。微球裂化催化剂θ_f约79°。颗粒的内摩擦角越小，越容易流动。由小孔流出的固粒在下面自然堆成一圆锥体，锥体斜边与水平面的夹角θ_r称为休止角。也就是说，当固粒处在倾斜角小于θ_r的平面上时，固粒就停留在斜面上而不会下落。因此，输送斜管与水平面的夹角应大于催化剂的休止角。微球裂化催化剂的休止角为32°。为了充分保证催化剂顺利流动，生产上通常斜管与水平面的夹角远大于催化剂的休止角，一般为55°~63°。对于某些容器(如再生器、反应器等)的底部及汽提段内的挡板等，应注意尽可能使斜面与水平面的夹角大于45°，一般多为60°。

在斜管输送时，斜管里有时会发生一定程度的气固分离现象，即部分气体集中于管路的上方，从而影响催化剂的顺利输送。因此在气固混合物进入斜管前一般应先进行脱气以脱除其中的大气泡。

斜管中的催化剂还起料封作用，防止斜管两端气体串通，在压力平衡中是推动力的一部分。滑阀在管路中节流时，滑阀以下不是满管流动。因此滑阀以下的催化剂已经不起或者很少能起料封作用，所以滑阀的安装位置应尽量靠近斜管的下侧。滑阀以上斜管的长度应满足料封的需要，并留有余地，以免斜管中的催化剂密度波动时出现串气现象。

由上所述，密相输送与稀相输送的基本区别在于：密相输送时，催化剂颗粒不被气体加速，而是在少量气体松动的流化状态下靠静压头之差产生的推动力，来克服流动时的阻力。

（三）充气流动的压降

与一般流体流动相似，气–固混合物在流化状态下由 1 点流至 2 点（见图 6–25）时的压降：

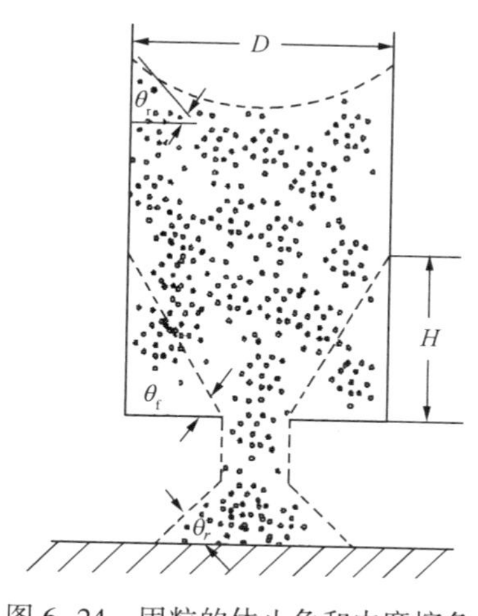

图 6–24 固粒的休止角和内摩擦角

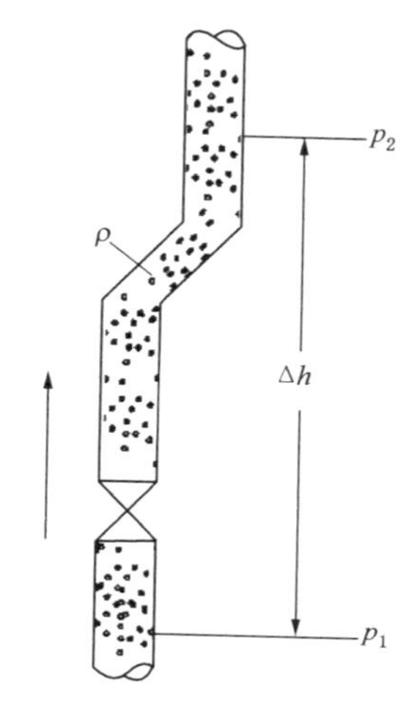

图 6–25 充气流动的压降

$$p_1 - p_2 = \Delta p_h + \Delta p_a + \Delta p_{f,t} + \Delta p_{f,v} \tag{6-37}$$

式中 Δp_h——两点间的气–固料柱产生的静压差；

Δp_a——因速度改变（包括加速、转向及出口）引起的压降；

$\Delta p_{f,t}$，$\Delta p_{f,v}$——管路及阀的摩擦压降。

现分别介绍各项压降的计算方法。

1. Δp_h

料柱静压差 Δp_h 在生产单位也经常称静压，一般有两种计算方法。

① 由气体和固粒的流量计算

$$\Delta p_h = 9.81 \times 10^{-3} \times \Delta h \cdot \rho,\ \text{kPa} \tag{6-38}$$

式中 Δh——两点间垂直输送距离（向下流动，Δh 为负值），m；

ρ——管内气固混合物的密度，kg/m³。

$$\rho = \frac{G_{气} + G_{固}}{V_{气} + V_{固}} \tag{6-39}$$

式中 $G_{气}$，$G_{固}$——分别为气体和固体的质量流率，kg/h；

$V_{气}$，$V_{固}$——分别为气体和固体的体积流率，m³/h。

通常 $G_{固} \gg G_{气}$，$V_{气} \gg V_{固}$，所以上式可简化成 $\rho \approx \frac{G_{固}}{V_{气}}$。该式适用于滑落系数 $\phi = 1$、向下流动以及气速很高（例如 20m/s）向上流动的情况。如果考虑滑落，即 $\rho = \phi \frac{G_{固}}{V_{气}}$。催化剂在提

升管反应器中的 ϕ 值可参考图 6-19。

② 由实测两点压差计算

在生产中常常是直接测定两点的压差，即 $p_1-p_2=\Delta p$。因此，由

$$\Delta p_h=\rho\Delta h=\Delta p-(\Delta p_a+\Sigma\Delta p_f)$$

得

$$\rho=[\Delta p-(\Delta p_a+\Sigma\Delta p_f)]/\Delta h \tag{6-40}$$

如果需要知道实际密度，必须先计算出 Δp_a 与 $\Sigma\Delta p_f$。在实际生产和工艺计算中，由于计算 Δp_a 与 $\Sigma\Delta p_f$ 较麻烦而且也不易算得很准确，因此上式常简化成 $\rho'=\Delta p/\Delta h$，ρ' 称作"视密度"，它同真实密度显然是有些差别。在一般情况下，$(\Delta p_a+\Sigma\Delta p_f)\ll\Delta p$，所以视密度一般很接近实际密度。由视密度计算得的 Δp 即 $\Delta p=\Delta h\rho'$ 常称作"蓄压"，它与料柱产生的静压是有区别的，其中还包括了 $\Delta p_a+\Sigma\Delta p_f$ 即

$$蓄压\ \Delta p=\Delta h\rho'=\Delta h\rho+\Delta p_a+\Sigma\Delta p_f \tag{6-41}$$

2. Δp_a

Δp_a 是由于速度变化(包括改变运动方向)引起的压降。

$$\Delta p_a=5\times10^{-4}\times N\rho u^2,\ \text{kPa} \tag{6-42}$$

式中 N——系数(加速催化剂，$N=1$；出口损失或变径，$N=1$；每次转向，$N=1.25$)；

u——气体线速，m/s；

ρ——滑落系数为 1 时的气固混合物密度，kg/m³。

3. $\Delta p_{f,t}$

$\Delta p_{f,t}$ 是气-固混合物在直线管路中流动时产生的压降。关于 $\Delta p_{f,t}$ 的计算，在不同的文献中有不同的计算公式，而且由不同的计算公式计算所得的结果常常差别很大。这主要是因为气-固混合物的流动状态比较复杂，而各种公式往往是来源于不同的流动条件下的实验数据。在这里只介绍一种形式比较简单的计算公式：

$$\Delta p_{f,t}=7.75\times10^{-6}\times\rho u^2L/D,\ \text{kPa} \tag{6-43}$$

式中 L——管线的当量长度，m；

D——管线的内径，m；

ρ——滑落系数为 1 时的气固混合物密度，kg/m³；

u——气体线速，m/s。

4. $\Delta p_{f,v}$

$\Delta p_{f,v}$ 是催化剂流经滑阀时产生的压降，可以用下面公式计算：

$$\Delta p_{f,v}=7.5\times10^{-5}\times\frac{G^2}{\rho A^2},\ \text{kPa} \tag{6-44}$$

式中 G——催化剂循环量，t/h；

ρ——气固混合物的密度，kg/m³；

A——阀孔流通面积，m²。

(四) 催化剂循环线路的压力平衡

从以上讨论可见，为了催化剂按照预定方向作稳定流动，不出现倒流、架桥及窜气等现象，保持循环线路的压力平衡是十分重要的。实际上这个问题与反应器-再生器压力平衡问题是紧密相关的。两器之间的压力平衡对于确定两器的相对位置及其顶部应采用的压力是十分重要的。

表6-11和图6-26列举了高低并列式提升管催化裂化装置的压力平衡典型实例。

表6-11 高低并列式装置典型压力平衡(MPa)

线路	再生剂线路		待生剂线路	
推动力	再生器顶压力	0.17286	沉降器顶压力	0.14372
	稀相静压	0.00223	沉降器静压	0.00077
	密相静压	0.016	汽提段静压	0.03507
	再生斜管	0.0220	待生斜管静压	0.03304
	小计	0.21309	小计	0.21260
阻力	沉降器顶压力	0.14372	再生器顶压力	0.17286
	稀相静压	0.00033	稀相静压	0.10137
	提升管总压降	0.0175	过渡段静压	0.00086
	帽压降	0.0001	再生器密相静压	0.00674
	再生滑阀压降	0.05144	待生滑阀压降	0.03077
	小计	0.21309	小计	0.21260

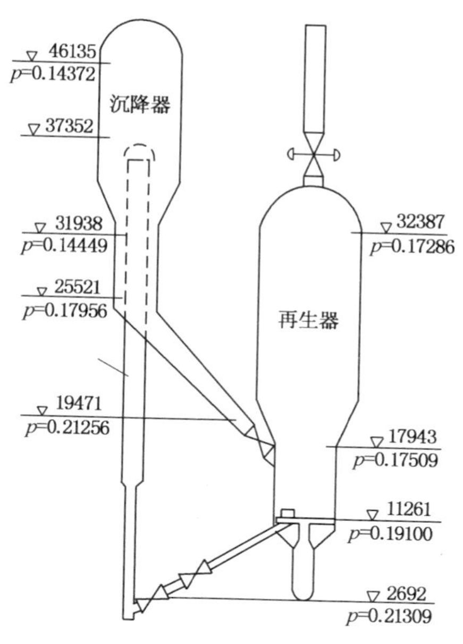

图6-26 高低并列式装置压力平衡图

第六节 催化裂化工艺流程

催化裂化装置一般由反应-再生系统、分馏系统和吸收-稳定系统三部分组成。在处理量较大、反应压力较高(例如0.25MPa)的装置，常常还设有再生烟气能量回收系统。

一、反应-再生系统

工业催化裂化装置的反应-再生系统在流程、设备、操作方式等方面有多种多样，各有其特点。图6-20是馏分油同轴式提升管催化裂化装置反应-再生系统工艺流程。

新鲜原料油与回炼油混合后换热至220℃左右进入提升管反应器下部的喷嘴，回炼油浆进入提升管上喷嘴，与来自再生器的高温催化剂(600~750℃)相遇，立即汽化并进行反应。油气与雾化蒸汽及预提升蒸汽一起以4~7m/s的入口线速携带催化剂沿提升管向上流动，在470~510℃的反应温度下停留2~4s，以12~18m/s的高线速通过提升管出口，经快速分离器进入沉降器，夹带少量催化剂的反应产物与蒸汽的混合气经若干组两级旋风分离器，进入集气室，通过沉降器顶部出口进入分馏系统。

经快速分离器分出的积有焦炭的催化剂(称待生剂)由沉降器落入下面的汽提段，反应油气经旋风分离器回收的催化剂通过料腿也流入汽提段。汽提段内装有多层人字形挡板并在底部通入过热水蒸气。待生剂上吸附的油气和颗粒之间的油气被水蒸气置换出来而返回上部。经汽提后的待生剂通过待生立管进入再生器一段床层，其流量由待生塞阀控制。

再生器的主要作用是用空气烧去催化剂上的积炭，使催化剂的活性得以恢复。再生所用空气由主风机供给，空气通过再生器下面的辅助燃烧室及分布管进入一段流化床层。待生剂在640~690℃的温度下进行流化烧焦。一段再生后烧碳量在75%左右，氢几乎完全烧净，再进入二段床层进一步烧去剩余焦炭。二段没有氢的燃烧，降低了水蒸气分压，使二段再生器可以在710~760℃的更高温度下操作，减轻了催化剂水热失活。二段床层氧浓度虽然较小，但应采用较小二段床层，提高了气体线速，所以，还能维持较高的烧碳强度，再生剂含碳量可降低到0.05%。再生催化剂经再生斜管和再生单动滑塞阀进入提升管反应器循环使用。为防止CO的后燃，应使用CO助燃剂。为适应渣油裂化生焦量大、热量过剩的特点，再生器设有外取热器，取走多余的热量发生中压蒸汽。

烧焦产生的再生烟气，经再生器稀相段进入旋风分离器。经两级旋风分离除去夹带的大部分催化剂，烟气通过集气室(或集气管)和双动滑阀排入烟囱(或去能量回收系统)。回收的催化剂经料腿返回床层。在加工生焦率高的原料时，例如加工含渣油的原料时，因焦炭产率高，再生器的热量过剩，须在再生器设取热设施以取走过剩的热量。

在生产过程中，催化剂会有损失及失活，为了维持系统内催化剂的藏量和活性，需要定期或经常地向系统补充或置换新鲜催化剂。在置换催化剂及停工时还要从系统卸出催化剂。为此，装置内至少应设两个催化剂储罐：一个是供加料用的新鲜催化剂贮罐；一个是供卸料用的热催化剂贮罐。装卸催化剂时采用稀相输送的方法，输送介质为压缩空气。

反应再生系统的主要控制手段有：

由气压机入口压力调节汽轮机转速控制富气流量以维持沉降器顶部压力恒定。

以两器压差作为调节信号由双动滑阀控制再生器顶部压力。

由提升管反应器出口温度控制再生滑阀开度来调节催化剂循环量。由待生滑阀开度根据系统压力平衡要求控制汽提段料面高度。

在流化床催化裂化装置的自动控制系统中，除了有与其他炼油装置相类似的温度、压力、流量等自动控制系统外，还有一整套维持催化剂正常循环的自动控制系统和在流化失常时起作用的自动保护系统。此系统一般包括多个自保系统，例如反应器进料低流量自保、主风机出口低流量自保、两器压差自保等。以反应器低流量自保系统为例：当进料量低于某个下限值时，在提升管内就不能形成足够低的密度，正常的两器压力平衡被破坏，催化剂不能按规定的路线进行循环，而且还会发生催化剂倒流并使油气大量带入再生器而引起事故。此时，进料低流量自保就自动进行以下动作：切断反应器进料并使进料返回原料油罐(或中间罐)，向提升管通入事故蒸汽以维持催化剂的流化和循环。

二、分馏系统

典型的催化裂化分馏系统见图6-27。由反应器来的460~510℃反应产物油气从底部进入分馏塔，经底部的脱过热段后在分馏段分割成几个中间产品：塔顶为汽油及富气，侧线有轻柴油、重柴油和回炼油，塔底产品是油浆。

为了避免催化分馏塔底结焦，催化分馏塔底温度应控制不超过380℃。循环油浆用泵从脱过热段底部抽出后分成两路：一路直接送进提升管反应器回炼，若不回炼，可经冷却送出装置；另一路先与原料油换热，再进入油浆蒸汽发生器大部分作循环回流返回脱过热段上部，小部分返回分馏塔底，以便于调节油浆取热量和塔底温度。

如在塔底设油浆澄清段，可脱除催化剂出澄清油，可作为生产优质炭黑和针状焦的原料。浓缩的稠油浆再用回炼油稀释送回反应器进行回炼并回收催化剂。如不回炼也可送出装置。

轻柴油和重柴油分别经汽提后，再经换热、冷却后出装置。

催化裂化装置的分馏塔有几个特点：

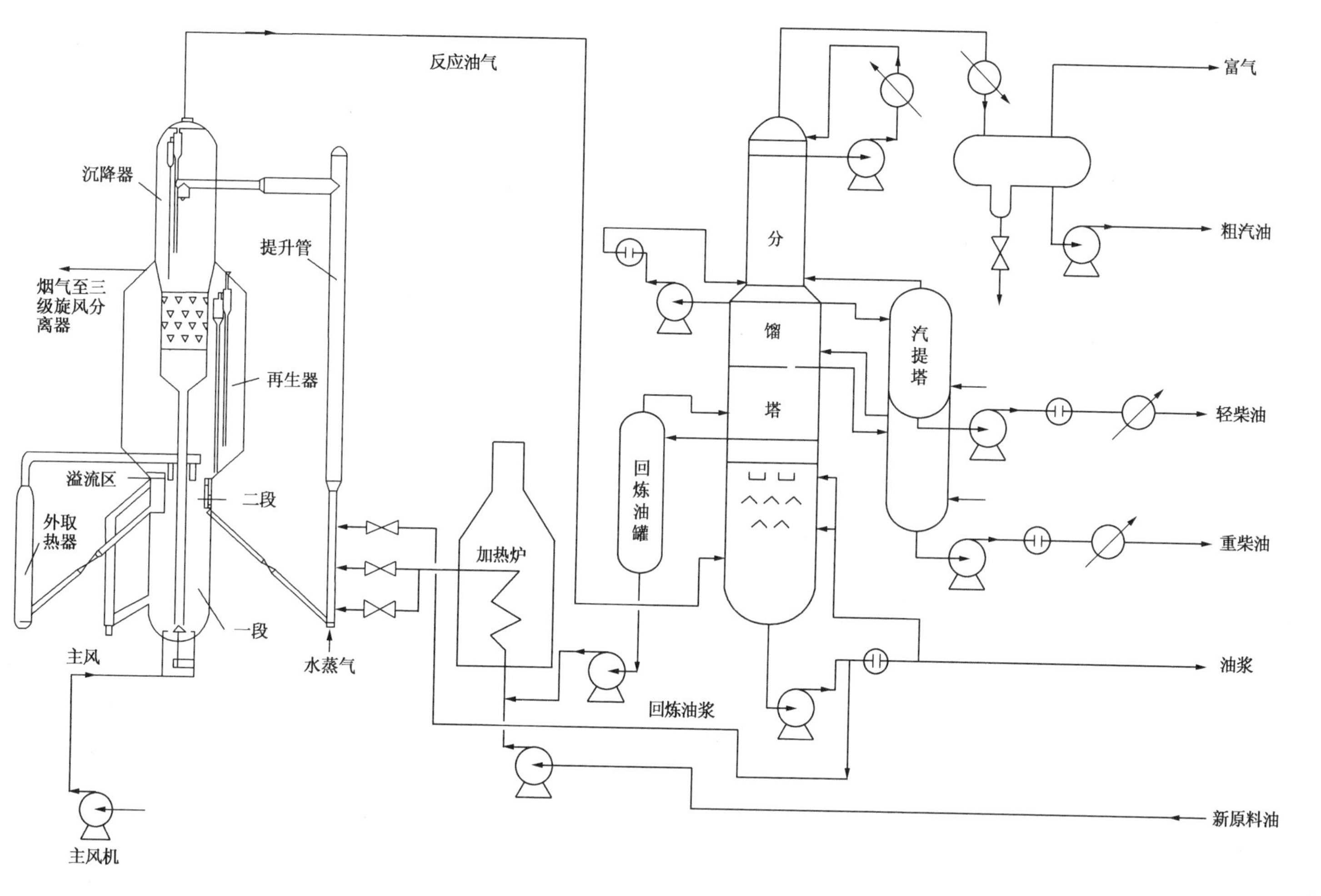

图6-27 馏分油同轴式提升管催化裂化装置反应-再生系统工艺流程

① 进料是带有催化剂粉尘的过热油气，因此，分馏塔底设有脱过热段，用经过冷却到280℃左右的循环油浆与反应油气经过人字挡板逆流接触，它的作用一方面洗掉反应油气中携带的催化剂，避免堵塞塔盘，另一方面回收反应油气的过剩热量，使油气由过热状态变为饱和状态以进行分馏。所以脱过热段又称为冲洗冷却段。

② 全塔的剩余热量大而且产品的分离精确度要求比较容易满足。因此一般设有多个循环回流：塔顶循环回流、一至两个中段循环回流、油浆循环回流。全塔回流取热分配的比例随着催化剂和产品方案的不同而有较大的变化。如由无定形硅酸铝催化剂改为分子筛催化剂后，回炼比减小，进入分馏塔的总热量减少。又如由柴油方案改为汽油方案，回炼比也减少，进入塔的总热量也减少。同时入塔温度提高，汽油的数量增加，使得油浆回流取热和顶部取热的比例提高。一般来说，回炼比越大的分馏塔上下负荷差别越大；回炼比越小的分馏塔上下负荷趋于均匀。在设计中全塔常用上小下大两种塔径。

③ 尽量减小分馏系统压降，提高富气压缩机的入口压力。分馏系统压降包括：油气从反应沉降器顶部到分馏塔的管线压降；分馏塔内各层塔板的压降；塔顶油气管线到冷凝冷却器的压降；油气分离器到气压机入口管线的压降。

为减少塔板压降，一般采用舌型塔板。为稳定塔板压降，回流控制产品质量时，采用了固定流量，利用三通阀调节回流油温度的控制方法，避免回流量波动对压降的影响。为减少塔顶油气管线和冷凝冷却器的压降，塔顶回流采用循环回流而不用冷回流。由于分馏塔各段回流比小，为解决开工时漏液问题，有的装置在塔中段采用浮阀塔板，以便顺利地建立中段回流。

三、吸收-稳定系统

吸收-稳定系统主要由吸收塔、再吸收塔、解吸塔及稳定塔组成。从分馏塔顶油气分离器出来的富气中带有汽油组分，而粗汽油中则溶解有 C_3、C_4组分。吸收-稳定系统的作用就是利用吸收和精馏的方法将富气和粗汽油分离成干气、液化气和蒸气压合格的稳定汽油。图6-28是吸收稳定系统工艺原理流程图。

从分馏系统来的富气经气压机两段加压到1.6MPa(绝)，经冷凝冷却后，与来自吸收塔底部的富吸收油以及解吸塔顶部的解吸气混合，然后进一步冷却到40℃，进入平衡罐(或称油气分离器)进行平衡汽化。气液平衡后将不凝气和凝缩油分别送去吸收塔和解吸塔。为了防止硫化氢和氮化物对后部设备的腐蚀，在冷却器的前、后管线上以及对粗汽油都打入软化水洗涤，污水分别从平衡罐和粗汽油水洗罐(图中未画出)排出。

吸收塔操作压力约1.4MPa(绝)。粗汽油作为吸收剂由吸收塔20或25层打入。稳定汽油作为补充吸收剂由塔顶打入。从平衡罐来的不凝气进入吸收塔底部，自下而上与粗汽油、稳定汽油逆流接触，气体中≥C_3组分大部分被吸收(同时也吸收了部分 C_2)。吸收是放热过程，较低的操作温度对吸收有利，故在吸收塔设两个中段回流。吸收塔塔顶出来的携带有少量吸收剂(汽油组分)的气体称为贫气，经过压力控制阀去再吸收塔。经再吸收塔用轻柴油馏分作为吸收剂回收这部分汽油组分后返回分馏塔。从再吸收塔塔顶出来的干气送到瓦斯管网。再吸收塔的操作压力约1.0MPa(绝)。

富吸收油中含有 C_2组分不利于稳定塔的操作，解吸塔的作用就是将富吸收油中的 C_2解吸出来。富吸收油和凝缩油从平衡罐底抽出与稳定汽油换热到80℃后，进入解吸塔顶部，解吸塔操作压力约1.5MPa(绝)。塔底部有重沸器供热(用分馏塔的一中循环回流作热源)。

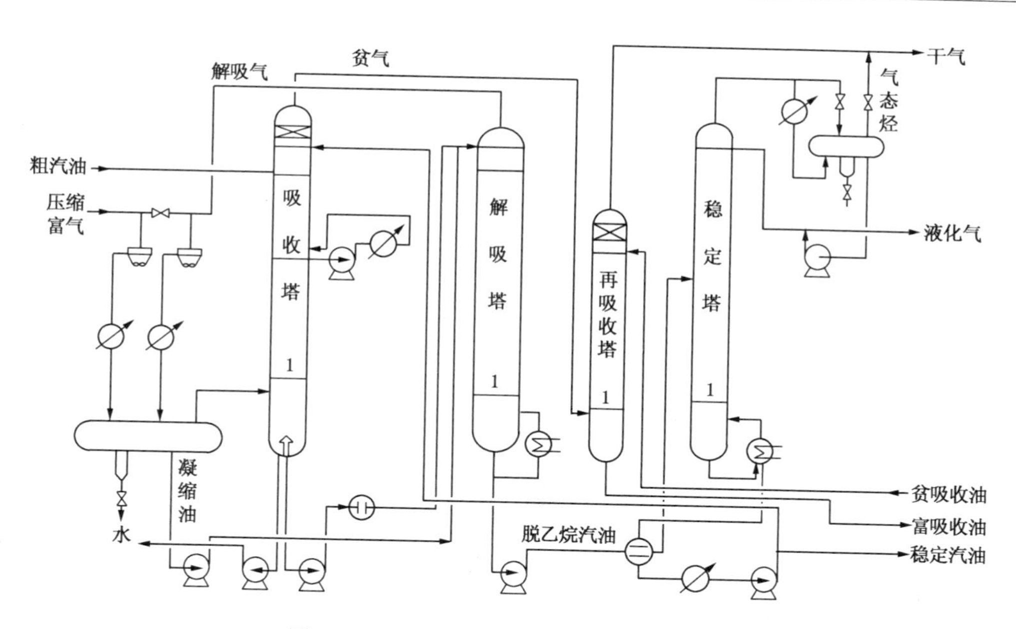

图 6-28 吸收-稳定系统工艺原理流程图

塔顶出来的解吸气除含有 C_2组分外，还有相当数量的 C_3、C_4组分，与压缩富气混合，经冷却进入平衡罐，重新平衡后又送入吸收塔。塔底为脱乙烷汽油。脱乙烷汽油中的 C_2含量应严格控制，否则带入稳定塔过多的 C_2会恶化稳定塔顶冷凝冷却器的效果，被迫排出不凝气而损失 C_3、C_4。

稳定塔实质上是一个从 C_5以上的汽油中分出 C_3、C_4的精馏塔。脱乙烷汽油与稳定汽油换热到 165℃，打到稳定塔中部。稳定塔底有重沸器供热(常用一中循环回流作热源)，将脱乙烷汽油中的 C_4以下轻组分从塔顶蒸出，得到以 C_3、C_4为主的液化气，经冷凝冷却后，一部分作为塔顶回流，另一部分送去脱硫后出装置。塔底产品是蒸气压合格的稳定汽油，先后与脱乙烷汽油、解吸塔进料油换热，然后冷却到 40℃，一部分用泵打入吸收塔顶作补充吸收剂，其余部分送出装置。稳定塔的操作压力约 1.2MPa(绝)为了控制稳定塔的操作压力，有时要排出不凝气(称气态烃)，它主要是 C_2及少量夹带的 C_3、C_4。

在吸收稳定系统，提高 C_3回收率的关键在于减少干气中的 C_3含量(提高吸收率、减少气态烃的排放)，而提高 C_4回收率的关键在于减少稳定汽油中的 C_4含量(提高稳定深度)。

上述流程里，吸收塔和解吸塔是分开的，它的优点是 C_3、C_4的吸收率较高，脱乙烷汽油的 C_2含量较低。另一种称为单塔流程的是吸收塔和解吸塔合成一个整塔，上部为吸收段、下部为解吸段。由于吸收和解吸两个过程要求的条件不一样，在同一个塔内比较难做到同时满足。因此，单塔流程虽有设备简单的优点，但 C_3、C_4的吸收率较低，或脱乙烷汽油的 C_2含量较高。故目前多采用双塔流程。

四、能量回收系统

再生高温烟气中可回收能量(以原料油为基准)约为 800MJ/t，约相当于装置能耗的 26%，所以，不少催化裂化装置设有烟气能量回收系统，利用烟气的热能和压力能(当再生器的操作压力较高又设能量回收系统时)做功，驱动主风机以节约电能，甚至可以对外输出剩余电力。对一些不完全再生的装置，再生烟气中含有5%～10%的CO，可以设CO锅炉使CO完全燃烧以回收能量。图6-29是烟气能量回收系统流程图。

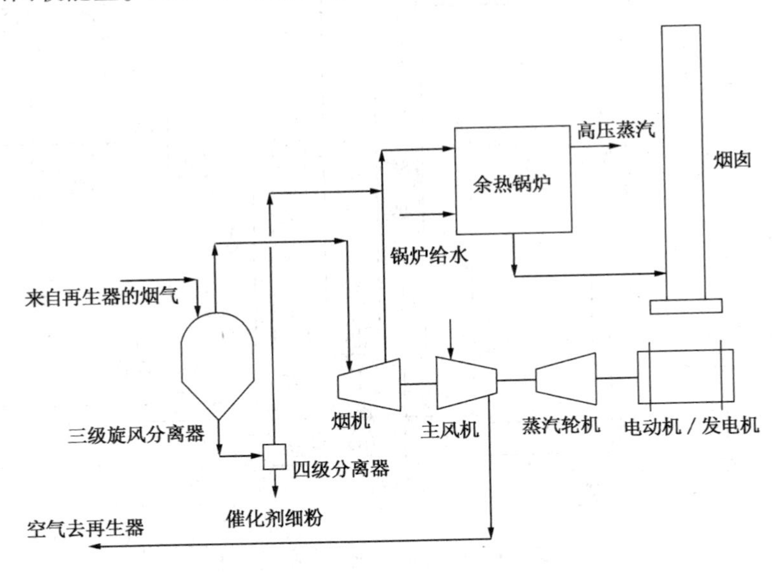

图6-29 烟气能量回收系统工艺原理流程示意图

来自再生器的高温烟气，首先进入高效三级旋风分离器，分出其中的催化剂，使烟气中的粉尘含量降低到0.2g/m³烟气以下，然后经调节蝶阀进入烟机(或称烟气膨胀透平)膨胀做功，使再生烟气的压力能转化为机械能驱动主风机运转，供再生所需空气。开工时因无高温烟气，主风机由辅助电动机/发电机(或蒸汽透平)带动。烟气经烟机后，温度和压力都有降低(一般温降为90～120℃，烟机出口压力约为110kPa)，但仍含有大量的显热能，故经手动蝶阀和水封罐进入余热锅炉回收显热能，所产生的高压蒸汽供汽轮机或装置内外的其他部分使用。如果装置不采用完全再生技术，这时余热锅炉则是CO锅炉，用以回收CO的化学能和烟气的显热能。从三级旋风分离器出来的催化剂进入四级旋风器，进一步分离出催化剂，烟气直接进入余热锅炉。再生器的压力主要由该线路上的双动滑阀控制。

能量回收还有不少新的方案，例如再生烟气水洗除尘工艺，其原理流程如图6-30所示。再生烟气先通过余热锅炉发生蒸汽，使烟气温度降至290～430℃，然后在换热器中降温后进入水洗塔除去催化剂颗粒。净化后的烟气进入换热器升温(烟气温度约比余热锅炉出口温度低20℃)，最后去烟气轮机回收动能。此流程的特点是：可不使用三级旋风分离器；避免烟机冲蚀；烟气系统不需要设置静电除尘器，可直接排入大气中。

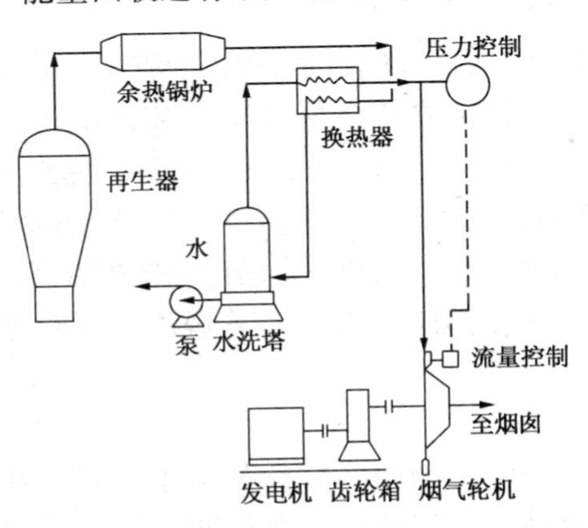

图6-30 再生烟气水洗除尘原理流程图

五、重油催化裂化

重油催化裂化是以350～500℃的馏分油和一定数量的大于500℃的减压渣油为原料的石

油加工工艺。重油催化裂化装置已成为我国重油轻质化最主要的生产装置。常压重油、减压渣油与 VGO 不同，必须在工艺中解决下列问题：

① 渣油中的镍、钒等重金属沉积在催化剂表面，使催化剂活性降低。在再生过程中，钒会破坏分子筛结构和堵塞孔道。镍会促进脱氢反应，导致生成氢气和焦炭。

② 渣油中含有少量的钠、钾等碱金属。在苛刻的再生条件下会促进降低催化剂的酸性并加速破坏分子筛；渣油中的碱性氮化合物会破坏裂化催化剂的酸性。

③ 重油中含有相当数量沸点很高的组分，因此重油催化裂化过程必需妥善解决进料的有效雾化和蒸发。

④ 渣油中含有特重的胶质和沥青质组分，是生焦先兆物质。大部分这类重组分在提升管末端也不能汽化。反应过程中，只有一部分未汽化的分子发生裂化反应，其余部分将留在催化剂的孔径中并生成焦炭，使焦炭的产率增加。

⑤ 多数渣油中含硫。尽管硫不会使催化剂中毒，但是对产品质量有影响；分布到焦炭中的硫，会在再生过程中生成 SO_x，造成大气的污染。

为此，要实现重油催化裂化一般要采取下列工艺技术措施：

① 选择适合重油催化裂化的催化剂。裂化催化剂要具有较强的抗金属污染能力，对焦炭和氢选择性低，具有良好的热稳定性和水热稳定性，耐磨性能好。

② 采取减轻催化剂金属污染的技术，以减少重金属催化剂上的沉积，或钝化催化剂上的重金属，降低污染金属的活性，从而减小重金属的影响。

③ 选用高效进料喷嘴，加强原料油的雾化和汽化。

④ 提升管反应器按高温短接触时间进行设计和操作，以抑制二次反应和缩合生焦反应。

⑤ 采用低的反应压力。反应压力低有利于降低焦炭产率，同时气体产率上升。因此除选择低的反应压力外，还需往提升管中加注入稀释剂(包括水蒸气、酸性水和惰性气)以降低油气分压。

⑥ 外排油浆(不含催化剂细粉、密度>1g/cm^{3}的澄清好的“浓缩”油浆)。油浆外排可提高加工能力 10%左右，或提高掺炼减渣量 10%以上，而焦炭产率并不增加；且液化气和汽油产率明显提高，干气、焦炭及柴油产率下降，焦炭产率可降低 1%左右。外排的油浆可作为生产炭黑和针形焦的优良原料。

⑦ 再生器取热。在再生方面，除采用强化再生效率的技术外，必须设置取热器从再生器取出多余的热量，维持一定的原料预热温度和满足反应所必要的剂油比，这对渣油裂化操作是很关键的。

与馏分油催化裂化工艺相比重油催化裂化工艺也包括反应-再生系统、分馏系统、吸收稳定系统、烟气能量回收系统。但由于原料不同，重油催化裂化工艺有其自己的技术特点。

(一) Stone&Webster-IFP 的 RFCC 工艺

法国道达尔(Total)公司于 20 世纪 80 年代初期开发了重油催化裂化工艺。其后，将专利权转让给了石伟(Stone&Webster)公司。如今，石伟公司和法国研究院(IFP)是SW-IFP 重油催化裂化(RFCC)的专利所有者。RFCC 的反应-再生系统的工艺流程如图 6-31 所示。

RFCC 专利技术的主要特点如下：

① 反应系统采用高度雾化的靶式喷嘴和混合温度控制(MTC)技术　靶式喷嘴为双流体喷嘴，结构简图如图 6-32 所示。原料油在压力下喷至靶板之上形成一层薄的油膜，靠蒸汽

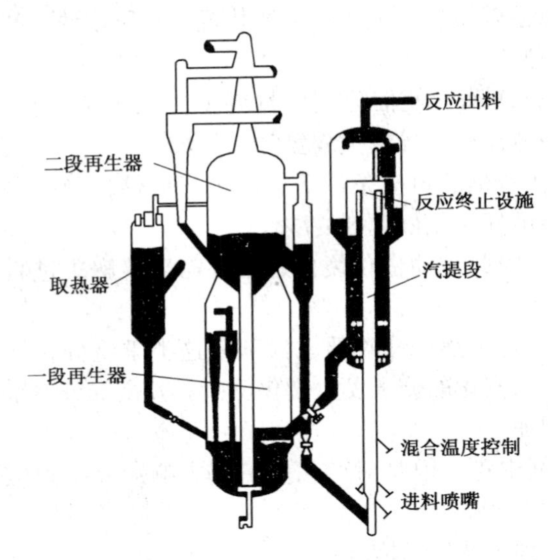

图 6-31 RFCC 的反应-再生系统的工艺流程

的剪力使原料油雾化成油滴，再通过特殊设计的喷口喷入提升管中。由于微细的油滴与高温催化剂接触仅几毫秒就使沥青质迅速汽化并裂解，从而生成单环、双环、三环芳烃产物。又由于采用单程裂化方式，致使渣油催化裂化的焦炭产率与馏分油裂化很接近，因而可以不设取热装置。在提升管出口为了使油剂迅速分开装有垂直齿缝快速分离器。混合温度控制技术参见本章第七节。

② 湍流床两段再生 RFCC 工艺采用两段再生，可以在不损害催化剂性能和不受再生器材质约束的条件下完成高碳差待生催化剂的再生。一段再生按不完全燃烧操作，再生烟气经烟机回收能量后送至 CO 锅炉。二段再生为完全燃烧操作，烟气未经回收机械能，直接与 CO 锅炉烟气混合后，去余热锅炉回收热能。最后进入烟气净化系统。

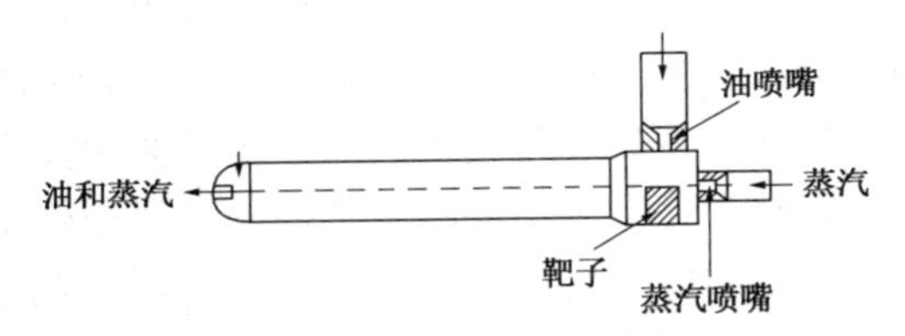

图 6-32 靶式进料喷嘴简图

RFCC 工艺采用了两段再生、混合温度控制技术，再配合使用取热后就会使装置具有更大的操作灵活性。

(二) UOP 公司的 RCC 工艺

UOP 与 Ashland 合作开发的第一套加工常压重油的 RCC 装置于 1983 年建于美国 Catlettsburg 炼油厂。RCC 装置反应-再生部分流程如图 6-33 所示。

RCC 专利技术的主要特点如下：

① 在提升管下部设置了催化剂预提升段 用烃类及蒸汽作提升剂使催化剂加速，然后与雾化的进料接触；专门设计的提升管使催化剂与进料快速接触以改善产品分布并使催化剂上的金属钝化。

② 提升管出口为敞开式，使催化剂与油气快速分离，并在提升管内没有停滞区，以避免在反应区内结焦。

③ 采用逆流两段再生，在再生器之间设取热器 在一段再生中按部分燃烧方式烧掉待生催化剂中的大部分含炭，生成含 CO 和 CO_2烟气。燃烧用空气为二段再生的烟气和补充的空气。然后，半再生催化剂进入下部的第二段再生器中，按完全燃烧方式烧去半再生催化剂上剩余的碳。从再生器底部送入二次空气。这种用两段再生调节装置热平衡和使用新式取热器来控制再生温度的手段，不仅可以调节再生温度，还可保持催化剂循环量实现适宜的反应苛刻度。另外，这种再生还具有最大限度地利用空气、只需一套烟气管线和一套旋风分离系统的特点。

④ RCC 工艺的适应原料油变化的灵活性强 由于具有调节进料温度、烧焦量和剂油比的

能力，可在最佳操作条件下加工各种原料（包括重瓦斯油、常压重油和掺炼减压渣油），做到原料性质的变化不会对产品质量造成影响。

（三）Kellogg 公司的 FCC（RFCC）工艺

Kellogg 公司的第一套重油催化裂化装置于 1961 年建于美国 Borger 炼油厂，使用正流式 C 型装置加工常压重油。20 世纪 80 年代初，Kellogg 公司又开发了超正流型催化裂化技术。正流式反应–再生部分流程如图 6–34。

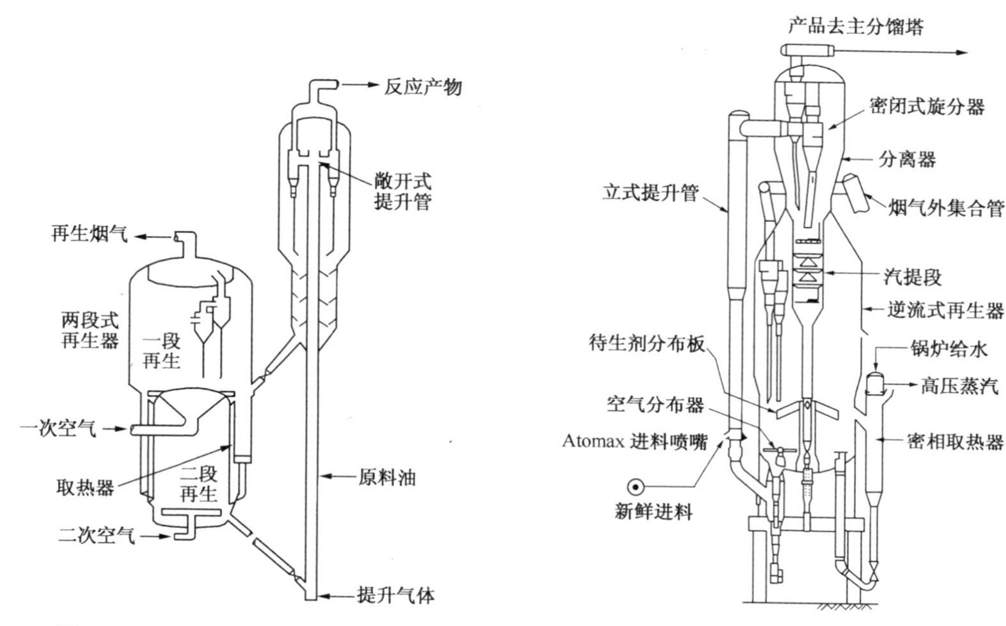

图 6–33 RCC 反应–再生系统流程

图 6–34 正流式反应–再生系统流程

Kellogg 重油催化裂化的主要技术特点如下：

① 两器同轴布置 两器同轴布置特点是：催化剂在立管和提升管呈完全垂直流动；再生催化剂立管和待生催化剂立管均比较短，有利于催化剂循环；待生催化剂在汽提段和再生器分布均匀；反应–沉降器的总高度较低；节约建设框架用钢材、减少占地。

② 再生器为逆流式，待生剂通过分配器均匀分布到密相床的顶部 空气从床层底部经过分布器进入床层下部。催化剂和空气的逆向流动使最初的烧焦在氧分压较低的条件下进行。迅速烧掉焦炭中的氢，在床层顶部生成大量的蒸汽。因此，再生过程中催化剂水热减活效应大大降低了。

加工重质渣油时，可采用贫氧再生方式，并且贫氧再生有利于改善催化剂的活性；加工质量较好的渣油时，宜采用完全再生以简化操作。

③ 密闭式旋风分离器系统 可以消除后提升管的热裂化反应和减少因此生成的干气和丁二烯产量。这对于反应温度>540℃汽油模式的操作尤为重要，在高温下相对长的停留时间会导致干气收率增加，汽油和柴油收率减少。

（四）Exxon 公司的灵活裂化（Flexicracking IIIR）工艺

Exxon 公司灵活裂化 IIIR 的反应–再生流程见图 6–35。

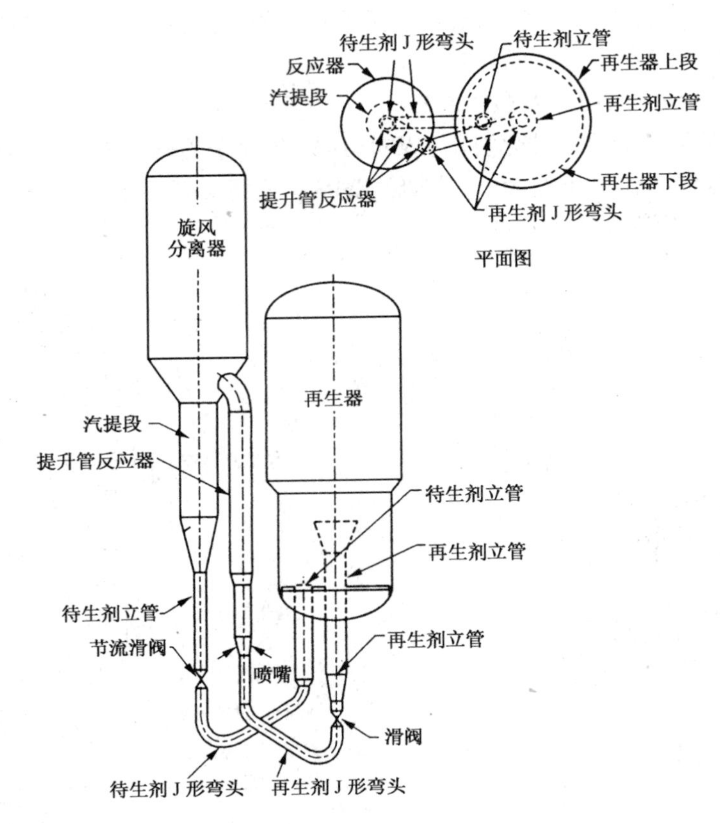

图 6-35　灵活裂化 IIIR 的反应-再生系统流程

灵活裂化 IIIR 的主要技术特点如下：

① 反应、再生器两器为并列式布置。为了降低框架高度，在工艺上作的改进有：采用适宜的提升管高度；缩短旋风分离器和沉降器的高度；合理布置反应-再生器，再生剂和待生剂循环系统采用了 J 形输送管，保证催化剂输送得平稳、顺畅。

② 采用专利的进料喷嘴以便在低压降、低蒸汽量下实现快速雾化，并减少在雾化段内返混。

③ 采用适宜的提升管高度及提升管反应终止设施，以减少稀相段的裂化反应。

④ 改进汽提段结构设计，提高汽提性能减少了生焦和减少反应产物在再生器中的损失。

⑤ 采用高速密相床降低催化剂藏量，低速的稀相段可使旋风分离器的催化剂带出量减少。

六、中国的重油催化裂化技术

中国早在 20 世纪 60 年代就开始重油催化裂化的研究工作，70 年代在玉门和牡丹江等地进行了工业性试验。中国第一套重油催化裂化装置于 1983 年 9 月在石家庄炼油厂顺利投产。90 年代新建的催化裂化装置，全部是掺炼渣油的重油催化裂化装置。中国开发了许多独具特色的重油催化裂化工艺和设备，并取得了多项国内外专利。

以下重点介绍近年来国内开发成功的两项重油催化裂化工艺技术。

(一) RFCC-V 工艺

洛阳石化工程公司开发和设计的第一套 100kt/a 的 RFCC-V 重油催化裂化示范装置于1996 年 5 月在洛阳石油化工工程公司炼油实验厂投产。第一套 1.0Mt/a 工业化装置于 1999 年 9 月在青岛石油化工厂投产。

RFCC-V 型重油催化裂化反应-再生部分流程如图 6-36。

RFCC-V 工艺的主要技术特点如下:

① 沉降器和第一、第二再生器采用“三器联体”的同轴式结构,收到了降低投资和降低装置总高度的效果。

② 反应系统对原料的适应性好,轻油收率高达 76%。

③ 反应部分 使用 LPC 型进料喷嘴,改善雾化效果;加长了粗旋风分离器升气管高度,减少过度裂化;采用新型结构的汽提段和两段汽提技术;使用反应终止剂抑制二次反应;缩短和优化了提升管高度,可避免过度裂化和减少提升蒸汽用量。

④ 再生系统操作方便,灵活性好;再生催化剂碳含量低(0.05%~0.08%)。

⑤ 再生部分 采用烟气串联两段再生流程,下部的一段再生器为快速床,床层表观线速为 1.5~1.8m/s,催化剂的质量流速为 15~20kg/(m^2·s)。半再生催化剂和含过剩氧 4%~6%的烟气一起通过特殊设计的低压降分布板进入再生器。第二段再生器的表观线速高达 2m/s。第二再生器的上部为稀相段,线速 0.6~0.7m/s,从而使第二再生器下部形成一个空隙率 ε=0.85~0.9 的密相区而继续进行再生。再生后的催化剂通过特殊设计的挡板进入脱气区。一路催化剂进入提升管进行反应。另一路则在压力和物料平衡下自动返回第一再生器,以维持第一再生器的初始温度。这种再生技术的优点:一是离开第一再生器的烟气氧含量高于一般的高速床再生,从而有利于提高第一再生器的烧焦速度;二是尽管第二再生器的平均氧分压较低,但是由于第二再生器的高线速和高床层孔隙率,仍然可以在第二再生器内得到较高的烧焦速度;三是由于两个再生器串联叠置,只有一个烟气系统,简化了烟气的能量回收流程;四是反应沉降器和两个再生器同轴式布置,结构紧凑,节省了投资和占地面积,同时有利于催化剂的循环输送和装置的操作。

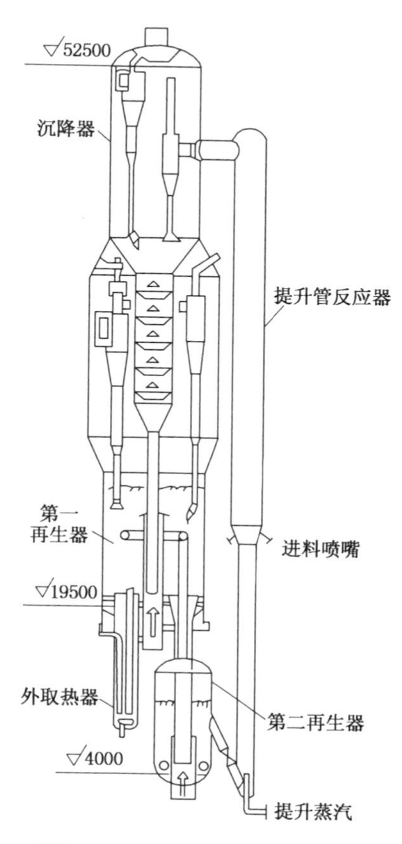

图 6-36 RFCC-V 型重油催化裂化反应-再生部分流程

⑥ 工业示范装置的生产数据见表 6-12。

表 6-12 RFCC-V 型工业示范装置的生产数据

项目	I	II	工业试验
原料性质			
相对密度(d_4^{20})	0.8915	0.8772	0.9087

续表

项目	I	II	工业试验
残炭值/%	6.5	6.0	2.99
金属含量/(μg/g)			
镍	5.69	3.61	—
钒	5.70	4.92	—
族组成/%			
饱和烃	—	64.4	—
芳烃	—	—	15.2
胶质	—	—	20.3
反应条件			
反应压力/MPa	0.1	0.1	—
反应温度/℃	500	503	507
反应时间/s	3.0	2.6	—
剂油比	6.0	6.7	—
再生条件			
再生温度/℃			
一再生密相	672	670	660
二再生密相	705	710	670
再生压力/MPa			
一再生顶部	0.124	0.120	—
二再生顶部	0.138	0.14	—
一再烧焦时间/min	6.36	10	—
二再烧焦时间/min	2.0	3.2	—
产品收率/%			
液化气	11.0	10.0	10.88
汽油	52.0	46.5	44.61
柴油	24.0	29.5	27.37
油浆	—	—	7.06
焦炭	9.8	9.5	6.85
气体+损失	3.2	4.5	3.23
轻油收率/%	76.0	76.0	71.98

(二) 全大庆减压渣油催化裂化(VRFCC)工艺

石油化工科学研究院(RIPP)、北京设计院和北京燕山石化公司合作开发的第一套全大庆VRFCC装置是由一套原有的重油催化裂化装置改建的，于1998年末在北京燕山石化公司炼油厂建成投产。装置可按不同的渣油掺炼比操作，产品方案也可按需要调节。

VRFCC工艺的主要技术特点如下：

① 提升管出口设置旋流式快速分离(VQS)系统，有效地降低了焦炭含氢量。

② 新鲜进料采用KH-4型喷嘴；回炼油采用靶式喷嘴；回炼油浆、急冷油等其他物料采用了喉管式喷嘴。提升管上部注入急冷油和急冷水以减少生焦及热裂化反应。

③ 采用重油裂化能力强、抗镍污染性能强、再生稳定性好和抗磨性能好的DVR-1催化剂。

④ 待生剂汽提段为高效、三段汽提以提高产品收率和降低再生器的烧焦负荷。

⑤ 采用富氧再生技术，增大再生器的烧焦能力，解决了在不改变再生器主体、主风量不足的前提下烧焦量增加约60%的难题。

工业装置标定数据见表6-13。

表6-13 VRFCC工业标定数据

项　目	方案 I	方案 II	方案 III
减压渣油掺炼比(对新鲜进料)/%	67.1	75.8	85.1
原料油性质			
密度(20℃)/(g/cm^3)	0.9050	0.9048	0.9140
残炭/%	5.78	6.43	7.19
主要操作条件			
反应压力/MPa	0.13	0.13	0.13
再生压力/MPa	0.165	0.165	0.165
反应温度/℃	500	503	505
再生温度/℃	655	664	673
再生空气含氧/%(体)	23.3	24.1	24.4
主风用量(标准状态)/(m^3/t进料)	1025	1011	1047
雾化蒸汽用量/(kg/t)			
新鲜进料	66.8	66.0	71.8
回炼油	183	156	198
回炼油浆	19	19	20
预提升蒸汽用量/(kg/t)进料	15	14	14
预提升干气用量(标准状态)/(m^3/t进料)	13.9	13.2	13.5
剂油比			
对新鲜进料	7.63	8.51	9.4
对总进料	5.69	6.34	7.19
催化剂循环量/(t/h)	756	851	942
取热器发生蒸汽量/(t/t进料)	0.49	0.53	0.58
回炼油量/(t/t进料)	0.09	0.11	0.09
油浆回炼量/(t/t进料)	0.23	0.23	0.22
急冷油用量/(t/t进料)	0.08	0.08	0.08
产品收率/%			
干气	3.27	3.73	4.15
液化气	10.49	9.52	9.39
汽油	44.67	43.01	41.10
柴油	27.95	28.83	28.74
油浆	3.51	4.09	5.05
焦炭	9.38	10.09	10.82
损失	0.73	0.73	0.75
轻油收率/%	72.62	71.84	69.84
液体产品总收率/%	83.11	81.36	79.23

第七节 催化裂化主要设备

一、提升管反应器

提升管反应器有直立式和折叠式两种，各有其不同的特点，但基本结构是相同的。提升

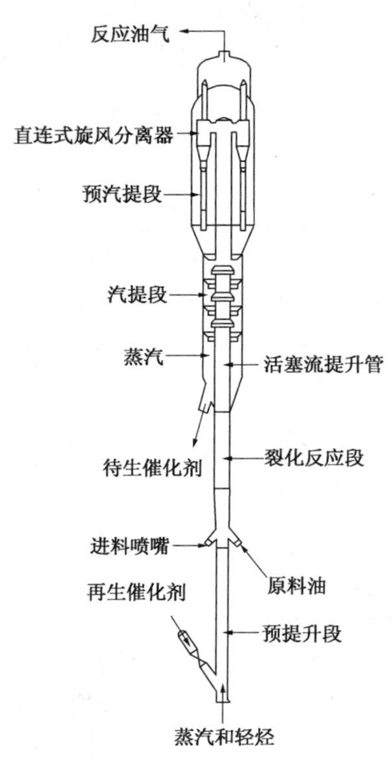

图 6-37 提升管反应器简图

管反应器的基本形式如图 6-37 所示。按功能分段，提升管可以分为以下几段：

(1) 预提升段

催化剂在提升管中的流化状态和流速对于转化率和产品选择性均十分重要。设置预提升段,用蒸汽-轻烃混合物作为提升介质一方面加速催化剂、使催化剂形成活塞流向上流动外,另一方面还可使催化剂上的重金属钝化,有利于与油雾的快速混合,提高转化率和改善产品的选择性。预提升段的高度一般为 3~6m。

(2) 裂化反应段

进料喷嘴以上提升管的作用是为裂化反应提供所需的停留时间。提升管顶部催化剂分离段的作用是进行产品与催化剂的初步分离。催化裂化的主要产品是裂化的中间产物，它们可进一步裂化为不希望生成的小分子轻烃，也可以缩合成焦炭，因此控制总的裂化深度、优化反应时间，并且在完成反应之后立刻进行产品-催化剂的快速分离是非常必要的。

对于重油催化裂化，为了优化反应深度，有的装置采用中止反应技术，即在提升管的中上部某个适当位置注入冷却介质以降低中上部的反应温度，从而抑制二次反应。此项技术的关键是如何确定注入冷却介质的适宜位置、种类和数量。目前国内有少数炼厂已采用中止剂技术。注入中止剂后，汽油和柴油的产率都有所提高。注入中止剂的效果与原工况及注入条件有关。有的还在注入中止剂的同时相应地提高或控制混合段的温度，称为混合温度控制（MTC）技术。MTC 技术是在进料喷嘴的后面用一种馏分油作循环油（如图 6-38），这样可将提升管的反应段分为两个独立的反应区，一是下部反应区：特点是高温、高剂油比和短接触时间的反应区；二是上部反应区：为常规的、较缓和条件下的裂化反应区。两个独立的裂化反应区可以对进料汽化率和对裂化产品进行微调。而在常规设计中，油-剂混合温度基本上取决于提升管出口温度，即混合温度比出口温度约高 20~40℃，且只能用剂油比作少许调整。采用 MTC 技术，可以在提升管出口温度不变(甚至降低)的情况下提高油剂温度。这样就可以独立调节最佳的催化剂温度、催化剂循环量和需要的裂化深度。防止提升管出现过度裂化，即保持较低提升管出口温度的条件下，在进料温度较高(促进原料汽化)的条件下运转。表 6-14 为 MTC 技术对改善进料汽化的效果。数据表明，MTC 技术改善原料油汽化效果是明显的。

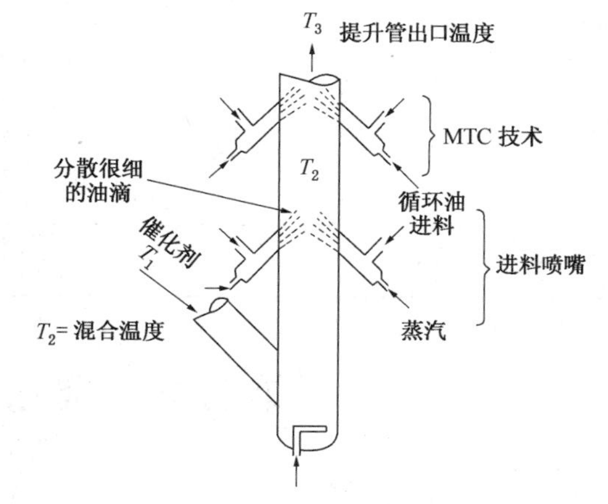

图 6-38 混合区温度控制图

表 6-14 MTC 技术对改善进料汽化的效果

项目	使用前	使用后
提升管出口温度/℃	530	520
油剂混合温度/℃	565	585
进料汽化率/%	79.5	94.0

提升管下端进料喷嘴的作用是使原料充分雾化，在提升管内均匀分布和避免发生返混。对于重油催化裂化，改进喷嘴的这些功能更为重要。因为雾化效果不好将会造成催化剂局部过热，气体和焦炭收率增高。对进料喷嘴的性能要求包括雾化油滴的平均直径接近催化剂的平均粒径；雾滴的空间分布均匀和具有适宜的流速以利于油剂混合。例如采用 LPC-1、KH、HW 等形式的喷嘴，可以使干气和焦炭的产率减少近 2%，液体产品收率增加近 3%。

提升管上端出口处设有气-固快速分离构件，又称为提升管反应终止设施，其目的是使催化剂与油气快速分离以抑制反应的继续进行。快速分离构件有多种形式，比较简单的有半圆帽形、T 字形的构件。为了提高分离效率，近年来较多地采用初级旋风分离器，并将其升气管尽可能靠近沉降器顶部的旋风分离器入口，缩短油气在高温下的接触时间，减少二次反应，防止在沉降器、油气管线及分馏塔底的器壁上结成焦块。这样可使干气产率降低 1%以上，液体产品收率相应增加。实际上油气在沉降器及油气转移管线中仍有一段停留时间，从提升管出口到分馏塔约为 10~20s，温度为 450~510℃。在此条件下还会有相当程度的二次反应发生，而且主要是热裂化反应，造成干气和焦炭产率增大。以重油为催化裂化原料，此现象更为严重。因此，适当减小沉降器的稀相空间体积，缩短初级旋风分离器的升气管出口与沉降器顶的旋风分离器入口之间的距离是减少二次反应的有效措施之一。

（3）汽提段

汽提段的作用是用水蒸气脱除催化剂上吸附的油气及置换催化剂颗粒之间的油气，以免其被催化剂夹带至再生器，增加再生器的烧焦负荷。裂化反应中生成的催化焦、附加焦及污染焦的含氢量(质量分数)约为 4%，但汽提段的焦的氢含量(质量分数)有时可达 10%以上。因此，从汽提后的催化剂上焦炭的氢碳比可以判断汽提效果。汽提效率与水蒸气用量、催化剂在汽提段的停留时间、汽提段的温度及压力，以及催化剂的表面结构有关。工业装置的水蒸气用量一般为 2~3kg/1000kg 催化剂，对重油催化裂化则用 4~5kg/1000kg 催化剂。若汽提效率低，对装置的操作会造成以下影响：一是使再生温度升高，导致剂油比下降，造成提升管内产生局部过度裂化，使转化率和汽油选择性降低；二是为控制再生温度而加大汽提蒸汽量，因而会使主分馏塔顶负荷增大，含硫污水量增加；三是使再生主风用量增加，对装置处理量产生影响；四是再生器发生局部过热，造成催化剂减活。

提高汽提效率的措施：一是增加汽提段的段数，使用高效的汽提塔板；二是调整催化剂的流通量，以提高催化剂与蒸汽的接触时间和改善油气的置换效果；三是增加蒸汽进口个数以改善蒸汽分布和汽提效率。

提升管反应器的直径由进料量确定。由于油气在提升管内的线速是不断变化的，反应时间 τ 可采用对数平均的方法近似地计算：

$$\tau = \frac{L}{u_{平}} = \frac{L}{\dfrac{u_{out} - u_{in}}{\ln u_{out}/u_{in}}} \quad (6-45)$$

式中 L——提升管有效长度，m；

$u_{平}$——油气平均速度，m/s；

u_{out}，u_{in}——油气在出口和入口处的速度，m/s。

近年来，对下行式管式反应器也有不少研究。下行式反应器优点是：油气与催化剂一起自上而下流动，没有固体颗粒的滑落问题，流型可接近平推流而很少返混；有可能与管式再生器结合而节约投资等。这种反应器形式可能对要求高温、短接触时间的反应更为适合。关于下行式反应器的研究已有一些专利，但尚未见有工业化的报道。

二、再生器

再生器的主要作用是烧去结焦催化剂上的焦炭以恢复催化剂的活性，同时也提供裂化所需的热量。工业上有各种形式的再生器。大体上可分为三种类型：单段再生、两段再生、快速再生。表6-15列出了各种组合方式的再生形式以及它们的主要指标。

表6-15 各种组合的再生形式

类别	形式	CO_2/CO体积比	烧碳强度/(kg/t)·h^{-1}	再生剂含碳量/%
单段再生	常规再生	1~1.3	80~100	0.15~0.20
	助燃剂再生	3~200	80~120	0.10~0.20
	高温再生	200~300	100~120	0.05~0.10
两段再生	单器两段再生	1.5~200	150~200	0.05~0.10
	两器两段再生(不取热)	2~2.5	80~120	0.03~0.05
	两器两段再生(带取热)	2~150	80~120	0.03~0.10
	两器两段逆流再生	3~5	60~80	0.03~0.05
快速再生	前置烧焦罐再生	50~200	150~320	0.05~0.20
	后置烧焦罐再生	3~200	200~250	0.05~0.20
	烧焦罐-湍流床串联再生	50~200	200~350	0.05~0.20

（一）再生器的基本结构

单段再生的再生器的基本形式如图6-39所示。现以此图为例说明再生器的基本工艺结构。

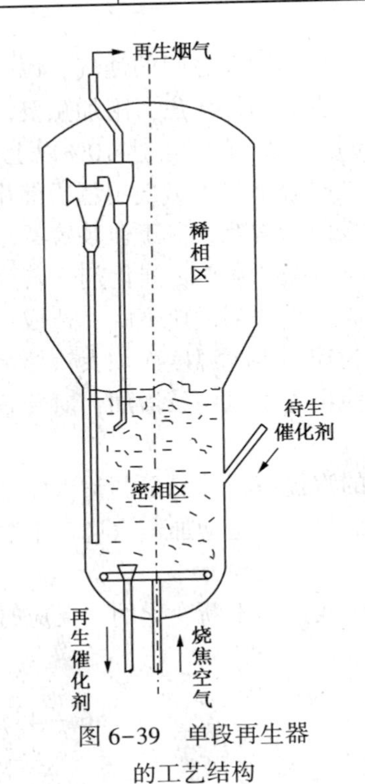

图6-39 单段再生器的工艺结构

再生器的壳体是用普通碳素钢板焊接而成的圆筒形设备。由于再生器操作温度已超过碳钢所允许承受的温度，以及壳体受到流化催化剂的磨损，因此在壳体内壁都敷设100mm厚的带龟甲网的隔热耐磨衬里，使实际的壳壁温度不超过170℃，并防止壳体的磨损。壳体内的上部为稀相区，下部为密相区。再生器的结构尺寸计算如下：

（1）密相段直径

根据密相床层中部的温度、压力、气体流率和操作线速确定。

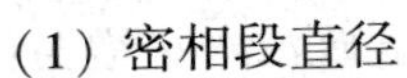

$$D = \sqrt{\frac{4V_{气}}{\pi u}} \quad (6-46)$$

式中 D——密相段直径，m；

$V_{气}$——烟气通过床层中部的体积流量(由再生器的物料平衡算得)，m^3/s；

u——床层气流线速，m/s。

气体线速即空塔线速一般有两种情况，一种是采用较低的气速，其范围是0.5~0.9m/s；另一种是采用较高的气速，其范围是1.0~1.5m/s。高气速下可以有较高的烧碳强度，从而使藏量减少，但床层密度下降而使床层体积增大。因此，气速的选择有一合理的范围，目前推荐的线速为0.9~1.2m/s。当密相段采用低速床操作时，稀相段可与密相段同径。当密相段采用高速床操作时，则稀相段直径必须大于密相段。

(2) 密相段高度

再生器密相段高度 H 与密相段藏量及床层密度有关。

$$H = \frac{W}{F\rho} \tag{6-47}$$

式中 W——密相段藏量(计算密相段容积时，应扣除床内料腿、淹流管等部件所占的体积。同时应注意：由烧碳速率方程式计算所得的藏量为再生器总藏量，应扣除稀相段的藏量。稀相段藏量约占总藏量的20%~30%)，kg；

ρ——密相床平均密度，kg/m^3；

F——密相段截面积，m^2。

再生器密相段的高度一般为5~7m。

(3) 稀相段直径

计算方法与密相段相同。但为了避免过多地带出催化剂及增大催化剂的损耗，稀相区的气速不能太高。对堆积密度较大的催化剂一般采用0.6~0.7m/s，对堆积密度较小的催化剂一般采用0.8~0.9m/s。

(4) 稀相段高度

由密相床料面到一级旋风分离器入口之间的稀相空间高度应大于 TDH，国内设计时多采用9~11m。

(5) 过渡段

当稀相段直径大于密相段直径时，两段之间锥体连接，锥体斜面与水平面的夹角应大于催化剂的休止角，一般为60°。

为了减少催化剂的损耗，再生器内装有两级串联的旋风分离器，其回收效率应在99.99%以上，旋风分离器的直径不能过大，以免降低分离效率。因此，在烧焦负荷大的再生器内装有几组旋风分离器，它们的升气管连接到一个集气室将烟气导出再生器。

为了使烧焦空气(主风)进入床层时能沿整个床截面分布均匀，在再生器下部装有空气分布器，其主要结构形式有分布板(碟形)和分布管(平面树枝形和环形)两类。碟形分布板上开有许多小孔，孔直径为16~25mm，孔数为10~20个/m^2。分布板可使空气得到良好的分布。但是大直径的分布板长期在高温下操作易变形，而使空气分布状况变差。目前工业上使用较多的是管式分布器。这种分布器有树枝形分布管或环形分布管上设有向下倾斜45°的喷嘴，空气由喷嘴向下喷出，然后返回向上，经过管排间的缝隙进入床层。与分布板相比，分布管除了同样可以获得较好的主风分布外，它还具有结构简单、制作检修方便、可现场制作、节省钢材、不易变形和压降小等优点。在设计分布管时应当注意：第一，过孔速度不能太高，以免增大设备和催化剂的磨损；第二，为了使主风分布均匀和操作稳定，应当使主风通过分布管时保证有一定压降。此压降与分布管的开孔面积有关；第三，由于分布管不能像分布板一样起支撑再生器内全部催化剂的作用，分布管下面的再生器锥体部分会积存大量催化剂，因此可用珍珠岩填平，顶上铺一钢板。这样既便于停工卸催化剂时清扫，同时缩短开工加催化剂时间。

待生剂进入再生器和再生剂出再生器的方式及相关的结构形式随再生器的结构、再生器与反应器的相对位置等因素而不同，同时还应从反应工程的角度考虑如何能有较高的烧焦效率。一般来说，待生剂从再生器床层的中上部进入，并且以设有分配器为佳；再生剂从床层的中下部引出，通常是通过淹流管引出。

在再生器分布板(分布管)下还安装有辅助燃烧室(也有在再生器外安装的)。它的作用是：用于开工时加热主风，以预热两器使之升温；在反应再生系统紧急停工时维持系统的温度；在正常生产时只作为主风的通道，其结构有立式和卧式两种类型，其所用燃料为轻柴油或液化气。

在以馏分油为原料的催化裂化装置中，一般是处于热平衡操作。但对重油催化裂化装置，由于焦炭产率高，再生器内产生的热量过剩，这部分过剩热量必须取走才能维持两器的热平衡。工业上曾经采用在再生器内安装取热盘管或管束的办法来取走过剩的热量，称为内取热方式。由于其操作灵活性差及取热管易损坏，已逐渐被外取热方式替代。外取热方式是在再生器壳体外部设一催化剂冷却器(称外取热器)，从再生器密相床层引出部分热催化剂，经外取热器冷却，温度降低约100~200℃，然后返回再生器。这种取热方式可以采用调节引出的催化剂流率的方法改变冷却负荷，其操作弹性可在0~1之间变动，这就使再生温度成为一个独立调节变量，从而可以适合不同条件下的反应-再生系统热平衡的需要。

目前工业应用的外取热器主要有两种类型，即下行式取热器和上行式取热器，见图6-40和图6-41。

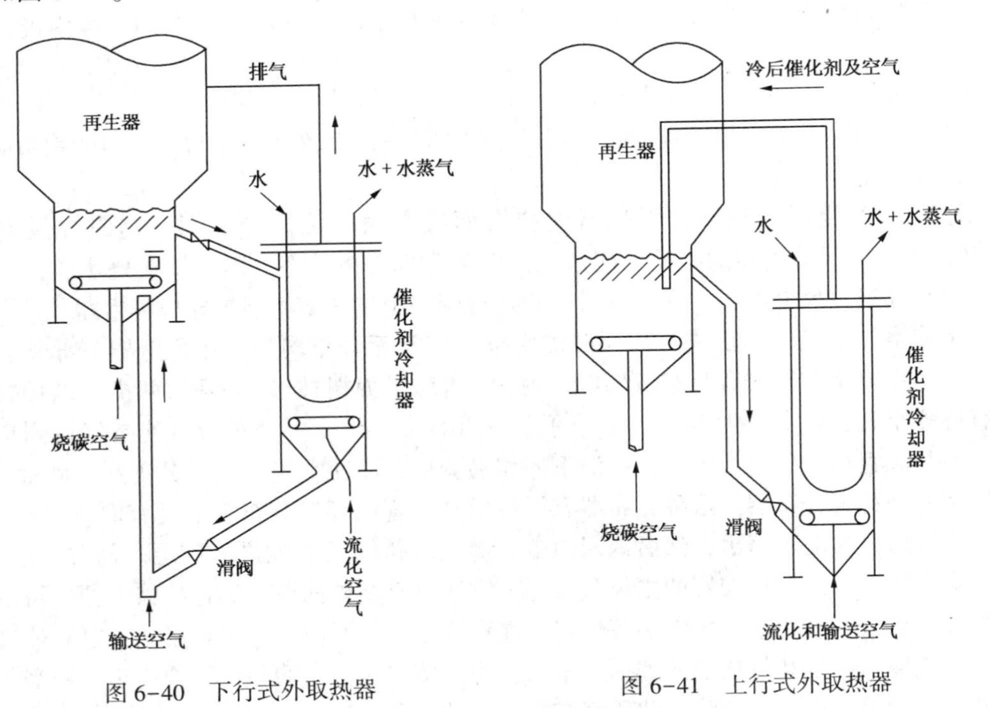

图6-40　下行式外取热器

图6-41　上行式外取热器

下行式外取热器的操作方式是从再生器来的催化剂自上而下通过取热器，流化空气以

0.3~0.5m/s 的表观流速自下而上穿过取热器使催化剂保持流化状态。取热器内分密相床层区和稀相区，夹带了少量催化剂的气体从上部的排气管返回再生器的稀相区。取热器内装有管束，通入软化水以产生水蒸气，从而带走热量。催化剂循环量由出口管线上的滑阀调节，取热器内密相料面高度则由热催化剂进口管线上的滑阀调节。

上行式外取热器的操作方式是热催化剂进入取热器的底部，输送空气以 1.0~1.5m/s 的表观流速携带催化剂自下而上经过取热器，然后经顶部出口管线返回再生器的密相床层的中上部。在取热器内的气固流动属于快速床范畴，其催化剂密度一般为 100~200kg/m^3。催化剂的循环量由热催化剂入口管线上的滑阀调节。

以上主要讨论了再生器的一般工艺结构，下面对再生器的几种主要类型的工艺特点分别进行讨论。

(1) 单段再生

单段再生是只用一个流化床再生器来完成全部再生过程，为湍流床再生。它的主要优点是：流程简单，操作方便；占地少；主风系统流程简单，耗电少；有利于能量回收、回收率高。结构见图 6-39。

对分子筛催化剂，单段再生的温度多在 650~700℃之间，甚至可达 730℃。对热平衡操作的装置，再生温度与反应温度的差值 ΔT(两器温差)和待生剂含碳量与再生剂含碳量的差值 ΔC(碳差)之间有近似直线关系：

$$\Delta T = K\Delta C \tag{6 - 48}$$

式中的 K 值主要是再生烟气中 CO_2/CO 比值及过剩空气率的函数。在一定程度上，K 值也受到待生剂的汽提效果及催化剂比热的影响。当 ΔC 达到 0.7%~0.9%时，相应的 ΔT 为150~200℃，再生剂含碳量降低至 0.1%~0.2%。

再生温度对烧碳反应速率的影响十分显著，提高再生温度是提高烧碳速率的有效手段。但是流化床再生器中，烧碳速率还受到氧的传递速率的限制，而氧的传递速率的温度效应相对要小得多。而且，在高温下，会使催化剂水热减活。因此，在单段再生时，密相床层的温度一般很少超过 730℃。

从工程来看，提高流化床再生器的再生效率，降低再生剂含碳量的措施是改善器内空气分布和待生剂的分布，这对于大型再生器尤为重要。

(2) 两段再生

两段再生是把待生剂依次通过两个流化床进行烧焦，它是为了适应重油催化裂化工艺发展起来的。重油催化裂化采用两段再生的必要性是由于：裂化过程的生焦率高；再生能力需要有适应原料油变化的灵活性；原料油的杂质含量高，有必要分别在较为缓和的和高温的条件下分段进行再生。两段再生以使用两台再生器为主。第一段，约 80%~85%的总烧碳量被烧去；第二段，再用空气及在更高的温度下继续烧去余下的碳量。两段再生可在一个再生器筒体内分隔为两段来实现，也可以在两个独立的再生器内实现。

与单段再生相比，两段再生的主要优越性有：第一，对全返混流化床反应器，从反应动力学角度看，烧焦速率与再生剂含碳量成正比。由于在第一段再生时只烧去大部分焦炭，第一段出口的半再生剂的含碳量高于再生剂的含碳量，从而提高了第一段的烧焦速率；第二，在第二段再生时可以用新鲜空气(提高了氧的对数平均浓度)和更高的温度，于是也提高了烧碳速率；第三，焦炭中的氢燃烧速率高于碳燃烧速率，当烧去约 80%的碳时，氢几乎全部烧去，因此第二段内的水汽分压可以很低，减轻了催化剂的水热老化程度。而且，第二段的催化剂藏量比单段再生器的藏量低，停留时间较短。这两个因素都为提高再生温度创造了条件。

对于再生剂含碳量要求很低时，例如<0.1%时，两段再生有明显的优越性。但是当再生剂含碳量高于0.25%时，两段再生反而不如单段再生。

两段再生时，第一段和第二段的烧碳比例有一个优化的问题。除了考虑在第一段基本上烧去焦炭中的氢之外，还应从烧碳动力学的角度来进行优化。对工业装置，一般是在第一段烧去总烧碳量的80%～90%。

(3) 快速床再生

单段再生和两段再生都属于鼓泡床和湍流床的范畴，传递阻力和返混对烧碳速率都有重要的影响。如果把气速提高到1.2m/s以上，而且气体和催化剂向上同向流动，就会过渡到快速床区域。此时，原先成絮状物的催化剂颗粒团变为分散相，气体转为连续相，这种状况对氧的传递十分有利，从而强化了烧碳过程。

此外，随着气速的提高，返混程度减小，中、上部甚至接近平推流，也有利于烧碳速率的提高。在快速流化床区域，必须要有较大的固体循环量才能保持较高的床层密度，从而保证单位容积有较高的烧碳量。

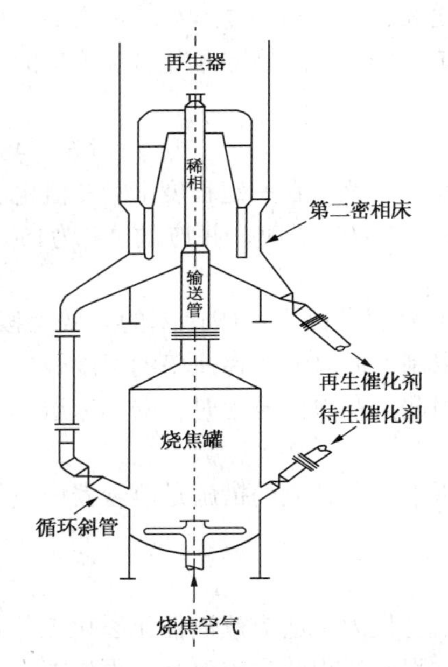

图6-42 快速床再生简图

催化裂化装置的烧焦罐再生(亦称高效再生)就是采用上述循环流化床的一种方式。图6-42是工业化的快速床再生简图。

图6-35中的核心设备是烧焦罐。为了保持烧焦罐的密相区的密度达到70～120kg/m^3，从第二密相床通过循环斜管引入大流量的催化剂。除了保持密相区的密度作用以外，循环催化剂还起到提高烧焦罐内起燃温度的作用。进入烧焦罐的待生剂的温度一般在500℃左右，不可能达到高效再生。因此，从第二密相床引入的高温再生剂，使烧焦罐底部的起燃温度提高到660～680℃。在工业装置中，烧焦罐的烧碳强度约为450～700kg/(t·h)，烧去的碳量约占总烧碳量的85%～90%。

稀相管内的密度很小，烧去的碳量不大，其主要作用是使CO进一步燃烧成CO_2。当烧焦罐的温度低于700℃时，CO的均相燃烧很难进行完全。

第二密相床的主要功能是作为再生器与反应器之间的缓冲容器，也需要一定的藏量。进入第二密相床的空气量只占烧焦总空气量的10%左右，气速很低，属于典型的鼓泡床，其烧碳强度只有30～50kg/(t·h)。

由于第二密相床烧焦强度低的问题，国内外都做了不少改进的开发研究工作。其主要的改进方向是提高气速、降低床层密度、减少氧气的传递阻力。国内开发成功的快速床串联再生工艺提高了第二密相床的烧碳强度，实现了提高总烧焦强度的目标。总烧焦强度可达300kg/(t·h)。其中一段烧焦罐的烧焦强度可达到500 kg/(t·h)以上，二段高速湍流床的烧焦强度约提高到 60kg/(t·h)。其主要措施是通过缩小二段再生器体积、把烧焦罐出口的烟气全部引入第二密相床，使气速达到 2m/s，变成两个串联的快速流化床再生器。

烧焦罐再生器实际上是由一个快速流化床(烧焦罐)与一个湍流床或鼓泡床(第二密相床)串联而成。对现有的工业装置，欲采用这种方式的难度很大。因此，现有装置的改造多采用在原有的湍流床再生器之后串联一个较小的烧焦罐，称为后置烧焦罐再生。比较常用的一种后置烧焦罐再生流程简图如图 6-43 所示。它主要特点是：烧焦强度高。第一段在较低的温度(不超过 700℃)、适宜的催化剂平均碳含量(0.15%~0.4%)条件下达到较高的烧焦强度。第二段在较高的温度(>720℃)、较高的气体流速和较低的碳含量条件下实现较高的烧焦强度；适用于已有的催化裂化装置改造为两段再生流程，可以提高处理能力。

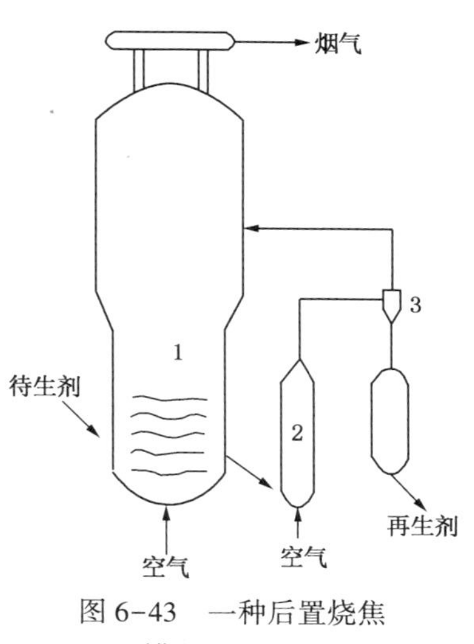

图 6-43 一种后置烧焦罐再生流程图

(4) 管式再生

管式再生是新式再生技术，结构简图如图 6-44 所示。采用提升管进行催化剂的烧焦再生，提升管的表观线速为 3~10m/s。为了保持提升管内催化剂呈活塞流，管上部线速较高，下部线速较低。燃烧用空气从提升管的不同高度分为 3~4 股送入提升管中，以控制催化剂密度和氧浓度。氧的传质阻力和催化剂返混程度均较低，烧焦强度可达 1000kg/(t·h)。烧焦用提升管长度为 22m，管内烧焦量可占总烧焦量的 80%左右。剩余焦炭和 CO 的燃烧在提升管上部的湍流床中进行。

与单段再生相比，管式再生技术的优点有：第一，烧焦罐的烧焦强度很高[1000kg/(t·h)]，再生剂碳含量低于 0.05%；第二，随再生催化剂带入反应系统的烟气量可减少 50%，有利于干气的加工和利用；第三，与常规的湍流床相比，烧焦环境有较大的改善。由于催化剂向气相的传热速率的提高，避免了催化剂表面过热，催化剂的减活速率降低。

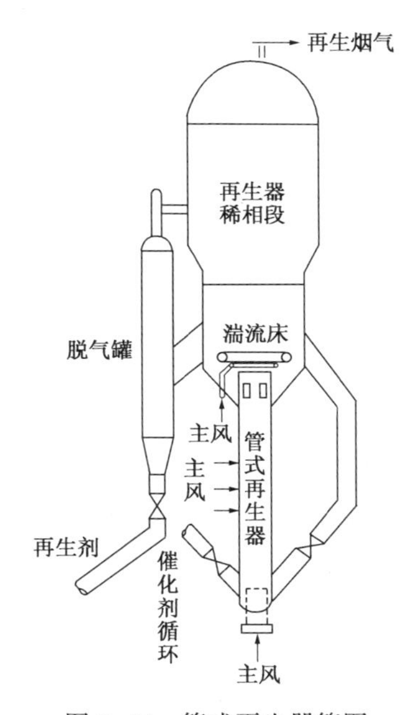

图 6-44 管式再生器简图

三、专用设备和特殊阀门

(一) 专用设备

催化裂化装置的主风机(有的还有增压机)、气压机是关键设备，具有烟气能量回收系统的还有烟气轮机。

主风机供给再生器烧焦用的空气。对于提升管装置，为了提高效率和满足压力平衡条件，通常要求主风机有较高的出口压力。目前国内所用主风机出口压力一般在 300kPa(绝)

以上。主风机的流量则根据装置处理量、焦炭产率和主风单耗确定。

气压机给来自分馏系统的富气升压，然后送去吸收稳定系统。气压机的型号根据富气流量和吸收塔的操作压力来选定。选择时必须考虑到富气流量和组成受处理量、反应条件、原料性质、催化剂被重金属污染程度等因素影响而变化幅度较大这一情况。为了提高吸收塔的操作压力，应尽量选用出口压力较高的气压机，以满足提高 C_3、C_4回收率的要求。

烟气轮机是将再生烟气动能转变为机械能的设备。在同轴机组中，烟机的功率回收率是影响整个机组的重要因素。烟机入口参数是决定功率回收率的主要参数。目前由于广泛采用高温再生和 CO 完全燃烧技术，使再生温度、压力和烟气流量提高，同时由于烟机设计水平的提高，使烟机回收功率也不断提高。目前烟机回收功率一般可满足主风机所需功率的80%以上，有的还有剩余。烟机从结构上可分为单级、双级和多级三类。

(二) 特殊阀门

流化催化裂化装置使用多种特殊阀门。如滑阀、塞阀、蝶阀、风动闸阀、阻尼单向阀等。下面仅对滑阀和塞阀作简单介绍。

滑阀分为单动和双动滑阀两种，是保证反应器和再生器催化剂正常流化和安全生产的关键设备。在提升管装置中，单动滑阀作调节阀使用，调节再生剂和待生剂的循环量，以控制反应温度。正常操作时，滑阀开度为 40%~60%。双动滑阀装于再生器出口和放空烟囱之间。在没有烟气能量回收的装置中，双动滑阀与再生器出口和放空烟囱直接连接，其作用是控制再生器压力或两器差压，以保持两器平衡。

在同轴式催化裂化装置中，常利用塞阀调节催化剂循环。塞阀具有磨损均匀而且较小、高温下承受强烈磨损的部件少、安装位置较低、操作维修方便等优点。但适应性不如单动滑阀，因而限制了使用范围。塞阀一般安装在再生器底部，有空心塞阀和实心塞阀两种。

四、旋风分离器

(一) 旋风分离器的结构

旋风分离器的示意结构如图 6-45 所示。它是由内圆柱筒(升气管)、外圆柱筒和圆锥筒以及灰斗组成。灰斗下端与料腿相连，料腿出口装有翼阀。

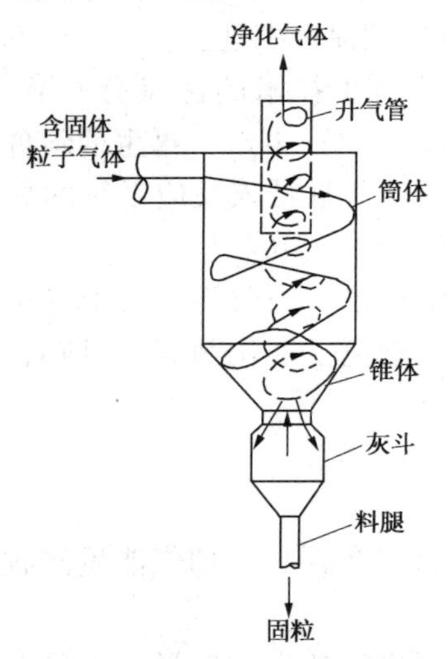

图 6-45 旋风分离器结构简图

目前国内常用的旋风分离器有两种类型：杜康型和布埃尔型。详细结构请参见《催化裂化工艺设计》一书。

旋风分离器的壳体由 6mm 钢板制作，用于沉降器内的可采用碳钢，而用于再生器内的则多采用 18-8 合金钢制作。为了防止磨损，壳体内部敷有 20mm 厚的耐磨衬里。

圆锥筒：是气固分离的主要场所。由于圆锥段直径逐渐缩小，所以，尽管流量不断减少(由于已除尘的气体不断被分出)，但固体颗粒的旋转速度仍不断增加，因而离心力增大，对提高分离效率很有利。

灰斗：起膨胀室的作用(即脱气作用)，使快速旋转流动的催化剂从旋风分离器的锥体流出后，旋转速度减慢，同时将大部分夹带的气体分出，使它重新返回锥体，以便使催化剂顺利地经料腿连续排出，不致因气体分不出去影响排料。灰斗长度应超过锥体延线交点，并留有适当余量。

料腿和翼阀：料腿的作用是保证把回收的催化剂顺利地返回床层。由于气流通过旋风分离器时产生压力降，因此，灰斗处的压力低于外部压力。要使催化剂能从料腿排出，必须在料腿内保持一定的料柱高度，即料腿长度必须满足旋风分离系统压力平衡的要求。反应器一、二级料腿及再生器的二级料腿一般都用翼阀密封，翼阀的密封作用是依靠翼板本身的重量。当料腿内的催化剂积累至一定高度时，翼板受侧压力作用便突然打开，卸出催化剂后又依靠本身的重力关上。翼阀有全覆盖型和半覆盖型两种。

(二) 旋风分离器的工作原理

含催化剂颗粒的气体，以20m/s左右的入口速度切线方向进入筒体，在升气管与外筒体之间形成高速旋转的外涡流(使涡流中心形成低压区)，由上而下直达锥体底部。在离心力的作用下，悬浮在气流中的颗粒，被甩向器壁，并随着气流旋转至下方，最后落入灰斗内，经料腿、翼阀返回密相床层。净化的气体受外涡流中心低压区的吸引，形成向上的内涡流，通过升气管排出，从而达到气固分离的目的。

(三) 旋风分离器的效率

旋风分离器的效率为经旋风分离器回收的催化剂量占进入系统的催化剂总量的百分数。

$$\text{分离效率}\ \eta = \frac{\text{回收的催化剂量}}{\text{进入旋风分离器的催化剂总量}} \times 100\%$$

$$= 1 - \frac{\text{旋风分离器出口气体带走的催化剂量}}{\text{进入旋风分离器的催化剂总量}} \times 100\% \qquad (6-49)$$

由于两器中的旋风分离器一般均为两级串联，当一、二级的分离效率为已知时，总分离与单级分离效率关系为：

$$\eta_{总} = \eta_1 + \eta_2(1-\eta_1) \qquad (6-50)$$

式中 η_1，η_2——分别为一、二级旋风分离器的分离效率，%。

旋风分离器的效率与固粒在旋风分离器内的沉降速度$u_{粒}$有关。

$$u_{粒} = \frac{d^2\rho}{18\mu}\cdot\frac{u^2}{R},\ \text{m/s} \qquad (6-51)$$

式中 d——固粒直径，m；

ρ——固粒密度，kg/m^3；

$u_{粒}$——气体入口切线速度，m/s；

μ——气体黏度，Pa·s；

R——气流旋转半径，m。

根据上式及结合生产实践，影响旋风分离效率的因素有：气体入口切线速度、旋转半径R、固粒直径和固粒密度、气体黏度以及催化剂入口浓度。

第八节 反应-再生系统工艺计算

在工艺设计计算之前，首先要根据国民经济和市场的需要，以及具体条件选择好原料和生产方案，然后参考中型试验和工业生产数据，确定物料平衡和产品性质、选择相应的主要操作条件及装置形式。

反应-再生系统工艺计算主要包括以下内容：

(1) 再生系统

① 再生器物料平衡，确定主风量及烟气量。

② 再生器热平衡计算，确定催化剂循环量。

③ 再生器烧焦计算，决定藏量。

④ 再生器尺寸确定。

⑤ 空气分布器的计算。

⑥ 旋风分离系统的计算。

⑦ 双动滑阀的计算。

⑧ 辅助燃烧等的计算。

(2) 反应系统

① 反应器物料平衡、热平衡，决定原料预热温度。结合再生器热平衡决定燃烧油量或取热设施。

② 提升管反应器计算。

③ 沉降器及汽提段计算。

④ 旋风分离系统的计算。

(3) 两器压力平衡及催化剂辅助管线的计算

(4) 催化剂贮罐及能量回收

(5) 其他细节，如松动点的布置、限流孔板孔径的计算等

在计算热平衡时要计算散热损失。一般采用经验计算。对于大装置再生器的散热损失可用下式计算：

$$散热损失=582\times烧碳量(kg/h),\ kJ/h \tag{6-52}$$

式中 582 是经验系数。

对于小装置，用此经验式会有较大的误差，必要时也可以用下式计算：

$$散热损失 = 散热表面积 \times 传热温差 \times 传热系数 \tag{6-53}$$

式中传热温差是指器壁表面温度与周围大气的温度之差，对有 100mm 厚衬里的再生器，其外表面温度一般约 110℃。传热系数与风速有关，可查阅有关参考资料，一般情况下也可取 71.2kJ/(m^2·℃·h)。

反应器散热损失，对大型装置可用经验公式计算：

$$散热损失 = 465.6 \times 烧碳量\ (kg/h),\ kJ/h \tag{6-54}$$

式中 465.6 是经验系数。其他情况下也可由式(6-53)计算。

下面只对以上项目中的一些主要内容进行计算。

【例 6-1】 根据以下基础数据确定处理量为 600kt/a 掺炼渣油的高低并列式提升管催化裂化装置的原料油预热温度，并计算提升管反应器的直径和长度以及作出再生器物料平衡和热平衡。

基础数据：

① 主要操作条件见表 6-16。

② 按汽油方案设计，其产品分布见表 6-17。

③ 原料及产品性质见表 6-18。

表 6-16 主要操作条件

再生器顶部压力(表)/MPa	0.1765	焦炭组成(H/C 质量比)	8/92
再生温度/℃	700	再生剂含碳量(质量分数)/%	0.1
主风入再生器温度/℃	200	沉降器顶部压力(表)/MPa	0.1472
待生剂温度/℃	510	提升管出口温度/℃	510
大气温度/℃	30	新鲜原料油/(kg/h)	75000
大气压力/MPa	0.1013	回炼油/(kg/h)	12500
空气相对湿度/%	70	回炼油浆/(kg/h)	2500
烟气组成(体积分数)/%		提升管停留时间/s	2.8~3
CO(完全再生)	~0		
O_2	3		

表 6-17 产品分布情况 %

干气	液化气	汽油	轻柴油	焦炭	损失	轻质油收率
2.9	9.9	52.0	28.8	6.0	0.4	80.8

表 6-18 原料及产品性质①

项　　目	混合新鲜原料	汽　　油	轻柴油	回炼油	油　　浆
密度/(g/cm³)	0.8936	0.7202	0.8672	0.8908	0.9716
恩氏馏程/℃					
初馏点	313	44	202	196	215
10%	401	62	226	346	365
50%	477	114	272	381	406
90%	538	184	323	410	465
终馏点	560	197	340	440	503
平均相对分子质量	400	100	200	370	430
残炭/%	2.95	—	—	—	—

① 干气及损失平均相对分子质量为 22，液化气平均相对分子质量为 52。

④ 进入反应系统的水蒸气见表 6-19。

表 6-19 反应系统的水蒸气

名　　称	性　　质	压力(表)/kPa	温度/℃	流量/(kg/h)
进料雾化蒸汽(占进料 5%)	过热蒸汽	294.3	400	4500
预提升蒸汽				600
汽提蒸汽				1150
汽提段锥底松动蒸汽				150
再生滑阀前松动蒸汽				250
小计				6650
再生滑阀吹扫蒸汽	饱和蒸汽	981	183	50
再生斜管采样口吹扫蒸汽				50
再生斜管膨胀节吹扫蒸汽				150
提升管上段采样口吹扫蒸汽				25
提升管下段采样口吹扫蒸汽				25
进料事故蒸汽喷嘴吹扫				50
提升管卸料口吹扫蒸汽				30
提升管排污口吹扫蒸汽				20
小计				400

⑤ 进入再生器的吹扫、松动蒸汽见表6-20。

表6-20 再生器各处吹扫、松动蒸汽①

项　目	数量/(kg/h)	项　目	数量/(kg/h)
待生滑阀吹扫蒸汽	70	主风事故蒸汽喷嘴吹扫蒸汽	50
待生斜管膨胀节吹扫蒸汽	100	燃烧油喷嘴吹扫蒸汽	50
待生斜管采样口吹扫蒸汽	30	稀相喷水嘴吹扫蒸汽	100
待生斜管松动蒸汽	100	合 计	400

① 吹扫、松动蒸汽为981kPa(表)、183℃的饱和蒸汽。

解： 1. 由提升管反应器的热平衡计算催化剂循环量

该装置由于掺炼常压渣油，焦炭产率已达6%，加上采用CO助燃剂完全再生技术，烧焦放热已超过两器热平衡需要，若不从再生器取走热量，势必使原料的预热温度太低(<150℃)，这很不利于原料的雾化和产品分布，从而使焦炭产率升高。故把原料油的预热温度定为280℃，其余需要的热量主要由循环催化剂供给。正常操作时，可停掉原料预热炉，因原料油与分馏塔产品换热即可达到此预热温度。根据提升管反应器的热平衡就能求出催化剂循环量。设催化剂循环量为G(kg/h)。

(1) 反应系统的供热

① 再生剂带入热量　　$Q_1=1.097\times(700-510)G=208.43G$(kJ/h)

式中1.097是催化剂的平均比热容，kJ/(kg·℃)。

② 湿烟气带入热量　　$Q_2=0.001G\times1.09\times(700-510)=2.07G$(kJ/h)

式中设1t催化剂带入1kg湿烟气；1.09是催化剂的平均比热容，kJ/(kg·℃)。

③ 焦炭吸附热

$$焦炭产量=75000\times6\%=4500\ kg/h$$

$$烧碳量=4.5\times10^3\times0.92=4.14\times10^3 kg/h=345kmol/h$$

$$烧氢量=4500-4140=360kg/h=180kmol/h$$

再生器的烧焦放热：

$$生成CO_2放热=4140\times33873=14023\times10^4 kJ/h$$

$$生成H_2O放热=360\times119890=4316\times10^4\ kJ/h$$

$$合计放热\ Q_{放}=18339\times10^4\ kJ/h$$

焦炭吸附热：

按目前工业上仍采用的经验方法计算，有

$$焦炭吸附热=焦炭脱附热=18339\times10^4\times11.5\%=2109\times10^4\ kJ/h$$

④ 总供热$Q_{供}$

$$Q_{供}=Q_1+Q_2+Q_3=208.43G+2.07G+2109\times10^4$$
$$=210.5G+2109\times10^4(kJ/h)$$

(2) 反应系统的耗热方

① 反应热Q_4(用催化碳法计算)

$$总碳=烧碳量=4140kg/h$$

$$附加碳=新鲜原料量\times新鲜原料的残炭\times0.6$$
$$=75000\times2.95\%\times0.6=1327.5(kg/h)$$

催化碳 = 总碳 - 附加碳 - 可汽提碳 = 4140 - 1327.5 - 0.02%G

= 2812.5 - 0.02%G(kg/h)

Q_4 = 催化碳 × 9127kJ/kg　催化碳 = (2812.5 - 0.02%G) × 9127

= 2567 × 10^4 - 1.825G(kJ/h)

② 提升管内水蒸气由入口状态升温至反应温度所需热量 Q_5

过热水蒸气升温吸热 = 6650×(3508-3273) = 156.3×10^4(kJ/h)

饱和蒸汽升温吸热 = 400×(3508-2780) = 29.1×10^4(kJ/h)

Q_5 = (156.3+29.1) ×10^4 = 185.4×10^4(kJ/h)

③ 提升管散热损失 Q_6

根据式(6-54)得　Q_6 = 465.6×烧碳量 = 465.6×4140 = 192.8×10^4(kJ/h)

或　Q_6 = 散热表面积×传热温差×传热系数 = 250×(150-30) ×71.2

= 213.6×10^4(kJ/h)

式中数据参考同类型装置选取，散热面积是提升管反应器和沉降器散热表面积之和。散热损失取大值，即取 213.6×10^4kJ/h

④ 原料油预热温度(一般为液相)升温至反应温度(气相)所需热量 Q_7(表 6-21)

表 6-21　原料油预热温度升温至反应温度热量衡算

物流	流量/(kg/h)	密度/(g/cm³)	进料			出料		
			温度/℃	焓(液)/(kJ/kg)	热量/(10^4kJ/h)	温度/℃	焓(液)/(kJ/kg)	热量(10^4kJ/h)
新鲜原料	75000	0.8936	280	691	5182.5	510	1583	11872.5
回炼油	12500	0.8908	350	904	1130	510	1582	1977.5
回炼油浆	2500	0.9716	380	946	236.5	510	1537	384.3
合计					6549			14234.3

$$Q_7 = (14234.3-6549) \times 10^4 = 7685.3\times 10^4 (kJ/h)$$

⑤ 总耗热 $Q_{耗}$

$Q_{耗} = Q_4 + Q_5 + Q_6 + Q_7$ = 2567 × 10^4 + 1.825G + (185.4 + 213.6 + 7685.3) × 10^4

= 10651.3 × 10^4 - 1.825G(kJ/h)

(3) 求催化剂循环量 G

根据反应系统热平衡有 $Q_{供} = Q_{耗}$

即
$$210.5G+2109\times 10^4 = 10651.3\times 10^4-1.825G$$

$$G = \frac{(10651.3 - 2109) \times 10^4}{210.5 + 1.825} = 402.3 \times 10^3 kg/h \approx 400t/h$$

(4) 剂油比

$$剂油比 = \frac{催化剂循环量}{总进料量} = \frac{402 \times 10^3}{90000} \approx 4.47(质量比)$$

(5) 待生剂含碳量

$$循环催化剂碳差 = \frac{烧碳量}{催化剂循环量 + 烧碳量} \times 100\%$$

$$= \frac{4140}{402 \times 10^3 + 4140} \times 100\% \approx 1.02\%$$

待生剂含碳量=循环催化剂碳差+再生剂含碳量=1.02%+0.1%=1.12%

（6）提升管反应器热平衡

提升管反应器热平衡计算结果汇总见表6-22。

表6-22 提升管反应器热平衡

供热/(10^4kJ/h)		耗热/(10^4kJ/h)	
再生剂带入热量	8386.5	反应热	2494
湿烟气带入热量	82.8	水蒸气升温吸热	185.4
焦炭吸附热	2109	散热损失	213.6
		进料升温汽化吸热	7685.3
合　计	10578.3	合　计	10578.3

2. 燃烧计算

① 烧碳量及烧氢量

$$烧碳量 = 4.5 \times 10^3 \times 0.92 = 4.14 \times 10^3 kg/h = 345kmol/h$$

$$烧氢量 = 4500 - 4140 = 360kg/h = 180kmol/h$$

② 理论干空气量

$$碳烧成\ CO_2\ 需要\ O_2\ 量 = 345 \times 1 = 345kmol/h$$

$$氢烧成\ H_2O\ 需要\ O_2\ 量 = 180 \times 1/2 = 90kmol/h$$

$$则理论需要\ O_2\ 量 = 345 + 90 = 435kmol/h = 13920kg/h$$

$$理论带入\ N_2\ 量 = 435 \times 79/21 = 1636kmol/h = 45820kg/h$$

$$所以理论干空气量 = 435 + 1636 = 2071kmol/h$$

或 $= 13920 + 45820 = 59740kg/h$

③ 实际干空气量

烟气中过剩氧的体积分数为3%，所以

$$3\% = \frac{过剩\ O_2}{理论干烟气量 + 过剩\ O_2 + 过剩\ N_2\ 量}$$

$$= \frac{过剩\ O_2}{CO_2 + N_2 + 过剩\ O_2 + 过剩\ O_2 \times \frac{79}{21}}$$

故

$$过剩\ O_2\ 量 = \frac{0.03 \times (345+1636)}{1-3\% \times \left(1+\frac{79}{21}\right)} = 69.3(kmol/h) = 2219(kg/h)$$

$$过剩\ N_2\ 量 = 69.3 \times 79/21 = 260.7(kmol/h) = 7300(kg/h)$$

所以　实际干空气量=2071+69.3+260.7=2401(kmol/h)=69259(kg/h)

④ 需湿空气量(主风量)

大气温度30℃，相对湿度70%，查空气湿焓图，得空气的湿焓量为3.2%mol(水汽)/

mol(干空气)。

所以 空气中的水汽量=2401×3.2%=76.8 kmol/h =1382kg/h

湿空气量=2401+76.8=2477.8kmol/h

$=2477.8\times22.4=5.55\times10^4[m^3(N)/h]=925[m^3(N)/min]$

此即正常操作时的主风量，此风量乘110%可作为选主风机的依据。

⑤ 主风单耗

$$主风单耗=\frac{湿空气量}{烧焦量}=\frac{5.55\times10^4}{4500}=12.33m^3(N)/kg 焦$$

⑥ 干烟气量

由以上计算已知干烟气中的各组分的量，将其相加，即得总干烟气量。

总干烟气量 $=CO_2+O_2+N_2$

$=345+69.3+1896.7=2311$ kmol/h

按各组分的相对分子质量计算各组分的质量流率，然后相加即得总干烟气的质量流率为70519kg/h。

⑦ 湿烟气量及烟气组成

湿烟气量及烟气组成见表6-23。

表6-23 温烟气量及烟气组成

组 分	流 量		相对分子质量	组成(摩尔分数)/%	
	kmol/h	kg/h		干烟气	湿烟气
CO_2	345	15180	44	14.9	13.18
O_2	69.3	2219	32	3.0	2.65
N_2	1896.7	53120	28	82.1	72.45
总干烟气	2311	70519	30.5	100.0	
生成水汽	180	3240	18		
主风带入水汽	76.8	1382			11.72
待生剂带入水汽①	22.2	400			
吹扫、松动蒸汽②	27.8	500			
总湿烟气	2617.8	76041	29.0		100.0

① 按每吨催化剂带入1kg水汽。

② 粗估算值，见表6-20。

⑧ 烟风比

烟风比=湿烟气量/主风量(体)=2617.8/2477.8≈1.06(体积比)

3. 再生器热平衡

① 烧焦放热 $Q_1=18339\times10^4$kJ/h

② 焦炭脱附热 $Q_2=2109\times10^4$kJ/h

③ 主风由200℃升温至700℃需热 Q_3

干空气升温需热$=69259\times1.09\times(700-200)=3774.6\times10^4$ kJ/h

式中 1.09 是空气的平均比热容，kJ/(kg·℃)。

空气带入水汽升温需热 = 1382×2.07×(700−200) = 144.4×10⁴ kJ/h

式中 2.07 是水汽的平均比热容，kJ/(kg·℃)。

$$Q_3=(3774.6+144.4)\times10^4=3919\times10^4\ \text{kJ/h}$$

④ 焦炭升温需热 Q_4

$$Q_4=4500\times1.097\times(700-510)=93.8\times10^4\ \text{kJ/h}$$

假定焦炭的比热容与催化剂的相同，也取 1.09 kJ/(kg·℃)。

⑤ 待生剂带入水汽需热 Q_5

$$Q_5=400\times2.16\times(700-510)=16.4\times10^4\ \text{kJ/h}$$

式中 2.16 是水汽的平均比热容，kJ/(kg·℃)。

⑥ 吹扫、松动蒸汽升温需热 Q_6

$$Q_6=500\times(3929-2780)=57.5\times10^4\ \text{kJ/h}$$

式中括弧内的数值分别是 176.5kPa(表)、700℃过热水蒸气和 981kPa(表)饱和蒸汽的热焓。

⑦ 散热损失 Q_7

根据式(6-52)得　$Q_7=582\times$烧碳量(以 kg/h 计)$=582\times4140=241\times10^4$ kJ/h

⑧ 循环催化剂带走热量 Q_8

$$Q_8=402.3\times10^3\times1.097\times(700-510)=8385.1\times10^4\ \text{kJ/h}$$

⑨ 再生器取热量 $Q_取$

$$\begin{aligned}Q_取&=Q_1-(Q_2+Q_3+Q_4+Q_5+Q_6+Q_7+Q_8)\\&=18339\times10^4-(2109+3919+93.8+16.4+57.5+241+8385.1)\times10^4\\&=3515.8\times10^4\ \text{kJ/h}\end{aligned}$$

⑩ 再生器热平衡汇总

再生器热平衡计算结果汇总见表 6-24。

表 6-24　再生器热平衡

入方/(10^4kJ/h)		出方/(10^4kJ/h)	
焦炭燃烧热	18339	焦炭脱附热	2109
		主风升温	3919
		焦炭升温	93.8
		带入水汽升温	16.4
		吹扫、松动蒸汽升温	57.5
		散热损失	241
		加热循环催化剂	8385.1
		再生器取热	3515.8
合　计	18339	合　计	18339

4. 再生器物料平衡

再生器物料平衡见表 6-25。

表 6-25　再生器物料平衡

入方/(kJ/h)		出方/(kJ/h)	
干空气	69259	干烟气	70519
水汽	2282	水汽	5522
主风带入	1382	生成水汽	3240
待生剂带入	400	带入水汽	2282
松动、吹扫	500	循环催化剂	400000
焦炭	4500		
循环催化剂	400000		
合计	476041	合计	476041

5. 提升管反应器直径和长度的计算

为了能同时满足对提升管出、入口线速的要求，把提升管分成两段，上段直径大，下段直径小。下段入口进新鲜原料和回炼油，上段入口进回炼油浆，雾化蒸汽也分别进入。下段长度取 10m。直提升管穿过汽提段，从底部进入沉降器，出口安装弹射快速分离器。

(1) 提升管反应器物料平衡

提升管反应器物料平衡见表 6-26。

表 6-26　提升管反应物料平衡

入方				出方			
项目	平均相对分子质量	流量		项目	平均相对分子质量	流量	
		kg/h	kmol/h			kg/h	kmol/h
新鲜原料油	400	75000	187.5	干气+损失	22	2475	112.5
回炼油	370	12500	33.8	液化气	52	7425	142.8
回炼油浆	430	2500	5.8	汽油	100	39000	390
催化剂循环量	—	400000	—	轻柴油	200	21600	108
再生剂带入湿烟气	29.0	400	13.8	焦炭	—	4500	—
提升管总蒸汽	18	5750	319.4	回炼油	370	12500	33.8
				回炼油浆	430	2500	5.8
				催化剂循环量	—	400000	—
				再生剂带入湿烟气	29.0	400	13.8
				提升管总蒸汽	18	5750	319.4
合计		496150	560.3	合计		496150	1126.1

(2) 提升管进料处的压力、温度

① 压力　沉降器顶部的压力为 147.15kPa(表)，设进油处至沉降器顶部的总压降为 12.5kPa，则提升管下段进油处的压力为：

$$147.15+12.5=159.65(\text{kPa})(\text{表})$$

② 温度　280℃的新鲜原料油与 350℃的回炼油混合后仍为液相，经雾化进入提升管与 700℃的再生剂接触，立即完全汽化，而进口处的转化率设为 0%，原料油与高温催化剂接触后的温度可由图 6-46 的热平衡计算。

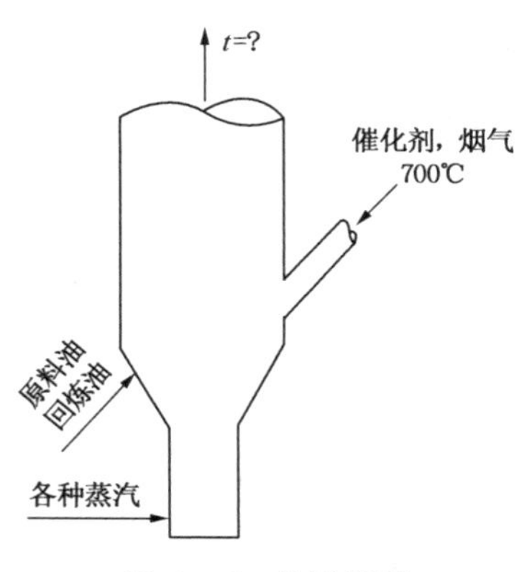

图 6-46　热平衡图

催化剂和烟气由 700℃降至 t℃放出热量

$= 400000 \times 1.097 \times (700 - t) + 400 \times 1.09 \times (700 - t)$

$= 439200 \times (700 - t)$(kJ/h)

1.097 和 1.09 分别为催化剂和烟气的比热容，kJ/(kg·℃)。

油和蒸汽升温及油汽化所吸收的热量计算见表 6-27。

表 6-27 油和蒸汽热量计算

物流	流量/(kg/h)	密度/(g/cm³)	入方			出方		
			温度/℃	焓/(kJ/kg)	热量/(kJ/h)	温度/℃	焓/(kJ/kg)	热量/(kJ/h)
新鲜原料	75000	0.8936	280	691	5182.5×10^4	t	h_1	$7.5\times10^4 h_1$
回炼油	12500	0.8908	350	904	1130×10^4	t	h_1	$1.25\times10^4 h_1$
过热水蒸气	5225	—	400	3273	1710.1×10^4	t	h_2	$0.5225\times10^4 h_2$
饱和水蒸气	375	—	183	2780	104.3×10^4	t	h_2	$0.0375\times10^4 h_2$

油和水蒸气共吸收热量

$= (7.5h_1 + 1.25h_1 + 0.56h_2) \times 10^4 - (5182.5 + 1130 + 1710.1 + 104.3) \times 10^4$

$= (87.5h_1 + 0.56h_2) \times 10^4 - 8126.9 \times 10^4$

根据热平衡原理：

$$439200(700 - t) = (87.5h_1 + 0.56h_2) \times 10^4 - 8126.9 \times 10^4$$

设 $t=519$℃，查焓图得 $h_1=1612$kJ/kg，$h_2=3528$ kJ/kg，代入上式得：

左方$=7949.5\times10^4$，右方$=7952.7\times10^4$，相对误差=0.04%，所以 $t=519$℃。

(3) 回炼油浆入口处压力、温度

压力：设原料入口处到回炼油浆入口处的压降为 6kPa，则回炼油浆入口处压力为 159.65−6=153.65kPa(表)。

温度：取下段油气停留时间约 1.15s，原料油转化率 40%，温降全由反应引起，则回炼油浆入口处温度为 519−(519−510)×40%≈515℃(粗算)

该处的物流有：

转化的油气摩尔流率 = (干气 + 损失 + 液化气 + 汽油 + 轻柴油) × 40%

= (112.5 + 142.8 + 390 + 108) × 40%

= 301.3kmol/h

未转化的原料摩尔流率=187.5×60%=112.5 kmol/h

回炼油和回炼油浆摩尔流率=39.6 kmol/h

水蒸气=319.4kmol/h

湿烟气=13.8kmol/h

(4) 提升管直径

① 提升管下段内径取 0.80m，上段内径取 0.85m，则

提升管下段截面积 $F_{下} = \frac{\pi}{4}D^2 = \frac{\pi}{4} \times 0.8^2 = 0.502\text{m}^2$

提升管上段截面积 $F_{上} = 0.85^2 \times \frac{\pi}{4} = 0.5675\text{m}^2$

② 核算提升管下段气速：

原料油入口处物流摩尔流率=原料油+回炼油+水蒸气+烟气

$= 187.5+33.8+311.1+13.8$

$= 546.2\ \mathrm{kmol/h}$

所以该处气体体积流率 $V_{下,入} = 546.2 \times 22.4 \times \frac{519+273}{273} \times \frac{101.3}{159.65+101.3}$

$= 13780\mathrm{m^3/h} = 3.828\mathrm{m^3/s}$

该处气体线速 $u_{下,入} = \frac{V_{下,入}}{F_{下}} = \frac{3.828}{0.5024} = 7.62\mathrm{m/s}$

提升管下段出口物流摩尔流率

=转化油气+未转化油气+回炼油+水蒸气+烟气

$= 301.3+112.5+33.8+311.1+13.8 = 772.5\mathrm{kmol/h}$

式中的 311.1=319.4−回炼油浆雾化蒸汽(6.94kmol/h)−提升管上段采样口吹扫蒸汽(1.39 kmol/h)

该处气体体积流率 $V_{下,出} = 772.5 \times 22.4 \times \frac{515+273}{273} \times \frac{101.3}{153.65+101.3}$

$= 19846\mathrm{m^3/h} = 5.513\mathrm{m^3/s}$

该处气体线速 $u_{下,出} = \frac{V_{下,出}}{F_{下}} = \frac{5.513}{0.5024} = 11.0\mathrm{m/s}$

③ 核算提升管上段气速：

上段入口气体的总流率=786.6 kmol/h

该处气体体积流率 $V_{上,入} = 786.6 \times 22.4 \times \frac{515+273}{273} \times \frac{101.3}{153.65+101.3}$

$= 20208\mathrm{m^3/h} = 5.613\mathrm{m^3/s}$

该处气体线速 $u_{上,入} = \frac{V_{上,入}}{F_{上}} = \frac{5.613}{0.5675} = 9.89\mathrm{m/s}$

提升管出口处气体的总流率=1126.1 kmol/h

该处气体体积流率 $V_{上,出} = 1126.1 \times 22.4 \times \frac{510+273}{273} \times \frac{101.3}{147.15+101.3}$

$= 29500\mathrm{m^3/h} = 8.196\mathrm{m^3/s}$

该处气体线速 $u_{上,出} = \frac{V_{上,出}}{F_{上}} = \frac{8.196}{0.5675} = 14.44\mathrm{m/s}$

核算结果表明：提升管出、入口线速都在一般设计范围内，故所选内径(下段 0.8m，上段 0.85m)是可行的。

(5) 提升管长度

提升管下段平均线速

$$\bar{u}_{下} = \frac{u_{下,出} - u_{下,入}}{\ln u_{下,出}/u_{下,入}} = \frac{11.0 - 7.62}{\ln 11.0/7.62} = 9.21(\mathrm{m/s})$$

下段停留时间

$$\tau_1 = \frac{10}{9.21} = 1.09\mathrm{s}(估计\ 1.1\mathrm{s}\ 合适)$$

提升管上段平均线速

$$\bar{u}_{上}=\frac{u_{上,出}-u_{上,入}}{\ln u_{上,出}/u_{上,入}}=\frac{14.44-9.89}{\ln 14.44/9.89}=12.02(m/s)$$

设总停留时间为3s，上段提升管长度 $L_{上}=12.02(3-1.09)=22.96(m)$

取上段长度为22m，则油气在提升管内的总停留时间为：

$$\tau_{总}=1.09+\frac{22}{12.02}=2.92(s)$$

(6) 核算提升管总压降

① 料柱静压 Δp_h：

提升管内各点密度计算见表6-28。

表6-28　提升管密度计算

项　　目	下　段		上　段		对数平均值	
	入口	出口	入口	出口	下段	上段
催化剂流率/(kg/h)	400×10^3	—	400×10^3	—	—	—
油气流率/(m^3/s)	3.828	5.513	5.613	8.196	—	—
表观密度/(kg/m^3)	29.03	20.15	19.79	13.56	24.32	16.48
气速/(m/s)	7.62	11.0	9089	14.44	9.21	12.02
滑落系数 ϕ	取2	1.13	1.15	1.09	—	—
实际密度/(kg/m^3)	58.06	22.77	22.76	14.78	35.29	18.48

$$\Delta p_{h,下}=9.81\times10^{-3}\rho h=9.81\times10^{-3}\times35.29\times10=3.460(kPa)$$

$$\Delta p_{h,上}=9.81\times10^{-3}\rho h=9.81\times10^{-3}\times18.48\times22=3.990(kPa)$$

$$\Delta p_h=\Delta p_{h,下}+\Delta p_{h,上}=3.46+3.99=7.45(kPa)$$

② 速度变化引起的压降 Δp_a

$$\Delta p_{a,下}=5\times10^{-4}N\rho u^2=5\times10^{-4}\times2\times24.32\times9.21^2=2.06(kPa)$$

$$\Delta p_{a,上}=5\times10^{-4}N\rho u^2=5\times10^{-4}\times2\times16.48\times12.02^2=2.38(kPa)$$

$$\Delta p_a=\Delta p_{a,下}+\Delta p_{a,上}=2.06+2.38=4.44(kPa)$$

③ 直管摩擦压降 Δp_f

$$\Delta p_{f,下}=7.75\times10^{-6}\frac{L\rho u^2}{D}=7.75\times10^{-6}\times\frac{10\times24.32\times9.21^2}{0.8}=0.20(kPa)$$

$$\Delta p_{f,上}=7.75\times10^{-6}\times\frac{22\times16.48\times12.02^2}{0.85}=0.48(kPa)$$

$$\Delta p_f=\Delta p_{f,下}+\Delta p_{f,上}=0.20+0.48=0.68(kPa)$$

④ 提升管总压降 $\Delta p_{总}$

提升管下段压降 $\Delta p_{下}=\Delta p_{h,下}+\Delta p_{a,下}+\Delta p_{f,下}=3.46+2.06+0.20=5.72(kPa)$

$$\Delta p_{总}=\Delta p_h+\Delta p_a+\Delta p_f=7.45+4.44+0.68=12.57(kPa)$$

与前面假设的压降6和12.5kPa很接近(相对误差都小于5%)，因此前面计算时假设的压力不必重算。

(7) 预提升段的内径和高度

① 内径：

预提升段的烟气与预提升蒸汽的流率=13.8+1200/18=80.47(kmol/h)

$$体积流率 \approx 80.47 \times 22.4 \times \frac{700+273}{273} \times \frac{101.3}{159.65+101.3}$$
$$\approx 249(m^3/h) = 0.6928(m^3/s)$$

取预提升段气速 1.5m/s，则预提升段内径为：

$$D_{预} = \sqrt{\frac{0.6928}{1.5 \times 0.785}} = 0.77(m)，取 D_{预} = 0.7(m)$$

$$则预提升段实际气速 = \frac{0.6928}{0.785 \times 0.7^2} = 1.80(m/s)$$

② 高度：考虑到进料喷嘴以下设有事故蒸汽进口管、人孔、再生剂斜管入口等，预提升段的高度取 4m。

(8) 综合以上计算结果，直提升管反应器的尺寸如下：

预提升段长度 4m，内径 0.7m；

反应段下段长 10m，内径 0.8m；上段长 22m，内径 0.85m；

直提升管反应器全长 36m。

【例 6-2】 旋风分离器系统的工艺计算

旋风分离器系统的计算，首先是根据分离要求选择适宜的旋风分离器形式；其次是根据气体总流量和允许的入口气速确定旋风分离器的入口截面积(若已知入口截面积的尺寸，可由气体负荷校核入口气速是否在要求的允许范围内)，之后根据选择型号的系列标准，就可以查出旋风分离器其他结构部分的尺寸；第三是核算料腿负荷(即料腿质量流速)是否在要求的允许范围内；最后是确定料腿的最小长度。

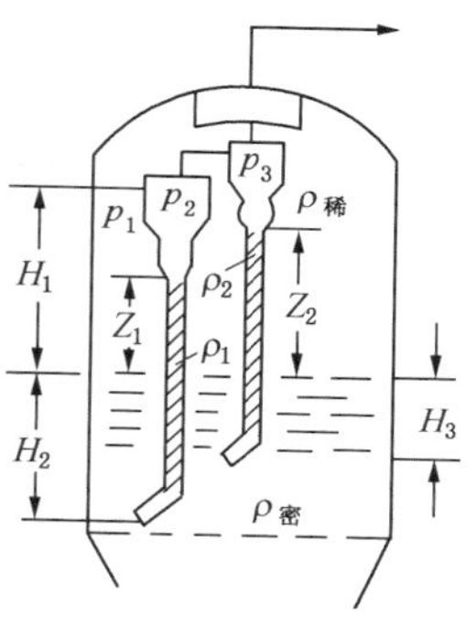

图 6-47　旋风分离器系统的压力平衡图

料腿的最小长度可通过旋风分离器系统的压力平衡计算得到。如在图 6-47 上，对一级料腿末端出口处作压力平衡，得：

入口压力+稀相段静压+密相段静压

=料腿顶部压力+料腿内料柱静压-催化剂通过翼阀的压降

即：

$$p_1 + H_1\rho_{稀} \times 10^{-4} + H_2\rho_{密} \times 10^{-4} = p_2 + (Z_1 + H_2)\rho_1 \times 10^{-4} - \Delta p_{阀}$$

整理后得：

$$Z_1 = \frac{(p_1 - p_2) + H_1\rho_{稀} \times 10^{-4} + H_2(\rho_{密} - \rho_1) \times 10^{-4} + \Delta p_{阀}}{\rho_1 \times 10^{-4}} \quad (6-55)$$

即一级料腿的最小长度应当≥Z_1+H_2，为安全起见，在此值基础上再增加 1m。

同理，对二级料腿末端作压力平衡，整理得到计算二级料腿的最小长度关系式：

$$Z_2 = \frac{(p_1 - p_3) + H_1\rho_{稀} \times 10^{-4} + H_3(\rho_{密} - \rho_2) \times 10^{-4} + \Delta p_{阀}}{\rho_2 \times 10^{-4}} \quad (6-56)$$

以上两计算公式中的各项意义及计算方法如下：

① 旋风分离器压降(p_1-p_2)及(p_1-p_3)

$$p_1 - p_2 = 4.98 \times 10^{-5} \times \frac{u_1^2}{g}(K\rho_{混} + 3.4\rho_{气}) \quad (6-57)$$

$$p_1 - p_3 = \frac{4.98 \times 10^{-5}}{g}[u_1^2(K\rho_{混} + 3.4\rho_{气}) + u_2^2 \times 11.6\rho_{气}] \quad (6-58)$$

式中 p_1-p_2——一级旋风分离器的压降，kg/cm^2；

p_1-p_3——一级和二级旋风分离器的压降之和，kg/cm^2；

u_1，u_2——分别为一级和二级旋风分离器入口线速，m/s；

$\rho_{混}$，$\rho_{气}$——分别为一级入口气固混合物及气体的密度，kg/m^3；

g——重力加速度，$9.81m/s^2$；

K——速度函数，其值由入口气速查图6-48确定。

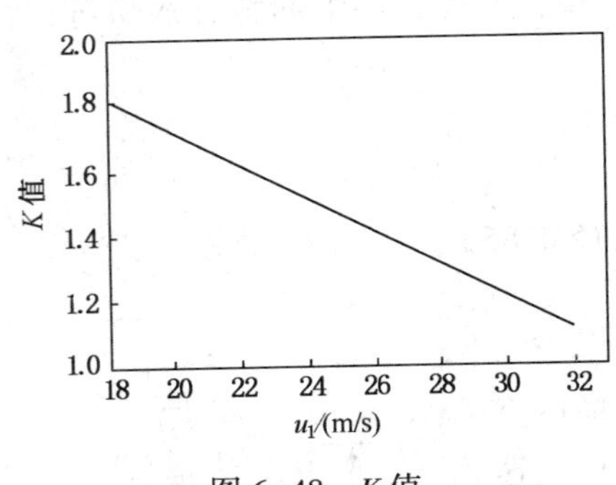

图6-48 K值

式(6-57)和式(6-58)在计算时对杜康型和布埃尔型旋风分离器大体上都能适用，但有一定误差。

② 稀相高度H_1，在设计时可取9~11m。

③ 一级料腿埋入深度H_2，当采用分布板时，料腿出口距分布板的距离可取400~800mm；当使用分布管时，再生器的一级料腿出口距分布管的距离可取1.5~2m。

④ 二级料腿埋入深度H_3，可取1~2m。

⑤ 一级和二级料腿内密度ρ_1和ρ_2，可根据实测的生产数据选取(国内的实测值一级料腿密度在390~520kg/m^3之间，二级料腿密度在360kg/m^3左右)，也可取480kg/m^3。

⑥ 翼阀压降$\Delta p_{阀}$，一般可取0.0035 kg/cm^2(0.3433kPa)。

⑦ 稀相密度$\rho_{稀}$，最好采用实测经验数据，目前国内旋风分离器效率一般都在99.99%以上，催化剂单耗水平在0.8kg/t以下，可根据上述数据反推算稀相催化剂密度。再生器、反应器一级旋风分离器入口的催化剂浓度，可分别由图6-49和图6-50查得。该图是按密相床面到一级旋风分离器入口为4.9~5.2m考虑的，实际生产装置稀相段高度均高于此值，在设计中只用粗略估算用。

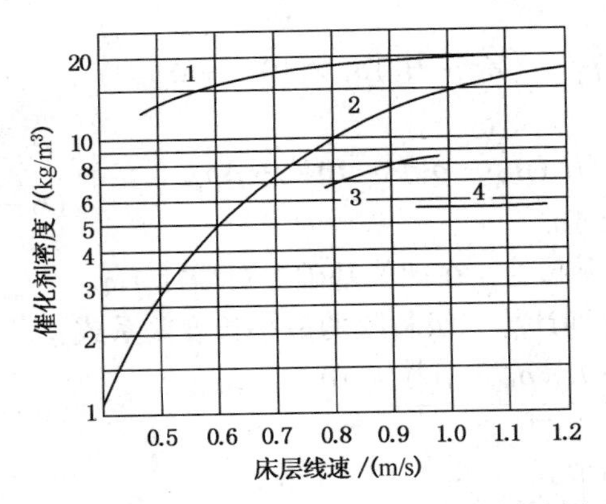

图6-49 再生器一级旋风分离器入口催化剂密度

1—石油二厂改造前数据；2—胜利炼厂数据；3—石油二厂改造后数据；4—玉门炼油厂数据

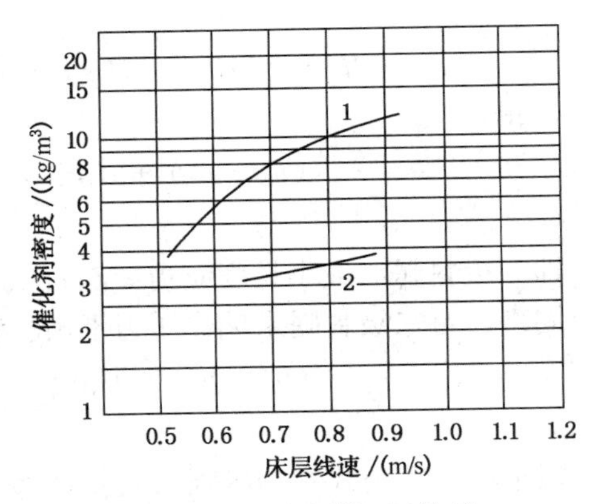

图6-50 反应器一级旋风分离器入口催化剂密度

1—埃索准则(四)数据；2—石油二厂改造前数据

⑧ 根据上述方法算出(Z_1+H_2+1)的数值若大于原料选用的(稀相段高度+料腿埋入深度)，则应加高稀相段高度，以保证料腿有足够的长度。旋风分离器的具体安装高度除了要考虑必要的料腿长度之外，还要考虑实际沉降高度(TDH)。

某催化裂化装置的再生器壳体设计中决定再生器的密相段内径为5.03，稀相段内径为6.6m，密相床高度为6.7m，稀相沉降高度为11m。其余有关操作条件如表6-29所示：

表6-29 有关操作条件

项目	数据	项目	数据
再生器顶部压力/kPa	269.8	湿烟气密度(在标准状态下)/(kg/m³)	1.14
再生温度/℃	680	湿烟气流率[680℃，269.8kPa(绝)]/(m³/s)	17.53
密相床密度/(kg/m³)	280		

试确定所需旋风分离器组数、旋分器压降及旋分器料腿长度。

解：1. 旋风分离器形式的选择

选用布埃尔型分离器，其主要尺寸见表6-30，两级串联。根据基础数据和工业经验作出再生器旋风分离器布置的参考计算图6-51。由于采用分布管，因此一级料腿出口不用翼阀，直接伸入密相床，出口处距分布管顶的距离为1.5m，出口安装防倒锥；根据目前国内经验，二级料腿伸入密相床层1.5m，出口处采用全覆盖翼阀。

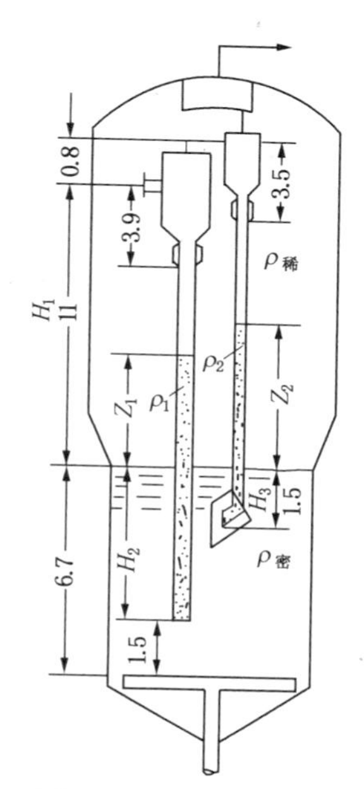

图6-51 再生器旋风分离器计算参考图

表6-30 旋风分离器主要尺寸

项目	一级	二级
筒体外径/mm	1247	1167
入口面积/m²	0.2905	0.2630
料腿直径/mm	ϕ426×12	ϕ168×10
料腿内截面积/m²	0.127	0.0172

2. 旋风分离器组数的确定

① 设选用3组，则一级入口总面积F_1为

$$F_1 = 0.2905 \times 3 = 0.8715\text{m}^2$$

$$\text{一级入口线速 } u_1 = \frac{\text{湿烟气流率 } V}{F_1} = 17.53/0.8715 = 20.11\text{m/s}$$

根据对旋风分离器入口线速的要求：一级线速≤25m/s；二级线速≤35m/s；最低不小于15m/s。所以u_1在适宜范围内，因此选用3组并联是合适的。

② 复核二级入口线速　虽然采用CO助燃剂完全再生技术，极少发生二次燃烧事故，但为安全起见，仍设级间冷却蒸汽，正常操作时，只保留少量吹扫蒸汽以防堵塞管线。事故时，一级出口烟气按降低40℃计算级间冷却蒸汽用量。若采用1.0MPa(绝)、250℃的蒸汽作冷却蒸汽，则：

$$\text{湿烟气质量流率} = 17.53 \times 1.14 \times \frac{273}{680+273} \times \frac{269.8}{101.3} = 15.25\text{kg/s}$$

湿烟气由680℃降至640℃放出的热量为：

$$15.25\times1.09\times(680-640)=664.9\text{kJ/s}$$

式中1.09是湿烟气的比热容，kJ/(kg·℃)。

冷却蒸汽吸收的热量：

$$(640-250)\times2.09=815.1\text{kJ/kg}$$

式中2.09是蒸汽的比热容，kJ/(kg·℃)。

所以，冷却蒸汽用量=664.9/815.1=0.816kg/s

$$\text{冷却蒸汽体积流率}\approx\frac{0.816}{18}\times\frac{640+273}{273}\times\frac{1.013}{2.698}\times22.4=1.280\text{m}^3/\text{s}$$

所以二级入口气体流量≈17.53+1.280=18.81m^3/s

在这里计算的二级入口何种流量是近似的，因为忽略了一级旋风分离器压降和湿烟气温度的变化，但引起的相对误差1%。对计算结果的影响极小。

$$\text{二级入口面积 }F_2=0.263\times3=0.789\text{m}^2$$

$$\text{所以二级入口线速}=18.81/0.789=23.8\text{m/s}$$

二级入口线速也在允许范围内。

3. 核算料腿负荷

① 一级旋风分离器入口固体浓度

$$\text{稀相段截面积}=\frac{\pi}{4}\times6.6^2=34.19\text{m}^2$$

$$\text{稀相段线速}=\frac{17.53}{34.19}=0.513\text{m/s}$$

根据图6-42，得一级入口催化剂浓度为3.05kg/m^3，此值偏低，根据目前国内生产装置的催化剂单耗，取一级入口催化剂密度为7kg/m^3。

② 一级料腿负荷

进入旋分器的催化剂假定全部在一级旋分器回收下来，则通过一级料腿的催化剂流量G_1：

$$G_1\approx(\text{湿烟气量})\times(\text{一级入口密度})=17.53\times7=122.7\text{kg/s}$$

$$\text{一级料腿总截面积}=0.127\times3=0.381\text{m}^2$$

$$\text{一级料腿质量流速}=\frac{122.7}{0.381}=322\text{kg/(m}^2\cdot\text{s)}$$

一级料腿内催化剂质量流速在正常设计时采用值为244~366kg/(m^2·s)，故计算的一级料腿负荷在允许设计范围内。

③ 二级料腿负荷

设一级旋分器回收效率为90%，则通过二级料腿的催化剂流量G_2：

$$G_2=122.7\times10\%=12.27\text{kg/s}$$

$$\text{二级料腿总截面积}=0.0172\times3=0.0516\text{m}^2$$

$$\text{二级料腿质量流速}=12.27/0.0516=238\text{kg/(m}^2\cdot\text{s)}$$

在允许设计范围内。

4. 旋风分离器压力平衡

① 旋风分离器压降

旋风分离器的压降的计算公式如下：

$$一级旋分器压降\ \Delta p_1 = 4.98 \times 10^{-5}\frac{u_1^2}{g}(K\rho_{混} + 3.4\rho_{气})$$

由 $u_1=20.11\text{m/s}$，查图 6-48 得，$K=1.71$

$$\Delta p_1 = 4.98 \times 10^{-5} \times \frac{20.11^2}{9.81} \times [1.71 \times (1.14 + 7) + 3.4 \times 1.14] = 0.0365\text{kg/cm}^2$$

二级旋风器压降 $\Delta p_2=4.98\times10^{-5}\times\dfrac{u_1^2}{g}\times11.6\rho_{气}$

$$=4.98\times10^{-5}\times\frac{23.8^2}{9.81}\times11.6\times1.14=0.0380\text{kg/cm}^2$$

② 料腿长度

一级料腿长度 Z_1：

$$Z_1 = \frac{(p_1 - p_2) + H_1\rho_{稀} \times 10^{-4} + H_2(\rho_{密} - \rho_1) \times 10^{-4} + \Delta p_{阀}}{\rho_1 \times 10^{-4}}$$

$$p_1-p_2=\Delta p_1=0.0365\text{kg/cm}^2$$

$$H_1\rho_{稀}=3\times(10\times7)+(11-3)(1.5\times7)=294\text{kg/cm}^2$$

$$H_2=6.7-1.5=5.2\text{m}$$

$$\rho_{密}=280\text{kg/m}^3$$

$$\rho_1 取\ 350\text{kg/m}^3$$

$$\Delta p_{阀}\ 取\ 0.0035\text{kg/cm}^2$$

$$所以\quad Z_1 = \frac{0.0365 + 294 \times 10^{-4} + 5.2(280 - 350) \times 10^{-4} + 0.0035}{350 \times 10^{-4}} = 0.943\text{m}$$

所以一级料腿长度应>$Z_1+H_2+1=0.943+5.2+1=7.143$m。其实际长度为 12.3m，可以满足二级料腿压力平衡的需要。

从上计算可知实际料腿长度满足压力平衡要求。

二级料腿长度 Z_2：

$$Z_2 = \frac{(p_1 - p_3) + H_1\rho_{稀} \times 10^{-4} + H_3(\rho_{密} - \rho_2) \times 10^{-4} + \Delta p_{阀}}{\rho_2 \times 10^{-4}}$$

$H_3=1.5\text{m}$，ρ_2 取 350 kg/m^3，$\Delta p_{阀}$ 取 0.0035 kg/cm^2

$$Z_2 = \frac{0.0365 + 0.0380 + 294 \times 10^{-4} + 1.5(280 - 350) \times 10^{-4} + 0.0035}{350 \times 10^{-4}} = 3.369\text{m}$$

二级料腿长度应>$Z_2+H_3+1=3.369+1.5+1=5.869$。其实际长度为 9.8m，可以满足二级料腿压力平衡的需要。

【例 6-3】 两器压力平衡的计算

两器压力平衡计算包括再生剂循环路线的压力平衡和待生剂循环路线的压力平衡。两者的计算方法及原理是相同的。

某提升管催化裂化装置，处理量为 60×10^4t/a，其有关工艺计算数据列于表 6-31，两器布置如图 6-52。试作两器压力平衡。

表 6-31 有关工艺数据

提升管总进料量	预提升蒸汽量	带入提升管烟气量	催化剂循环量	再生器顶部压力	沉降器顶部压力	提升管内径
160000kg/h	300kg/h	750kg/h	750000kg/h	121.63kPa(表)	109.86kPa(表)	1.2m
再生斜管内径	提升管入口线速	提升管出口线速	预提升段气速	提升管入口油气流率	提升管出口油气流率	预提升段气体流率
0.7m	4.5m/s	8.0m/s	1.6m/s	15850m³/h	58250m³/h	5660m³/h

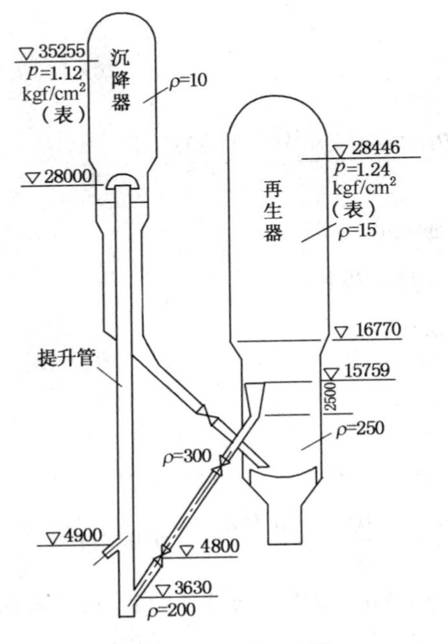

图 6-52 两器立面图

解： 以再生剂循环路线压力平衡计算为例。

1. 推动力：

① 再生器顶部压力 $p_{再}$

$$p_{再}=121.63+101.33=222.96(\text{kPa})$$

② 再生器稀相段静压 Δp_1

$$\Delta p_1=\rho\Delta h\times 9.81\times10^{-3}=15\times(28.446-16.77)\times9.81\times10^{-3}=1.72\ (\text{kPa})$$

③ 淹流管以上密相床层静压 Δp_2

$$\Delta p_2=\rho\Delta h\times 9.81\times10^{-3}=250\times(16.77-15.759)\times9.81\times10^{-3}=2.48\ (\text{kPa})$$

④ 淹流管静压 Δp_3

$$\Delta p_3=\rho\Delta h\times 9.81\times10^{-3}=300\times(15.759-13.259)\times9.81\times10^{-3}=7.35\ (\text{kPa})$$

⑤ 淹流管以下及下滑阀（上滑阀全开，下滑阀作调节）以上斜管静压 Δp_4

$$\Delta p_4=\rho\Delta h\times 9.81\times10^{-3}=300\times(13.259-4.800)\times9.81\times10^{-3}=24.89\ (\text{kPa})$$

⑥ 下滑阀以下斜管静压 Δp_5

$$\Delta p_5=\rho\Delta h\times 9.81\times10^{-3}=200\times(4.800-3.630)\times9.81\times10^{-3}=2.29\ (\text{kPa})$$

2. 阻力：

① 沉降器顶部压力 $p_{沉}$

$$p_{沉}=109.86+101.33=211.19\ (\text{kPa})$$

② 沉降器稀相段静压 Δp_6

$$\Delta p_6=\rho\Delta h\times 9.81\times10^{-3}=10\times(35.255-28)\times9.81\times10^{-3}=0.71\ (\text{kPa})$$

③ 提升管进料口以上静压 Δp_7

$$\bar{V}=\frac{58250-15850}{\ln(58250/15850)}=32576(\text{m}^3/\text{h})$$

$$\rho_{视}\approx\frac{(750+160)\times10^3}{32576}\approx27.93(\text{kg/m}^3)$$

$$\bar{u}=\frac{8-4.5}{\ln(8/4.5)}=6.08(\text{m/s})$$

查得滑落系数为 1.17，则

$$\rho_{实} \approx 27.93 \times 1.17 \approx 32.68(kg/m^3)$$

所以 $\Delta p_7 = \rho\Delta h \times 9.81 \times 10^{-3} = 32.68 \times (28-4.9) \times 9.81 \times 10^{-3} = 7.41\ (kPa)$

④ 预提升段静压 Δp_8

$$\rho_{视} \approx \frac{750 \times 10^3}{5660} \approx 132.5(kg/m^3)$$

取滑落系数为 1.5，则

$$\rho_{实} \approx 132.5 \times 1.5 \approx 199(kg/m^3)$$

所以 $\Delta p_8 = \rho\Delta h \times 9.81 \times 10^{-3} = 199 \times (4.9-3.63) \times 9.81 \times 10^{-3} = 2.48\ kPa$

⑤ 加速催化剂、出口伞帽处转向及出口损失引起的压降 Δp_9

$$\Delta p_9 = 5 \times 10^{-4} N\rho u_{出}^2$$

$$= 5 \times 10^{-4} \times (1 + 1.25 \times 2 + 1) \times 42.4 \times 8^2 = 6.10(kPa)$$

⑥ 提升管直管段摩擦阻力压降 Δp_{10}

$$\Delta p_{10} = 7.75 \times 10^{-6} \times (L/D)\rho_{视} u^2$$

$$= 7.75 \times 10^{-6} \times (28 - 4.9)/1.2 \times 42.4 \times 6.09^2 = 0.23(kPa)$$

⑦ 预提升段摩擦压降 Δp_{11}

$$\Delta p_{11} = 7.75 \times 10^{-6} \times (L/D)\rho_{视} u^2$$

$$= 7.75 \times 10^{-6} \times (4.9 - 3.63)/1.2 \times 132.5 \times 1.6^2 = 0.00278(kPa)$$

⑧ 再生斜管摩擦阻力 Δp_{12}

在计算再生斜管静压 Δp_3、Δp_4、Δp_5 时采用的是视密度，因此它们已经包括了再生斜管的摩擦阻力。因此，在此不必再单独计算再生斜管的摩擦阻力。

再生剂循环路线压力平衡计算汇总如表 6-32。

表 6-32 再生剂循环路线压力平衡计算汇总表

推动力/kPa		阻力/kPa	
再生器顶部压力($p_{再}$)	222.96	沉降器顶部压力($p_{沉}$)	211.19
再生器稀相段静压(Δp_1)	1.72	沉降器稀相段静压(Δp_6)	0.71
淹流管以上密相床层静压(Δp_2)	2.48	提升管进料口以上静压(Δp_7)	7.41
淹流管静压(Δp_3)	7.35	预提升段静压(Δp_8)	11.24
淹流管以下及下滑阀以上斜管静压(Δp_4)	24.89	加速催化剂、出口伞帽处转向及出口损失引起的压降(Δp_9)	6.10
下滑阀以下斜管静压 (Δp_5)	2.29	提升管直管段摩擦阻力压降 (Δp_{10})	0.23
		预提升段摩擦压降 (Δp_{11})	0.00278
		再生滑阀压降 ($\Delta p_{阀}$)	$\Delta p_{阀}$
合 计	261.69	合计	$236.88+\Delta p_{阀}$

所以，再生滑阀压降 $\Delta p_{阀} = 261.69 - 236.88 = 24.81kPa$

一般要求滑阀的压降在 19.62～39.42kPa 左右，因此所选定的数据及计算结果是合适的。

第九节 催化裂化新技术

近年来，催化裂化最重要的技术进步就是重油催化裂化、清洁燃料和炼油化工一体化技术的发展。

一、重油催化裂化新技术

重油催化裂化在Stone&Webster、UOP、Kellogg的RFCC和Exxon的Flexicracking等工艺技术基础上，新开发的技术主要有以下几种。

（一）毫秒催化裂化（MSCC）工艺

毫秒催化裂化与传统催化裂化工艺的区别是在高剂油比下用超短接触时间完成裂化反应。床层裂化、提升管裂化和毫秒裂化的区别如表6-33所示。

表6-33 各类反应器的接触时间

项　目	床层式反应器	提升管反应器	毫秒反应器
剂油比	5	8	>10
接触时间/s	~50	3~5	<1

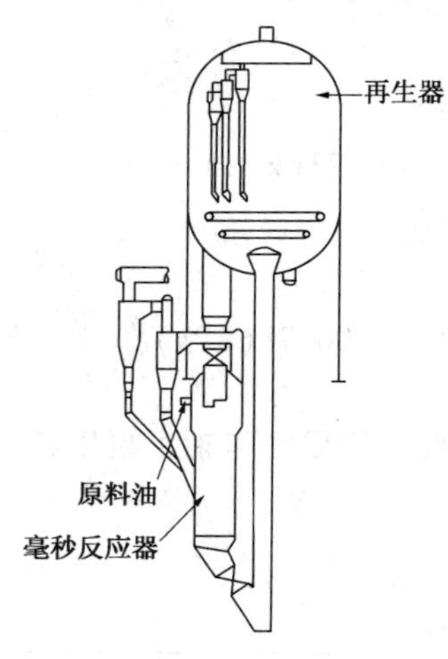

图6-53 毫秒催化裂化装置反应-再生系统图

MSCC（Millisecond Catalytic Cracking）催化裂化工艺是美国UOP公司开发的，是适用于加工重质原料的技术。MSCC的反应-再生部分流程如图6-53。

主要技术特点是：①催化剂在反应区内向下流动；②原料油以垂直方向进入催化剂区内，反应产物和催化剂水平流过反应区；③在极短时间内完成裂化反应，并进行油气-催化剂的快速分离。其优点在于：在反应区内，催化剂没有下滑现象，大大减少了二次裂化反应，从而可以获得高选择性的产品；再生温度较低，可以取消取热设施；焦炭、干气和液化气产率低，液体产率高，汽油辛烷值得到提高，催化剂耗损低；MSCC的安装费用比提升管反应系统低，据报道，一套MSCC反应再生器的安装费用比一套提升管反应器系统要低20%~30%。UOP公司曾用所开发的提升管反应器技术与MSCC工艺进行了对比，结果表明，MSCC工艺比传统的提升管反应技术具有更好的产品分布和选择性、操作费用低和开工周期长的特点。但由于接触时间极短，剂油接触的均匀度较难控制，致使操作经常波动。第一套MSCC工业装置（2800kt/a）于1994年在美国新泽西州建成。

（二）两段提升管催化裂化工艺

在常规提升管反应系统中，油气和催化剂沿提升管上行，边流动边反应，在反应过程中不断有焦炭沉积在催化剂表面上，使催化剂的活性及选择性急剧下降。研究表明，在反应进行1s左右之后，催化剂的活性下降了50%左右。因此，在提升管反应器的后半段，是在催化剂性能比较恶劣的条件下进行转化反应的，另外，催化原料油和初始反应中间产物的反应性能各不相同，而现有提升管反应器都让其经历同样的反应条件，这些对改善产品分布是非常不利的。新的两段提升管催化裂化工艺，克服了以上缺点。两段提升管催化裂化反应系统，如图6-54所示。

该工艺的基本特点是：①利用催化剂接力原理，分段反应，分段再生。即在第一段的催化剂活性和选择性降低到一定程度之后，及时将其分出再生，在第二段更换新的再生剂，从而强化催化性能，继续反应。②提高了催化裂化反应操作条件的灵活性，即两段可分别进行条件控制（两段提升管之间可采用不同的剂油比、反应温度以及根据油气组成不同可采用合适的催化剂种类），便于进行反应条件的优化。③由传统提升管反应器改为两段串联以后，进一步减少返混，使反应器更接近活塞流流型。两段提升管催化裂化试验装置的实验结果表明在同种进料（孤岛蜡油掺兑10%减压渣油）和同种催化剂（RHZ-300、RHZ-200混合的工业平衡剂）下，两段催化裂化较单段催化裂化具有明显的优越性：单程转化率可提高10%以上，汽油产率平均提高2%，轻油收率提高1%，汽油的质量得到改善（汽油中的烯烃质量分数下降10%~20%、异构烷烃和芳烃的含量增加）和汽油的辛烷值提高2个单位。在完成实验室研究的基础上，在中国石油大学胜华炼油厂，建成了世界上第一套两段提升管催化裂化工业装置（100~150kt/a），并一次开车成功，运转状况良好。工业试验结果表明，采用两段提升管催化裂化技术，可大幅度提高原料转化深度，同时加工能力增加20%~30%；显著改善产品分布，轻质产品收率提高2%~3%；干气和焦炭产率大大降低。此外，产品质量明显提高，汽油烯烃体积分数降到35%以下，硫含量显著降低，诱导期增加；柴油密度减小，硫含量下降，十六烷值提高。

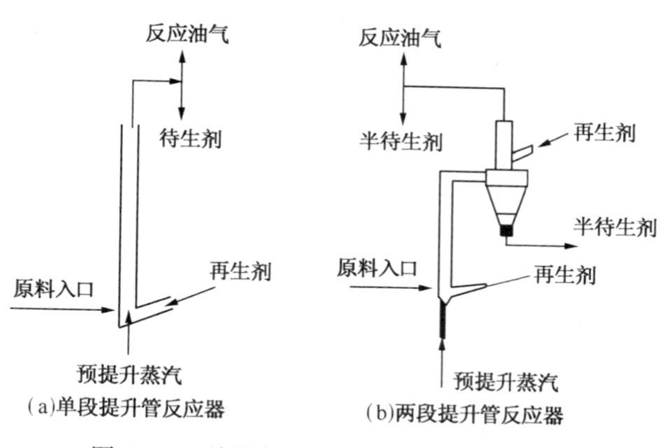

图6-54 单段与两段提升管反应器示意图

（三）下行床反应器催化裂化工艺

对于传统的气固并流上行提升管反应器，由于催化剂颗粒的主体运动方向与重力场方向相反，从而降低颗粒的运动速度，使催化剂在提升管中存在滑落和返混现象；同时重力和曳力的共同作用，导致了提升管中催化剂颗粒浓度径向分布的不均匀性。上行速度的减小意味着停留时间的增加，从而降低了反应中间产物的选择性，难以满足渣油催化裂化短反应时间的要求。针对上述现有工业提升管内存在的缺陷，20世纪80年代中期以来，一些国际知名的石油公司，如UOP、Texo等公司，提出了气固超短接触下行床反应器的概念。国内清华大学从1985年起进行气固短接触反应器的工程基础研究，并且在研究的基础上针对渣油催化裂化于1994年提出了催化裂化专利工艺。该工艺流程主要包括下行床反应器和两段再生技术，其下行床反应器的工艺特点是：反应器总压降小；气固接触时间短，反应油气停留时间维持在0.2~1.0s内；气固分离效率高；气固轴向返混明显减少；可以在较高的剂油比下操作等。由于这些优点，使得下行床反应器具有良好的反应结果：生焦量可降低20%~30%、轻质油收率提高2%~3%、干气和液化气的收率下降以及汽油的辛烷值得到提高。由于气体和颗粒在下行床内的反应时间控制在1s以内，因此，如何在有限的时间和空间内实现气固的快速混合和快速分离是下行床反应器催化裂化工艺的难点。

我国在20世纪90年代还开发了VRFCC和RFCC-V工艺，在本章第六节已详细介绍，在此不再赘述。

二、多产低碳烯烃的催化裂化新技术

20 世纪 80 年代，催化裂化工艺不仅是以生产汽油为目的产品的工艺。还向生产石油化学产品方向延伸，并取得了新成果。

以乙烯、丙烯为代表的低碳烯烃，是石油化工的基本原料，也是生产环境友好燃料的重要组分。低碳烯烃合成所得的产品既不含硫、氮杂质，又不含芳烃，是很干净的环境友好燃料组分。将催化裂化装置转为多产低碳烯烃，为生产含氧化合物和烷基化汽油提供原料，然后通过烷基化、异构化、叠合等装置，生产低硫、低芳烃的清洁汽油组分。此外，在传统的蒸汽裂解生产烯烃的工艺路线之外，需要寻求用重油生产烯烃的路线，达到扩大生产烯烃原料范围的目的。国内外先后开发了许多以多产低碳烯烃为目的的 FCC 家族新技术。

1. 催化裂解（DCC）工艺

DCC（Deep Cratalyeic Cracking）工艺是 RIPP 开发的。以重质油为原料，使用固体酸择形分子筛催化剂，生产低碳烯烃或异构烯烃和高辛烷值汽油的工艺技术。它分为 DCC-Ⅰ型和 DCC-Ⅱ型。DCC-Ⅰ型以最大量生产丙烯为主，它的操作苛刻度有了较大的提高，反应温度为 538~582℃，采用过度裂化方式，反应段为提升管加床层。为减少氢转移反应，催化剂不含稀土，可以生产 18%~20%的丙烯。DCC-Ⅱ型为最大量生产异丁烯和异戊烯的工艺，但其丙烯产率仍可高达 14%，而操作苛刻度大大降低，操作条件和反应段形式接近于常规 FCC 工艺。DCC 工艺反应再生流程与催化裂化基本相同。

工艺主要特点：可以用重质原料油（VGO 掺炼脱沥青油、焦化瓦斯油或减压渣油）生产低碳烯烃，其收率高于重油催化裂化；反应-再生操作灵活、可变，可按照多产丙烯或多产异丁烯/异戊烯等不同模式操作；反应温度比蒸汽裂解法低得多，用吸收-分馏法回收烯烃代替蒸汽裂解的冷冻分离法；烯烃产品杂质含量低，无需加氢精制。DCC 工艺干气中的乙烯含量可达 30%（体），浓度比催化裂化干气高得多，是制取乙苯的好原料。液化气中的丙烯含量可达 50%（体），DCC 工业装置的丙烯产品已经成功用作聚丙烯、丙烯酰胺和丙烯腈的原料。异丁烯可作为 MTBE 原料。DCC-Ⅰ汽油富含芳烃，辛烷值高。初馏~204℃和初馏~145℃汽油组分中的 BTX 含量分别为 22%和 38%，经过选择性加氢后的 DCC-Ⅰ汽油，除了可作汽油调合组分外，也可作为制取芳烃的原料。DCC-Ⅰ的柴油中芳烃含量达 70%，其中萘类化合物约占 50%，已成功地用作生产超增塑剂的原料。

2. MAXOFIN 工艺

MAXOFIN 工艺是 Kellogg 公司和 Mobil 公司联合开发的生产低碳烯烃的新技术。该工艺的主要特点是：设立第二提升管进行汽油二次裂化；使用高 ZSM-5 含量的助剂；采用密闭式旋风分离器。中试结果表明，以 Minas 原油的 VGO 为原料得到 18.37%的丙烯产率。显然，MAXOFIN 的丙烯产率低于 DCC，且装置反应-再生器结构复杂。

3. 选择性组分裂化（SCC）工艺

SCC 工艺是 Lummus 公司开发的一项最大量生产丙烯技术。主要工艺技术有：高苛刻度催化裂化操作；优化工艺与催化剂的选择性组分裂化；汽油回炼；生成的乙烯和丁烯再易位反应生成丙烯。高苛刻度催化裂化的反应体系由短接触时间提升管和直连式旋分器组成，其丙烯产率可以由传统的 3%~4%提高到 6%~7%；选择性组分裂化通过优化工艺操作条件和催化剂配方来实现，选用高 ZSM-5 含量的 FCC 催化剂，在工艺上采用高温、大剂油比操作，可以将丙烯产率提高至16%~17%；汽油组分回炼可使丙烯产率进一步提高2%~3%；而乙烯和丁烯在一个固定床反应器内易位反应转化为丙烯，预计可以多生产9%~12%的丙烯。因此，4项技术联合可以得到25%~30%的丙烯。

4. 轻烯烃催化裂化（LOCC）工艺

LOCC工艺是UOP公司开发的一项催化裂化生产低碳烯烃技术。该工艺的主要特点：采用双提升管，以及双反应区构型；第一提升管按高温、高剂油比操作，进行原料油的一次裂化，第二提升管操作苛刻度更高，使汽油进行二次裂化，生成气体烯烃；使用ZSM-5含量的助剂；第一提升管终端使用VSS快速分离器，下部采用M_XCat系统。M_XCat系统采用部分待生催化剂循环与高温再生催化剂在位于提升管底部的M_XR混合箱内混合，可以降低油剂接触温度，减少热裂化。

5. 双台组合循环裂化床（NEXCC）工艺

NEXCC是芬兰Neste Oy公司开发的生产气体烯烃的催化裂化工艺。被称为下一代催化裂化（NEXCC）的烃催化裂化工艺。NEXCC工艺采用两台组合在一起的循环裂化床反应器，一台为反应器，另一台为再生器，在同一受压壳体内，反应器设置在再生器内，用多入口旋风分离器取代了常规旋风分离器。其工艺特点是：操作较容易，改换催化剂和原料灵活，但操作条件较苛刻，催化剂循环量比常规FCC多2~3倍，反应温度为600~650℃，剂油接触时间仅有1~2s。NEXCC装置的大小仅相当于相同规模FCC的1/3，因此建设成本可以节省40%~50%。与常规FCC相比，汽油加轻质烯烃产率可达85%~90%。

三、适应市场产品需求的催化裂化

1. 多产液化气和汽油的催化裂化（ARGG或MGG）工艺

MGG工艺是RIPP开发的以蜡油、掺渣油为原料，使用具有特殊反应性能的RMG、RAG系列催化剂及相应的工艺条件，通过提升管或床层反应器，最大量地生产富含低碳烯烃的液化气和高辛烷值汽油的新型催化转化工艺技术。在此基础上又开发了以常压重油为原料的ARGG工艺技术。

该工艺的主要特点是：既大量生产富含低碳烯烃的液化气，又大量生产高品质汽油，从而达到油气兼顾。以石蜡基原料为例，MGG工艺可达到液化气产率35%，汽油产率45%以上，汽油RON 92~94，诱导期500~1000min；原料来源比较广泛，可以加工蜡油、常压渣油或原油等重质原料；采用高活性、选择性好、抗重金属污染强，具有特殊反应性能的RMG、RAG系列催化剂。适当的工艺操作参数与独特性能的催化剂合理配合，实现了同时兼有催化裂化正常裂化区与过裂化区二者的优点。在转化率远高于一般催化裂化情况下，汽油安定性好，焦炭和干气无明显增加；操作灵活。可通过改变工艺操作条件或采用不同操作条件（单程、重油回炼）来调整产品分布，提高高价格产品产率，适应市场变化的需要。这项技术是国内外首先实现工业化的新工艺，有广阔的推广应用前景。目前六套工业装置已投入生产。

2. 多产异构烯烃和优质汽油的催化裂化（MIO）工艺

MIO工艺以常规催化裂化进料（包括重质馏分油掺炼部分减压渣油）为原料，使用重油催化裂化专用催化剂，采用特定的反应技术，达到多产异构烯烃（异丁烯和异戊烯）和高辛烷值汽油为目的产物的工艺技术。工业试验表明：与RFCC相比，在焦炭产率相同情况下，转化率提高12%，（液化气+汽油）产率可提高13%；汽油的RON和MON可分别提高

4.5和2.5个单位；异构烯烃和丙烯产率明显高于常规的重油催化裂化，异构烯烃产率（按回炼操作）达10%以上；（丙烯+异构烯烃）产率可达20%以上。MIO工艺是可生产新配方汽油组分和为石油化工提供原料的新工艺，1995年在中国兰州炼化总厂实现了工业化。

3. 多产异构烷烃的催化裂化工艺（MIP）

RIPP提出了生产清洁汽油组分的流化催化裂化新技术MIP（Maximizing Iso-Paraffins）。MIP工艺今天在我国催化裂化装置中占有半壁江山，并在美国《烃加工》杂志上作为新技术列入介绍。

在催化裂化条件下，油气在沸石催化剂上进行许多交错反应，形成一个相当复杂的反应体系。研究发现，如果催化裂化反应仅按照单、双分子反应机理进行，很难解释反应产物中烷烃和烯烃之比大于1的事实。这也促使人们对氢转移反应进一步开展研究，并认为过量饱和产物是氢转移反应的结果。根据前人提供的一个烯烃分子与另一个烯烃分子也可以发生氢转移反应产生烷烃和芳烃的基本原理，通过对反应化学的深入研究，把它应用到催化裂化反应工艺中。在研究催化裂化反应机理中的质子化裂化和负氢离子转移二类基元反应时，应特别关注氢转移化学反应，它对反应产物的分布及产品性质有重要影响。氢转移反应在催化裂化反应过程中起着关键的作用。氢转移反应包括分子内的氢转移反应和分子间的氢转移反应。分子内的氢转移反应包括双键异构化反应、骨架异构化反应、环化反应、芳构化反应和缩合反应等。一般来讲，氢转移反应主要是指分子间的氢转移反应，其反应步骤为从供氢体，像环烷基芳烃（如二甲基四氢萘，$DMC_{10}H_{10}$）转移一个氢分子到受氢体上，像烯烃（如异丁烯，C_4H_8），其简单化学反应方程式如下：

$$i\text{-}C_4H_8+DMC_{10}H_9^+ \longrightarrow t\text{-}C_4H_9^+ +DMC_{10}H_8$$

$$t\text{-}C_4H_9^+ +DMC_{10}H_8 \longrightarrow i\text{-}C_4H_{10}+DMC_{10}H_7^+$$

$$i\text{-}C_4H_8+DMC_{10}H_7^+ \longrightarrow t\text{-}C_4H_9^+ +DMC_{10}H_6$$

$$t\text{-}C_4H_9^+ +DMC_{10}H_{10} \longrightarrow i\text{-}C_4H_{10}+DMC_{10}H_9^+$$

上述氢转移反应最后的结果为烯烃转化为相应的烷烃，而环烷环转化为芳香环。一个氢分子杂化转移实际上涉及连续的两个步骤，先发生负氢离子转移，然后再发生质子转移。

氢转移反应类型Ⅰ

$$3\underset{\text{烯烃}}{C_nH_{2n}}+\underset{\text{环烷烃(烯烃)}}{C_mH_{2m}} \longrightarrow 3\underset{\text{烷烃}}{C_nH_{2n+2}}+\underset{\text{芳烃}}{C_mH_{2m-6}}$$

氢转移反应类型Ⅱ

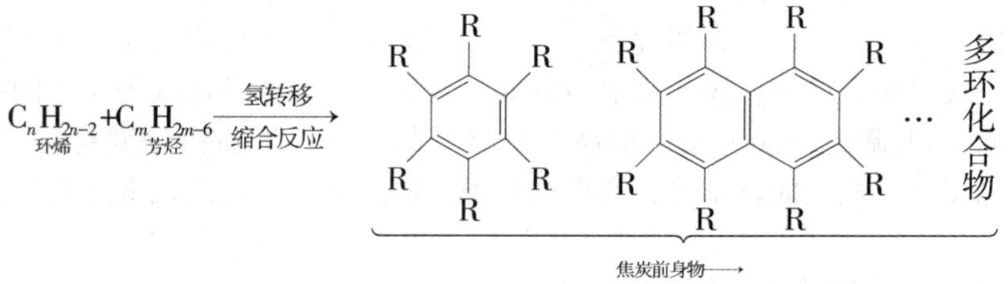

$$\underset{\text{环烯}}{C_nH_{2n-2}}+\underset{\text{芳烃}}{C_mH_{2m-6}} \xrightarrow[\text{缩合反应}]{\text{氢转移}} \underbrace{\text{(六取代苯)}\quad\text{(八取代萘)}\quad\cdots\ \text{多环化合物}}_{\text{焦炭前身物}\longrightarrow}$$

$$C_nH_{2n} \xrightarrow{\text{吸收负氢}} C_nH_{2n+2}$$

烯烃转化需要生成烷烃和芳烃，最好进行氢转移反应类型Ⅰ，抑制氢转移反应类型Ⅱ；反之，烯烃转化需要生成更多的烷烃，最好进行氢转移反应类型Ⅱ，抑制氢转移反应类型Ⅰ。氢转移反应的氢来源主要从三个方面得到：环烷及环烯转化成芳烃；烯烃脱氢环化生成环烯；芳烃缩合生成焦炭。由此可以看出，氢转移反应对催化裂化的产物分布，尤其是产品组成的影响起着重要的作用。

烯烃是烷烃、环烷烃和芳烃发生 C—C 间断裂的一次反应的产物，也是生成异构烷烃和芳烃的二次反应的前身物。因此，将反应分成两个部分，以烯烃为界，生成烯烃为第一反应区，烯烃反应为第二反应区（如图 6-55）。第一反应区的主要作用是，烃类混合物快速和较彻底地裂化生成烯烃，故该区的操作方式类似目前的催化裂化方式，即高温、短接触时间和高剂油比，该区的反应苛刻度应高于目前催化裂化的反应苛刻度，这样可以达到在短时间内使较重的原料油裂化生成烯烃，而烯烃不能进一步裂化，保留较大分子的烯烃，同时高反应苛刻度可以减少汽油组成中的低辛烷值组分正构烷烃和环烷烃，对提高汽油的辛烷值非常有利；第二反应区的主要作用是，由于烯烃生成异构烷烃既有平行反应又有串联反应，且反应温度低对其有利，故该区操作方式不同于目前的催化裂化操作方式，即低反应温度和长反应时间。这样既保证烯烃的生成，又促使烯烃有利于生成异构烷烃或异构烷烃和芳烃。

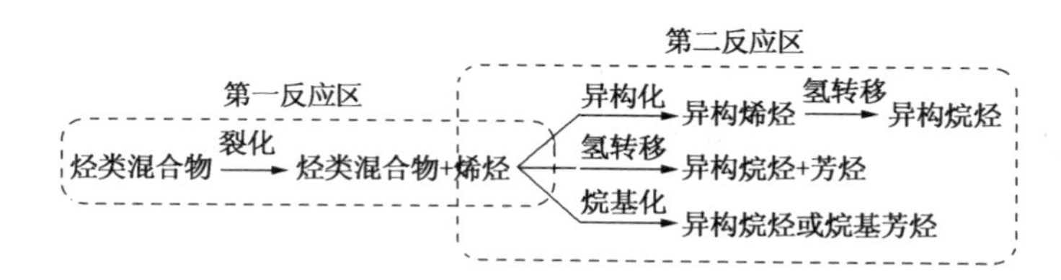

图 6-55　烃类催化裂化与转化生成异构烷烃和芳烃的反应途径

根据反应的特点，把裂化段与氢转移段分开，优化了Ⅱ类反应的工艺条件，形成了具有催化裂化的同时又降低汽油馏分中烯烃含量的 MIP 新工艺。

MIP 技术提供了一种生产清洁汽油组分的新方法，突破了现有的催化裂化工艺对二次反应的限制，实现了可控性和选择性地进行裂化反应、氢转移反应和异构化反应，明显地降低汽油烯烃含量，同时保持辛烷值不损失，重油转化能力还有所增加。

4. 多产柴油和液化气的催化裂化（MGD）工艺

MGD 工艺是 RIPP 开发的以重质油为原料，利用 FCC 装置多产液化石油气和柴油并可显著降低汽油烯烃含量的新技术。该工艺的主要特点：提升管反应器从提升管底部到提升管顶部依次设计为 4 个反应区（汽油反应区、重质油反应区、轻质油反应区和总反应深度控制区）；采用粗汽油控制裂化技术，增加液化气产率，降低汽油烯烃含量，调节裂化原料的反应环境以增加柴油馏分的生成和保留；液化气和柴油产率明显大于常规的 FCC 技术，高价值产品（液化气、汽油和柴油）与常规 FCC 技术相当；汽油中烯烃含量能够大幅度降低，且汽油辛烷值有一定提高。工业应用试验结果表明：液化气产率增加 1.3%~5.0%，柴油产率增加 3.0%~5.0%，在汽油的烯烃含量降低 9.0~11.0 个百分点的同时，RON 和 MON 分别提高 0.2~0.7 和 0.4~0.9 个单位。

5. 多产柴油的催化裂化（MDP）工艺

RIPP 在传统的增产柴油工艺技术的基础上开发出催化裂化增产柴油的新工艺 MDP。该工艺的主要特点：可以加工重质、劣质的催化裂化原料；采用配套研制的增产柴油催化剂，且维持平衡剂的活性适中；应用原料组分选择性裂化技术，将催化裂化原料按馏分的轻重及其可裂化性能区别处理，在提升管反应器的不同位置注入不同的原料组分，使性质不同的原料在不同的环境和适宜的裂化苛刻度下进行反应；采用较为苛刻的裂化条件和适宜的回炼比，装置的加工量和汽油的辛烷值不会受到影响。

习题与思考题

1. 催化裂化如何体现它是炼油化工一体化的核心工艺之一的地位？
2. 简述催化裂化工艺原理？催化裂化的主要反应类型有哪些？
3. 试述结构导向集总基本方法。
4. 催化裂化催化剂的活性组分是什么？催化剂有几种类型？
5. 简述催化裂化的原料及质量控制，产物的特点如何？
6. 催化裂化产物焦炭的来源？作为产物的焦炭在催化裂化反应过程中起何作用？
7. 简述双动滑阀、旋风分离器、稳定塔的作用？
8. 催化裂化的分馏塔与常压分馏塔相比有何异同点？
9. 催化裂化反应-再生系统中三大平衡是什么？它们各包括哪些部分？
10. 催化裂化反应、再生系统的影响因素有哪些？
11. 影响催化裂化反应转化率的主要操作因素有哪些？转化率对产品分布、质量有何影响？
12. 简述重油（渣油）的特点以及由此会给催化裂化造成哪些困难？如何解决这些困难？
13. 为了实现重油资源的有效利用，在传统催化裂化的基础上发展了哪些家族工艺？
14. 试述 MIP 工艺中，氢转移反应在催化裂化反应过程中是怎样起着关键作用？

参 考 文 献

[1] 陈俊武，许友好. 催化裂化工艺与工程：上册［M］. 3 版. 北京：中国石化出版社，2015.

[2] 李大东. 满足未来炼油工业需求的关键技术［C］//中国工程院化工、冶金与材料学部第五届学术会议论文集. 北京：中国石化出版社，2005. 62-63.

[3] 侯芙生. 21 世纪我国催化裂化可持续发展战略［J］. 石油炼制与化工，2001，32（1）：1-6.

[4] 林世雄. 石油炼制工程［M］. 3 版. 北京：石油工业出版社，2005.

[5] 瞿国华. 21 世纪中国炼油工业的重要发展方向——重质（超重质）原油加工［J］. 中外能源，2007，12（3）：54-62.

[6] Mc Quiston H L. Recent Developments in FCC Processing for Petroleum Production［R］. Japan Petroleum Institute Refining Conference，Tokyo，1998.

[7] Hemler C L，Upson L L. Maximize Propylene Production［R］. The European Refining Technology Conference，Berlin，1998.

[8] 张德义. 努力提高催化裂化工艺技术水平，进一步增强我国炼油企业竞争能力［C］//催化裂化第九届年会报告论文选集，2003. 3.

[9] 邵仲妮. 世界车用汽油治疗现状和发展趋势［J］. 炼油技术与工程，2008，38（1）：1-6.

[10] 张庆宇. FDFCC 汽油改质机理及反应条件探讨［J］. 炼油技术与工程 2005，35（3）：34-36.

[11] 徐春明，林世雄. 渣油化学组成对催化裂化反应的影响［J］. 石油学报：石油加工，1998，14（2）：1-5.

[12] 刘熠斌，陈小博，杨朝合. FCC 汽油裂解生产低碳烯的动力学模型研究［J］. 炼油技术与工程，2007，37（3）：5-9.

[13] Quann R J，Jaffe S B. Structure-oriented lumping：describing the chemistry of complex hydrocarbon mixtures［J］. Industrial & Engineering Chemistry Research，1992，31（11）：2483-2497.

[14] Quann R, Jaffe S. Building useful models of complex reaction systems in petroleum refining [J]. Chemical Engineering Science, 1996, 51 (10): 1615-1635.

[15] Ghosh P. Predicting the effect of cetane improvers on diesel fuels [J]. Energy & Fuel, 2008, 22 (2): 1073-1079.

[16] Ghosh P, Hickey K J, Jaffe S B. Development of a detailed gasoline composition-based octane model [J]. Industrial & Engineering Chemistry Research, 2006, 45 (1): 337-345.

[17] Ghosh P, Andrews A T, Quann R J, et al. Detailed Kinetic Model for the Hydro-desulfurization of FCC Naphtha [J]. Energy & Fuels, 2009, 23 (12): 5743-5759.

[18] 孙忠超，山红红，刘熠斌，等. 基于结构导向集总的 FCC 汽油催化裂解分子尺度动力学模型 [J]. 化工学报，2012，63 (2)：486-492.

[19] Yang B, Zhou X, Chen C, et al. Molecule simulation for the secondary reactions of fluid catalytic cracking gasoline by the method of structure oriented lumping combined with Monte Carlo [J]. Industrial & Engineering Chemistry Research, 2008, 47 (14): 4648-4657.

[20] Tian L, Shen B, Liu J. Building and Application of Delayed Coking Structure-Oriented Lumping Model [J]. Industrial & Engineering Chemistry Research, 2012, 51 (10): 3923-3931.

[21] Zhu R, Shen B X, Liu J C, et al. A Kinetic Model for Catalytic Cracking of Vacuum Gas Oil using a Structure Oriented Lumping Method [J]. Energy Sources, Part A: Recovery, Utilization, and Environmental Effects, 2012, 34: 2066-2072.

[22] 祝然. 结构导向集总新方法构建催化裂化动力学模型及其应用研究 [D]. 华东理工大学，2013.

[23] Jaffe S B, Freund H, Olmstead W N. Extension of structure-oriented lumping to vacuum residua [J]. Industrial & Engineering Chemistry Research, 2005, 44 (26): 9840-9852.

[24] 唐津莲，许友好，汪燮卿，等. 四氢萘在分子筛催化剂上环烷环开环反应的研究 [J]. 石油炼制与化工，2012，43 (1)：20-25.

[25] 高金森，徐春明，林世雄. 催化裂化提升管反应器气固液三相流动反应的数值模拟 [J]. 石油学报：石油加工，1996，15 (3)：17-22.

[26] 燕青芝，程振民，于丰东，等. 在流化床反应器内研究裂化催化剂烧碳再生的动力学 [J]. 石油学报：石油加工，2001，(17) 2：38-44.

[27] 高金森，徐春明，卢春喜. 对重油催化裂化反应历程的若干再认识 [J]. 炼油技术与工程，2007，36 (12)：1-6.

[28] 杨朝合，山红红，张建芳. 两段提升管催化裂化系列技术 [J]. 炼油技术与工程，2005 (35) 3：28-33.

[29] 刘翠云，冯伟，张玉清. FCC 提升管反应器新型预提升结构开发 [J]. 炼油技术与工程，2007 (37) 9：24-27.

[30] 侯言超. 泰国 0.7Mt/a 催化裂解装置的设计和投产 [J]. 炼油设计，1999，29 (1)：8-11.

[31] 吴青，何鸣元. 降低催化裂化汽油硫含量的技术进展 [J]. 石油炼制与化工，2005 (35) 2：1-4.

[32] 韩淑茉，郝希仁. ARGG 与 RFCC 装置工艺设计的主要差别 [J]. 催化裂化，1997，16 (5)：11-21.

[33] 许友好，张久顺，龙军. 生产清洁汽油组分的催化裂化新工艺 MIP [J]. 石油炼制与化工，2001，32 (8)：1-5.

[34] 许友好. 催化裂化化学与工艺 [M]. 北京：科学出版社，2013.

[35] 汪燮卿. 中国炼油技术 [M]. 4 版. 北京：中国石化出版社，2021.

第七章 催化加氢

第一节 概 述

催化加氢是在氢气存在下对石油馏分进行催化加工过程的通称。催化加氢技术包括加氢处理和加氢裂化两类。

加氢处理是指在加氢反应过程中，只有≤10%的原料油分子变小的加氢技术。它包括传统意义上的加氢精制和加氢处理技术。依照其所加工原料油的不同，它包括催化重整原料油加氢精制、石脑油加氢精制、催化汽油加氢精制、喷气燃料加氢精制、柴油加氢精制、催化裂化原料油加氢预处理、渣油加氢处理、润滑油加氢、石蜡和凡士林加氢精制等。

加氢裂化是指在加氢反应过程中，原料油分子中有10%以上变小的加氢技术。它包括传统意义上的高压加氢裂化(反应压力>14.5MPa)和缓和与中压加氢裂化(反应压力≤12.0MPa)技术。依照其所加工的原料油不同，可分为馏分油加氢裂化、渣油加氢裂化和馏分油加氢脱蜡等。

加氢精制的目的在于脱除油品中的硫、氮、氧杂原子及金属杂质，同时还使烯烃、二烯烃、芳烃和稠环芳烃选择加氢饱和，从而改善油品的使用性能。

加氢精制的优点是，原料油的范围宽，产品灵活性大，液体产品收率高[>100%(体)]，产品质量好。而且与其他产生废渣的化学精制方法相比还有利于保护环境和改善工人劳动条件。因此无论是加工高硫原油还是加工低硫原油的炼厂，都广泛采用这种方法来改善油品的质量。

润滑油加氢是使润滑油的组分发生加氢精制和加氢裂化反应，使一些非理想组分结构发生变化，以达到脱除杂原子、使部分芳烃饱和并改善润滑油的使用性能的目的。

加氢处理是通过加氢精制反应和部分加氢裂化使原料油质量符合下一个工序要求。加氢处理多用于渣油和脱沥青油。

馏分油加氢裂化的原料主要有减压蜡油、焦化蜡油、裂化循环油及脱沥青油等，其目的是生产高质量的轻质油品，如柴油、喷气燃料、汽油等。其特点是具有较大的生产灵活性，可根据市场需要，及时调整生产方案。渣油加氢裂化与馏分油加氢裂化有本质的不同，由于渣油中富集了大量硫化物、氯化物、胶质、沥青质大分子及金属化合物，使催化剂的作用大大降低。因此，热裂解反应在渣油加氢裂化过程中有重要作用。一般来说，渣油加氢裂化的产品尚需进行加氢精制。

馏分油加氢脱蜡、加氢改质过程主要是常压瓦斯油(AGO)、焦化柴油等原料生产低凝点或低硫、较高十六烷值的优质柴油或喷气燃料。

一、催化加氢在炼油工业中的地位和作用

催化加氢技术的工业应用虽然较晚，但在现代炼油工业中，催化加氢技术亦已经成为炼油工业的支柱技术。

加氢技术迅速发展的主要原因有：

① 随着原油变重、变差，原油中硫、钒、镍、铁等含量呈上升趋势，炼厂加工含硫原油和重质原油的比例逐年增大，不大量采用加氢技术已经无法满足生产需要。

② 世界经济的快速发展，对轻质油品的需求持续增长，特别是中间馏分油——喷气燃料和柴油，因此需对原油进行深度加工，加氢技术是炼油厂深度加工的有效手段。

③ 环境保护的需求。汽车尾气对人类的生存与发展构成了严重威胁，为了实现可持续发展要使用清洁燃料。长期以来，催化裂化一直是生产汽油的支柱技术，但即使加工低硫原油，催化汽油的含硫量也不能符合清洁燃料的质量要求，催化柴油的质量指标也与清洁柴油相差甚远。为此，多种加氢新技术应运而生，并迅速在炼厂得到应用；另外为了更好地保护汽车发动机、降低燃油消耗、延长润滑油换油期、满足汽车尾气排放的严格要求，需生产低硫、高黏度指数、低挥发性、氧化安定性好的润滑油基础油，使加氢技术的发展和在炼厂的应用进入一个新的阶段。

二、加氢技术的发展概况

（一）加氢裂化技术

加氢裂化技术还是以馏分油加氢裂化为主导。馏分油加氢裂化的工艺流程几十年来基本定型，没有太大的进展，各国各家公司的工艺流程都大同小异，主要有 3 种：

① 两段加氢裂化流程。这是 20 世纪 60 年代初期由直馏 LGO 和催化裂化 LCO 生产石脑油采用的流程，加工 VGO 生产最大量石脑油也采用这种流程。

② 单段循环流程。加工 VGO，生产最大量的中馏分油(喷气燃料和柴油)，采用这种流程，柴油、喷气燃料和石脑油馏分的转化率一般接近 100%。

③ 单段一次通过流程。加工 VGO 生产石脑油和中馏分油，尾油用作催化裂化原料、润滑油原料(基础油)或乙烯装置原料。

虽然工艺流程只有以上 3 种，由于原料油性质不同，目的产品不同，催化剂的品种很多，而且又有无定形和分子筛型之分，所以在反应器中装填哪一种催化剂又有讲究，各公司都采用自己的专有技术。

近年来，还发展了中压加氢裂化技术和缓和加氢裂化技术。

中压加氢裂化技术在中等压力下通过加氢裂化使 VGO 转化为轻质油品，其产品主要为优质石脑油、优质柴油和优质尾油。中压加氢裂化装置在建设投资和操作费用等方面均明显低于高压加氢裂化工艺，具有良好的经济效益。此外，对于中间馏分油、乙烯原料需求量的增加和柴油质量的改善都极大地促进了中压加氢裂化技术的发展。缓和加氢裂化是一种重油轻质化技术，重馏分油轻度裂化，>350℃馏分转化率 10%~50%，除生产一部分汽油和柴油外，>350℃尾油是优质催化裂化和蒸汽裂解的原料。

加氢裂化工艺在我国有了长足的发展。镇海石化加氢裂化装置是用我国自行设计的成套技术而建成的第一套加氢裂化装置，其加工能力为 0.8Mt/a。1993 年投产以后，为扩大适应加工中东高含硫原油的能力，同时为催化裂化装置提供低硫优质原料。镇海石化加氢裂化的投产，标志着我国高压加氢裂化工艺的开发有了新的突破，达到国际先进水平

多年来加氢裂化催化剂进展很大。20 世纪 60 年代主要应用无定形催化剂，70 年代分子筛型和无定形催化剂的应用大体相当，80 年代以后，应用的主要是分子筛型催化剂。加氢裂化催化剂的进展，主要是适应目的产品的需要，因此在其活性、选择性和稳定性方面越来越好。目前世界上可供应的品种达 100 多个。

（二）加氢精制技术

炼油厂汽油中90%以上的硫来自催化裂化汽油，我国成品汽油的脱硫大多采用加氢脱硫(HDS)精制的方法。

目前，国外FCC汽油加氢精制技术主要有：ISAL加氢转化脱硫技术，OCTGAIN选择性加氢脱硫工艺，SCANFining选择性加氢脱硫工艺及Prime-G和Prime-G^+选择性加氢脱硫工艺等。

针对我国FCC汽油的特点，FRIPP成功开发出OCT-MFCC汽油选择性加氢脱硫催化剂体系FGH-20/FGH-11及成套工艺技术。该技术选择适宜的FCC汽油轻重馏分切割点，对轻重馏分分别进行脱硫处理。实验结果表明：FCC汽油总脱硫率可达85%~90%，RON损失小于2个单位。另外，RIPP也开发了选择性加氢RSDS技术，均已实现工业化。

FCC汽油加氢精制技术为我国汽油脱硫发挥了重要作用。但汽油中的烯烃在加氢脱硫的同时也会发生饱和反应而使汽油辛烷值损失，尤其在深度脱硫时汽油的辛烷值损失更大。因此，在深度脱硫时，FCC汽油不宜采用加氢脱硫方法，需找寻更为经济可行的脱硫技术。

为缓解这一矛盾，炼油工业界越来越关注吸附脱硫技术，特别是重视发展化学吸附脱硫工艺技术，采用S Zorb工艺进行FCC汽油脱硫。该技术由美国康菲(ConocoPhillips)公司研发，技术的基本原理是使用独特的金属氧化物吸附剂选择性地吸附含硫化合物中的硫原子从而达到脱硫的目的。也就是，首先噻吩以S—M的模式吸附在吸附剂表面的NiO活性位上，通过氢气进一步弱化噻吩的C—S键，导致C—S键断裂使Ni被硫化成Ni_3S_2，从而释放出C_4物种；第二步，Ni_3S_2在氢气的作用下再次被还原成具有活性的单质Ni，生成H_2S；最后，H_2S迅速与吸附剂中ZnO组分反应生成ZnS，将系统中的S储存至ZnO中，自此实现吸附剂的“自再生”循环。

2007年，中国石化整体收购了美国康菲公司的S Zorb技术，完全拥有了该专利技术。此后，中国石化对S Zorb技术进行了一系列技术创新与改进，新一代S Zorb技术提高了其可靠性与先进性，得到了进一步推广应用。目前在全球采用该技术已经建成投产的装置共22套，其中我国国内16套，美国6套。新一代S Zorb汽油吸附脱硫工艺技术成为我国汽油质量升级的重要技术手段。

近几年，各国和地区从环保的角度出发，制定了更加严格的柴油车排放标准，对柴油的烯烃含量和芳烃含量提出了更加严格的要求。

IFP公司开发的Prime-D™柴油加氢脱硫过程是IFP的核心技术之一。该技术使用双元或多元催化剂。IFP建议：加氢目的是超深度脱硫，推荐选用HR416催化剂，若还要改善安定性，降低芳烃，提高十六烷值，推荐选用HR448催化剂。工艺过程采用中压深度和超深度一段或两段脱硫过程。因此，能够降低氮和多环芳烃，提高十六烷值。

日石公司开发出日石法两段式深度加氢脱硫过程。该工艺过程使用的Ni-Mo和Co-Mo催化剂，被认为是目前同类催化剂中效用最高的。从日石法两段式深度加氢脱硫过程的工业试用情况看，日石法两段式和日石法一段式相比具有高空速和化学氢耗量减少10%~20%的优点，大大降低了装置的操作费用。

由于我国柴油质量的标准要求较低，对芳烃含量没有进行限制。因此，国内这项研究工作起步较晚，但FRIPP已经取得了一定的工作进展。FRI即目前用于柴油馏分加氢精制的催化剂主要有FH系列的3个品种FH-5、FH-SA、FH-8及FDS系列的3962催化剂，其总体性能和使用效果均优良。同时，为适应中、低压下生产低硫、低芳烃柴油的两段法工艺发展要求，FRIPP 也开展了柴油加氢脱芳烃催化剂及工艺研究。研制出 FDA 贵金属柴油深度脱芳烃催化剂，它具有高芳烃饱和活性，并有较高的抗硫性能和较强的稳定性。

现在油品的分子组成已成为油品更重要的指标。炼油厂必须生产能够大幅度减少汽车尾气中有毒有害物质并改善空气质量的清洁油品，因而需要更有效的加氢技术，特别是加氢催化剂要既能生产符合环保要求的清洁/超清洁燃料，又能改善使用性能，同时还要降低生产成本。预计，在今后一段时期内各类加氢技术的发展趋势是：

1. 加氢处理技术

开发直馏馏分油和重原料油深度加氢处理催化剂的新金属组分配方，“量身定制”催化剂载体，重原料油加氢脱金属催化剂，废催化剂金属回收技术和多床层加氢反应器，以提高加氢脱硫和加氢脱氮活性，使催化剂的表面积和孔分布更好地适应不同原料油的需要，延长催化剂的运转周期和使用寿命，降低生产催化剂所用金属组分的成本，优化工艺过程。

2. 芳烃深度加氢技术

开发新金属组分配方特别是非贵金属、新催化剂载体和新工艺，目的是提高在较低操作压力下芳烃的饱和活性，降低催化剂成本，提高柴油的收率和十六烷值，控制动力学和热力学因素。

3. 加氢裂化技术

开发新的双功能金属-酸性组分的配方，目的是提高中馏分油的收率，提高柴油的十六烷值，提高抗结焦失活的能力，降低操作压力和氢气消耗。

第二节 催化加氢过程的化学反应

一、加氢处理过程的化学反应

从化学的角度来看，加氢处理过程的主要反应可分为两大类：一类是氢直接参与的化学反应，如加氢饱和、氢解；另一类是临氢条件下的化学反应，如异构化反应等。

（一）加氢脱硫(HDS)反应

石油馏分中的含硫化合物在催化剂和氢气的作用下，进行氢解反应，转化为不含硫的相应烃类和 H_2S。加氢脱硫反应是加氢处理过程中最主要的化学反应。

1. 各类硫化物的 HDS 反应

① 硫醇

$$RSH + H_2 \longrightarrow RH + H_2S$$

② 硫醚

$$R—S—R + 2H_2 \longrightarrow 2RH + H_2S$$

③ 二硫化物

$$(RS)_2 + 3H_2 \longrightarrow 2RH + 2H_2S$$

④ 噻吩系

$$R\text{-}C_4H_3S + 4H_2 \longrightarrow R—C_4H_9 + H_2S$$

⑤ 硫芴

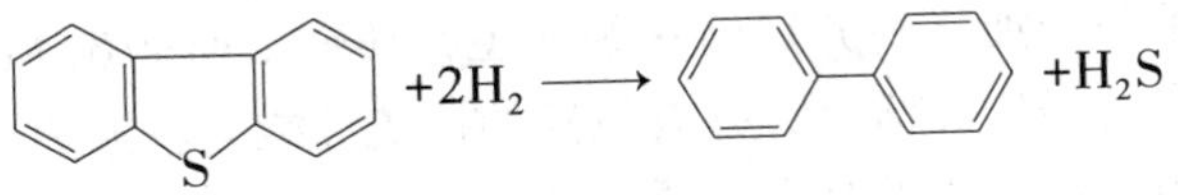

$$+2H_2 \longrightarrow \quad +H_2S$$

2. 加氢脱硫反应的热力学

对于多数含硫化合物来说，在相当大的温度和压力范围内，其脱硫反应的化学平衡常数都是相当大的。因此，在实际的加氢过程中，对大多数含硫化合物来说，决定脱硫率高低的因素是反应速率而不是化学平衡。表 7-1 列出了各类含硫化合物在不同温度下加氢脱硫反应的化学平衡常数。由表 7-1 可见，除噻吩类在 627℃(远超过工业反应温度)以外，所有含硫化合物的反应平衡常数在很大的温度范围内都是正值，而且数值较大，说明从热力学角度看它们都可以达到很高的平衡转化率。

表 7-2 列出了噻吩在不同温度和压力下的加氢脱硫反应的平衡转化率。由表 7-2 可见，压力较低时，温度的影响明显；而温度较高时，压力的影响显著。对噻吩类硫化物来说，进行深度脱硫时，反应压力应不低于 4MPa，反应温度应不高于 700K(约 427℃)。

表 7-1 含硫化合物加氢脱硫反应的化学平衡常数及热效应

反应	$\lg K_p$			ΔH(700K)/(kJ/mol)
	500K	700K	900K	
$CH_3SH+H_2 \longrightarrow CH_4+H_2S$	8.37	6.10	4.69	—
$C_2H_5SH+H_2 \longrightarrow C_2H_6+H_2S$	7.06	5.01	3.84	-70
$n\text{-}C_3H_7SH+H_2 \longrightarrow C_3H_8+H_2S$	6.05	4.45	3.52	—
$(CH_3)_2S+2H_2 \longrightarrow 2CH_4+H_2S$	15.68	11.42	8.96	—
$(C_2H_5)_2S+2H_2 \longrightarrow 2C_2H_6+H_2S$	12.52	9.11	7.13	-117
$CH_3—S—S—CH_3+3H_2 \longrightarrow 2CH_4+2H_2S$	26.08	19.03	14.97	—
$C_2H_5—S—S—C_2H_5+3H_2 \longrightarrow 2C_2H_6+2H_2S$	22.94	16.79	13.23	—
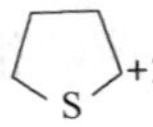 (四氢噻吩) $+2H_2 \longrightarrow n\text{-}C_4H_{10}+H_2S$	8.79	5.26	3.24	-122
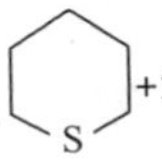 (五亚甲基硫醚) $+2H_2 \longrightarrow n\text{-}C_5H_{12}+H_2S$	9.22	5.92	3.97	-113
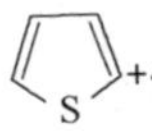 (噻吩) $+4H_2 \longrightarrow n\text{-}C_4H_{10}+H_2S$	12.07	3.85	-0.85	-281
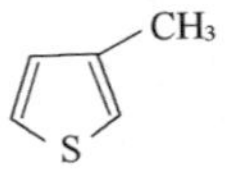 (3-甲基噻吩, CH_3) $+4H_2 \longrightarrow i\text{-}C_5H_{12}+H_2S$	11.27	3.17	-1.43	-276

表 7-2 噻吩加氢脱硫反应的平衡转化率①

温度/K	压力/MPa			
	0.1	1.0	4.0	10.0
500	99.2	99.9	100	100
600	98.1	99.5	99.8	99.8
700	90.7	97.6	99.0	99.4
800	68.4	92.3	96.6	98.0
900	28.7	79.5	91.8	95.1

① 转化率数据为摩尔分数。

在加氢精制过程中，各种类型硫化物的氢解反应都是放热反应。

3. 加氢脱硫反应的动力学

石油馏分中各类含硫化合物的 C—S 键的键能比 C—C 或 C—N 键的键能要小，因此，在加氢过程中，含硫化合物中的 C—S 键先行断开而生成相应的烃类和 H_2S。表 7-3 列出了几种键的键能。

表 7-3 各种键的键能

键	C—H	C—C	C=C	C—N	C=N	C—S	N—H	S—H
键能/(kJ/mol)	413	348	614	305	615	272	391	367

各种有机含硫化合物在加氢脱硫反应中的反应活性，因分子结构和分子大小不同而异。按以下顺序递增：

噻吩<四氢噻吩≈硫醚<二硫化物<硫醇

噻吩类硫化合物的反应活性是最低的。而且，随着噻吩中所含的环烷环和芳香环数目的增加，其加氢反应活性下降。当二苯并噻吩含有三个环时，加氢脱硫最难。这种现象可能是由于空间位阻所致。在工业加氢脱硫条件下，噻吩类硫化合物的脱硫反应活性因分子大小不同而按以下顺序递减：

噻吩>苯并噻吩>二苯并噻吩>甲基取代的苯并噻吩

表 7-4 列出了某些噻吩类化合物的加氢反应速率常数。

表 7-4 某些噻吩类化合物的加氢反应速率常数(300℃，7.1MPa，Co-Mo/Al_2O_3催化剂)

化合物	相对反应速率常数	化合物	相对反应速率常数
 S	100	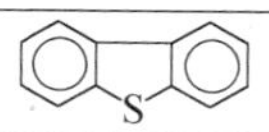 S	4.4
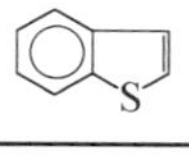 S	58.7	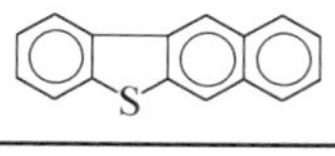 S	11.4

这些模型硫化物的氢解反应属于表面催化反应，硫化物和氢分子分别吸附在催化剂不同类型的活性中心上，其反应速率方程可以用 Langmuir-Hinshelwood 来描述。在实际石油馏分中硫化物的组成和结构十分复杂并且不同类型的硫化物在不同馏分中的分布有相当大的差异，因此石油馏分加氢脱硫反应动力学远比纯硫化物复杂，对于石油馏分加氢脱硫通常用幂函数反应速率表达式：

$$r_{HDS} = k[\alpha(1-x)]^{\alpha} \times f(P_H) \times e^{-E/RT} \quad (7-1)$$

式中，x 是转化率；α 是原料油中的初始硫含量，取决于所用的原料；α 数值为 1~2。

在单体硫化物中，噻吩型硫化物是最稳定的，噻吩加氢脱硫反应是按两种不同的途径进行的：在氢压较低时，对噻吩及氢气都是一级反应；在大于 1.2MPa 时，对氢压的表观反应级数不再是一级。在研究反应温度对噻吩氢解反应的影响时，曾经求得该反应的表观活化能为 92.4kJ/mol。

（二）加氢脱氮(HDN)反应

石油馏分中的含氮化合物在催化剂和氢气的作用下，进行氢解反应，转化为不含氮的相应烃类和 NH_3。

1. 各类氮化物的 HDN 反应

① 脂肪胺及芳香胺

$$R—CH_2—NH_2+H_2 \longrightarrow R—CH_3+NH_3$$

② 吡啶、喹啉类型的碱性杂环化合物

吡啶：

$$\text{(吡啶)}+5H_2 \longrightarrow C_5H_{12}+NH_3$$

喹啉：

$$\text{(喹啉)}+4H_2 \longrightarrow \text{(苯环)}—C_3H_7+NH_3$$

③ 吡咯、茚及咔唑型的非碱性氮化物

吡咯：

$$\text{(吡咯)}+4H_2 \longrightarrow C_4H_{10}+NH_3$$

在各族氮化物中，脂肪胺类的反应能力最强，芳香胺类次之，碱性或非碱性氮化物，特别是多环氮化物很难反应。

2. 加氢脱氮反应的热力学

C═N 键能比 C—N 大一倍，因此在实际加氢脱氮反应过程中 C—N 键氢解前含氮原子的杂环必须先加氢饱和。由于热力学平衡问题，在某些情况下杂环氮化物与其加氢产物的热力学平衡能够限制和影响总的加氢脱氮反应的速率。

以吡啶加氢脱氮反应为例：

$$\text{(吡啶)} \underset{-3H_2②}{\overset{+3H_2①}{\rightleftharpoons}} \text{(哌啶, NH)} \underset{③}{\overset{+H_2}{\rightleftharpoons}} C_5H_{12}NH_2 \xrightarrow{H_2} C_5H_{12}+NH_3$$

从反应机理可以看出吡啶和哌啶之间的平衡可能影响到总的加氢脱氮的反应速率。如果第③步 C—N 键氢解比第①步慢，则哌啶的平衡浓度是主要的限制，在这种情况下 C—N 键氢解速率以及总的加氢脱氮的反应速率比没有明显的热力学限制的反应速率要低。反之，如果第一步是反应速率控制步骤，则环饱和的平衡不影响总的加氢脱氮速率。由于在实际工业过程的条件下往往属于第一种情况，因此考虑热力学平衡问题具有重要的实际意义。研究指出，在 $Ni-W/Al_2O_3$催化剂上，在总压 5.0MPa 的压力下，反应温度为 350℃以下时，第③步是控制步骤，在 350℃以上时，第①步是控制步骤。375℃以上时，哌啶转化率随温度的升高而下降。其原因是达到某一温度后，由于哌啶平衡浓度下降的影响大于因温度升高而使哌啶氢解(C—N 键断裂)的速率常数的增加，因此总的加氢脱氮反应速率下降。但是，达到最高转化率的温度与操作压力有关，压力越高，达到最高转化率的温度越高。在相当高的压力下，吡啶和哌啶之间的平衡限制已经不再存在。因此高压有利于加氢脱氮反应。

3. 加氢脱氮反应动力学

不同馏分中氮化物的加氢反应速率差别很大。轻油馏分中难以加氢的烷基杂环氮化物含量极少，因此这些低沸点馏分完全脱氮并不困难，例如含氮量为 240μg/g 的催化裂化汽油(127～204℃)，在约 2MPa、316℃、空速 $4.0h^{-1}$反应条件下加氢脱氮，生成油含氮量 <0.5μg/g。

催化裂化柴油(204～354℃)的脱氮难度急剧增加，要在 7MPa、371℃、$1.0h^{-1}$的条件下，才能将原料油中 360μg/g 的氮降至 0.5μg/g 。343～566℃的直馏重瓦斯油馏分的加氢脱氮非常困难，在 7MPa、371℃、$1.0h^{-1}$的条件下，氮含量从 900μg/g 下降到 158μg/g，而含氮 2800μg/g 的脱沥青渣油，即使在 42MPa、393℃、0.5h 的苛刻条件下，加氢生成油含氮量仍高达 250μg/g。

馏分越重，加氢脱氮越困难。这主要是因为馏分愈重，氮含量越高；另外重馏分氮化物的分子结构复杂，空间位阻效应增强，且氮化物中芳香杂环氮化物增多。

加氢脱氮反应包括两种不同类型的反应，加氢和 C—N 键断裂。对于杂环氮化物来说，如果杂环氮化物的加氢反应是反应速率的控制步骤，那么生成的饱和杂环氮化物立即反应，因此第一步杂环饱和的平衡对总的加氢脱氮速率没有影响。然而，如果氢解反应(C—N 键断裂)是速率控制步骤，则可逆的杂环饱和反应可以达到平衡。饱和杂环化合物的分压决定于平衡的位置。在这种情况下，C—N 氢解速率代表了总的加氢脱氮的反应速率，其数值决定于与温度有关的速率常数以及饱和杂环化合物的分压，而后者是由杂环化合物加氢饱和的平衡常数所决定的。当升高反应温度时，速率常数增加，但是杂环化合物的加氢饱和的平衡常数下降，从而降低了饱和杂环化合物的分压。因此随着反应温度的升高，总的加氢脱氮速率有一个极大值。

在实际工业反应条件下总的加氢脱氮反应速率的控制步骤决定于加氢和氢解反应速率之比，这一比值与催化剂的类型和性质有关。对于一般的工业催化剂，C—N 键氢解反应通常是脱氮反应的速率控制步骤。

目前通用的加氢处理催化剂对于加氢脱氮是非选择性的，相反，这些催化剂对于加氢脱硫具有很高的选择性。

此外，一种值得注意的现象是含有两个氮原子的六元杂环氮化物一般比只含一个氮原子的六元杂环氮化物更容易加氢脱氮。这可能是因为在六元环中第 2 个氮原子的存在降低了共振能，从而使这类化合物中的氮原子比较容易脱除。例如，吡咯加氢脱氮反应速率显著高于吡啶。

动力学研究表明，对较轻馏分中的氮化物，在转化率不是太高的情况下，加氢脱氮反应可看作为一级反应；但对较重的馏分以及在较高转化率条件下，加氢脱氮反应动力学可用拟二级反应动力学方程和或混合反应动力学方程描述。

(三) 加氢脱氧(HDO)反应

含氧化合物通过氢解反应生成相应的烃类及水。

1. 含氧化合物的HDO反应

① 酚类

$$C_6H_5{-}OH + H_2 \longrightarrow C_6H_6 + H_2O$$

② 环烷酸

$$C_6H_{11}{-}COOH + 3H_2 \longrightarrow C_6H_{11}{-}CH_3 + 2H_2O$$

含氧化合物反应活性的顺序是：呋喃环类>酚类>酮类>醛类>烷基醚类。

从动力学上看，含氧化合物在加氢精制条件下分解很快。对杂环氧化物，当有较多取代基时，反应活性较低。

2. HDO与HDS及HDN的比较

在工业加氢处理反应过程中，S、N和O是同时脱除的。因此必然会存在HDS、HDN和HDO之间的相互影响。在加氢处理过程中HDN反应速率的任何改善对整体加氢处理过程都有重要作用，因为含氮化合物的吸附会使催化剂表面中毒。氮化物的存在会导致活化氢从催化剂表面活性中心脱除，从而使HDO反应速率下降。因此为保持高的HDO反应速率必须持续提供活化氢。催化剂表面的活化氢浓度对HDO反应和HDN反应的影响要比对HDS的大，因为前二者受热力学平衡的影响。为了达到高度脱氧和脱氮，应避免热力学平衡的限制，因此必须保持足够高的氢分压。假定C—S、C—N和C—O键断裂反应是整个反应速率的控制步骤，在高氢分压下，三种反应的相对反应速率的顺序为：HDS>HDO>HDN；在氢分压接近常压或接近工业操作条件(氢分压为13.9MPa)下，则三种反应的相对反应速率顺序为HDS>HDN>HDO。

(四) 加氢脱金属(HDM)反应

随着加氢原料的拓宽,尤其是渣油加氢技术的发展,加氢脱金属的问题越来越受到重视。渣油中对反应性能影响较大的金属有镍、钒、铁、钙等。HDM的主要目的就是脱除金属杂质。

渣油中的金属可分为卟啉化合物(如镍和钒的络合物)和非卟啉化合物(如环烷酸铁、钙、镍)。以非卟啉化合物存在的金属反应活性高，很容易在H_2/H_2S存在条件下，转化为金属硫化物沉积在催化剂表面上。而以卟啉型存在的金属化合物是先可逆地生成中间产物，然后中间产物进一步氢解，生成的硫化态镍以固体形式沉积在催化剂上。

1. 沥青胶束的金属桥的断裂

$$R{-}M{-}R' \xrightarrow{H_2,\ H_2S} MS_2 + RH + R'H$$

2. 卟啉金属镍的氢解

脱钒及脱镍反应动力学，根据金属含量和转化深度，可用一级或二级反应方程式，这有点类似于脱硫反应的动力学。在低转化率情况下，可用一级反应方程式描述，而在较高转化率情况下，则用二级反应方程式描述。

渣油中镍和钒等金属的脱除与硫和氮的脱除大不相同。一般来讲，镍和钒是以金属硫化物的形式沉积在催化剂上，并随着沉积物的积累而引起催化剂失活。因此，HDM反应产物

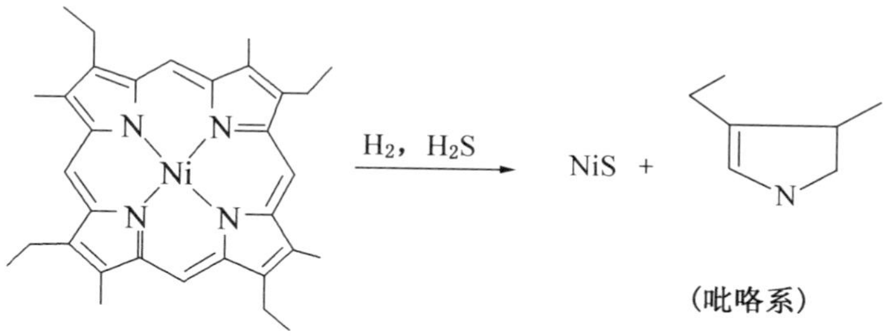

H_2，H_2S → NiS +

（吡咯系）

对催化剂性能的影响比 HDS 和 HDN 的反应产物对催化剂的影响更大。

（五）烯烃加氢饱和

烯烃通过加氢，转化为相应的烷烃，使产品得到饱和。例如：

$$R—CH=CH_2+H_2 \longrightarrow R—CH_2—CH_3$$

$$R—CH=CH—CH=CH_2+2H_2 \longrightarrow R—CH_2—CH_2—CH_2—CH_3$$

焦化汽油、焦化柴油和催化裂化柴油在加氢精制的操作条件下，其中的烯烃加氢反应是完全的。因此，在油品加氢精制过程中，烯烃加氢反应不是关键的反应。

值得注意的是，烯烃加氢饱和反应是放热效应，且热效应较大。因此对不饱和烃含量高的油品进行加氢时，要注意控制反应温度，避免反应器的超温。

（六）芳烃加氢饱和

催化加氢的加氢饱和，主要是稠环芳烃（萘系烃、蒽类、菲类化合物）的加氢饱和。例如：

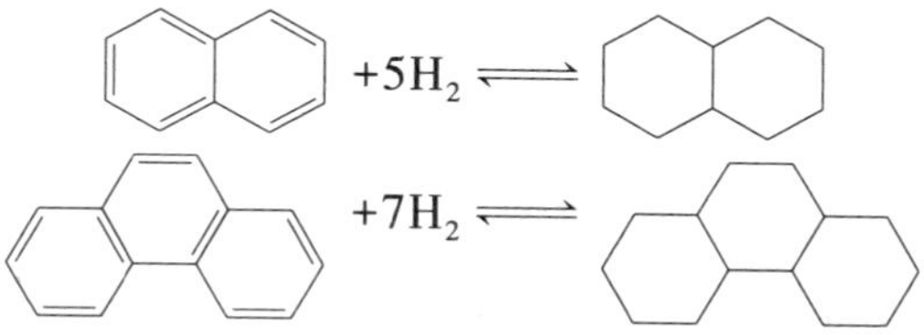

$$+5H_2 \rightleftharpoons$$

$$+7H_2 \rightleftharpoons$$

在一般的工艺条件下，芳烃加氢饱和困难，尤其是单环芳烃，需要较高的压力及较低的反应温度。在芳烃的加氢反应中，多环芳烃转化为单环芳烃比单环芳烃加氢饱和要容易得多。

一些稠环芳烃加氢平衡常数及它们的相对反应速率常数列于表 7-5。

表 7-5　芳烃加氢反应化学平衡常数及相对反应速率常数

反　应	$\lg K_P$			相对反应速率常数
	500K	600K	700K	
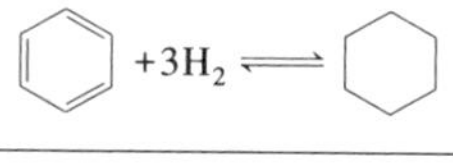 $+3H_2 \rightleftharpoons$	1.3×10^{2}	2.3×10^{-2}	4.4×10^{-5}	1.0
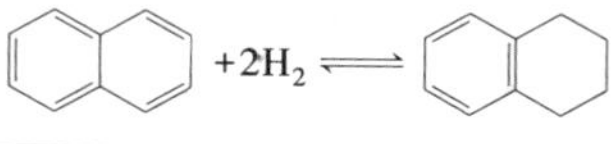 $+2H_2 \rightleftharpoons$	5.6	3.2×10^{-2}	8.0×10^{-4}	23.0
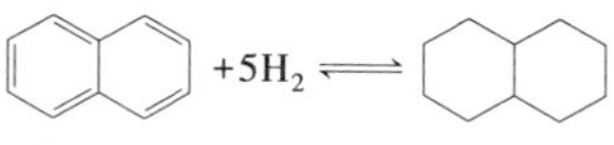 $+5H_2 \rightleftharpoons$	2.5×10^{2}	1.6×10^{-4}	6.3×10^{-9}	2.5

续表

反　　应	$\lg K_P$			相对反应速率常数
	500K	600K	700K	
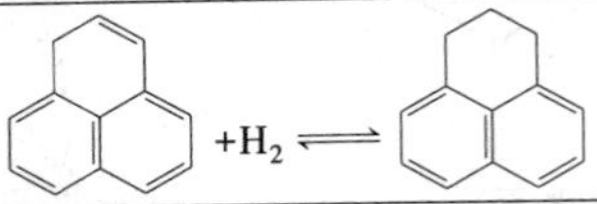 $+H_2 \rightleftharpoons$	0.8	5.0×10^{-3}	1.4×10^{-4}	13.8
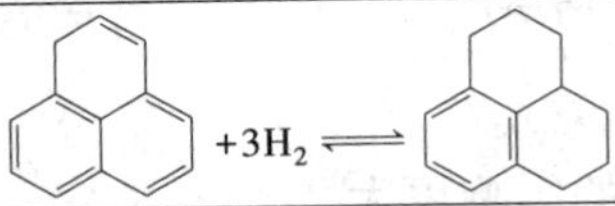 $+3H_2 \rightleftharpoons$	0.5	2.5×10^{-5}	1.8×10^{-8}	4.6
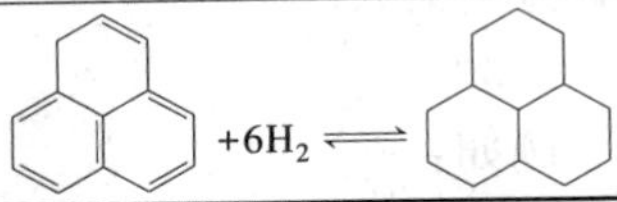 $+6H_2 \rightleftharpoons$	0.8	1.3×10^{-10}	4.0×10^{-14}	2.9

由表可见：

① 芳烃加氢反应的化学平衡常数随温度的升高而减小。

② 在600K至700K温度范围内，芳烃环完全加氢饱和反应的化学平衡常数随分子中环的增多而减小。

③ 在600K至700K温度范围内，稠环芳烃第一个环饱和反应的平衡常数最大，双环饱和反应次之，芳环全部饱和的反应最小。

④ 600K以上芳烃加氢的平衡常数都较小，因而必须在较高的压力下才能提高平衡转化率。

⑤ 从相对反应速率常数来看，稠环芳烃中的第一个芳香环的加氢饱和是比较容易的，其反应速率常数比苯的要大一个数量级；而其最后剩下的一个芳香环的加氢饱和是比较困难的，其反应速率与苯的接近。

此外，芳环上如带有烷基侧链，则芳香环的加氢会变得困难。因此，要使芳烃深度转化，必须在较高压力下进行。压力提高，平衡右移，有利于提高加氢产物的平衡浓度。随着反应温度升高，加氢平衡常数呈数量级下降，因此芳烃深度饱和加氢必须在较低温度下进行。

综上所述，稠环芳烃加氢有两个特点：一是每个环加氢脱氢都处于平衡状态，二是稠环芳烃的加氢是逐环依次进行的，并且加氢难度逐环增加。

二、加氢裂化过程的化学反应

加氢裂化是指在加氢反应过程中，原料油分子中有10%以上变小的加氢技术。下面主要讨论各种烃类在由加氢组分和酸性载体构成的双功能催化剂上的C—C键裂解加氢反应。

加氢裂化过程采用双功能催化剂，其中的酸性功能由催化剂的担体硅铝或分子筛提供。而催化剂的加氢功能则由金属活性组分(Ni、W、Mo、Co的氧化物或硫化物)提供。因此，烃类的加氢裂化反应可看作为催化裂化反应与加氢反应的组合，其反应机理是正碳离子且遵循β-断裂法则。因此，在催化裂化过程中最初发生的反应在加氢裂化过程中也基本出现，但是催化裂化过程中的某些二次反应(如二次裂化和生焦反应)由于氢气及具有加氢功能催化剂的存在而被抑制或终止。这正是导致加氢裂化和催化裂化两种工艺过程在设备、操作条件、产品分布和产品质量等诸多方面不同的根本原因。

(一) 烷烃的加氢裂化反应

烷烃加氢裂化包括原料分子C—C键断裂的裂化反应以及生成的不饱和烃分子碎片的加

氢饱和反应。

正构烷烃的典型双功能转化机理可以用图 7-1 来表示。

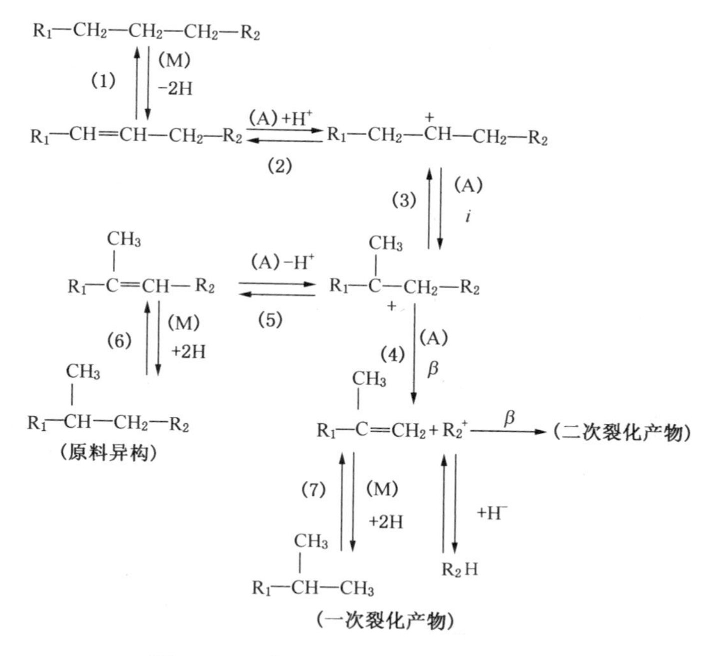

图 7-1 正构烷烃的典型双功能转化机理

（M）：金属位；（A）：酸性位；i：异构化反应；β：β—断裂

正构烷烃在双功能催化剂上的加氢裂化反应步骤可以描述如下：

① 正构烷烃在催化剂的加-脱氢位(金属活性中心)上吸附。

② 吸附的正构烷烃脱氢生成正构烯烃[反应(1)]。

③ 正烯烃从加-脱氢位扩散到酸性位(酸性活性中心)。

④ 烯烃在酸性位获得质子生成仲正碳离子[反应(2)]。

⑤ 仲正碳离子通过质子化环丙烷中间物生成叔正碳离子[反应(3)]；仲正碳离子通过β-断裂生成正构烯烃和伯正碳离子的几率很小，故该反应在图中未予表示。

⑥ 叔正碳离子通过β-断裂生成异构烯烃和一个新的正碳离子[反应(4)]。

⑦ 叔正碳离子失去质子生成异构烯烃[反应(5)]。

⑧ 正、异构烯烃从酸性位扩散至金属位。

⑨ 正、异构烯烃在金属位上加氢饱和[如反应(6)和反应(7)]。

⑩ 新生的正碳离子(如 R_2^+)既可获得负氢离子变成烷烃，也可继续发生β—断裂(二次裂化)，直至生成不能再进行β—断裂的 C_3和 i-C_4正碳离子为止。这正是加氢裂化气体产物中富含的 C_3和 i-C_4的原因。

从转化机理可以看出，烷烃在双功能催化剂上不仅发生裂化反应，同时还发生异构化反应。这种异构化反应虽然是在氢压下进行的，但氢并未进入反应的化学计量中，在反应完成之后氢并没有消耗，因此，这一过程又叫临氢异构化。烷烃的裂化反应和异构化反应的途径，可简单用图 7-2 与图 7-3 表示。

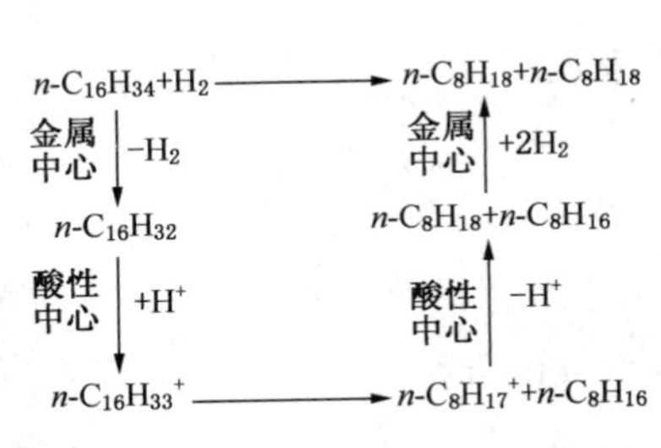

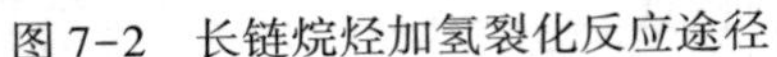

图 7-2 长链烷烃加氢裂化反应途径

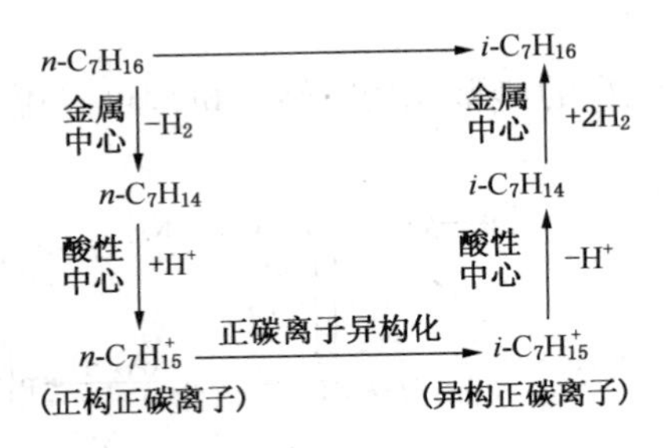

图 7-3 正庚烷异构化反应途径

改变催化剂的加氢活性和酸性活性的比例关系，可改变裂化和异构化反应进行的程度，也就改变了烷烃加氢裂化的产品组成。如果催化剂的酸性活性相对较高，则产物的异构化程度也较高，并会使二次裂化反应过于强烈，反应产物中的较小分子及不饱和烃增多，严重时还会造成生焦；如果催化剂的加氢活性相对较高，则产物的异构化程度较低，异构产物与正构产物的比值将低于催化裂化产品中的相应比值，且在加氢裂化过程中形成的烯烃会很快加氢饱和(所得产品的饱和程度较大)，而来不及再进一步裂化或吸附于催化剂表面而脱氢缩合生成焦炭。因此，加氢裂化催化剂的加氢活性与酸性活性要很好地匹配。

(二) 环烷烃的加氢裂化反应

环烷烃在加氢裂化催化剂上的反应主要是脱烷基、六元环的异构和开环反应。环烷正碳离子与烷烃正碳离子最大的不同在于前者裂化困难，只有在苛刻的条件下，环烷正碳离子才发生β-断裂。

带长侧链的单环环烷烃主要是发生断侧链反应。六元环烷相对比较稳定，一般是先通过异构化反应转化为五元环烷烃后再断环成为相应的烷烃。双六元环烷烃在加氢裂化条件下往往是其中的一个六元环先异构化为五元环后再断环，然后才是第二个六元环的异构化和断环。这两个环中，第一个环的断环是比较容易的，而第二个环则较难断开。此反应途径如图 7-4。

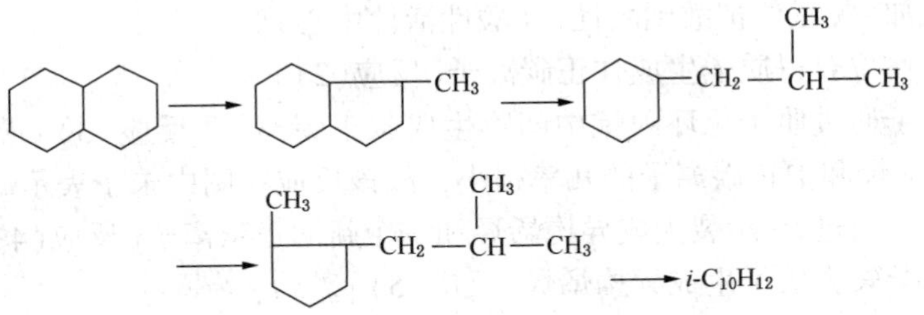

图 7-4 环烷烃加氢裂化反应途径

环烷烃加氢裂化产物中的异构烷烃与正构烷烃之比及五元环烷烃与六元环烷烃之比都比较大。

(三) 芳香烃的加氢裂化反应

苯在加氢条件下反应首先生成六元环烷，然后发生前述相同反应。本节将分述烷基苯和多环芳烃的加氢裂化反应。

1. 烷基苯的加氢裂化

烷基苯加氢裂化反应主要有脱烷基、烷基转移、异构化、环化等反应，使得产品具有多样性。

$C_1 \sim C_4$侧链烷基苯的加氢裂化，主要以脱烷基反应为主，异构和烷基转移为次，分别生成侧链为异构程度不同的烷基苯以及苯、二烷基苯。

烷基苯侧链的裂化既可以是脱烷基(环 C—αC 断裂，生成苯和烷烃)，也可以是侧链中的 C—C 键断裂(生成烷烃和较小的烷基苯)。对正烷基苯，后者比前者容易发生，对脱烷基反应，则 α—C 上的支链越多，越容易进行，以正丁苯为例，脱烷基速率有以下顺序：

叔丁苯>仲丁苯>异丁苯>正丁苯

短烷基侧链比较稳定，甲基、乙基难以从苯环上脱除。C_4或C_4以上侧链从环上脱除很快。对于侧链较长的烷基苯，除脱烷基、侧链等反应外，还可能发生侧链环化反应生成双环化合物。苯环上烷基侧链的存在会使芳烃加氢变得困难，烷基侧链的数目对加氢的影响比侧链长度的影响大。

2. 多环芳烃的加氢裂化

多环芳烃的加氢裂化因其在提高轻质产品收率、改善产物质量和延长装置运转周期等方面的重要作用，长期以来备受研究者们的关注。

在加氢裂化条件下，多环芳烃的反应非常复杂，它只有在芳香环加氢饱和反应之后才能开环，并进一步发生随后的裂化反应。因此，在讨论多环芳烃加氢裂化反应时，必须同时考虑芳烃的加氢饱和反应。

(四) 加氢裂化反应的热力学和动力学特点

1. 热力学特点

加氢裂化反应的热力学有如下特点：

① 烃类裂解和烯烃加氢饱和等反应化学平衡常数较大，不受热力学平衡常数的限制。

② 芳烃加氢反应，随着反应温度升高和芳烃环数增加，芳烃加氢平衡常数值下降；对于稠环芳烃各个环加氢反应的平衡常数值顺序为：第一环>第二环>第三环。

③ 由于在加氢裂化过程中，形成的正碳离子异构化的平衡转化率随碳数的增加而增加，因此，在这些正碳离子分解并达到稳定的过程中，所生成的烷烃异构化程度超过了热力学平衡，产物中异构烷烃与正构烷烃的比值也超过了热力学平衡值。

④ 加氢裂化反应中加氢反应是强放热反应，而裂解反应则是吸热反应。但裂解反应的吸热效应远低于加氢反应的放热效应，总的结果表现为放热效应。

单体烃的加氢反应的反应热与分子结构有关，芳烃加氢的反应热低于烯烃和二烯烃的反应热，而含硫化合物的氢解反应热与芳烃加氢反应热大致相等；单体烃加氢裂化反应热与烃的相对分子质量无关，而取决于温度和产品的组成。整个过程的反应热与断开的一个键(并进行碎片加氢和异构化)的反应热和断键的数目成正比。

表 7-6 列出了加氢裂化过程中一些反应的平均反应热。

表 7-6　一些反应的平均反应热

反应类型	反应热/(J/kmol)	反应类型	反应热/(J/kmol)
烯烃加氢饱和	-1.047×10^{8}	加氢脱氮	-9.304×10^{7}
芳烃加氢饱和	-3.256×10^{7}	环烷烃加氢开环	-9.304×10^{6}
加氢脱硫	-6.978×10^{7}	烷烃加氢裂化	-1.477×10^{6}①

① 单位为 J/mol。

2. 反应动力学特点

在加氢裂化条件下，裂解反应和异构化反应为一级反应，而加氢反应则属于二级反应。但在实际工业条件下，通常采用大量的过剩氢气，因此总的加氢裂化反应表现为拟一级反应。

加氢裂化是一个复杂的反应体系，它在进行加氢裂化的同时，还进行加氢脱硫、加氢脱氮、加氢脱金属等反应，它们之间相互影响，使得动力学问题变得相当复杂，下面以催化裂化循环油在 10.3MPa 下的加氢裂化反应为例(图 7-5)，简单地说明一下这些反应之间的相对反应速率。

由图 7-5 可看出，多环芳烃很快加氢生成多环环烷芳烃，其中的环烷环较易开环，继而发生异构化、断侧链(或脱烷基)等反应。分子中含有两个芳环以上的多环芳烃，其加氢饱和及开环断侧链的反应都较容易进行(相对速率常数为 1～2)；含单芳环的多环化合物，苯环加氢较慢(相对速率只有 0.1)，但其饱和环的开环和断侧链的反应仍然较快(相对速率大于 1)；但单环环烷较难开环(相对速率 0.2)。因此，多环芳烃加氢裂化，其最终产物可能主要是苯类和较小分子烷烃的混合物，而不像催化裂化条件下主要是缩合生成焦，这正是两类催化反应的根本不同点，也是加氢裂化可以维持长周期运转，而催化裂化则必须连续烧焦的主要原因。

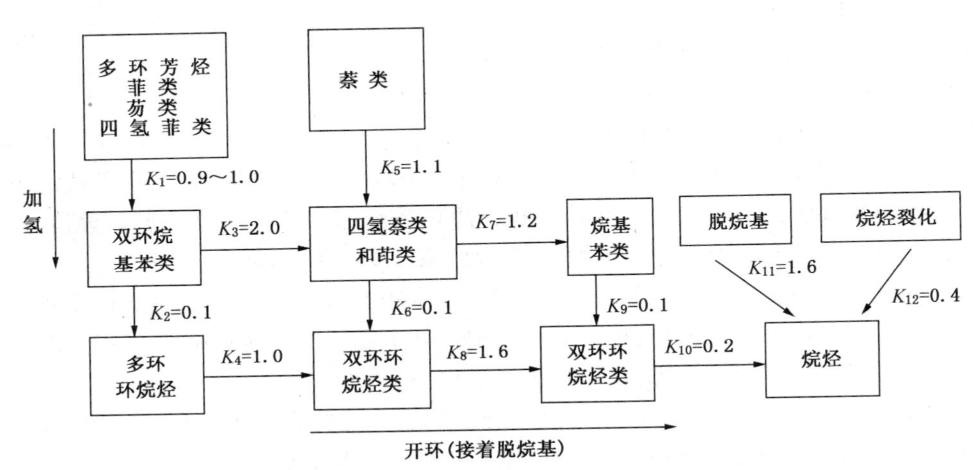

图 7-5　催化裂化柴油加氢裂化各反应的相对反应速率常数

通过以上的分析讨论，可以概括出加氢裂化反应的特点：

① 稠环芳烃加氢裂化是通过逐环加氢裂化，生成较小分子的芳烃及芳烃-环烷烃。

② 双环以上环烷烃在加氢裂化条件下，发生异构、裂环反应，生成较小分子的环烷烃，随着转化深度增加，最终生成单环环烷烃。

③ 单环芳烃和环烷烃比较稳定，不易裂开，主要是侧链断裂或生成异构体。

④ 烷烃异构化与裂化同时进行，反应产物中异构烃含量一般超过热力学平衡值。

⑤ 烷烃裂化在正碳离子的 β 位置断裂，所以加氢裂化很少生成 C_3以下的小分子烃。

⑥ 非烃基本上完全转化，烯烃也基本全部饱和。

加氢裂化主要是以生产轻质发动机燃料、中间馏分油或重油改质为目的。在加氢裂化反应进行的同时，还发生加氢脱硫、脱氮、脱金属及其他脱杂质反应，两种反应相互影响。因此，研究这一复杂体系中的某一具体的反应，已难以说明问题，也无太大的意义，必须将体系中的绝大多数反应统筹考虑，才能得到具有实际意义的动力学模型，以指导科研和实际生产。

第三节　加氢催化剂

催化加氢技术是炼油工业中重油轻质化及改善油品最有效的手段之一，其技术关键在于加氢催化剂。

一、加氢催化剂的种类和组成

（一）加氢精制催化剂

加氢精制催化剂是由活性组分、助剂和载体组成的。其作用是加氢脱除硫、氮、氧和重金属以及多环芳烃加氢饱和。该过程原料的分子结构变化不大，根据各种反应需要，伴随有加氢裂化反应，但转化深度不深，转化率一般在10%左右。表明加氢精制催化剂需要加氢和氢解双功能，而氢解所需的酸度要求不高。

1. 加氢精制催化剂的活性组分

加氢金属组分是加氢精制催化剂加氢活性的主要来源，通常是第ⅥB族及Ⅷ族的金属，其中非贵金属有镍、钴、钼、钨等，贵金属有Pt和Pd等。由于贵金属催化剂容易被有机硫、氮组分和H_2S中毒而失去活性，所以只能用于低硫或不含硫的原料中。最常用的加氢精制催化剂金属组分最佳组合为Co-Mo、Ni-Mo、Ni-W、Ni-Mo-W、Co-Ni-Mo等，选用哪种金属组分搭配，取决于原料性质及要求达到的主要目的。

加氢精制反应属于多相催化反应，多相催化反应要经过外扩散、内扩散、吸附(脱附)反应等步骤。催化剂加氢活性表现在反应物以适当的速度吸附在催化剂表面，吸附的分子和催化剂表面之间形成弱键，VB族和VIB族吸附强度太大，IB吸附太弱或不吸附，而Ⅷ族吸附强度适宜，因而加氢活性高。而催化剂的吸附特性与其几何特性和电子特性有关。多位学理论认为：凡是适合作加氢催化剂的金属，都应具有立方晶格或六角晶格，例如W、Mo、Fe、Cr是形成体心立方晶格的元素；Pt、Pd、Co、Ni是具有面心立方晶格的元素；MoS_2、WS_2具有层状的六角对称晶格。半导理论认为：反应物分子在催化剂表面的化学吸附主要是靠d电子层的电子参与形成催化剂和反应物分子间的共价键，过渡元素具有未填满的d电子层，这是它们具有加氢催化活性的重要原因。

以上分析表明，只有那些几何特性和电子特性都符合一定条件的元素才能用作加氢催化剂的活性组分。W、Mo、Co、Ni、Fe、Cr、V都属于具有未填满d电子层的过渡元素，同时它们都具有体心或面心立方晶格或六角晶格，因此它们均适宜用作加氢催化剂的活性组分。

由于双金属比单金属组分加氢性能好，氢解能力强，因此在工业加氢精制催化剂中多采用双金属组分，且不同活性组分之间有一个最佳配比范围。

不同金属组分的搭配，在HDS、HDN、HDO的活性顺序为：

Co-Mo> Ni-Mo> Ni-W > Co-W

Ni-Mo = Ni-W>Co-Mo>Co-W；

Ni-Mo > Co-Mo > Ni-W > Co-W

提高活性组分的含量，对提高活性有利。但综合生产成本及活性增加幅度分析，活性组分的含量应有一最佳范围。目前加氢精制活性组分含量一般在15%～35%之间。

2. 加氢精制催化剂中的助剂

为了改善加氢精制催化剂活性、选择性、稳定性、机械强度等方面的性能，在制备催化剂过程中，往往要添加少量的助剂或添加剂，如P、B、F、Ti、Zr、Mg、Zn。

助剂可分为结构性助剂和调变性助剂。结构性助剂的作用是增大表面，防止烧结，提高催化剂的结构稳定性；调变性助剂的作用是改变催化剂的电子结构、表面性质或者晶型结构，从而改变催化剂的活性和选择性。

助剂本身活性并不高，但与主要活性组分搭配后却能发挥良好作用。

3. 加氢精制催化剂的担体(载体)

加氢精制催化剂的担体分为两大类：一类为中性担体，如活性氧化铝、活性炭、硅藻土等；另一类为酸性担体，如硅酸铝、硅酸镁、活性白土、分子筛等。一般来说，担体本身并没有活性，但可提供适宜反应与扩散所需的孔结构，担载分散金属均匀的有效表面积和一定酸性，同时应提高催化剂的稳定性和机械强度，并保证催化剂具有一定的形状和大小，使之符合工业反应器中流体力学条件的需要，减少流体流动阻力。目前，最广泛使用的担体是氧化铝($\gamma-Al_2O_3$)，是因它原料来源广泛，价格便宜且具有较高的抗破碎强度和热稳定性，催化剂氧化再生时稳定，黏结性好，易于制成粒度小的异形条，有利于扩散，提高堆积密度，增加活性，降低压降；另外表面积适中，孔径与孔分布可调节，添加某些助剂可调节酸度，控制孔结构。

(二) 加氢裂化催化剂

加氢裂化反应是催化裂化正碳离子反应伴随加氢反应，因此加氢裂化催化剂需要具有裂化功能和加氢功能，即加氢裂化催化剂属双功能催化剂。主要由提供加氢/脱氢功能的金属组分和提供裂化功能的酸性组分构成的。这两种功能不同平衡可以制备出性能各异的加氢裂化催化剂，从而可以满足用户对不同工艺过程及工艺条件、加工不同原料油、生产不同目的产品的各种需要。

1. 加氢裂化催化剂的活性组分

加氢裂化催化剂的活性组分与加氢精制催化剂是一样的，不再细述。在此要说明的是加氢裂化催化剂中不同金属组分与配比可适应不同的加工原料和生产目的。如Mo-Co金属组分广泛用于渣油加氢脱硫及加氢裂化上。Ni-Mo/沸石可最大量生产汽油而Ni-W/沸石催化剂多用于生产中间馏分油。

2. 加氢裂化催化剂的助剂

加氢裂化催化剂曾用过的少量助剂为P、F、Sn、Ti、Zr、La等，目的是调变担体的性质，减弱主金属与担体之间、主金属与助金属之间强的相互作用，改善负载型催化剂的表面结构，提高金属的还原能力，促使还原为低价态，以提高金属的加氢性能；另一目的是将助剂引入沸石，影响酸强度变化，改善沸石裂化性能和耐氮性能。

3. 加氢裂化催化剂的担体(载体)

加氢裂化的担体作用除具有赋予催化剂机械强度，帮助消散热量防止熔结，增加活性组分的表面，保持活性组分微小晶粒的隔离，以减少熔结和降低对毒物的敏感性的共性外，还具有特殊作用。即加氢裂化的载体还担负催化剂裂解活性中心的作用，这是加氢裂化催化剂担体最重要的作用。

(1) 提供酸性中心

加氢裂化反应中的裂化和异构化性能，主要靠酸性担体提供的固体酸中心。

（2）提高催化剂的热稳定性

加氢裂化总体来说是一个放热反应，要防止反应热的积蓄而造成催化剂烧结使催化剂活性下降，要扩大散热面积和增加导热系数，将反应热及时散发而保持催化剂的活性。

（3）提供合适的孔结构和增加有效表面

加工不同原料和生产不同目的产品的催化剂对孔结构有不同的要求。催化剂的有效表面和孔结构是影响其活性和选择性的主要因素之一，而催化剂的有效表面和孔结构在很大的程度上又决定于载体。

（4）与活性组分作用形成新的化合物

活性组分与载体间不仅是吸附关系，而且还形成新化合物，这些化合物将对催化剂性质有重要影响。

担体分为酸性和弱酸性两种：酸性担体有无定形硅铝、硅镁和沸石分子筛；弱酸性载体主要是氧化铝。

综上所述，加氢裂化催化剂是由加氢组分、担体、助剂三部分组成的，三者之间相互影响，如图 7-6 所示。

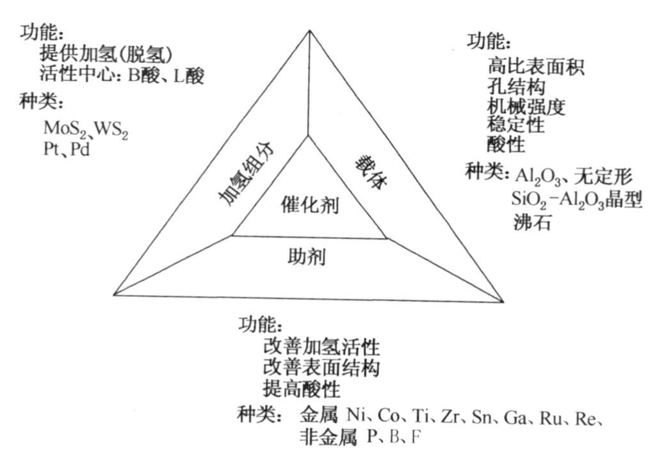

图 7-6 加氢裂化催化剂组成及其功能

二、国内外典型的加氢催化剂

（一）典型的加氢精制催化剂

加氢精制的目的是脱硫、脱氮、脱金属及多环芳烃饱和，其中加氢脱氮反应进行最慢，且重质馏分油加氢脱氮受扩散步骤控制影响，催化剂孔径大小与集中程度十分重要。因此加氢精制催化剂要求具有很好的加氢脱氮功能。目前加氢精制催化剂有 200 多个品种，表7-7为国外 UOP 公司和丹麦 Topsøe 公司典型的加氢精制催化剂。

表 7-7 国外典型的加氢精制催化剂

项目 \ 催化剂	UOP 公司			丹麦 Topsøe 公司		
	HC-F	HC-K	HC-P	TK-515	TK-525	TK-555
金属总量/%	b	1.46b	1.53b			
NiO/%				3.4	4.1	3.8
MoO_3/%				14.0	20.3	24.0
催化剂孔体积/(mL/g)	c	0.84c	0.85c	0.50	0.50	0.33

续表

项目＼催化剂	UOP 公司			丹麦 Topsøe 公司		
	HC-F	HC-K	HC-P	TK-515	TK-525	TK-555
最佳孔径所占比例/%	77	83	91.8			
形状	三叶草	四叶草	柱	环状三叶草	柱	三叶草
尺寸/mm	ϕ1.6	ϕ1.0×ϕ1.2	ϕ1.1	3/16″×3/32″ 1/20″；1/8″	1/16″	1/20″；1/16″；1/8″
表面积/(m^2/g)				180	220	160
堆积密度/(kg/L)	d	1.13d	1.24d	0.55　0.64	0.66	0.84
压碎强度/(N/mm)	*n*	2.38*n*	0.78*n*			
脱氮相对活性/%	100	146	171	100	130	178
相对脱硫活性/%				100	128	164

表7-8为中国石油化工股份有限公司抚顺石油化工研究院(FRIPP)开发的3936催化剂与20世纪80年代开发的3822催化剂性能的对比。

表7-8　3936催化剂与3822催化剂性能对比

催化剂	3936催化剂	3822催化剂	催化剂	3936催化剂	3822催化剂
金属含量/%	1.09*b*	*b*	堆积密度/(kg/L)	1.2*d*	*d*
孔体积/(mL/g)	0.097*c*	*c*	压碎强度/(N/mm)	1.63*n*	*n*
表面积/(m^2/g)	1.15*e*	*e*	相同脱氮率所需温度/℃	*t*-7~8	*t*
最佳孔径所占比例/%	83	43.4			

（二）典型的加氢裂化催化剂

根据不同原料和目的产品，选用不同特性的加氢裂化催化剂，表7-9为几种不同类型加氢裂化催化剂的性能。

表7-9　不同类型加氢裂化催化剂性能

原料	目的产品	催化剂					
		酸强度	担体	加氢活性	金属	表面积/(m^2/g)	最适孔径/(mL/g)
HAGO VGO LCO	石脑油	强	沸石	中等	Pt，Pd Mo-Ni W-Ni	>350	0.85~5.0
VGO HAGO CGO DAO	喷气燃料 柴油 FCC和蒸汽裂解制乙烯原料 润滑油基础料	中等	无定形 无定形+沸石	强	Mo-Ni W-Ni	230~300	4.0~10.0
VGO DAO	高黏度指数润滑油	中弱	无定形 无定形+沸石	强	Pt，Pd Mo-Ni W-Ni	~300	4.0~10.0
VGO CGO	HC，MHC，MHUG，FCC，RFCC的原料	弱	无定形 无定形+沸石	强	Mo-Ni W-Ni Mo-Co W-Mo-Ni Mo-Ni-Co	150	3.0~8.0

加氢裂化催化剂的加氢金属组分一直以来都没有明显变化，非贵金属催化剂通常采用W-Ni或Mo-Ni，贵金属催化剂通常采用Pt、Pd。但在催化剂的制备过程中，加氢金属组分添加方法一直在改进，在组分配比及含量上则根据催化剂类型及制备方法不同而有所调整。与此相比，裂化组分几十年来变化很大，已从最初使用无定形硅铝发展到现在越来越多地使用分子筛。

国外研究加氢裂化催化剂的主要公司有UOP公司、Chevron公司、Criterion Catalist/Zeolyst Intrenational公司以及Akzo nobel/Nippon Ketjen公司等，其中，UOP公司加氢裂化催化剂目前已在世界各地140多套加氢裂化装置上工业应用，占据了很大的市场份额。因此，UOP公司加氢裂化催化剂的发展现状和水平具有较大的代表性。图7-7为UOP公司新旧两代加氢裂化催化剂性能关系。

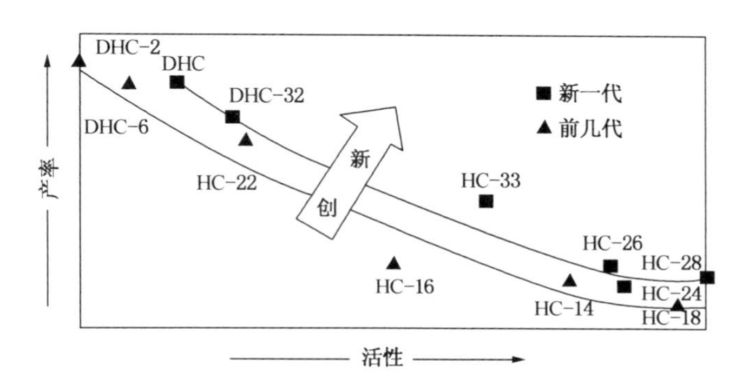

图7-7 UOP公司加氢裂化催化剂性能关系

我国是世界上最早掌握加氢裂化技术的少数几个国家之一，早在50年代就开始研究开发加氢裂化催化剂，至今已先后研制成功二十多种性能各异的加氢裂化催化剂，并在工业装置上广泛应用。表7-10为抚顺石油化工研究院(FRIPP)开发的典型加氢裂化催化剂。

表7-10 FRIPP典型加氢裂化催化剂性能特点

类型	牌号	主要特点	原料	产品	外形	担体	金属组分
中油型加氢裂化催化剂	3824	灵活生产中间馏分油和部分石油脑	VGO，CGO，LGO等	喷气燃料，柴油，部分石脑油	圆柱条形	Y沸石	Ni-Mo-P
	3903	灵活生产中间馏分油和部分石油脑，活性高	VGO，CGO，LGO等	喷气燃料，柴油，部分石脑油	圆柱条形	Y沸石，$SiO_2Al_2O_3$	Ni-W
	3971	灵活生产中间馏分油和部分石油脑，高抗氮	VGO，CGO，LGO等	喷气燃料，柴油，部分石脑油	圆柱条形	Y沸石，$SiO_2Al_2O_3$	Ni-W
	3976	灵活生产中间馏分油和部分石油脑，高抗氮，高活性，高灵活性	VGO，CGO，LGO等	喷气燃料，柴油，石脑油	圆柱条形	Y沸石，$SiO_2Al_2O_3$	Ni-W
轻油型加氢裂化催化剂	3825	轻馏分油型催化剂	VGO，CGO，LGO等	化工石脑油，喷气燃料，柴油，乙烯料	圆柱条形	Y沸石	Ni-Mo
	3905	抗氮能力提高，中压，产气少	VGO，CGO，LGO	化工石脑油，喷气燃料，柴油，乙烯料	圆柱条形	Y沸石	Ni-W
	3955	活性高，耐氮性能好	VGO，CGO，LGO	化工石脑油，喷气燃料，柴油，乙烯料	圆柱条形	Y沸石	Ni-W

续表

类型	牌号	主要特点	原料	产品	外形	担体	金属组分
高中油型加氢裂化催化剂	3901	最大量生产中间馏分油，柴油产品凝点低	VGO，CGO	最大量柴油，喷气燃料，部分石脑油	圆柱条形	专有	Ni-W
	3974	最大量生产喷气燃料及柴油，灵活性大	VGO，CGO，LCO 等	喷气燃料，柴油，部分石油脑	圆柱条形	Y 沸石，$SiO_2Al_2O_3$	Ni-W
单段加氢裂化催化剂	3912	灵活性高	VGO	喷气燃料，柴油，乙烯料，部分石油脑	圆柱条形	Y 沸石	Ni-W
	3973	最大量生产柴油及喷气燃料，并可用于生产润滑油料	VGO	柴油，喷气燃料，部分石油脑及润滑油料	圆柱条形	Y 沸石，$SiO_2Al_2O_3$	Ni-W
	ZHC-01	高灵活性高	VGO	喷气燃料，柴油，乙烯料，部分石油脑	圆柱条形	Y 沸石，$SiO_2Al_2O_3$	Ni-W
	ZHC-02	高灵活性	VGO	喷气燃料，柴油，乙烯料，部分石油脑	圆柱条形	$SiO_2Al_2O_3$	Ni-W
	FC-14	最大量生产中间馏分油	VGO	柴油，喷气燃料，部分石油脑及润滑油料	圆柱条形	专有	Ni-W
缓和加氢裂化催化剂	3882	耐氮性能好，中油选择性好	VGO	乙烯料，FCC 进料，柴油，少量石脑油	圆柱条形	专有	Ni-W

第四节　加氢过程的主要影响因素

加氢工艺种类繁多，它们加工的原料不同，所用催化剂不同，得到的产品也不同。影响加氢过程的因素很多，它们关系到各种产品，特别是目的产品的分布和质量以及催化剂的使用寿命及装置运转周期，同时也影响到工业装置的公用工程消耗及操作成本。因此，研究加氢过程的影响因素具有十分重要的意义。本节着重讨论反应压力、温度、空速及氢油比这四大工艺参数对加氢过程的影响。

一、氢分压

在加氢过程中，反应压力起着十分关键的作用，这一点与其他炼油轻质化工艺，如催化裂化、焦化等有较大的不同。

反应压力的影响是通过氢分压来体现的，系统中氢分压决定于反应总压、氢油比、循环氢纯度、原料油的汽化率以及转化深度等。为了方便和简化，一般都以反应器入口的循环氢纯度乘以总压来表示氢分压。

氢分压对反应过程的影响，总的来说是提高氢分压有利于加氢过程反应的进行，加快反应速率。

（一）压力对加氢精制过程的影响

1. 加氢脱硫和脱氮过程

增加氢分压对加氢脱硫和加氢脱氮反应都有促进作用，脱硫率和脱氮率都随压力的升高而增加，但对两者的影响程度不同，压力对提高加氢脱氮反应速率的影响远远大于脱硫。这是由于加氢脱氮反应需要先进行氮杂环的加氢饱和所致，而提高压力可显著地提高芳烃的加氢饱和反应速率。

对于硫化物的加氢脱硫，在压力不太高时就可达到较高的转化深度。而对于馏分油的加氢脱氮，由于比加氢脱硫困难，因此需要提高压力。二次加工柴油馏分含有较多的氮化物，其加氢处理通常需要在中等压力下进行。蜡油和渣油中杂原子化合物相对分子质量大，较难进行加氢反应，其加氢处理和加氢裂化通常在高压下进行。

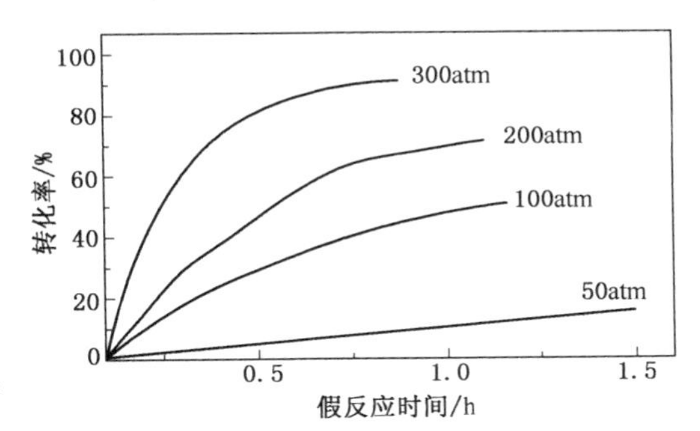

图 7-8 反应压力对芳烃转化率的影响

1atm=101kPa

2. 加氢脱芳烃过程

芳烃加氢反应的转化率也是随反应压力升高而显著提高，如图 7-8。

（二）压力对加氢裂化过程的影响

烷烃和环烷烃的加氢裂化反应不需要很高的氢分压就可以达到高的反应速度。但由于加氢裂化还需要转化芳烃，特别是双环以上的芳烃，这些芳烃的裂化需要经历芳环加氢饱和过程，因此需要较高的氢分压。

1. 对裂化转化深度的影响

图 7-9 表示了压力对转化深度的影响。结果表明，在固定反应温度及其他条件下，压力对转化深度有正的影响。

2. 对产品分布和质量的影响

反应压力对裂化产品的产品分布和质量影响如表 7-11 所示。

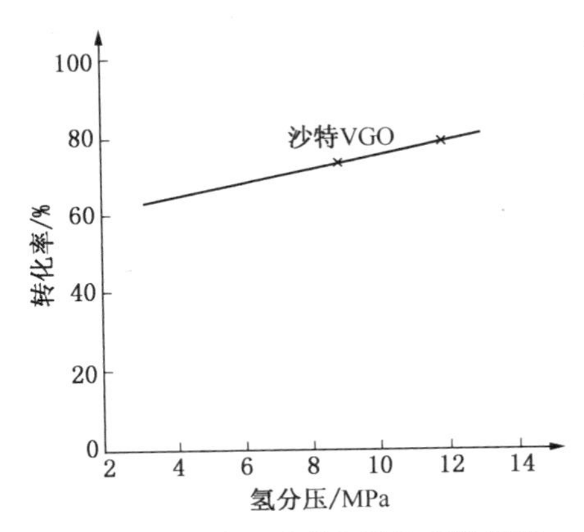

图 7-9 氢分压对裂化转化率的影响

原料：沙特 VGO；温度：380℃；空速：1.5h^{-1}；氢油体积比：900

表 7-11 不同压力下裂化产品的分布及质量

反应氢分压/MPa	14.0(高压)	7.0(中压)
产品分布/%		
H_2S+NH_3	2.5	2.5
C_1+C_2	0.5	0.5
C_3+C_4	3.8	4.1
石脑油	19.0	20.0
喷气燃料	34.8	34.0
柴油	41.7	40.6
产品性质		
喷气燃料烟点/mm	30	23.0
柴油十六烷值	68	58

注：试验原料为馏程 340～530℃ 的 VGO，硫含量 2.3%，氮含量 0.08%，两段工艺流程，裂化段采用含沸石分子催化剂，尾油全循环。

从表 7-11 中可以看出，压力对产品分布没有影响，这是因为加氢裂化反应遵循正碳离子反应和β-断裂的反应机理，而这一催化反应过程基本上与氢气分压无关。但产品的质量受氢分压影响较大，重质原料在轻质化过程中都要进行脱硫、脱氮和芳烃饱和等加氢反应，从而大大改变了产品质量，随着压力增加，喷气燃料烟点和柴油十六烷值都显著增加。

加氢裂化特别是在压力比较高时，是一种能在重油轻质化的同时，柴油产品质量可直接满足清洁柴油标准的工艺技术。

虽然提高氢分压时可显著地促进加氢脱氮、芳烃加氢饱和、加氢裂化等反应的进行，但同时氢耗和反应热明显增加，催化剂床层温升增加。在考虑采用较高氢分压时，需要分析新氢量的供给、系统压力的平稳及冷氢量的调节等是否具备，还要考虑到催化剂的合理使用寿命。

综上所述，氢分压对加氢过程的影响可以得出以下几点基本结论：

① 氢分压与物料组成和性质、反应条件、过程氢耗和总压等因素有关。

② 随着氢分压的提高，脱硫率、脱氮率、芳烃加氢饱和转化率也随之增加。

③ 对于 VGO 原料而言，在其他参数相对不变的条件下，氢分压对裂化转化深度产生正的影响。

④ 重质馏分油的加氢裂化，当转化率相同时，其产品的分布基本与压力无关。

⑤ 反应氢分压是影响产品质量的重要参数，特别是产品中的芳烃含量与反应氢分压有很大的关系。

⑥ 反应氢分压对催化剂失活速度也有很大影响，过低的压力将导致催化剂快速失活而不能长期运转。

目前工业上装置的操作压力一般在 7.0~20.0MPa 之间。

二、反应温度

（一）温度对加氢精制过程的影响

1. 加氢脱硫和脱氮过程

温度对 HDS 和 HDN 反应速率的影响遵循阿累尼乌斯方程。在一定的反应压力下，反应速率常数的大小与反应的活化能和反应温度有关。对于特定的原料油和催化剂，反应的活化能是一定的。因此，提高温度时反应速率常数增加，反应速率加快。

对于不同原料、不同的催化剂，反应的活化能不同，温度对反应速率的影响也不同。活化能越高，提温时反应速率提高得也越快。但是，由于 HDS 和 HDN 反应是放热反应，从化学平衡上讲，提高反应温度会减少正反应的平衡转化率，对正反应不利。不过 HDS 反应在常规工业加氢反应温度范围内不受热力学控制，因此提高温度脱硫速率增加；而对于 HDN 反应，由于原料中大量存在的氮杂环化合物的脱氮过程，首先需要经历环的加氢饱和，而此反应为受热力学限制的化学平衡反应，因此加氢脱氮究竟是受热力学控制还是受动力学控制需做具体分析。

2. 加氢脱芳烃过程

加氢脱芳烃是一个可逆的放热过程，且受热力学的限制。当反应温度增加时，脱氢反应速率亦随之增加，这将抵消温度增加对于芳烃加氢反应速率的影响。

（二）温度对加氢裂化过程的影响

1. 对裂化转化率的影响

温度对加氢裂化过程的影响，主要体现对裂化转化率的影响。图 7-10 为反应温度对转化率的影响。在其他反应参数不变的情况下，提高温度可加快反应速率，也就意味着转化率的提高，这样随着转化率的增加导致低分子产品的增加而引起反应产品分布发生很大变化，这必然要导致产品质量的变化。还应指出，加氢裂化为双功能多相催化反应，过程中的加氢、脱氢反应同样受到反应温度的影响，它与产品的饱和率、杂质脱除率直接有关，从而导致产品质量的变化。转化率是实际操作中的一个主要控制指标。转化率的调整一般通过调整裂化反应温度来实现。在一定转化范围，反应温度与转化率基本上呈线性关系。

2. 对产品分布和质量的影响

反应温度与转化率呈线性关系，当反应温度提高，转化率增加时，亦必然会对产品分布和性质产生影响。图 7-11 示出了大庆 VGO 在高压加氢裂化时的规律性结果，随转化率增加 <130℃轻石脑油持续增加，且在转化率增为 60%时增长速率加快；而柴油组分收率则在转化率为 60%左右有一最大值，然后随即下降，说明过高的转化率将导致二次裂解的加剧。

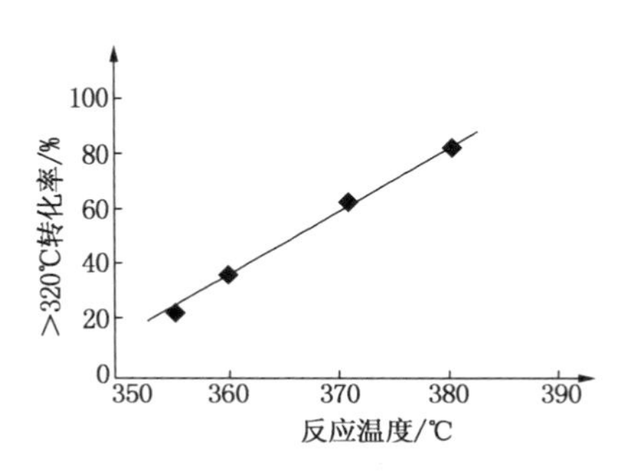

图 7-10 反应温度对转化率的影响

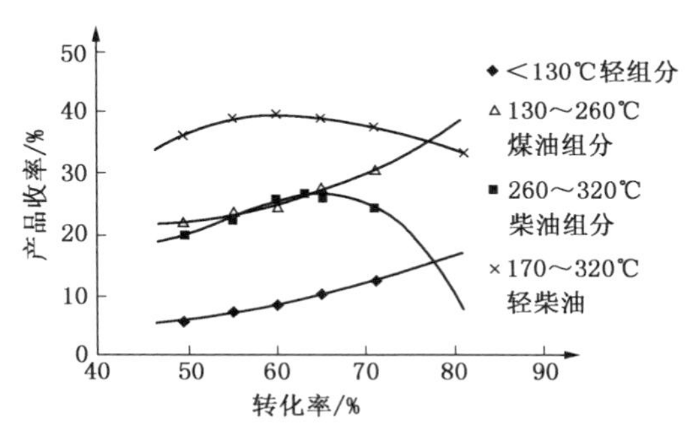

图 7-11 转化率与产品收率的关系

表 7-12 的数据为转化率对产品质量的影响，变化明显的是与芳香性有关的物化性质。重石脑油具有高的芳烃潜含量，且随转化率增加而有所减少，但仍维持一个较高的水平。而柴油组分的十六烷值则逐步增加，尾油的 *BMCI* 值则大幅度降低，是十分理想的乙烯原料。

表 7-12 产品质量与转化率的关系

>320℃裂解率/%(体)	22.1	33.9	48.4	60.6
65~180℃重石脑油				
密度(20℃)/(kg/m³)	765.3	762.7	761.5	759.5
芳烃潜含量/%	66.6	62.9	56.6	56.1
180~320℃柴油				
密度(20℃)/(kg/m³)	832.7	822.0	814.1	810.8
凝点/℃	-19	-18	-19	-19
十六烷值	46.0	47.0	50.0	54.0
>320℃尾油性质				
密度(20℃)/(kg/m³)	812.1	805.1	803.5	801.9
凝点/℃	29	29	28	30
氮含量/(μg/g)	1.4	<1	<1	<1
BMCI 值	6.4	3.5	2.7	1.8

转化率与产品分布的变化规律说明，由于二次裂解的加剧而增加了气体及轻组分的产率，从而降低了中间馏分油的收率，总液收率也有所降低，这种过度的追求高的单程转化率是不经济的。当转化率高于 60%时，不仅目的产品的收率减少，同时过程化学氢耗也将增加，这亦说明为什么在 100%转化的加氢裂化工艺过程中，一般都控制单程转化率在 60%~70%。然后将未转化尾油进行循环裂化，以提高过程的选择性。

在实际应用中，应根据原料性质和产品要求来选择适宜的反应温度。

三、空速

空速是影响加氢过程的另一个重要参数，在工业应用中，一般习惯使用比较方便的体积空速。空速是控制加氢过程的一个重要参数，也是一个重要的技术经济指标。因为空速的大小决定了工业装置反应器的体积，它还决定了催化剂用量，这两项所需资金，在装置总投资中占有相当大的份额。空速是根据催化剂性能、原料油性质及要求的反应深度而变化的。对于给定的加氢装置，进料量增加时，空速增大，意味着单位时间里通过催化剂的原料油量多，原料油在催化剂上的停留时间短，反应深度浅；反之亦然。因此降低空速对于提高加氢过程反应的转化率是有利的。

空速与反应温度在一定范围内是互补的，即当提高空速而要保持一定的反应深度时，可以用提高反应温度来进行补偿，反之亦然。但是从工业应用的实际来看，对某一种催化剂，当原料油固定时，温度与空速的互补范围是有限的。

（一）空速对加氢精制过程的影响

就加氢脱硫、脱氮以及烯烃饱和而言，随着馏分增重，硫、氮化合物与烯烃的结构不同，它们的加氢反应速率差别较大，如以重馏分中氮化物加氢脱氮反应速率为1，则轻馏分中氮化物为它的20倍，而硫化物在重、轻馏分中相应为它的70倍与100倍。因此，对轻质油来说，即使在3MPa压力下，加氢脱硫、脱氮及烯烃饱和，可以采用较高的空速。

在柴油深度加氢脱硫和加氢脱芳烃工艺中，通常需要降低空速，以便能在较低的反应温度下达到高的脱硫率。因为提高反应温度虽然可以增加脱硫率，使得产品中的硫含量降低，但同时会带来产品颜色变差的问题。而且，降低空速更有利于芳烃加氢饱和反应的进行。

对于含氮量高的重质油加氢精制，空速对加氢脱氮的影响更为重要。重质油加氢处理过程中，脱金属、脱硫反应最快，多环芳烃加氢成单环芳烃次之，而脱氮反应更慢，单环芳烃加氢反应最慢。因此对于含氮量高的重质油加氢处理，考虑加氢脱氮反应深度的要求，在高压下，宜采用较低的空速。

（二）空速对加氢裂化过程的影响

1. 对裂化转化率的影响

空速对裂化转化率的影响见图7-12。从中可以看出，随着空速的降低，裂化转化率增加。

2. 对产品分布及质量的影响

空速对加氢裂化产品的分布及质量也有一定的影响。图7-13示出了不同空速对产品分布的影响。当反应温度不变时，随着空速减少及转化深度的增加，轻、重石脑油产率增加很快，而中间馏分油特别是260~350℃馏分的重柴油组分产率，在高转化率（低空速）时则有所下降，这一结果与温度影响的规律是相近的，即过高的单程转化率将导致二次裂化反应的增加。

不同空速通过调节温度可达到相同的转化率，见表7-13。在这种情况下，总的液体收率，轻、重石脑油及中间馏分的收率均基本相同，说明在一定范围内温度与空速可相互补偿，在同一转化率下空速对过程的选择性没有什么影响。同样，轻质产品的主要性质如重石脑油的芳烃潜含量、柴油十六烷值、尾油的 *BMCI* 也十分接近。

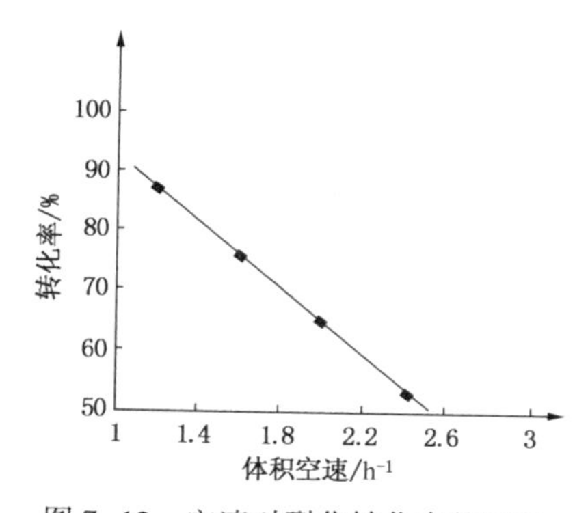

图 7-12 空速对裂化转化率的影响
原料：大庆 VGO；温度：370℃；
氢分压：6.37MPa；氢油体积比：1000∶1

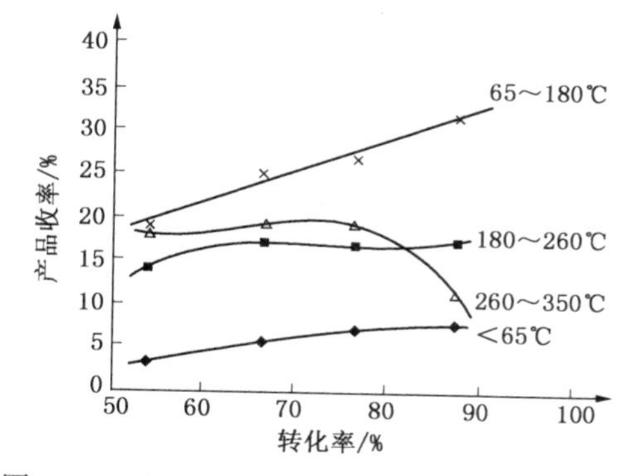

图 7-13 空速变化(转化率)对产品分布的影响
原料：大庆 VGO；温度：370℃；
氢分压：6.37MPa；氢油体积比：1000∶1

表 7-13 VGO-MHC 相同转化率试验结果

转化率/%(体)	37.4	38.0	转化率/%(体)	37.4	38.0
反应压力/MPa	7.35	7.35	产品主要性质		
裂化体积空速/h^{-1}	1.6	2.0	65~180℃重石脑油		
裂化段反应温度/℃	366	371	芳烃含量/%	11.0	12.6
主要产品分布/%			芳烃潜含量/%	61.46	60.00
<65℃轻石脑油	3.10	3.04	180~320℃柴油		
65~180℃重石脑油	12.19	12.57	凝点/℃	54	54
180~350℃柴油	30.34	30.08	十六烷值	-6	-7
>350℃尾油	53.62	53	>320℃尾油性质		
>C_5 液体产物	99.25	99.25	*BMCI* 值	10.8	9.6

加氢过程空速的选择要根据装置的投资、催化剂的活性、原料性质、产品要求等各方面综合考虑。

一般重整料预加氢的空速为 2.0~10.0h^{-1}；煤油馏分加氢的空速为 2.0~4.0h^{-1}；柴油馏分加氢精制的空速为 1.2~3.0h^{-1}；蜡油馏分加氢处理空速为 0.5~1.5h^{-1}；蜡油加氢裂化空速为 0.4~1.0h^{-1}；渣油加氢的空速为 0.1~0.4h^{-1}。

四、氢油比

氢油比是单位时间里进入反应器的气体流量与原料油量的比值，工业装置上通用的是体积氢油比，它是指每小时单位体积的进料所需要通过的循环氢气的标准体积量。

氢油比对加氢过程的影响主要有三个方面：一是影响反应的过程；二是对催化剂寿命产生影响；三是过高的氢油比将增加装置的操作费用及设备投资。

仅就反应而言，氢油比的变化其实质是影响反应过程的氢分压。氢油比对氢分压的主要影响：一是当过程的氢油比较低时，随着反应过程的氢耗的产生，反应生成物中相对分子质量的减少而使汽化率增加；由反应热引起的床层温升，这些都导致反应器催化剂床层到反应器出口的氢分压与入口相比有相当大的降低。二是在其他参数不变时，如果增加氢油比，则从入口到出口的氢分压的下降将显著减少。这就是说，氢油比的增加实质上是增加了反应过程的氢分压。

(一) 氢油比对加氢精制过程的影响

在直馏喷气燃料、石油脑等加氢精制过程，除微量的硫、氮非烃化合物经加氢后物性稍有变化外，绝大多数分子尺寸没有因裂解而变小，这样反应物流中的汽化率变化很小，其次氢耗也相对较低，所使用的氢油比就相对较低。

氢油比对脱硫率的影响规律是当反应温度较低(343℃)而空速又较高($4.0h^{-1}$)时，脱硫率先随氢油比的增加而提高；继续增加氢油比，脱硫率反而有所下降。但当反应温度较高和空速较低时，继续增加氢油比则脱硫略有增加，没有呈现下降的趋势。

氢油比对脱氮率的影响规律与脱硫率不同，无论是高、低反应温度或高、低空速，其脱氮率均有一个最高点，继续增加氢油比则脱氮率有所下降。

氢油比低，导致氢分压下降(在反应化学耗氢较大时更为突出)，造成脱硫率、脱氮率有所下降。其次，如果原料中硫含量较高而氮含量较低时，包括循环氢在内的反应物流中硫化氢含量较高，则高浓度的硫化氢会抑制加氢催化剂的脱硫活性。当氢油比过高时，反应床层中的气流速度相当大，减少了催化剂床层的液体藏量，从而减少了液体反应物在催化剂床层的停留时间，以致使脱硫率、脱氮率有所降低。另一方面，对脱氮反应，反应物流中的硫化氢浓度增加对脱氮效果有促进作用，增加氢气流率使硫化氢浓度减少，降低了脱氮效果。

(二) 氢油比对加氢裂化过程的影响

1. 对裂化转化率的影响

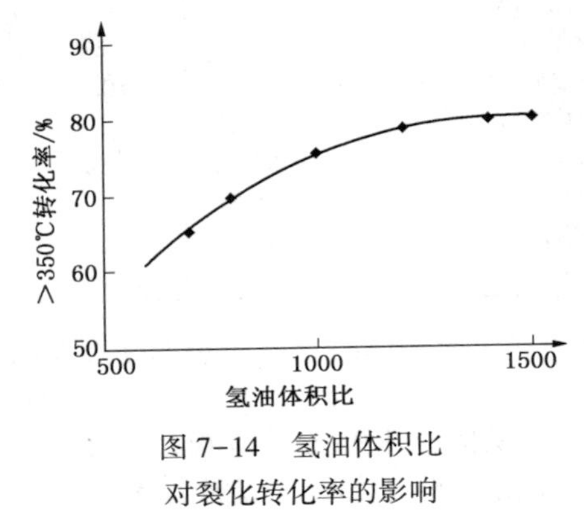

图 7-14　氢油体积比对裂化转化率的影响

氢油比对裂化转化率的影响见图 7-14。从中可以看出，随着氢油比的增大，裂化转化率增加。

2. 对产品分布及质量的影响

氢油比的变化实质上主要是影响过程的氢分压，从某种意义上讲，它对裂化深度、产品分布及质量的影响机理与氢分压的影响基本上是要相同的。

氢油比对催化剂的寿命有显著影响，高的氢油比对减缓催化剂的失活速度、延长装置运转周期是十分有益的。提高氢油比可以提高氢分压，这在许多方面对反应是有利的，所以在实际生产中所用的氢油比大大超过化学反应所需的数值。但却增大了动力消耗，使操作费用增大，因此要根据具体条件选择最适宜的氢油比。此外，加氢过程是放热的，大量的循环氢可以提高反应系统的热容量，从而减少反应温度变化的幅度。

第五节　加氢精制工艺过程

加氢精制的工艺过程多种多样，按原料加工的轻重和目的产品的不同，可分为石脑油、煤油、柴油和润滑油等石油馏分的加氢精制，其中包括直馏馏分和二次加工产物，此外还有渣油的加氢脱硫。加氢精制装置所用氢气多数来自催化重整的副产氢气。当重整的副产氢气不能满足需要，或者没有催化重整装置时，氢气由制氢装置提供。石油馏分加氢精制尽管因原料不同和加工目的不同而有所区别，但是其化学反应基本原理相同，反应器一般都采用固定床绝热反应器，因此，各种石油馏分加氢精制的原理工艺流程原则上没有明显的差别。

一、石脑油加氢精制

石脑油泛指终馏点低于220℃的轻馏分，一般富含烷烃，是裂解乙烯较为理想的原料。

石脑油加氢精制是指对高硫原油的直馏石脑油和二次热加工石脑油（如焦化石脑油）进行加氢精制，脱除其中硫、氮等杂质及烯烃饱和，从而获得乙烯裂解原料。

石油二次热加工中的焦化石脑油馏分质量较差，一般含有20%左右的二烯烃，总烯烃含量可高达40%，同时还含有大量的硫、氮化合物，所以一般都采用两段加氢精制工艺过程。第一段在低温下加氢，饱和易结焦的二烯烃；二段再采用较苛刻的操作条件，进行脱硫、脱氮和烯烃饱和。

常用的催化剂是以氧化铝或含硅氧化铝为载体的钼-钴型或镍-钨型，反应条件为：压力3.0～5.0MPa，温度220～390℃，空速1.0～5.0h^{-1}，氢油比100～500。

焦化石脑油采用一段法是可以生产优质石脑油的。但是由于烯烃含量高，床层温升很大，可达125℃。如此大的温升不仅不好操作，而且会缩短催化剂使用周期。

在两段加氢精制中，适当降低第一反应器入口温度，使部分烯烃饱和转移到第二反应器来进行反应，总温升合理的分配在两个反应器的床层中，既易操作，又有利于延长催化剂使用周期。

鉴于两段加氢精制能采用不同的操作条件，又可以充分发挥催化剂的性能，因此，焦化石脑油制取合格的乙烯裂解料，应采用两段加氢精制为宜。无论是一段还是二段石脑油加氢精制工艺过程，最好采用直馏和二次热加工混合石脑油进料为宜，这样可以减轻加工难度，带来较好的技术经济效果。

图7-15为焦化石脑油加氢精制典型工艺流程。

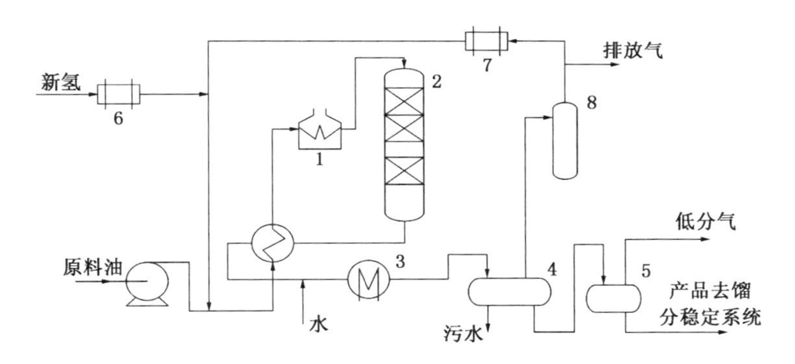

图7-15　焦化石脑油加氢精制典型工艺流程

1—加热炉；2—反应器；3—冷却器；4—高分；5—低分；
6—新氢压缩机；7—循环氢压缩机；8—沉降罐

二、喷气燃料临氢脱硫醇

硫醇是喷气燃料中的有害杂质。油品中的少量硫醇会使油品发出臭味并且对飞机材料有腐蚀作用，影响喷气燃料的热安定性。随着我国加工中东高硫原油的增多，直馏喷气燃料中的硫醇含量更高。目前从直馏喷气燃料中脱除硫醇的技术有多种，如抽提、吸附、氧化及抽提和氧化组合的工艺技术。这些技术都是非临氢的方法，虽然投资费用较低，但都存在着不同程度的环境污染，并且对原料的适应性较差。采用加氢精制工艺，虽然能达到脱硫醇的目的，总硫、烟点、色度等指标也都有改善，但该工艺又存在着投资及操作费用高的缺点。为此，RIPP研制开发了一种喷气燃料临氢脱硫醇技术。该技术集合了非临氢及加氢两种工艺的特点，在投资及操作费用较低的条件下，克服了常规非临氢脱硫醇法用于高硫油生产喷气燃料时质量不稳定的弱点，生产出对环境友好且符合喷气燃料质量标准的产品。

喷气燃料临氢脱硫醇工艺原则流程见图 7-16。表 7-14 为喷气燃料临氢脱硫醇的效果。

表 7-14 喷气燃料临氢脱硫醇生产操作参数及效果

项目	卡塔尔：伊重(5：1)		伊轻：伊重(1：1)	
	原料	产物	原料	产物
生产操作参数				
体积空速/h^{-1}	3.8		3.8	
反应压力/MPa	1.60		1.58	
反应温度/℃	246		246	
原料及产品性质				
馏程/℃				
初馏点	154	161	151	155
50%	191	193	193	188
90%	217	219	219	216
终馏点	239	238	238	238
冰点/℃	-55.4	—	-55.6	-55.3
硫醇硫/(μg/g)	191.0	5.7	98.1	6.9
总硫/%	0.2062	0.1225	0.2170	0.1601
赛氏比色/号	+30	+30	+30	+30
铜片腐蚀/级	—	1	—	1
银片腐蚀/级	—	0	—	0

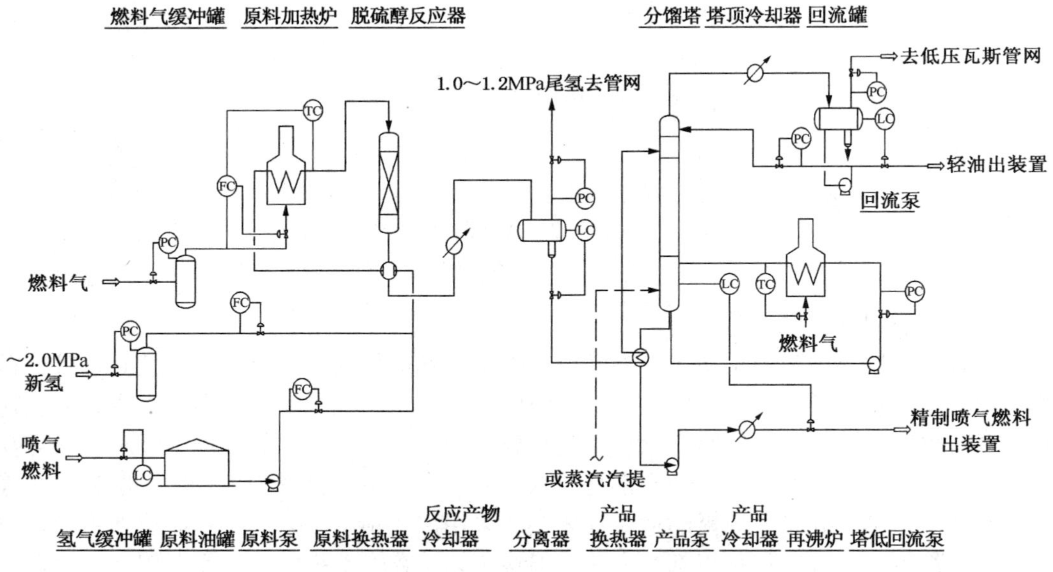

图 7-16 喷气燃料临氢脱硫醇工艺原则流程(一次通过)

喷气燃料临氢脱硫醇技术具有高的脱硫醇性能，并兼有脱酸、脱色及一定的脱硫功能。应用该技术生产出的喷气燃料馏分，硫醇硫含量小于 10μg/ g ，且改善了喷气燃料馏分的腐蚀性能和产品的色度，烟点有所提高，其他各项指标也符合 3 号喷气燃料质量标准。

三、S Zorb 催化汽油吸附脱硫

在深度脱硫时，FCC 汽油不宜采用加氢脱硫方法。而 S Zorb 吸附脱硫工艺技术，是在临氢状态下催化汽油通过装有独特吸附剂(锌和其他金属负载在一种载体上的专利技术)的流化床吸附器，进行吸附脱硫，吸附过程中排出的一部分待生剂送再生器进行再生，循环操作。该技术为采用全馏分催化汽油一次通过的脱硫工艺，在过程中并不产生硫化氢气体，从而避免了硫化氢与产品中的烯烃反应生成硫醇而造成产品硫含量增加的问题。进料汽油中的硫通过再生烟气以二氧化硫的方式排出。

图 7-17 为 S Zorb 反应吸附脱硫装置主要工艺流程示意图。

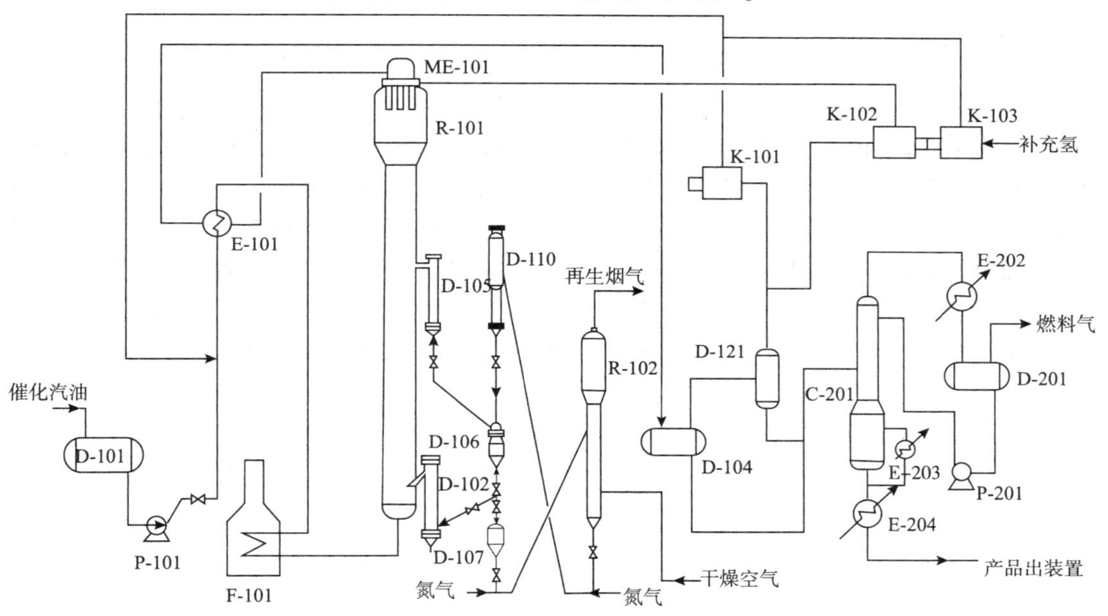

图 7-17　S Zorb 反应吸附脱硫装置主要工艺流程示意图

D-101—原料缓冲罐；D-102—还原器；D-104—热产物气液分离罐；D-105—反应器接收器；D-106—闭锁料斗；D-107—再生进料罐；D-110—再生器接收器；D-121—冷产物气液分离罐；D-201—稳定塔回流罐；C-201—稳定塔；E-101—进料换热器；E-202—稳定塔顶后冷凝器；E-203—稳定塔顶重沸器；E-204—产品冷却器；P-101—反应进料泵；P-201—稳定塔回流泵；F-101—进料加热炉；K-101—循环氢压缩机；K-102—反吹氢压缩机；K-102—补充氢压缩机；ME-101—反应器过滤器；R-101—脱硫反应器；R-102—再生器

S Zorb 装置由进料与脱硫反应、吸附剂再生、吸附剂循环和产品稳定四个部分组成。来自催化装置的含硫汽油经吸附反应进料泵升压并与循环氢气混合后，与脱硫反应器顶部的产物进行换热，换热后混有氢气的原料经进料加热炉加热达到预定的温度后，进入脱硫反应器底部进行吸附脱硫反应，将其中的有机硫化物脱除。

为了维持吸附剂的活性，使装置能够连续运行，S Zorb 装置设有吸附剂连续再生系统。再生过程是以空气作为氧化剂的氧化反应，压缩空气经加热送入再生器底部，与来自再生进料罐的待再生吸附剂发生氧化反应。

吸附剂循环部分的作用是将已吸附了硫的吸附剂从反应部分输送到再生部分，同时将再生后的吸附剂送回反应系统。反应器上部反应器接收器中失活的吸附剂被压送到闭锁料斗，降压并用氮气置换其中的氢气，置换合格后在压差和重力作用下送到再生器进料罐，再生器进料罐中的吸附剂则由氮气提升到再生器内进行再生反应。再生吸附剂通过滑阀由氮气提升到再生器接收器，通过压差和重力送到闭锁料斗，先用氮气置换闭锁料斗中的氧气，置换合格后用氢气升压，最后在压差和重力作用下送到还原器还原后返回反应系统。

稳定塔用于脱除脱硫后汽油产品中的碳二、碳三和碳四组分，塔底稳定的精制汽油产品经换热冷却后送出装置。

S Zorb 的吸附温度为 370~427℃，操作压力为 0.70~1.76 MPa，硫含量由约 800mg/kg 可降到 10mg/kg 以下，抗爆指数损失小于 1.0。当汽油中硫含量更高时，该技术仍可达到类似的脱硫效果。

四、柴油加氢精制

柴油原料有多种来源，其中包括直馏柴油馏分、FCC 柴油、焦化柴油、加氢裂化柴油等。这些物料中除加氢裂化柴油外，其他柴油馏分都不同程度地含有一些污染杂质和各种非理想组分。它们的存在对柴油的使用性能和环境影响很大。如柴油中的硫化物一方面对机件有腐蚀作用，另一方面柴油燃烧时硫化物对废气中生成的有害颗粒物有贡献且生成的 SO_x 使柴油机尾气转化器中的催化剂中毒，使污染物排放增加，污染大气。柴油中的氮化合物、烯烃及其他极性物(如胶质)含量高时，其氧化安定性一般较差，储存中易变色、生成胶质和沉渣，使用中易生成积炭。因此各种柴油原料馏分必须经过精制和(或)改质后才能作为商品柴油组分。

柴油加氢精制装置由反应系统、产品分离系统和循环氢系统等三部分组成。在二次加工柴油加氢精制装置中，大多数还设有原料脱氧和生成油注水系统。典型的柴油加氢精制工艺流程如图 7-18。

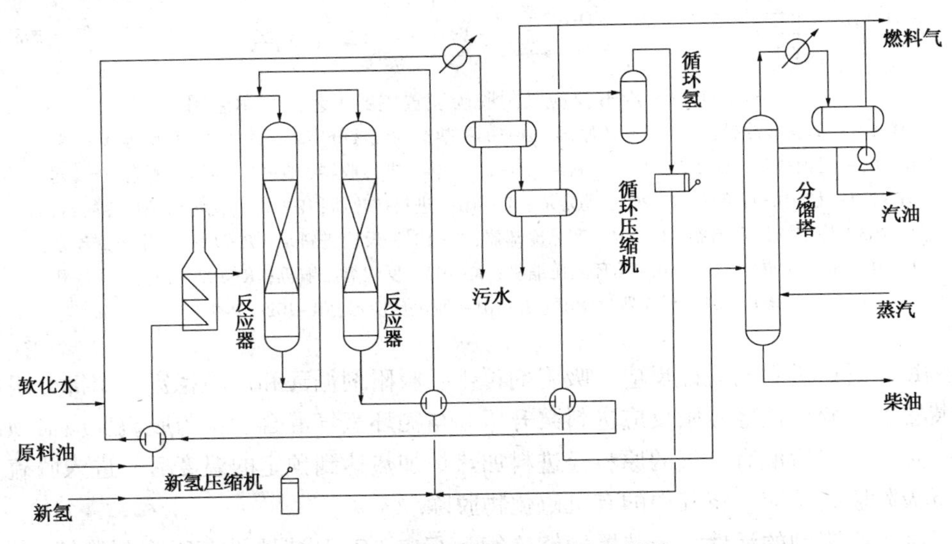

图 7-18 柴油加氢精制原理流程图

柴油加氢精制的液收率通常在97%以上，生成的汽油量很少，大约为1%~2%，可作为重整或裂解乙烯的原料。

柴油加氢精制工艺的主要操作条件如下：

(1) 反应压力

压力对柴油加氢精制深度的影响，与石脑油、煤油加氢精制相比要复杂些，因为柴油在加氢精制条件下，可能是气相，也可能是气、液混合相。处于气相时，提高反应的压力，导致反应时间的延长，从而增加了加氢精制的深度，特别是氮的脱除率有较明显的提高，而对硫没有什么影响。

当加氢精制压力逐渐提高到反应系统出现液相时，再继续提高压力，则加氢精制的效果反而变坏。这是因为有液相存在时，氢通过液膜向催化剂表面扩散的速度降低，这个扩散速度成为影响整个反应的控制因素，它与氢分压成正比，而随着催化剂表面上液层厚度的增加而降低。因此，在出现液相后，提高反应压力会使催化剂表面上的液层加厚，降低了反应速率。由此可见，为了使柴油加氢精制达到最佳效果，应当选择刚好使原料油完全汽化的氢分压。

柴油馏分(180~360℃)的反应压力一般在4.0~8.0MPa(氢分压3.0~7.0MPa)。

(2) 反应温度

升温可提高脱硫的速率；对于脱氮和芳烃饱和反应，应避免在受热力学平衡制约的条件下操作。如果反应温度过高，就会发生单环和双环烷的脱氢反应而使十六烷值降低，导致柴油燃烧性能变坏。柴油馏分加氢处理的反应温度一般为300~400℃。

(3) 空速和氢油比

在较低的氢分压下，适当降低空速，也可达到较高的反应深度。柴油馏分加氢精制的空速一般为1.2~3.0h^{-1}。

在加氢精制过程中，维持较高的氢分压，有利于抑制缩合生焦反应。为此，加氢过程中所用的氢油比远远超过化学反应所需的数值。柴油馏分加氢精制的氢油比一般为150~600Nm^3/m^3。

第六节 加氢裂化工艺过程

目前工业上大量应用的加氢裂化工艺主要有：单段工艺、一段串联工艺、两段工艺三种类型。这些工艺类型可采用不同的工艺流程。工艺类型和流程的选择与原料性质、产品要求和催化剂等因素有关。

一、加氢裂化工艺流程

(一) 单段加氢裂化工艺

单段加氢裂化流程指流程中只有一个(或一组)反应器，原料油的加氢精制和加氢裂化在同一个(组)反应器内进行，所用催化剂为无定形硅铝催化剂，它具有加氢性能较强，裂化性能较弱以及一定抗氮能力的特点。该工艺最适合于最大量生产中间馏分油。

现以大庆直馏重柴油馏分(330~490℃)为例来简述单段加氢裂化流程，如图7-19所示。

原料油经泵升压至16.0MPa与新氢及循环氢混合后，再与420℃左右的加氢生成油换热至约320~360℃进入加热炉。反应器进料温度为370~450℃，原料在反应温度380~440℃、空速1.0h^{-1}、氢油体积比约为2500∶1的条件下进行反应。为了控制反应温度，向反应器分层

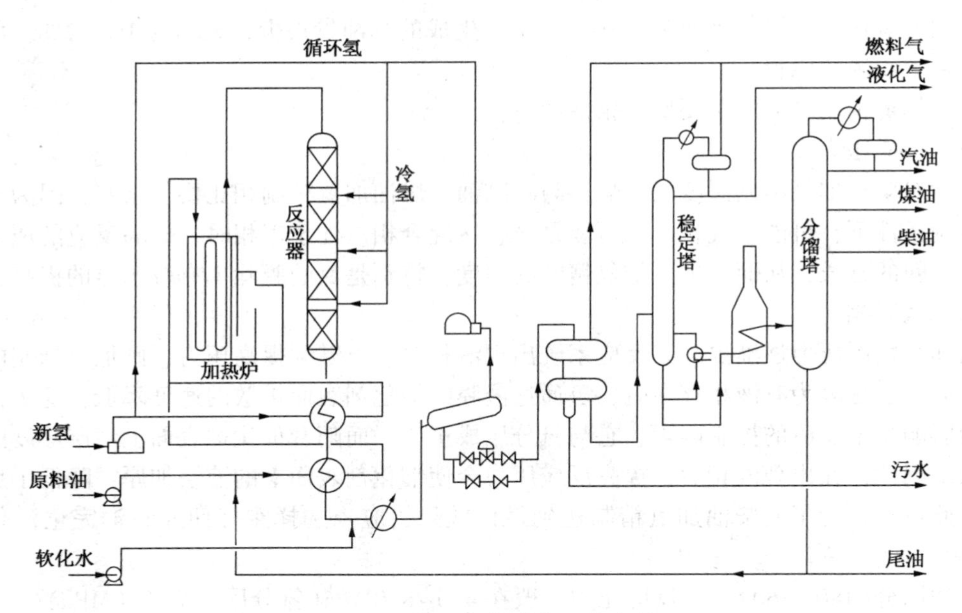

图 7-19 单段加氢裂化工艺流程

注入冷氢。反应产物经与原料换热后温度降至200℃，再经冷却，温度降到30~40℃之后进入高压分离器。反应产物进入空冷器之前注入软化水以溶解其中的NH_3、H_2S等，以防水合物析出而堵塞管道。自高压分离器顶部分出循环气，经循环氢压缩机升压后，返回反应系统循环使用。自高压分离器分离出部分生成油，经减压系统减压至0.5MPa，进入低压分离器，在低压分离器中将水脱出，并释放出部分溶解气体，作为富气送出装置，可以作燃料气用。生成油经加热送入稳定塔，在1.0~1.2MPa下蒸出液化气，塔底液体经加热炉加热至320℃后送入分馏塔，最后得到轻汽油、喷气燃料、低凝点柴油和塔底油(尾油)。尾油可一部分或全部作循环油，与原料混合再去反应系统。

单段加氢裂化可以用三种方案操作：原料一次通过，尾油部分循环及尾油全部循环。大庆直馏蜡油按三种不同方案操作所得产品收率和产品质量见表7-15。由表中数据可见，采用尾油循环方案可以增产喷气燃料和柴油。特别是喷气燃料增加较多，从一次通过的32.9%，提高到尾油全部循环的43.5%，而且对冰点并无影响。

表7-15 单段加氢裂化不同操作方案的产品收率及产品性质

操作方案	一次通过				尾油部分循环			尾油全部循环		
指标	原料油	汽油	喷气燃料	柴油	汽油	喷气燃料	柴油	汽油	喷气燃料	柴油
收率/%	—	24.1	32.9	42.4	25.3	34.1	50.2	35.0	43.5	59.8
ρ_{20}/(g/cm³)	0.8823	—	0.7856	0.8016	—	0.7280	0.8060	—	0.7748	0.7930
沸程/℃										
初馏点	333	60	153	192.5	63	156.3	196	—	153	194
干点	474	172	243	324	182	245	326	—	245.5	324.5
冰点	—	—	-65	—	—	-65	—	—	-65	—
凝点	40	—	—	-36	—	—	-40	—	—	-43.5
总氮/(μg/g)	470	—	—	—	—	—	—	—	—	—

对流程有如下几点说明：

（1）反应温升和反应器温升

加氢过程为放热反应，随着反应的深入，释放出的热量越来越大，反应温度也出现升高现象，称为反应温升。在工业加氢反应器上，体现为反应器温升。反应器的温升状况可用反应器温升和反应总温升或沿反应器轴向存在的催化剂床层总温升表征。

反应器温升指的是反应器出口温度与入口温度的差值；而催化剂床层总温升则为每个催化剂床层温升的算术和。

当反应器内只设置一个催化剂床层时，反应器温升等于反应温升或催化剂床层总温升。

催化剂床层总温升决定于原料油的性质、原料油和循环氢量、加氢深度等。原料油中含有加氢反应放热量大的组分如硫化物、氮化物和烯烃等越多，反应温升越大；原料油流率增加，总的放热量增加，催化剂床层总温升增加；循环氢量下降，或者氢油比下降，由气体带走的热量减少，催化剂床层总温升增加。

表征加氢深度的脱硫率、脱氮率、芳烃饱和率和加氢裂化转化率等也在一定程度上影响催化剂床层总温升。由于不同的原料油性质和不同的反应深度需要不同的化学氢耗量，因此化学氢耗量与催化剂床层总温升有较好的相关性。

当反应温升过高而不加以控制时，可能导致如下后果：第一，反应器内形成高温反应区。反应物流在高温区内激烈反应，甚至发生二次、三次裂解反应，放出更多的反应热，使反应温度更高，如此恶性循环，可能导致温度超过催化剂允许的最高使用温度，损坏催化剂，甚至可能引起催化剂床层“飞温”，引发事故；第二，随着运转时间的推移，催化剂逐渐失活，当提高反应温度加以弥补时，将使得靠近反应器下部的一部分高温区的催化剂过早地到达设计的最高操作温度，而被迫停工。而此时处于反应器上部低温区的催化剂尽管仍有较高的活性，但却没有得到利用，因而劣化装置经济效益；第三，对产品质量和选择性不利。在加氢处理反应中，加氢脱氮和芳烃加氢饱和反应受热力学平衡制约，当反应温度提高到某一数值后，平衡转化率下降，使脱氮率、芳烃饱和率下降，产品质量下降。在加氢裂化反应中，高的反应温度会加速二次裂解反应，导致中馏分选择性下降，气体产量增加。

但是借助一定的反应温升可以使得在较低的反应器入口温度下达到所需的较高催化剂床层平均温度；另外，按高反应温升方式操作，可减少催化剂床层间冷氢的注入量，降低循环氢压缩机负荷，降低能耗。

催化剂床层内除了沿反应器轴向存在温度梯度以外，床层的某一横截面上不同位置的温度也有可能不同。将同一截面上最高点温度与最低点温度之差称为催化剂床层径向温差，或称径向温升。

径向温差的大小反映了反应物流在催化剂床层里分布均匀性的好坏。一旦催化剂床层出现较大的径向温差，其对催化剂的影响几乎与轴向温升相同，而对产品质量、选择性方面所造成的影响则远大于轴向温升。可接受的催化剂床层径向温差取决于反应器直径的大小和反应类型。反应器直径越大，容许的径向温差也越大；加氢裂化工艺容许的径向温差比加氢处理工艺的小。通常在加氢裂化工艺中，当催化剂床层径向温差超过 11℃时已经认为物流分配不好了，当超过 17℃时就应该考虑停工处理。

反应温升主要通过调节加热炉出口温度和催化剂床层间的冷氢量进行控制。

(2) 催化剂装填

在加氢裂化反应器中，催化剂一般分层装填，这可把催化剂床层总温升分担到每个催化剂床层，使每层催化剂的温升不至于太高，保护催化剂性能。

(3) 加权平均床层温度(WABT)

加氢反应器催化剂床层内各点温度是不一样的。为了得知反应平均温度，通常用反应器加权平均温度。

(4) "炉前混氢"和"炉后混氢"工艺

氢和原料在炉前混合后进加热炉加热的，为炉前混氢工艺。图7-19的工艺流程即为炉前混氢工艺；氢在炉中加热后才与原料油混合的，为炉后混氢工艺。

单段加氢裂化工艺具有如下特点：

① 采用裂化活性相对较弱的无定形或含少量分子筛的无定形催化剂，其优点是：具有较强的抗原料油中有机硫、氮的能力，催化剂对温度的敏感性低，操作中不易发生飞温。

② 中馏分选择性好且产品分布稳定，初末期变化小。

③ 流程简单，投资相对较少且操作容易。

④ 床层反应温度偏高，末期气体产率较高。

⑤ 原料适应性差，不宜加工干点及氮含量过高的VGO原料。

⑥ 装置的运转周期相对较短。

(二) 单段串联工艺

在单段串联工艺流程中设置两个(组)反应器，第一反应器(一反)装有脱硫脱氮活性好的加氢精制催化剂，以脱除重质馏分油进料的硫、氮等杂质，同时使部分芳烃被加氢饱和。第二反应器(二反)装有含沸石分子筛的裂化催化剂，两个反应器的反应温度及空速可以不同，而且很重要的一点是要控制精制反应器出口精制油中的氮含量，以保证进入裂化反应器中的进料不会因氮含量过高而引起裂化催化剂中毒。

单段串联工艺简化流程见图7-20。按此流程，重质馏分油进料经预热后与氢气混合进入一反，在加氢精制催化剂上进行加氢脱硫、加氢脱氮以及芳烃饱和等反应，精制油不经任何冷却、分离直接进入二反，物流中含有硫、氮化合物加氢后转化成的硫化氢、氨及少量的轻烃。主要裂化反应在二反中进行。未转化的重馏分油(尾油)可循环回反应器再裂化，也可按一次通过方式操作，不将尾油循环。尾油可做优质的催化裂化或制取乙烯的原料，还可用作润滑油的原料。

与单段工艺相比，单段串联工艺具有如下优点：

① 产品方案灵活，仅通过改变操作方式及工艺条件或者更换催化剂，可以根据市场需求对产品结构在相当大范围内进行调节。

② 原料适应性强，可以加工更重的原料，其中包括高干点的重质VGO及溶剂脱沥青油。

③ 可在相对较低的温度下操作，因而热裂化被有效抑制，可大大降低干气产率。

(三) 两段加氢裂化工艺流程

在两段加氢裂化的工艺流程中设置两个(组)反应器，但在单个或一组反应器之间，反应产物要经过气-液分离或分馏装置将气体及轻质产品进行分离，重质的反应产物和未转化反应产物再进入第二个或第二组反应器，这是两段过程的重要特征。它适合处理高硫、高氮

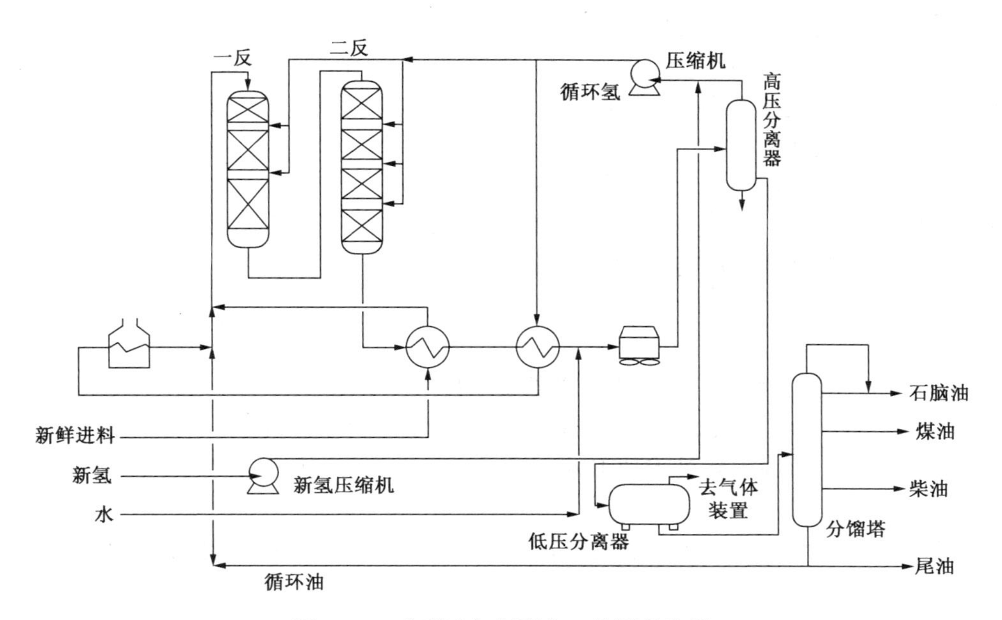

图 7-20 串联法加氢裂化工艺原理流程

减压蜡油，催化裂化循环油，焦化蜡油，或这些油的混合油，亦即适合处理单段加氢裂化难处理或不能处理的原料。

两段工艺简化流程见图 7-21。该流程设置两个反应器，一反为加氢处理反应器，二反为加氢裂化反应器。新鲜进料及循环氢分别与一反出口的生成油换热，加热炉加热，混合后进入一反，在此进行加氢处理反应。一反出口物料经过换热及冷却后进入分离器，分离器下部的物流与二反流出物分离器的底部物流混合，一起进入共用的分馏系统，分别将酸性气以及液化石油气、石脑油、喷气燃料等产品进行分离后送出装置，由分馏塔底导出的尾油再与

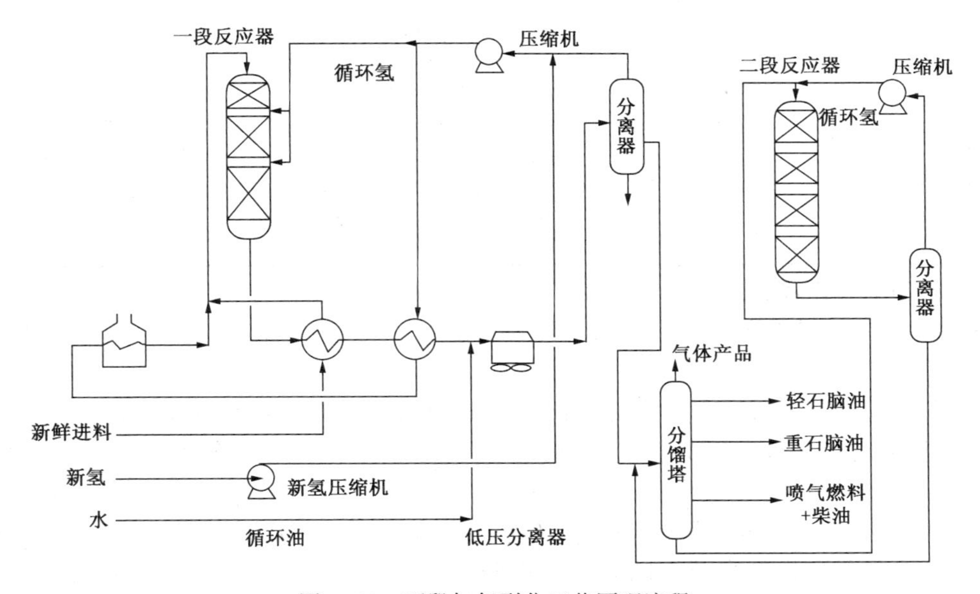

图 7-21 两段加氢裂化工艺原理流程

循环氢混合加热后进入二反。这时进入二反物流中的硫化氢及氨均已脱除干净，硫、氮化合物含量也很低，消除了这些杂质对催化剂裂化活性的抑制作用，因而二反的温度可大幅度降低。此外，在两段工艺流程中，二反的氢气循环回路与一反的相互分离，可以保证二反循环氢中仅含很少量的硫化氢及氨。

与单段工艺相比，两段工艺具有如下特点：

① 气体产率低，干气少，目的产品收率高，液体总收率高。

② 产品质量好，特别是产品中芳烃含量非常低。

③ 氢耗较低。

④ 产品方案灵活大。

⑤ 原料适应性强，可加工更重质、更劣质原料。

表 7-16 列出了一组高氮难裂化重质蜡油原料加氢裂化工艺数据。从表中可以看出，对于加氢裂化工艺而言该原料是极难加工的，但采用两段工艺，可灵活地裂化为轻质产品，且质量优良。

两段工艺流程较为复杂，因而装置投资和操作费用较高。宜在装置规模较大时或采用贵金属裂化催化剂时选用。

表 7-16 两段工艺用于加工重质 VGO 原料

装置进料性质	巴西原油的 HVGO		装置进料性质	巴西原油的 HVGO	
密度(15.6℃)/(kg/m^3)	949.0		多环芳烃质量含量/%	30	
氮/(μg/g)	3500		馏程		
硫/(μg/g)	0.8		5%	320	
总芳烃质量含量/%	50		50%	450	
产品性质	全转化	部分转化	产品性质	全转化	部分转化
产品质量产率/%			烟点/mm	>27	>25
石脑油	23	11	柴油性质		
喷气燃料	26	18	硫/(μg/g)	<10	<10
柴油	46	27	氮/(μg/g)	<1	<1
尾油	4	43	十六烷值	55	53
石脑油性质			尾油性质		
硫/(μg/g)	<10	<10	硫/(μg/g)	<5	<5
MON/RON	55/65	55/65	氮/(μg/g)	<1	<1
喷气燃料性质			黏度指数	>120	>100
硫/(μg/g)	<10	<10	倾点(溶剂脱蜡后)/℃	-12	—
氮/(μg/g)	<1	<1			

二、加氢裂化产品特点

（一）加氢裂化产品特点

1. 气体产品

①原料中烃类裂解时所产生的低分子烃类，如 CH_4、C_2H_6、C_3H_8和 C_4H_{10}等。

② 原料中非烃化合物，如含硫、氮、氧等原子的非烃类在氢解时形成 H_2S、NH_3和 H_2O等。

③ 原料氢中带入的其他组分如 CH_4、CO、CO_2和 N_2等，CO 及 CO_2在过程中转化为 CH_4和 H_2O，其含量将随供氢来源不同而异，若采用重整氢气时还将带有少量 C_2H_6，C_3H_8及 C_4H_{10}等。

原料烃在催化加氢裂化过程中，碳链的断裂依正碳离子反应机理进行，所生成的低分子气体烃大部分为 C_3H_6 和 C_4H_{10}，并且异构烷烃较多，而生成的 CH_4 和 C_2H_6 很少，异构烃含量一般高于正构烃的一倍以上。

2. 液体产品

① 石脑油　可以直接作为汽油组分或溶剂油等石油产品，也可作为中间产品经加工而生产石油化工原料或运输燃料，例如通过催化重整生产轻芳烃、高辛烷值汽油或通过蒸汽裂解装置生产乙烯等轻烯烃。

由于加氢裂化具有深度加氢、异构能力强等功能，因此获得的石脑油有以下共同特点：一是异构烃含量多，通常为正构烃的 2~3 倍甚至更多；二是芳烃含量少，一般小于 10%，基本没有不饱和烃；三是非烃含量较低。

② 中间馏分油　中间馏分油主要指喷气燃料、轻柴油、取暖用油及灯用煤油等石油产品，其质量的共同要求是良好的燃烧性能及安定性，大多数产品还要求有好的低温流动性。

加氢裂化喷气燃料烯烃含量低，芳烃含量少，结晶点(冰点)低，烟点高，是优质的喷气燃料。

加氢裂化柴油硫含量很低，小于 0.01%，芳烃含量也较低，十六烷值>60，着火性能好，安定性高，符合低硫柴油的要求，适合用来调合生产低硫车用柴油。

③ 加氢裂化尾油　与其他重油轻质化工艺不同的是，加氢裂化过程尾油同样获得了很好的加氢改质，硫、氮等杂质极少，环状烃含量或环数减少，链烷烃含量增加。如果将这部分优质尾油加以利用，则不仅会使加氢裂化的加工费用降低(氢耗、能耗下降)，并可增加处理新鲜原料的能力，有较好的经济效益。如果利用其制取具有更高价值的产品(例如润滑油、石蜡等)时，则经济效益会更提高一步。

(二) 加氢裂化产品与其他石油二次加工产品的比较

加氢裂化产品与其他石油二次加工产品的比较有下列特点：

① 加氢裂化的液体产率高，C_5 以上液体产率可达 94%~95% 以上，体积产率则超过 110%。而催化裂化液体产率只有 75%~80%，延迟焦化只有 65%~70%。

② 加氢裂化的气体产率很低，通常 C_1~C_4 只有 4%~6%，C_1~C_2 更少，仅 1%~2%。而催化裂化 C_1~C_4 通常达 15%以上，C_1~C_2 达 3%~5%。延迟焦化的产气量较催化裂化略低一些，C_1~C_4 约 6%~10%。

③ 加氢裂化产品的饱和度高，烯烃极少，非烃含量也很低，故产品的安定性好。柴油的十六烷值高，胶质低。

④ 原料中多环芳烃在进行加氢裂化反应时经选择断环后，主要集中在石脑油馏分和中间馏分中，使石脑油馏分的芳烃潜含量较高，中间馏分中的环烷烃也保持较好的燃烧性能和较高的热值。而尾油则因环状烃的减少，*BMCI* 值降低，适合作为裂解制乙烯的原料。

⑤ 加氢裂化过程异构能力很强，无论加工何种原料，产品中的异构烃都较多，例如气体 C_3、C_4 中的异构烃与正构烃的比例通常在 2~3 以上，<80℃ 石脑油具有较好的抗爆性，其 *RON* 可达 75~80。喷气燃料冰点低，柴油有较低的凝点，尾油中由于异构烷烃含量较高，特别适合于制取高黏度指数和低挥发性的润滑油。

⑥ 通过催化剂和工艺的改变可大幅度调整加氢裂化产品的产率分布，汽油或石脑油馏

分可达20%~65%，喷气燃料可达20%~60%，柴油可达30%~80%。而催化裂化与延迟焦化产品产率可调变的范围很小，一般都小于10%。

第七节 渣油加氢技术

随着原油的重质化、劣质化(硫、氮、金属杂质含量增加)，以及环保法规的日益严格，对炼油企业生产清洁油品并做到清洁生产的要求越来越高。渣油加氢技术在解决这些问题时显出了诸多优点，因此受到人们愈来愈多的关注。渣油加氢主要有固定床、移动床、沸腾床及悬浮床等，它们主要应用于生产低硫燃料油；脱除渣油中硫、氮和金属杂质，降低残炭值，为下游重油催化裂化或焦化提供优质原料；渣油加氢裂化生产轻质馏分油。

一、渣油加氢的化学反应

渣油加氢过程中，发生的主要反应有加氢脱硫、脱氮、脱氧、脱金属等反应，以及残炭前身物转化和加氢裂化反应。其中加氢裂化反应对生成轻质油品具有最重要的作用。这些反应进行的程度和相对的比例不同，渣油的转化程度也不同。根据渣油加氢转化深度的差别，习惯上曾将其分为渣油加氢处理(RHT)和渣油加氢裂化(RHC)。在渣油加氢处理中主要发生脱除杂原子化合物的反应，原料油中>538℃部分转化为轻馏分的转化率(称为轻质化率)小于50%。在渣油加氢裂化中，同样发生脱除杂原子化合物的反应，但此时轻质化率高于50%。

(一) 加氢脱硫(HDS)反应

各种类型硫化物的氢解反应都是放热反应，总体反应热大约为2300kJ/Nm^3 氢耗。加氢脱硫反应是渣油加氢过程中的主要反应，对反应器中总反应的贡献率最大。

(二) 加氢脱金属(HDM)反应

渣油HDM反应也是渣油加氢处理过程中所发生的重要化学反应之一。在催化剂的作用下，各种金属化合物与H_2S反应生成金属硫化物，生成的金属硫化物随后沉积在催化剂上，从而得到脱除。脱除的金属在催化剂颗粒内的沉积分布规律是：

① 围绕着催化剂颗粒中心，沉积的金属基本呈对称分布。

② 铁主要沉积在催化剂的外表面，呈薄层状。

③ 镍、钒沉积的最大浓度出现在催化剂颗粒内，靠近边缘的地方。镍的穿透深度比钒大得多，这与其化合物的反应性和扩散性有关。

(三) 加氢脱氮(HDN)反应

原油中的氮约有70%~90%存在于渣油中，而渣油中的氮又大约有80%富集在胶质和沥青质中。研究表明，胶质、沥青质中的氮绝大部分以环状结构(五元环吡咯类和六元环吡啶类的杂环)形式存在。

一般杂环氮化物的加氢脱氮反应首先是芳环和杂环加氢饱和，然后是环的一个C—N键断裂(即氢解)，因此，采用芳烃加氢饱和性能好的催化剂以及较高的氢分压，对加氢脱氮反应有利。

加氢脱氮反应也是放热反应，反应热大约为2720kJ/Nm^3氢耗，但由于原料油中氮含量低，脱除率只有50%~60%，因此它对反应器中总反应热的贡献率不大。

（四）加氢脱残炭（HDCR）反应

加氢脱残炭反应也是渣油加氢过程中的重要反应，残炭的降低率是渣油加氢工艺一项重要指标。渣油的残炭值高，则意味着其中的多环芳烃、胶质和沥青质等高沸点组分含量高，在加工过程中的生焦趋势大。

研究表明，五环以及五环以上的稠环芳烃都是生成残炭的前身物。渣油中胶质和沥青质的残炭值最高，这与胶质和沥青质中含有大量的稠环芳烃和杂环芳烃有关。

在渣油加氢反应过程中，作为残炭前身物的稠环芳烃逐步被加氢饱和，稠环度逐步降低，有些变成少于五环的芳烃，就已不再属于残炭前身物了。加氢脱残炭实际上就是减少残炭的前身物含量，其反应过程大致包括如下步骤：

① 杂环上的 S、N 等杂原子的氢解，以及镍和钒等重金属络合物的解离。

② 稠环芳烃的加氢饱和，包括残炭前身物稠环芳烃加氢饱和为环数少的芳烃，以及芳烃饱和为同等环数的环烷烃。

③ 环烷烃的加氢开环生成烷烃。

④ 大分子的已部分饱和的多环芳烃、环烷烃及烷烃加氢裂化为小分子的芳烃、环烷烃和烷烃，异构化反应也同时进行。

（五）加氢裂化反应

渣油加氢过程中发生的裂化反应以临氢热裂化反应为主，遵从自由基反应机理。

二、固定床渣油加氢技术

到目前为止，馏分油的加氢大多数采用固定床加氢技术，而渣油加氢已开发了四种工艺类型，即固定床、沸腾床（膨胀床）、浆液床（悬浮床）和移动床。在实际生产中，可以单独采用这些工艺，也可将其组合使用。例如为加工劣质渣油，可将移动床和固定床结合，增长开工周期。

四种渣油加氢反应器类型见图 7-22，主要操作参数控制范围及其特点比较列于表7-17。

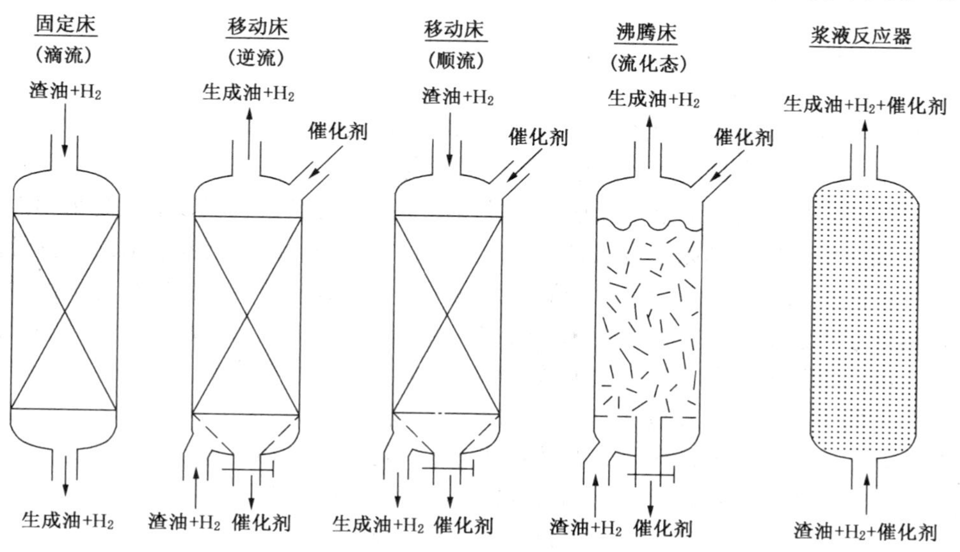

图 7-22 渣油加氢反应器类型

表 7-17 各渣油加氢工艺操作参数的一般范围

项目	固定床	沸腾床(膨胀床)	悬浮床(浆液床)	移动床
原料油	AR 或 VR	VR	VR	AR 或 VR
Ni+V/(μg/g)	<200	<700~800	>700	>200
残炭/%	<10~20	20~25	20~25	20~25
压力/MPa	10~20	15~21	10~30	10~20
温度/℃	370~420	400~470	450~480	370~450
空速/h^{-1}	0.15~0.35	0.2~1.0	0.7~1.5	0.1~0.5
渣油转化率/%	20~50	60~90	80~95	60~80
脱硫率/%	85~95	60~90	50~70	90
脱氮率/%	30~60	30~50	20~40	—
脱金属/%	70~90	80~98	90~98	85~98
残炭转化率/%	55~70	60~80	70~90	70~85
化学氢耗/(Nm^3/m^3)	100~200	200~300	250~300	150~300
装置运转周期/月	6~24	连续运转	连续运转	连续运转
相对催化剂耗量①	1	1.4~2	—	0.55~0.7
催化剂相对装量(体积)②/%	约 60	约 40	约 1	约 60
产品质量	可作为低硫燃料油或二次加工原料	轻油作成品油，渣油还需加工或作燃料油	含硫高，需进一步加氢脱硫	可得到低硫轻、重油品
反应历程	催化反应	催化+热反应	热反应	催化+热反应(少)
技术难易程度	设备简单，易操作	复杂	较复杂	较复杂
技术成熟性投资	成熟	较成熟	开发中	逐渐成熟
投资	中等	较高	中等	较高
工业装置套数	53	13	3(工业示范)	4

① 相同进料，运转周期均为一年。

② 相对于反应器容积。

在渣油加氢四种工艺中固定床渣油加氢工艺的工业应用最多。图 7-23 为固定床渣油加氢工艺流程图。

已过滤的原料在换热器内首先与由反应器来的热产物进行换热，然后进入炉内，使温度达到反应温度。一般是在原料进入炉前将循环氢气与原料混合。此外，还要补充新鲜氢。由炉出来的原料进入串联的反应器。反应器内装有固定床催化剂。大多数情况是采用液流下行式通过催化剂床层。催化剂床层可以是一个或数个，床层间设有分配器，通过这些分配器将部分循环氢或液态原料送入床层，以降低因放热反应而引起的温升。控制冷却剂流量，使各床层催化剂处于等温下运转。催化剂床层的数目决定于产生的热量、反应速度和温升限制。

由反应段出来的加氢生成油首先被送到热交换器，用新鲜原料冷却，然后进入冷却器，在高低压分离器中脱除溶解在液体产物中的气体。将在分离器内分离出的循环氢通过吸收塔，以脱除其中的大部分的硫化氢。在某些情况下，可以将循环气进行吸附精制，完全除去低沸点烃。有时还要对液体产物进行碱洗和水洗。加氢生成油经过蒸馏可制得柴油(200~350℃馏分)、催化裂化原料油(350~500℃馏分)和>500℃残油。

加氢脱硫过程的形式可分单段、两段或多段，可以不循环操作，也可令部分加氢生成油

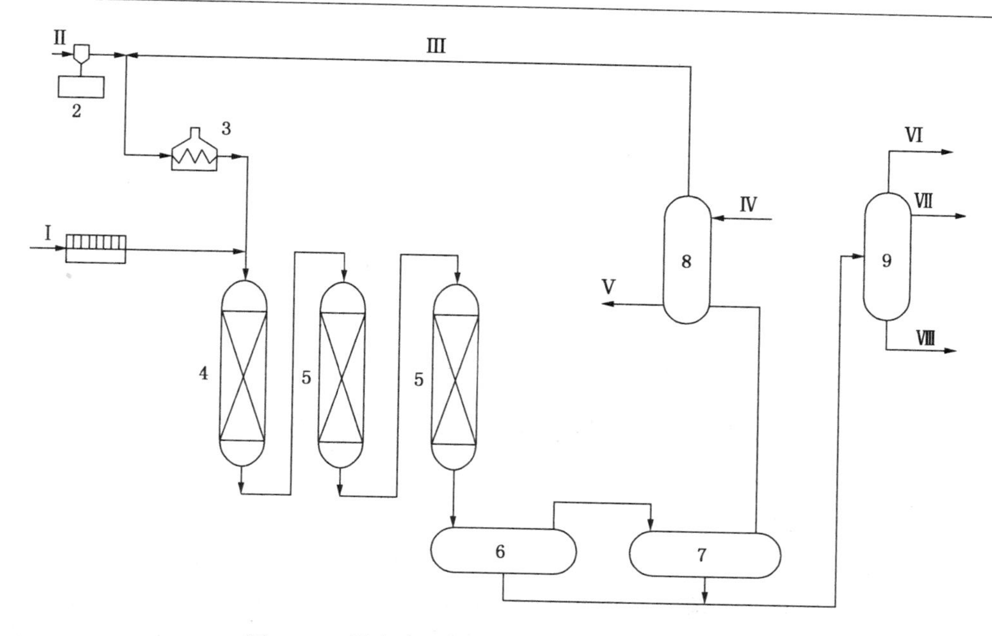

图 7-23　固定床渣油加氢处理的原则工艺流程

1—过滤器；2—压缩机；3—管式炉；4—脱金属反应器；5—脱硫反应器；
6—高压分离器；7—低压分离器；8—吸收塔；9—分馏塔物流；
Ⅰ—新鲜原料；Ⅱ—新鲜氢；Ⅲ—循环氢；Ⅳ—再生胺溶液；Ⅴ—饱和胺溶液；
Ⅵ—燃料气和宽馏分汽油；Ⅶ—中间馏分油；Ⅷ—宽馏分渣油

与原料混合，实行部分循环或全循环操作，以提高总精制深度。

表 7-18 为某炼油厂固定床渣油加氢装置反应系统主要工艺操作参数，原料和产品的性质列于表 7-19。

表 7-18　固定床渣油加氢装置(S-RHT)反应系统设计主要工艺条件

项　　目	运转初期(SOR)	运转末期(EOR)	项　　目	运转初期(SOR)	运转末期(EOR)
反应温度/℃	385	404	反应器入口气油体积比	650	650
反应平均氢分压/MPa	14.7	14.7	体积空速/h^{-1}	0.2	0.2

表 7-19　固定床渣油加氢装置(S-RHT)设计原料和主要产品性质

项　　目	原料油	石脑油		柴　油		加氢渣油	
		SOR	EOR	SOR	EOR	SOR	EOR
密度(20℃)/(kg/m^3)	987.5	758.2	754.1	867.5	865.6	927.5	934.9
S/%	3.10	0.0015	0.0018	0.015	0.0245	0.52	0.61
N/(μg/g)	2800	15	17	305	320	1500	2000
残炭/%	12.88	—	—	—	—	6.48	8.00
凝点/℃	18	—	—	-15	-15	—	—
黏度(100℃)/(mm^2/s)	200	—	—	—	—	—	—
Ni/(μg/g)	26.8	—	—	—	—	9.0	11.6
V/(μg/g)	83.8	—	—	—	—	8.7	11.4

续表

项　　目	原料油	石脑油		柴　油		加氢渣油	
		SOR	EOR	SOR	EOR	SOR	EOR
Fe/(μg/g)	<10	—	—	—	—	1.1	1.2
Na/(μg/g)	<3	—	—	—	—	2.1	2.4
Ca/(μg/g)	<5	—	—	—	—	0.3	0.5
IBP/℃	—	100	97	197	194	—	—
50%/℃	—	134	136	297	294	—	—
EP/℃	—	176	178	352	351	—	—

第八节　催化加氢主要设备

一、固定床反应器

加氢反应器是加氢过程的核心设备。它操作于高温高压临氢环境下，且进入到反应器内的物料中往往含有硫和氮等杂质，将与氢反应分别形成具有腐蚀性的硫化氢和氨。另外，由于加氢过程是放热过程，且反应热较大，会使床层温度升高，但又不应出现局部过热现象。因此，反应器在内部结构上应保证：气、液流体的均匀分布；及时排除过程的反应热；反应器容积的有效利用；催化剂的装卸方便；反应温度的正确指示和精密控制。

在加氢过程中，到目前为止仍然还是采用固定床的工艺过程为多，下面只介绍固定床的反应器。

（一）反应器筒体

根据介质是否直接接触金属器壁，分为冷壁反应器和热壁反应器两种结构。

冷壁反应器内壁衬有隔热衬里。因此，筒体工作条件缓和，设计制造简单，价格较低，早期使用较多。但是由于隔热衬里大大降低了容积利用率(系反应器中催化剂装入体积与反应器容积之比)，一般只有50%~60%，因此单位催化剂容积平均用钢量较高。同时因衬里损坏而影响生产的事故也时有发生。随着冶金技术和焊接制造技术的发展，热壁反应器已逐渐取代冷壁反应器。热壁结构与冷壁结构相比，具有以下优点：

① 器壁相对不易产生局部过热现象，从而可提高使用的安全性。而冷壁结构在生产过程中隔热衬里较易损坏，热流体渗(流)到壁上，导致器壁超温，使安全生产受到威胁或被迫停工。

② 可以充分利用反应器的容积，其有效容积利用率可达80%~90%。

③ 施工周期较短，生产维护较方便。

（二）反应器内构件

催化加氢反应器的特点是多层绝热、中间氢冷、挥发组分携热和大量氢气循环的气-液-固三相反应器，在进行反应器设计时应考虑：

① 反应器具有良好的反应性能。液固两相能接触良好，以保持催化剂内外表面有足够的润湿效率，使催化剂活性得到充分发挥，系统反应热能及时有效地导出反应区，尽量降低温升幅度与保持反应器径向床层温度的均匀，尽量减少二次裂化反应。

② 反应器压力降小，以减少循环压缩机的负荷，节省能源。

反应器内部结构应以达到气液均匀分布为主要目标。典型的反应器内构件包括：入口扩散器、气液分配盘、去垢篮筐、催化剂支持盘、急冷氢箱及再分配盘、出口集合器等，如图7-24所示。

1. 入口扩散器

入口扩散器位于反应器顶部，对反应物料起到预分配的作用，同时也可以防止物流直接冲击气液分配盘的液面。上开两个长口，物料在两个长口及水平缓冲板孔的两个环形空间中分配。

2. 气液分配盘(板)

气液分配盘一般采用泡帽形式。液体被气流携带通过泡帽的降液管，控制适当的气液流速可使泡帽降液管出口气液流处于喷射流型。泡帽齿缝的高度和宽度对液体均匀分布都至关重要。这种分配盘使整个床面液相分配均匀，不论气相、液相负荷如何变化，分配盘上的液面会自动调节，不会出现断流、液泛而影响操作。一般降液管开孔率15%，安装水平度允许误差为±5mm，压降为980~1470Pa，泡帽式分配结构可以获得床层截面温差小于1℃的效果。

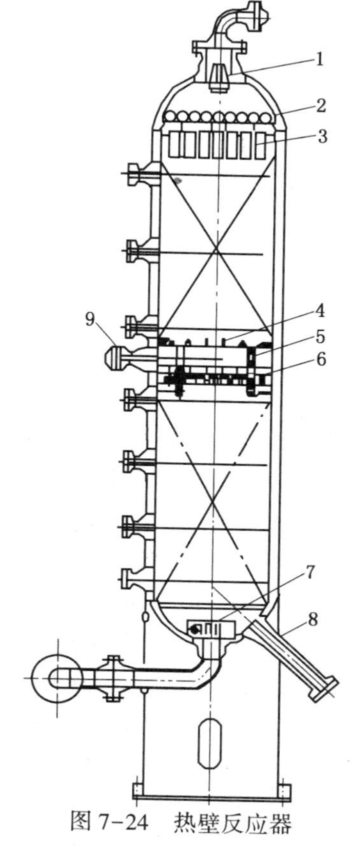

图7-24 热壁反应器

1—入口扩散器；2—气液分配器；3—去垢篮筐；4—催化剂支持盘；5—催化剂连通管；6—急冷氢箱及再分配盘；7—出口收集器；8—催化剂卸出口；9—急冷氢管

3. 去垢篮筐

为了使反应进料携带的固体杂质能够在较大的流通面积上沉积，减少床层压降，在每三个泡帽下面，安装一个金属网编织成的篮筐，外部均匀装填粒度上大下小的瓷球。篮筐用铁链固定在分配盘梁上。由于篮筐表面积大，即使部分被堵，气液流也可得到较好的分配。

4. 催化剂床层支持件

催化剂床层支持件由T形横梁、格栅、金属网及瓷球组成。T形横梁横跨筒体，顶部逐步变尖，以减少阻力。

5. 冷氢箱与再分配盘(板)

冷氢箱与再分配盘置于两个固定床层之间。在冷氢箱中打入急冷用的冷氢，是为了导走加氢反应所放出的反应热，控制床层的反应温度不超过规定值。冷氢管喷出的氢气流呈均匀的两股与上床层来的反应物初步混合后进入冷氢箱，在此进行均匀混合。冷氢箱底部是均布开孔的喷液塔盆，气液两相均匀喷射到下层的再分配盘上，再分配盘与顶分配盘结构一样，起到对下床层截面均匀分配的作用。有些设计自催化剂支持盘到再分配盘之间设置几个连通管，内填充瓷球，卸催化剂只要打开底封头上的卸料口，就可以卸出全部催化剂。

(三) 固定床加氢反应器工艺尺寸的确定

1. 催化剂装入量

根据装置年处理量和空速，可用下式计算出催化剂需要量。

$$V_c = C/(T\rho S_v) \tag{7-2}$$

式中 V_c——催化剂体积用量，m^3；

C——年加工油质量，kg；

T——年有效生产时间，h；

ρ——油的密度，kg/m^3；

S_v——体积空速，h^{-1}。

2. 反应器的容积

反应器的容积按以下公式计算：

$$V_r = V_C/V_F \tag{7-3}$$

式中 V_r——反应器容积，m^3；

V_C——催化剂用量，m^3；

V_F——有效利用率，无因次。

设有内保温的反应器，其有效利用率只有0.5~0.6；无内保温的反应器，当催化剂不分层置放时，有效利用率约为0.8。

3. 反应器的直径和高度

关于反应器的高度和直径的确定方法，一般只能根据试验、生产经验和工艺要求来确定。一般来说，应着重考虑反应热的排除，混相进料的分配以及干净床层压力降。

对反应热不大的气相进料，由于不必注入冷氢，而且物流处于气相，容易均匀分布，催化剂不需分层置放，所以采用较小的长径比。但分配情况是压力降的函数，也就是说，当床层深度较浅，压力降过低，将使流体分布不均，催化剂接触效率差。生产实践证明，单位床层高度(m)压力降约0.0023~0.0115MPa、长径比约0.85~0.80时，工艺装置催化剂的利用率与实验室或中型装置数据大致吻合。所以，单位床层高度压力降大于0.0023MPa以及长径比大于1.0是决定反应器直径和高度的一个重要条件。

目前一些反应器的长径比约4~9；催化剂床层深度一般为4~6m，最大床层深度达11.8m。

二、加氢加热炉

加氢装置反应器进料加热炉，一般简称为加氢炉。加氢炉是为装置进料提供热源的关键设备。管内被加热的是易燃、易爆的氢气或烃类物质，危险性大、使用条件比较苛刻。根据装置所需的炉子热负荷(一般相对于常减压装置，炉子热负荷小)和反应流出物换热流程(是炉前混氢工艺，还是炉后混氢工艺)等特点，主要使用箱式炉、圆筒炉和阶梯炉等炉型，且以箱式炉居多。

在箱式炉中，对于辐射炉管布置方式有立管和卧管排列两类。这主要是从热强度分布和炉管内介质的流动特性等工艺角度以及经济性(如施工周期、占地面积等)考虑后确定的。仅加热氢气的加氢加热炉，都采用立管形式，因为它是纯气相加热，不存在结焦的问题，且占地少。而对于氢和原料油混合后才进入加热炉加热的混相流情况，有许多是采用卧管排列方式的。这是因为只要采取足够的管内流速就不会发生气液相分层流，且还可避免如立管排列那样，每根炉管都要通过高温区(当采用底烧时)，这对于两相流来说，当传热强度过高时很容易引起局部过热，产生结焦现象。而卧管排列就不会使每根炉管都通过高温区，可以区别对待。

在炉型选择时，还应注意到加氢加热炉的管内介质都存在着高温氢气，有时物流中还含有较高浓度的硫或硫化氢，将会对炉管产生各种腐蚀，在这种情况下，炉管往往选用比较昂贵的高合金炉管。为了能充分地利用高合金炉管的表面积，应优选双面辐射的炉型，因为像单排管双面辐射与单排管单面辐射相比，其热的有效吸收率要高 1.49 倍。相应地炉管传热面积可减少 1/3，既节约昂贵的高合金管材，同时又可使炉管受热均匀。

三、高压换热器

加氢装置使用较多的是螺纹环锁紧式和密封盖板封焊式两种具有独特特点的高压换热器，且以前者使用得更多。

螺纹环锁紧式换热器的管束多采用 U 形管式。它的特点是：

① 由于管箱与壳体锻成或焊成一体，所以密封性能可靠。

② 由于它的螺栓很小，很容易操作，所以拆装方便。同时，拆装管束时，不需移动壳体，可节省许多劳力和时间。

③ 金属用量少，结构紧凑，占地面积小。

密封盖板封焊式换热器的管箱与壳体主体结构也和螺纹环锁紧式换热器一样，为一整体型。它的特点是管箱部分的密封是依靠在盖板的外圆周上施行密封焊来实现的。

此种换热器也具有密封性能可靠，且结构简单，金属耗量比螺纹环锁紧式换热器还省以及像螺纹锁紧式换热器那样由于管箱与壳体为一体型所带来的各种优点。主要缺点是当需要对管束进行抽芯检查或清洗时，首先需要用砂轮将密封盖板外圆周上的封焊焊肉打磨掉，才能打开盖子完成这一作业，然后重装时再行封焊。这样的多次作业对于高温高压设备来说是不理想的。

四、冷却器

加氢反应的产物与反应进料、氢气及分馏塔进料多次换热后，温度约 120~200℃，需要再冷却到 37~66℃后，在高压分离器中分离气液，一般采用空气冷却器来冷却。

反应生成物的主要组分是烃类和氢气，还有硫化氢、氨和水。空气冷却器的腐蚀主要发生在回弯头和管子的入口等能改变流向和流体搅动剧烈的部位，属于冲刷腐蚀。

加氢装置所用冷却器有喷淋式、套管式和管壳式三种。为了节省用水、减少对环境的污染，近来多采用空冷器。空冷器的传热系数低，翅片管一般只有 63~83kJ/(m^2·h·℃)。空冷器要求热流入口温度不超过 250℃，否则会使铝翅片受热膨胀，加大了翅片与光管间的间隙，影响传热。

五、高压分离器

高压分离器(高分器)是加氢装置中的重要设备，反应器出来的油气混合物经冷却后，在高压分离器分离为气体、液相生成油和水。高分器有热高分和冷高分两类。

热高分是在高温(操作温度一般高于 300℃)、高压临氢(含 H_2S)条件下操作，设备的选材原则与热壁加氢反应器的相同；冷高分的操作温度一般小于 120℃，介质中含油、H_2、H_2S、NH_3和 H_2O，设备选材主要考虑防止低温硫化氢应力腐蚀和氢致开裂腐蚀等。

高压分离器有卧式和立式两类。催化加氢过程常用立式高压分离器。与卧式相比，立式占地少，金属耗量低。

六、加氢反应器的防腐蚀

由于反应系统条件苛刻，加氢反应系统的材质选择及保护要满足高温、高压、临氢及含有硫化氢等要求。材质选用除满足强度条件外，还需考虑氢脆、氢腐蚀、硫化氢腐蚀、铬钼钢的回火脆化、硫化物应力腐蚀开裂和奥氏体不锈钢堆焊层剥离现象等因素。

（一）氢脆

所谓氢脆，就是由于氢残留在钢中所引起的脆化现象。产生了氢脆的钢材，其延性和韧性降低甚至产生裂纹。但是，在一定条件下，若能使氢较彻底地释放出来，钢材的力学性能仍可得到恢复，因此说氢脆是可逆性的，也称作一次脆化现象。高温高压临氢反应器在操作状态下，金属筒体材料会吸收一定量的氢。在停工过程中，若冷却速度太快，使吸藏的氢来不及扩散出来，造成过饱氢残留在器壁内，就可能在温度低于150℃时引起亚临界裂纹扩展，对设备的安全使用带来威胁。

氢脆多发生在反应器内件支持圈角焊缝上以及堆焊奥氏体不锈钢的梯形槽法兰密封面的槽底拐角处。这种损伤和反应器堆焊层奥氏体基体中的铁素体含量有密切的关系。不锈钢焊缝金属中的铁素体越多，氢脆后的延性和韧性就越差。

为防止氢脆损伤发生，主要应从结构设计上、制造过程中和生产操作方面采取措施。如在操作过程中，在装置停工时冷却速度不应过快，且停工过程中应采用使钢中吸藏的氢能尽量释放出去的工艺过程，以减少器壁中的残留氢含量。另外，尽量避免非计划的紧急停工，因为此状况下器壁中的残留氢浓度会很高。

（二）高温氢腐蚀

高温氢腐蚀是在高温高压条件下扩散侵入钢中的氢与不稳定的碳化物发生化学反应，生成甲烷气泡(它包含甲烷的成核过程和成长)，即 $Fe_3C+2H_2 \longrightarrow CH_4+3Fe$，并在晶间空穴和非金属夹杂部位聚集，引起钢的强度、延性和韧性下降与劣化，同时发生晶间断裂。由于这种脆化现象是发生化学反应的结果，所以它具有不可逆性，也称永久脆化现象。

高温氢腐蚀是一个金属脱碳过程，它有两种形式：表面脱碳和内部脱碳。当温度较高(550℃以上)而压力较低(1.4MPa 以下)时，碳钢会发生表面脱碳；温度大于 221℃且压力大于 1.4MPa 时，则发生内部脱碳。

表面脱碳不产生裂纹，在这点上，与钢材暴露在空气、氧气或二氧化碳等一些气体中所产生的脱碳相似。表面脱碳的影响一般很轻，其钢材的强度和硬度局部有所下降而延性提高。

内部脱碳是由于氢扩散侵入到钢中发生反应生成了甲烷，而甲烷又不能扩散出钢外，就聚集于晶界空穴和夹杂物附近，形成了很高的局部应力，使钢产生龟裂、裂纹和鼓包，其力学性能发生显著的劣化。

刚开始发生高温氢腐蚀时裂纹很微小，但到后期，无数裂纹相连，形成大裂纹以致突然断裂。

在甲烷气泡的形成过程中，包含着甲烷气泡的成核过程和长大，因此，关键的问题不在于气泡的产生，而是气泡的密度、大小和生长速率。在气泡形成初期，机械性能不发生明显改变，这一阶段称为“孕育期”(或称潜伏期)。“孕育期”对于工程上的应用是非常重要的，它可被用来确定设备所采用钢材的大致安全使用时间。“孕育期”的长短取决于钢种、杂质含量、氢压和温度等。为了抗高温氢腐蚀，加氢反应器必须使用加有铬、钼、钨、钒、钛等形成稳定碳化物的合金钢。

（三）硫化氢腐蚀

硫化氢对铁的腐蚀在 260℃以上加快，生成 FeS 和 H_2。硫化铁锈皮的形成，会阻碍 H_2S

接触母材，减缓腐蚀速度；而当氢气和硫化氢共存时，腐蚀速度加快，因为原子氢能不断侵入硫化物的垢层中，造成垢层疏松多孔，使 H_2S 介质扩散渗透。另一方面，H_2S 的存在，会阻止氢原子再结合成 H_2，使溶解在钢中的原子氢浓度增大到 10μg/g 以上(一般为 2~6μg/g)，容易造成氢脆开裂。

采用不锈钢堆焊层和非金属耐热衬里均可防止硫化氢对铬钼的腐蚀。

目前，加氢设备的发展趋势，是随加氢工业的发展和装置规模的逐渐增大而向大型化方向发展。随着设备大型化的发展，高强度低合金钢的推广，高压设备新型结构的研制，以及其他方面的科技成就，都将使加氢装置的基建投资进一步降低，经济效益大大提高。所有这些都是加快发展加氢工艺、提高原油加工深度的有利因素。

第九节 加氢过程氢耗量的计算

加氢装置所消耗的氢气有两个来源：一是由催化重整副产氢气供给；二是如果重整氢不能满足需要或无重整装置，必须建设一套与加氢裂化装置配套的制氢装置，其投资约占联合装置总投资的三分之一。而加氢裂化加工一吨原料所消耗氢气的费用占总费用的 60%~80%。由此可见，氢的消耗量，对加氢过程的经济效果起着很大的影响。所以，无论在制定加工方案或具体设计某一加氢装置，都必须同时仔细研究氢气的供应问题，并详细核算加氢过程的各项消耗量。

一、影响氢耗量的因素

对不同原料油和不同的加工过程，耗氢量是不一样的。各种加氢过程的耗氢量如表 7-20 所示。由表可见，加氢裂化，尤其是两段加氢裂化氢耗最高，汽油加氢精制、重整原料加氢精制耗氢量最少。

表 7-20 各种加氢过程的氢耗量

加氢过程		氢耗量(占原料百分比)
减压瓦斯油一段加氢裂化	一次通过	0.9~1.2
	尾油循环	1.5~1.8
减压瓦斯油两段加氢裂化		2.4~4.1
直馏柴油加氢精制		0.5~1.0
焦化柴油加氢精制		0.7~0.8
焦化汽油加氢精制		0.76~1.53
重整原料预加氢精制		0.1~0.2

氢纯度对氢耗量的影响可由表 7-21 看出。新氢纯度高，耗氢量就低。这是因为，如果新氢纯度低，其中必含有较多的其他组分(N_2、CH_4等)，这些组分不能溶解于生成油中，而是有相当大部分积存在循环气中，降低了氢气纯度。为了维持循环氢的纯度，需要释放一部分循环氢，并同时补充一部分新氢，这样就增大了新氢耗量。所以，生产中总希望新氢纯度越高越好，因为既能降低新氢耗量，又能降低系统的总压。二次加工柴油加氢精制所要求的氢气纯度，比直馏柴油要高一些。在加氢裂化过程中不管哪一种原料，都希望新氢纯度在 95%以上。

表 7-21 氢气纯度对耗氢量的影响

新氢纯度	加氢精制耗氢百分比			350~500℃馏分加氢裂化耗氢百分比		
	直馏柴油	二次加工柴油	二次加工汽油	5.0MPa	10.0MPa	15.0MPa
96%	0.428	0.965	0.592	1.240	1.791	4.08
85%	0.475	1.538	0.783	1.644	2.381	5.230

各种制氢方法得到的新氢组成如表 7-22 所示。

表 7-22 各种制氢方法得到的新氢组成

制氢过程	新氢组成/%(体)									
	H_2	CO	CO_2	N_2	CH_4	C_2H_6	C_3H_8	C_4H_{10}	Ar	总计
天然气蒸汽转化	95.1	0.001		0.34	4.56	—	—	—	—	100
重油部分氧化	98.0	—		0.63	0.53	—	—	—	0.84	100
重整副产氢	89.8	0.002		—	6.8	1.3	1.2	0.1	—	100
油田气水蒸气转化	94.1	$<10^{-4}$	<0.02	—	5.95	—	—	—	—	100

二、氢耗量的计算

在加氢过程中新氢主要消耗在以下四个方面：

(1) 化学耗氢量

加氢过程大部分氢气消耗在化学反应上面，即消耗在脱除油品中的硫、氮、氧以及烯烃和芳烃饱和反应以及加氢裂化和开环等反应上。原料的化学组成是影响化学耗氢量的主要原因。

(2) 设备漏损量

是指管道或高压设备法兰连接处及循环氢压缩机运动部位等处的漏损。漏损量的大小与设备制造和安装质量有关。一般设备漏损量占总循环氢量的 1%~1.5%(体积分数)，或约 1~15Nm^3/m^3原料油。

(3) 溶解损失量

是指在高压下溶于生成油中的气体在生成油减压时这部分气体排出时而造成的损失。这部分损失与高压分离器的操作压力、温度和生成油的性质及气体的溶解度有关。

氢气和甲烷，低分子烷烃和硫化氢在油中的溶解度见图 7-25 和图 7-26。不同原料加氢精制过程中的溶解损失，可以近似用表 7-23 的数据估算。加氢裂化的溶解损失近似地可取 10Nm^3/m^3原料油。

表 7-23 不同原料加氢精制的溶解损失

精制原料	汽油	馏分油	减压瓦斯油
溶解损失/(Nm^3/t 原料油)	6.4~10.0	4.1~7.7	3.4~6.8

(4) 弛放损失量

为了维持循环氢的纯度而排出一部分循环氢，构成了弛放损失，可以近似地取 5~10Nm^3/m^3原料油，或通过对系统作气体平衡计算求出。

三、化学耗氢量的计算方法

化学耗氢量的数据，通常由研究单位根据中小型试验通过系统的物料平衡及氢平衡求

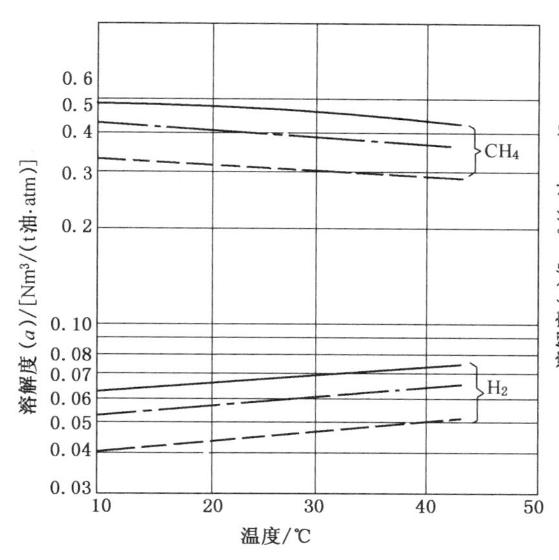

图 7-25　氢和甲烷在油中的溶解度

实线为直馏柴油，$K=11.9$，$M=245$；

点划线为催化裂化轻循环油，$K=1\sim0.9$，$M=210$；

虚线为减压馏分油，$K=11.8$，$M=360$

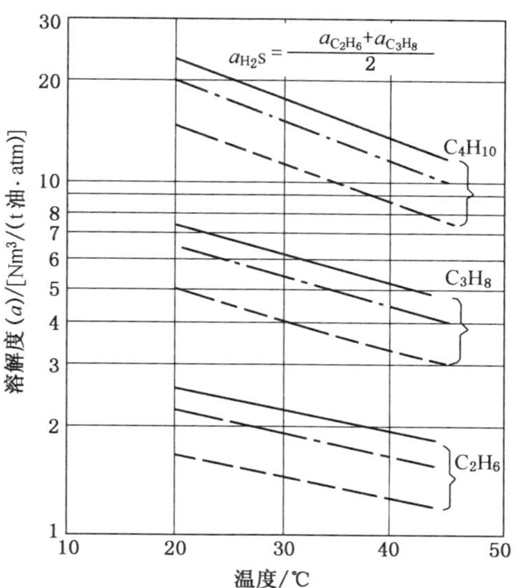

图 7-26　低分子烷烃和硫化氢在油中的溶解度

实线为直馏柴油，$K=11.9$，$M=245$；

点划线为催化裂化轻循环油，$K=1\sim0.9$，$M=210$；

虚线为减压馏分油，$K=11.8$，$M=360$

得。当缺少实验数据时，可以根据原料油和生成油的分析数据进行估算。下面介绍一些经验估算法。

还原1%的硫、氮、氧为H_2S、NH_3和H_2O所需要的氢数量为：

硫　　$12.5Nm^3/m^3$原料油

氮　　$53.7Nm^3/m^3$原料油

氧　　$44.6Nm^3/m^3$原料油

在加氢脱硫过程中，硫化物加氢所需氢还可用下式计算：

$$nH_2 = mS \tag{7-4}$$

式中　nH_2——加氢脱硫化学耗氢量，以100%H_2计，对原料的质量分数,%；

S——原料含硫质量分数,%；

m——与硫化物类型有关的常数，不同类型硫化物的m值如表7-24所示。

表 7-24　不同类型硫化物的常数

含硫化合物	H_2	元素硫	RSH	RSR′	RS_2R'	$C'_nH_{2n-4}S$	$C_nH_{2n}S$
m	0	0.0625	0.062	0.125	0.0938	0.2500	0.125

含硫馏分油加氢脱硫的耗氢量，等于各种含硫化合物耗氢的总和。

汽油中烯烃加氢所需氢的数量，可根据汽油加氢前后，不饱和度的差值，利用下式计算：

$$nH_2 = 2(\Delta\alpha)/M_c \tag{7-5}$$

式中　nH_2——100%H_2的耗量，对原料的质量分数,%；

$\Delta\alpha$——原料和生成油加氢前后不饱和度的差值，以单烯烃占油品的质量分数计算；

M_c——汽油的平均分子质量。

直馏渣油脱硫时的氢耗量可参考图 7-27 进行估算。

将上面各项得到的氢耗量相加便得到了加氢精制过程的氢耗量。若需要计算加氢裂化的氢耗量，除了加氢精制中各项氢耗外，还应包括用图 7-28 求出的氢耗，把各项相加，即得到了加氢裂化的氢耗。

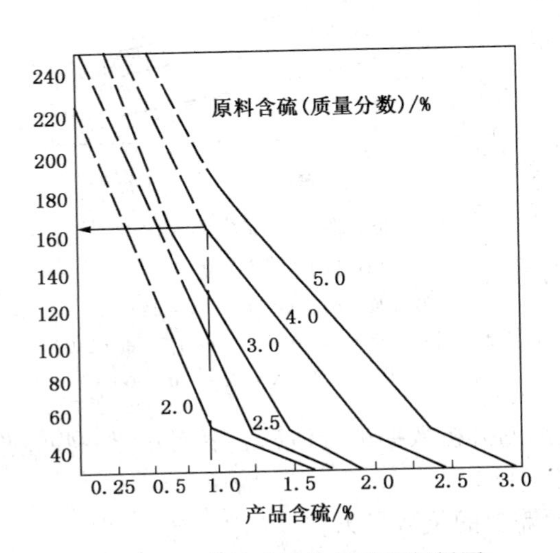

图 7-27 直馏渣油加氢脱硫氢耗图

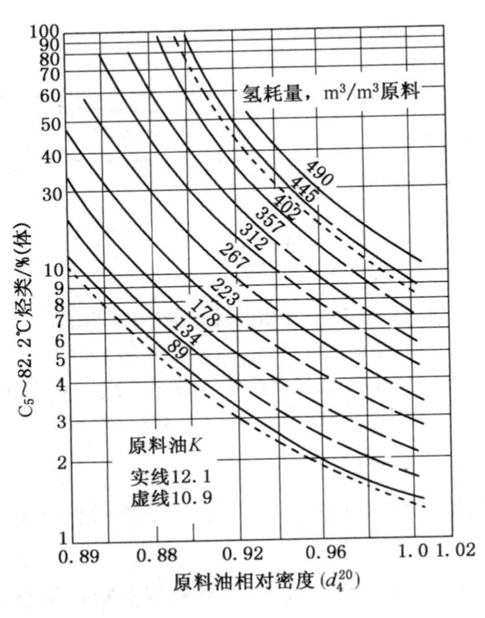

图 7-28 加氢裂化氢耗图

【例 7-1】 已知原料油(瓦斯油)和生成油中硫、氮、氧和烯烃含量的差值，试估算加氢精制过程的氢耗。

现将结果列入表 7-25。

由于第二种原料包括烯烃加氢，所以耗氢量高得多。

表 7-25 两种原料加氢精制氢耗量的估算

项 目	原料油和生成油分析差值		耗氢量/(Nm^3/m^3 原料油)	
	1	2	1	2
漏损	—	—	1.25	1.25
溶解损失/%	—	—	5.1	5.1
硫/%	0.7	1.8	8.75	22.5
氮/%	0.1	0.2	5.35	10.7
氧/%	0.1	0.2	4.46	8.92
烯烃/%	—	30	—	33
总计	—	—	24.91	81.47

习题与思考题

1. 何谓加氢精制？加氢精制的主要化学反应有哪些？

2. 加氢精制常用的催化剂由哪几部分组成？石脑油加氢、喷气燃料临氢脱硫醇、柴油加氢对产品各有何要求？

3. 为何说加氢裂化工艺是炼油、化工结合的支柱技术？它具有技术经济和环保优势怎样？

4. 加氢裂化的主要反应类型有哪些？各类反应对产品有何影响？

5. 加氢裂化的催化剂组成及种类有哪些？我国加氢裂化装置所用的催化剂有哪几种？

6. 加氢裂化催化剂的使用性能有哪些？与催化裂化、催化重整的催化剂比较有哪些异同点？

7. 简述加氢裂化的优点和面临的主要困难。

8. 简述加氢过程中循环氢、新氢、冷氢的作用。

9. 简述加氢过程中高压分离器和低压分离器的作用。

10. 比较加氢裂化的一段法、两段法、单段串联法工艺的特点。

11. 简述加氢裂化工艺的主要工艺参数及其对过程的影响。

12. 简述缓和加氢裂化、中压加氢裂化、中压加氢改质工艺的作用。

13. 简述渣油加氢生产目的(作用)。

14. 简述渣油加氢的几种主要工艺和国产催化剂。

15. 与延迟焦化工艺相比，渣油加氢工艺有何优势？

16. 试述 S Zorb 催化汽油吸附脱硫的基本原理和技术优势。

参考文献

[1] 林世雄．石油炼制工程[M]．3 版．北京：石油工业出版社，2000.
[2] 侯芙生．中国炼油技术[M]．3 版．北京：中国石化出版社，2011.
[3] 李大东．加氢处理工艺与工程[M]．2 版．北京：中国石化出版社，2016.
[4] 李淑培．石油加工工艺学(中)[M]．北京：中国石化出版社，1991.
[5] 梁文杰主编．石油化学[M]．山东：石油大学出版社，1999.
[6] 梁朝林．高硫原油加工[M]．北京：中国石化出版社，2003.
[7] 李春年．渣油加工工艺[M]．北京：中国石化出版社，2002.
[8] 丛义春，高金森，徐春明．国内外加氢技术的最新进展[J]．当代石油石化，2003，11(12).
[9] 侯晓明，庄剑．S Zorb 催化汽油吸附脱硫装置技术手册[M]．北京：中国石化出版社，2013.

第八章 催化重整

第一节 概 述

催化重整是以石脑油为原料生产高辛烷值汽油调合组分、轻芳烃(苯、甲苯、二甲苯，简称 BTX)，同时副产氢气的重要炼油过程。重整是指对烃类的结构重新排列，使之转变为另一种分子结构烃类的过程。催化重整是指原料油中的正构烷烃和环烷烃在催化剂存在下转化为异构烷烃和芳烃的过程。催化重整反应的核心是环烷烃脱氢转化为芳烃的反应。随着车用燃料清洁化程度的不断提高和石油化工工业对 BTX 需求量的不断增加，催化重整在石油炼制与石油化工工业中将会发挥越来越大的作用。

工业催化重整装置种类繁多，按照催化剂类型，催化重整可分为单金属重整(铂重整)、双金属重整(铂铼重整和铂锡重整)和多金属重整；按照反应器形式，催化重整可分为固定床重整、移动床重整和流化床重整；按照催化剂再生形式，催化重整可分为半再生式重整、循环再生式重整和连续再生式重整；按照原料沸程的不同，催化重整可分为窄馏分重整和宽馏分重整。目前工业应用的催化重整工艺主要是固定床重整工艺和移动床连续再生催化重整工艺，其中固定床工艺又分为固定床半再生式和固定床循环再生式或末反再生式重整工艺，移动床重整工艺又分轴向重叠式和水平并列式重整工艺。

一、催化重整在炼油厂中的地位和作用

(一) 催化重整在炼油厂中的地位

随着对高辛烷值汽油组分和石油化工原料芳烃需求的增加，催化重整加工能力呈稳步发展态势。2012 年世界催化重整加工能力排名前五位的国家见表 8-1。随着车用燃料的低硫化，加氢工艺得到快速发展，同时也促进了能够提供廉价氢源的催化重整工艺的发展。催化重整是炼油工业中主要加工工艺之一。

表 8-1 世界及主要国家催化重整加工能力

序 号	国 家	催化重整/(Mt/a)	催化重整与原油加工能力之比/%
1	美 国	150.70	16.61
2	中 国	55.61	9.67
3	日 本	35.66	15.00
4	俄罗斯	32.20	11.71
5	德 国	17.41	15.49

(二) 催化重整在清洁燃料生产中的作用

20 世纪 90 年代以来，为了保护环境，美国和欧洲相继实施了新的汽车排放污染物控制标准和汽油标准，对汽车和燃料提出了较高的要求。要求汽油具有较低的硫含量、苯含量、芳烃含量和烯烃含量，并具有较高的辛烷值；要求柴油具有较低的硫含量和较高的十六烷值。车用汽油一般由直馏汽油、重整汽油、催化裂化汽油、加氢裂化汽油、烷基化汽油、异构化汽油、甲基叔丁基醚和丁烷等组分构成。催化重整汽油的研究法辛烷值(RON)为 95~

105，是炼油厂生产高标号汽油（如92号和95号）的重要调合组分，是调合汽油辛烷值的主要贡献者；催化重整汽油的烯烃含量少（一般在0.1%～1.0%之间）、硫含量低（小于2μg/g），作为车用汽油调合组分可大幅度地降低成品油中的烯烃含量和硫含量；催化重整汽油的头部馏分辛烷值较低，后部馏分辛烷值很高，与催化裂化汽油恰好相反，二者调合可以改善汽油辛烷值分布，有利于减少污染物排放增加；由于低硫燃料油规格的实施，加氢裂化和加氢处理装置等加氢工艺迅速发展，造成对氢气的需求急剧增加。催化重整过程副产氢气产率较高，一般为2.5%～4.0%，是催化加氢装置氢气的主要来源。

（三）催化重整在炼油化工一体化中的作用

催化重整是重要的生产高辛烷值汽油组分的炼油装置，同时也是石油化工基本原料BTX芳烃（苯、甲苯和二甲苯）的主要生产装置。美国芳烃69.0%来自重整生成油，西欧芳烃40%左右来自重整生成油，亚洲的芳烃51.9%来自重整生成油。

21世纪炼油工业的发展方向是炼化一体化，以期实现炼油与化工的油气资源互供和优化利用，实现效益的最大化。炼油厂催化重整装置生产的苯与催化裂化装置的乙烯和丙烯可直接转化为高价值的乙苯和异丙苯；在催化重整装置之后增加甲苯脱烷基化和二甲苯异构化装置，可以生产乙苯、异丙苯和邻二甲苯；将炼油厂催化重整生成油与加氢精制裂解汽油合在一起进行芳烃抽提，可以大大降低生产成本。随着炼化一体化程度的不断提高，催化重整装置在生产石油化工原料方面的作用将越来越显著。

在研发催化重整和乙烯裂解原料——石脑油资源高效优化利用技术过程中，2005年，华东理工大学首先提出了分子管理的理念。分子管理，是指在详细研究原料和产物的组成与性质关系的基础上，避免错位配置，有针对性地设计一系列化学反应和分离过程，充分合理利用原料中每一种或者每一类分子的特点，将其高效转化、分离为所需要的产物分子，并尽可能减少副产物的产生；对污染物根据分子特点进行捕集、富集、转化。石油资源的分子管理贯穿石油炼制和石油化工的全流程，站在全局的高度对石油中的烃类分子和杂质分子（元素）进行分子尺度的规划、识别、分离及高效转化和利用。分子管理的理念正在成为国内外同行的共识。

二、催化重整的发展概况

催化重整技术的核心是重整催化剂，催化重整工艺的发展与催化重整催化剂的发展密切相关，二者相辅相成，互相促进。催化重整催化剂决定了催化重整反应速率和深度，催化剂的发展支持了催化重整工艺的发展，催化重整工艺的发展反过来又推动了催化重整催化剂的进一步发展。

（一）催化重整催化剂的发展

催化重整催化剂的发展经历了铬和钼金属氧化物重整催化剂、铂重整催化剂、双（多）金属催化剂与高铼/铂比Pt-Re重整催化剂和Pt-Sn系列双（多）金属重整催化剂的四个阶段。

目前，催化重整催化剂的发展正处于一个相对稳定的时期，Pt-Re催化剂主要用于固定床重整工艺，Pt-Sn催化剂主要用于移动床连续重整工艺。有的公司引入第三金属组元（或复合金属组元），以改善重整催化剂的活性、选择性和稳定性。

我国于1958年研制开发了第一个铂重整催化剂，并于1965年用于大庆炼油厂我国第一套催化重整工业装置中。铂重整工艺当时被誉为中国炼油新技术“五朵金花”之一。1980年以来开发了一系列达到世界先进水平的用于固定床半再生重整装置的高铼/铂比Pt-Re双金属催化剂和用于连续重整装置的Pt-Sn双金属催化剂。

(二) 催化重整工艺的发展

在催化重整技术发展过程中，得到广泛应用的催化重整工艺有固定床半再生催化重整、固定床循环再生催化重整、移动床连续再生催化重整、低压组合床催化重整以及逆流连续重整等工艺。

1. 固定床半再生催化重整工艺

固定床半再生催化重整工艺的特点是：反应器采用固定床形式，4 个反应器并列布置，串联操作。当运转一段时期催化剂活性下降不能继续使用时，将装置停下来进行催化剂再生(或更换新催化剂)，然后重新开工运转。近年来，由于采用双(多)金属催化剂，根据原料性质和产品要求，固定床半再生催化重整工艺也可以生产 RON 为 85~100 的重整汽油，操作周期一般为 1~3 年，催化剂可再生 5~10 次。

典型的固定床半再生催化重整工艺有：UOP 的铂重整工艺、Houdry Division of Products and Chemicals 公司的 Houdry 重整工艺、Engelhard Minerals and Chemicals 公司的麦格纳重整工艺和 Chevron Research 公司的铼重整工艺。

2. 固定床循环再生催化重整工艺

固定床循环再生催化重整工艺的特点是：采用 5 个固定床反应器，其中有 1 个反应器作为交替切换使用。任何一个反应器都可以从反应系统切出，进行催化剂再生，以保持系统中催化剂的活性与选择性。催化剂再生周期可以为几周或几个月。

典型的固定床循环再生催化重整工艺有：Indiana Mobil 公司的超重整工艺、Exxon Research and Engineering 公司的强化重整工艺。

固定床循环再生催化重整工艺由于每台反应器均可以从系统中单独切出，因此管线和阀门较多，流程复杂。鉴于此，20 世纪 70 年代末，Exxon 公司开发了末反再生工艺，即在设置 3~4 个反应器串联操作，当运转一段时期系统催化剂活性下降时，将最后一个反应器切出，进行催化剂再生，然后返回系统。

3. 连续再生催化重整工艺

连续再生催化重整工艺的特点是除设置移动床反应器外，还设置催化剂再生器。反应和催化剂再生连续进行，因此允许装置在高苛刻度下操作，压力和氢油比低，产品收率高，运转周期长，可以生产 RON 为 95~106 的重整汽油。

4. 低压组合床催化重整工艺

低压组合床催化重整工艺中前部采用固定床反应器，最后一个反应器采用移动床反应器，并配置催化剂连续再生系统。

2002 年 3 月，我国自行研究开发、设计和建设的 500kt/a 的低压组合床催化重整装置，在长岭炼油厂投产成功，较原半再生重整装置的重整生成油收率可提高 3.0%以上，芳烃收率提高 2%~3%，氢产率明显提高。

5. 逆流连续重整工艺

中国石化工程建设有限公司(SEI)提出了“逆流”连续重整的工艺理念，2001 年 6 月获得专利授权。该技术完全不同于现在国内外普遍采用的顺流移动床连续重整技术，形成了逆流连续重整工艺。采用该技术建设了中国石化济南分公司 600kt/a 逆流连续重整装置，投产以来，运行平稳，各项技术指标先进。

近十多年来，由于人们对运输燃料和芳烃需求的增长，新型活性、稳定性和选择性较为优异的双(多)金属催化剂的研制成功和催化重整装置规模日趋扩大，移动床连续再生重整加工能力增长较快，固定床半再生和固定床循环再生工艺的比例有所下降。但至今为止，半再生重整在三种催化重整再生形式中仍占主导地位。

世界炼油厂催化重整装置最大生产能力见表 8-2。

表 8-2　世界炼油厂催化重整装置最大生产能力

催化剂再生型式	名称	产量/(Mt/a)
半再生	Hovensa 公司维尔京群岛圣克鲁瓦(St Croix)炼油厂	2.20
连续再生	美国 ExxonMobil 炼制与供应公司博蒙特(Beaumont)炼油厂	2.98
循环再生	英国 BP 公司得克萨斯城(Texas City)炼油厂	2.68

面对 21 世纪的形势和任务，催化重整工艺技术的发展趋势是：

(1) 连续重整工艺将得到广泛应用

随着催化重整工艺技术的发展和对汽油产品质量要求的不断提高，具有较高液体产品收率和经济效益的连续重整技术逐渐成为当今重整工艺技术发展的主要方向。至 2019 年底，我国已有连续重整装置 100 套，总加工能力 113Mt/a。今后新建的催化重整装置将全部采用连续重整技术。

(2) 在更低的压力下操作

催化重整反应压力直接影响液体产品收率、芳烃产率、汽油辛烷值和操作周期，压力越低，重整汽油和副产氢气的收率越高，有利于提高经济效益。同时低压下操作，可以显著降低重整汽油中苯的含量。因此在更低的压力下操作是催化重整技术发展的重要趋势。

(3) 采用新型重整催化剂

半再生重整催化剂的发展趋势除进一步提高催化剂的活性、选择性和稳定性之外，还要求能适应高苛刻度条件的操作要求。连续重整催化剂重点是通过载体性能的调变，提高 C_5^+ 液体产物和氢气的收率，降低催化剂的积炭速率；在 Pt-Sn 双金属组元基础上引入新的组元，最大限度地提高催化剂的选择性；改进催化剂(包括载体)制备方法，如纳米分散技术，提高催化剂的活性和选择性。

(4) 加强重整装置的苯管理，降低重整生成油的苯含量

采用切除重整原料中生成苯的母体方法，或将富含苯的 C_6 组分从重整生成油中切出，然后可采用加氢饱和和与丙烯进行烷基化反应以及采用苯的液-液抽提方法，将苯转化或抽出作为石油化工原料。

(5) 拓宽和优化催化重整原料，扩大装置规模

石脑油原料短缺在一定程度上已成为制约催化重整发展的重要问题。催化重整装置原料除直馏石脑油外，各种加氢生产的石脑油和经加氢后的焦化石脑油、乙烯裂解汽油抽余油均是十分理想的催化重整原料，切取催化裂化汽油的合适馏分经加氢后也可作重整原料。

第二节　催化重整过程的化学反应

一、催化重整的化学反应

催化重整是在催化剂存在下烃类分子结构发生重排、转变为相同碳数的芳烃，同时产生

氢气的过程。主要包括以下五类反应。

（1）六元环烷烃的脱氢反应

$$\text{环己烷} \rightleftharpoons \text{苯} + 3H_2$$

$$\text{甲基环己烷} \rightleftharpoons \text{甲苯} + 3H_2$$

（2）五元环烷烃的异构脱氢反应

$$\text{甲基环戊烷} \rightleftharpoons \text{苯} + 3H_2$$

$$\text{乙基环戊烷} \rightleftharpoons \text{甲苯} + 3H_2$$

（3）烷烃的环化脱氢反应

$$C_6H_{14} \rightleftharpoons \text{苯} + 4H_2$$

$$C_7H_{16} \rightleftharpoons \text{甲苯} + 4H_2$$

（4）烷烃的异构化反应

$$n\text{-}C_7H_{16} \rightleftharpoons i\text{-}C_7H_{16}$$

（5）烷烃的加氢裂化反应

$$n\text{-}C_8H_{18} + H_2 \longrightarrow 2i\text{-}C_4H_{10}$$

除以上五类主要反应外，还有烯烃和芳烃深度脱氢、缩合而造成的生焦反应。在重整汽油中曾发现有痕量的芘、芴等稠环芳烃，它们是生焦的前身物，这种稠环芳烃吸附在催化剂表面，高温下继续脱氢缩合，最终转化成积炭造成催化剂失活。

以上前三类反应都是生成芳烃的反应，无论生产目的是芳烃还是高辛烷值汽油，这些反应都是有利的。尤其是正构烷烃的脱氢环化反应会使辛烷值大幅度地提高。这三类反应的反应速率是不同的：六元环烷的脱氢反应进行得很快，在工业条件下能达到化学平衡，是生产芳烃的最重要的反应；五元环烷的异构脱氢反应比六元环烷的脱氢反应慢很多，但大部分也能转化为芳烃；烷烃环化脱氢反应的速率较慢，在一般铂重整过程中，烷烃转化为芳烃的转化率很小。铂铼等双金属和多金属催化剂重整的芳烃转化率有很大的提高，主要原因是降低了反应压力和提高了反应速率。

异构化反应对五元环烷异构脱氢反应生成芳烃具有重要意义。烷烃的异构化反应虽然不能生成芳烃，但却能提高汽油辛烷值。

加氢裂化反应生成较小的烃分子，而且在催化重整条件下的加氢裂化还包含有异构化反应，因此加氢裂化反应有利于提高汽油辛烷值。但是过多的加氢裂化反应会使液体产物收率和氢气产率降低，因此，对加氢裂化反应要适当控制。

在以高辛烷值汽油为生产目的时，既要求汽油的辛烷值高，又要求 C_5^+ 生成油的收率高。反应产物的产率与质量之间的这对矛盾，通常反映在辛烷值-产率关系上。对于一定的原料，有一定的辛烷值-产率的理论关系。图 8-1 表示某重整原料的化学反应、汽油产率、汽油辛烷值之间的理论关系。该原料的辛烷值（MON）为 31，环烷脱氢反应达到化学平衡时，汽油的辛烷值并不太高，烷烃异构化反应达到化学平衡时能得到高一些的辛烷值。当这两者都达到化学平衡时，汽油的辛烷值可达到70左右，此时汽油产率为93%(体)。超过此点以后，进一步提高辛烷值可由烷烃脱氢环化反应和加氢裂化反应来达到。由图可见，通过烷烃脱氢环化可以得到很高的辛烷值，而加氢裂化则要在大大降低汽油产率的情况下才能得到较高的辛烷值。

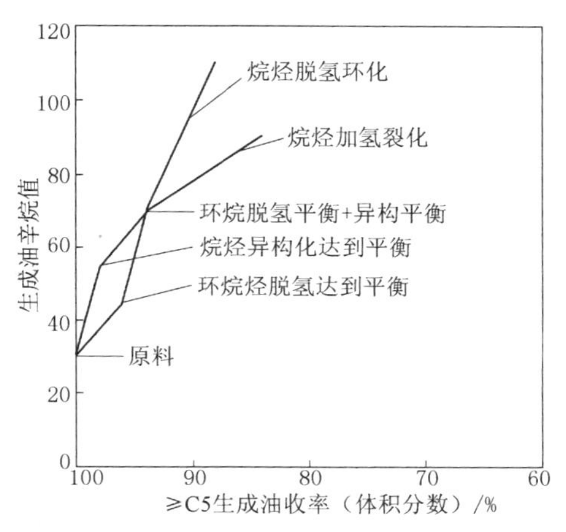

图8-1 某重整原料的生成油理论产率与辛烷值的关系

由此可见，重整原料油的化学组成对其产率-辛烷值关系有重要影响。生产上通常用“芳烃潜含量”来表征重整原料的反应性能，“芳烃潜含量”的实质是当原料中的环烷烃全部转化为芳烃时所能得到的芳烃量。其计算方法如下(以下五式中的含量皆为质量分数)：

$$\text{芳烃潜含量}(\%) = \text{苯潜含量} + \text{甲苯潜含量} + C_8\text{芳烃潜含量} \tag{8-1}$$

$$\text{苯潜含量}(\%) = C_6\text{环烷}(\%) \times 78/84 + \text{苯}(\%) \tag{8-2}$$

$$\text{甲苯潜含量}(\%) = C_7\text{环烷}(\%) \times 92/98 + \text{甲苯}(\%) \tag{8-3}$$

$$C_8\text{芳烃潜含量}(\%) = C_8\text{环烷}(\%) \times 106/112 + C_8\text{芳烃}(\%) \tag{8-4}$$

式中的78、84、92、98、106、112分别为苯、六碳环烷、甲苯、七碳环烷、八碳芳烃和八碳环烷的摩尔质量。

$$\text{重整转化率}(\%) = \text{芳烃产率}(\%)/\text{芳烃潜含量}(\%) \tag{8-5}$$

重整转化率也称为芳烃转化率。实际上，式(8-5)的定义不是很准确。因为在芳烃产率中包含了原料中原有的芳烃和由环烷烃及烷烃转化生成的芳烃，其中原有的芳烃并没有经过芳构化反应。此外，在铂重整中，原料中的烷烃极少转化为芳烃，而且环烷烃也不会全部转化成芳烃，故重整转化率一般都小于100%。但铂铼重整及其他双金属或多金属重整，由于促进了烷烃的环化脱氢反应，使得重整转化率经常大于100%。

二、催化重整反应的化学平衡与反应热

催化重整反应中的环烷烃脱氢及烷烃脱氢环化反应都是可逆反应，而且反应的热效应也较大，因此必须讨论反应的化学平衡和反应热效应问题。

化学平衡常数的数值在反应方面提供了极其有价值的信息。如果平衡常数的数值很大，表明在反应达到平衡以前，正反应几乎已经完成。如果平衡常数<1，那么，在反应接近平衡时，正反应远未完成。表8-3给出了常压、773K(500℃)下各种典型的催化重整反应的平衡常数 K_P 和反应热 ΔH_m。

表8-3 典型重整反应的反应热与化学平衡常数(773K)

反应	K_P	ΔH_m/(kJ/mol)	反应	K_P	ΔH_m/(kJ/mol)
环己烷⇌苯+$3H_2$	6×10^5	221	正己烷⇌2-甲基戊烷	1.1	-6
甲基环戊烷⇌环己烷	0.086	-16	正己烷⇌1-己烯+H_2	0.037	130
正己烷⇌苯+$4H_2$	0.78×10^5	266			

从表8-3可见，各类反应的平衡常数有较大的不同。在催化重整装置运转中，为增产芳烃或提高重整生成油的辛烷值，往往是改变工艺参数，以达到提高过程的转化率，这些条件的改变，能使反应过程的平衡发生移动。在工业生产中，特别希望在平衡常数<1的化学反应(如甲基环戊烷⇌环己烷)完成时，改变一下反应条件使化学平衡发生移动，这是十分有意义的。从表8-3还可看出，脱氢反应为强吸热反应，异构化反应为微放热反应。

三、催化重整化学反应的热力学和动力学分析

(一) 六元环烷烃的脱氢反应

六元环烷烃的脱氢反应是催化重整中最重要的有代表性的反应，也是重整生成芳烃的重要来源。它是强吸热反应，而且在碳环数相同时，支链碳原子数越少的环烷烃脱氢的反应热越大；反应的平衡常数很大，而且平衡常数随着环烷烃的碳原子数的增加而增加。

根据化学平衡常数可以计算出反应产物的平衡浓度。表8-4列出了六元环烷烃脱氢反应在不同反应温度和压力下的苯及甲苯的平衡浓度。

表8-4 六元环烷烃脱氢反应[1]

压力/MPa	温度/K	环己烷⇌苯+$3H_2$		甲基环己烷⇌甲苯+$3H_2$	
		产物中的苯/%		产物中的甲苯/%	
		试验值	计算平衡值	试验值	计算平衡值
2	700	70	72	83	85
2	756	90	89	92	96
2	783	93	95	—	—
4	700	33	31	48	45
4	783	92	94	—	—

① 催化剂 $Pt/SiO_2 \cdot Al_2O_3$；空速 $3h^{-1}$(体)；氢油比(摩尔比)4。

由表8-4可见，在压力不变时，温度升高，反应向着吸热方向进行，产物中芳烃平衡浓度计算值增大，也即平衡转化率增大。而在温度不变，压力升高时，平衡转化率下降，但在高温下，压力的影响很小。

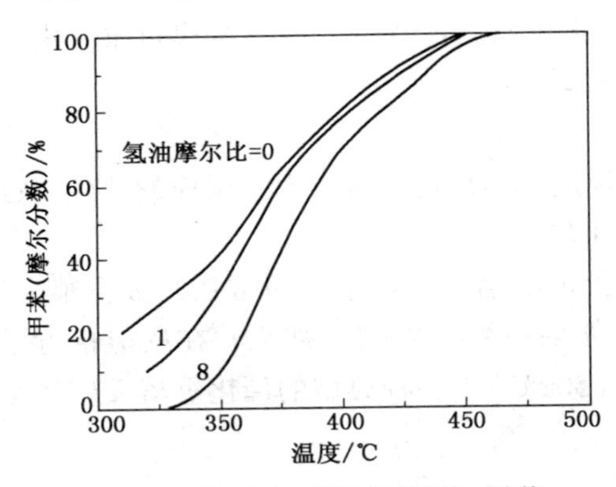

图8-2 氢油比对甲基环己烷-甲苯-氢气体系平衡组成的影响

工业生产中，为了减少催化剂上的积炭以延长催化剂的寿命，在反应器中保持一定的氢分压，即向反应系统中通入氢气并且维持一定的反应压力。向反应系统中通入的氢气量用氢油比(摩尔比或体积比)表示。图8-2表示了氢油比对甲苯平衡浓度的影响。

由图8-2可见，随着氢油比的增加，甲苯的平衡浓度下降。但在450℃以上时，甲基环己烷几乎可以完全转化，氢油比在3~10(摩尔比)范围内变化时对甲苯的平衡浓度的影响不大。

从表8-4中还可看出，六元环烷烃脱氢反应速率很快，在实验条件下，都能达到平衡，并且随着碳原子数的增多，六元环烷烃的脱氢反应速率也越高。对于甲基环己烷的脱氢反应，甚至在较大空速下，反应也能达到平衡。

由此可见，六元环烷脱氢生成芳烃的转化率主要受化学平衡即温度和压力的影响，反应

速率一般不会影响反应达到平衡。由于六元环烷烃脱氢是重整反应中生成芳烃的主要反应，工业生产中采用保持较高的温度以获得高芳烃产率。

（二）五元环烷烃的脱氢反应

五元环烷烃在重整原料的环烷烃中占有相当大的比例。因此，五元环烷烃的异构脱氢反应是仅次于六元环烷烃脱氢反应的重要反应。

五元环烷烃异构脱氢反应分两步进行，即先异构化生成六元环烷烃，再脱氢生成芳烃。由于五元环烷烃异构化反应是轻度放热反应，而六元环烷烃脱氢是强吸热反应，所以五元环烷烃的脱氢反应仍为强吸热反应，只是反应热稍小于同碳数的六元环烷烃脱氢反应。

$$\text{甲基环戊烷}-CH_3 \underset{}{\overset{\Delta G_1}{\rightleftharpoons}} \text{环己烷} \underset{}{\overset{\Delta G_2}{\rightleftharpoons}} \text{苯} + 3H_2$$

几种烷基环戊烷脱氢异构化反应在常压、773K（500℃）下的反应热和平衡常数列于表8-5中。

表 8-5 五元环烷烃异构化反应的反应热和化学平衡常数(773K)

反应	K_P(0.1MPa)	ΔH/(kJ/mol)
甲基环戊烷$\rightleftharpoons$苯$+3H_2$	5.6×10^4	205
乙基环戊烷$\rightleftharpoons$甲苯$+3H_2$	1.4×10^6	192
丙基环戊烷$\rightleftharpoons$乙苯$+3H_2$	1.6×10^6	193

表 8-5 中数据表明，五元环烷烃的异构脱氢反应与六元环烷烃的脱氢反应在热力学规律上是很相似的，都是强吸热反应，在重整反应条件下的化学平衡常数都很大，反应可以充分地进行。但是，从反应速率来看，这两类反应却有相当大的差别，五元环烷烃异构脱氢反应的速率较低。当反应时间较短时，五元环烷烃转化为芳烃的转化率会距离平衡转化率较远，这种情况在铂重整时更为明显。

与六元环烷烃相比，五元环烷烃还较易发生加氢裂化反应，这也使转化为芳烃的转化率降低。提高五元环烷烃转化为芳烃的选择性主要靠寻找更合适的催化剂和工艺条件，例如催化剂的异构化活性对五元环烷烃转化为芳烃有重要的影响。

（三）烷烃的脱氢环化反应

从热力学角度来看，分子中碳原子数≥6 的烷烃都可以转化为芳烃，也可得到较高的平衡转化率。例如在 700K 时，正己烷转化为苯的 ΔG=-40900J/mol，正庚烷转化为甲苯的 ΔG=-60800J/mol。图 8-3 和图 8-4 表示了上述两反应的平衡组成。由图可见，提高反应温度、降低反应压力及氢油比，苯或甲苯的平衡产率将随之增加；但氢油比在 4~10 的范围内变化时影响不大。这些规律与环烷烃反应的规律是相似的。另外，在相同的反应条件下，相对分子质量较大的烷烃有较高的平衡转化率。

从热力学理论分析，烷烃在重整条件下脱氢环化的平衡转化率比较高，但是在实际生产中，当使用铂催化剂时，烷烃的转化率却很低，距离平衡转化率很远。即使在使用铂铼催化剂时，实际转化率也还是距离平衡转化率较远。表 8-6 列出了正庚烷转化为甲苯的实际产率与平衡产率的数据。

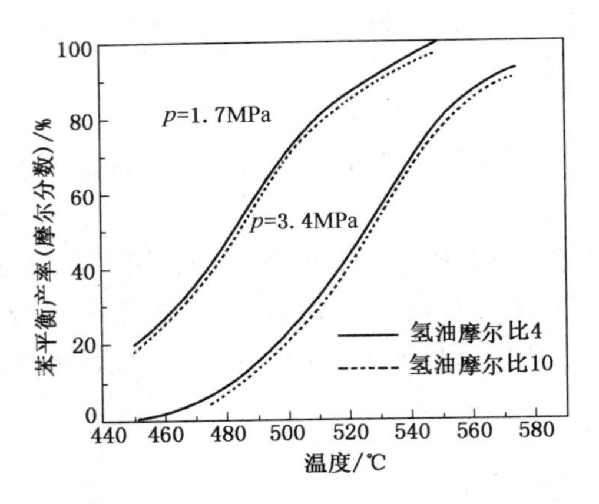

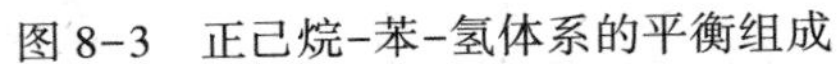
图 8-3 正己烷-苯-氢体系的平衡组成

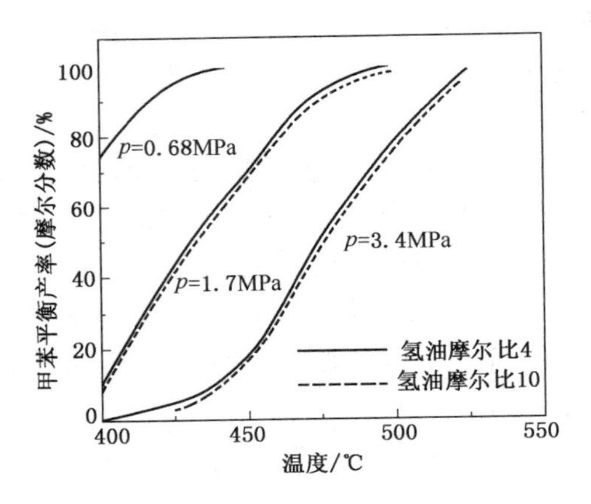

图 8-4 正庚烷-甲苯-氢体系的平衡组成

表 8-6 甲苯的实际产率与平衡产率

反应压力/MPa	1.34	2.32	3.33
实得甲苯最大产率①/%(mol)	~40	~25	~17
甲苯理论平衡产率/%(mol)	>90	~60	~30

① 在温度 770K、氢油比 5、空速为 $3h^{-1}$ 条件下。

由表 8-6 可见，实际甲苯产率仅为平衡产率的一半左右，对于这种现象就需要从动力学方面来分析。

以正庚烷为例，它在铂催化剂上的反应可描述如下：

$nC_7H_{16} \xrightarrow{r_0}$
- 加氢裂化 $\xrightarrow{r_1}$ $<C_7$ 分子
- 异 构 化 $\xrightarrow{r_2}$ iC_7H_{16}（iC_7H_{16} 可转化为 $<C_7$ 分子，也可进入环化）
- 脱氢环化 $\xrightarrow{r_3}$ 五元环烷 / 六元环烷；五元环烷 $\xrightarrow{r_5}$ 六元环烷；六元环烷 $\xrightarrow{r_4}$ 甲苯

在 Pt/Al_2O_3 催化剂上，770K、1.48MPa 及氢油摩尔比为 5 时测得各反应的起始反应速率(即转化率为零时的反应速率)如表 8-7 所示。

表 8-7 起始反应速率 mol/(g 催化剂·h)

r_0	r_1	r_2	r_3	r_4	r_5
6.24	0.05	0.13	0.06	0.95	0.13

由以上数据可以看到，环化脱氢速率 r_3 比环烷烃脱氢反应速率 r_4 低得多，因此正庚烷转化成芳烃的速率取决于环化脱氢的速率。在环化脱氢的同时，正庚烷还进行加氢裂化和异构化反应，加氢裂化反应生成较小的分子，而且其反应速率 r_1 与环化脱氢反应速率相近，因此，甲苯的实际产率总是要低于理论上的平衡产率。随着反应压力的升高，甲苯的理论平衡产率和实得甲苯的最大产率都明显下降。而在各反应压力下，实得产率都比理论平衡产率低得多。

图 8-5 显示了随着反应深度的增加，正庚烷通过各种反应产生不同产物的情况。由图可见，当总转化率接近 100%时，环化脱氢的转化率也只有 40%~50%，而其余的正庚烷主要是通过加氢裂化反应转化成小分子。

脱氢环化反应速率随烷烃的相对分子质量增大而加快。例如，在相同的反应条件下，正壬烷的脱氢环化反应速率是正庚烷的1.5倍。

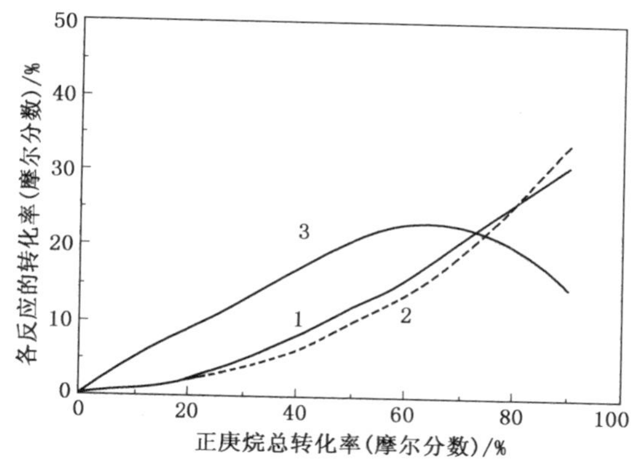

图8-5　正庚烷的转化

1—环化脱氢反应；2—加氢裂化反应；3—异构化反应

反应条件：温度769K；压力1.52MPa；氢油摩尔比5

（四）异构化反应

在催化重整条件下，各种烃类都能发生异构化反应，其中最有意义的是五元环烷烃异构化生成六元环烷烃和正构烷烃的异构化反应。

正构烷烃异构化可提高汽油的辛烷值。同时，异构烷烃比正构烷烃更易于进行环化脱氢反应，故正构烷烃异构化也间接地有利于生成芳烃。

正构烷烃的异构化反应是轻度放热的可逆反应。例如在700K时，K_P与ΔH值如表8-8所示。

表8-8　正构烷烃异构化的K_P与ΔH值

反　　应	K_P	ΔH/(kJ/mol)	反　　应	K_P	ΔH/(kJ/mol)
正己烷⟶2-甲基戊烷	1.38	-6.11	正庚烷⟶2-甲基己烷	3.34	-4.65

低温有利于提高平衡转化率，但低温时，异构化反应速率较慢，反应难以达到平衡，所以，实际上采用较高温度时异构化的产率反而会增加，这是由于反应实际上并未达到化学平衡，但提高反应温度加快了异构化反应速率。温度过高时，由于加氢裂化反应加剧，异构物的产率又下降。反应压力和氢油比对异构化反应的影响不大。

（五）加氢裂化反应

加氢裂化反应是包括裂化、加氢、异构化的综合反应。它主要是按正碳离子机理进行的反应，因此产物中$<C_3$的小分子很少。加氢裂化反应生成较小的烃分子和较多的异构物，因而有利于辛烷值的提高。但由于同时生成$<C_5$的小分子烃而使汽油产率下降。

在加氢裂化反应中，各类烃的反应有：烷烃加氢裂化生成小分子烷烃和异构烷烃；环烷烃加氢裂化而断环，生成异构烷烃；芳香烃的苯核较稳定，加氢裂化时主要是侧链断裂，生成苯和较小分子的烷烃；含硫、氮、氧的非烃化合物在加氢裂化时生成氨、硫化氢、水和相应的烃分子。

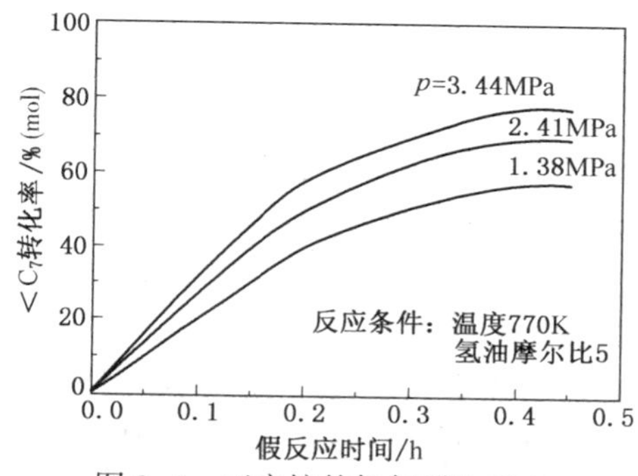

图8-6　正庚烷的加氢裂化反应

加氢裂化是中等程度的放热反应，可以认为加氢裂化反应是不可逆反应，因此一般不考虑化学平衡问题而只研究它的动力学问题。图8-6是770K下正庚烷加氢裂化反应的动力学曲线。可以看到，反应压力高有利于加氢裂化反应的进行。加氢裂化反应速率较低，其反应结果一般在最后的一个反应器中才明显地表现出来。

以上分析的各类烃重整反应速率是有差别的，表8-9给出了各类烃的相对反应速率。

表 8-9 各种烃的相对反应速率①

化学反应类型	C_6 和 C_7 碳氢化合物					
	直链烷烃		烷基环戊烷		烷基环己烷	
	C_6	C_7	C_6	C_7	C_6	C_7
烷烃异构化	10	13	—	—	—	—
环烷异构化	—	—	10	13	—	—
环化脱氢	1.0②	4.0	—	—	—	—
加氢裂化	3.0	4.0	—	—	—	—
开环	—	—	5	3	—	—
脱氢作用	—	—	—	—	100	120

① 试验原料为纯组分，铂催化剂，压力 0.5~2.1MPa，温度 450~550℃，氢烃比 5~7。

② 以此项为标准。

由表 8-9 可以看出，六元直链烷烃的环化脱氢反应速率仅为加氢裂化速率的 1/3；六元环戊烷烃的异构化比开环快 1 倍；七元烷基环戊烷异构化是开环的 4 倍；反应速率最快的是七元环己烷，它的脱氢反应速率是基准反应(六元烷烃环化脱氢)的 120 倍。也就是说，烷烃生成芳香烃的相对反应速率是很低的，烷基环戊烷比烷烃高，只有烷基环己烷，不仅反应速率快，而且几乎定向地可转化为芳香烃。为了使烷烃更多地转化为芳烃，关键在于提高烷烃的环化脱氢反应速率。提高反应温度和降低反应压力有利于烷烃转化为芳烃，但是催化剂上积炭速率加快，生产周期缩短。工业过程中广泛采用比铂催化剂有更好选择性的铂铼等双金属和多金属催化剂，使许多反应的速率加快，大大地提高了芳烃的产率。

(六) 生焦反应

重整过程中的生焦反应机理目前研究的还不是很充分。一般来讲，生焦倾向的大小同原料的分子大小及结构有关，馏分越重、含烯烃越多的原料通常也容易生焦。有的研究者认为，在铂催化剂上生焦反应的第一步是生成单环双烯和双环多烯；有的认为烷基环戊烷脱氢生成的环戊烯和烷基环戊二烯是生焦的中间物料。

关于生焦的位置，多数研究者认为在催化剂的金属表面和酸性表面均有焦炭沉积。Barbier 认为，金属上的积炭量很少，在很长的重整反应时间内，碳与可接近的铂原子之比恒定在 3~6，大量焦炭主要沉积在 Al_2O_3 载体上。Sarkany 则认为重整催化剂的生焦过程首先在金属表面上形成焦炭前身物，进而缩合成焦炭，最后转移到 Al_2O_3 载体上沉积下来。

第三节 重整催化剂

一、重整催化剂的组成和种类

(一) 组成

现代重整催化剂由基本活性组分(如铂)、助催化剂(如铼、锡等)和酸性载体(如含卤素的 γAl_2O_3)所组成。

1. 金属组分

贵金属铂是重整催化剂的基本活性组分，是催化剂的核心。铂具有强烈的吸引氢原子的能力，因此对脱氢反应具有催化功能。一般来说，催化剂的脱氢活性、稳定性和抗毒能力随铂含量的增加而增强，但当铂含量接近 1%时，再继续提高铂含量几乎没有益处。铂是贵金属，铂催化剂的制造成本主要决定于它的含铂量。20 世纪 70 年代后期以来，随着载体和催化剂制备技术的改进，使得活性金属组分能够更均匀地分散在载体上，重整催化剂的含铂量趋向于降低。近年来，工业用重整催化剂的含铂量大多是 0.2%~0.3%。

铂-铼双金属重整催化剂已取代了单铂催化剂。铼的主要作用是减少或防止金属组分“凝聚”，提高了催化剂的容炭能力和稳定性，延长了运转周期，特别适用于固定床反应器。工业用铂铼催化剂中的铼与铂的含量比一般为 1~2。较高的铼含量对提高催化剂的稳定性有利。

铂-锡重整催化剂在高温低压下具有良好的选择性和再生性能，而且锡比铼价格便宜，新鲜剂和再生剂不必预硫化，生产操作比较简便。虽然铂-锡催化剂的稳定性不如铂-铼催化剂好，但是其稳定性也足以满足连续重整工艺的要求，因此近年来已广泛应用于连续重整装置。

在重整催化剂中也曾经添加过铱等其他金属，但都未被广泛采用。

2. 卤素

重整催化剂的酸性中心主要由卤素提供。随着卤素含量的增加,催化剂对异构化和加氢裂化等酸性反应的催化活性增强,在卤素的使用上通常有氟氯型和全氯型两种。氟在催化剂上比较稳定,在操作时不易被水带走,因此氟氯型催化剂的酸性功能受重整原料含水量的影响较小。一般氟氯型催化剂含氟和氯约 1%。但是氟的加氢裂化性能较强,使催化剂的性能变差,因此近年来多采用全氯型。氯在催化剂上不稳定,容易被水带走,但是可以在工艺操作中根据系统中的水-氯平衡状况注氯以及在催化剂再生后进行氯化等措施来维持催化剂上的适宜含量。一般新鲜的全氯型催化剂含氯 0.6%~1.5%,实际操作中要求含氯量稳定在0.4%~1.0%。卤素含量太低时,由于酸性功能不足,芳烃转化率低(尤其是五元环烷和烷烃的转化率)或生成油的辛烷值低。虽然提高反应温度可以补偿这个影响,但是提高反应温度会使催化剂的寿命显著降低。卤素含量太高时,加氢裂化反应增强,导致液体产物收率下降。

3. 载体氧化铝

一般来说，载体本身并没有催化活性。但是具有较大的比表面和较好的机械强度，它能使活性组分很好地分散在其表面上，从而更有效地发挥其作用，节省活性组分的用量，同时也提高了催化剂的稳定性和机械强度。现代重整催化剂几乎都是采用 γ-Al_2O_3作为载体。

载体应具有适当的孔结构。孔径过小不利于原料和产物的扩散，且易于在微孔口结焦，使内表面不能充分利用，从而使活性迅速下降。近年来用作重整催化剂载体的 γAl_2O_3的孔分布趋向于集中，其中孔径小于 4nm 的微孔显著减少甚至消除。多数载体的外形是直径为 1.5~2.5mm 的小球或圆柱状，也有为了改善传质和降低床层压降而采用异形条状、蜗轮形等形状。

重整催化剂的堆积密度多在 600~800kg/m^{3}范围内。近年来，载体的堆积密度趋向于增大，故重整催化剂的堆积密度一般在 700kg/m^{3}以上。

（二）种类

重整贵金属催化剂按其所含金属元素的种类分为单金属催化剂如铂催化剂、双金属催化剂如铂铼催化剂、铂铱催化剂等，以及以铂为主体的三元或四元多金属催化剂，如铂铱钛催化剂或含铂、铱、铝、铈的多金属催化剂。

目前工业实际使用的主要是两类催化剂，即主要用于固定床重整装置的铂铼催化剂和主要用于移动床连续重整装置的铂锡催化剂。从使用性能来比较，铂铼催化剂有更好的稳定性，而铂锡催化剂则有更好的选择性及再生性能。表 8-10 列出了一些应用比较广泛的有代表性的重整催化剂。

表 8-10　某些工业用重整催化剂

商品牌号	金属组元/%		形状	堆积密度/(kg/m³)	生产公司
	铂	其他			
CB-6	0.30	Re0.27	Φ1.5~2.5 球	820	中国石化
CB-7	0.21	Re0.42	Φ1.5~2.5 球	820	中国石化
CB-11	0.25	Re0.40	Φ1.5~2.5 球	760	中国石化
3933	0.21	Re0.45	圆柱体	780	中国石化
PRT-D	0.21	Re0.47	挤条		中国石化
E-603	0.3	Re0.3	Φ1.4×5 条	721	美国 ENGELHARD
E-803	0.22	Re0.44	Φ1.4×5 条	780	美国 ENGELHARD
3961	0.35	Sn0.3	小球	560	中国石化
3861-Ⅱ	0.58	Sn0.5	小球	580	中国石化
R-164	0.29	Sn	Φ1.6 球	670	美国 UOP
CR-401	0.35	Sn0.23	Φ1.8 球	650	法国 PROCATIYSE

对于催化剂的选择应当重视其综合性能是否良好。一般来说，可以从以下三个方面来考虑：

① 反应性能　对固定床重整装置，重要的是要有优良的稳定性，同时也要有良好的活性和选择性。催化剂的稳定性可以从容炭能力与生焦速率之比来进行比较。如果使用稳定性好的催化剂，则在必要时还可适当降低反应压力和氢油比，从而带来提高液体产品收率和降低能耗的效果。对连续重整装置，则要求催化剂要有良好的活性、选择性以及再生性能，而稳定性不是主要问题。

② 再生性能　良好的再生性能无论是对固定床重整装置还是连续重整装置都是很重要的，而对连续重整装置则尤为重要。连续重整催化剂要经历频繁的再生。通常每 3~7 天，系统中的催化剂就得循环再生一遍。催化剂的再生性能主要决定于它的热稳定性。

③ 其他理化性质　比表面积对催化剂的保持氯的能力有影响；机械强度、形状和颗粒均匀度对反应床层压降有重要影响，对于连续重整装置尤为重要；催化剂的杂质含量及孔结构在一定程度上会对其稳定性有影响。

表 8-11 和表 8-12 列举了几种催化剂的反应条件及反应结果。

表 8-11　几种铂铼催化剂的反应性能

催化剂		CB-6	E-603	CB-7	E-803
原料油	馏程/℃	82~159		72~172	
	P/N/A	55.30/41.69/3.01		53.14/42.84/3.75	
反应条件	压力/MPa	1.47		1.18	
	液时空速/h^{-1}	2.0		2.0	
	氢油比	1200(体积比)		5.7(摩尔比)	

续表

催化剂		CB-6	E-603	CB-7	E-803
产物	重整油产率/%	83.9	82.5	83.02	82.05
	重整油 RON	96.0	95.1	97.5	97.9
	辛烷值产率/%	80.54	78.46	80.94	80.32
	芳烃产率/%	46.7	46.4	—	—
	催化剂积炭/%	4.5	4.4	4.76	5.58
连续运转时间/h		1690		2015	

表 8-12 两种铂锡催化剂的活性评价结果

催化剂		3861	CR-201	3861	CR-201
原料油	馏程/℃	90~169		76~173	
	P/N/A	64.4/26.0/9.4		53.18/40.18/6.64	
反应条件	压力/MPa	0.6		0.69	
	液时空速/h^{-1}	2.0		1.5	
	氢油比(摩尔比)	3.0		5.7	
	温度/℃	472	475	510	510
产物	液体收率/%	87.0	87.1	81.4	80.6
	重整油 RON	97.5	97.7	102.0	102.0
	氢气产率/%	3.2	3.2	—	—

从以上的数据可以看到，同类催化剂进行比较，我国自己研制的催化剂的性能与国外的催化剂的性能基本上水平相当。

随着催化剂性能的不断改进，催化重整工艺技术也有了很大的进步，从而明显地提高了重整装置的效率和经济效益。表 8-13 列出了催化重整主要工艺参数、反应器形式与催化剂发展的相互关系。

表 8-13 催化重整主要工艺参数

催化剂	反应压力/MPa(表)	氢油摩尔比
单铂催化剂，半再生式	2.5~3.5	6~8
铂铼催化剂，半再生式	1.3~2.8	3.5~6.4
第一代连续重整，双金属催化剂	0.9~1.2	3~4
第二代连续重整，双金属催化剂	0.3~0.5	1~2

催化剂的升级换代对工艺过程的操作条件和反应器设备形式产生了重大影响，从最初使用单金属铂催化剂时的高压、高氢油比转变为使用双、多金属时的低压、低氢油比，直到当前以移动床连续再生代替固定床半再生式、在超低压、超低氢油比下操作。反应压力和氢油比的不断降低不仅提高了重整汽油的辛烷值和收率，而且降低了装置能耗，从而提高了经济效益。

石油化工科学研究院(RIPP)开发了将 Pt-Re 与 Pt-Sn 两种催化剂组合使用的低压组合床重整工艺。该工艺流程的反应部分由固定床反应器和移动床反应器组成，前者用 Pt-Re 催化剂，后者用 Pt-Sn 催化剂，反应压力为 0.7~0.85MPa。与单独的移动床反应器相比，可以降低反应温度、提高处理能力，而且较适用于现有装置的改造。

二、重整催化剂的双功能

重整反应中包括两大类反应：脱氢和裂化、异构化反应。这就要求重整催化剂具有两种催化功能。重整催化剂中的铂构成脱氢活性中心，促进脱氢、加氢反应；而酸性载体提供酸性中心，促进裂化、异构化等正碳离子反应。氧化铝载体本身只有很弱的酸性，甚至接近于中性，但含少量氯或氟的氧化铝则具有一定的酸性，从而提供了酸性功能。

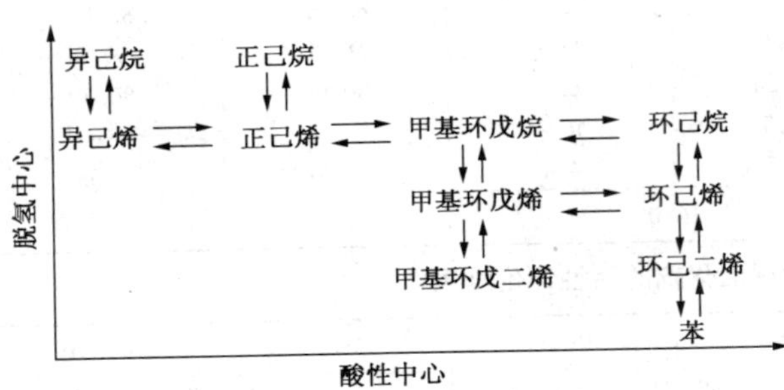

图 8-7　C_6烃重整反应历程

重整反应的历程可用图 8-7 所示。图中平行于横坐标写出的反应在催化剂的酸性中心上发生，平行于纵坐标写出的反应在加氢-脱氢活性中心上发生。反应物若为正己烷，正己烷首先在金属中心上脱氢生成正己烯，正己烯转移到附近的酸性中心上，在那里接受质子产生仲正碳离子，然后仲正碳离子发生异构化，进而作为异己烯解吸并转移到金属中心，在那里被吸附并加氢成异己烷。另一方面，仲正碳离子能够反应生成甲基环戊烷，再进一步反应生成环己烯，最后生成苯。

由此可见，在正己烷转化为苯的过程中，烃分子交替地在催化剂的两种活性中心上进行反应。因此，正己烷转化为苯的反应速率取决于过程中各个步骤的反应速率，而其中反应速率最慢的步骤则起控制作用。因此重整催化剂的两种功能必须适当配合才能得到满意的结果。也就说，重整催化剂这两种功能在反应中是有机配合的，而不是互不相干的。如果只是脱氢活性很强，则只能加速六元环烷的脱氢，而对于五元环烷和烷烃的芳构化及烷烃的异构化则反应不足，不能达到提高汽油辛烷值和芳烃产率的目的。反之，如果只是酸性功能很强，则会有过度的加氢裂化，使液体产物收率下降，五元环烷和烷烃转化为芳烃的选择性下降，同样也不能达到预期的目的。因此，如何保证这两种功能得到适当的配合是制备重整催化剂和生产操作中的一个重要问题。

三、双(多)金属催化剂的特点及发展方向

(一) 铂铼系列

铂铼催化剂是工业上应用最广泛的一种催化剂系列。与铂催化剂相比，主要有以下优点：

① 适于低压、高温、低氢油比的苛刻条件，从而有利于重整生成芳烃的化学反应；

② 在苛刻条件下操作，稳定性和选择性都较好。其活性下降的速率只有铂催化剂的1/5，芳烃转化率超过100%，可达130%，而且液体收率和氢气纯度都较高，汽油的RON可高达100；

③ 再生性能好，使用寿命长，一般为单铂催化剂的2~4倍，一般可使用五年以上。

铂铼催化剂最突出特点是稳定性和选择性好。这是因为铼的引入改善了铂的分散度，使铂能够更均匀地分布在载体上，而抑制了铂晶粒的凝聚，这样，就使积炭较分散，而不是集中地沉积在催化剂的活性中心。这就使铂铼催化剂的容炭能力比铂的强。另外，铼的加入还增强了加氢能力，尤其是可促进二烯烃加氢，使积炭前身物(如环戊二烯类)的数量减至最小，抑制了积炭生成。所以铂铼催化剂有较好的稳定性。脱氢功能的增强，也提高了铂铼催

化剂的选择性。

铂铼催化剂的不足之处：

① 只改进了催化剂的稳定性而没有提高其活性；

② 开工时，因催化剂的加氢裂解性能太强，会放出大量的热，产生超温现象，因此，必须掌握好开工技术，防止烧坏催化剂；

③ 铼为稀有贵金属，成本高。

（二）铂-锡系列

由于铼是稀有贵金属，为了降低催化剂的制造成本，又发展了铂-非铼系列催化剂，它是在铂催化剂中加入了Ⅳ族金属，如锗、锡、铅等。这几种金属比铼更容易得到，价格也便宜得多，特点是活性高，产率高和再生性能好。铂锡重整催化剂有较好的低压稳定性能，因此目前工业上的连续重整催化剂以铂锡重整催化剂为主。

（三）铂铱系列

这类催化剂为多金属催化剂，在引入铱的同时，还常常要引入第三种金属组分作为抑制剂，以改善其选择性和稳定性。该系列催化剂的特点是活性很高、稳定性好。如埃索公司的KX-130多金属催化剂其活性比铂和铂铼催化剂高2~3倍，汽油的RON可达102，操作周期延长近4倍。这种催化剂活性很高是因为铱也是活性组分，其脱氢环化能力很强。因此，在铂催化剂中引入铱后可大幅度地提高催化剂的脱氢环化能力。

四、重整催化剂的失活与再生

（一）重整催化剂的失活

在生产过程中，重整催化剂的活性下降有多方面的原因，例如催化剂表面上积炭，卤素流失，长时间处于高温下引起铂晶粒聚集使分散度（催化反应中实际能够促进反应的铂原子即外露铂原子与所有铂原子的比值，它是衡量重整催化剂活性的一个指标）减小，以及催化剂中毒等。一般来说，在正常生产中，催化剂活性的下降主要是由于积炭引起的。

1. 积炭失活

根据红外光谱和X射线衍射分析结果，重整催化剂上的积炭主要是缩合芳烃，具有类石墨结构。积炭的成分主要是碳和氢，其H/C原子比一般在0.5~0.8的范围。在催化剂的金属活性中心和酸性活性中心上都有积炭，但是积炭的大部分是在酸性载体γ-Al_2O_3上。在金属活性中心上的积炭在氢的作用下有可能解聚而消除，但是在酸性中心上的积炭在氢的作用下则难以除去。电子探针分析还表明，催化剂上积炭的分布不是单分子层而是三维结构。

对一般铂催化剂，当积炭增至3%~10%时，其活性大半丧失；而对铂铼催化剂，则积炭达20%左右时其活性才大半丧失。

催化剂因积炭引起的活性降低可以采用提高反应温度的办法来补偿。但是提高反应温度有一定的限制，重整装置一般限制反应温度不超过520℃，有的装置可达540℃左右。当反应温度已提到限制温度而催化剂活性仍不能满足要求时，则需要用再生的办法烧去积炭并使催化剂的活性恢复。再生性能好的催化剂经再生后其活性可以基本上恢复到原有的水平，但实际上催化剂每次再生后的活性往往只能达到上一次再生后的85%~95%。

催化剂上积炭的速率与原料性质和操作条件有关。原料的终馏点高、不饱和烃含量高时积炭速率快。反应条件苛刻，如高温、低压、低氢油比、低空速等也会使积炭速率加快。

2. 水-氯平衡

前已述及，重整催化剂的脱氢功能和酸性功能应当有良好的配合。氯和氟是催化剂酸性功能的主要来源。因此在生产过程中应当使它们的含量维持在适宜的范围之内。氯含量过低时，催化剂的活性下降。例如某重整催化剂若以含氯量为0.6%时的相对活性为100，则当氯含量降低至0.3%时，其相对活性降到70。又如某催化剂的氯含量降低一半时，重整生成油的辛烷值降低了5~6个单位。但是氯含量过高时，加氢裂化反应加剧，引起液体产物收率下降，而且重整生成油的恩氏蒸馏50%点过低。在生产过程中，催化剂上氯含量会发生变化。当原料含氯量过高时，氯会在催化剂上积累而使催化剂含氯量增加。当原料含水量过高或反应时生成水过多(原料油中的含氧化合物在反应条件下会生成水)，则这些水分会冲洗氯而使催化剂含氯量减小。在高温下，水的存在还会促使铂晶粒的长大和破坏氧化铝载体的微孔结构，从而使催化剂的活性和稳定性降低。此外，水和氯还会生成HCl而腐蚀设备。另外，水对环化脱氢反应也有阻碍作用。为了严格控制系统中的氯和水的量，国内重整装置限制原料油的氯含量和水含量均≤5μg/g，近年UOP公司修改的标准则规定原料油的氯化物和水的含量分别≤0.5μg/g和2μg/g。

仅仅依靠限制原料油的氯含量和水含量的办法还不能保证催化剂上氯含量经常保持在最适宜的范围内。现代重整装置还通过不同的途径判断催化剂上的氯含量，然后采取注氯、注水等办法来保证最适宜的催化剂含氯量，即所谓水氯平衡的方法。

关于如何保持水氯平衡，现在还没有统一的方法。目前在工业装置上采用的方法大致有以下几种：

① 在反应器上安装特殊的催化剂采样器，直接采出催化剂样来分析它的含氯量。

② 根据操作情况判断催化剂的氯含量。如当生成油辛烷值下降时，可先考虑注氯，注氯后，如果反应器的温降或生成油的辛烷值有回升趋势就继续注氯，至产物中裂化气量有所增加(加氢裂化反应加剧)为止。也可根据提高反应温度对生成油辛烷值的影响程度来判断，如果温度提高3℃，辛烷值应升高一个单位以上；如果辛烷值升高低于一个单位，说明需要注氯。

③ 根据经验关系确定。实际经验表明，原料油和循环氢中的H_2O/HCl比值与催化剂含氯量之间有一定的关系，可以作出关联曲线。根据原料油的含水量、含氯量及操作条件可以计算出需要的注氯量。催化剂不同，上述的关联关系也会有所不同。

注氯通常是采用二氯乙烷等有机氯化物。注水通常采用醇类，例如异丙醇等，因为用醇类可以避免腐蚀。醇的用量按生成的水分子折算。

3. 中毒

催化剂中毒可分为永久性中毒和非永久性中毒两种。永久性中毒的催化剂其活性不能再恢复；非永久性中毒的催化剂在更换无毒原料后，毒物可以被逐渐排除而使活性恢复。对含铂催化剂，砷和其他金属毒物如铅、铜、铁、镍、汞等为永久性毒物，而非金属毒物如硫、氮、氧等则为非永久性毒物。

(1) 永久性中毒

在永久性毒物中，砷是最值得注意的。砷与铂有很强的亲和力，它会与铂形成合金，造成催化剂的永久性中毒。当催化剂上砷含量超过200μg/g时，催化剂的活性完全丧失。对某些铂催化剂的试验结果表明，若要求催化剂的活性保持在原来活性的80%以上，则该催化剂上的砷含量应小于100μg/g。实际上，在工业装置常限制重整原料油的砷含量不大于1μg/kg。

在一般石油馏分中，其含砷量随着沸点的升高而增加，而原油中的砷约90%是集中在蒸馏残油中。石油中的砷化合物会因受热而分解，因此二次加工汽油常含有较多的砷。砷中毒的现象首先在第一反应器中反映出来。此时第一反应器的温降大幅度减小，说明第一反应器内的催化剂失活。随着中毒程度的增大，第二、第三反应器的温降也会随之减小。

铅与铂可以形成稳定的化合物，造成催化剂中毒。石油馏分中含铅很少，铅的来源主要是原料油被含铅汽油污染所致。多年来，铅一直被视为含铂催化剂的毒物，但是在文献报道中却出现过用铅作添加组分改善了铂催化剂的活性和稳定性的研究结果。

铜、铁、汞等毒物主要是来源于检修不慎而使这些杂质进入管线系统。钠也是铂催化剂的毒物，所以禁止使用NaOH来处理重整原料。

（2）非永久性毒物

① 硫　原料中的含硫化合物在重整反应条件下生成H_2S。若不从系统中除去，则H_2S在循环氢中积聚，导致催化剂的脱氢活性下降。当原料中硫含量为0.01%和0.03%时，铂催化剂的脱氢活性分别降低50%和80%。原料中允许的硫含量与采用的氢分压有关，当氢分压较高时，允许的硫含量可以较高。一般情况下，硫对铂催化剂是暂时性中毒，一旦原料中不再含硫，经过一段时间后，催化剂的活性可望恢复。但是如果长期存在有过量的硫，也会造成永久性中毒。多数双金属催化剂比铂催化剂对硫更敏感，因此对硫的限制也更严格。硫与铼生成Re_2S或ReS_2型化合物，这类化合物难以用氢还原成金属。

但硫也不应完全脱净。因为有限的硫含量可以抑制氢解反应和深度脱氢反应，尤其对新鲜的或刚再生过的铂铼催化剂在开工时，要有控制地对催化剂进行预硫化。UOP公司在新修改的规定中也要求原料油的硫含量应在0.15μg/g~0.5μg/g范围内。

② 氮　原料中的有机含氮化合物在重整反应条件下转化为氨，吸附在酸性中心上抑制催化剂的加氢裂化、异构化及环化脱氢性能。一般认为，氮对催化剂的作用是暂时性中毒。

③ CO和CO_2　CO能与铂形成络合物，造成铂催化剂永久性中毒，但也有人认为是暂时性中毒。CO_2能还原成CO，也可看成是毒物。

原料油中一般不含有CO和CO_2，重整反应中也不产生CO和CO_2，只是在再生时才会产生。开工时引入系统中的工业氢气和氮气中也可能含有少量的CO和CO_2，因此要限制使用的气体中CO的含量小于0.1%，CO_2含量小于0.2%。

（二）重整催化剂的再生

重整催化剂的再生过程包括烧焦、氯化更新和干燥三个工序。

1. 烧焦

重整催化剂上的焦炭的主要成分是碳和氢。在烧焦时，焦炭中氢的燃烧速率比碳的燃烧速率快得多，因此在烧焦时主要是考虑碳的燃烧。

在相同的烧焦温度和氧分压的条件下，重整催化剂上的焦炭的燃烧速率要比催化裂化催化剂上焦炭的燃烧速率高得多。重整催化剂再生时的烧碳过程不能用一个动力学方程来描述，整个烧碳过程可以分成三个阶段：第一阶段的烧碳速率很高，第二阶段则较慢，而第三阶段又较快。从烧焦性能来看，重整催化剂上的焦炭包括三种类型的焦炭，它们的烧碳速率之所以不同主要是由于所沉积的位置不同。第一种类型(Ⅰ型碳)沉积在少数仍裸露的铂原子上，受到铂的催化氧化作用；第二种类型(Ⅱ型碳)是以多分子层形式沉积在 Al_2O_3载体上及被焦炭覆盖的金属铂上；第三种类型(Ⅲ型碳)则是在大部分焦炭都烧去后残余的受新裸露的金属铂影响的焦炭。这三种焦炭的烧碳速率常数 k 之比大约是：$k_1 : k_2 : k_3 = 50 : 1 : (2\sim3)$。在全部焦炭中，Ⅱ型碳占绝大部分。三种类型的焦炭的烧碳动力学方程如下：

$$\frac{dC}{dt} = kp_{O_2}^{0.55}C \tag{8-6}$$

式中　C——催化剂上碳含量，%；

t——反应时间，min；

p_{O_2}——气相中的氧分压，10^5Pa。

在工业装置的再生过程中，最重要的问题是要通过控制烧焦反应速率来控制好反应温度。过高的温度会使催化剂的金属铂晶粒聚集，如果铂晶粒长大到70Å，就会使重整产率下降，另外，过高的温度还可能会破坏载体的结构，而载体结构的破坏是不可恢复的。一般来说，应当控制再生时反应器内的温度不超过500~550℃。

再生过程是在压力0.5~0.7MPa，循环气(含氧0.2%~0.5%的氮气)量500~1000Nm^3/m^3催化剂·h的条件下进行。烧焦通常分成几个阶段，表8-14为铂铼催化剂的烧焦步骤和烧焦条件。每一个阶段的结束可以根据反应器出、入口的氧含量是否相等来判断，如果相等，说明已不再消耗氧气，该阶段已结束，可升温至下一阶段。当最后一阶段结束时，为保持烧焦的完全，需将循环气中的氧含量提高到2%~3%再维持4h。有些装置并不把再生过程分段，而是根据实际烧焦的进展情况，逐步提高再生温度，此时主要控制入口氧含量和床层温升。

表8-14　铂铼催化剂再生条件

阶　段	烧焦温度/℃	升温速率/(℃/h)	允许床层最高温升/℃	允许床层最高温度/℃
1	250	25~30	<50	<800
2	300	20~25	<50	<800
3	350	20~25	<50	<800
4	400	20~25	<50	<500
5	450	20~25	<50	<500
6	480	20~25	<50	<500

2. 氯化更新

在烧炭过程中，催化剂上的氯会大量流失，铂晶粒也会聚集，因此需要通过氯化更新补充氯和使铂晶粒重新分散，以便恢复催化剂的活性。

氯化时采用含氯的化合物，工业上一般选用二氯乙烷和四氯乙烯，在循环气中的浓度(体积分数)稍低于1%。过去也有使用四氯化碳，由于会产生有毒的光气($COCl_2$)，现一般已不采用。循环气采用空气或含氧量高的惰性气体。单独采用氮气作循环气不利于铂晶粒的分散。主要原因可能是在氯化过程中会生成少量焦炭，而循环气中的氧可以把生成的焦炭烧去。为了使氯不流失，应控制循环气中的水含量不大于1‰。

工业上氯化多在510℃、常压下进行，一般是进行2h。但有的研究结果表明，氯化过程进行得比较快，实际上只需15min就可以达到要求。经氯化后的催化剂还要在540℃、空气流中氧化更新，使铂晶粒的分散度达到要求。氧化更新的时间一般为2h。

3. 干燥

再生烧焦时，焦中的氢燃烧会生成水而使循环气中含水量增加。为了保护催化剂，循环气返回反应器前应经过硅胶或分子筛干燥。

干燥工序多在540℃左右进行。干燥时循环气体中若含有碳氢化合物会影响铂晶粒的分散度，甲烷的影响不明显，但较大相对分子质量的碳氢化合物会产生显著的影响。采用空气或高含氧量气体作循环气可以抑制碳氢化合物的影响。另外，在氮气流下，铂铼和铂锡催化剂在480℃时就开始出现铂晶粒聚集的现象；但是当氮气流中含有10%以上的氧气时，能显著地抑制铂晶粒的聚集。因此催化剂干燥时的循环气体以采用空气为宜。

五、重整催化剂的还原和硫化

新鲜催化剂及经再生的催化剂中的金属组分都是处于氧化状态，必须先还原成金属状态后才能使用。铂铼催化剂和某些多金属催化剂在刚开始进油时可能会表现出强烈的氢解性能和深度脱氢性能，前者导致催化剂床层产生剧烈的温升，严重时可能损坏催化剂和反应器；后者导致催化剂迅速积炭，使其活性、选择性和稳定性变差。因此在进原料油以前须进行预硫化，以抑制其氢解活性和深度脱氢活性。铂锡催化剂不需预硫化，因为锡能起到与硫相当的抑制作用。

还原过程一般是在480℃左右及氢气气氛下进行。还原过程中有水生成，应注意控制系统中的含水量。

关于还原时所用氢气的纯度，历来工业上都是要求很高的纯度。近年有些研究结果认为：在氢气中含氮10%~40%时，对铂晶粒分散度及催化剂活性并无明显影响，但还原度会差些，可以通过提高氢分压或延长还原时间来补偿。研究工作还表明，在氢气中含氧10%时，对铂晶粒分散度及催化剂活性也没有明显影响，而且，氢气中含有氧，还有抑制碳氢化合物杂质的不利影响的作用。氢气中含有少量甲烷时，对还原结果无明显的影响，但是相对分子质量较大的碳氢化合物会对铂晶粒分散度及催化剂活性有明显的负作用。

预硫化时采用硫醇或二硫化碳作硫化剂，用预加氢精制油稀释后经加热进入反应系统。硫化剂的用量一般为百万分之几。预硫化的温度为350~390℃，压力为0.4~0.8MPa。

第四节 催化重整原料及其预处理

重整催化剂比较昂贵和“娇嫩”，易被多种金属及非金属杂质中毒，而失去催化活性，为了保证重整装置能够长周期运转，目的产品收率高，则必须选择适当的重整原料并予以精制处理。

一、重整原料的选择

对重整原料的选择主要有三方面的要求，即馏分组成、族组成和杂质含量。

（一）馏分组成

对重整原料馏分组成的要求根据生产目的来确定，以生产高辛烷值汽油为目的时，一般以直馏汽油为原料，当以生产芳烃为目的时则根据表 8-15 选择适宜的馏分组成。

不同的目的产品需要不同馏分的原料，这是重整的化学反应所决定的。在催化重整过程中，人们最关心的环烷烃脱氢反应主要是在相同碳原子数的烃类上进行，六碳、七碳、八碳的环烷烃和烷烃，在重整条件下相应地脱氢或异构脱氢和环化脱氢生成苯、甲苯、二甲苯。小于六碳原子的环烷烃及烷烃，则不能转化为芳烃。C_6烃类沸点在 60~80℃，C_7沸点在90~110℃，C_8沸点大部分在 120~144℃。<60℃的馏分烃分子的碳原子数小于 6，如也作为重整原料进行反应系统，它并不能生成芳烃，而只能降低装置的处理能力，而且有部分被裂解成C_3、C_4或更低的低分子烃，降低重整液体产品收率，使装置的经济效益降低。因此，重整原料一般应切取大于 C_6馏分，即初馏点在 90℃左右。至于原料的终馏点则一般取 180℃，因为烷烃和环烷烃转化为芳烃后其沸点会升高，如果原料的终馏点过高则重整汽油的干点会超过规格要求，通常原料经重整后其终馏点升高 6~14℃。若从全炼厂综合考虑，为保证喷气燃料的生产，重整原料油的终馏点不宜>145℃。此外，原料切取太重，则在反应时焦炭和气体产率增加，使液体收率降低，生产周期缩短。

表 8-15　生产各种芳烃时的适宜馏程

目的产物	适宜馏程/℃	目的产物	适宜馏程/℃
苯	60~85	苯-甲苯-二甲苯	60~145
甲苯	85~110	高辛烷值汽油组分	80~180
二甲苯	110~145	轻芳烃-汽油组分	60~180

（二）族组成

我国目前的重整原料主要是直馏轻汽油馏分(石脑油)，但其来源有限。芳烃潜含量高即含环烷烃多的原料是良好的重整原料，环烷烃含量高的原料不仅在重整时可以得到较高的芳烃产率和氢气产率，而且可以采用较大的空速，催化剂积炭少，运转周期较长。华东理工大学对石脑油采用分子管理的策略，将正构、非正构烃进行吸附分离，非正构烃作为重整优质进料，芳烃潜含量提高十多个百分点，可使石脑油组分在分子水平上实现宜芳则芳、宜烯则烯、宜油则油的高效利用。

国内原油一般重整原料油收率仅有 4%~5%，不够重整装置处理。为了扩大重整原料的来源，可在直馏汽油中混入焦化汽油、催化裂化汽油、加氢裂化汽油或芳烃抽提的抽余油等，焦化汽油和加氢汽油的芳烃潜含量较高，但仍然低于直馏汽油，抽余油则因已经一次重整反应并抽出芳烃，故其芳烃潜含量较低。因此用抽余油只能在重整原料暂时不足时作为应急措施，加氢裂化汽油和抽余油中含烯烃和其他杂质很少，在原料预处理中没有什么困难。

（三）杂质含量

重整原料中含有少量的砷、铅、铜、铁、硫、氮等杂质会使催化剂中毒失活。水和氯的含量控制不当也会造成催化剂减活或失活。为了保证催化剂在长周期运转中具有较高的活性，必须严格限制重整原料中杂质含量。重整原料中杂质含量的限制要求见表 8-16。

表 8-16 重整原料中杂质含量的限制要求

μg/g

杂质	含量	杂质	含量
硫	0.15~0.5	氮	≤0.5
氯化物	≤0.5	砷	≤0.001
水	≤2	氟化物	≤0.5
铅	≤10	磷化物	≤0.5
铜	≤10	溶解氧①	≤0.5

① 只是针对从罐区来料。

二、重整原料的预处理

重整原料的预处理由预分馏、预加氢、预脱砷、脱氯和脱水等单元组成，其典型工艺流程如图 8-8，其目的是切取符合重整要求的馏分和脱除对重整催化剂有害的杂质及水分。

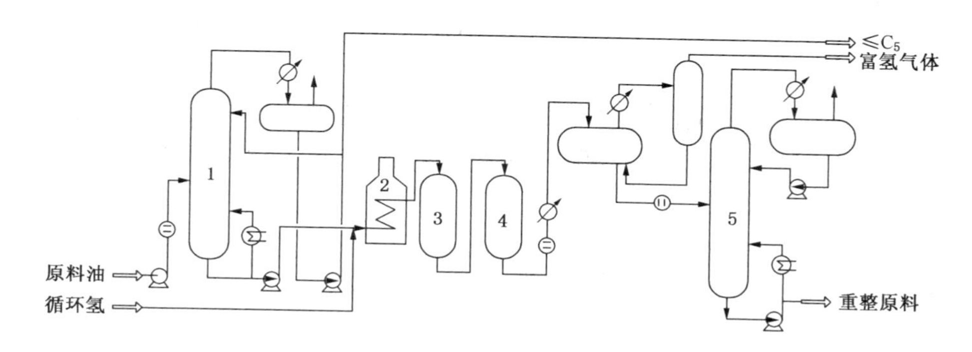

图 8-8 重整原料预处理工艺原则流程图

1—预分馏塔；2—预加氢加热炉；3，4—预加氢反应器；5—脱水塔

（一）预分馏

预分馏的作用是根据重整产物的要求切取适宜馏程的馏分作为重整原料。在多数情况下，进入重整装置的原料是原油初馏塔和/或常压蒸馏塔塔顶<180℃（生产高辛烷值汽油时）或<130℃（生产轻芳烃时）汽油馏分。在预分馏塔，切去<80℃或<60℃的轻馏分（拔头油），同时也脱去原料油中的部分水分。

根据分馏塔在预处理系统中的与预加氢先后位置不同，可分为前分馏流程和后分馏流程。当对拔头油的硫含量要求不高时，适于采用前分馏流程；当对拔头油的硫含量要求较高时，适于采用后分馏流程。

（二）预加氢

预加氢的作用是脱除原料油中对催化剂有害的杂质，使杂质含量达到限制要求。同时也使烯烃饱和以减少催化剂的积炭，从而延长运转周期。

1. 预加氢的作用原理

预加氢是在催化剂和氢压的条件下，将原料中的杂质脱除。

① 含硫、氮、氧等化合物在预加氢条件下发生氢解反应，生成硫化氢、氨和水等，经预加氢汽提塔或脱水塔分离出去。

② 烯烃通过加氢生成饱和烃。烯烃饱和程度用溴价或碘价表示，一般要求重整原料的

溴价或碘价<1g/100g 油。

③ 砷、铅、铜等金属化合物先在氢压下分解成单质金属，然后吸附在催化剂表面上。

因脱除这些金属杂质是靠吸附的方法，所以，在生产过程中这些杂质在催化剂表面的积累量逐渐增多，影响催化剂脱金属效果，尤其当砷积累超过 0.8%时，便不能保证脱砷要求，而催化剂再生时，靠烧焦的方法也不能将砷除去，为了使预加氢催化剂有较长的使用寿命，原料油在进入预加氢时含砷量限制在 100μg/kg 以下，否则，必须先经预脱砷。

2. 预加氢催化剂

预加氢催化剂在铂重整中常用钼酸钴或钼酸镍。在铂铼等双金属或多金属重整中，由于操作压力较低，条件更苛刻，上两种催化剂不能适应要求，故又发展了适应低压预加氢钼钴镍催化剂。在这三种金属中，钼为主活性金属，钴和镍为助催化剂，载体为活性氧化铝。一般主活性金属含量为 10%~15%，助催化剂金属含量为 2%~5%。

预加氢催化剂在使用过程中也会因表面积炭及受有害杂质的影响而失去活性。当有害杂质在催化剂表面的吸附量超过一定限度时，催化剂活性也会丧失。钼酸钴催化剂允许最大含砷量为 0.6%~0.8%。

催化剂由于积炭过多而失活可进行再生。以钼酸钴为例，工业上常用含氧 0.3%~3%(体)的水蒸气-空气混合气在常压及 400~450℃下进行再生，在适宜的操作条件下，钼酸钴催化剂可以再生 5~10 次。

重整预加氢催化剂应满足以下要求：

① 能够使原料中的烯烃加氢饱和而不使芳烃加氢饱和；

② 能够脱除原料中各种不利于重整反应的杂质；

③ 对金属砷、铅、铜等毒物有一定的抵抗性；

④ 有很好的机械强度。

3. 预加氢工艺流程及操作条件

预加氢工艺流程见图 8-8。从预脱砷反应器出来的原料油进入预加氢精制反应器。预加氢精制后的生成油经换热、冷却后进入高压油气分离器，分出的富氢气体(主要是氢气、轻质烃和少量的硫化氢、氨和水等)出装置可用在加氢精制等用氢装置。分出的液体油因溶解有少量水、氨、硫化氢等，需送至蒸馏脱水塔除去以上溶解物，经脱水后的塔底油便可作为重整原料。

典型的预加氢反应条件为：反应温度 280~300℃，反应压力 2.0~2.5MPa，氢油体积比(标准状态)100~200，空速 4~10h^{-1}，氢分压约 1.6MPa。若原料的含氮量较高，例如大于 1.5μg/g，则须提高反应压力。

(三) 预脱砷

砷不仅是重整催化剂最严重的毒物，也是各种预加氢精制催化剂的毒物。因此，必须在加氢预精制前把砷降至较低程度。重整原料含砷量限制在 1~2μg/kg 以下。如果原料油的含砷量<100μg/kg，可以不经过预脱砷，只需预加氢精制后即符合要求。

目前，工业上使用的预脱砷方法主要有三种：吸附法、氧化法和加氢法。

吸附法采用吸附剂将原料油中的砷化合物吸附在脱砷剂上而被脱除。常用的脱砷剂是浸渍有 5%~10%硫酸铜的硅铝小球。但吸附剂砷容量低(约 0.3%)使用寿命短，使用后含砷废弃物不易处理。

氧化法采用氧化剂与原料油混合在反应器中在80℃下进行氧化反应，反应3min砷化合物被氧化后经蒸馏或水洗除去。常用的氧化剂是过氧化氢异丙苯。氧化法可脱除原料油中95%左右的砷化物，但产生的大量含砷废液易引起新的环境污染。

加氢法实质上与预加氢精制基本相同。由预分馏塔底出来的90~180℃的原料与从重整部分来的富氢气体混合，经预加氢加热炉加热至320~370℃进入预脱砷反应器。加氢预脱砷反应器与预加氢精制反应器串联，两个反应器的反应温度，压力及氢油比基本相同。预脱砷所用的催化剂是四钼酸镍加氢精制催化剂。

(四) 脱氯

直馏石脑油中氯主要以有机氯的形式存在，其含量与原油来源有关，一般在30~40μg/g左右。含有有机氯的原料油经过预加氢后，有机氯转化为氯化氢，会造成设备腐蚀。同时氯化氢与预加氢生成的氨结合生成氯化铵，造成管线堵塞。此外氯对重整催化剂也有毒害作用。

为了解决氯化氢造成的腐蚀设备、堵塞管线和对重整催化剂的危害，工业上在预加氢单元后增加脱氯罐，在与预加氢相同的条件下，使氯化氢与脱氯剂反应而脱除。可以使用的脱氯剂有：Fe_2O_3、Cu、Mn、Zn、Mg、Ni、NaOH、KOH、Na_2O、Na_2CO_3、CaO、$CaCO_3$等。

第五节 催化重整工艺流程

催化重整装置一直分为两种类型，这是由于它具有两个重要作用。一方面它是生产高辛烷值汽油的重要途径，另一方面，它还是生产BTX轻芳烃的主要手段。生产的目的产品不同时，采用的工艺流程也不相同。生产高辛烷值汽油时，工艺流程比较简单，由原料预处理、重整反应等部分组成。生产芳烃的工艺流程除了上述原料预处理、重整反应部分外，还必须把目的产品——芳烃从重整生成油中分离出来，这就需要芳烃抽提过程和单体芳烃的精馏或其他的方法使单体芳烃——苯、甲苯、各种二甲苯分离出来。

一、重整反应系统的工艺流程

工业重整装置广泛采用的反应系统流程可分为两大类：固定床半再生式工艺流程和移动床连续再生式工艺流程。

(一) 固定床半再生式重整工艺流程

固定床半再生式重整的特点是当催化剂运转一定时期后，活性下降而不能继续使用时，需就地停工再生(或换用异地再生好的或新鲜的催化剂)，再生后重新开工运转，因此称为半再生式重整过程。

1. 典型的铂铼重整工艺流程

以生产芳烃为目的的铂铼双金属半再生式重整工艺原理流程如图8-9所示。

经预处理的原料油与循环氢混合，再经换热、加热后进入重整反应器。重整反应是强吸热反应，反应时温度下降，因此为得到较高的重整平衡转化率和保持较快的反应速率，就必须维持合适的反应温度，这就需要在反应过程中不断地补充热量。为此，半再生式装置的固定床重整反应器一般由三至四个绝热式反应器串联，反应器之间有加热炉加热到所需的反应温度。运转半年至一年停止进油，全部催化剂就地再生一次。

反应器的入口温度一般为480~520℃，使用新鲜催化剂时，反应器入口温度较低，随着

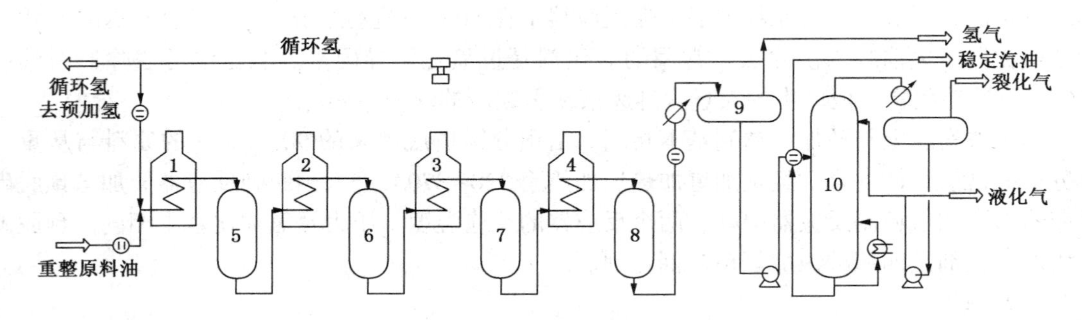

图 8-9 铂铼重整反应原则流程

1，2，3，4—加热炉；5，6，7，8—重整反应器；9—高压分离器；10—稳定塔

生产周期的延长，催化剂的活性逐渐下降，各反应器入口温度逐渐提高。铂铼重整反应的其他操作条件为：空速 1.5~2h^{-1}；氢油比(体)约 1200∶1；压力 1.5~2MPa。

自最后一个反应器出来的重整产物温度很高(490℃左右)，为了回收热量而进入一大型立式换热器与重整进料换热，再经冷却后进入油气分离器，分出含氢 85%~95%(体)的气体(富氢气体)。经循环氢压缩机升压后，大部分送回反应系统作循环氢使用，少部分去预处理部分。分离出的重整生成油进入脱戊烷塔，塔顶蒸出≤C_5的组分，塔底是含有芳烃的脱戊烷油，作为芳烃抽提部分的进料油。如果重整装置只生产高辛烷值汽油，则重整生成油只进入稳定塔，塔顶分出裂化气和液态烃，塔底产品为满足蒸气压要求的稳定汽油。稳定塔和脱戊烷塔实际上完全相同，只是生产目的不同时，名称不同。

2. 麦格纳重整工艺流程

麦格纳重整属于固定床反应器半再生式过程，其反应系统工艺流程如图 8-10 所示。

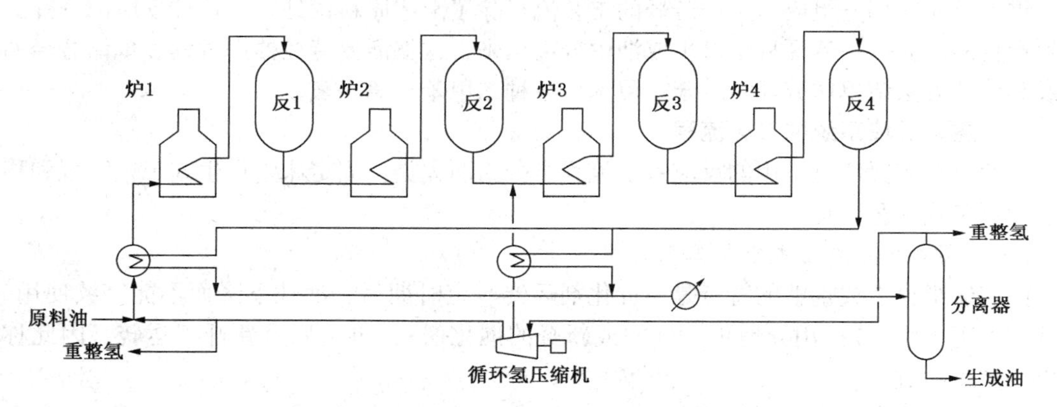

图 8-10 麦格纳重整反应系统工艺流程

麦格纳重整工艺的主要特点是将循环氢分为两路，一路从第一反应器进入，另一路则从第三反应器进入。在第一、二反应器采用高空速、较低反应温度(460~490℃)及较低氢油比(2.5~3)，这样可有利于环烷烃的脱氢反应，同时抑制加氢裂化反应；后面的 1 个或2 个反应器则采用低空速、高反应温度(485~538℃)及高氢油比(5~10)，这样可有利于烷烃脱氢环化反应。这种工艺的主要优点是可以得到稍高的液体收率、装置能耗也有所降低。国内的固定床半再生式重整装置多采用此种工艺流程。这种流程也称作分段混氢流程。

半再生式重整过程的工艺特点是：工艺反应系统简单，运转、操作与维护比较方便，建设费用较低，应用很广泛。但该方法有如下一些缺点，由于催化剂活性变化，要求不断变更运转条件（主要是反应温度），到了运转末期，反应温度相当高，导致重整油收率下降，氢纯度降低，裂化气增加。而且停工再生影响全厂生产，装置开工率较低。随着双（多）金属催化剂的活性和选择性得到改进，使其能在苛刻条件下长期运转，发挥了它的优势。

3. 重整反应的主要操作参数

影响重整反应的主要操作因素除催化剂的性能外，有反应温度、反应压力、氢油比、空速等。

（1）反应温度

提高反应温度不仅能使化学反应速率加快，而且对强吸热的脱氢反应的化学平衡也很有利。提高反应温度可以提高重整生成油的辛烷值。但是提高反应温度会使加氢裂化反应加剧、液体产物收率下降，催化剂积炭加快以及受到设备材质的限制。因此，在选择反应温度时应综合考虑各方面的因素。工业重整反应器的加权平均入口温度多在480~530℃范围。在操作过程中随着反应时间的推移，催化剂因积炭而活性下降，为了维持足够的反应速率，需用逐步提温办法来弥补催化剂活性的损失，故操作后期的反应温度要高于初期。

催化重整采用多个串联的绝热反应器，这就提出了一个反应器入口温度分布问题。实际上各个反应器内的反应情况是不一样的：例如环烷脱氢反应主要是在前面的反应器内进行。而反应速率较低的加氢裂化反应和环化脱氢反应则延续到后面的反应器。因此，应当按各个反应器的反应情况分别采用不同的反应条件。在反应器入口温度的分布上曾经有过几种不同的做法：由前往后逐个递降；由前往后逐个递增；或几个反应器的入口温度都相同。近年来，多数重整装置趋向于采用前面反应器的温度较低、后面反应器的温度较高的方案。

重整反应器一般是3~4个串联，而且催化剂床层的温度是变化的。图8-11为某重整反应器温度分布图，由图可以看出，各反应器的温降差异很大。温降最大的是第一反应器ΔT_1，这是由于第一反应器中主要进行的是速率最快且强吸热的六元环烷烃脱氢反应；第二反应器里的化学反应，主要进行五元环烷烃异构脱氢，还伴随一些放热的裂化反应，因而第二反应器的温降ΔT_2比ΔT_1显著减少；到后部第三和第四反应器时，环烷脱氢几乎很少，所发生的吸热反应是以烷烃环化脱氢反应为主，但这种反应速率较慢，比较难于进行，必须在较苛刻的反应条件下才能进行。这样，伴随的副反应就更多了，除裂化反应外，还有歧化、脱烷基等，多是放热反应，因此，后部反应器的温降（ΔT_3、ΔT_4）就更小了。总的趋势是：

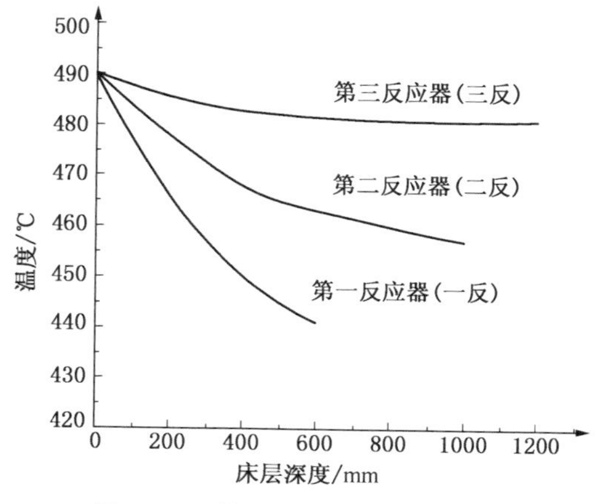

图8-11　某重整反应器温度分布

$$\Delta T_1>\Delta T_2>\Delta T_3、\Delta T_4$$

由前部反应温降曲线可以看出，反应温降主要集中在反应器床层顶部，在床层下部很大区域中几乎没有温降。因此，为了有效地利用催化剂，各反应器催化剂装填比例是很重要的。把过多的催化剂装入前部反应器实际上一种浪费。为了促进反应速率较慢的烷烃环化和异构化等反应，重整各反应器催化剂常采用前面少，后面多的装填方式。在使用四个反应器串联时，催化剂的装入比例一般为1：1.5：3.0：4.5。表8-17是重整各反应器的催化剂装入比例及各反应器床层温降。

表8-17 催化剂装入比例及床层温降

	第一反应器	第二反应器	第三反应器	第四反应器	总计
催化剂装入比例	1	1.5	3.0	4.5	10
温降/℃	76	41	18	8	143

由于催化剂床层温度是变化的，所以常用加权平均温度来表示反应温度。所谓加权平均温度(或称权重平均温度)，就是考虑到处于不同温度下的催化剂数量而计算得到的平均温度。定义如下：

$$\text{加权平均进口温度} = \sum_{i=1}^{3\sim4} x_i T_{i\text{入}}，(i_{\max}=3 \text{ 或 } 4) \quad (8-7)$$

$$\text{加权平均床层温度} = \sum_{i=1}^{3\sim4} x_i \frac{T_{i\text{入}}+T_{i\text{出}}}{2}，(i_{\max}=3 \text{ 或 } 4) \quad (8-8)$$

式中 x_i——各反应器内装入催化剂量占全部催化剂量的分率；

$T_{i\text{入}}$——各反应器的入口温度；

$T_{i\text{出}}$——各反应器的出口温度。

在研究法辛烷值(*RON*)90~95范围内，加权平均进口温度每提高2~3℃，重整生成油的辛烷值可以提高1个单位；在*RON*=95~100范围内，加权平均进口温度每提高3~4℃，重整生成油的辛烷值可以提高1个单位。

(2) 反应压力

提高反应压力对生成芳烃的环烷脱氢、烷烃脱氢环化反应都不利，但对加氢裂化反应却有利。因此，从增加芳烃产率的角度来看，希望采用较低的反应压力。在较低的压力下可以得到较高的汽油产率和芳烃产率，氢气的产率和纯度也较高。但是在低压下催化剂受氢气保护的程度下降，积炭速率较快，从而使操作周期缩短。解决这个矛盾的方法有两种：一种是采用较低压力，经常再生催化剂；另一种是采用较高的压力，虽然转化率不太高，但可延长操作周期。如何选择最适宜的反应压力，还要考虑到原料的性质和催化剂的性能。例如高烷烃原料比高环烷烃原料容易生焦，重馏分也容易生焦，对这类易生焦的原料通常要采用较高的反应压力。催化剂的容焦能力大、稳定性好，则可以采用较低的反应压力。例如铂铼等双金属及多金属催化剂有较高的稳定性和容焦能力，可以采用较低的反应压力，既能提高芳烃转化率，又能维持较长的操作周期。半再生式铂铼重整一般采用1.8MPa左右的反应压力，铂重整采用2~3MPa，连续再生式重整装置的压力可低至约0.8MPa，新一代的连续再生式重整装置的压力已降低到0.35MPa。重整技术的发展就是围绕着反应压力从高到低的变化过程，反应压力已成为能反映重整技术水平高低的重要指标。

在现代重整装置中，最后一个反应器的催化剂通常占催化剂量的50%。所以，通常选用最后一个反应器入口压力作为反应压力是合适的。

(3) 空速

空速为单位时间、单位催化剂上所通过的原料油数量，重整空速以催化剂的总用量为准，定义如下：

$$质量空速 = \frac{原料油流量(t/h)}{催化剂总用量(t)} \tag{8-9}$$

$$体积空速 = \frac{原料油流量(m^3/h，按20℃液体计)}{催化剂总用量(m^3)} \tag{8-10}$$

空速反映了原料与催化剂的接触时间长短，降低空速可以使反应物与催化剂的接触时间延长。催化重整中各类反应的反应速率不同，空速的影响也不同。环烷烃脱氢反应的速率很快，在重整条件下很容易达到化学平衡，空速的大小对这类反应影响不大；但烷烃环化脱氢反应和加氢裂化反应速率慢，空速对这类反应有较大的影响。所以，在加氢裂化反应影响不大的情况下，适当采用较低的空速对提高芳烃产率和汽油辛烷值有好处。

通常在生产芳烃时，采用较高的空速；生产高辛烷值汽油时，采用较低的空速，以增加反应深度，使汽油辛烷值提高，但空速太低加速了加氢裂化反应，汽油收率降低，导致氢消耗和催化剂结焦加快。

选择空速时还应考虑到原料的性质。对环烷基原料，可以采用较高的空速；而对烷基原料则需采用较低的空速。

一般在催化剂藏量和装置处理量一定的情况下，空速不作为调节手段。在铂铼重整中，催化剂的选择性较铂催化剂好，为促进烷烃的环化脱氢，而采用较低的空速，约为 $1.5h^{-1}$左右。

(4) 氢油比

氢油比(H_2/HC)常用两种表示方法，即

$$氢油摩尔比 = \frac{循环氢流量(kmol/h)}{原料油流量(kmol/h)} \tag{8-11}$$

$$氢油体积比 = \frac{循环氢流量(Nm^3/h)}{原料油流量(m^3/h，按20℃液体计)} \tag{8-12}$$

在重整反应中，除反应生成的氢气外，还要在原料油进入反应器之前混合一部分氢，这部分氢并不参与重整反应，工业称之为循环氢。通入循环氢的目的一是为了抑制生焦反应，减少催化剂上积炭，起到保护催化剂的作用；二是起到热载体的作用，减小反应床层的温降，使反应温度不致降得太低；三是稀释原料，使原料更均匀地分布于催化剂床层。

在总压不变时，提高氢油比；意味着提高氢分压，有利于抑制催化剂上积炭。但提高氢油比使循环氢量增大，压缩机消耗功率增加。在氢油比过大时会由于减少了反应时间而降低了转化率。

由此可见，对于稳定性高的催化剂和生焦倾向小的原料，可以采用较小的氢油比，反之则需用较大的氢油比。铂重整装置采用的氢油摩尔比一般为5~8，使用铂铼催化剂时一般<5，新的连续再生式重整则进一步降至1~3。

综上所述，可以将各类反应的特点和各种因素的影响简要地归纳为表8-18。

表 8-18 催化重整中各类反应的特点和操作因素的影响

反应		六元环烷脱氢	五元环烷异构脱氢	烷烃环化脱氢	异构化	加氢裂化
反应特性	热效应	吸热	吸热	吸热	放热	放热
	反应热/(kJ/kg)	2000~2300	2000~2300	~2500	很小	~840
	反应速度	最快	很快	慢	快	慢
	控制因素	化学平衡	化学平衡或反应速率	反应速率	反应速率	反应速率
对产品产率的影响	芳烃	增加	增加	增加	影响不大	减少
	液体产品	稍减	稍减	稍减	影响不大	减少
	$C_1 \sim C_4$ 气体	—	—	—	—	增加
	氢气	增加	增加	增加	无关	减少
对重整汽油性质影响	辛烷值	增大	增大	增大	增大	增大
	密度	增大	增大	增大	稍增	增大
	蒸气压	降低	降低	降低	稍增	增大
参数增大时产生的影响	温度	促进	促进	促进	促进	促进
	压力	抑制	抑制	抑制	无关	促进
	空速	影响不大	影响不很大	抑制	抑制	抑制
	氢油比	影响不大	影响不大	影响不大	无关	促进

(二) 连续再生式重整

半再生式重整会因催化剂的积炭而停工进行再生。为了能经常保持催化剂的高活性，并且随炼厂加氢工艺的日益增多，需要连续地供应氢气，UOP 和 IFP 分别研究和发展了移动床反应器连续再生式重整(简称连续重整)。主要特征是设有专门的再生器，反应器和再生器都是采用移动床反应器，催化剂在反应器和再生器之间不断地进行循环反应和再生，一般每 3~7d 全部催化剂再生一遍。

UOP 及 IFP 连续重整反应系统的流程如图 8-12 和图 8-13 所示。

在连续重整装置中，催化剂连续地依次流过串联的 3 个(或 4 个)移动床反应器，从最后一个反应器流出的待生催化剂含碳量为 5%~7%。待生剂由重力或气体提升输送到再生器进行再生。恢复活性后的再生剂返回第一反应器又进行反应。催化剂在系统内形成一个闭路循环。从工艺角度来看，由于催化剂可以频繁地进行再生，可采用比较苛刻的反应条件，即低反应压力(0.8~0.35MPa)、低氢油摩尔比(4~1.5)和高反应温度(500~530℃)，其结果是更有利于烷烃的芳构化反应，重整生成油的 RON 可高达 100，液体收率和氢气产率高。

UOP 连续重整和 IFP 连续重整采用的反应条件基本相似，都用铂锡催化剂。这两种技术都是先进和成熟的。从外观来看，UOP 连续重整的三个反应器是叠置的，称为轴向重叠式连续重整工艺。催化剂依靠重力自上而下依次流过各个反应器，从最后一个反应器出来的待生催化剂用氮汽提升至再生器的顶部；IFP 连续重整的三个反应器则是并行排列，称为径向并列式连续重整工艺。催化剂在每两个反应器之间是用氢汽提升至下一个反应器的顶部，从末段反应器出来的待生剂则用氮汽提升到再生器的顶部。在具体的技术细节上，这两种技术也还有一些各自的特点。

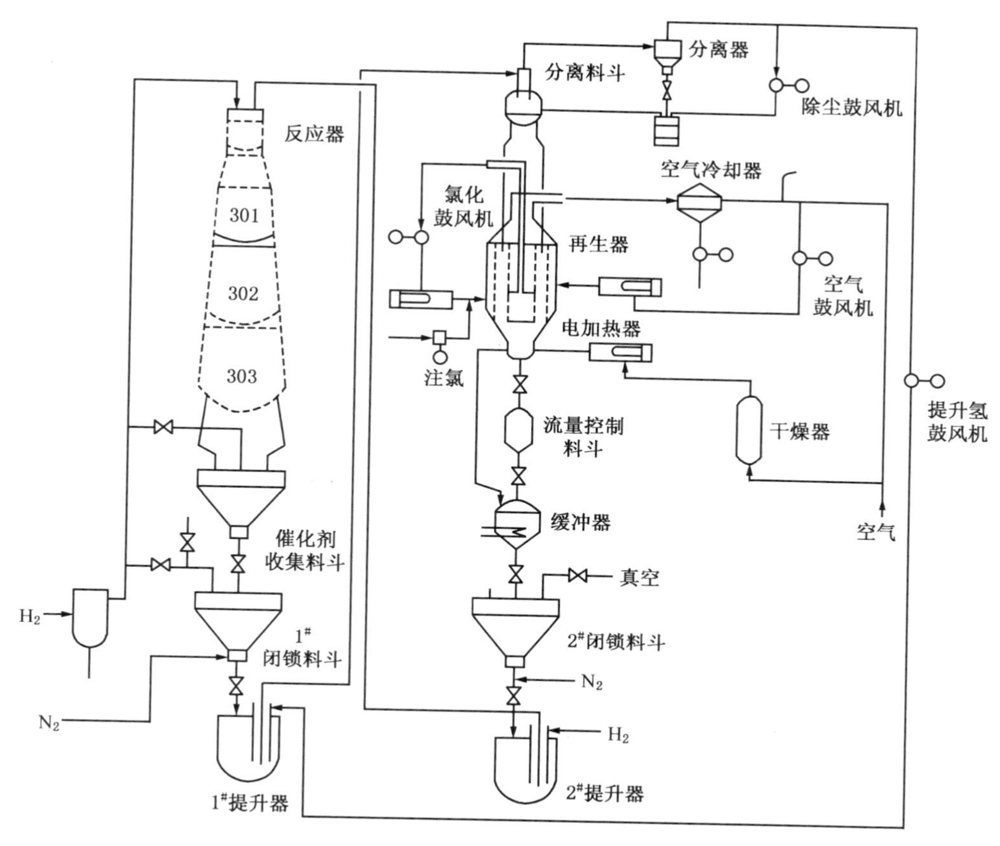

图 8-12　UOP 连续重整反应系统流程

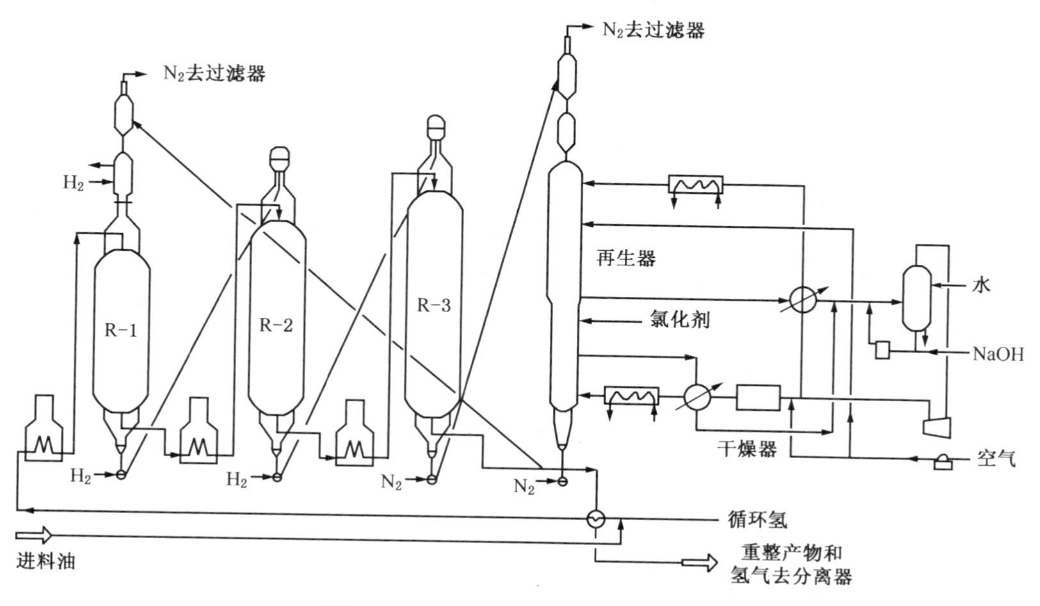

图 8-13　IFP 连续重整反应系统流程

中国石化工程建设有限公司的逆流连续重整工艺流程见图 8-14，其具有与国外技术不同的技术特色和优势：反应器间催化剂的流动方向与反应物流的方向相反，从而改善了反应条件，反应更为合理，有利于提高产品收率和延长催化剂寿命；催化剂由低压向高压的输送采取分散料封提升的方法，省去了传统的闭锁料斗的升压方法，简化了流程，节约投资。我国已成为世界上第三个可以在国际市场上商业运作连续重整技术的国家。

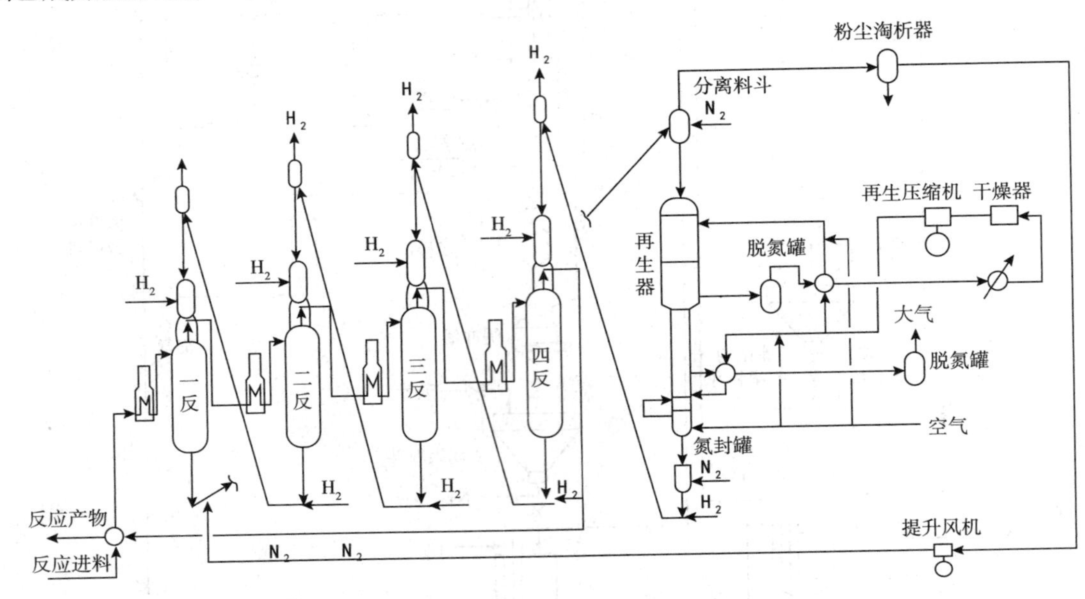

图 8-14 逆流连续重整工艺流程示意图

连续重整技术是重整技术近年来的重要进展之一。它针对重整反应的特点提供了更为适宜的反应条件，因而取得了较高的芳烃产率、较高的液体收率和氢气产率，突出的优点是改善了烷烃芳构化反应的条件。

连续重整和半再生式重整各有特点，选择何种工艺应从以下两方面综合考虑：

① 投资数量和资金来源　连续重整的再生部分的投资占总投资相当大的一部分，装置的规模越小，其所占的比例也越大，因此规模小的装置采用连续重整是不经济的。近年新建的连续重整装置的规模一般都在 60×10^4t/a 以上。从总投资来看，一座 60×10^4t/a 连续重整装置的总投资与相同规模的半再生式重整装置相比，约高出 30%。

② 原料性质和产品　原料油的芳烃潜含量越高，连续重整与半再生式重整在液体产品收率及氢气产率方面的差别就越小，连续重整的优越性也就相对下降。当重整装置的主要产品是高辛烷值汽油时，还应当考虑市场对汽油质量的要求。过去提高汽油辛烷值主要是靠提高汽油中的芳烃含量。近年来，出于对环保的考虑，出现了限制汽油中芳烃含量的趋势。另一方面，在汽油中添加醚类等高辛烷值组分以提高汽油辛烷值的办法也得到了广泛的应用。因此，对重整汽油的辛烷值要求有所降低。对汽油产品需求情况的这些变化，促使重整装置降低其反应苛刻度，这种情况也在一定程度上削弱了连续重整的相对优越性。此外，连续重整多产的氢气是否能充分利用，也是衡量其经济效益的一个应考虑的因素。

二、重整芳烃的抽提过程

当以生产芳烃为生产目的时，还须将脱戊烷重整油中大量的低分子芳烃分离出来，它们是芳香系石油化工的基础。现在世界各国由重整油中分出的芳烃(称为重整芳烃)已成为低分子芳烃的一个重要来源。

由重整油中分离芳烃的方法很多，如溶剂液-液抽提法等。

(一) 芳烃抽提的基本原理

溶剂液-液抽提原理是根据芳烃和非芳烃在溶剂中的溶解度不同，从而使芳烃与非芳烃得到分离。在芳烃抽提过程中，溶剂与重整油接触后分为两相(在容器中分为两层)，一相由溶剂和能溶于溶剂中的芳烃组成，称为提取相(又称富溶剂、抽提液或抽出层)；另一相为不溶于溶剂的非芳烃，称为提余相(又称提余液、非芳烃)，两相液层分离后，再用汽提的方法将溶剂和溶质(芳烃)分开，溶剂循环使用。

各种烃类在溶剂中的溶解度不同，其顺序为：芳烃>环二烯烃>环烯烃>环烷烃>烷烃。对同一种溶剂来说，沸点相近的烃类，其溶解度的比值大致为：芳烃：环烷烃：烷烃＝20：2：1；对同种烃类来说，其溶解度随着相对分子质量的增大而降低，对芳烃而言，其溶解度的次序为：重芳烃<二甲苯<甲苯<苯。

不同溶剂，对同一种烃类的溶解度是有差异的，通常用甲苯的溶解度与正庚烷溶解度之比来表示这种差异，其比值称作溶剂的选择性。

溶剂使用性能的优劣，对芳烃抽提装置的投资、效率和操作费用起着决定性的作用。在选择溶剂时，要考虑对芳烃具有较强的溶解能力和较高的选择性；二者要有较大的相对密度差，使形成的提取相和提余相便于分离；相界面张力要大，不易乳化，不易发泡，容易使液滴聚集而分层；化学稳定性好，不腐蚀设备；溶剂沸点要高于原料的干点，不生成共沸物，以便用分馏的方法回收溶剂；价格低廉，来源充足。

目前，工业上采用的主要溶剂有：环丁砜、二乙二醇醚、三乙二醇醚、四乙二醇醚、二丙二醇醚、二甲基亚砜、*N*-甲基吡咯烷酮等。

(二) 芳烃抽提的工艺流程

芳烃抽提的工艺流程一般包括抽提、溶剂回收和溶剂再生三个系统。典型的二乙二醇醚抽提装置的工艺流程如图 8-15 所示。

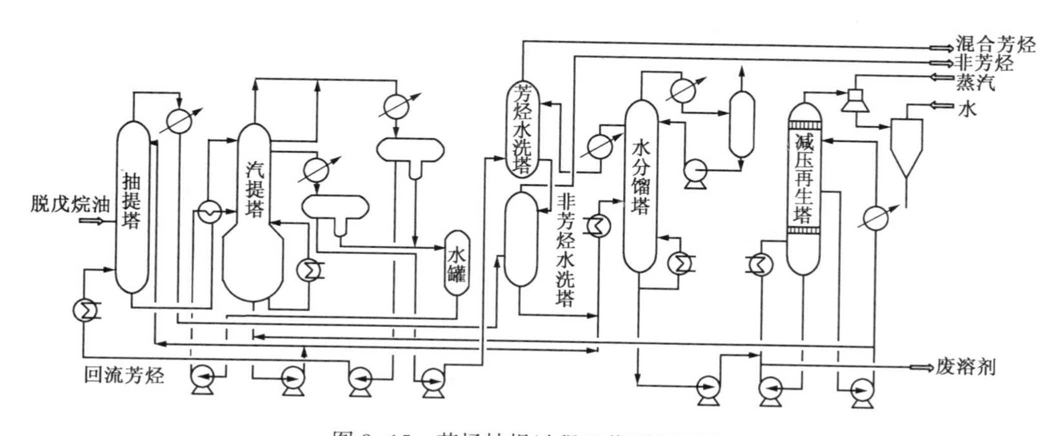

图 8-15 芳烃抽提过程工艺原理流程

1. 抽提部分

原料(脱戊烷油)从抽提塔(萃取塔)的中部进入。抽提塔是一个筛板塔。溶剂(主溶剂)

从塔的顶部进入与原料进入逆流接触抽提。从塔底出来的是提取液，其中主要是溶剂和芳烃，提取液送去溶剂回收部分的汽提塔以分离溶剂和芳烃。为了提高芳烃的纯度，塔底进入经加热的回流芳烃。

2. 溶剂回收部分

溶剂回收部分的任务是：从提取液中分离出芳烃；回收溶剂并使之循环使用。溶剂回收部分的主要设备有汽提塔、水洗塔和水分馏塔。

（1）汽提塔

汽提塔是顶部带有闪蒸段的浮阀塔，全塔分为三段：顶部闪蒸段、上部抽提蒸馏段和下部汽提段。汽提塔在常压下操作。由抽提塔底来的提取液经换热后进入汽提塔顶部。在闪蒸段，提取液中的轻质非芳烃、部分芳烃和水因减压闪蒸出去，余下的液体流入抽提蒸馏段。抽提蒸馏段顶部引出的芳烃也还含有少量非芳烃(主要是 C_6)，这部分芳烃与闪蒸产物混合经冷凝并分去水分后作为回流芳烃返回抽提塔下部。产品芳烃由抽提蒸馏段上部以气相引出。汽提塔底部有重沸器供热。为了避免溶剂分解(二乙二醇醚在 164℃开始分解)，在汽提段引入水蒸气以降低芳烃蒸气分压使芳烃能在较低的温度(一般约 150℃)下全部蒸出。溶剂的含水量对抽提操作有重要影响，为了保证汽提塔底抽出的溶剂有适宜的含水量，汽提段的压力和塔底温度必须严格控制。为了减少溶剂损失，汽提所用蒸汽是循环使用的，一般用量是汽提塔进料量的 3%左右。

（2）水洗塔

水洗塔有两个：芳烃水洗塔和非芳烃水洗塔。这是两个筛板塔。在水洗塔中，是用水洗去(溶解脱除)芳烃或非芳烃中的二乙二醇醚，从而减少溶剂的损失。在水洗塔中，水是连续相而芳烃或非芳烃是分散相。从两个水洗塔塔顶分别引出混合芳烃产品和非芳烃产品。芳烃水洗塔的用水量一般约为芳烃量的 30%。这部分水是循环使用的，其循环路线为：水分馏塔→芳烃水洗塔→非芳烃水洗塔→水分馏塔。

（3）水分馏塔

水分馏塔的任务是回收溶剂并取得干净的循环水。对送去再生的溶剂，先通过水分馏塔分出水，以减轻溶剂再生塔的负荷。水分馏塔在常压下操作，塔顶采用全回流，以便使夹带的轻油排出。大部分不含油的水从塔顶部侧线抽出。国内的水分馏塔多采用圆形泡帽塔板。

3. 溶剂再生部分

二乙二醇醚在使用过程中由于高温及氧化会生成大分子的叠合物和有机酸，导致堵塞和腐蚀设备，并降低溶剂的使用效能。为保证溶剂的质量，一方面有溶剂存在并可能和空气接触的设备中通入含氢气体(称覆盖气)，要注意经常加入单乙醇胺以中和生成的有机酸，使溶剂的 pH 值经常维持在 7.5~8.0，另一方面要经常从汽提塔底抽出的贫溶剂中引出一部分溶剂去再生。再生是采用蒸馏的方法将溶剂和大分子叠合物分离。因二乙二醇醚的常压沸点是 245℃，已超出其分解温度 164℃，因此必须用减压(约 0.0025MPa)蒸馏。

减压蒸馏在减压再生塔中进行。塔顶抽真空，塔中部抽出再生溶剂，一部分作塔顶回流，余下的送回抽提系统，已氧化变质的溶剂因沸点较高而留在塔底，用泵抽出后与进料一起返回塔内，经一定时间后从塔内可部分地排出老化变质溶剂。

若溶剂改用三乙二醇醚或四乙二醇醚时，此工艺流程可以不变，但是操作条件须适当改变。工业上还有使用其他类型溶剂的芳烃抽提过程，例如环丁砜芳烃抽提过程和二甲基亚砜抽提芳烃过程等，虽然具体的工艺流程会有所不同，但是它们的基本原理是相同的。

(三) 抽提过程的主要操作参数

衡量芳烃抽提过程的主要指标有芳烃回收率、芳烃纯度和过程能耗。

下面讨论在原料、溶剂(二乙二醇醚)及抽提方式决定后，影响抽提效果的主要因素。

1. 操作温度

温度对溶剂的溶解度和选择性影响很大。温度升高，溶解度增大，有利于芳烃回收率的增加，但是，随着芳烃溶解度的增加，非芳烃在溶剂中的溶解度也会增大，而且比芳烃增加的更多，因而使溶剂的选择性变差，使产品芳烃纯度下降。对于二乙二醇醚来说，温度低于140℃时，芳烃的溶解度随着温度升高而显著增加；高于150℃时，随着温度的提高，芳烃溶解度增加不多，选择性下降却很快。而温度低于100℃时，溶剂用量太大，而且还会因黏度增大使抽提效果下降，因此抽提塔的操作温度一般为125~140℃。而对于环丁砜来说，操作温度在90~95℃范围内比较适宜。

2. 溶剂比

溶剂比是进入抽提塔的溶剂量与进料量之比。溶剂比增大，芳烃回收率增加，但提取相中的非芳烃量也增加，使芳烃产品纯度下降。同时溶剂比增大，设备投资和操作费用也增加，所以在保证一定的芳烃回收率的前提下应尽量降低溶剂比。溶剂比的选定应当结合操作温度的选择来综合考虑。提高溶剂比或升高温度都能提高芳烃回收率。实践经验表明，大约温度升高10℃相当于溶剂比提高0.78。对于不同的原料应选择适宜的温度和溶剂比。一般选用溶剂比在15~20。

3. 回流(反洗)比

回流比是指回流芳烃量与进料量之比。回流比是调节产品芳烃纯度的主要手段。回流比大则产品芳烃纯度高，但芳烃回收率有所下降。另外，在抽提塔进料口之下引入的回流芳烃，显然要耗费额外的热交换，并且抽提塔的物料平衡关系变得复杂。回流比的大小，应与原料中芳烃含量多少相适应，原料中芳烃含量越高，回流比可越小。回流比和溶剂比也是相互影响的，降低溶剂比时，产品芳烃纯度提高，起到提高回流比的作用。反之，增加溶剂比具有减低回流比的作用，因而，在实际操作中，在提高溶剂比之前，应适当加大回流芳烃的流量，以确保芳烃产品纯度。一般选用回流比1.1~1.4，此时，产品芳烃的纯度可达99.9%以上。

4. 溶剂含水量

溶剂含水量愈高，溶剂的选择性愈好，因而，溶剂含水量的变化是用来调节溶剂选择性的一种手段。但是，溶剂含水量的增加，将使溶剂的溶解能力降低。因此，每种溶剂都有一个最适宜的含水量范围。对于二乙二醇醚来说，温度在140~150℃时，溶剂含水量选用6.5%~8.5%。

5. 压力

抽提塔的操作压力对溶剂的溶解度性能影响很小，因而对芳烃纯度和芳烃回收率影响不大。抽提压力的高低，主要是在抽提温度确定后，保证原料处于泡点下液相状态，使抽提在液相下操作。并且抽提压力与界面控制有密切关系，因此，操作压力也是芳烃抽提系统的重要操作参数之一。

当以60~130℃馏分作重整原料时，抽提温度在150℃左右，抽提压力应维持在

0.8~0.9MPa。

三、重整芳烃的抽提蒸馏过程

工业上，以环丁砜为溶剂的芳烃抽提工艺主要有 Sulfolane 工艺、SED 抽提蒸馏工艺、SAE 工艺和改进的 SUPER-SAE-II 工艺等。

目前国内最典型的芳烃抽提蒸馏工艺是由 RIPP 开发的 SED 工艺。

(一)抽提蒸馏的基本原理

抽提蒸馏过程，是通过加入选择性溶剂提高目的芳烃和其他组分间的相对挥发度，实现萃取精馏分离。溶剂和经预分馏切除轻、重组分后的原料(馏分)在抽提蒸馏塔内接触形成气液两相进行抽提蒸馏。由于溶剂与芳烃的作用力更强，使非芳烃富集于气相，由塔顶馏出；芳烃组分富集于液相由塔底馏出。富集芳烃的液相进入溶剂回收塔进行芳烃与溶剂的分离，回收的溶剂循环使用。

(二)芳烃抽提蒸馏的工艺流程及主要操作参数

SED 抽提蒸馏工艺经历了 SED-Ⅰ和 SED-Ⅱ两个阶段。SED-Ⅰ工艺采用环丁砜-COS 复合溶剂，COS 助剂有效降低了溶剂回收塔的操作苛刻度，并提高了苯的回收率，比较适用于裂解加氢汽油、焦油粗苯的苯抽提，也可用于重整汽油的苯抽提。该工艺特点是采用无水溶剂，抽提出的苯经过白土处理直接作为苯产品，具有流程及操作简单、投资成本低的优点。该工艺应用于苯含量较高的裂解加氢汽油和煤焦油粗苯抽提的优势明显，不仅投资和占地较液-液抽提低约 30%，能耗也降低 20%。但对于苯含量较低、烯烃含量较高的连续重整生成油，该工艺存在白土寿命较短、能耗较高的缺点。

为拓宽 SED 技术的使用范围，同时实现三苯抽提并进一步降低能耗，RIPP 在 SED-Ⅰ的基础上推出了 SED-Ⅱ工艺。SED-Ⅱ工艺流程如图 8-16 所示，由抽提蒸馏塔、溶剂回收塔以及溶剂再生塔等组成。

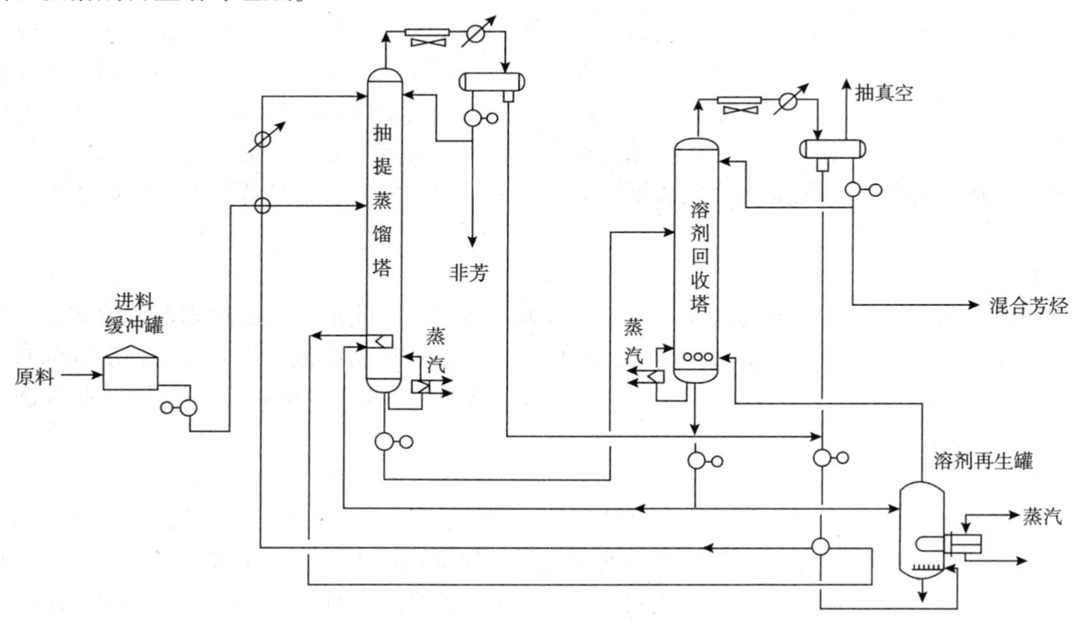

图 8-16 SED-Ⅱ工艺流程简图

SED-II 工艺以环丁砜为主溶剂，水为助剂。抽提后得到高纯度的芳烃，通过进一步精馏可分别得到高纯度的 BTX 产品。该技术于 2005 年首次应用于上海赛科 550kt/a 芳烃抽提装置，可同时生产高纯度苯和甲苯。目前已有包括惠州炼化、上海石化的 20 余套苯抽提装置运用该技术。

SED 抽提蒸馏分离苯时，抽提蒸馏塔主要操作参数：助溶剂含量 8%~25%，溶剂/原料(质量)3.5~4.5，回流/产品(质量)约 0.5，贫溶剂入塔温度 95~110℃，贫溶剂中苯含量 0.01%~0.1%，塔顶压力 0.12~0.2MPa，塔顶温度 80~120℃。

SED 抽提蒸馏分离苯时，溶剂回收塔主要操作参数：塔底温度 160~178℃，富溶剂入塔温度 160~178℃，回流/产品(质量)1.5~2.0，塔顶压力(绝)0.04~0.05MPa，塔底温度 170~178℃。

在使用环丁砜过程中，环丁砜劣化会产生酸性物质及高聚物，主要表现为环丁砜颜色变深、pH 值不断下降、设备腐蚀，并且形成沉积物、溶剂损失量增加等。需定期加入可调节系统 pH 值用的单乙醇胺或可抑制发泡用的二甲硅油消泡剂。高聚物无法脱除，因此需要设立溶剂再生塔，采用减压水蒸气蒸馏，塔顶得到再生后的贫溶剂，塔底得到高聚物。当高聚物累积到一定程度，塔顶蒸发量减少时，停再生塔再生，将其排放掉。

随着蒸汽裂解、催化重整反应深度的不断提高，重整汽油和裂解汽油中芳烃的含量也不断升高。当应用液-液抽提工艺时，如果原料中芳烃含量超过 75%，则会造成液-液相间界面不清，导致分离困难。近年来，抽提蒸馏技术的应用多于液-液抽提技术。

目前 Uhde 公司正在研究开发可以降低投资和运行费用的分壁式精馏塔(DWC)的芳烃抽提蒸馏工艺，将抽提蒸馏部分和溶剂回收部分集合于一个塔内，实现芳烃和非芳的分离。如果该芳烃抽提蒸馏技术研究开发成功，将能进一步降低芳烃生产装置的运行成本。

四、芳烃精馏

由溶剂抽提出的芳烃是一种混合物，其中包括苯、甲苯和各种二甲苯异构体、乙基苯和各种不同结构的 C_9 和 C_{10} 芳烃，利用精馏可得到具有使用价值的各种单体芳烃。

(一) 芳烃精馏产品要求及工艺特点

为了获得各种单体芳烃，应了解各种单体芳烃的一些物理特性，表 8-19 为各种单体苯类芳烃的物理特性。

表 8-19 各种单体苯类芳烃的物理特性

名称＼项目	d_4^{20}	折光率(n_D^{20})	沸点/℃	熔点/℃
苯	0.880	1.5011	80.1	5.5
甲苯	0.867	1.4969	110.6	-95
邻二甲苯	0.880	1.5055	144.4	-25.2
间二甲苯	0.864	1.4972	139.1	-47.9
对二甲苯	0.861	1.4958	138.35	13.3
乙苯	0.867	1.4983	136.2	-94.9

由表中可以看出，除了间、对二甲苯的沸点差过小难于用精馏法分离外，其他各单体芳烃都能用精馏法加以分离，获得高纯度的硝化级苯类产品。

芳烃精馏与一般石油蒸馏相比有如下特点：

① 产品纯度高，应在 99.9% 以上，同时要求馏分很窄，如苯馏分的沸程是 79.6~80.5℃；

② 塔顶和塔底同时出合格产品，不能用抽侧线的方法同时取出几个产品，此两种产品不允许重叠，否则将会造成产品不合格；

③ 由于产品纯度要求高，所以用一般油品蒸馏塔产品质量控制方法不能满足工艺要求。以苯为例，若生产合格的纯苯产品，常压下，其沸点只允许波动 0.0194℃，这采用常规的改变回流量控制顶温是难以做到的，须采用温差控制法。

（二）温差控制的基本原理和操作特点

实现精馏的条件是精馏塔内的浓度梯度和温度梯度。温度梯度越大，浓度梯度也就越大。但是，塔内浓度变化不是在塔内自上而下均匀变化的，在塔内某一块塔板上会出现显著变化，这块显著变化的塔板，通常被称为灵敏塔板，灵敏塔板上的浓度变化对产品的质量影响最大。在实际生产操作中，只要控制好灵敏塔板，就能取得芳烃精馏的平稳操作。因此，温差控制就以灵敏塔板为控制点，选择塔顶或某层塔板做参考点，通过这两点温差的变化就能很好地反映出塔内的浓度变化情况。图 8-17 为苯塔的温差调节系统控制图。

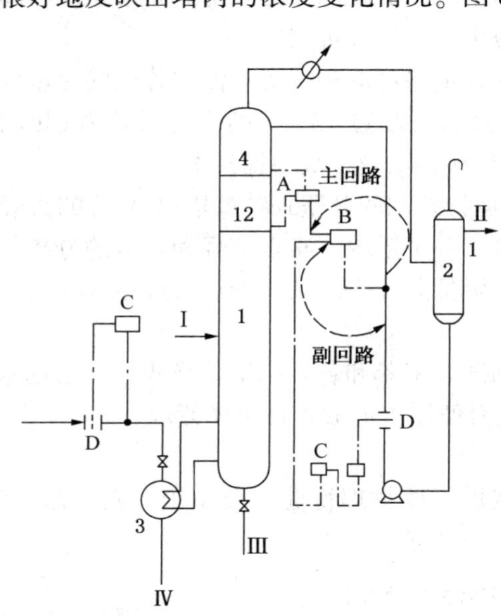

图 8-17　苯塔的温差调节系统控制图

1—精馏塔；2—回流罐；3—重沸器

A—温差变送器；B—温差调节器；

C—流量变送器；D—孔板

Ⅰ—原料；Ⅱ—芳烃产品；Ⅲ—重芳烃；Ⅳ—热载体

苯塔的灵敏塔板通常在第 8~12 层之间。苯塔的温差控制就是控制灵敏塔板(8~12 层)与参考点(1~4 层)之间的温差。灵敏点与参考点的温度讯号分别接入温差控制器，温差控制器处理后发出调节讯号，改变塔顶回流，以保证塔顶温度的稳定。这种控制方法能起到提前发现、提前调节，只要保持塔顶温度的稳定，塔顶产品质量就有了保证。

温差与灵敏区的变化、进料组成、塔底温度、回流罐含水等因素有关。合理的温差值及其上、下限可通过理论计算求出，比较容易的是用实验法求取。

所谓温度上限是塔顶产品接近带有重组分时灵敏板上的温度，下限则是塔底物料接近带有轻组分时灵敏板上的温度。对苯塔来说，上、下限之间的温度范围是 0.1~0.8℃，在温差的上限或下限操作都是不好的，因为接近上限的时候，轻产品将夹带重组分而不合格；接近下限时，塔底将夹带轻组分。只有在远离上、下限时温差才是合理的温差，只有在合理的温差下操作，才能保证塔顶温度稳定，才能起到提前发现，提前调节，保证产品质量的作用。

（三）芳烃精馏工艺流程

芳烃精馏的工艺流程如图 8-18。

芳烃混合物经加热到 90℃左右后，进入苯塔中部，塔底物料在重沸器用热载体加热到 130~135℃，塔顶产物经冷凝冷却器冷却至 40℃左右进入回流罐，经沉降脱水后，打至苯塔

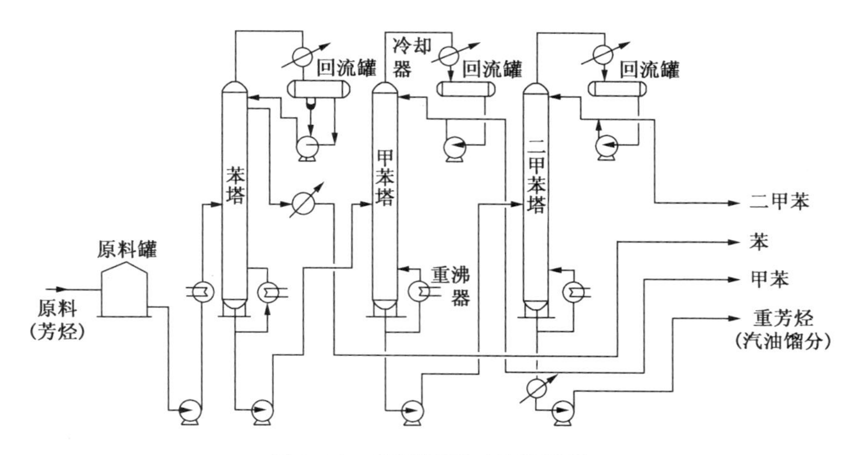

图 8-18 芳烃精馏工艺流程图

顶作回流，苯产品是从塔侧线抽出，经换热冷却后进入成品罐。

苯塔底芳烃用泵抽出打至甲苯塔中部，塔底物料由重沸器用热载体加热至 155℃左右，甲苯塔顶馏出的甲苯经冷凝冷却后进入甲苯回流罐。一部分作甲苯塔顶回流，另一部分去甲苯成品罐。

甲苯塔底芳烃用泵抽出后，打至二甲苯塔中部，塔底芳烃由重沸器热载体加热，控制塔的第八层温度为 160℃左右，塔顶馏出的二甲苯经冷凝冷却后，进入二甲苯回流罐，一部分作二甲苯塔顶回流，另一部分去二甲苯成品罐。塔底重芳烃经冷却后入混合汽油线。

二甲苯塔所得为混合二甲苯，其中有间位、对位、邻位及乙基苯，有的装置为了进一步分离单体二甲苯，而将二甲苯塔顶得到的混合二甲苯送入乙苯塔，在塔顶得到沸点低的乙基苯，塔底为脱乙苯的 C_8芳烃，再采用二段精馏将脱乙苯的 C_8芳烃进行分离。所谓两段精馏就是需要首先将沸点较低的间、对二甲苯在一塔中脱除，然后在第二个塔中脱除沸点比邻二甲苯高的 C_9重芳烃。间、对二甲苯，它们的沸点差仅有 0.7℃，难于用精馏的方法分开。但由于它们具有很高的熔点差，可以用深冷法进行分离。或者利用吸附剂对它们的选择性，用吸附法进行分离。

苯塔、甲苯塔、二甲苯塔均在常压下操作，其主要操作条件见表 8-20。

表 8-20 芳烃精馏塔主要操作条件

项目 \ 塔名称	苯塔	甲苯塔	二甲苯塔
进料温度/℃	78~80	108~110	138~139
塔顶温度/℃	81~82	115~117	140~145
塔底温度/℃	130~136	155~160	175~180
回流比	6~8	3~5	2~3

第六节 重整反应器

一、重整反应器的结构形式

按反应器类型来分，半再生式重整装置采用固定床反应器，连续再生式重整装置采用移动床反应器。

从固定床反应器的结构来看，工业用重整反应器主要有轴向式反应器和径向式反应器两种结构形式。它们之间的主要差别在于气体流动方式不同和床层压降不同。

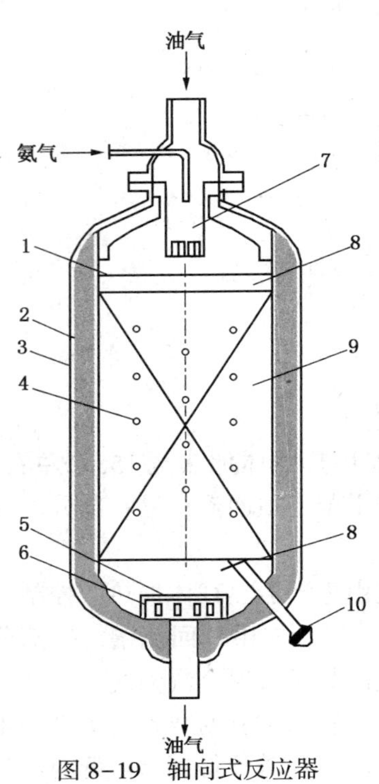

图 8-19　轴向式反应器

1—合金钢衬里；2—耐火水泥层；3—碳钢壳体；4—测温点；5—钢丝网；6—油气出口集合管；7—分配头；8—惰性小球；9—催化剂；10—催化剂卸出口

图 8-19 是轴向式反应器的简图。反应器为圆筒形，高径比一般略大于 3。反应器外壳由 20 号锅炉钢板制成，当设计压力为 4MPa 时，外层厚度约 40mm。壳体内衬 100mm 厚的耐热水泥层，里面有一层厚 3mm 的高合金钢衬里。衬里可防止碳钢壳体受高温氢气的腐蚀，水泥层则兼有保温和降低外壳壁温的作用。为了使原料气沿整个床层截面分配均匀，在入口处设有分配头。油气出口处设有钢丝网以防止催化剂粉末被带出。入口处设有事故氮气线。反应器内装有催化剂，其上方及下方均装有惰性瓷球以防止操作波动时催化剂层跳动而引起催化剂破碎，同时也有利于气流的均匀分布。催化剂床层中设有呈螺旋形分布的若干测温点，以便检测整个床层的温度分布情况，这对再生时尤为重要。

图 8-20 是径向式反应器的简图。反应器壳体也是圆筒形。与轴向式反应器比较，径向式反应器的主要特点是气流以较低的流速径向通过催化剂床层，床层压降较低。径向反应器的中心部位有两层中心管，内层中心管的壁上钻有许多几毫米直径的小孔，外层中心管的壁上开了许多矩形小槽。沿反应器外壳壁周围排列几十个开有许多小的长形孔的扇形筒，在扇形筒与中心管之间的环形空间是催化剂床层。反应原料油气从反应器顶部进入，经分布器后进入沿壳壁布满的扇形筒内，从扇形筒小孔出来后沿径向方向通过催化剂床层进行反应，反应后进入中心管，然后导出反应器。中心管顶上的罩帽是由几节圆管组成，其长度可以调节，用以调节催化剂的装入高度。径向式反应器的压降比轴向式反应器小得多，这一点对连续重整装置尤为重要。因此，连续重整装置的反应器都采用径向式反应器，而且其再生器也是采用径向式的。图 8-21 是连续重整装置的再生器简图。

二、重整反应器床层压降

重整装置反应系统的压降不仅影响反应压力，而且影响循环氢压缩机的消耗功率。对于一定的循环氢压缩机，当系统压降过大时就不能维持正常的操作压力而不得不停工，对装置运行的效率和经济效益有重要影响。反应器床层压降是反应系统压降的重要组成部分，必须予以重视。

固定床重整轴向反应器床层的压降可以用式(8-13)计算：

$$\frac{\Delta p}{L} = \frac{76.56\rho^{0.85} \times \mu^{0.15} \times u^{1.85}}{d_p^{1.15}} \tag{8-13}$$

式中　Δp——油气通过催化剂床层的压降，N/m^2；

L——催化剂床层高度，m；

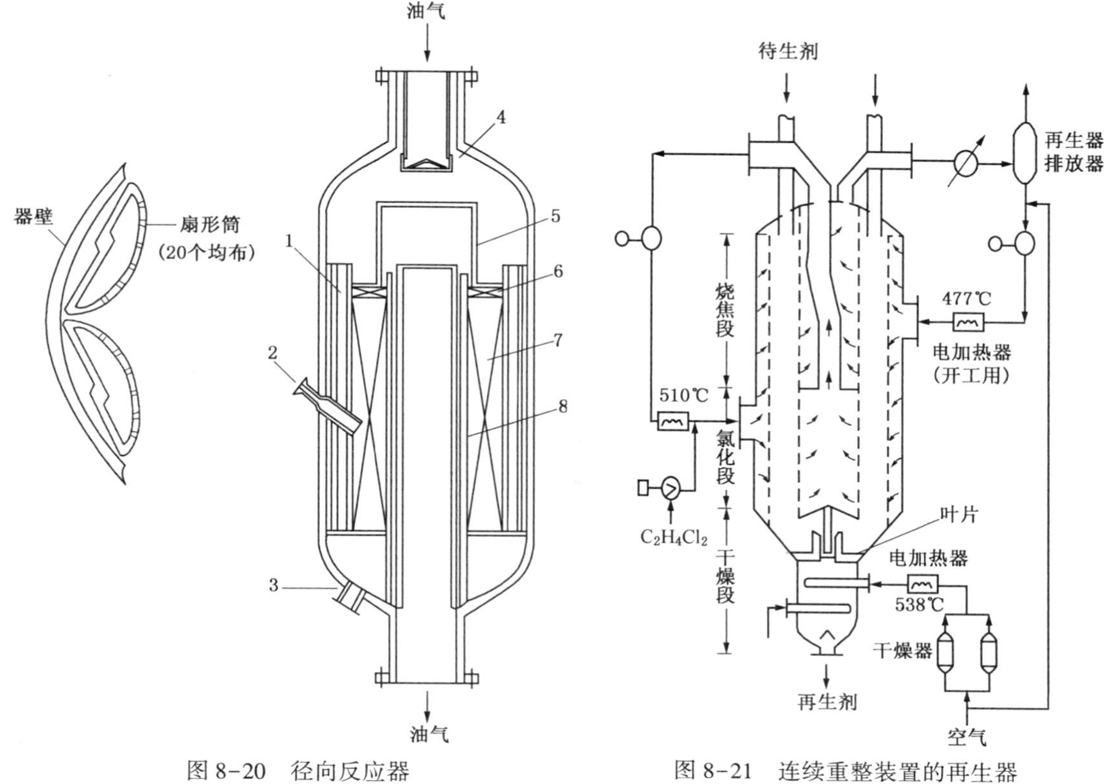

图 8-20 径向反应器

1—扇形筒;2—催化剂取样口;3—催化剂卸料口;4—分配器;5—中心管罩帽;6—瓷球;7—催化剂;8—中心管

图 8-21 连续重整装置的再生器

ρ——油气混合密度,kg/m^3;

μ——油气混合物的黏度,Pa·s;

u——油气混合物的空塔线速,m/s;

d_p——催化剂颗粒的当量直径,m。

当量直径 d_p 的定义是:假定一球形颗粒,其表面积与体积之比等于催化剂颗粒的表面积与体积之比,则所假定的球形颗粒的直径即为催化剂的当量直径。从计算公式来看,对压降影响最大的因素是流体的空塔线速。对于一个工业装置来说,ρ、μ、d 一般都是不易随意变动的。当装置处理量及各反应器催化剂装入量比例一定时,反应器内催化剂量就被确定。此时,流体通过床层的线速就取决于所选反应器的高径比。高径比越小,压降也越小。但是当高径比小于 3 时,其造价随着高径比的降低而增大。因此在考虑降低压降时还必须考虑到反应器的投资费用。

以上主要是从如何降低床层压降的角度来讨论,因为在一般工业装置中,它常常表现为矛盾的主要方面。但是从另一方面来看,维持适当的床层压降也是必需的。因为:较高的反应物流速有利于反应物向催化剂表面扩散;要使反应物沿整个床层截面均匀分布就要求床层有一定的阻力(压降)。

径向反应器的总压降比轴向反应器的总压降小得多,并且径向反应器的床层压降所占的比例也相对小得多。这一点是径向反应器的主要优势(见表8-21)。对于催化剂装入量多的大型反应器,采用径向式反应器后减小压降的效果尤为明显。虽然径向反应器结构复杂、制作、安装、检修都较困难、投资也高,但由于上述优点,近年来,它已逐渐取代轴向反应器。

表8-21 两种反应器的压降比较① 10^5Pa

项目	第一反应器	第二反应器	第三反应器	第四反应器
径向反应器	0.1350	0.1604	0.1866	0.1989
轴向反应器	0.1782	0.2876	0.2642	0.4056

① 采用相同的条件计算。装置处理量$15×10^4$t/a,压力1.8MPa(表),反应温度520℃,氢油体积比1200∶1,催化剂装入量比例为1∶1.5∶3.0∶4.5。

第七节 重整工艺计算

一、总物料平衡及芳烃转化率

重整装置的总物料平衡是以精制油为进料,产物按生产高辛烷值汽油或生产芳烃。如果装置生产高辛烷值汽油,则产物可全部出装置;如果生产芳烃,则含有芳烃的脱戊烷油只是中间产物,还需经过后续加工才能将芳烃和非芳烃分离,再进一步分离混合芳烃便可得到单体芳烃。若已知脱戊烷油中的芳烃含量即可计算出芳烃的转化率和产率。

【例8-1】 某催化重整装置每小时进料18.6t。原料油含六碳环烷烃9.98%、七碳环烷烃18.38%、八碳环烷烃12.59%、苯1.41%、甲苯4.07%、乙苯0.41%、间(对)二甲苯2.49%、邻二甲苯0.64%(以上都是质量分数)。经重整反应后得脱戊烷油16.63t、戊烷油0.54t、脱戊烷塔顶气体0.09t、脱丁烷塔顶气体0.64t、重整氢0.63t。脱戊烷油中含苯6.96%、甲苯20.02%、乙苯2.33%、间(对)二甲苯9.24%、邻二甲苯3.29%、重芳烃2.52%(以上都是质量分数)。试作总物料平衡并计算芳烃的产率和转化率。

解:按1h进料为基准进行计算。

(1) 总物料平衡

物料平衡如表8-22所示。

表8-22 物料平衡表

入方			出方		
	流量/(t/h)	占比/%		流量/(t/h)	占比/%
进料	18.6	100.0	脱戊烷油	16.63	89.4
			戊烷油	0.54	2.9
			裂化气	0.73	3.9
			重整氢	0.63	3.4
			损失	0.07	0.4
合计	18.6	100.0	合计	18.6	100.0

(2) 芳烃产率

苯产率=脱戊烷油收率×脱戊烷油中的苯含量=89.4%×6.96%=6.23%

甲苯产率=89.4%×20.02%=17.9%

C_8芳烃产率=89.4%×(2.33+9.24+3.29)%=13.3%

总芳烃产率=6.23%+17.9%+13.3%=37.43%(不包括重芳烃)

(3) 芳烃转化率

计算芳烃潜含量:

苯潜含量=9.98%×78/84+1.41%=10.68%

甲苯潜含量=18.38%×92/98+4.07%=21.32%

C_8芳烃潜含量=12.59%×106/112+0.41%+2.49%+0.64%=15.44%

芳烃潜含量=10.68%+21.32%+15.44%=47.44%

计算芳烃转化率:

苯转化率=苯产率/苯潜含量=6.23%/10.68%=58.4%

同理,

甲苯转化率=17.9%/21.32%=84.0%

C_8芳烃转化率=13.3%/15.44%=86.3%

总芳烃转化率=37.43%/47.44%=78.90%

由以上计算结果可见:相对分子质量越大的环烷烃越容易转化为芳烃。

在生产中,为了了解各反应器的效率,有时需要考察各个反应器的芳烃转化率。此时,除了需要知道进料的流量和组成外,还需要从各反应器的出口采样,经冷凝冷却后测量其中的气体和液体量,以计算所采样中液体所占的百分含量,同时分析所采液体中各芳烃的含量。

【例 8-2】 接上例,重整进料油 18.6t/h,循环氢 30000Nm^3/h,循环氢密度为 0.195kg/m^3。各反应器出口采样的气体和液体量如表 8-23,液体中芳烃含量如表 8-24。

表 8-23 各反应器出口气体和液体量

反应器	气体量/kg	液体量/kg	液体占的比例/%
一 反	0.125	0.333	72.71
二 反	0.15	0.365	70.87
三 反	0.227	0.385	62.91

表 8-24 各反应器出口液体油芳烃含量 %

项 目	一 反	二 反	三 反
苯	3.68	5.37	6.08
甲 苯	11.65	18.45	22.25
乙 苯	1.57	2.36	2.68
间(对)二甲苯	5.97	9.04	10.83
邻二甲苯	1.94	3.14	3.83
重芳烃	1.22	2.21	2.93

试分析各反应器的芳烃转化情况。

解:

(1) 先计算各反应器的液体收率(基准:对一反进料)

进一反循环氢流量=30000×0.195=5.85×10^3(kg/h)

进一反原料油流量 = 18.6×10^3(kg/h)

进一反物料中液体所占% = $18.6\times10^3/(18.6\times10^3+5.85\times10^3)$ = 76.07%

各反应器的液体收率(对一反进料,累计) = 采样中液体%/一反进料中液体%

所以,一反液体收率 = 72.71%/76.07% = 95.58%

二反液体收率 = 70.87%/76.07% = 93.16%

三反液体收率 = 62.91%/76.07% = 82.70%

(2) 计算各反应器累计芳烃产率

各反应器累计芳烃产率 = 液体收率×所采液体样中的芳烃含量

例如:一反苯的产率 = 95.58%×3.68% = 3.52%

二反苯的产率 = 93.16%×5.37% = 5.00%

依此类推。

(3) 计算各反应器的累计芳烃转化率

各反应器累计芳烃转化率 = 该反应器的芳烃产率/原料的芳烃潜含量

例如:一反累计苯转化率 = 3.52%/10.68% = 33.0%

二反累计苯转化率 = 5.00%/10.68% = 46.8%

依此类推。

(4) 各反应器中新生成的芳烃

= 该反应器的累计芳烃产率-前一反应器的累计芳烃产率

例如:一反新生成苯 = 3.49%-1.41% = 2.08%(对原料油)

二反新生成苯 = 5.00%-3.49% = 1.51%(对原料油)

依此类推。

步骤2至4的计算结果汇总于表8-25:

表8-25 计算结果汇总

芳烃	累计芳烃产率/%			累计芳烃转化率/%			新生成芳烃/%		
	一反	二反	三反	一反	二反	三反	一反	二反	三反
苯	3.52	5.00	5.05	33.0	46.8	47.3	2.08	1.51	0.05
甲苯	11.1	17.2	18.45	52.1	80.7	86.5	7.03	3.1	1.25
C_8 芳烃	9.07	13.54	14.35	58.8	87.7	93.1	5.53	4.47	0.81
$C_6\sim C_8$ 芳烃	23.66	35.74	37.85	50	75.5	79.8	14.64	12.08	2.11
重芳烃	1.16	2.06	2.43	-	-	-	1.16	0.89	0.37

比较三个反应器的转化情况(新生成芳烃)来看,第一反应器转化最多,第三反应器转化最少。从液体收率来看,第三反应器下降的最多,这说明在三反中发生了较多的加氢裂化反应。

二、单体烃分子转化情况分析

通过对原料和产物的分析,考察各个单体烃的增减情况,可以具体了解到重整过程中各种烃类的转化情况,可以更好地了解催化剂对不同烃类反应的活性。重整反应中各种单体烃分子的转化可通过其物料平衡来考察。以100kg原料油为基准进行计算,其基本方法如下:

① 计算原料油中各单体烃的千摩尔数。

② 计算脱戊烷油中各单体烃的千摩尔数。

③ 以上两步计算结果的差值即各单体烃的转化情况。

【例 8-3】 某重整原料含环己烷 3.88%,脱戊烷油收率为 90.5%,脱戊烷油中含环己烷 0.696%。以 100kg 原料为基准,试计算环己烷的转化率。

解:原料油中环己烷量为 3.88/84 = 0.0462kmol

脱戊烷油中环己烷量为 90.5×0.696% = 0.63kg

转化的环己烷量为 3.88-0.63 = 3.25kg

或 3.25/84 = 0.0387 kmol

环己烷转化率 = 0.0387/0.0462 = 83.4%

【例 8-4】 某铂铼重整装置的原料油和生成油的组成分析结果列于表 8-26。以 100kg 原料油为基准计算得的各组分的摩尔数也列于表 8-26 中。

根据表 8-26 的数据做以下计算和分析。

(1) 计算各组分的原料油和生成油之间的差值,也列于此表中。正数表示反应生成的数值,负数表示反应时生成其他的化合物。

(2) 计算芳烃转化率

$C_6 \sim C_8$芳烃潜含量 = 苯潜含量+甲苯潜含量+C_8芳烃潜含量

$= (10.15\% \times 78/84 + 0.52\%) + (14.82\% \times 92/98 + 1.0\%) + (11.9\% \times 106/112 + 1.72\%)$

$= 9.94\% + 14.9\% + 12.98\%$

$= 37.82\%$

所以,$C_6 \sim C_8$芳烃转化率 = $[(7.43+15.89+14.96)/37.82] \times 100\%$

$= 101\%$

芳烃转化率超过了 100%,这说明有部分烷烃转化为了芳烃,这是铂铼重整的主要优点。

在铂铼重整中仍然是大分子的转化率高,例如:

苯转化率 = $(7.43/9.94) \times 100\% = 74.6\%$

甲苯转化率 = $(15.89/14.9) \times 100\% = 106.5\%$

C_8芳烃转化率 = $(14.96/12.98) \times 100\% = 115\%$

(3) 苯的增加量(0.08854kmol)少于 C_6环烷的减少量(0.10992kmol),这说明 C_6环烷有一部分裂化了而没有转化为苯,这部分裂化的环烷主要是甲基环戊烷。对 $C_7 \sim C_9$来说,芳烃增大的量都大于相应的环烷减少的量,这说明 $C_7 \sim C_9$环烷的转化率高,而且 $C_7 \sim C_9$烷烃的环化脱氢反应也较 C_6烷烃易于发生。

(4) 考察烷烃的环化脱氢反应和加氢裂化反应。为比较这两种反应发生的程度,可用“选择性指数”来衡量,其定义为:

选择性指数 = 环化脱氢摩尔数/加氢裂化摩尔数

选择性指数越高,说明环化脱氢反应发生得越多(相对于加氢裂化而言)。

表 8-26 的数据表明苯增加的摩尔数少于 C_6环烷减少的摩尔数。由于环烷脱氢反应比烷烃环化脱氢反应容易得多,因此,可以近似地认为增加的苯全部是由 C_6环烷转化而得,而 C_6烷烃则基本上没有发生环化脱氢反应。

表 8-26 某铂铼重整装置的原料油和生成油组成

组成		原料油		生成油		差值
		质量分数/%	kmol	对原料质量分数/%	kmol	kmol
烷烃	C_3	0.04	0.000908	—	—	-0.000908
	C_4	0.04	0.000698	—	—	-0.000698
	C_5	0.10	0.001387	4.51	0.0625	+0.061113
	C_6	14.64	0.170	18.7	0.217	+0.047
	C_7	19.94	0.199	11.7	0.1168	-0.0822
	C_8	15.95	0.1396	4.52	0.0396	-0.10
	C_9	4.32	0.0337	0.511	0.00398	-0.029220
	C_{10}	0.47	0.0033	—	—	-0.0033
	合计	55.5	0.548584	39.94	0.43988	-0.108704
环烷烃	C_5	0.17	0.00243	0.319	0.00455	+0.00212
	C_6	10.15	0.1206	0.899	0.0168	-0.10992
	C_7	14.82	0.151	0.341	0.00347	-0.14753
	C_8	11.90	0.106	—	—	-0.106
	C_9	4.14	0.0328	—	—	-0.0328
	合计	41.18	0.41283	1.559	0.0187	-0.39413
芳烃	C_6	0.52	0.00666	7.43	0.0952	+0.08854
	C_7	1.0	0.01085	15.89	0.1725	+0.16165
	C_8	1.72	0.0162	14.96	0.141	+0.1248
	C_9	—	—	6.22	0.0517	+0.0517
	合计	3.24	0.03371	4.45	0.4604	+0.42669

对 $C_7 \sim C_9$ 烷烃的反应的选择性指数列于表 8-27。

以上数据说明了烷烃的相对分子质量越大，它的选择性指数也越大，即越容易发生环化脱氢反应。而 C_6 烷烃则很难发生环化脱氢反应，因此在铂铼重整中苯的转化率也不算高，还有待于深入研究以解决提高苯产率的问题。

表 8-27 $C_7 \sim C_9$ 烷烃的选择性指数

	项目	C_7	C_8	C_9
①	芳烃增加摩尔数	0.16165	0.1248	0.0517
②	环烷减少摩尔数	0.14753	0.106	0.0328
③=①-②	环化脱氢摩尔数	0.01412	0.0188	0.0189
④	烷烃减少摩尔数	0.0822	0.10	0.02972
⑤=④-③	加氢裂化摩尔数	0.06808	0.0812	0.01082
⑥=③/⑤	选择性指数	0.208	0.232	1.745

三、催化重整反应器的理论温降

重整反应需要的热量以及在绝热反应器中的温降对加热炉的设计是重要的基础数据。而且，反应器内的温降的大小也是考察反应深度的一个简单而又直接的指标。

反应器的理论温降可按式(8-14)计算：

$$理论温降 = \frac{反应热(吸热) + 热损失}{物料量 \times 物料平均比热容} \qquad (8-14)$$

严格地说，在计算反应吸收热量时应考虑到在重整过程中发生的全部反应。但是在一般不需要十分精确的工艺计算时，可以用近似的方法来处理。下面以生产芳烃的重整过程为例，说明理论温降的计算方法。

（1）根据反应过程中新生成的芳烃量计算芳构化反应消耗的热量。芳构化反应的反应热可以取用表 8-28 列出的数据，这些数据是 700K 时的反应热，当温度差别不大时可近似地把反应热看作是常数。

表 8-28　芳构化反应的反应热

项　目	环烷烃脱氢反应热/(kJ/kg 产物)	烷烃环化脱氢反应热①/(kJ/kg)
苯	2822	3375
甲　苯	2345	2742
二甲苯	2001	2282
三甲苯	~1675	~1926

① 均按正构烷烃反应计算。

（2）加氢裂化反应热可取 921kJ/kg 裂化产物。加氢裂化量可按下式计算：

加氢裂化量 =（重整原料量）-（脱戊烷油量）-（实得纯氢量）

如果缺乏实得纯氢量的数据，可根据新生成的芳烃计算出反应放出的氢气量，并以此数据代替实得纯氢量。

（3）异构化反应热很小，可以忽略。

【例 8-5】　某铂重整装置每小时重整进料 18600kg，得脱戊烷油 16630kg、裂化气及重整氢中的纯氢 274kg。在反应中新生成苯 895kg/h、甲苯 2574kg/h、C_8 芳烃 1808kg/h、重芳烃 281kg/h。循环氢量为 5850kg/h，其组成（体积）见表 8-29。

表 8-29　循环氢组成

%（体）

组分	H_2	CH_4	C_2H_6	C_3H_8	iC_4H_{10}	nC_4H_{10}	C_5H_{12}
组成	90. 11	6. 16	1. 6	1. 27	0. 34	0. 24	0. 28

解：（1）反应热

因为采用单铂催化剂，不考虑烷烃环化脱氢反应热。

环烷脱氢反应热（吸热）

$= 895\times2822+2574\times2345+1808\times2001+281\times1675$

$=1265\times10^4$ kJ/h

加氢裂化量 = 18600-16630-274 = 1696kg/h

加氢裂化反应热 = $1696\times921 = 156.2\times10^4$ kJ/h（放热）

所以，总净反应热 = $1265\times10^4-156.2\times10^4 = 1108.8\times10^4$ kJ/h

（2）反应器散热损失

三个反应器表面积共 $70m^2$，平均器壁温度 90℃，大气温度 20℃。取散热系数 62.8kJ/(m^2·℃·h)，所以，

散热损失 = $62.8\times(90-20)\times70 = 30.8\times10^4$ kJ/h

（3）理论温降计算

循环氢的平均比热容和平均相对分子质量的计算如表 8-30 所示。

油气和循环氢混合物的平均比热容

$$=3.4\times\frac{18600}{18600+5850}+\frac{35.3324}{4.36}\times\frac{5850}{18600+5850}$$

$$=4.525[kJ/(kg\cdot ℃)]$$

$$理论温降=\frac{1108\times10^4+30.8\times10^4}{4.525\times(18600+5850)}=103(℃)$$

表 8-30 循环氢的平均比热容和平均相对分子质量

组分	组成(y_i)/%(体)	相对分子质量(M_i)	C_{pi}	M_iy_i	$C_{pi}y_i$/[kJ/(kmol·℃)]
H_2	90.11	2	29.3	1.82	26.4022
CH_4	6.16	16	58.6	0.98	3.6098
C_2H_6	1.6	30	103.0	0.48	1.6480
C_3H_8	1.27	44	148.6	0.55	1.8872
iC_4H_{10}	0.34	58	192.6	0.19	0.6548
nC_4H_{10}	0.24	58	192.6	0.14	0.4622
C_5H_{12}	0.28	72	238.7	0.20	0.6684
平均相对分子质量				4.36	
平均比热容					35.3326

四、催化重整反应器工艺尺寸的确定

(一)轴向反应器

每个反应器内的催化剂装入量由处理量、液时空速、反应器个数及各反应器的装剂比例决定。根据每个反应器的催化剂装入量和催化剂的堆积密度即可计算得催化剂所占用的体积。在选定反应器的高径比后,反应器的高度和直径也就确定了。在选择反应器的高径比时,主要的考虑因素是催化剂床层的压降,反应器的建造成本也是要考虑的因素之一。

1. 反应器容量

反应器的容量(即催化剂的装入量),可按式(8-15)计算:

$$V=\frac{G}{S\cdot\rho_{催}} \tag{8-15}$$

式中 V——催化剂装入量,m^3;

G——原料油流量,kg/h;

S——质量空速,h^{-1};

$\rho_{催}$——催化剂堆积密度,kg/m^3。

【例 8-6】 某铂重整装置处理量 150t/a,采用三个反应器串联,催化剂装入比为1∶2∶2,催化剂堆积密度为 730kg/m^3,空速 3.5h^{-1}(质),试计算各反应器催化剂的装入量。

解:每年有效生产时间按 8000 小时计,则

$$G=\frac{150000\times10^3}{8000}=18750kg/h$$

$$催化剂总容量\ V=\frac{18750}{3.5\times730}=7.339m^3$$

则

$$一反催化剂容量\ V_1=\frac{1}{5}V=\frac{1}{5}\times7.339=1.468m^3$$

$$二反催化剂容量\ V_2=\frac{2}{5}V=\frac{2}{5}\times7.339=2.936m^3$$

$$三反催化剂容量\ V_3=\frac{2}{5}V=\frac{2}{5}\times 7.339=2.936\text{m}^3$$

2. 反应器的直径和高度

反应器的容量确定后，其直径和高度可通过一定的高径比（L/D）求得，反应器的高径比，必须由反应油气通过催化剂床层压降来确定。对固定床重整反应器，其床层压降可由式（8-13）计算。

床层压降过大，造成循环氢系统压降增大，使循环氢压缩机功率消耗增加，操作费用高；床层压降过小，造成油气沿整个床层的分布不好，使油气与催化剂接触不良，同时，油气流通不畅。目前工业轴向反应器的 $\Delta P/L$ 在 $1.1\times10^4\sim2.2\times10^4$Pa/m 范围内。

【例 8-7】 同前例，原料油的平均相对分子质量为 100，催化剂颗粒为 $\phi4\times3$mm，其堆积密度为 730kg/m³。反应操作压力 25atm（绝），氢油摩尔比 7，第二反应器的平均温度 490℃。采用轴向式反应器，试计算第二反应器的工艺尺寸。

解：（1）计算循环氢和油气的混合密度

原料油流量 $=150000\times10^3/8000=18750\text{kg/h}=187.5\text{kmol/h}$

循环氢流量 $=187.5\times7=1313\text{kmol/h}$

氢油摩尔比本应是纯氢与油之比，这里把纯氢的摩尔数近似地看作循环氢的摩尔数。设循环氢的相对分子质量为 3，则循环氢的质量流率为

$$1313\times3=3939\text{kg/h}$$

总质量流率 $=18750+3939=22689\text{kg/h}$

总体积流率 $=(187.5+1313)\times22.4\times\frac{1}{25}\times\frac{490+273}{273}=3758\text{m}^3/\text{h}$

混合物密度 $\rho=22689/3758=6.04\text{kg/m}^3$

计算中未将反应中新增加的摩尔数算在内，但此值往往很大，实际设计中要加以考虑。反应中新增加的摩尔数=产物摩尔数-原料摩尔数，产物为重整氢、裂化气、戊烷油以及脱戊油；根据反应器中的反应特点，将新增摩尔数在各反应器中进行合理分配。例如：对于铂重整采用三个反应器时，可按 4∶3∶1 分配，对于铂铼等双（多）金属重整采用四个反应器时，可按 4∶3∶2∶2 分配。

（2）计算混合物的黏度

查设计图表得原料油蒸气的黏度为 0.0000147Pa·s。

循环氢黏度近似地按氢的黏度计算，其值为 0.0000167Pa·s。

油氢混合物黏度近似取原料油与循环氢的混合黏度，可不考虑新增摩尔数的影响。

$$混合气体的黏度\ \mu=\frac{\sum y_i(M_i)^{0.5}\mu_i}{\sum y_i(M_i)^{0.5}} \tag{8-16}$$

式中　y_i——i 组分的摩尔数；

μ_i——i 组分的黏度；

M_i——i 组分的相对分子质量。

按式（8-16）计算氢与油混合物的黏度：

$$\mu=\frac{(7/8)\times3^{0.5}\times0.0000167+(1/8)\times100^{0.5}\times0.0000147}{(7/8)\times3^{0.5}+(1/8)\times100^{0.5}}=0.0000158\text{Pa}\cdot\text{s}$$

(3) 计算催化剂颗粒当量直径

催化剂颗粒为 $\phi 4\times 3$mm

颗粒表面积 $=2\times(\pi\times 4^2/4)+3\times 4\pi=20\pi$ mm^2

催化剂颗粒体积 $=(\pi\times 4^2/4)\times 3=12\pi$ mm^3

球形颗粒体积 $=(\pi/6)\ d_p^3$

根据当量直径的定义,则 $(\pi d_p^2)/(\pi d_p^3/6)=20\pi/(12\pi)$

当量直径 $d_p=3.6(\mathrm{mm})=0.0036(\mathrm{m})$

(4) 初选反应器直径

选取反应器壳体内径为1.8m,考虑保温层,合金钢衬里和间隙为0.125m。则催化剂床层直径 $D=1.8-2\times 0.125=1.55$m

$$床层高度=\frac{催化剂装入量}{床层截面积}=\frac{2.936}{\frac{\pi}{4}\times 1.55^2}=1.56(\mathrm{m})$$

(5) 床层压降校核

$$空塔气速\ u=\frac{3758/3600}{\pi/4\times 1.55^2}=0.554(\mathrm{m/s})$$

由式(8-13)

得 $\Delta P/L=76.56\times(6.04^{0.85}\times 0.554^{1.85}\times 0.0000158^{0.15}/0.0036^{1.15})=1.46\times 10^4\mathrm{Pa/m}$

$\Delta P/L$ 值在要求范围内,故所选反应器直径合适。

(6) 反应器高度

催化剂床层高度为1.56m,考虑到瓷球层、分配头、集气管等内部构件,并留一定空间,反应器直筒高度选用3m。

反应器的尺寸最后还要根据机械设计要求和制造厂的系列规格作适当调整。

(二) 径向反应器

径向反应器设计中的重要问题是要使流体沿整个催化剂床层轴向高度均匀分布。反应原料气流由反应器上部进入沿圆周排列的扇形分气筒,从大面积开孔处出来,穿过环形催化剂床层进入开孔率低的中心集气管,然后离开反应器。见图8-22。

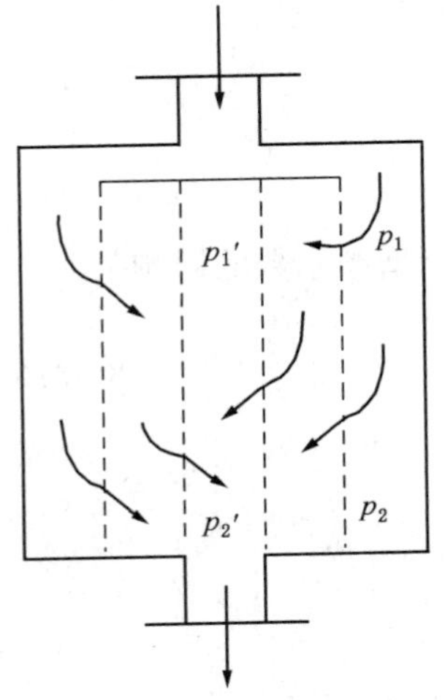

图8-22 径向反应器

气流沿催化剂床层轴向高度均匀分布的必要条件是:

$$(p_1-p'_1)/(p_2-p'_2)=1 \qquad (8-17)$$

即催化剂层外侧面与内侧面之间的静压差沿轴向高度保持相等。此时,通过催化剂层上部和下部的气流流量 Q_1 和 Q_2 相等。在工程上要完全达到均匀分布是很困难的,但是应努力做到逼近。例如,当上部压差与下部压差之比大于0.9时,$Q_1/Q_2>\sqrt{0.9}=0.95$,此时便可认为气流在整个轴向高度上是均匀分布的。

下面再进一步分析在设计径向反应器时如何才能作到气流均匀分布。气流基本均匀分布时

$$(p_1-p'_1)/(p_2-p'_2)\geqslant 0.9 \qquad (8-18)$$

若 $\Delta p_{总}$、$\Delta p_{分}$、$\Delta p_{集}$ 分别表示床层总压降、扇形分气筒主液道

压降和中心管主流道压降，则

$$\Delta p_{总} = p_1 - p'_2$$

$$\Delta p_{分} = p_1 - p_2$$

$$\Delta p_{集} = p'_1 - p'_2$$

将此三式代入前面的式(8-18)中，得

$$(\Delta p_{总} - \Delta p_{集})/(\Delta p_{总} - \Delta p_{分}) \geqslant 0.9$$

由上式可见，在较小的总压降时，为了使气流沿床高均匀分布，应适当减小 $\Delta p_{集}$ 或增大 $\Delta p_{分}$，即适当增大中心集气管的管径或减小扇形筒的截面积。根据重整反应器的结构情况，采用前者较为合适。

将式(8-18)取为等式，得

$$\Delta p_{总} = 10\Delta p_{集} - 9\Delta p_{分} \qquad (8-19)$$

式(8-19)说明，当 $\Delta p_{集}$、$\Delta p_{分}$ 一定时，即当中心集气管和扇形分气筒的工艺尺寸确定后，使气流沿床高均匀分布的反应器最小总压降就被决定了。而反应器的总压降由四部分组成，即

$$\Delta p_{总} = \Delta p_{分孔} + \Delta p_{床层} + \Delta p_{外套孔} + \Delta p_{集孔} \qquad (8-20)$$

式中 $\Delta p_{分孔}$——气流通过扇形筒小孔时的压降；

$\Delta p_{床层}$——气流通过催化剂床层时的压降；

$\Delta p_{外套孔}$——气流通过中心集气管外套管小孔时的压降；

$\Delta p_{集孔}$——气流通过中心集气管小孔时的压降。

因为扇形筒和中心管是大开孔率均匀开孔，所以 $\Delta p_{分孔}$ 和 $\Delta p_{外套孔}$ 很小，常常可以忽略。式(8-19)和式(8-20)是重整径向反应器设计的基本关系式。设计的基本步骤如下：

① 根据经验选定中心集气管管径，初选反应器壳体直径，并以此确定扇形分气筒个数。

② 由催化剂装入量计算催化剂床层高度，以此确定反应器的高度，核算高径比。高径比太小的反应器造价较高。国内重整径向反应器的高径比一般为2~3。如果高径比不合适，则调整反应器壳体直径，重新计算。

③ 计算 $\Delta p_{集}$、$\Delta p_{分}$，并由式(8-19)计算 $\Delta p_{总}$。

④ 计算 $\Delta p_{分孔}$、$\Delta p_{床层}$、$\Delta p_{外套孔}$。

⑤ 由式(8-20)计算 $\Delta p_{集孔}$。

⑥ 计算中心集气管开孔面积，这就是使气流均匀分布时中心管的最大开孔面积。

习题与思考题

1. 什么叫催化重整？催化重整的目的是什么？
2. 重整催化剂的类型、组成和功能是什么？
3. 何谓水氯平衡？它对催化剂性能有何影响？
4. 既然硫会使铂催化剂中毒，为什么还对铂铼新鲜催化剂进行预硫化？
5. 简述芳烃潜含量的定义？为何会出现催化重整的芳烃转化率超过100%？
6. 重整化学反应有几种类型？各种反应对生产芳烃和提高汽油辛烷值有何贡献？
7. 对重整原料的选择有哪些要求？为什么含环烷烃多的原料是重整的良好原料？对几种杂质提出了限量要求？

8. 试述分子管理的理念。如何利用分子管理的策略显著提高催化重整进料的芳烃潜含量?

9. 重整原料预处理的目的是什么?它包括哪几部分?

10. 重整反应器为什么要采用多个串联、中间加热的形式?

11. 简述在重整3~4个反应器中分别发生哪些主要反应?各反应器发生的这些反应与相应反应器的温降及反应器之间设置加热炉负荷大小有何关系?

12. 简述催化重整1~3(4)反应器中催化剂装填量确定的主要依据?

13. “后加氢”、“循环氢”的作用各是什么?脱戊烷塔的作用是什么?

14. 与固定床催化重整相比,连续重整工艺有哪些优点?

15. 芳烃抽提的目的是什么?通常采用的是什么溶剂?

16. 在芳烃精馏中,何谓“灵敏塔板”?温差控制器的作用是什么?

17. 试述逆流连续重整工艺具有哪些与国外技术不同的特色?

18. 试述重整芳烃抽提蒸馏的基本原理及工艺技术优势。

参 考 文 献

[1] 林世雄. 石油炼制工程[M]. 3版. 北京:石油工业出版社,2000.
[2] 侯芙生. 中国炼油技术[M]. 3版. 北京:中国石化出版社,2011.
[3] 徐承恩. 催化重整工艺与工程[M]. 2版.北京:中国石化出版社,2014.
[4] 寿德清,山红红. 石油加工概论[M]. 北京:石油大学出版社,1996.
[5] 沈本贤,刘纪昌. 基于分子管理的石脑油资源优化利用[C]//中国工程院化工、冶金与材料工程学部第五届学术年会论文集. 北京:中国石化出版社,2005.
[6] 孙兆林. 催化重整[M]. 北京:中国石化出版社,2006.
[7] 李成栋. 催化重整装置技术问答[M]. 北京:中国石化出版社,2006.
[8] 邵文. 中国石油催化重整装置的现状分析[J]. 炼油技术与工程,2006,36(7):1-4.
[9] 王树德. 中国石化催化重整装置面临的形势与任务[J]. 炼油技术与工程,2006,36(7):1-4.
[10] 李亚军. 发展催化重整装置改善我国油品质量[J]. 现代化工,2005,25(2):5-8.
[11] 胡德铭. 我国催化重整装置发展空间的探讨[J]. 炼油技术与工程,2004,34(10): 5-9.
[12] 胡德铭. 催化重整工艺进展[J]. 当代石油石化,2002,10(9):16-19.
[13] 徐又春,韩宇才. 低压组合床重整装置的技术经济性探讨[J]. 炼油设计,2002,32(12):38-41.
[14] 徐又春,阎观亮. 低压组合床催化重整装置的设计及考核[J]. 炼油设计,2002,32(1):8-13.
[15] 袁忠勋. 催化重整——中国21世纪的炼油工艺[J]. 催化重整通讯,2001(4):1-7.
[16] 冯敢,杨森年. 催化重整催化剂的开发和应用[J]. 催化重整通讯,2001(1):1-8.
[17] 胡德铭. 近期国外催化重整和芳烃生产技术的主要进展[J]. 石油化工动态,2000,8(6):28-33.
[18] 王少飞. UOP连续重整第三代再生技术的应用[J]. 石油炼制与化工,2000,31(6):9-12.
[19] 罗加弼. 我国催化重整面临的机遇与挑战[J]. 催化重整通讯,1999(4):8-18.
[20] 戴厚良.芳烃技术[M].北京:中国石化出版社,2014:67-71.
[21] 田龙胜,唐文成.萃取精馏分离纯苯及溶剂油的研究[J].石油炼制与化工,2001,32(7):5-8.
[22] 中国石油化工股份有限公司,中国石油化工股份有限公司石油化工科学研究院.萃取精馏分离苯的方法:200610008074.5[P],2007-9-5.
[23] 张志良,肖庆伟.SED芳烃抽提工艺的工业应用[J].石油炼制与化工,2008,39(4):41-45.
[24] 洪定一.炼油与石化工业技术进展[C].北京:中国石化出版社,2015.
[25] 汪燮卿. 中国炼油技术[M]. 4版. 北京:中国石化出版社,2021.

第九章　延迟焦化

第一节　概　　述

焦化(严格称焦炭化)工艺是重质油热转化过程之一。它以渣油为原料，在高温(500~505℃)下进行深度热裂化反应，属于热加工过程。主要产物有气体、汽油、柴油、蜡油(重馏分油)和焦炭。它包括延迟焦化、釜式焦化、平炉焦化、流化焦化、灵活焦化等五种工艺过程。

一、焦化在炼油厂的地位和作用

焦化工艺是一项重要的渣油加工工艺。从炼油技术看，减压渣油的轻质化和预处理，生产适宜的催化裂化原料并减少催化裂化的生焦量已成为焦化过程的主要目的之一。近年来，焦化过程也为加氢裂化提供原料油。

目前，焦化已不仅是重要的渣油转化过程和单纯为了增产汽、柴油的工艺方法；石油焦也已经不再是炼油的副产品。优质石油焦除了广泛用于钢铁、炼铝工业外，其应用已经逐步向生产新材料方面延伸，焦化工艺已成为生产碳素材料的工艺技术。在美国，渣油化学和沥青化学已经成为石油化学的新分支。

在各类焦化工艺中，延迟焦化工艺技术成熟，装置投资和操作费用较低，并能将各种重质渣油(或污油)转化成液体产品和特种石油焦，可提高炼油厂的轻油收率，增加经济效益。随着渣油/石油焦的气体技术和焦化-气化-汽电联产工艺技术不断得到开发和应用，延迟焦化工艺已成为渣油深度加工的主要手段。

二、焦化的发展概况

在重质油热加工工业中，焦化方法主要有釜式、平炉、延迟、接触、灵活和流化等这几种。由于釜式、平炉两种工艺技术落后、间歇生产、劳动条件差、耗钢材多、能耗大、占地面积大等缺点，已被逐步淘汰。延迟焦化、流化焦化、灵焦化都是已经工业化的焦化工艺。其中延迟焦化占焦化加工能力的95%以上。

流化焦化和灵活焦化于20世纪50年代初期就已经工业化。虽然也建成了一些工业装置，由于焦粉和低热值煤气应用等因素的限制，而未能有更大的发展。与延迟焦化相比，它具有连续操作、处理能力大、液体产品收率较高等许多优点。近年的研究结果认为，流化焦化的操作灵活性和可靠性已经得到证实，对于重质原油的加工还是具有吸引力的。

流化焦化是将氢碳比很低、含硫、含重金属高的渣油轻质化，生产气体、轻油和焦炭的连续工艺过程。它和延迟焦化工艺的区别在于：焦炭在流化床反应器内生成；焦炭在反应器和加热器之间连续循环；部分焦炭在加热器内燃烧以提供裂化反应所需之热量；若选择低残炭值、低重金属含量的原料及适当的操作条件，可使焦炭产率很低甚至实现“无焦焦化”。1954年第一套流化焦化装置投入炼油工业使用，目前世界上约有20套流化焦化装置在运转中。

灵活焦化是在流化焦化工艺过程中附加一套焦炭气化设备，用副产的劣质焦炭发生燃料气。它是美国埃克森公司1968年开发的技术，自日本川崎炼油厂于1976年建成第一套1.25 Mt/a灵活焦化装置以来，迄今建有7套工业装置，总能力达17.50 Mt/a。其主要优点是能处理各种渣油，不受渣油质量的限制。

接触焦化，由于它的工艺及设备结构复杂，投资及维修费用高，技术不够成熟而发展极缓慢。

延迟焦化是渣油在炉管内高温裂解并迅速通过，将焦化反应“延迟”到焦炭塔内进行的工艺过程。焦炭塔可用数座轮换操作。延迟焦化装置是减少重质渣油产量并提高轻、中馏分油产率的必要手段，而且低硫石油焦是制造电极原料的主要来源。1930年8月，美国第一套工业化延迟焦化工业装置投产。经过80多年的发展，延迟焦化在工艺技术，设备和生产操作等方面有不少发展和创新。特别是应用水力除焦技术后，包括有井架水力除焦、无井架水力除焦、半井架水力除焦、微型切割器加热炉在线清焦、焦炭塔顶/底自动卸盖机等技术，延迟焦化发展更为迅速。

我国是从60年代初决定开发、建设延迟焦化工业装置的。1963年，国内第一套加工能力300kt/a的延迟焦化装置在抚顺二厂建成投产，这套装置当时被誉为中国炼油新技术“五朵金花”之一。至今绝大部分大型石化企业都建有延迟焦化装置，并将之作为主要的渣油转化过程。渣油焦化对提高轻质油品产量起着重要作用。以加工国产原油，年处理能力为10Mt的炼油厂为例：建设一套年加工能力为3Mt的延迟焦化装置比不建延迟焦化装置的炼油厂每年可增产汽、柴油2Mt，使催化裂化装置处理量由3Mt扩大至4Mt，可以显著提高炼油厂的轻质油收率和经济效益。我国焦化能力约相当于原油加工能力的20%。延迟焦化-催化裂化-加氢处理联合过程是我国炼油工业目前采用的主要渣油转化工艺路线。

进入21世纪以后，由于进口高硫、高金属原油增多，燃料清洁化步伐加快，特别是汽油中的烯烃、硫含量与国际标准进一步靠拢，高硫、高金属中间基原油的重油已难以作为催化裂化的掺炼原料，使延迟焦化工艺发展速度明显加快。焦化能力的快速增长，有利于提高原油加工深度和轻油收率，但并没有使有限的原油资源得到最优化的利用。

几十年来，我国对延迟焦化工艺作了许多改革和创新，达到提高产品收率、降低生产成本的目标。主要的创新包括：原料的预处理，如加强原油的脱盐和脱硫；降低操作压力和循环比以提高液体产品收率；缩短焦化时间以提高加工能力；提高焦化加热炉的效率和延长操作周期；提高自动化水平实现安全操作；减少环境污染等方面。

优化包括延迟焦化工艺的联合工艺过程，可以提高产品收率、改善产品质量。国内的主要实践有：减压渣油先进行减黏裂化，减黏渣油再用作延迟焦化的原料油就可以提高液体产品收率，降低焦炭产率；为了优化延迟焦化与催化裂化的组合，焦化蜡油经过加氢处理后再用作催化裂化的原料可以改善产品分布，减少生焦并延长开工周期；催化裂化油浆用作焦化掺和料可以提高焦炭质量；采用主动适应弹丸焦生成、或避免弹丸焦产生的设计，适应加工劣质渣油，添加减焦增液助剂等。

国内的一部分延迟焦化装置存在的主要不足是焦化加热炉热效率偏低、能耗偏高；焦炭塔等工艺设备操作和能力不平衡问题；加工劣质渣油容易出现弹丸焦的问题；环境污染有待改善；需要加强设备防腐以实现安全生产。因此，已有的焦化装置面临着以提高技术及管理水平和消除“瓶颈”的技术改造形势。加快一炉两塔等先进技术在焦化装置上的推广应用，以提高现有延迟焦化装置的技术水平和生产能力是十分重要的任务。

第二节　延迟焦化的原料和产品

一、延迟焦化的原料

（一）焦化原料的种类及性质

常用的焦化原料油有以下几种：

① 减压渣油，有时也可使用常压重油。

② 减黏裂化渣油。

③ 溶剂脱沥青装置的脱油沥青。

④ 热裂化焦油、催化裂化澄清油和裂解渣油。

⑤ 炼厂的废渣(例如烷基化的酸溶性油、污水处理的废渣等)。

⑥ 煤焦油沥青。

选择焦化原料油时，应该仔细研究原料的性质，包括相对密度、特性因数、残炭值、硫及重金属含量等，从而预测焦化产品的产率及质量。大多数的延迟焦化装置以各种原油的减压渣油为原料，例如大庆原油的减压渣油、伊朗拉万原油的减压渣油、沙特轻原油的减压渣油以及这些渣油的混合油，其混合比例约为22：60：18。

各种原油的性质不同，而它们的减压渣油性质也不一样。就是同一种原油，经过不同的常减压装置后，由于加工方案不同、拔出率不同，渣油的性质也有很大的差异。我国延迟焦化装置所用的原料，一般是相对密度小于1.0，残炭值8%~18%，含硫含盐量较高。表9-1为几种焦化原料油性质。

表9-1　几种焦化原料油性质

原料名称	大庆减渣	胜利减渣	管输减渣	辽河减渣	伊朗渣油	沙轻渣油	混合原料
相对密度(d_4^{20})	0.9293	0.9698	0.9695	0.9717	0.9848	1.0305	0.9817
运动黏度(100℃)/(mm^2/s)	106	861.7	305	549.9	3521	1206	1650
残炭值/%	8.8	13.9	14.9	14.0	14.87	22.41	14.84
平均相对分子质量	895	941	—	—			
元素分析/%							
C	86.77	85.5	85.6	87.54			
H	12.81	11.6	11.1	11.55			
S	0.16	1.35	0.98	0.31			
N	0.38	0.85	0.61	0.60			
氢碳摩尔比	1.77	1.62	1.55	1.6	85.3/11.4①	86.4/10.5①	85.45/11.39①
重金属含量/(μg/g)							
镍	10	46	38.1	83	4.76	1.66	4.66
钒	0.15	2.2	5	1.5	102.6	48.20	71.14
组成分析/%							
饱和烃	36.7	21.4	21.8	29.2	13.48	19.99	19.58
芳香烃	33.4	31.3	31	36.4	52.21	53.18	48.68
胶质	29.9	45.7	46.2	34.4	26.51	20.1	6.73
沥青质	0	1.6	1.06	0	7.8	6.73	6.04

① C/H/%。

我国原油的减压渣油多属石蜡基，硫含量低，氢碳摩尔比高，是较好的焦化原料。但随着重油催化裂化、渣油加氢等其他重油加工工艺的发展，这些金属含量较低的减压渣油已不再作为焦化的原料，而直接作为其他重油加工工艺的原料。现代焦化工艺只处理炼油厂其他重油加工工艺无法处理的一些劣质重油组分。

（二）焦化原料的预处理

近年来，无论是生产电极焦还是生产燃料焦的焦化装置均对焦化原料油的预处理十分重视。预处理包括原油的电脱盐、减压蒸馏深拔和焦化原料的加氢处理。

1. 原油电脱盐

运转正常的一级电脱盐装置的脱除率可达95%，这相当于焦化装置进料的钠含量低于5μg/g（与渣油收率和原油含盐量有关）。钠会使炉管结焦加速。为控制结焦，对焦化原料油钠含量极限做了不同的规定；其范围在15～30μg/g之内。一般认为，此极限值与原料油的族组成有关。随着原油日益变重，为了提高电脱盐效率就需要提高电脱盐的温度。这就需要调整原油预热流程和电脱盐的操作。由于脱盐效果不好而需要在常压蒸馏过程中注碱，焦化原料的钠含量会相应增加。应该说，蒸馏过程采取注碱措施是迫不得已和不可取的。

2. 减压蒸馏深拔

提高炼油效益总趋势是减压蒸馏应按深拔操作。其效应是可以提高炼油厂的轻油收率和相对增加焦化装置的渣油处理能力。减压蒸馏深拔后，渣油产率和VGO质量均下降。对下游加氢处理、催化裂化装置操作均有影响。因此必须对全厂作出综合经济评价才能得出减压蒸馏的最佳切割温度。

3. 焦化原料油加氢处理

焦化原料的加氢处理有助于提高液体产品收率和焦化产品的质量，加氢工艺和催化剂技术的进步为炼油厂采用联合流程加工渣油提高经济效益创造了条件。用高硫渣油时，焦化原料就需要进行加氢处理。减压渣油加氢裂化-延迟焦化联合过程可提高洁净液体产品的总收率。但是，直馏渣油进行沸腾床加氢裂化时，在高转化率下操作可能生成稳定性较差的焦化原料，使焦化加热炉结焦速度加快。焦化装置用100%加氢处理原料，按高温、高循环比模式操作生产电极焦时，需要在进料中调入一部分催化裂化澄清油以缓解沥青易于沉淀的问题。

二、延迟焦化的产品

（一）延迟焦化产品的收率

在典型操作条件下，延迟焦化过程的产品收率（质量）范围如下：

焦化汽油：8%～15%；

焦化柴油：26%～36%；

焦化蜡油：20%～30%；

焦化气体（包括液化石油气和干气）：7%～10%；

焦炭产率：国内原油16%～23%；东南亚原油17%～18%；中东原油25%～35%；

国内延迟焦化装置加工各种减压渣油时的产品收率数据见表9-2。数据表明，原料油的性质对产品的收率有很大的影响。

表 9-2 产品收率数据

原油品种	焦化加热炉出口温度/℃	气体收率/%	液体产品收率/%	焦炭收率/%	焦炭硫含量/%
大庆	500	6.56	76.57	16.37	0.38
胜利	498	7.24	71.94	20.32	1.21
伊朗	497	9.78	61	28.73	4.41
阿曼	498	9.06	67.75	22.69	3.21

（二）延迟焦化产品的主要特点

1. 焦化汽油

焦化汽油的特点是烯烃含量高，安定性差，马达法辛烷值较低。汽油中的硫、氮和氧的含量较高(与原料性质有关)，经过稳定后的焦化汽油只能作为半成品，必须进行精制脱除硫化氢和硫醇后才能作为成品汽油的调合组分。焦化重汽油组分经过加氢处理后可作为催化重整的原料，以进一步提高质量。我国焦化汽油性质见表 9-3。表9-4为阿拉伯重质原料的减压渣油进行焦化时，所得焦化汽油的加氢精制数据以及加氢精制前后的汽油质量比较。

表 9-3 我国焦化汽油性质

项目	大庆减渣焦化汽油	胜利减渣焦化汽油	项目	大庆减渣焦化汽油	胜利减渣焦化汽油
相对密度(d_4^{20})	0.7414	0.7392	馏程/℃		
溴价/(gBr/100g)	41.4	57.0	初馏点	52	54
硫含量/(μg/g)	100	—	10%	89	84
氮含量/(μg/g)	140	—	50%	127	119
马达法辛烷值	58.5	61.8	90%	162	159
			干点	192	184

表 9-4 焦化汽油的加氢精制

项目	数据	项目	数据	
焦化原料油	阿拉伯重减压渣油	C_1~C_4 气体/%	0.53	
切割点/℃	>566	C_5~188℃汽油/%(体)	104.4	
相对密度(d_4^{20})	1.052	耗氢量/(Nm^3/t)	211	
硫含量/%	6.0	焦化汽油性质	加氢精制前	加氢精制后
氮含量/(μg/g)	4800	切割点/℃	C_5~188	C_5~188
康氏残炭值/%	27.7	相对密度(d_4^{20})	0.7519	0.7205
重金属/(μg/g)	269	硫含量/%	1.17	<0.001
焦化汽油加氢精制收率		氮含量/(μg/g)	80	<1.0
H_2S/%	1.24			
NH_3/%	0.01	溴值①/(gBr/100g)	122	<1.0

① 包括二烯烃。

2. 焦化柴油

焦化柴油的十六烷值较高，含有一定量的硫、氮和金属杂质；含有一定量的烯烃，性质不安定，必须进行精制脱除硫、氮杂质，使烯烃、芳烃饱和才能作为合格的柴油组分。焦化过程中，转化为焦炭的烃类所释放的氢转移至蜡油、柴油、汽油和气体之中。由于原料中的氢转移方向与催化裂化不同，使焦化柴油的质量明显优于催化裂化柴油。我国减压渣油所产的焦化柴油性质见表 9-5。表 9-6 为胜利焦化柴油加氢精制的数据。

表 9-5 我国焦化柴油性质

焦化原料油	大庆减渣	胜利减渣	管输减渣	辽河减渣
相对密度(d_4^{20})	0.822	0.8449	0.8372	0.8355
溴价/(gBr/100g)	37.8	39.0	35.0	35.0
硫含量/(μg/g)	1500	7000	7400	1900
氮含量/(μg/g)	1100	2000	1600	1900
凝点/℃	-12	-11	-9	-15
十六烷值	56	48	50	49
馏程/℃				
初馏点	199	183	202	193
10%	219	215	227	216
50%	259	258	254	254
90%	311	324	316	295
终馏点	329	341	334	320

表 9-6 胜利焦化柴油的加氢精制

项目	数据	
反应条件		
总压力/MPa	5.9	
反应温度/℃	340	
液时空速/h^{-1}	2.0	
氢油比	350	
原料与产品性质	原料油	精制柴油
相对密度(d_4^{20})	0.8364	0.8130
溴价/(gBr/100g)	6700	18
硫含量/(μg/g)	2100	12.8
氮含量/(μg/g)	1121	9.8
碱性氮/(μg/g)	1.4620	1.4519
折射率(20℃)	201	10.2
实际胶质/(mg/100mL)	44.4	0.4
芳烃含量/%	23.10	14.4
十六烷指数	—	54.9

3. 焦化蜡油

焦化蜡油一般是指 350~500℃ 的焦化馏出油，也称焦化瓦斯油(CGO)。焦化蜡油性质不稳定，与焦化原料油性质和焦化的操作条件有关。它可作为加氢裂化或催化裂化的原料，有时也用于调合燃料油。减压渣油所得的焦化蜡油性质见表 9-7。

表 9-7　国产焦化蜡油性质

焦化原料油	大庆减渣	胜利减渣	管输减渣	辽河减渣
焦化蜡油性质				
相对密度(d_4^{20})	0.8783	0.9178	0.8878	0.8851
运动黏度/(mm^2/s)				
80℃	5.87	8.13	6.60	—
100℃	—	6.06	—	3.56
凝点/℃	35	32	30	27
苯胺点/℃	—	77.5	—	77.3
残炭值/%	0.31	0.74	0.33	0.21
元素分析/%				
碳	86.77	86.49	86.57	87.29
氢	12.56	11.60	12.37	11.93
硫	0.29	1.21	0.65	0.26
氮	0.38	0.70	0.41	0.52
平均相对分子质量	323	—	—	316
重金属含量/(μg/g)				
镍	0.3	0.5	—	0.3
钒	0.17	0.01	—	0.01
馏程/℃				
初馏点	—	323	290	311
10%	342	358	337	332
50%	384	392	387	362
90%	442	455	486	411
终馏点	—	494	503	447

4. 焦化气体

焦化气体含有较多的甲烷、乙烷以及少量的丙烯、丁烯等，它可分离为焦化干气和液化石油气。焦化干气可作为制氢原料，也可直接作为燃料；液化石油气可作为石油化工的原料。典型的焦化气体组成见表 9-8。

表 9-8　典型的焦化气体组成①

组　分	组成/%	组　分	组成/%
甲　烷	51.4	丁烯	2.4
乙　烯	1.5	异丁烷	1.0
乙　烷	15.9	正丁烷	2.6
丙　烯	3.1	氢	13.7
丙　烷	8.2	CO_2	0.2

① 焦化气组成为无硫基准。

5. 焦炭

焦炭(亦称石油焦)是黑色或暗灰色坚硬固体石油产品，带有金属光泽，呈多孔性，是由微小石墨结晶形成粒状、柱状或针状构成的炭体物。石油焦组分是碳氢化合物，含碳90%~97%，含氢1.5%~8%，还含有氮、氯、硫及重金属化合物。延迟焦化过程生产的石油焦称为原焦，又称生焦。由于焦化原料油性质不同，生焦在性质和外形上也有差异。生焦经过煅烧除去挥发分和水分后即称为煅烧焦，又称熟焦。生焦硬度小，易粉碎。水分和挥发分含量高。必须经过煅烧才能用作电极和其他特殊用途。

几种国产延迟石油焦质量见表 9-9。

表 9-9 国产石油焦的质量

焦化原料油	大庆减渣	胜利减渣	管输减渣	辽河减渣
挥发分/%	8.92	10.32	8.8	9.0
硫含量/%	0.37	1.22	1.66	0.38
灰分/%	0.02	0.17	0.095	0.52
焦炭规格	1A	2B	3A	1B

可以看出，胜利原油、管输原油所产的焦炭硫含量较高，但仍可符合炼铝用焦的质量指标，大庆原油和辽河原油所产的焦炭均为优质石油焦。

生焦按结构和性质的不同具体地可以分为以下几种：

① 绵状焦(无定形焦) 是由高胶质-沥青质含量的原料生成的石油焦。从外观上看，如海绵状，含有很多小孔。当转化为石墨时，具有较高的热膨胀系数，且由于杂质含量较多和导电率低，这种焦不适于制造电极，主要作为普通固体燃料。另一种较大的用途是作为水泥窑的燃料(主要限制是金属含量不能太高)，另一个有发展前景的用途是作为气化原料。

② 蜂窝状焦 是由低或中等胶质-沥青质含量的原料生成的石油焦。焦块内小孔呈椭圆状，焦孔内部互相连接，分布均匀，并且是定向的。孔间的结合力较强。焦炭的断面呈蜂窝状结构。蜂窝焦经过煅烧和石墨化后，能制造出合格的电极。其最大的用途是作为炼铝工业中的阳极。此时，要求焦炭中的硫和金属含量比较低，而且要求含较少的挥发分和水分。

③ 弹丸焦(球状焦) 特重的原料油进行焦化时，尤其是在低压和低循环比操作条件下，可生成一种球形的弹丸焦，为粒径 5mm 的小球，有的大如篮球。弹丸焦不能单独存在，彼此结合成不规则的焦炭。破碎后小球状弹丸焦就会散开。弹丸焦的研磨系数低。只能用作发电、水泥等工业燃料。

④ 针状焦 用高芳香烃含量的渣油或催化裂化澄清油作原料生成的石油焦。从外观看，有明显的条纹，焦块内的孔隙是均匀定向的和呈细长椭圆形。焦块断裂时呈针状结晶。针状焦的结晶度高、热膨胀系数低、导电率高、含硫较低，一般在 0.5%以下。

针状焦是延迟焦化过程的特殊产品，经过煅烧、浸渍和石墨化后可制成碳素制品。碳素制品在工业、国防、医疗、航天和特种民用工业中有着广泛的用途。其中以制造超高功率石墨电极的用量最大，用优质针状焦制成的超高功率电极炼钢，效率比普通功率的电极高 3 倍，能耗降低 30%，电极消耗量降低近 30%。

生产针状焦，首先要选择合适的原料。芳烃含量高而胶质、沥青质含量低、灰分低、含硫量低的重质油是生产针状焦的良好原料。炼油厂的热裂化渣油、催化裂化的澄清油、润滑油溶剂精制的抽出油等都是良好的生产针状焦的原料；此外，裂解制乙烯的焦油、煤焦油等也是生产针状焦的适宜原料。由于这些油料的性质各异，数量也不一，应根据具体情况，通过中试按照一定比例进行调合，才能作到优化原料、生产出优质针状焦。在以生产针状焦为主要目的时，延迟焦化的操作条件也不同于以重油轻质化为主要目的的操作条件。此时，应采用大循环比和延长焦炭塔的生焦周期，并且采用变温操作。

第三节　延迟焦化的化学反应

一、各种烃类的热化学反应

延迟焦化属于热加工过程。烃类在热(400~550℃)的作用下主要发生两类反应：一类是裂解反应，它是吸热反应；另一类是缩合反应，它是放热反应。至于异构化反应，则在不使用催化剂的条件下一般是很少发生的。

(一) 烷烃

烷烃的热化学反应主要有两类：

① C—C 键断裂生成较小分子的烷烃和烯烃。

② C—H 键断裂生成碳原子数保持不变的烯烃及氢。

上述两类反应都是强吸热反应。烷烃的热反应行为与其分子中的各键能大小有密切的关系。表 9-10 列出了各种键能(kJ/mol)的数据。

表 9-10　烷烃中的键能

断裂的键	键能/(kJ/mol)	断裂的键	键能/(kJ/mol)
$CH_3—H$	431	$C_2H_5—C_2H_5$	335
$C_2H_5—H$	410	$C_3H_7—CH_3$	339
$C_3H_7—H$	398	$C_2H_5—C_2H_3$	335
$nC_4H_9—H$	394	$nC_3H_7—nC_3H_7$	318
$iC_4H_9—H$	390	$nC_4H_9—nC_4H_9$	310
$tC_4H_9—H$	373	$iC_4H_9—iC_4H_9$	364
$CH_3—CH_3$	360		

由表 9-10 的键能数据可以看出烷烃热分解反应的一些规律性：

① C—H 键的键能大于 C—C 键的，故 C—C 键更易断裂。

② 长链烷烃中，越靠近中央的 C—C 键能较小，易断裂。

③ 随烷烃分子增大，烷烃中的 C—H 键及 C—C 键的键能都呈减小趋势，即它们的热稳定性逐渐下降。

④ 异构烷烃中的 C—H 键和 C—C 键的键能都小于正构烷烃，说明异构烷烃更易断链和脱氢。

⑤ 烷烃分子中叔碳上的氢最容易脱除，其次是仲碳上的，而伯碳上的氢最难脱除。

从热力学判断，在 500℃左右，烷烃脱氢反应进行的程度不大。

(二) 环烷烃

环烷烃的热稳定性比烷烃高，裂解时主要是烷基侧链断裂和环烷环的断裂，前者生成较小分子的烯烃或烷烃，且侧链越长，断裂的速度越快；后者生成较小分子的烯烃及二烯烃。

单环环烷烃的脱氢反应须在 600℃以上才能进行，但双环环烷烃在 500℃左右就能进行脱氢反应，生成环烯烃，再进一步脱氢生成芳烃。

(三) 芳香烃

芳香烃是各种烃类中热稳定性最高的一种。各种芳烃的分解容易程度顺序是：带侧链的芳烃>带甲基的芳烃>无侧链的芳烃。一般条件下芳环不会断裂，但在较高温度下会进行脱氢缩合反应，生成环数较多的芳烃，直至生成焦炭。烃类热反应生成的焦炭是氢碳原子比很低的稠环芳烃，具有类石墨状结构。

带烷基侧链的芳烃在受热条件下主要是发生侧链断裂或脱烷基反应。至于侧链的脱氢反应则须在更高的温度(650~700℃)时才能发生。

环烷芳香烃的反应按照环烷环和芳香环之间的联接方式而异。联苯型环烷芳烃分子裂解时首先是在环烷环和芳环之间的键断裂，生成环烯烃和芳香烃，在更苛刻的条件下，环烯烃能进一步破裂开环。缩合型分子的热反应主要有三种：环烷环断裂生成苯的衍生物，环烷环脱氢生成萘的衍生物，以及缩合生成高分子的多环芳香烃。

(四) 烯烃

虽然在直馏馏分油和渣油中几乎不含有烯烃，但是从各种烃类热反应中可能产生烯烃。这些烯烃在加热的条件下进一步裂解，同时与其他烃类交叉地进行反应，于是使反应变得极其复杂。

在温度不高时，烯烃裂解成气体的反应远不及缩合成高分子叠合物的反应来得快。但是，由于缩合作用所生成的高分子叠合物也会发生部分裂解，这样，缩合反应和裂解反应就交叉地进行，使烯烃的热反应产物的馏程范围变得很宽，而且在反应产物中存在有饱和烃、环烷烃和芳香烃。烯烃在低温、高压下，主要进行叠合反应。当温度升高到400℃以上时，裂解反应开始变得重要，碳链断裂的位量一般在烯烃双键的β位置。

烯烃的分解反应有两种形式：

大分子烯烃⟶小分子烯烃+小分子烯烃

大分子烯烃⟶小分子烯烃+小分子二烯烃

其中二烯烃非常不稳定，其叠合反应具有链锁反应的性质，生成相对分子质量更大的叠合物，甚至缩合成焦炭。

当温度超过600℃时，烯烃缩合成芳香烃、环烷烃和环烯烃的反应变得重要起来了。

(五) 胶质和沥青质

胶质、沥青质在高温条件下除了经缩合反应生成焦炭外，还会发生断侧链、断链桥等反应，生成较小的分子。

由以上的讨论可知，烃类在加热的条件下，反应基本上可以分成裂解与缩合(包括叠合)两个方向。裂解方向产生较小的分子，而缩合方向则生成较大的分子。烃类的热反应是一种复杂的平行顺序反应。这些平行的反应不会停留在某一阶段上，而是继续不断地进行下去。随着反应时间的延长，一方面由于裂解反应，生成分子越来越小、沸点越来越低的烃类(如气体烃)；另一方面由于缩合反应生成分子越来越大的稠环芳香烃。高度缩合的结果就产生胶质、沥青质，最后生成碳氢比很高的焦炭。

二、烃类的热化学反应机理

烃类的热化学反应机理，目前一般都认为主要是自由基反应机理。烃分子热裂化是在高温下键能较弱的化学键断裂生成自由基。H·、CH_3·和C_2H_5·等较小的自由基可以从其他烃分子抽取一个氢自由基而生成氢气或甲烷及一个新的自由基。较大的自由基不稳定，会很快再断裂成为烯烃和小的自由基。这一系列的连锁反应最终生成小分子的烯烃和烷烃。除了甲基自由基外，其他自由基虽然也能从烃类中抽取氢自由基(或甲基自由基)生成烷烃，但是速度很慢。约只有10%的自由基互相结合终止反应，生成烷烃。下面我们通过烷烃的热化学反应来说明自由基反应机理。

① 大烃分子的 C—C 键断裂生成两个自由基：

$$C_{16}H_{34} \longrightarrow 2C_8H_{17} \cdot$$

② 生成的大分子自由基在 β 位的 C—C 键再继续分裂成更小的自由基和烯烃：

$$C_8H_{17} \cdot \longrightarrow C_4H_8 + C_4H_9 \cdot$$

$$C_4H_9 \cdot \longrightarrow C_2H_4 + C_2H_5 \cdot$$

$$C_4H_9 \cdot \longrightarrow C_3H_6 + CH_3 \cdot$$

$$C_2H_5 \cdot \longrightarrow C_2H_4 + H \cdot$$

③ 小的自由基(例如甲基自由基，氢自由基)与其他分子碰撞生成新的自由基和烃分子：

$$CH_3 \cdot + C_{16}H_{34} \longrightarrow CH_4 + C_{16}H_{33} \cdot$$

$$H \cdot + C_{16}H_{34} \longrightarrow H_2 + C_{16}H_{33} \cdot$$

④ 大的自由基不稳定，再分裂生成小的自由基和烯烃：

$$C_{16}H_{33} \cdot \longrightarrow C_8H_{16} + C_8H_{17} \cdot$$

⑤ 自由基结合生成烷烃连锁反应终止

$$H \cdot + H \cdot \longrightarrow H_2$$

$$H \cdot + CH_3 \cdot \longrightarrow CH_4$$

$$CH_3 \cdot + C_8H_{17} \cdot \longrightarrow C_9H_{20}$$

自由基反应机理可以解释烃类热反应的许多现象。例如，正构烷烃热分解时，裂化气中含 C_1、C_2 低分子烃较多，也很难生成异构烷和异构烯等。

三、渣油热反应的特点

渣油是多种烃类化合物组成的极为复杂的混合物，其组分的热反应行为自然遵循各族烃类的热反应规律。但作为一种复杂混合物，渣油的热反应行为也还有一些自己的特点。

(一) 复杂的平行-顺序反应

渣油热反应比单体烃更明显地表现出平行-顺序反应的特征，见图 9-1 和图 9-2。

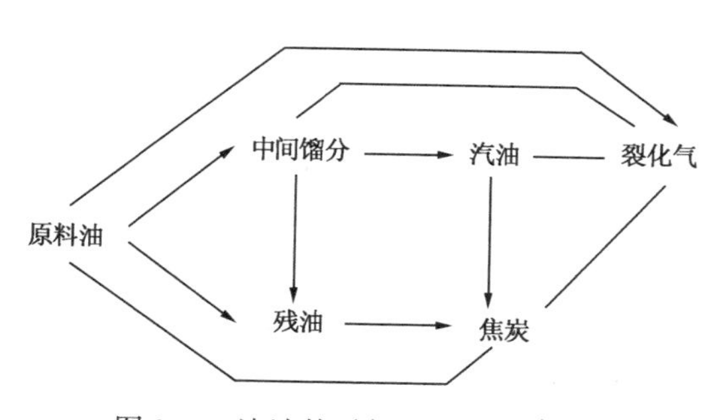

图 9-1 渣油的平行-顺序反应特征

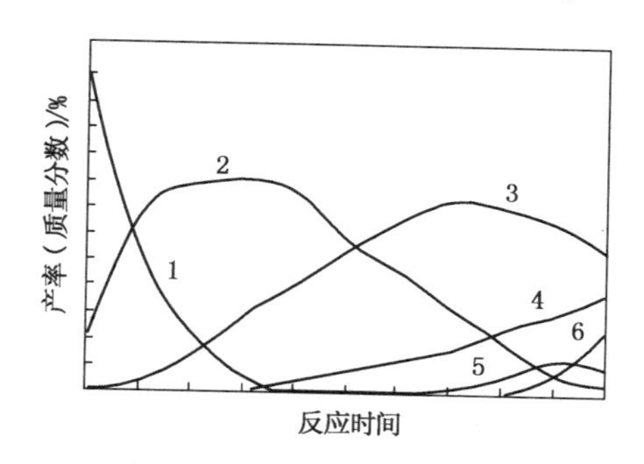

图 9-2 渣油热反应产物分布随时间的变化

1—原料；2—中间馏分；3—汽油；4—裂化气；5—残油；6—焦炭

渣油的热化学反应是按分解和缩合两个方向进行的平行-顺序反应，所以反应后所得产物的馏分范围要比原料油的馏分范围宽得多，并且还得到裂化气体和焦炭等产物。渣油在受热发生热裂化时，首先裂解的是那些对热不稳定的烃类。

各类烃热稳定性顺序为：

烷烃<烯烃<二烯烃<环烷烃(六元环)<环烷烃(五元环)<芳烃。

各类烃裂化反应能力顺序为：烷烃>环烷烃>芳烃>芳烃/环烷烃>多环芳烃。

两个排列是一致的。所以对相同沸点范围的原料油，含烷烃越多越容易裂化，含环烷烃及烯烃多的次之，含芳烃多的原料油最难裂化。对相同烃类组成的原料油，则越重越容易裂化。

随着反应深度的增大，反应产物的分布也在变化。作为中间产物的汽油和中间馏分油的产率，在反应进行到某个深度时会出现最大值，而作为最终产物的气体和焦炭则在某个反应深度时开始产生，并随着反应深度的增大而单调地增大。

(二) 生焦量大

渣油热反应时容易生焦，除了由于渣油自身含有较多的胶质和沥青质外，还因为不同族的烃类之间的相互作用促进了生焦反应。芳香烃的热稳定性高，在单独进行反应时，不仅裂解反应速度低，而且生焦速度也低。例如在450℃下进行热反应，欲生成1%的焦炭，烷烃($C_{25}H_{52}$)要144min，十氢萘要1650min，而萘则需670000min。但是如果将萘与烷烃或烯烃混合后进行热反应，则生焦速度显著提高。渣油中的沥青质、胶质和芳烃分别按照以下两种机理生成焦炭：

① 沥青质和胶质的胶体悬浮物，发生“歧变”形成交联结构的无定形焦炭。这些化合物还发生一次反应的烷基断裂，这可以从原料的胶质-沥青质化合物与生成的焦炭在氢含量上有很大差别得到证实(胶质-沥青质的碳氢比为8~10，而焦炭的碳氢比为20~24)。由胶质和沥青质生成的焦炭具有无定形性质和杂质含量高的特点。

② 芳烃叠合和缩合。由芳烃叠合和缩合反应生成的焦炭具有结晶的外观，交联很少。

不同性质的原料油混合进行热反应时，所生成的焦炭性质和产率不同。也就是说改变混合比例就可以改变原料性质，也就改变了焦炭性质和产率。

(三) 减压渣油为胶体体系

减压渣油是由分散相和连续相组成的胶体系统。渣油中的分散相是由含沥青质和高分子量的芳烃胶质粒子组成的；连续相中含有其余的可溶质。沥青质的化学结构非常复杂，是含硫、氮、氧和重金属、带有环烷侧链、相对分子质量很大的非烃化合物，含氢很少，芳烃性质极强。沥青质溶解于四氯化碳、二硫化碳和芳烃，但不溶于轻质烷烃中。

可溶质溶解于各种烃和二硫化碳之中。

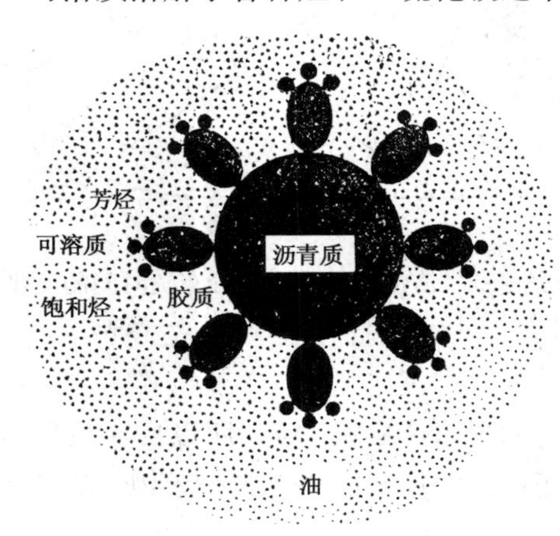

图9-3 渣油的胶体结构

胶质粒子可用图9-3来说明其结构特性。胶质粒子是由沥青质组成的核心，在沥青质的周围是从可溶质中被吸收的高相对分子质量芳烃。其他氢含量较高的烃类则被高相对分子质量芳烃所吸收，直到胶质粒子周围烃类的氢含量与可溶质连续相的氢含量几乎相等为止。

渣油作为一个稳定的油系，其胶粒悬浮于油相中，与周围油相呈现出稳定、均匀的物理平衡状态。也就是说，沥青质在油相中处于胶溶状态而不会被沉析出来。如果向油中加入氢含量高的烃(例如链烷烃)或是加热升温，平衡状态即被破坏，此时，一部分被吸附的物质溶于连续相中，沥青质则沉淀出来。在热转化过程中，由于体系的化学组成发生变化，当反应进行到一定深度后，渣油的胶体性质就会受到破坏。由于缩合反应，渣油中作为分散相的沥青质的含量逐渐增多，而裂解反应不仅使分散介质的黏度变小，还使其芳香性减弱，同时，作为胶溶组分的胶质含量则逐渐减少。这些变化就会导致分散相和分散介质之间的相容性变差。这种变化趋势发展到一定程度后，就会导致沥青质不能全部在体系中稳定地胶溶而发生部分沥青质聚集，在渣油中出现了第二相(液相)。第二相中的沥青质浓度很高，促进了缩合生焦反应。

渣油在热过程中出现的相分离问题对指导生产实际有重要意义。例如，渣油热加工过程中，渣油要通过加热炉管，由于受热及反应，在某段炉管中可能会出现相分离现象而导致生焦。如何避免出现相分离现象或缩短渣油在这段炉管中的停留时间对减少炉管内结焦、延长开工周期是十分重要的。

四、反应热

烃类的热反应包括分解、脱氢等吸热反应以及叠合、缩合等放热反应。由于分解反应占据主导地位，因此，烃类的热反应通常表现为吸热反应。

渣油的热转化反应的反应热通常是以生成每千克汽油或每千克“汽油+气体”为计算基准。反应热的大小随原料油的性质、反应深度等因素的变化而在较大范围内变化，其范围在500~2000kJ/kg之间。重质原料油比轻质原料油有较大的反应热(指吸热效应)，而在反应深度增大时则吸热效应降低。

第四节 延迟焦化的工艺流程

延迟焦化装置由焦化、分馏(包括气体回收)、焦炭处理和放空系统几个部分组成。工艺流程有不同的类型，就生产规模而言，有一炉两塔(焦炭塔)流程、两炉四塔流程等。

一、焦化-分馏部分

图9-4是典型延迟焦化-分馏部分工艺原理流程。

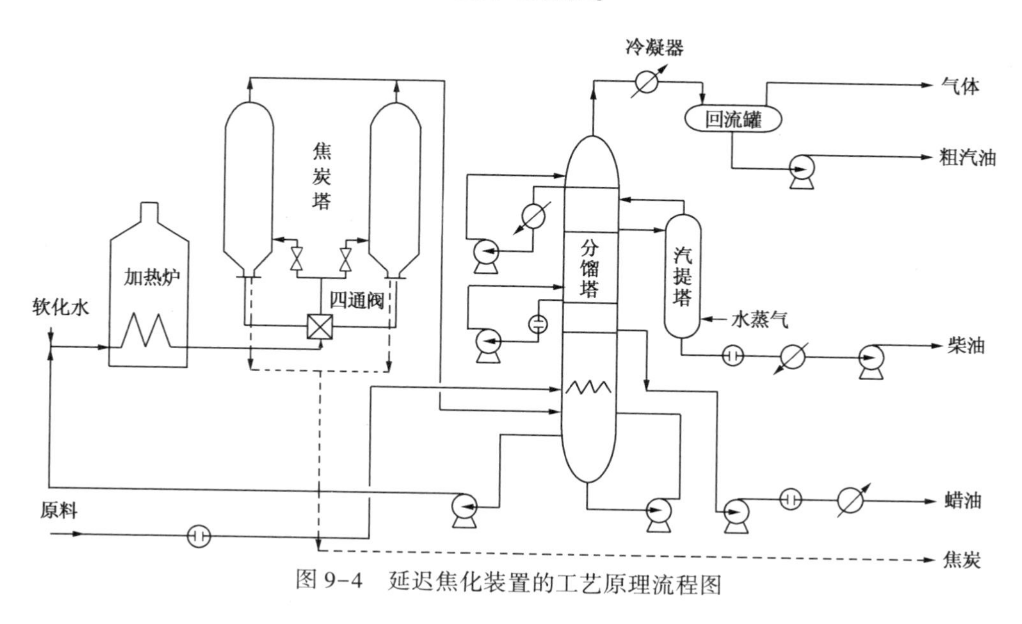

图9-4 延迟焦化装置的工艺原理流程图

原料油(减压渣油)经换热及加热炉对流管加热(图中未表示)到340~350℃，进入分馏塔底部的缓冲段，与来自焦炭塔顶部的高温油气(430~440℃)换热，一方面把原料油中的轻质油蒸发出来，同时又加热了原料(约390℃)及淋洗下高温油气中夹带的焦末。原料油和循环油(混合原料)一起从分馏塔底抽出，用热油泵送进加热炉辐射室炉管，快速升温至约500℃后，分别经过两个四通阀进入焦炭塔底部。油蒸气在塔内发生热裂化反应，重质液体则连续发生裂化和缩合反应，最终转化为轻烃和焦炭。焦炭聚结在焦炭塔内，而反应产生的油气自焦炭塔顶逸出，进入分馏塔，与原料油换热后，经过分馏得到气体、粗汽油、柴油、蜡油和循环油。

焦炭塔为周期操作，当一个塔内的焦炭聚结到一定高度时，进行切换，通过四通阀将原料切换进另一个焦炭塔。即需要有两组(2台或4台)焦炭塔进行轮换操作，一组焦炭塔为生焦过程；另一组为除焦过程。切换周期包括生焦时间和除焦操作所需的时间，大约为16~24h。生焦时间与原料的性质(特别是原料的残炭值)及焦炭质量(特别是焦炭的挥发分含量)的要求有关，除焦操作包括切换、吹汽、水冷、放水、开盖、切焦、闭盖、试压、预热和切换几道工序。

延迟焦化装置采用水力除焦，水力除焦是用压力为14~28MPa高压水流(国内使用的水压较低，一般约12MPa)，使用不同用途的专用切割器对焦炭层进行钻孔、切割和切碎，将焦炭由塔底排入焦炭池中。水力切焦器装在一根钻杆的末端，在焦炭塔内由上而下地切割焦层。为了升降钻杆，早期的方法是在焦炭塔顶树立一座高井架，近年来多采用无井架水力除焦方法，利用可缠绕在一个转鼓上的高压水笼带来代替井架和长的钻杆。无井架式除焦的投资低于全井架式除焦，但操作上的缺点是明显的。主要缺点有：胶管的损耗量大；需要的切焦时间长；除焦的水、电消耗量大；操作费用高，而且不适于切割硬的优质焦。

焦炭塔实际上是一个空塔，它提供了反应空间使油气在其中有足够的停留时间以进行反应。焦炭塔的适宜气相流速为0.092m/s；最大不宜超过0.15m/s。空塔线速过高将导致焦粉带出，易使分馏塔和加热炉提前结焦。焦炭塔里维持一定的液相料面，随着塔内焦炭的积聚，此料面逐渐升高。当液面过高，尤其是发生泡沫现象严重时，塔内的焦末会被油气从塔顶带走，从而引起后部管线和分馏塔的堵塞。因此，一般在料面达2/3的高度时就停止进料，从系统中切换出后进行除焦。为了减轻携带现象，有的装置在焦炭塔顶设泡沫小塔以提高分离效果；有的向焦炭塔注入消泡剂。加剂后，泡沫厚度可由4m降至1m左右，提高了装置处理能力。消泡剂是硅酮、聚甲基硅氧烷或过氧化聚甲基硅氧烷溶在煤油或轻柴油中。塔体外观测塔内泡沫层高度的技术对充分利用焦炭塔内空间是一种有效的措施。

来自焦化主分馏塔顶回流油罐的油气经压缩后与粗汽油一起送去吸收-稳定部分，经分离得干气、液化气和稳定汽油。

混合原料在焦炭塔中进行反应需要高温，同时需要供给反应热(焦化过程是吸热反应)，这些热量完全由加热炉供给。为此，加热炉出口温度要求达到500℃左右。混合原料在炉中被迅速加热并有部分气化和轻度裂化。为了使处于高温的混合原料在炉管内不要发生过多的裂化反应以致造成炉管内结焦，就要保持一定的流速(通常在2m/s以上)、控制停留时间，为此，需向炉管内注水(或水蒸气)以加快炉管内的流速，注水量通常约为处理量的2%左右。加热炉是装置的关键设备，对提高装置的运转周期，降低装置能耗起着重要作用。大型焦化加热炉分为几个管程。在每组炉管设有独立的燃烧器和独立的流量温度控制系统等措施来保证加热炉的正常运转和延长操作周期。对加热炉最重要的要求是炉膛的热分布良好、各部分炉管的表面热强度均匀，而且炉管环向热分布良好，尽可能避免局部过热的现象发生，同时还要求炉内有较高的传热速率以便在较短的时间内向油品提供足够的热量。根据这些要求，延迟焦化装置常用的炉型是双面加热无焰燃烧炉。总的要求是要控制原料油在炉管内的反应深度、尽量减少炉管内的结焦，使反应主要在焦炭塔内进行。延迟焦化这一名称就是因此而得。

反应产物在分馏塔中进行分馏。与一般油品分馏塔比较，焦化分馏塔主要有以下几个特点：

① 塔的底部是换热段，新鲜原料油从换热段的上面入塔与高温反应油气在此进行换热，并将反应油气中最重的一部分油料(通常是沸点约高于450℃的部分)冷凝下来作为循环油重新送去进行反应。同时也起到把反应油气中携带的焦末淋洗下来的作用；

② 为了避免塔底结焦和堵塞，部分塔底油通过塔底泵和过滤器不断地进行循环；

③ 焦化分馏塔的产品的分离要求比较容易达到，因此可以采用较多的循环回流以利于利用回流热。

二、放空系统

放空系统用于处理焦炭塔切换过程中从塔内排出的油气和蒸汽。

为控制污染和提高气体收率，延迟焦化装置设有气体放空系统。焦炭塔生焦完毕后，开始除焦之前，需泄压并向塔内吹蒸汽，然后再注水冷却。此过程中从焦炭塔汽提出来的油气、蒸汽混合物排入放空系统的放空塔下部，用经过冷却的循环油从混合气体中回收重质烃。经脱水后，可以将之送回焦化主分馏塔或作焦炭塔急冷油。放空塔顶排出的油气和蒸汽混合物经过冷凝、冷却后，在沉降分离罐内分离出污油和污水，分别送出装置。沉降分离罐分出的轻烃气体经过压缩后送入燃料气系统。

三、焦炭处理系统

(一) 直接装车

从焦炭塔排出的焦炭和除焦水直接落入装运焦炭的铁路货车中，除焦水和焦炭粉末从车底部流入污水池。污水由此进入澄清池从水中除去焦粉，净化后的水再循环使用。

(二) 焦池装车

除焦过程排出的焦炭和水经过溜槽排入一个混凝土制的储焦池中，在储焦池一侧设一个集水坑，流出的水经过一些可拆卸的篮筐(内装焦炭)把水中的焦粉收集下来。另外用循环水冲洗、搅拌集水坑内的焦粉，用泥浆泵把集水坑内的粉浆排出。最后从折流池中沉降出的洁净水送入除焦水缓冲罐，以便循环使用。储焦池中经过脱水的焦炭用吊车装车外运。储焦池的尺寸根据焦炭塔的个数和出焦量确定。

(三) 储焦坑装车

除焦过程排出的焦炭和水直接排入地下式混凝土储焦坑中。储焦坑的一侧或两侧有除焦水排出口。在排水口之前的底层焦炭起着过滤焦粉的作用，以便把从储焦坑排出水中的大部分焦粉过滤出去。然后，水中残存的焦粉在折流池内进行最后净化。净化的水送回除焦水罐，再重复使用。储焦坑内经过脱水的焦炭用高架式抓斗起重机装车运出。储焦坑的容量根据焦炭塔的生焦能力和需要的储焦天数设计。

上述几种焦炭处理系统均为敞开式系统，操作条件差，环境污染严重。

（四）脱水罐

脱水罐为全封闭焦炭脱水系统。焦炭塔排出的焦炭和除焦水首先经过焦炭塔下部的粉碎机形成泥浆，然后送入(或直接落入)脱水罐进行沉降脱水。分离出的水经过净化后循环使用。脱水后的焦炭从脱水罐中放出，经过运输机送入运焦车中。

延迟焦化虽然目前是最广泛采用的一种焦化流程，但是它还有不少不足之处。例如，此过程处于半连续状态，周期性的除焦操作仍需花费较多的劳动力，除焦的劳动条件尚未能彻底改善；由于考虑到加热炉的开工周期，加热炉出口温度的提高受到限制，因此，焦炭中挥发分含量较高，不容易达到电极焦的要求等。这些问题都有待于进一步研究和解决。

第五节　延迟焦化过程的主要影响因素

延迟焦化的影响因素主要有原料性质、工艺操作条件。

一、原料性质

焦化过程的产品产率及其性质在很大程度上取决于原料的性质。表 9-1～表 9-9 中的数据表明，对于不同原油，随着原料油的密度增大，焦炭产率增大，不同原料油所得产品的性质各不相同。

原料油性质与加热炉炉管内结焦的情况有关。性质不同的原料油具有不同的最容易结焦的温度范围，此温度范围称为临界分解温度范围。原料油的特性因数 K 值越大，则临界分解温度范围的起始温度越低。在加热炉加热时，原料油应以高流速通过处于临界分解温度范围的炉管段，缩短在此温度范围中的停留时间，从而抑制结焦反应。

原料性质对选择适宜的单程裂化深度和循环比也有重要影响。这将在后面再进行讨论。

二、操作温度

一般是指焦化加热炉出口温度或焦炭塔温度，是延迟焦化装置的重要操作指标，它的变化直接影响到炉管内和焦炭塔内的反应深度，从而影响到焦化产物的产率和性质。当操作压力和循环比固定后，提高焦炭塔温度将使气体和石脑油收率增加，瓦斯油收率降低。焦炭产率将下降，并将使焦炭中挥发分下降。但是，焦炭塔温度过高，容易造成泡沫夹带并使焦炭硬度增大，造成除焦困难。温度过高还会使加热炉炉管和转油线的结焦倾向增大，影响操作周期。如焦炭塔温度过低，则焦化反应不完全将生成软焦或沥青。

挥发分含量是焦炭的重要质量指标，生产中，一般控制焦炭的挥发分为 6.0%～8.0%。在操作中用焦炭塔温度来控制焦炭的挥发分含量。但是，焦化装置操作温度的可调节范围很窄。我国的延迟焦化装置加热炉出口温度一般均控制在 495～505℃范围之内。

加热炉出口温度对焦化产品产率的影响见表 9-11。

表 9-11　加热炉出口温度对焦化产品产率的影响

项　目	加热炉出口温度/℃			
	493	495	497	500
处理量/(t/h)	859	810	803	875
循环比	0.80	0.91	0.95	0.72
焦炭塔进口温度/℃	482	484	487	492
焦炭塔出口温度/℃	432	435	440	440

续表

项目	加热炉出口温度/℃			
	493	495	497	500
产品产率/%				
气体	6.4	7.5	7.7	8.1
汽油	15.9	16.8	17.0	17.0
柴油	26.2	28.8	20.2	30.2
蜡油	20.1	17.8	17.5	16.4
抽出油	3.1	3.1	3.2	3.0
焦炭	26.4	25.6	24.9	24.8
损失	0.4	0.4	0.5	0.5

三、操作压力

操作压力是指焦炭塔顶压力。焦炭塔顶最低压力是为克服焦化分馏塔及后继系统压降所需的压力。操作温度和循环比固定之后，提高操作压力将使塔内焦炭中滞留的重质烃量增多和气体产物在塔内停留时间延长，增加了二次裂化反应的几率，从而使焦炭产率增加和气体产率略有增加，C_5以上液体产品产率下降；焦炭的挥发分含量也会略有增加。延迟焦化工艺的发展趋势之一是尽量降低操作压力，以提高液体产品的收率。一般焦炭塔的操作压力在0.1~0.28MPa之间，但在生产针状焦时，为了使富芳烃的油品进行深度反应，采用约0.7MPa的操作压力。表9-12列出了操作压力对产品收率的影响。

表9-12 延迟焦化装置的操作压力对产品收率的影响

焦化原料	原油：威尔明顿原油 实沸点(TBP)切割温度/℃：552 相对密度($d_{15.6}^{15.6}$)：1.0536 康氏残炭值/%：20.6 硫/%：2.4	
焦炭塔操作压力/MPa	0.1055	0.2461
产品收率		
干气和LPG/%	16.1	16.5
焦化汽油/%	12.0	12.4
相对密度($d_{15.6}^{15.6}$)	0.7936	0.7923
硫含量/%	1.4	1.3
焦化瓦斯油/%	37.3	33.3
相对密度($d_{15.6}^{15.6}$)	0.9402	0.9352
硫含量/%	1.8	1.8
焦炭/%	34.6	37.8
硫含量/%	2.4	2.4

四、循环比

循环比=循环油/新鲜原料油。

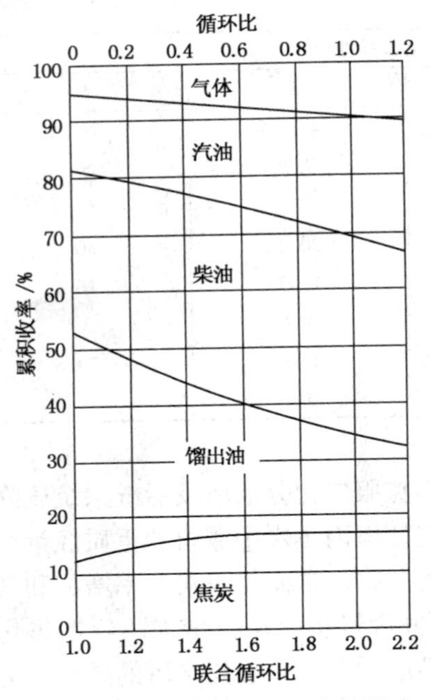

图 9-5 循环比对产品收率的影响

联合循环比=(新鲜原料油量+循环油量)/ 新鲜原料油量=1+循环比。

在生产过程中，循环油并不单独存在，在分馏塔下部脱过热段，因反应油气温度的降低，重组分油从气相转入液相，冷凝后进入塔底，这部分油就称循环油，它与原料油在塔底混合后一起送入加热炉的辐射管，而新鲜原料油则进入对流管中预热，因此，在生产实际中，循环油流量可由辐射管进料量与对流管进料流量之差来求得。对于较重的、易结焦的原料，由于单程裂化深度受到限制，就要采用较大的循环比，有时达 1.0 左右；对于一般原料，循环比为 0.1～0.5。循环比增大，可使焦化汽油、柴油收率增加，焦化蜡油收率减少。焦炭和焦化气体的收率增加。图 9-5 为联合循环比对大庆减压渣油焦化产品收率的影响。

RIPP 开发了单程操作延迟焦化，进行了循环比为 0 的试验。表 9-13 比较了有循环比和单程操作对延迟焦化收率的影响。

表 9-13 有循环比和单程操作的延迟焦化收率比较

原料油	大庆减渣		胜利减渣		管输减渣		辽河减渣	
操作方式	循环	单程	循环	单程	循环	单程	循环	单程
操作条件								
加热炉出口温度/℃	500	500	500	500	500	500	500	500
焦炭塔顶压力/MPa	0. 11	0. 11	0. 12	0. 11	0. 11	0. 11	0. 11	0. 11
循环比	0. 3	0. 0	0. 45	0. 0	0. 43	0. 0	0. 43	0. 0
产品收率/%								
<C_4 气体+损失	8. 3	5. 0	6. 8	5. 7	8. 3	5. 9	9. 9	8. 8
焦化汽油	15. 7	12. 9	14. 7	12. 1	15. 9	13. 6	15. 0	12. 4
焦化柴油	36. 3	30. 1	35. 6	25. 3	32. 3	24. 4	25. 3	22. 5
焦化蜡油	25. 7	40. 0	19. 0	37. 0	20. 7	37. 2	25. 2	34. 9
焦炭	14. 0	12. 0	23. 9	19. 9	22. 8	18. 9	24. 6	21. 4
轻油收率/%	52. 0	43. 0	50. 3	37. 4	48. 2	38. 0	40. 3	34. 9
总液收率/%	77. 7	83. 0	69. 3	74. 4	68. 9	75. 2	65. 5	69. 8
比较：液体收率/%	+5. 3		+5. 1		+6. 3		+4. 3	
焦炭收率	-2. 0		-4. 0		-3. 9		-3. 2	

由表中数据可看出，与高循环比的操作相比较，单程操作的液体收率可提高 5%～6%，气体和焦炭收率均可下降 2%～4%。

降低循环比也是延迟焦化工艺发展趋向之一，其目的是通过增产焦化蜡油来扩大催化裂化、加氢裂化的原料油量。然后，通过加大裂化装置处理量来提高成品汽、柴油的产量。另外，在加热炉能力确定的情况下，低循环比还可以增加装置的处理能力。降低循环比的办法是减少分馏塔下部重瓦斯油回流量，提高蒸发段和塔底温度。这将引起塔底和炉管结焦，开工周期缩短。因此塔底温度不宜超过400℃。

循环比降低，可以降低焦炭产率和提高液体产品收率。但焦化蜡油的质量也相应下降。表9-14为在低压，超低循环比的条件下，焦化蜡油产率和质量的对比。

表9-14 不同操作条件下的焦化蜡油产率和质量

操作条件	压力0.172MPa，循环比0.15	压力0.104MPa，循环比0.05
焦化蜡油产率/%	25.7	35.2
焦化蜡油性质		
干点/℃	493	571
相对密度	0.9365	0.9574
残炭值/%	0.35	0.8~1.0
(镍+钒)含量/(μg/g)	0.5	1.0

习题与思考题

1. 简述延迟焦化中“延迟”含义及如何实现“延迟”？
2. 焦化的化学反应有哪些？
3. 简述延迟焦化工艺的优缺点。
4. 简述延迟焦化的原料、产物，并说明其产物有何特点？
5. 延迟焦化工艺流程由哪几部分组成？简述每一部分的作用。
6. 简述延迟焦化的主要工艺参数及其它们对过程的影响。
7. 试比较催化裂化和延迟焦化分馏塔的工艺特点。
8. 延迟焦化装置中有哪些特殊设备？

参考文献

[1] 曹湘洪．面向2020年我国炼油石化产业必须重视的若干问题[C]//中国工程院化工·冶金与材料学部第六届学术会议论文集．北京：化学工业出版社，2007.

[2] 梁朝林，顾承瑜．延迟焦化[M].2版．北京：中国石化出版社，2015.

[3] 李春年．渣油加工工艺[M]．北京：中国石化出版社，2002.

[4] 张浩，关旭，李景艳．延迟焦化装置掺炼大庆裂解焦油的研究[J]．石油炼制与化工，2007，38(12)：20~22.

[5] 梁朝林，沈本贤，吴世逵．延迟焦化试验装置的改进研究[J]．茂名学院学报，2007，11(1)：1-4.

[6] 姚坚刚，瞿滨．延迟焦化装置能耗分析与优化[J]．齐鲁石油化工，2007，35(4)：279-282.

[7] 瞿国华．延迟焦化工艺与工程[M].2版．北京：中国石化出版社，2017.

第十章　高辛烷值汽油组分生产技术

随着汽车工业的快速发展和对节约能源与环境保护的日益重视，对车用汽油的抗爆性和清洁性提出了更高的要求。辛烷值是代表车用汽油抗爆性能的重要指标。汽油的辛烷值越高，则抗爆性能越好。而汽车排放性能的好坏与汽油的组成密切相关。因此车用汽油的发展方向是低硫、低烯烃、低苯、低芳烃、低蒸气压和高辛烷值，并添加一定量的含氧化合物和清净剂。

催化裂化汽油和重整汽油是国内外车用汽油的主要调合组分，而烷基化油、异构化汽油、加氢精制汽油和醚类含氧化合物等在各国车用汽油中调合比例各不相同。与催化裂化汽油和重整汽油相比，烷基化油、异构化汽油和醚类含氧化合物不含有硫、烯烃和芳烃，并且具有更高的辛烷值，因而是清洁汽油最理想的高辛烷值组分。本章主要介绍烷基化油、异构化汽油和醚类含氧化合物的生产过程。

第一节　烷　基　化

一、概述

烷基化是指在酸性催化剂的作用下，烷烃与烯烃的化学加成反应。在反应过程中烷烃分子的活泼氢原子的位置被烯烃所取代。由于异构烷烃中的叔碳原子上的氢原子比正构烷烃中的伯碳原子上的氢原子活泼得多，因此参加烷基化反应的烷烃为异构烷烃。通常烷基化过程的异构烷烃为异丁烷，烯烃一般是 $C_3 \sim C_5$ 烯烃，主要是丁烯。目前工业应用的烷基化催化剂是硫酸和氢氟酸。本书所述的烷基化过程一般特指以催化裂化装置副产的异丁烷和丁烯馏分为原料，生产烷基化油的过程。

（一）烷基化在炼油厂中的地位和作用

烷基化油与催化裂化汽油和重整汽油调合组分的性质对比见表 10-1。

表 10-1　主要汽油调合组分的性质对比

项　　目	烷基化油	催化裂化汽油	重整汽油
研究法辛烷值(RON)	93.2	92.1	97.7
马达法辛烷值(MON)	91.1	80.7	87.4
馏程/℃			
50%	102	104	124
90%	143	186	168
芳烃含量/%(体)	0	29	63
烯烃含量/%(体)	0	29	1
硫含量/%	16	756	2

由表 10-1 可以看出，烷基化油具有以下特点：①辛烷值高，研究法辛烷值(RON)可达 93~95，马达法辛烷值(MON)可达 91~93，敏感度低，抗爆性能好；②不含烯烃、芳烃，硫含量也低，将烷基化油调入车用汽油中，通过稀释作用，可以降低汽油中的烯烃、芳烃和硫

等有害组分的含量；③蒸气压较低。因此烷基化油是最理想的清洁汽油调合组分。正是由于烷基化油的上述优点，使得烷基化工业迅速发展。

（二）烷基化的发展概况

1930 年，美国环球油品公司(UOP)的 H. Pinez 和 V. N. Ipatieff 发现在强酸，如浓硫酸、氢氟酸、BF_3/氢氟酸、$AlCl_3$/HCl 等的存在下，异构烷烃与烯烃可以发生烷基化反应。这一发现改变了传统上烷烃为非活性物的看法，也引起了人们对烷基化反应的广泛研究并迅速取得进展，烷基化反应的研究进入商业化研究阶段并开发出一些适于工业生产的催化剂。1938 年，世界上第一套以浓硫酸为催化剂的烷基化反应装置在亨伯石油炼制公司的贝敦炼油厂建成投产；1942 年，第一套以氢氟酸为催化剂的烷基化反应装置在菲利普斯石油公司的得克萨斯州博格炼油厂建成投产。至今世界上已有数百套烷基化反应装置在运行中。

我国在 20 世纪 60 年代中期到 70 年代初期，在兰州炼油厂、抚顺石油二厂、胜利炼油厂和荆门炼油厂先后建设了 0.015~0.06 Mt/a 的硫酸法烷基化工业装置，对提高汽油辛烷值和汽油出口起到了重要作用。80 年代，对兰州炼油厂、抚顺石油二厂、胜利炼油厂、荆门炼油厂和长岭炼油厂的硫酸法烷基化工业装置进行了技术改造。与此同时，通过引进技术建成了十余套氢氟酸法烷基化工业装置。目前我国共有烷基化工业装置 20 套，其中硫酸法烷基化装置 8 套，氢氟酸法烷基化工业装置 12 套，实际加工能力为 1.3Mt/a。

硫酸法烷基化工艺酸渣排放量大，且难以处理，对环境污染严重；氢氟酸法烷基化工艺的催化剂氢氟酸是易挥发的剧毒化学品，一旦泄漏，会对环境造成严重危害。因此国内外多年来一直致力于开发新一代烷基化催化剂及工艺。以 UOP 公司的 Alkylene 固体酸催化剂烷基化工艺为代表的一批固体酸烷基化工艺具备工业应用条件。

二、烷基化的化学反应

烷基化反应的原料是异丁烷和丁烯。丁烯包括异丁烯、1-丁烯和 2-丁烯三种同分异构体。异丁烷与丁烯在硫酸或氢氟酸的作用下，发生加成反应。该反应遵循正碳离子机理。

$$CH_3-\underset{CH_3}{\overset{CH_3}{C}}-H + CH_3-\overset{CH_3}{C}=CH_2 \xrightarrow[HF]{H_2SO_4} CH_3-\underset{CH_3}{\overset{CH_3}{C}}-CH_2-\underset{CH_3}{CH}-CH_3$$

异丁烷　　异丁烯　　2,2,4—三甲基戊烷

$$CH_3-\underset{CH_3}{\overset{CH_3}{C}}-H + CH_3-CH_2-CH=CH_2 \xrightarrow[HF]{H_2SO_4} CH_3-\overset{CH_3}{CH}-\overset{CH_3}{CH}-CH_2-CH_2-CH_3$$

异丁烷　　1-丁烯　　2,3—二甲基己烷

$$CH_3-\underset{CH_3}{\overset{CH_3}{C}}-H + CH_3-CH=CH-CH_3 \xrightarrow[HF]{H_2SO_4} CH_3-\underset{CH_3}{\overset{CH_3}{C}}-CH_2-\underset{CH_3}{CH}-CH_3 \text{ 或}$$

异丁烷　　2-丁烯　　2,2,4—三甲基戊烷

$$CH_3-\underset{\displaystyle |}{\overset{CH_3}{CH}}-\overset{CH_3}{CH}-\overset{CH_3}{CH}-CH_3 \quad 或 \quad CH_3-\overset{CH_3}{CH}-\underset{CH_3}{\overset{CH_3}{C}}-CH_2-CH_3$$

2，3，4—三甲基戊烷 **2，3，3—三甲基戊烷**

烷基化所使用的烯烃原料和催化剂不同，烷基化的反应过程和所得产物也有所不同。在发生加成反应的同时还伴随着异构化反应，因此反应产物中有多种 C_8 异构烷烃生成。原料中含有的少量丙烯和戊烯，也可以与异丁烷反应。此外，在过于苛刻的反应条件下，原料和产品还可以发生裂化、歧化、叠合、氢转移等副反应，生成低沸点或高沸点的副产物以及酯类和酸油等。烷基化产物分布情况见表10-2。由表10-2可见：①异丁烷与丁烯的烷基化反应不仅生成 C_8 异构烷烃，还生成 C_6、C_7 异构烷烃以及 C_9 以上重组分，因此异丁烷与丁烯的烷基化产物是由异辛烷与其他烃类组成的复杂混合物；②异丁烯烷基化产物中高辛烷值的 C_8 异构烷烃含量较低而 C_9 以上重组分较多，说明异丁烯易于发生叠合反应；③不论是以硫酸法还是氢氟酸为催化剂，异丁烷与丁烯的烷基化产物分布大致相似，C_8 异构烷烃占多数，C_8 异构烷烃中又以2，2，4-三甲基戊烷所占比例最大，其次为2，3，4-三甲基戊烷和2，3，3-三甲基戊烷；④硫酸烷基化产物的种类多于氢氟酸烷基化。氢氟酸烷基化产物中 C_8 异构烷烃含量多于硫酸烷基化产物，因此通常氢氟酸烷基化油的辛烷值高于硫酸烷基化油。

表10-2 烷基化产物分布 %

烯 烃	异丁烯		1-丁烯		2-丁烯	
催化剂	硫酸	氢氟酸	硫酸	氢氟酸	硫酸	氢氟酸
2，3-二甲基丁烷	5.6	1.5	4.9	0.6	4.5	2.5
2-甲基戊烷	1.8	0.9	1.6	—	1.5	0.5
3-甲基戊烷	0.8	—	0.5	—	0.5	—
C_6 合计	8.2	2.4	7.0	0.6	6.5	3.0
2，2，3-三甲基丁烷	0.3	—	0.4	—	0.3	—
2，3-二甲基戊烷	2.0	2.7	1.7	1.7	1.6	1.4
2，4-二甲基戊烷	4.1	2.3	3.2	1.3	3.3	2.4
2-甲基己烷	0.2	—	0.2	—	0.2	—
3-甲基己烷	0.1	—	0.2	—	0.3	—
C_7 合计	6.7	5.0	5.7	3.0	5.7	3.8
2，2，4-三甲基戊烷	24.7	49.0	28.8	29.5	32.6	37.9
2，2，3-三甲基戊烷	1.7	1.5	2.3	0.9	2.4	2.4
2，3，4-三甲基戊烷	6.3	9.4	11.8	14.1	11.8	19.4
2，3，3-三甲基戊烷	9.5	6.8	15.2	8.2	17.0	10.1

续表

烯　烃	异丁烯		1-丁烯		2-丁烯	
催化剂	硫酸	氢氟酸	硫酸	氢氟酸	硫酸	氢氟酸
2，4-二甲基己烷	2.5	3.3	3.5	4.9	2.6	2.6
2，5-二甲基己烷	3.5	2.9	3.4	1.9	3.1	2.8
2，3-二甲基己烷	1.6	2.4	3.3	25.2	2.2	3.4
3，4-二甲基己烷	—	—	0.2	—	0.4	—
C_8 合计	49.8	75.3	68.5	84.7	72.1	78.6
C_9^+	35.5	17.3	18.8	11.5	15.7	14.7

异丁烷与丁烯在不同反应温度时的烷基化反应都是放热反应。随着反应温度的升高，烷基化反应的 ΔH 都呈现出增大趋势，说明随着反应温度的提高，各反应的放热量减小。

烷基化反应的平衡常数是随着反应温度的升高而急剧降低的，反应从 10℃升高到 100℃时，减小了 4 个数量级，减小的幅度很大。超过 100℃以后，平衡常数的变化趋于稳定，虽然仍在降低，但是降低的幅度在减小。显然反应温度越高，烷基化反应趋于热力学平衡的程度就越低。对于烷基化反应而言，从热力学的角度要尽可能地使烷基化反应在低温进行，这样会获得高的反应平衡转化率。

三、烷基化的原料

C_3～C_5烯烃均可以与异丁烷作为烷基化的原料，但不同烯烃的反应效果不同。丙烯和戊烯作为烷基化的原料，得到的烷基化油的辛烷值低于丁烯烷基化油；特别是对于硫酸烷基化，丙烯和戊烯原料的酸耗大于丁烯。因此，工业上，烷基化采用异丁烷和丁烯为原料。对于硫酸法烷基化，较好的原料是 1-丁烯和 2-丁烯。而对于氢氟酸法烷基化，较好的原料是 2-丁烯。可见，采用醚化或二聚的办法抽出异丁烯，是提高烷基化油辛烷值的较好途径。催化裂化装置副产的丁烯中还含有其他组分及杂质，主要包括丁二烯、硫化物和水，如果上游有 MTBE 装置，则原料中还含有甲醇和二甲醚。原料中含有乙烯对硫酸法烷基化装置操作影响比较大。上述杂质对烷基化的影响主要体现在对酸耗的影响上。

（一）乙烯

对于硫酸法烷基化，原料中混入乙烯时，乙烯不是与异丁烷发生烷基化反应，而是与硫酸反应生成硫酸氢乙酯，溶解在酸中，对催化剂硫酸起稀释作用，严重时导致烷基化反应不能发生，而主要发生叠合反应。乙烯还能造成酸耗增加，每吨乙烯消耗 20.9t 硫酸。控制原料中乙烯的办法就是要控制原料中 C_3的带入量。

（二）丁二烯

原料中通常含有 0.5%～1%的丁二烯，在烷基化条件下，与硫酸或氢氟酸反应生成酸溶性酯类或重质酸溶性油（ASO），ASO 是一种平均相对分子质量较高的黏稠重质油，造成烷基化油干点升高，辛烷值和汽油收率下降。分离 ASO 时还会造成酸损失。对于硫酸法烷基化，1t 丁二烯消耗 13.4t 硫酸；对于氢氟酸法烷基化，1t 丁二烯会产生 0.7～1t ASO，而 1t ASO 消耗 0.5～20t 氢氟酸。因此硫酸法烷基化要求丁二烯含量低于 0.5%，氢氟酸法烷基化要求丁二烯含量低于 0.2%。

脱除丁二烯普遍采用选择性加氢的方法。选择性加氢通常在固定床反应器内进行。催化剂的加氢活性组分为贵金属Pd，含量为0.2%~0.3%。为了提高催化剂的选择性，通常加入助活性组分，常用的有Au、Cr和Ag。应用最为广泛的载体为Al_2O_3。用碱金属K修饰Al_2O_3载体，可以降低表面酸性，提高催化剂的稳定性。近年来，复合载体的采用，大大提高了催化剂的性能。如$TiO_2-Al_2O_3$复合载体制备的催化剂具有更高的活性和选择性，抗硫抗砷中毒能力强。H_2S会造成Pd催化剂永久性中毒，因此要求原料中H_2S含量小于1μg/g。

（三）硫化物

硫化物对酸的稀释作用非常显著，促使叠合反应的发生而抑制烷基化反应，造成ASO增加。同时每吨硫化物(按硫计)可消耗硫酸15~60t。当原料中硫含量为20μg/g时，每吨氢氟酸烷基化油的酸耗量为0.608kg；硫含量超过50μg/g，酸耗量急剧增加；当原料中硫含量为100μg/g时，每吨氢氟酸烷基化油的酸耗量为4.05kg。因此硫酸法烷基化要求硫含量低于100μg/g，氢氟酸法烷基化要求硫含量低于20μg/g。采用现有的液化气脱硫醇和硫化氢工艺即可使硫含量满足要求。

（四）水

原料中通常含有500μg/g左右的饱和水，特别是当原料中含有游离水时，将对烷基化产生较大影响。原料中带水会造成酸的稀释和设备腐蚀的加剧。采用聚结器可以将游离水脱掉。在烷基化装置的干燥工序，采用3A、4A分子筛或活性氧化铝为干燥剂，可使原料的水含量降至10~20μg/g。

（五）甲醇和二甲醚

大部分炼油厂烷基化的原料来自MTBE装置，合成MTBE剩余的C_4馏分中通常含有500~2000μg/g的二甲醚和50~100μg/g的甲醇。甲醇在烷基化装置中产生二甲醚和水，二甲醚则生成轻质的酸溶性物质，不能从酸中分出，造成循环酸质量的下降，进而造成烷基化酸耗增加和烷基化油收率和辛烷值下降。一般要求原料中甲醇≤50μg/g，二甲醚≤100μg/g。采用蒸馏的办法可以使原料中的甲醇全部脱除，二甲醚含量小于35μg/g。采用脱二甲醚和甲醇措施后，1t烷基化油的酸耗可以降低4.38kg。

四、烷基化工艺流程和影响因素

（一）硫酸法烷基化工艺流程和影响因素

1. 工艺流程

硫酸法烷基化装置可分为反应流出物制冷式以及自冷式或阶梯式二种。Stratco(斯特拉特科)公司的反应流出物制冷式硫酸烷基化工艺在世界上许多国家得到采用，包括我国的多套硫酸法烷基化装置，其工艺流程见图10-1。下面就Stratco反应流出物制冷式硫酸烷基化工艺流程进行详细说明。

烷烯比符合要求的原料经过缓冲罐后，经过原料泵升压，与来自脱异丁烷塔的循环异丁烷混合，进入冷却器与来自闪蒸罐(1)的反应器流出物换热，物料温度由约38℃降至10℃左右，然后进入原料脱水器，脱除原料中的游离水和部分溶解水，然后与循环冷剂混合，并与循环酸分别进入Stratco反应器的搅拌器吸入端。

Stratco卧式偏心高效反应器是该工艺的核心部分，其结构如图10-2所示。该反应器的外壳是一个卧式的压力容器，内部装有一个大功率的搅拌器、内循环套筒以及取热管束。靠搅拌叶轮的作用，原料迅速与酸形成乳化液，乳化液在反应器内高速循环并发生烷基化反

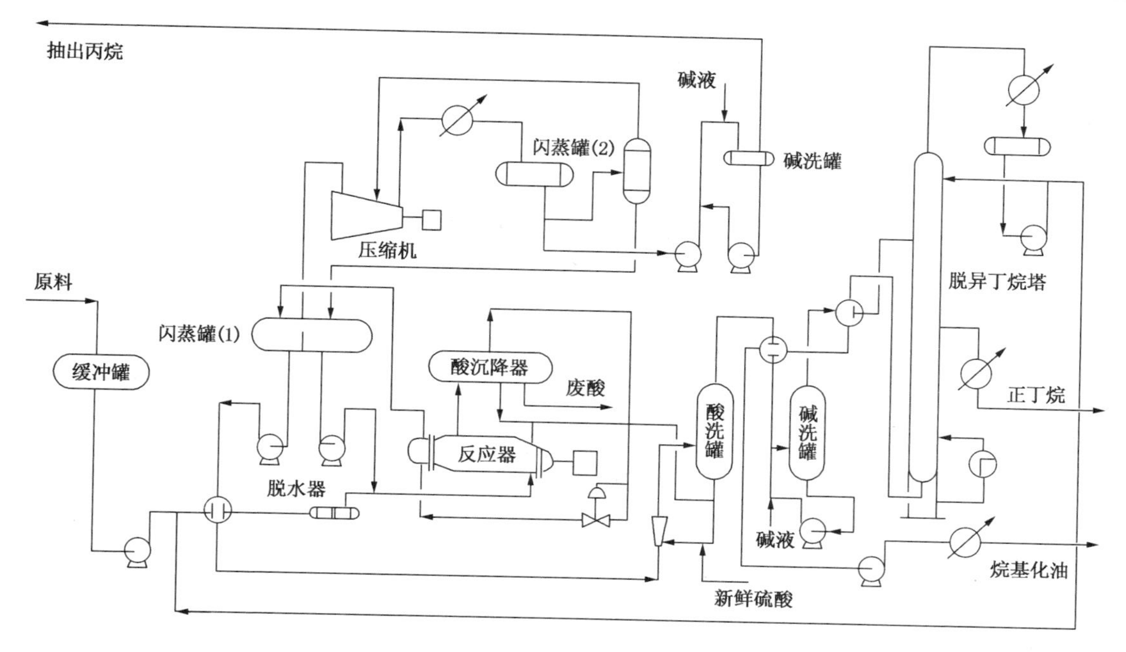

图 10-1　反应流出物制冷式工艺流程示意图

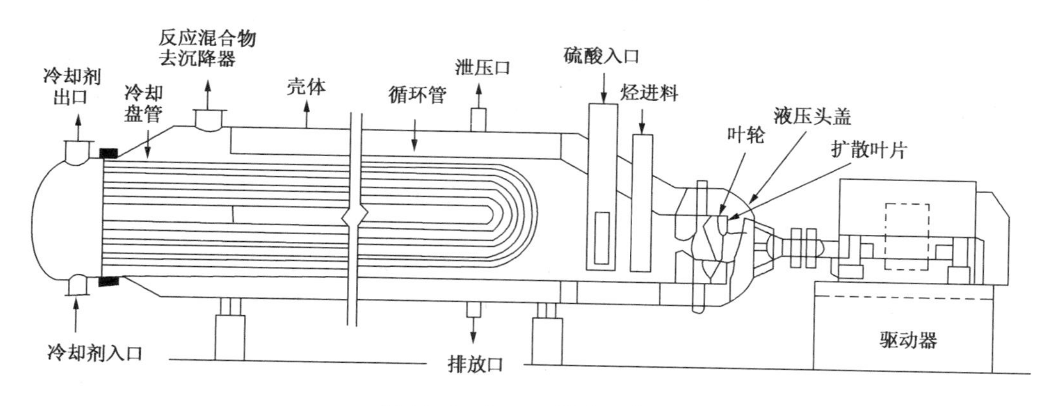

图 10-2　Stratco 卧式反应器

应。反应后的乳化液经一上升管引入到酸沉降器，在此进行酸和烃的沉降分离。酸沉降器中有一块废酸堰板，以保证废酸在沉降器中有足够的沉降分离时间，废酸(浓度 90%左右)自酸沉降器中排出，经加热器加热后排放至排酸罐。部分酸经过下降管返回到反应器的搅拌器吸入端。借助于上升管和下降管中物料的密度差，硫酸在反应器和酸沉降器之间形成自然循环。

硫酸在反应器和酸沉降器间的循环有贫酸循环和富酸循环(或称乳液循环)两种模式。贫酸循环模式时，下降管里的物料中基本上不含烃类。富酸循环模式时，下降管里的物料中烃类占物料总体积的 1/3 左右。通过减少酸在酸沉降器里所占的体积或者说保持低酸液位，减少酸在沉降器里的停留时间，不使酸彻底沉降下来就返回到反应器中，可以实现富酸循环。富酸循环可以避免或减少在酸沉降器里所发生的副反应，从而提高烷基化油的质量，降低酸耗。

与酸分离后的反应流出物从酸沉降器顶部流出，经过压力控制阀减压后，流经反应器内的取热管束，并部分汽化以吸收反应放出的热量，保持反应器低温。从反应器取热管束管程出来的气液混合物进入闪蒸罐(1)进行气液分离。分出的气体经压缩、冷凝、冷却后，大部分冷凝液进入闪蒸罐(2)，在适当的压力下闪蒸出富丙烷物料，返回压缩机二级入口。闪蒸罐(2)的液体再进入闪蒸罐(1)降压闪蒸，得到的低温制冷剂经冷剂循环泵与脱水后的原料混合送往反应器。为了防止丙烷在系统中积累，从压缩机冷凝液抽出一小部分，经碱洗罐碱洗后送出装置。

来自闪蒸罐(1)底部的反应流出物与反应原料换热后，与循环酸和补充新酸在喷射混合器中进行混合，再进入酸洗罐。循环酸量为反应流出物4%~10%，补充的新酸为98 %的浓硫酸，用量根据反应需要而定。反应器流出物中夹带的硫酸酯在脱异丁烷塔的高温条件下会分解放出SO_2，遇到水分会造成塔顶系统的严重腐蚀以及脱异丁烷塔再沸器结垢，必须予以脱除；为了弥补在烷基化反应过程中硫酸浓度的降低和硫酸的消耗，也必须不断地向系统补充新酸。补充的新酸先进入酸洗罐，吸收反应流出物中的硫酸酯，再进入反应器，硫酸酯可以在反应器中参加反应。因此酸洗可以起到防止脱异丁烷塔系统腐蚀与结垢，增加烷基化油收率的双重作用。

经过酸洗后，含有约10μg/g硫酸及少量硫酸酯反应流出物经换热进入碱洗罐中，用49~65℃热碱水(含硫酸钠和亚硫酸盐)进行碱洗，使残留硫酸酯水解并中和携带的微量酸。

经过碱洗后的反应流出物流经换热器与从脱异丁烷塔塔底得到的产品烷基化油换热后，进入脱异丁烷塔。从塔顶分出异丁烷，冷凝冷却后返回反应器循环使用。侧线抽出的正丁烷经冷凝冷却后送出装置。从塔底的烷基化油与脱异丁烷塔的进料、碱洗罐的进料换热后作为目的产品送出装置。

2. 主要影响因素

(1) 反应温度

硫酸烷基化反应要求比较低的反应温度，设计反应温度一般采用10℃。降低反应温度，能够有效地抑制聚合反应和其他不利的副反应，烷基化油的质量与收率提高，烷基化油的辛烷值也比较高。反应温度过低，硫酸的黏度增大，酸烃乳化变得困难，也会增大反应的搅拌功率消耗和冷耗，并使乳化液难以分离。反应温度过高会增加烯烃叠合和酯化反应，导致烷基化油收率低、辛烷值下降、干点升高和酸耗增加。工业上采用的反应温度一般为8~12℃。

(2) 异丁烷浓度和烷烯比

随着反应器中异丁烷浓度的上升，烷基化油的辛烷值升高，烷基化油的质量提高，干点下降；同时可以减少硫酸酯的生成量，从而降低酸耗。反应器流出物中，异丁烷的最低安全浓度为38%~50%，一般控制在60%~70%之间。异丁烷浓度低时，聚合等副反应增加；一定范围内异丁烷浓度每提高10%，烷基化油的马达法辛烷值可提高0.5~0.7个单位。

对异丁烷浓度有较大影响的因素有两个：一是烃相中丙烷和正丁烷的浓度。丙烷和正丁烷对烷基化反应是惰性的，但如果丙烷和正丁烷的浓度太高，则异丁烷的浓度就要下降。当系统不能及时排出丙烷和正丁烷而造成它们累积时，问题就会变得越来越严重。因此要尽量将正丁烷及多余的丙烷排出装置，同时尽量降低原料中丙烷和正丁烷的浓度；二是影响异丁烷浓度的因素是烷烯比。烷烯比可以是指反应器内部异丁烷对烯烃的比例(简称内比)，也可以是指进反应器物料的烷烯比(简称外比)，目前一般控制外比为8~12。由于烷基化反应器是全混流反应器，反应流出物的状态与反应器中的物料状态是等同的，因此反应流出物中异丁烷的浓度也就是反应器中异丁烷的浓度。

(3) 硫酸的质量

硫酸作为烷基化反应的催化剂，其质量的重要性是不言而喻的。酸浓度对烷基化油的辛烷值和收率都有显著影响。酸浓度与酸强度(H_0)有类似线性关系，酸浓度越大，酸强度 H_0 越小。烷基化反应要求催化剂的酸强度(H_0)有一个域值，当硫酸催化剂的酸强度 $H_0>-8.2$ 时，反应以烯烃聚合为主，酸耗增加，烷基化油的辛烷值降低；当硫酸催化剂的酸强度 $H_0<-8.2$ 时，反应以烷基化为主，烷基化油的辛烷值增加。硫酸浓度过高，SO_3 能够和异丁烷发生反应，从而破坏烷基化反应的进行，因此不能使用100%的硫酸或发烟硫酸。

特别是其中的水含量比较高时，则可能产生硫酸对设备的腐蚀。因此要严格控制硫酸浓度不低于90%。对于混合 C_4 烯烃来说，如果将酸的浓度从89%提高到94%，烷基化油的辛烷值可提高1.0~1.8个单位。当乳化液中硫酸浓度为95%~96%时，烷基化油的辛烷值最高。

水的存在有利于硫酸的离解，有利于提供烷基化反应所需要的 H^+；但是水含量增加，会使硫酸的腐蚀能力增强，使酸的浓度下降，一般控制硫酸中的水含量为0.5%~1%。

(4) 酸烃比

在相同的操作条件下，以硫酸为连续相进行烷基化反应，所得烷基化油的质量比以烃为连续相时好，且酸耗也低。这是因为酸的导热系数比烃大得多，所以能有效地散去反应热。形成以硫酸为连续相的乳化液所需要的酸烃体积比为1：1左右。酸烃比过大，会减少烃类的进料量(因为反应器的体积及反应停留时间是一定的)，从而降低装置的处理量。同时酸烃比增大，酸烃乳化液的黏度和密度增加，使烷基化反应的功率消耗增大。由于硫酸的类型(新酸，旧酸)、硫酸的浓度、原料烷烯比以及喷嘴、搅拌、反应器内部结构等因素的影响，形成以硫酸为连续相所需要的酸烃比有所差异。一般工业上采用酸烃比为(1~1.5)：1。

(5) 反应时间

反应时间对反应产物的收率和质量的影响与酸烃的分散状况相比其作用要小得多。反应时间应至少大于酸烃达到完全乳化所需要的时间，否则反应尚未完成，对收率和质量都将产生不利的影响。但如果反应时间过长，不仅影响装置的处理能力，还会造成副反应和酸耗增加、产品质量下降。工业上通常控制烯烃的进料空速为 $0.3h^{-1}$。烯烃的进料空速即每小时烯烃进料体积除以停留在反应区内硫酸体积之商。

(6) 搅拌功率

决定硫酸烷基化反应速率的控制步骤是异丁烷向酸相的传质过程，因此酸烃乳化程度对烷基化反应过程影响很大。在反应器形式和酸烃比确定后，影响酸烃乳化程度的关键因素是搅拌功率。同时激烈的搅拌可将烯烃的点浓度降至最低，防止因烯烃自身聚合反应和烯烃与酸的酯化反应而降低产品质量。此外，搅拌还有利于反应热的扩散与传递，使反应器内温度均匀，产品质量稳定。工业上采用的搅拌机动力输入(按烷基化油产量计)为0.74~1.19kW/($d\cdot m^3$)。

(二) 氢氟酸法烷基化工艺流程和影响因素

氢氟酸法烷基化工艺可分为Phillips公司开发的氢氟酸法烷基化装置和UOP公司开发的氢氟酸法烷基化装置。由于我国引进的12套氢氟酸烷基化装置全部采用Phillips公司开发的氢氟酸法烷基化工艺，因此主要针对 Phillips 氢氟酸烷基化工艺(见图 10-3)进行详细说明。

1. 工艺流程

新鲜原料先用升压泵送入装有干燥剂的干燥器中进行脱水处理，以保证进入反应系统的原料中水含量小于 20μg/g，流程中有 2 台干燥器，1 台干燥，1 台再生，切换操作。

干燥后的原料与来自主分馏塔的循环异丁烷混合，经高效喷嘴充分雾化后进入反应管，烃类均匀地分散于氢氟酸中。原料中的烯烃和异丁烷在氢氟酸的作用下，在管式反应器中迅速发生烷基化反应，反应流出物沿反应管自下而上流动，边移动边反应，最后进入酸沉降罐。在酸沉降罐内，由于酸与反应流出物的相对密度不同而进行分离，反应流出物位于沉降罐上部，氢氟酸在沉降罐下部。氢氟酸依靠位差向下流入酸冷却器，取走反应热，然后又进入反应管循环使用。反应流出物从沉降罐上部抽出进入一台辅助反应器，即酸再接触器，反应流出物在酸再接触器中与纯度较高的氢氟酸充分接触，使其中的有机氟化物分解成烯烃和氢氟酸，并在氢氟酸的作用下，烯烃和异丁烷反应生成烷基化油。

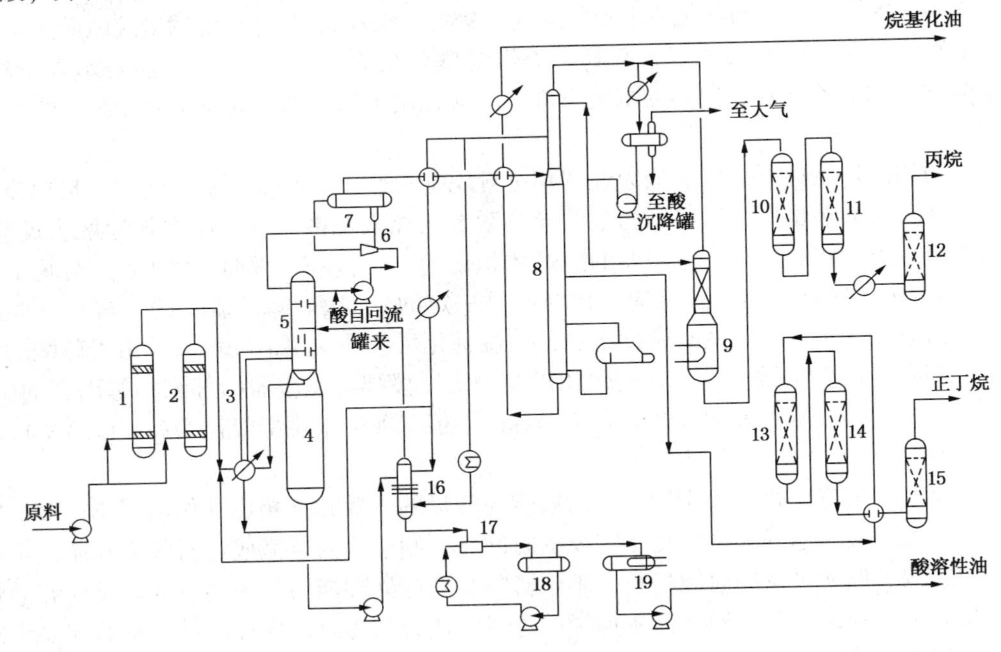

图 10-3 Phillips 氢氟酸法烷基化工艺流程图

1，2—进料干燥器；3—反应管；4—酸储罐；5—酸沉降罐；6—酸喷射混合器；7—酸再接触器；8—主分馏塔；9—丙烷汽提塔；10，11—丙烷脱氟器；12—丙烷 KOH 处理器；13，14—丁烷脱氟器；15—丁烷 KOH 处理器；16—酸再生塔；17—酸溶性油混合器；18—酸溶性油碱洗罐；19—酸溶性油储罐

来自酸再接触器的反应流出物经换热后进入主分馏塔。主分馏塔塔顶馏出物为带有少量氢氟酸的丙烷，经冷凝冷却后，进入回流罐。部分丙烷作为塔顶回流，剩余部分丙烷进入丙烷汽提塔，酸与丙烷的共沸物自汽提塔顶部抽出，经冷凝冷却后返回主分流塔塔顶回流罐。汽提塔底部丙烷经 KOH 处理脱除微量氢氟酸后送出装置。异丁烷和正丁烷分别从主分馏塔侧线抽出，异丁烷经冷却后返回反应系统，正丁烷经脱氟器处理后送出装置。烷基化油从塔底抽出，经换热后送出装置。

为使循环酸的浓度保持一定水平，必须进行酸再生，以脱除在操作过程中累积的酸溶性油和水分。再生酸量为循环酸量的0.12%~0.13%。来自酸冷却器的待生氢氟酸加热汽化后进入酸再生塔，塔底通入过热异丁烷蒸气进行汽提，塔顶用循环异丁烷打回流。汽提出的氢氟酸和异丁烷进入酸沉降罐的烃相。酸再生塔底的酸性油和水经碱洗中和后定期送出装置。

2. 主要影响因素

(1) 反应温度

氢氟酸烷基化的反应温度通常为30~40℃，一般用装置所在地的循环冷却水的温度作为反应温度。随着反应温度的升高，反应速度加快，但C_8以上的聚合物和重组分增多，产品的干点提高，辛烷值下降，收率下降。反应温度降低，烷基化油辛烷值增高，干点降低。如果反应温度过低，易于生成有机氟化物，促使酸耗增加。

(2) 烷烯比

一般来说，随着烷烯比的增加，烯烃本身相互碰撞的机会减少，烯烃与烷基化中间产物的碰撞机会也减少，因此发生聚合反应和过烷基化的机会减少，C_8烷基化反应几乎成唯一的反应，副产物减少，烷基化油的收率提高，产物多数是三甲基戊烷，所得产品的辛烷值上升，但异丁烷的消耗和能耗也相应地增加。工业上烷烯比一般控制在(12~16)：1。

(3) 氢氟酸纯度

当氢氟酸纯度下降时，烷基化反应产物中有机氟化物的含量将明显上升，如果有机氟化物生成量太大，会有氟化物残留在烷基化油中，会造成质量事故或者塔底重沸器腐蚀。当氢氟酸被大量杂质和酸溶性油污染时，酸纯度下降，由污染物参与的反应增多，有利于酸溶性油的进一步增多和有机氟化物的生成，因此循环酸纯度一般控制在90%左右。

氢氟酸含水过低，则催化活性低，不利于反应的引发，但含水量过高会造成强烈腐蚀，一般控制氢氟酸中水含量为1.5%~2.0%。

(4) 酸烃比

酸催化的烯烃与异丁烷的烷基化反应发生在酸烃界面上，因此提供足够的氢氟酸以及使烃在酸中充分分散从而保证产生足够的酸烃界面是十分重要的。一般酸作为连续相，烃作为分散相。为了酸为连续相，要求酸烃比最低为4：1，否则会造成酸烃接触不良，产品质量变差，副产物增多。酸烃比过高对产品质量改善不明显，反而增加设备尺寸和能耗。工业上常采用的酸烃比为(4~5)：1。

(5) 反应时间

氢氟酸烷基化反应由于相际传质速率快，反应时间一般只有几十秒钟。工业装置中，反应物料在反应管中的停留时间一般为20s。

五、烷基化技术进展

目前，工业应用的烷基化催化剂主要是硫酸和氢氟酸。硫酸法烷基化存在着设备腐蚀和废酸渣难以处理的问题。氢氟酸对异丁烷的溶解度及溶解速度都比硫酸大，反应活性高，选择性强，副反应少，目的产品收率高。这些优点使得氢氟酸烷基化发展快于硫酸法。但氢氟酸不易得到，并且是一种剧毒物质，一旦泄漏将对人体和环境造成巨大伤害。因此人们一直在努力，采取措施降低酸耗和提高安全性。开发固体酸烷基化催化剂可以从根本上解决硫酸和氢氟酸法烷基化存在的问题。

（一）固体酸烷基化催化剂研究进展

无论是液体酸催化剂体系，还是固体酸催化剂体系，反应都是十分复杂的，固体酸催化剂体系尤为突出。因为固体酸表面的酸强度不均一，是在一定范围内分布的，而不同酸强度的酸中心又可催化不同类型的反应；固体酸酸浓度分布也是不均一的；此外，催化剂的孔结构、孔径大小等也将对反应结果产生显著影响。

目前研究和开发的固体酸烷基化催化剂主要有三类：分子筛催化剂、负载型杂多酸催化剂和超强酸催化剂。

1. 分子筛催化剂

由于具有良好的择形性和活性中心可调控性，分子筛在石油化工领域中起到了越来越重要的作用，已广泛应用于催化裂化、烷基化、歧化、异构化、烷基转移、聚合等一系列重要的反应中。分子筛是最早被研究用作为异丁烷-丁烯烷基化的固体酸催化剂。目前为止，研究过的分子筛有：USY、HY、β、Mordenite、ZSM-5 、ZSM-12、MCM-22、MCM-36 和 MCM-49 等。

分子筛的孔结构对其异丁烷与丁烯的烷基化性能具有明显影响，USY、β、Mordenite、ZSM-5 和 MCM-22 分子筛用于异丁烷与 2-丁烯的反应结果列于表 10-3。从表中可以看出，几种分子筛的丁烯转化率均在 90%以上，烷基化产率则因不同类型的分子筛而异，大孔分子筛 USY、β、Mordenite 的烷基化产率较高，中孔 ZSM-5 分子筛的烷基化产率很低，具有十元环和十二元环双重孔道的 MCM-22 分子筛的烷基化产率则处于两者之间。而且这几种分子筛的 C_8产物中目标产物三甲基戊烷的含量也符合上述规律，说明具有十二元环孔道的分子筛催化异丁烷和丁烯的烷基化具有明显的优势。对于硅铝比接近的几个大孔分子筛 β、ZSM-12、USY 和 LTL(Linde Type L)分子筛的研究结果表明，β 和 ZSM-12 都具有较高的稳定性，而 USY 和 LTL 的稳定性较差。这主要与他们的结构有关，β 和 ZSM-12 的孔道较均匀，USY 和 LTL 类分子筛存在 1.2nm 左右的超大孔，容易产生大的碳物种(积炭前驱体)，从而导致分子筛的快速失活。

表 10-3 不同分子筛的初始烷基化活性和选择性

分子筛	USY	β	Mordenite	ZSM-5	MCM-22
2-丁烯转化率/%	100.0	97.4	93.7	99.8	95.2
烷基化油产率/%	48	47	67	3	12
烷基化产物分布/%					
$C_5 \sim C_7$	32.8	29.9	7.9	6.2	63.4
C_8	40.9	50.6	70.2	83.5	33.0
C_9	26.3	19.5	21.9	10.3	3.6
C_8 烷烃分布/%					
三甲基戊烷	74.1	76.9	76.9	20.9	36.9
甲基庚烷	25.6	21.1	17.8	70.9	33.1
二甲基己烷	0.3	2.0	5.3	8.2	30.0

① 反应条件：50℃、2.5MPa、烷烯比 15、2-$C_4^=$ 空速 $1h^{-1}$。

② 烷基化油产率=[烷基化油量(g)/2-$C_4^=$ 进料量(g)]×100%。

从目前的研究结果来看，异丁烷和丁烯烷基化使用的分子筛催化剂主要是具有较大孔径的分子筛。由于具有较高的B酸中心密度和适宜的孔结构，β分子筛被认为是一种很有前途的烷基化催化剂。增加分子筛的铝含量可以改善β分子筛的稳定性。

目前对分子筛催化剂的研究主要集中在通过L酸和B酸对分子筛的改性，来增强分子筛催化剂的酸强度和提高催化剂表面酸性中心的分布均匀度。将大孔分子筛与BF_3或$AlCl_3$结合制成改性的分子筛催化剂用于异丁烷与丁烯的反应，反应不仅可在高丁烯空速和低烷烯比下进行，而且反应温度降低，产物的选择性得到了提高。该催化体系需在少量水和醇类溶剂存在下进行，同样存在腐蚀和污染的问题。

大多数固体酸催化剂用于烷基化反应的缺点是失活较快，随反应时间增加不但活性迅速减少，目的产物的选择性也随之降低，这是固体酸烷基化催化剂共有的弊端，但是分子筛的优势是容易再生，因此分子筛催化剂有望成为生产烷基化汽油的固体酸催化剂。

2. 负载型杂多酸催化剂

作为一种新型的催化材料，杂多酸与它的盐类化合物具有独特的酸性“准液相”行为和多功能催化等优点，因此杂多酸在催化研究领域中备受研究人员的重视。固体杂多酸与浓的液体杂多酸催化剂一样，也具备均相催化反应特点，具有很高的活性和选择性。杂多酸的独特酸性还在于它是酸度均一的纯质子酸，且其酸性比$SiO_2-Al_2O_3$、H_3PO_4/SiO_2等固体酸催化剂强得多。

目前用作催化剂的主要是具有Keggin结构的杂多酸，如十二磷钨酸($H_3PW_{12}O_{40}\cdot xH_2O$)、十二硅钨酸($H_3SiW_{12}O_{40}\cdot xH_2O$)、十二磷钼酸($H_3PMo_{12}O_{40}\cdot xH_2O$)等。Mobil公司申请了用于异丁烷/丁烯烷基化反应的MCM-41负载杂多酸催化剂的专利。Blasco等以SiO_2、中孔硅酸铝MSA($SiO_2-Al_2O_3$)、全硅MCM-41为载体负载磷钨酸，制备了烷基化催化剂，在较低反应温度下均具有较高的异丁烷/丁烯烷基化反应活性和选择性，而且以SiO_2为载体时，活性最高。当磷钨酸负载量为40%时活性和选择性最高，丁烯转化率达到98.8%，C_8烷烃占液体产物的59.5%，三甲基戊烷占C_8烷烃的85.3%。有学者将杂多酸类催化剂成功地用于异丁烷/丁烯烷基化反应，并在超临界条件下完成了固定床1400h的寿命试验，丁烯转化率为100%，烷基化油辛烷值为94左右，取得了良好的反应结果。

3. 固体超强酸催化剂

超强酸是一种酸强度高于或等于100% H_2SO_4的化合物。超强酸分为液体超强酸和固体超强酸。1979年日本学者Arata等首次报道了无卤素型的SO_4^{2-}/M_xO_y超强酸体系，发现某些用稀硫酸或硫酸盐浸渍过的金属氧化物经高温焙烧，可形成酸强度为100% H_2SO_4一万倍的固体超强酸，这一结果引起了人们的广泛重视，并对该类体系进行了大量的研究。目前已成功地制备出以ZrO_2、TiO_2、SnO_2、Fe_2O_3和其他一些氧化物为载体浸渍SO_4^{2-}的各种超强酸，并且将这些超强酸用作烷基化反应的催化剂。以ZrO_2/SO_4^{2-}及其负载型的催化剂用于烷基化反应具有较高的初活性，但失活迅速，且裂化产物多，烷基化选择性差。

而将超强酸负载到一些无机材料、有机化合物或无机-有机复合载体上则可形成一类可用于多相催化反应的固体酸催化剂。如SbF_5、BF_3、$AlCl_3$、$SnCl_4$和$TiCl_4$等卤化物负载在无机载体或高分子化合物上，表现出超强酸特性，用于异丁烷与烯烃烷基化反应显示出较好的催化活性和选择性。

固体超强酸催化异丁烷/丁烯反应的机理同在沸石分子筛上反应的机理相似，所不同的是由于固体超强酸的酸强度大，异构化反应和裂化更易进行，尤其是随着温度的提高，异构化反应速度加快。因此，对于固体超强酸催化异丁烷/丁烯的反应，反应温度的控制非常重要，否则，尽管丁烯的转化率高，但目的产物的选择性却不高。

(二) 固体酸烷基化工艺进展

1. Alkylene 工艺

美国 UOP 公司开发的 Alkylene 工艺反应系统采用液相流化床提升管反应器，再生系统采用移动床。采用的催化剂是一种型号 HAL-100TM 的 Pt-KCl- $AlCl_3/Al_2O_3$ 固体酸催化剂，该催化剂具有优化的颗粒分布和孔径，并能保证良好的传质，对异丁烷有很高的烷基化活性。反应器操作压力约 2.41 kPa，外部烷烯比约为 6/1~15/1，反应温度为 10~38℃ 。

Alkylene 工艺主要流程与液体酸烷基化工艺相似，只是反应系统不同。如图 10-4 所示，原料先经过预处理，除去杂质(如二烯烃和含氧化合物)，然后与循环异丁烷一起送到反应系统。异丁烷作为提升管反应器的提升介质。反应器中的反应物料与催化剂的进行短时间接触，以尽量减少缩合反应。从反应器出来的反应产物进入分离器，分离出催化剂后送入下游的分馏单元，分出丙烷、丁烷和烷基化油产品。分离出的富含异丁烷馏分循环到反应系统中，以增加反应的烷烯比。催化剂通过异丁烷洗涤和加氢方法再生，再生条件比较缓和。

在中型装置上，使用氢氟酸、硫酸和 UOP 公司的 HAL-100TM Alkylene 催化剂，以 2-丁烯为原料制得的烷基化油的组成和辛烷值列于表 10-4。可见 UOP 公司 Alkylene 工艺得到的烷基化油的研究法辛烷值和马达法辛烷值与在优化条件下由液体酸催化剂制得的烷基化油相近。

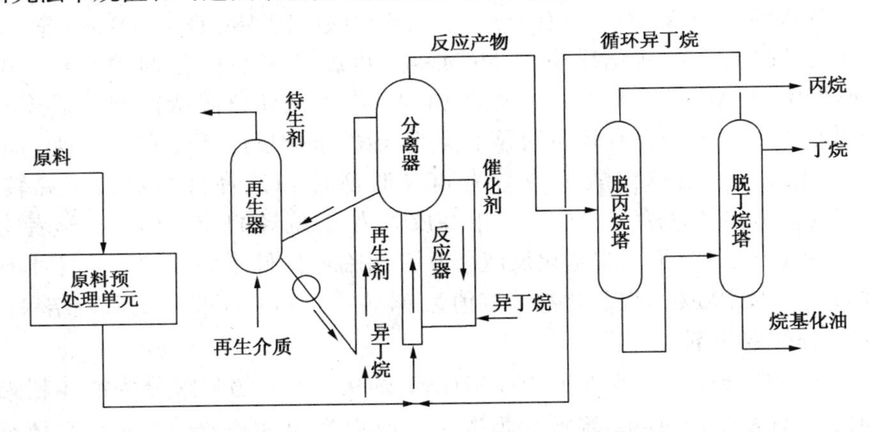

图 10-4 Alkylene 工艺流程示意图

经过几年的中试研究，Alkylene 工艺已经达到工业应用的水平。Alkylene 工艺与氢氟酸和硫酸烷基化工艺的装置投资、生产成本及烷基化油质量比较见表 10-5。Alkylene 工艺的总体效益高于液体酸烷基化工艺。

表 10-4 Alkylene 工艺与液体酸烷基化产品性能比较

项目	氢氟酸工艺	硫酸工艺	Alkylene 工艺
烷基化油组成/%(体)			
C_5	2.5	4.8	8.5
C_6	1.9	4.9	4.0
二甲基戊烷	2.9	3.8	4.7

续表

项目	氢氟酸工艺	硫酸工艺	Alkylene 工艺
甲基己烷	0	0.1	0.5
2，2，4-三甲基戊烷	49.7	31.1	38.1
2，2，3-三甲基戊烷	1.6	2.3	8.6
2，3，4-三甲基戊烷	18.8	18.4	8.1
2，3，3-三甲基戊烷	10.8	19.8	13.0
二甲基己烷	9.2	9.0	8.6
甲基庚烷	0	0.1	0.4
C_9^+	2.6	5.7	5.5
RON	97.3	97.6	96.5
MON	95.2	94.8	93.8

表 10-5　Alkylene 工艺与液体酸烷基化装置技术经济比较

项目	氢氟酸工艺	硫酸工艺	Alkylene 工艺
C_5^+ 烷基化油产量/(t/a)	241730	237350	242840
RON	94.1	94.1	93.4
MON	92.0	92.0	91.7
装置投资/百万美元	24.4	28.4	27.1
生产成本/(美元/t)			
可变成本	31.78	35.45	33.45
不变成本	5.55	5.88	5.12
折旧及投资利息	3.46	3.83	4.45
合计	40.79	45.16	43.02

2. AlkyClean 工艺

ABB Lummus Global、Akzo Nobel、Fortum 公司合作开发成功 AlkyClean 工艺，采用沸石催化剂，不含氯、无毒，无需活化剂，也是一种真正意义上的绿色固体酸催化剂。

AlkyClean 工艺主要由 4 部分组成：原料预处理、反应系统、催化剂再生和产品分离系统。工艺的关键是由多个固定床切换反应器组成的反应系统和催化剂再生技术。由于固体酸催化剂容易失活，为了保持生产持续进行和催化剂的高催化活性，需使用三个并联的反应器。在给定时间内，两台反应器投入生产，一台用氢气进行缓和再生，每次循环为 1~3 h。每隔几星期，其中一台反应器切出，在 250℃ 下高温加氢再生。催化剂的总寿命可达两年以上。

AlkyClean 工艺已在芬兰 Fortum 油气公司的 Porvoo 炼油厂成功进行两年的工业示范，采用与工业化氢氟酸烷基化装置的几乎相同原料，显示了 AlkyClean 烷基化装置具有较高的耐含氧化合物、硫化物或丁二烯等污染物性能。AlkyClean 工艺的重要特点是通过烯烃分散喷射进料和高度混合，最大限度地减少烯烃在反应器各部位的浓度。使反应区内异构烷烃/烯烃(I/O)比最大化，异丁烷与轻烯烃在 50~90℃、I/O 比为 8∶1~10∶1 条件下进行反应，产生烷基化油的 RON 大于 95.0。运转结果显示该工艺可完全避免酸溶油(ASO)的生成，不需要制冷设备和采用合金钢制造设备，对原料杂质具有较好的容忍性，操作可靠，产品质量和装置投资均与现有的氢氟酸烷基化方法相当，装置投资比硫酸烷基化方法低 10%~12%，生产费用比硫酸法系统低 3%。AlkyClean 工艺已达到工业化应用的水平。

3. Euorfuel 工艺

Rurgi 公司基于催化蒸馏技术原理开发出了 Eurofuel 工艺。该工艺采用无毒、无腐蚀、易于操作且环境友好的沸石分子筛催化剂，蒸馏塔中塔盘用作反应器，将丙烯、丁烯及戊烯等轻烯烃与异丁烷通过烷基化反应转化成具有低雷德蒸气压和高辛烷值的烷烃。在催化蒸馏塔中，催化剂不是固定在塔盘上，而是悬浮于反应混合物中，并与反应混合物一起在系统中流动。进料中烯烃/烷烃比为 1.7，反应温度为 75℃左右。含有未反应的异丁烷、反应产物及催化剂悬浮液等从反应塔底采出并送入分离塔，分离塔顶采出异丁烷，经冷凝回收作为反应塔的催化剂稀释剂，烷基化油产品从侧线抽出，催化剂从分离塔底采出并返回反应塔，必要时抽出部分催化剂进行再生。催化剂的再生采用异丁烷洗涤和加氢方法。工艺流程简单，设备和所需昂贵设备材料减少。

4. RIPP 的固体酸烷基化工艺

RIPP 经过多年的努力开发了异丁烷与丁烯超临界烷基化工艺，该工艺采用负载型的杂多酸催化剂和固定床反应器。采用超临界反应工程成功解决了固体酸催化剂在反应中容易失活的难题。在实验室 1400 h 以上的催化剂寿命试验中，反应活性保持 100%，烷基化油的辛烷值与硫酸法相当。

第二节 异 构 化

一、概述

烷烃异构化是指在一定的反应条件和有催化剂存在下，原料烃分子结构重新排成相应异构体的反应，反应结果只发生分子结构的改变而不增减原料烃分子的原子数。轻质烷烃异构化多属于气-固相的多相催化作用，催化剂是固体，反应物是气体。工业异构化过程主要采用 C_5/C_6烷烃为原料生产高辛烷值汽油组分，是炼油厂提高轻质馏分辛烷值的重要方法。在清洁汽油的生产中，异构化工艺发挥越来越重要的作用，受到人们的普遍重视。

(一) 异构化在炼油厂清洁汽油生产中的作用

与催化裂化汽油相比，异构化汽油无硫、无芳烃、无烯烃、辛烷值高，是清洁汽油的理想组分。为了提高汽油的辛烷值和降低汽油的硫含量、苯含量和烯烃含量，增加异构化汽油的生产成为必然。

C_5/C_6烷烃存在于炼油厂石脑油的轻馏分中，它们的辛烷值比较低。如果作为催化重整原料，C_5/C_6烷烃在重整反应中，相当大的一部分是裂解为小分子烃类，少量转化为苯和异构烷烃，因此 C_5/C_6烷烃作为重整进料将会影响重整产物的液收和氢纯度，为此重整反应要求尽可能减少重整原料油中 C_5/C_6烷烃的含量。而 C_5/C_6烷烃的辛烷值又很低，如直接混入成品油中，对成品汽油的辛烷值会造成严重下降，影响产品出厂。炼油厂有大量以 C_5/C_6烷烃为主的轻质油。如果将这部分 C_5/C_6烷烃转化为 C_5/C_6异构烷烃，其辛烷值可从 50~60 提高到 80(一次通过工艺)左右，这将大大改善这部分轻质油的调合性能。正构烷烃异构化是提高汽油辛烷值的最经济有效的方法之一。

C_5/C_6烷烃异构化汽油具有以下特点：①C_5/C_6正构烷烃转化为异构烷烃，辛烷值会有明显提高；②异构化汽油的产率高；③异构化汽油的辛烷值敏感度小，RON与MON通常仅相差1.5单位；④异构化汽油是依靠异构烷烃而非芳烃提高汽油的辛烷值，同时不含硫和芳烃，对保护环境具有重要意义；⑤催化重整只能改善80~180℃重汽油馏分的辛烷值，而异构化可提高轻馏分的辛烷值，可以弥补催化重整汽油的不足，二者合用可以使汽油的馏程和辛烷值分布更加合理。

（二）异构化的发展概况

1958年C_5/C_6异构化技术首次工业化，目前已是比较成熟的技术。典型的技术有UOP与壳牌合作的完全异构化技术(TIP)，该工艺由异构化和分子筛吸附分离两部分组成。直馏C_5/C_6馏分，经异构化后研究法辛烷值可从68左右提高到79，然后用分子筛吸附，将正构烃分离出来进行循环异构，辛烷值可以提高到88~89。另外，UOP还推出了多代异构化技术，如基于HS-10分子筛催化剂的异构化、金属氧化物LPI-100催化剂的Pari2som技术和基于贵金属含氯氧化铝I-8催化剂的Penex技术等。轻质烷烃异构化工艺按操作温度可分中温异构化(200~320℃)和低温异构化过程(低于200℃)两种。

目前使用的异构化催化剂主要有两类。其一是无定形催化剂，使用此类催化剂时，反应温度较低(120~165℃)，氢烃比小于0.2，不需要氢气循环，但对原料需进行严格的预处理和干燥。其二是沸石类催化剂，使用此类催化剂时，反应温度较高(210~300℃)，氢烃比2.0~3.0，因此需要氢气循环。

在新的异构化催化剂开发方面，美国UOP公司开发的Parlsom硫酸氧化锆型异构化催化剂(PI-244和PI-242)，自1996年首次实现工业化应用以来，由于兼顾$Pt/Cl-Al_2O_3$型和分子筛型异构化催化剂的优点，越来越受到重视。中国石化石油化工科学研究院亦已开发出了具有自主知识产权的第二代C_5/C_6异构化催化剂(GCS型异构化催化剂)，并成功完成了该固体超强酸的工业放大试验，工业生产的异构化催化剂的各项性能指标均优于控制技术指标。

异构化技术的催化剂操作条件、性能参数和工艺要求对比见表10-6。

表10-6　异构化技术的催化剂操作条件、性能参数和工艺要求对比

对比项目	$Pt/Cl-Al_2O_3$型催化剂	分子筛型催化剂	固体超强酸型催化剂
C_5^+研究法辛烷值	82~84	77~80	80~82
C_5^+液体体积收/%	98~99	96~98	97~98
反应温度/℃	120~165	210~300	140~200
反应压力/MPa	2.3~3.5	1.8~2.2	1.4~1.6
氢烃摩尔比	0.05~0.2	2.0~3.0	2.0~3.0
催化剂再生性	不可再生	可再生	可再生
原料污染物容忍性	低	高	中
催化剂助剂	需要	不需要	不需要
干燥器	需要	不需要	需要
尾气洗涤塔	需要	不需要	不需要
分离器和循环气压缩机	不需要	需要	需要

固体超强酸异构化技术的工艺流程与中温异构化技术类似。

二、异构化反应和异构化催化剂

（一）异构化反应的特点

烷烃的异构化反应是可逆反应，异构体之间存在着热力学的平衡关系。正构烷烃的异构化是可逆的放热反应，放热量约为 4～20kJ/mol。产物的异构化程度越高，反应的放热量越大。从不同温度下的丁烷、戊烷和己烷的异构体平衡组成（表 10-7）可以看出，温度越低，对生成辛烷值较高的多支链异构产物越有利。提高反应温度，则对生成辛烷值较高的多支链异构产物不利。在一定温度下，分子中碳原子数越大，平衡混合物中正构烷烃的含量越少。从不同温度下戊烷和己烷异构化平衡产物的辛烷值图（图 10-5）也可以看出，温度越低达到反应平衡的异构体混合产物的辛烷值越高。因而，从热力学平衡的观点出发，异构化过程应在较低的温度下进行，以便达到较高的异构烷转化率，获得辛烷值较高的产物。

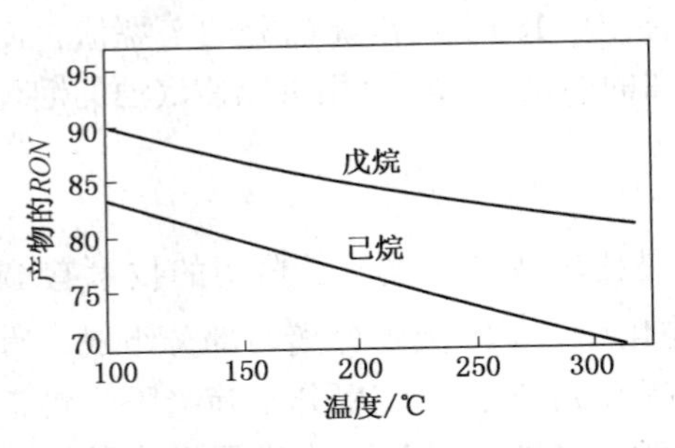

图 10-5　戊烷和己烷异构化平衡产物的辛烷值

从动力学角度看，提高反应温度，烷烃的异构化反应速率随之加快，因此为提高转化率，异构化反应需要在适当的温度下进行，这就产生了异构化选择性与转化速率的矛盾，因此理想的异构化催化剂应该是低温高效型催化剂，使异构化反应在维持低温反应而获得较多高辛烷值的异构烷烃的同时，又有较高的转化率和反应选择性。

表 10-7　烷烃混合物的平衡组成　%

烷烃	反应温度				
	298K	400K	500K	600K	800K
正丁烷	28.0	44.0	54.0	60.0	68.0
异丁烷	72.0	56.0	46.0	40.0	32.0
正戊烷	3.0	11.0	18.0	24.0	32.0
异戊烷	44.0	65.0	69.0	67.0	63.0
二甲基丙烷	53.0	24.0	13.0	9.0	5.0
正己烷	1.3	6.3	13.0	19.0	26.0
甲基戊烷	9.6	23.5	36.0	42.0	64.0
二甲基丁烷	89.1	70.2	51.0	39.0	10.0

（二）异构化催化剂

烷烃异构化过程所使用的催化剂品种很多，目前使用的主要为双功能型催化剂，并广泛采用在氢气压力下进行烷烃异构化的临氢异构化方法。临氢异构化所用的催化剂和重整催化剂相似，是将镍、铂、钯等有加氢活性的金属负载在氧化铝类或沸石等酸性载体上，组成双功能型催化剂。双功能型催化剂按照工艺操作温度的不同分为“中温型”（反应温度 210～300℃）和“低温型”（反应温度 100～180℃）两种。

1. 中温型双功能催化剂

中温型双功能催化剂随着载体酸性的提高异构化活性提高，反应温度可以降低，载体对催化剂使用温度的影响见表 10-8。中温型催化剂对原料要求不很苛刻，操作温度为 210～280℃，可以再生。目前研究和应用较多的中温双功能异构化催化剂是 Pt/ HM 脱铝丝光沸石催化剂。

表 10-8　载体对催化剂使用温度的影响

催化剂载体	催化剂具有较强活性所需的温度/℃
氧化铝	510
氧化硅-氧化铝，氧化铝-氧化硼	320～450
具有强酸性的泡沸石	316～330
具有更强酸性的丝光沸石(HM)	<280

烷烃异构化的反应可以用正碳离子机理来解释。高温双功能催化剂的烷烃异构化反应由所载的金属组分的加氢脱氢活性和担体的固体酸性协同作用，进行以下反应：

$$\text{正构烷烃}\underset{\text{金属}}{\rightleftharpoons}\text{正构烯烃}\underset{\text{酸性中心}}{\rightleftharpoons}\text{异构烯烃}\underset{\text{金属}}{\rightleftharpoons}\text{异构烷烃}$$

正构烷烃首先靠近具有加氢脱氢活性的金属组分脱氢变为正构烯烃；生成的正构烯烃移向担体的固体酸性中心，按照正碳离子机理异构化变为异构烯烃；异构烯烃返回加氢脱氢活性中心加氢变为异构烷烃。

中温型双功能催化剂用于 C_5/C_6 异构化过程副反应少、选择性好。对原料精制要求低，硫含量低于 10μg/g、水含量低于 500μg/g 即可正常操作。但由于反应温度相对较高，导致异构烷烃平衡转化率较低，因此单程反应产物辛烷值较低，需要与正构烷烃循环技术相结合，以提高其转化率和产物的辛烷值。

典型的中温型异构化催化剂的性能见表 10-9。

表 10-9　典型的中温型异构化催化剂的性能

催化剂	CI-50(国产)	FI-15(国产)	I-7	HS-10
	Pd/HM	0.32%Pt/HM	0.32%Pt/HM	0.3%Pt/HM
反应温度/℃	260	250	260	260～280
反应压力/MPa	2.0	1.47	1.8	2.0
空速/h^{-1}	1.0	1.0	1～2	1.0
氢油比/(mol/mol)	2.7	2.7	1～2	2～2.5
产品辛烷值(MON)	80.6	80.7	79.4	82.1
C_5 异构化率/%	62.30	66.8	66.67	66.40
C_6 异构化率/%	82.23	83.0	85.66	86.45

2. 低温双功能型催化剂

低温双功能型催化剂是通过用无水三氯化铝或有机氯化物(如四氯化碳、氯仿等)处理铂/氧化铝催化剂而制成，具有较好的活性和选择性好，反应温度为 115～150℃。与中温催化剂相比，低温型催化剂在一次通过的操作条件下，产品辛烷值可提高 5 个单位左右。因此，国外C_5/C_6异构化工艺发展大都围绕低温异构化催化剂进行。低温双功能催化剂具有非常强的路易士酸性中心，可以夺取正构烷的负氢离子而生成正碳离子，使异构化反应得以进行。而具有加氢活性的金属组分则将副反应过程中的中间体加氢除去，抑制生成聚合物的副反应，延长催化剂的寿命。

典型的低温型异构化催化剂的性能见表10-10。

表10-10　典型的低温型异构化催化剂的性能

催化剂	$Pt-Cl/Al_2O_3$(国产)	UOP I-8
反应温度/℃	140	130~170
反应压力/MPa	2.0	1.7~1.8
空速/h^{-1}	1.0	0.8~1.0
氢油比/(mol/mol)	1~2	1~2
产品辛烷值	80.2	84.5
C_5异构化率/%	>60	76.98
C_6异构化率/%	>80	88.83

低温型催化剂的主要缺点是对原料中水和含硫化合物特别敏感，为了维持催化剂的活性又必须向原料中注入卤化物，这将造成设备腐蚀。另外由于环保要求日益严格，不希望使用卤化物。

3. C_5/C_6异构化催化剂研究进展

由于目前工业应用的低温型和中温型C_5/C_6异构化催化剂各自存在不同的缺点，因此开发新型低温高效催化剂一直是异构化催化剂研究的重点。

(1) 采用新型分子筛作载体

UOP公司以Pt/HMCM-22为催化剂，在230℃、0.1MPa、WHSV=1.0 h^{-1}、氢油摩尔比4.5的条件下，正己烷的转化率为59.8%。采用Pt/Hβ为催化剂，在相同的反应条件下，正己烷的转化率为74.77%，且选择性高于Pt/HMCM-22。

(2) 采用固体超强酸作载体

目前研究较多固体超强酸是将硫酸根负载到金属氧化物(如ZrO_2、TiO_2、SnO_2等)上而制成的SO_4^{2-}/M_xO_y新型固体超强酸。

UOP与日本公司合作开发出LPI-100硫酸化金属氧化物超强酸异构化催化剂和技术，目前已有两套工业装置在试运转。在反应温度200~220℃下，一次通过，产品的RON达到82~84，比中温异构化高2个单位，液收97%，催化剂可以再生。

目前，我国超强酸异构化技术已有了一定的进展，RIPP开发了RCQS载铂的氧化锆超强酸异构化催化剂。该催化剂主要组分为超细晶粒的氧化锆，同时还引入了两种特有的氧化物调变组分，使催化剂的异构化选择性和稳定性都得到了显著提高。

三、C_5/C_6异构化的原料及其预处理

(一) C_5/C_6馏分组成

C_5/C_6异构化的原料可以是直馏C_5/C_6馏分、重整拔头油或加氢裂化轻石脑油的C_5/C_6馏

分。几家炼油厂典型 C_5/C_6 异构化原料组成见表 10-11。其中原料 4 为原料 3 脱异戊烷后的原料组成。由表中数据可以看出，不同原料中正构烷烃和异构烷烃的含量有较大的差别，因此异构化工艺流程需要根据原料的性质来确定。

表 10-11　典型 C_5/C_6 异构化原料的组成　%

烃　类	原料 1	原料 2	原料 3	原料 4
乙烷	0.04	—	—	—
丙烷	0.18	0.4	—	—
异丁烷	4.69	0.03	2.76	—
正丁烷	5.69	3.43	18.65	—
异戊烷	31.58	27.10	36.54	26.94
正戊烷	12.37	28.00	31.67	55.12
2，2-二甲基丁烷	0.27	1.13	0.44	0.78
2，3-二甲基丁烷	18.16	3.25	2.48	4.38
2-甲基戊烷		11.15		
3-甲基戊烷	8.12	6.04	1.67	2.85
正己烷	5.48	10.9	1.03	1.73
甲基环戊烷	8.84	5.41	4.45	7.67
苯	0.33	0.08		
环己烷	—	1.81		
异庚烷	4.02	0.00	0.31	0.53
正庚烷	0.09	0.00		
C_8^+	0.14	0.00		

（二）催化剂对原料中杂质的限制及其预处理

C_5/C_6 馏分中通常含有少量的硫化物、氮化物、氧化物、苯、水和重金属等，氢气中含有硫化物、水和 CO 等，这些杂质会不同程度地对催化剂活性造成影响。

原料油中硫是使贵金属催化剂失去活性的重要因素之一。硫含量超标会使催化剂中毒，重金属超标会使贵金属催化剂永久失活。低温型催化剂的耐硫性能较差，要求原料油中硫含量小于 1μg/g，中温型催化剂具有较好的抗硫性能，可以允许硫含量达到 35μg/g，硫含量短暂超过 200μg/g 也不会对催化剂造成永久失活。采用重整拔头油为原料，硫含量和重金属含量一般不会超标。

低温型催化剂中含有大量的卤素，遇水会造成卤素的流失，造成设备腐蚀，因此严格限制原料的水含量不大于 0.5μg/g。中温型催化剂耐水性能较好，但是水含量过高将导致裂解和积炭加重，从而影响催化剂的活性和寿命，缩短生产周期。中温型催化剂允许的原料水含量为 75μg/g。工业上常采用的脱水方法是采用装有 4A 分子筛干燥塔进行吸附干燥。对于异戊烷含量较高的原料，在异构化反应前设置脱异戊烷塔，进行脱异戊烷预处理也可以解决原料含水超标的问题。

低温临氢异构化催化剂严格限制原料中水、硫及含氧物的含量，因此要求工艺流程中设置原料脱硫、脱氧及脱水的加氢预处理系统，对原料油和氢气都设置分子筛干燥系统。

中温型异构化催化剂由于反应温度较高，原料中苯含量大于3%，催化剂的结焦速率将迅速提高，影响生产周期。

氢气中的杂质也是影响催化剂活性的重要因素，因此要严格限制氢气中的硫、水和CO含量。采用络合吸附剂可以脱除氢气中的微量CO，同时也脱除水分。

不同类型催化剂对杂质含量的要求见表10-12。

表10-12　不同类型催化剂对杂质含量的要求　μg/g

杂质		低温型催化剂		中温型催化剂	
		原料油	氢气	原料油	氢气
硫	<	1.0	10	35	10
水	<	0.5	0.5	75	30
CO	<	—	10	—	—
含氧物	<	0.5	—	—	—
氮	<	1.0	—	1.0	—
砷	<	5.0	—	2.0	—
铅	<	20.0	—	20.0	—
铜	<	20.0	—	20.0	—

四、烷烃异构化的工艺流程

烷烃异构化工艺流程有多种，可以分为单程一次通过异构化流程和带循环的异构化流程。

(一) 单程一次通过工艺流程

单程一次通过异构化流程包括UOP的Penex和Par-Isom以及IFP的Axens工艺。

如图10-6所示，一次通过的异构化流程较为简单，投资省。反应段由两个串联的反应器组成，通过特殊的阀门控制，可改变两个反应器的在线顺序，即每个反应器都可被用作前反应器或后反应器，使催化剂得以充分利用。当一个反应器进行催化剂更换或再生时，另一反应器可单独操作。氢气亦为一次通过，无需循环压缩机和分离器。简单一次通过流程没有正、异构烷烃的分子筛吸附分离部分，产品中含有较多未反应的正构烷烃，辛烷值的提高幅度相对较小。单程一次通过异构化流程采用低温型异构化催化剂或金属氧化物超强酸催化剂，正构分子转化为高度分支的异构烷烃的平衡转化率较高，C_6异构烷烃更多地集中于理

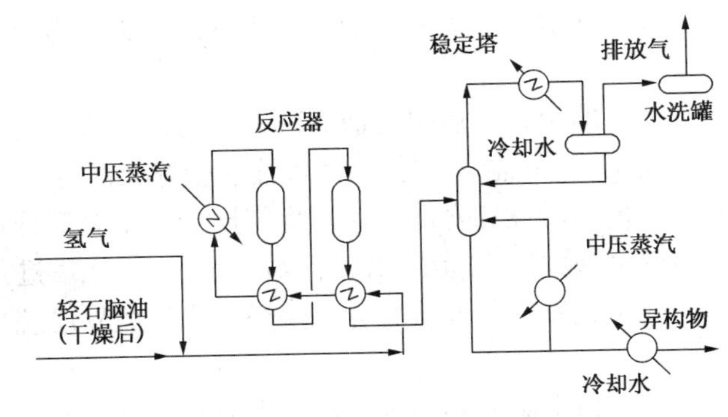

图10-6　IFP Axens单程一次通过异构化流程

想的二甲基丁烷，而甲基戊烷相对较少。采用氯化铝催化剂时对原料和补充氢气都要进行预处理，如原料需经加氢处理脱硫、原料和氢气需经分子筛干燥脱水等杂质。

（二）全循环异构化工艺流程

一次通过的异构化工艺不能将原料中的正构烷烃完全转化为异构烷烃，尤其不能将辛烷值较低的甲基戊烷（RON74）转化为异构化程度更高的二甲基丁烷（RON93），这就需要将异构烷烃和正构烷烃分离，并将正构烷烃返回反应器中，再次进行异构化转化。

图 10-7 是一种称为完全异构化（TIP）的工艺流程。异构化是可逆反应，在工业反应条件下平衡转化率并不高。因此，该工艺将未转化的正构烷烃在吸附器中用分子筛选择性吸附分离出来，然后用氢气通过吸附器使被吸附的正构烷烃脱附与循环氢一起返回异构化反应器（两个吸附器切换吸附、脱附）。不被吸附的混合异构烃进稳定塔。这样正构烷烃大部分都能异构化，从而使稳定塔底得到的异构化油辛烷值可达 90~91。完全异构化过程可使汽油前段馏分辛烷值（RON）提高约 20 个单位，比一次通过式高 7 个单位，并且受热力学平衡的限制比一次通过式宽松。完全异构化原料不需要进行干燥、脱硫等预处理，而且加工费用低。

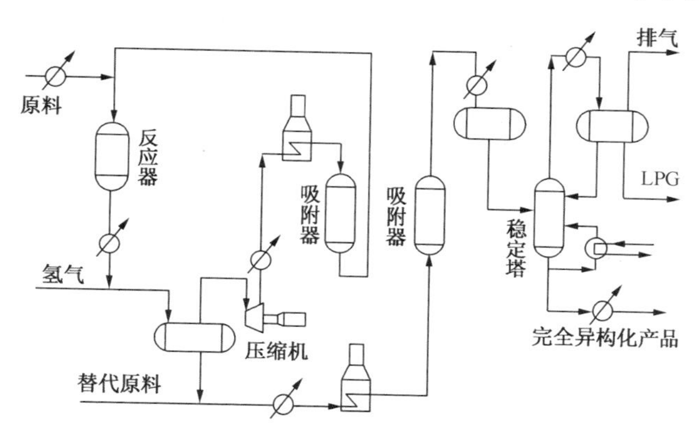

图 10-7　C_5/C_6烷烃完全异构化工艺流程

表 10-13 列出了异构化工艺的原料及产物的典型组成和辛烷值数据。

表 10-13　$C_5\sim C_6$烷烃完全异构化工艺的原料和产物组成

项　目	原料	产　物	
	$C_5\sim C_6$	单程反应	正构烷烃循环
组成/%			
丁烷	0.7	1.8	2.8
异戊烷	29.3	49.6	72.0
正戊烷	44.6	25.1	2.0
2，2-二甲基丁烷	0.6	5.0	5.5
2，3-二甲基丁烷	1.8	2.2	2.5
甲基戊烷	13.9	11.3	13.4
正己烷	6.7	2.9	<0.1
$C_5\sim C_6$ 环烷烃	2.4	2.1	1.8
研究法辛烷值	73.2	82.1	90.7

（三）部分循环异构化工艺流程

除全循环异构化工艺流程外，将一次通过异构化技术与多种烷烃分离工艺相结合，可以形成多种烷烃循环异构化工艺。如 Penex/DIH、Penex/DIH/PSA 和 IFPAxen/Hexorb 工艺。

1. 一次通过流程加脱异己烷塔（DIH）工艺

一次通过流程中增加一座脱异己烷塔（DIH），C_5/C_6原料首先进行异构化反应，异构化产物进入 DIH，塔顶的二甲基丁烷、C_5及其他低沸点组分与塔底馏分混合作为产品，侧线抽出的低辛烷值的正己烷和甲基戊烷返回反应器。该工艺主要用于处理C_6含量高的进料，生产的异构化油的 RON 可达 86~89，与一次通过流程相比，RON 提高 5~6 个单位。

2. Penex/DIH/PSA 工艺

该工艺与一次通过流程加脱异己烷塔（DIH）工艺相似，只是增加了 DIH 塔顶戊烷变压吸附系统，将正戊烷回收后，与C_6烷烃一起返回异构化反应器。该工艺生产的异构化油的 RON 达到 90~93。

3. 全循环加脱异己烷塔（DIH）工艺

IFP 的 Hexorb 工艺将全循环异构化工艺的分子筛系统和脱异己烷塔（DIH）联用，DIH 塔顶馏分富含异戊烷和二甲基丁烷，作为异构化油；塔侧线的甲基戊烷一部分和其他两个较高沸点馏分循环返回进料，另一部分进入分子筛作为脱附剂。对C_5/C_6为 40：60 的进料，采用 Hexorb 工艺生产的产品的 RON 为 91~91.5。

第三节　高辛烷值醚类的合成

一、概述

为了减少汽车尾气中有害物质的排放，车用汽油质量向低烯烃、低芳烃、低蒸气压、高含氧量和高辛烷值方向发展。能够给汽油提供氧的化合物主要有醚类和醇类。从分子炼油技术的视角看，醚类由于自身分子结构的特点，成为广泛采用的高辛烷值汽油调合组分。目前工业应用的高辛烷值醚类主要包括由 C_4~C_6叔碳烯烃与甲醇反应得到的甲基叔丁基醚（MTBE）、甲基叔戊基醚（TAME）和甲基叔己基醚（THxME），以及由异丁烯与乙醇反应得到的乙基叔丁基醚（ETBE）。

（一）醚类含氧化合物的性质与醚化过程在清洁汽油生产中的作用

醚类含氧化合物具有较高的辛烷值，除 THxME 外，其余醚类的研究法辛烷值均在 110 以上，马达法辛烷值均在 98 以上，因此向汽油中添加醚类含氧化合物可以提高汽油的抗爆性；醚类含氧化合物含氧量高达 12.5%~18.2%，加入汽油中可以提高汽油的含氧量，改善燃烧效果，减少尾气中 CO 和未燃烧烃类（如苯、丁二烯）的排放量，显著减少环境污染；此外，醚类含氧化合物具有较适宜的蒸气压，水溶性低，与汽油的互溶性好，热性质与汽油接近，并且醚类含氧化合物相对分子质量越高与汽油的性质越接近。上述特点决定了醚类含氧化合物是清洁汽油的重要组分。存在于催化裂化汽油中 C_5~C_6叔碳烯烃转化为相应的醚类不但可以提高汽油的辛烷值和含氧量，还可以降低烯烃含量和蒸气压，因此催化裂化轻汽油醚化工艺将在清洁汽油生产中发挥更大的作用。

（二）醚类含氧化合物的发展现状

在常用的醚类含氧化合物中，MTBE 应用最早，发展最快。1907 年比利时化学家

A. Reycher首先发现了叔碳烯烃与醇合成醚的反应。1973 年世界第一套 MTBE 工业生产装置在意大利建成。在上世纪 70 年代，MTBE 主要作为汽油替代燃料使用。由于美国新配方汽油标准的提出，MTBE 的需求量大增，至上世纪 90 年代中期，MTBE 成为世界增长最快的石化产品之一。2001 年，全球共有 MTBE 生产装置 173 余套，生产能力达到 26. 97Mt/a，总产量 22. 52 Mt/a。近年来，全球 MTBE 装置的开工率稳定在 83%左右。我国 MTBE 技术研究开始于上世纪 70 年代末，第一套 MTBE 工业生产装置于 1983 年在中石化齐鲁石化分公司建成投产。到 2003 年底，我国共建成 MTBE 装置 40 余套，总生产能力达到 1. 2 Mt/a，最大装置规模为中石化燕山石化分公司的 0. 15Mt/a。

随着 MTBE 的快速增长，TAME 和轻汽油醚化技术得到了迅速发展。世界第一套 TAME 工业生产装置建于 1988 年。目前全世界共有 TAME 生产装置 30 余套，TAME 生产能力约为 3. 0Mt/a。我国 TAME 技术研究开始于上世纪 90 年代。

轻汽油醚化技术研究始于上世纪 80 年代初，1986 年 1 月世界第一套采用 BP 公司技术的催化裂化轻汽油醚化装置建成投产。1994 年在抚顺石油一厂建成了我国第一套汽油处理量为 0. 5 Mt/a 的催化裂化轻汽油醚化装置投产，2003 年改造成采用临氢醚化三功能催化剂的新型醚化装置。随着对汽油烯烃含量的限制，催化裂化轻汽油醚化成为降低汽油烯烃含量同时提高辛烷值的重要手段。目前我国共有 9 套轻汽油醚化装置在运转，总加工能力 1. 15Mt/a。

二、醚化反应

醚化是叔碳烯烃与醇进行加成反应的过程。可以发生醚化反应的叔碳烯烃主要有：异丁烯、叔戊烯和叔己烯。其中叔戊烯有 2 种异构体，叔己烯有 7 种异构体。可用的醇是甲醇和乙醇，工业上主要采用甲醇为原料。

异丁烯和甲醇为原料合成 MTBE 的反应式为：

$$CH_3-\underset{}{\overset{CH_3}{\overset{|}{C}}}=CH_2 + CH_3OH \rightleftharpoons CH_3-\underset{CH_3}{\underset{|}{\overset{CH_3}{\overset{|}{C}}}}-O-CH_3$$

叔戊烯和甲醇为原料合成 TAME 的反应式为：

$$\left.\begin{array}{l} CH_3-CH_2-\overset{CH_3}{\overset{|}{C}}=CH_2 \\ CH_3-CH=\overset{CH_3}{\overset{|}{C}}-CH_3 \end{array}\right. + CH_3OH \rightleftharpoons CH_3-CH_2-\underset{CH_3}{\underset{|}{\overset{CH_3}{\overset{|}{C}}}}-O-CH_3$$

叔己烯(以 2-甲基-1-戊烯和 2-甲基-2-戊烯为例)和甲醇为原料合成 THxME 的反应式为：

$$\left.\begin{array}{l} CH_3-CH_2-CH_2-\overset{CH_3}{\overset{|}{C}}=CH_2 \\ CH_3-CH_2-CH=\overset{CH_3}{\overset{|}{C}}-CH_3 \end{array}\right. + CH_3OH \rightleftharpoons CH_3-CH_2-CH_2-\underset{CH_3}{\underset{|}{\overset{CH_3}{\overset{|}{C}}}}-O-CH_3$$

在醚化过程中，还同时发生少量的下列副反应：

$$2CH_3-\underset{}{\overset{CH_3}{\overset{|}{C}}}=CH_2 \longrightarrow CH_3-\underset{CH_3}{\underset{|}{\overset{CH_3}{\overset{|}{C}}}}-CH_2-\underset{CH_3}{\underset{|}{C}}=CH_2$$

$$CH_3-\overset{CH_3}{\overset{|}{C}}=CH_2 + H_2O \longrightarrow CH_3-\underset{CH_3}{\underset{|}{\overset{CH_3}{\overset{|}{C}}}}-OH$$

$$2CH_3OH \longrightarrow CH_3-O-CH_3 + H_2O$$

$$n(CH_3-CH=CH-CH=CH_2) \longrightarrow \text{胶质}$$

上述反应生成的二聚物、叔丁醇、二甲基醚等副产品的辛烷值都不低，对产品质量没有不利影响，可留在 MTBE 中，不必进行产物分离。而原料中的二烯烃聚合生成胶质，会造成催化剂失活。

醚化反应是可逆的放热反应，叔碳烯烃相对分子质量越大，反应热越小；端位叔碳烯烃的反应热相差不大，端位叔碳烯烃的反应热大于内烯烃。由于醚化反应是放热反应，随着反应温度升高，醚化反应的平衡常数下降；叔碳烯烃相对分子质量越大，醚化反应的平衡常数越小。但是并非反应温度越低越好，因为反应温度降低，反应速率下降，平衡转化率下降。因此醚化反应必须在一个适宜的温度下进行，一般为 70℃左右。

三、醚化催化剂

(一) 阳离子交换树脂

叔碳烯烃与甲醇的醚化反应是在酸性催化剂作用下的正碳离子反应。工业上使用的催化剂一般为磺化聚苯乙烯系大孔强酸性阳离子交换树脂。常用的阳离子交换树脂催化剂有国外的 A-15、A-35、M-31 和国内的 D72、S54、D005、D006 和 QRE-01 等，典型的阳离子交换树脂催化剂的性质见表 10-14。

表 10-14 典型阳离子交换树脂醚化催化剂的性质

项　目	A-15	A-35	M-31	D005	D006	QRE-01
交换容量/(mmol/g)	4.70	5.20	4.63	4.75	5.12	5.15
堆密度/(kg/m^3)	590	—	590	560	580	560
溶胀比	1.35	1.35	1.35	1.41	1.42	1.38
平均孔半径/nm	19.0	25.0	24.0	24.7	16.8	19.0
比表面积/(m^2/g)	68.1	45.0	49.5	48.9	35.7	76.7
孔体积/(mL/g)	0.32	0.42	0.29	0.36	0.30	0.31
粒度/mm	0.3~1.2	0.3~1.2	0.3~1.2	0.4~1.2	0.3~0.9	0.4~1.25

强酸性阳离子交换树脂酸性强，交换容量可高达 5.20mmol/g，溶胀性好，孔径大，安全性好，无毒无腐蚀性，因此在醚化反应中得到了广泛的应用。但阳离子交换树脂也有其弱点，首先是热稳定性差，温度超过 90℃磺酸基即开始脱落，造成催化剂活性下降和设备腐蚀，因此工业上严格控制反应温度不超过 85℃。其次原料中含有的金属离子会置换催化剂

中的质子，碱性物质(如胺类、腈类、吡啶类等)也会中和催化剂的磺酸根，从而使催化剂失活。另外原料中的二烯烃聚合生成的胶质会黏附在阳离子交换树脂表面，堵塞催化剂孔道，造成催化剂失活。因此，需要对原料进行预处理，以脱除金属离子和碱性物质，必要时需要对原料进行选择性加氢，使二烯烃转化为单烯烃。选择性加氢催化剂可以采用负载金属Pd或Ni的氧化铝，也可以采用阳离子交换树脂负载金属Pd构成的三功能催化剂，在进行醚化反应的同时将二烯烃加氢。阳离子交换树脂催化剂的最大缺点是失活后不可再生。

（二）分子筛催化剂

由于阳离子交换树脂催化剂存在缺点，所以一直人们致力于开发分子筛催化剂来替代阳离子交换树脂。被用于醚化的分子筛有丝光沸石、HY、ZSM-5、ZSM-11、β沸石等。分子筛与阳离子交换树脂相比耐温性好，对醇烯比不敏感，在低醇烯比的情况下仍有较高的选择性，且失活后可以再生。

四、醚化原料

合成MTBE的原料异丁烯存在于催化裂化和蒸汽裂解C_4馏分中，催化裂化C_4馏分中异丁烯含量一般为20%~30%，蒸汽裂解C_4馏分异丁烯含量一般为40%~50%。典型的催化裂化C_4馏分组成见表10-15。

表10-15　催化裂化C_4馏分组成

烃类	丙烯	丙烷	异丁烷	异丁烯	1-丁烯	正丁烷	反-2-丁烯	顺-2-丁烯	丁二烯	水分
组成/%	0.04	0.06	25.20	27.66	18.71	9.21	15.96	3.06	0.10	0.02

催化裂化汽油中的C_5~C_7叔碳烯烃均可以发生醚化反应，但是由于C_7叔碳烯烃反应转化率非常低，对于降低烯烃和提高辛烷值的贡献很小，作为原料会造成装置处理量增加，投资和操作费用增大。所以一般采用初馏点~75℃的C_5~C_6馏分为醚化原料。典型的催化裂化轻汽油组成见表10-16。

表10-16　催化裂化轻汽油组成

化合物	含量/%	化合物	含量/%
异丁烯	0.83	3-甲基-反-2-戊烯	1.06
2-甲基-1-丁烯	4.57	3-甲基-顺-2-戊烯	0.92
2-甲基-2-丁烯	10.68	2，3-二甲基-2-丁烯	0.32
2，3-二甲基-1-丁烯	0.76	二烯烃	0.94
2-甲基-1-戊烯	2.48	其他烯烃	36.13
2-乙基-1-戊烯	1.82	烷烃	37.60
2-甲基-2-戊烯	2.15	碱性氮	1.2(μg/g)

原料中的杂质对催化剂活性与寿命具有重要影响。碱性氮化物和金属离子会中和催化剂的酸性，使催化活性降低，通常采用水洗法脱除。在常温、0.3MPa、油水体积比<50的条件下，可以使碱性氮化物和金属离子含量降低至0.5μg/g以下。

轻汽油中的二烯烃非常活泼，极易在醚化催化剂上聚合形成胶质，黏附在催化剂表面，堵塞孔道，降低催化剂的活性和使用寿命，同时还会使产品的胶质含量增加。采用选择性加氢工艺或临氢醚化工艺可以使二烯烃含量降低至0.03%以下，从而满足醚化催化剂对二烯烃含量的要求。

甲醇中通常也含有金属离子和水，含水量过大会造成甲醇与C_4或轻汽油分层，影响醚化转化率。金属离子含量高影响催化剂活性与寿命。一般要求甲醇含量不低于99.5%，水含量不大于0.05%，金属离子含量不大于0.5μg/g。

五、醚化工艺流程

(一) 醚化反应器

工业醚化装置流程通常由原料净化、反应、产品分离与甲醇回收四部分组成，其中最重要的是醚化反应部分，醚化工艺的核心是醚化反应器，各类醚化工艺的主要区别是所采用的醚化反应器的形式。国内外常见的醚化反应器有列管式反应器、固定床反应器、膨胀床反应器、混相床反应器和催化蒸馏塔，各种反应器的特点见表10-17。

表10-17 不同形式反应器的比较

反应器形式	结构特点	催化剂装卸与用量	操作方式	温度分布	能耗与投资
列管式	类似固定管板式换热器	装卸较难，用量少	通过调节冷却水量控制反应温度	均匀	能耗较高 投资中等
固定床	设有催化剂支撑板和物料分布器的空筒	装卸容易，用量相对较多	通过反应物冷却后循环取热	有热点	能耗较高 投资中等
膨胀床	设有催化剂支撑板和防止催化剂带出设施的空筒	装卸容易，用量相对较多	通过反应物冷却后循环取热	较均匀	能耗较高 投资中等
混相床	设有催化剂支撑板和物料分布器的空筒	装卸容易，用量少	通过部分物料气化取热	均匀	能耗较低 投资少
催化蒸馏塔	上部是精馏段，中部有特殊的结构催化剂装填结构，下段是提馏段	装卸较难，用量少	同时进行反应和分离，反应热供部分物料汽化热	均匀	能耗较低 投资高

在上述五种类型的反应器中，催化蒸馏塔具有独特的技术优势：①利用蒸馏分离产物，打破化学反应平衡，提高醚化转化率，并减少一个反应器，简化了流程；②反应热使部分液相物料气化，不会造成明显热点，反应温度容易控制，不易造成超温使催化剂失活，同时减少了中间换热器，降低了能耗；③蒸馏作用可以使形成焦炭的前身物及时离开催化剂床层，从而延长催化剂的使用寿命。由于这些优点，催化蒸馏技术在醚化反应领域得到了广泛的应用。

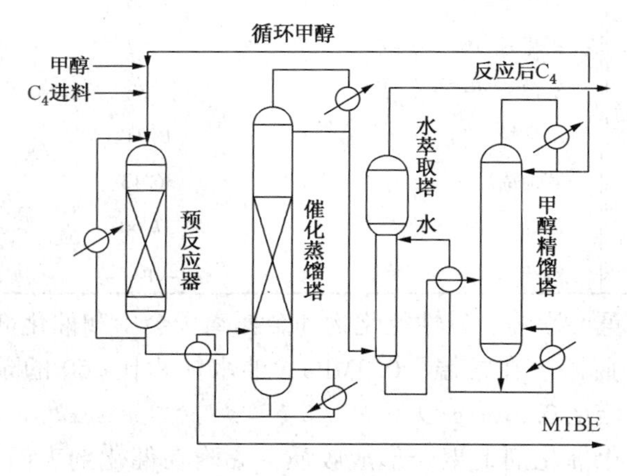

图10-8 采用筒式反应器与催化蒸馏的MTBE合成工艺流程

(二) MTBE工艺流程

以筒式外循环固定床反应器与催化蒸馏塔组成的MTBE合成工艺为例，介绍MTBE工艺流程，见图10-8。

混合 C_4 和甲醇混合后进入绝热的固定床反应器中进行醚化反应。混合 C_4 和甲醇在进入反应器前经过净化处理或在反应器中预先多加一些树脂催化剂作为净化剂使用，同时也发生催化醚化反应。反应后产物一部分冷却后返回到反应器入口，以控制催化剂床层温度在65~75℃之间，异丁烯转化率达到90%以上。另一部分反应产物进入催化蒸馏塔中继续进行反应，从催化蒸馏塔底得到纯度大于98%的MTBE产品，异丁烯总转化率大于99%。未反应的 C_4 及其与甲醇的共沸物从催化蒸馏塔顶流出，进入水萃取塔底部，C_4 为分散相，水从萃取塔上部进入萃取塔，水为连续相，萃余相 C_4 从萃取塔顶部出装置，其中甲醇含量在20~40μg/g。萃取相(水与甲醇的混合物)从萃取塔底部流出，经换热后进入甲醇精馏塔中回收甲醇，甲醇从精馏塔顶流出，纯度大于99%，返回甲醇原料罐，重复使用。水从精馏塔底返回到萃取塔上部。主要操作条件列于表10-18。

表10-18　MTBE合成过程的主要操作条件

项　目	固定床反应器	催化蒸馏塔	萃取塔	甲醇精馏塔
温度/℃	50~75	50~140	40	60~100
压力/MPa	0.6~1.5	0.6~0.8	0.6	常压
醇烯摩尔比	0.9~1.2	0.9~3.0	1~10(烃水比)	—
回流比	—	0.8~1.4	—	8~20

(三) 轻汽油醚化工艺流程

以筒式外循环固定床反应器与催化蒸馏塔组成的轻汽油醚化工艺为例，介绍轻汽油醚化工艺流程，见图10-9。

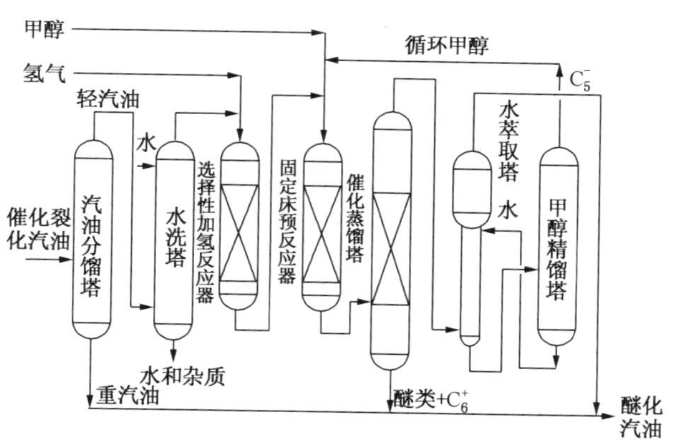

图10-9　固定床与催化蒸馏的轻汽油醚化工艺原理流程图

脱硫醇后催化裂化汽油进入汽油分馏塔，塔底重汽油进入调合系统。塔顶轻汽油(≤75℃馏分)进入水洗塔底部，脱除碱性氮和金属离子，水洗塔顶流出的轻汽油与氢气混合，进入选择性加氢反应器，将二烯烃含量降至0.03%以下，然后与甲醇混合进入绝热的固定床预反应器中进行醚化反应。反应产物进入催化蒸馏塔中继续进行反应，从催化蒸馏塔底得到醚类和 C_6^+ 烃类，未反应的 C_5^- 甲醇从催化蒸馏塔顶流出，进入水萃取塔底部，水从萃取塔上部进入萃取塔，萃余相 C_5^- 从萃取塔顶部出装置，其中甲醇含量小于100μg/g。萃取相水与甲醇从萃取塔底部流出，进入甲醇精馏塔，回收的甲醇从精馏塔顶流出，纯度大于99%，返回醚化反应部分循环使用，水从精馏塔底返回到萃取塔上部。醚化反应部分操作条件列于

表 10-19，轻汽油醚化后汽油性质的变化见表 10-20。

表 10-19 轻汽油醚化反应部分操作条件与结果

预反应部分		催化蒸馏部分	
项 目	数 据	项 目	数 据
空速/h^{-1}	0.9	空速/h^{-1}	1.0
压力/MPa	0.6	压力/MPa	0.27
入口温度/℃	60	回流比	1.35
醇烯摩尔比	1.0	叔戊烯转化率/%	84.28
叔戊烯转化率/%	66.57	塔顶甲醇含量/%	4.81
叔己烯转化率/%	38.58	塔顶叔戊烯含量/%	1.16
		塔釜甲醇含量/%	—
		塔釜醚含量/%	29.20
		塔釜 C_6^+ 烃/%	70.15

表 10-20 轻汽油醚化后汽油性质的变化

项 目	催化裂化汽油	醚化调合汽油
密度/(kg/m^3)	717.8	735.2
诱导期/min	155	230
蒸气压/kPa	68.6	48.8
烯烃含量/%	54.60	45.65
RON	91.3	92.2
MON	78.3	79.5

由表 10-20 可以看出经过醚化以后，汽油的烯烃含量下降了约 9 个百分点，研究法辛烷值提高 1.1 单位，马达法辛烷值提高 1.2 单位，蒸气压下降 19.8kPa，诱导期明显延长。

习题与思考题

1. 烷基化工艺的原料与产品是什么？
2. 烷基化的化学反应有哪些？
3. 硫酸法烷基化和氢氟酸烷基化各有什么特点？为什么我国近年引进的装置都采用氢氟酸法？
4. 试述烷基化技术的发展方向。
5. 简述异构化工艺的优点、原料、产物。
6. 简述异构化工艺的催化剂、主要反应及工艺条件。
7. 简述高辛烷值汽油组分 MTBE、TAME 所代表的含义及相应的生产原料。
8. 简述醚化工艺所采用反应技术、催化剂和主要工艺条件。

参 考 文 献

[1] 林世雄．石油炼制工程[M].3 版．北京：石油工业出版社，2000.

[2] 侯芙生．中国炼油技术[M]．3 版．北京：中国石化出版社，2011.
[3] 梁文杰．石油化学[M]．山东：石油大学出版社，1995.
[4] Gary J H, Handwerk G E. Peroleum Refining - Technology and Economics [M]. 3 rd. Marcel Dekker Inc, 1994.
[5] 侯祥麟．Advances of Refining Technology in China[M]. Beijing: China Prtrochemical Press, 1997.
[6] 鲍杰，严国祥，邬晓风．合成 MTBE 非均相催化精馏过程数学模拟[J]．化学工程，1994，5：6-7.
[7] 赵延飞，晏乃强，吴旦．石油的非加氢脱硫技术研究进展[J]，石油与天然气化工，2004，33(3)：177.
[8] 寿德清，山红红．石油加工概论[M]．北京：石油大学出版社，1996.
[9] 陈绍洲，常可怡．石油加工工艺学[M]．上海：华东理工大学出版社，1997.
[10] 高步良．高辛烷值汽油组分生产技术[M]．北京：中国石化出版社，2006.
[11] 马伯文．清洁燃料生产技术[M]．北京：中国石化出版社，2001.
[12] 耿英杰．烷基化生产与工艺技术[M]．北京：中国石化出版社，1993.
[13] 何奕工，满征．异丁烷与丁烯烷基化反应的热力学分析[J]．燃料化学学报，2006，34(5)：591-594.
[14] 毕建国．烷基化油生产技术的进展[J]．化工进展，2007，26(7)：934-939.
[15] 黄国雄，李承烈．烃类异构化[M]．北京：中国石化出版社，1992.
[16] 孙怀宇，陈集，贾增江．C_5/C_6烷烃异构化机理与催化剂研究进展[J]．化工时刊，2005，15(1)：48-50.
[17] 郑冬梅．C_5/C_6烷烃异构化生产工艺及进展[J]．石油化工设计，2004，21(3)：1-5.
[18] 易玉峰，丁福臣，李术元．轻质烷烃异构化进展述评[J]．北京石油化工学院学报，2003，11(1)：44-49.
[19] 航道耐，赵福龙．甲基叔丁基醚生产和应用[M]．北京：中国石化出版社，1993.
[20] 王迎春，王伟，高步良．轻汽油醚化技术在 FCC 汽油改质中的作用[J]．石油炼制与化工，2001，32(8)：64-66.
[21] 洪定一．炼油与石化工业技术进展[C]．北京：中国石化出版社，2015.

第十一章　润滑油基础油的生产

第一节　概　　述

进入21世纪以来，我国生产的各种润滑油基础油质量已经达到国际同类产品的质量水平。内燃机油、轻负荷与重负荷工业齿轮油、液压油、特种工业润滑油等满足了我国运输业、钢铁工业和其他工业的发展需要。

基础油是润滑油的主要成分，决定着润滑油的基本性质。而润滑油基础油的性能与其化学组成有密切关系，如表11-1所示。

表11-1　基础油化学组成对其性质的影响

性　　能	化学组成影响	解决方法
黏　度	馏分越重黏度越大。沸点相近时，烷烃黏度小，芳烃黏度大，环状烃居中	蒸馏切割馏程合适的馏分
黏温特性	烷烃黏温特性好，环状烃黏温特性不好，环数越多黏温特性越差	脱除多环短侧链芳烃
低温流动性	长链烃凝点高，低温流动性差	脱除高凝点的烃类
抗氧化安定性	非烃类化合物安定性差。烷烃易氧化，环烷烃次之，芳烃较稳定。烃类氧化后生成酸、醇、醛、酮、酯	脱除非烃类化合物
残　炭	形成残炭主要物质润滑油中的多环芳烃、胶质、沥青质	提高蒸馏精度，脱除胶质沥青质
溶解能力	溶解能力指对添加剂和氧化产物的溶解能力。一般来说，烷烃的溶解能力差，芳烃的溶解能力强	
闪　点	安全性指标。馏分越轻闪点越低，轻组分含量越多闪点越低	蒸馏切割馏程合适的馏分，并汽提脱除轻组分

综合表11-1分析可知，异构烷烃、少环长侧链烃是润滑油的理想组分；胶质沥青质、短侧链多环芳烃以及流动性差的高凝点烃类为润滑油的非理想组分。

通过常减压蒸馏得到的润滑油原料只是按馏分轻重或黏度的大小加以切割的，其中必然含有许多对润滑油来说很不理想的成分，要制成合乎质量要求的基础油须经过一系列的加工过程，以除去非理想的烃类组分和非烃类杂质。即基础油的生产目的就是脱除润滑油原料中的非理想组分。

基础油的生产有物理法和加氢处理法。加氢反应能使多环芳烃饱和、开环，转变为少环多侧链的环烷烃，可提高黏度指数等质量。加氢处理技术具有原料来源广、过程灵活、产品质量好、收率高的优点。加氢装置操作压力在18MPa或更高，装置建设投资和操作费用高。

在润滑油的应用中，发动机润滑油对油品质量要求最高，它的发展引领着润滑油行业的发展方向，现代润滑油的要求见表 11-2。采用常规方法生产的Ⅰ类基础油，由于是物理脱除，对组成改变较少，杂质脱除有限，所有无法满足越来越严格的润滑油要求。因此，只有通过传统“老三套”与加氢技术相结合或全氢型加氢技术，才能生产出 API Ⅱ类、Ⅲ类基础油。近年来，全球基础油结构分布变化情况见表 11-3。

表 11-2　现代发动机对润滑油的要求

名称	对润滑油的要求	对基础油的要求
发动机	低排放 低油耗 省燃料油(即燃油经济性好) 换油周期长	低黏度 低挥发度 在低黏度时高黏度指数 氧化安定性好
齿轮油	不要换油(即长寿命) 省燃料油	氧化安定性好 高黏度指数
传动油	极好流动性 省燃料油 低油耗	高黏度指数 在低黏度时高黏度指数 低挥发度

表 11-3　全球基础油结构分布　%

基础油类型	2005 年	2014 年
API Ⅰ类	65	45
API Ⅱ类	16	31
API Ⅲ类	5	11
环烷基油	11	9
再　生	2	4
总产能/(Mt/a)	49. 88	56. 04

我国润滑油基础油生产主要采用传统的“老三套”工艺，即溶剂精制-溶剂脱蜡-白土补充精制的工艺，具体过程包括：①常减压蒸馏切割得到各种馏程的润滑油馏分和减压渣油(减压渣油经溶剂脱沥青得到残渣润滑油馏分)；②溶剂精制除去各种润滑油馏分中的非理想组分；③溶剂脱蜡除去高凝点组分，降低其凝点；④白土或加氢补充精制。该法受原油本身化学组成的限制很大，低硫石蜡基原油是润滑油的良好原料。

润滑油溶剂精制与溶剂脱蜡又有两种流程：先精制后脱蜡称为正序流程；先脱蜡后精制称为反序流程。两种流程各有特色，正序流程可以副产蜡产品，而反序流程可以副产凝点较低的高附加值抽出油。究竟采用那一种更好，要视原料的含蜡量，装置的设备处理能力大小，蜡是否需要精制等多种因素决定。

第二节　溶剂脱沥青

溶剂脱沥青是以液态的丙烷等小分子烃类为抽提溶剂，将渣油分离成残炭、重金属、硫和氮含量均较低的脱沥青油和含“油分”较少的脱油沥青的工艺过程。该工艺技术始于 1936 年，国外至今已有近 200 套，我国也有相当数量的装置，单套装置的规模在0. 25~0. 4 Mt/a。

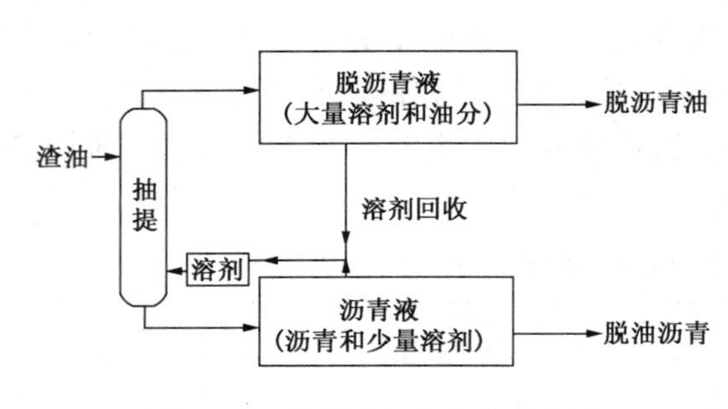

图 11-1　溶剂脱沥青方法示意图

因多以丙烷作为溶剂，故称丙烷脱沥青。

溶剂脱沥青工艺是从减压渣油制取高黏度润滑油基础油、催化裂化或加氢裂化原料油的一个重要加工过程，也是生产微晶蜡必不可少的关键环节。其工艺概况和方法见表 11-4 及图 11-1。脱沥青油中含有较多的多环长侧链芳烃，它不但有很好的抗氧化性，而且对添加剂及氧化产物有很好的溶解能力，所以国外对重负荷柴油机的基础油规定必须加入一定的脱沥青油。

表 11-4　溶剂脱沥青工艺概况

原　料	渣　油		
工艺原理	溶剂抽提分离(液液萃取)		
主要设备	抽提塔		
工艺条件	温度 50~90℃、压力 3~4MPa，溶剂比 6~8(体积)。		
产　品	脱沥青油(DAO)		脱油沥青(DOA)
所用溶剂	丙烷	丁烷	
产品特性	残炭值低、色泽好、安定性好	残炭值低、金属含量少	含“油分”少、含蜡量少
产品用途	制取高黏度润滑油基础油	重油催化裂化原料	生产高质量的沥青产品

一、丙烷脱沥青的原理

图 11-2 表示某残渣油在丙烷溶剂中的溶解度与温度的关系。温度<23℃时，由于石蜡及胶质、沥青质不溶于丙烷，系统分为两相，随着温度升高，溶解能力逐渐加大。23~40℃区间，丙烷与原料互溶为一相。但由于丙烷常温常压下呈气态，加压后才呈液态，当升到临界状态时，溶剂表现为气体性质，它将不溶解溶质而将溶质全部析出。这种变化是逐渐形成的，即在靠近临界温度而未达到临界温度的某一区域(40~96.84℃)内，随着温度的升高，丙烷密度减小(液体性质减弱、气体性质增强)，丙烷对渣油的溶解度降低。

低温段，溶质全部溶解于溶剂中的温度称为临界溶解温度 t_1(如图 11-2 中的 23℃)。温度继续升高开始有溶质析出的温度称为第二临界溶解温度 t_2(如图 11-2 中的 40℃)。分为两相的温度与渣油各组成在丙烷中的溶解度有关，溶解度越小，析出的温度越低。丙烷对渣油中各组分的溶解度大小的排列次序为烷烃>环烷烃类>高分子多环烃类>胶质、沥青质。自丙烷临界温度以下至 40℃范围内，随着温度升高，最先析出的是胶质、沥青质，并按溶解度的大小，逐步析出溶在丙烷中的油分，当溶液的温度接近丙烷的临界温度(96.84℃)时，丙烷中所有渣油组分全部析出。利用这一特性，可采用不同的温度将渣油分离成密度、黏度和残炭值不同的组分。

由以上分析可知，比 t_1 低或 t_2 高的温度范围都能形成两相。但是，在前一温度范围固体烃(蜡)会和沥青同时分出而不适宜采用。因此，工业上丙烷脱沥青装置都是在第二临界溶

解温度 t_2 以上的温度下操作的，最高温度为溶剂的临界温度（丙烷的临界温度为 96.84℃）。在此温度范围内，丙烷对渣油中的饱和烃和单环芳烃等（在炼厂常把这部分称为油分）溶解能力很强，对多环和稠环芳烃溶解能力较弱，而对胶质和沥青质则很难溶解甚至基本不溶，即“溶油不溶沥青”。利用这一特性，通过调节适应的温度等操作条件，将渣油分离成满足质量要求的脱沥青油和脱油沥青。所得脱沥青油的残炭值及金属含量较低，H/C 原子比较高，达到生产高黏度润滑油和改善催化裂化进料的要求。

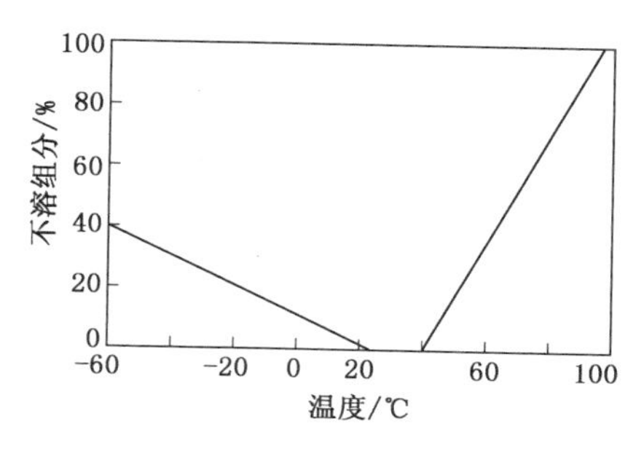

图 11-2　丙烷-渣油体系溶解度原理图
丙烷：渣油＝2：1（体积）

二、丙烷脱沥青的工艺流程

丙烷脱沥青的工艺流程包括抽提和溶剂回收两部分。因生产目的不同，所采用的抽提方法及溶剂回收方法各异，溶剂脱沥青工艺流程有多种形式。工业上应用最广泛的是亚临界溶剂抽提溶剂回收工艺流程。其主要特点是：① 生产高黏度润滑油基础油为目的；② 抽提塔在低于临界点的条件下操作；③ 溶剂回收在近临界条件下进行。

（一）抽提部分

抽提的任务是把丙烷溶剂和原料油充分接触而将原料油的润滑油组分溶解出来，使之与胶质、沥青质分离。

图 11-3 为一种两段抽提流程示意图。抽提部分的主要设备是抽提塔，工业上多采用转盘塔。抽提塔内分为两段，下段为抽提段，上段为沉降段。原料（减压渣油）经换热降温至合适的温度后进入第一抽提塔的中上部，循环溶剂由抽提塔的下部进入。由于两相的密度差较大（油的相对密度约 0.9~1.0，丙烷为 0.35~0.4），二者在塔内逆流流动、接触，并在转盘搅拌下进行抽提。减压渣油中的胶质、沥青质与部分溶剂形成的重液相向塔底沉降并从塔底抽出，送去溶剂回收后得到脱油沥青。脱沥青油与溶剂形成轻液相经升液管进入沉降段。沉降段中有加热管提高轻液相的温度，使溶剂的溶解能力降低，其目的是保证轻液相中的脱沥青油的质量。由第一个抽提塔来的提余液在第二抽提塔内再次用丙烷抽提，塔顶出来的称轻脱沥青液，塔底出来的称为重脱沥青液。经溶剂回收后分别得到质量不同的轻脱沥青油（残炭值一般 <0.7%）和重脱沥青油（残炭值一般>0.7%）。轻脱沥青油作为润滑油料，重脱沥青油作为催化裂化原料，也可作为润滑油的调合组分。

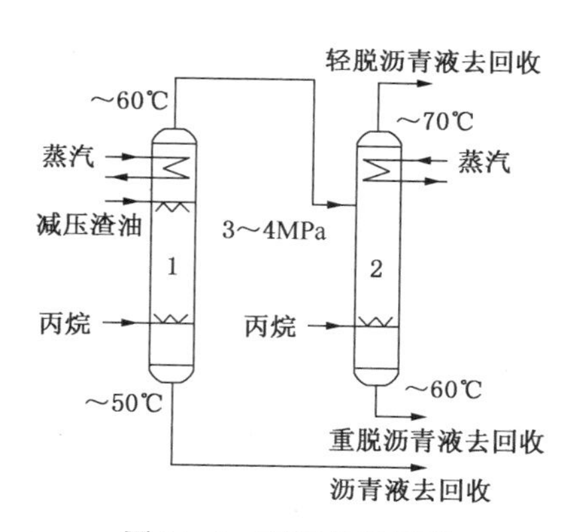

图 11-3　两段抽提流程

两段抽提流程可以得到三种产品，操作比较灵活，可以同时生产出高质量的轻脱沥青油和脱油沥青。如果只用一个抽提塔（称为一段法），在生产低残炭值的脱沥青油和高标号沥青时，两者质量难以同时兼顾。两段法抽提的流程还有其他的形式，如有的是由第一抽提塔塔顶得轻脱沥青液，第二抽提塔塔顶得重脱沥青液、塔底得沥青液。

但两段法流程较复杂，能耗较大。故在产品

的数量与品种能满足要求的情况下，尽可能用一段法。在一段脱沥青时打入抽提塔的丙烷分为两部分，一部分称为主丙烷，起主要抽提作用，另一部分称为副丙烷，量较少，是从抽提塔底打入的，其主要作用是使沥青中部分润滑油能得到再次抽提，从而提高脱沥青油收率。

在低温下，减压渣油的黏度很大，不利于进行抽提，因此抽提塔的操作温度要稍高些。为了保证溶剂在抽提塔内为液相状态，操作压力应比抽提温度下丙烷的蒸气压高 0.294～0.392MPa。工业丙烷脱沥青装置抽提塔采用的一般操作条件为：温度 50～90℃、压力 3～4MPa，溶剂比 6～8(体积)。采用的溶剂不同时，抽提操作的温度及压力须作相应的改变。

(二) 溶剂回收部分

溶剂回收系统的任务就是从抽提塔中引出的轻、重脱沥青油溶液和沥青液中回收丙烷以便循环使用，同时得到轻脱沥青油、重脱沥青油以及脱油沥青等产品。

丙烷在常压下沸点为-42.06℃，通过降低压力可以很容易地回收溶剂。但回收的气体溶剂又需加压液化才能循环使用，能耗高。所以，要考虑选择合适的回收条件，尽量使丙烷呈液态回收，或使蒸馏出来的气态丙烷能用冷却水冷凝成液体，减少对丙烷气的压缩，节省动力。

图 11-4 为一种典型的丙烷脱沥青工艺原理图，其溶剂回收由四部分组成，即轻脱沥青液溶剂回收、重脱沥青液溶剂回收、脱油沥青液中溶剂回收、低压溶剂回收。

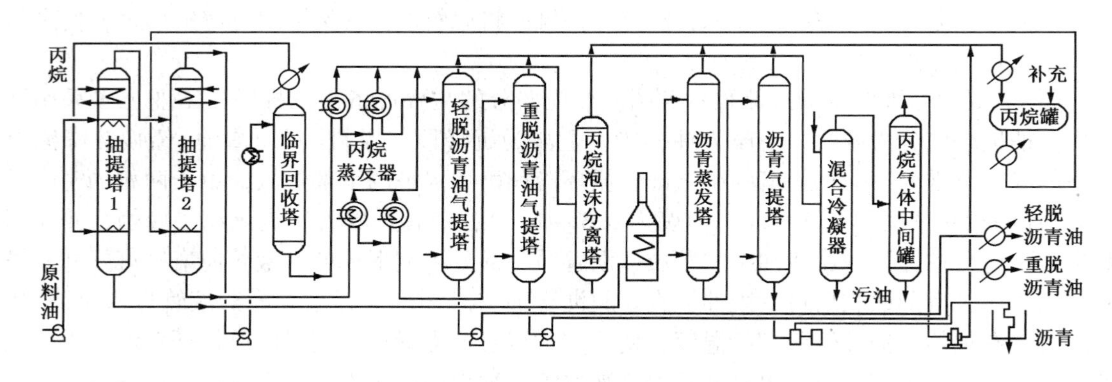

图 11-4 丙烷脱沥青工艺原理流程

溶剂的绝大部分(约占总溶剂量的 90%)分布于脱沥青液中。轻脱沥青液经换热、加热后进入临界回收塔。加热温度要严格控制在稍低于溶剂的临界温度 1～2℃。在临界回收塔中油相沉于塔底，大部分溶剂从塔顶(液相)出来，再用泵送回抽提塔。从临界回收塔底出来的轻脱沥青液先用水蒸气加热蒸发回收溶剂，然后再经汽提以除去油中残余的溶剂。由汽提塔塔顶出来的溶剂蒸气与水蒸气经冷却分离出水后溶剂蒸气经压缩机加压，冷凝后重新使用。重脱沥青液和脱油沥青含溶剂相对少些，可直接经过蒸发和汽提两步来回收其中的溶剂。

三、影响溶剂脱沥青的主要因素

影响溶剂脱沥青过程的主要操作因素有温度、溶剂组成、溶剂比、压力和原料油的性质。以下讨论各因素对亚临界溶剂抽提过程的影响。

（一）温度

改变温度会改变溶剂的溶解能力，从而影响抽提过程，操作温度越靠近临界温度则温度的影响越显著。因此，调整抽提过程各部位的温度常常是调整操作的主要手段。为了保证脱沥青油的质量和收率，抽提塔内的温度是顶高、底低，形成温度梯度。

抽提塔顶部温度提高，溶剂的密度减小、溶解能力下降、选择性加强。脱沥青油中的胶质、沥青质少，残炭值低，但收率降低。抽提塔底部温度较低时，溶剂溶解能力强，沥青中大量重组分被溶解，因而沥青中含油量减少，软化点高，脱沥青油收率高。可见，适宜的温度梯度是保证产品质量和收率的重要条件，温度梯度通常为20℃左右。顶部温度可通过改变顶部加热盘管蒸汽量来调节，而底部温度由溶剂进塔温度决定。

塔顶、塔底的温度高低应根据原料性质、脱沥青油及沥青质量要求而定。对胶质、沥青质含量多的原料，轻脱沥青油残炭要求不大于0.7%时，塔顶、塔底温度都相应高些，顶部温度高以保证轻脱沥青油的质量，底部温度高主要考虑减少油品的黏度，以保证抽提效率。

溶剂不同，要求的抽提温度也不同，常用溶剂的抽提温度为：丙烷50~90℃；丁烷100~140℃；戊烷150~190℃。在最高允许温度以下，采用较高的温度可以降低渣油的黏度，从而改善抽提过程中的传质状况。渣油入塔温度通常在120~150℃之间。

在实际生产中，用同一原料生产不同目的产品时，经常是只调控操作温度就能达到要求。表11-5为调整抽提温度改变产品方案的典型数据。

表11-5 调整抽提温度改变产品方案的典型数据

产品方案	抽提塔操作条件				轻脱沥青油		
	顶温/℃	底温/℃	压力/MPa	溶剂比	收率/%	100℃黏度/(mm^2/s)	残炭/%
普通润滑油料	63	48	3.43	3.7	27	24.6	0.9
航空润滑油料	75	50	3.43	3.7	23	21.3	0.7

（二）压力

正常的抽提操作一般在恒定压力下进行（忽略流动压降），操作压力不作为调节手段。在选择操作压力时必须注意两个因素：①为了保证抽提操作是在双液相区内进行，对某种溶剂和某个操作温度都有一个最低限压力，此最低限压力由体系的相平衡关系确定，操作压力应高于此最低限压力。②在近临界溶剂抽提或超临界溶剂抽提的条件下，压力对溶剂的密度有较大的影响，因而对溶剂的溶解能力的影响也大。

（三）溶剂组成及溶剂比

1. 溶剂组成

各种低分子烷烃都有一定的脱沥青能力。但效果不同，从表11-6可知：乙烷对残渣油溶解度小，脱沥青油收率低，丁烷以上的低分子烷烃对残渣油溶解能力强，对油和胶质、沥青质选择性差，一部分胶质、沥青质未被除去，脱沥青油质量差；而丙烷既具有一定的溶解能力，又有较好的选择性。因此，与其他低分子烷烃相比，丙烷是良好的脱沥青溶剂，特别适合于用作生产润滑油料。当目的产品为催化裂化或加氢裂化原料时，则多采用丁烷或戊烷作溶剂。为了调节溶剂的溶解能力和选择性，或受溶剂来源限制，也可采用混合溶剂。

表 11-6 几种溶剂的脱沥青效果

溶剂	脱沥青油				脱油沥青
	收率/%	残炭/%	d_4^{20}	100℃黏度/(mm^2/s)	软化点/℃
乙烷	11.0	0.07	0.909		软
丙烷	75.0	2.35	0.950	18	80
丁烷	88.8	5.12	0.965	23	153
戊烷	95.2	6.23	0.969	41	163

表 11-7 几种溶剂的正常沸点及临界参数

名称	常压沸点/℃	临界温度/℃	临界压力/MPa
乙烷	-88.60	32.18	4.87
丙烷	-42.07	96.81	4.26
异丁烷	-11.27	134.98	3.65
正丁烷	-0.5	152.01	3.80
异戊烷	27.85	187.80	3.32
正戊烷	36.07	196.62	3.37

实际生产中工业溶剂不可能是单一的溶剂，而溶剂的组成直接影响脱沥青的结果。比如一般工业丙烷来源于催化裂化气体分馏装置，丙烷中会含有其他烃类，由于各种烃类的基本性质不同(见表 11-7)而影响抽提操作及效果。因此对溶剂的其他组分含量要加以限制。如对于生产重质润滑油为主的丙烷脱沥青装置，为了保证脱沥青油质量与收率，降低溶剂比，减少溶剂消耗，对丙烷溶剂的要求是：丙烷含量不小于 80%，C_2不大于 2%，C_4不大于 4%，丙烯含量也要尽量低。

溶剂组成不同要求的适宜操作条件也不同。

2. 溶剂比

溶剂比为溶剂量与原料油量之比，有体积比和质量比之分，工业上多用体积比。溶剂比的大小对脱沥青过程的经济性有重大影响，它对脱沥青油的收率和质量、过程的能耗都有重要影响。

以丙烷作溶剂为例，当少量丙烷加入到渣油中时，完全互溶，这时只是降低了渣油的黏度，而无沥青析出。继续加入丙烷，渣油中油分的浓度就不断降低，胶质和沥青质仍不会析出。其原因是靠渣油的油分对它们溶解，当丙烷增加到一定量时，渣油中的油分的浓度更低了，以至不能溶解渣油中的全部胶质、沥青质，于是它们就从溶液中分离出来。此时溶液分成两层，上层为溶有脱沥青油的丙烷层，下层为黏度较大的溶有丙烷的沥青层。此时分出的沥青软化点较低，因为胶质、沥青质黏度很大，溶剂不能将其中油完全溶解分出。所得到的脱沥青油中也还含有少量胶质、沥青质，再继续增加丙烷达到渣油体积的 3~4 倍时，沥青层中的油分更多的溶于丙烷，沥青层黏度增大，软化点升高。与此同时脱沥青油中的胶质、沥青质也进一步分离出来。对于制取润滑油原料来说这样的溶剂比已足够了。溶剂比再加大时，丙烷层中的胶质、沥青质不会继续分出，而由于丙烷量的增加，溶进丙烷层中的胶质、沥青质增多，使脱沥青油残炭反而升高。图 11-5 和图 11-6 示出了脱沥青油收率及其残炭值与溶剂比之间的关系。由图 11-5 可见，溶剂比一定时，丙烷对油分的溶解度随着抽提温度的升高而减小，脱沥青油的收率、残炭均降低。在工业装置的抽提温度范围内(60～90℃)，一定温度下，脱沥青油收率随着溶剂比的增大而提高；脱沥青油的残炭值随着溶剂比的增加而先减后增，曲线的转折点大约在溶剂比为 6：1 左右。丙烷用量大小关系到装置设备大小和能耗，因此确定丙烷用量的原则应该是，在满足产品质量和收率的要求下，尽量降低溶剂比。在一定温度下，对于不同的原料和产品，都有一个适宜的溶剂比。丙烷脱沥青装置使用的溶剂比一般为(6～8)：1(体)。

在原料油进入抽提塔之前，多先用部分溶剂对原料油进行预稀释、以降低渣油的黏度，改善传质状况，这部分溶剂的量一般为原料量的 0.5～1.0 倍(体)。

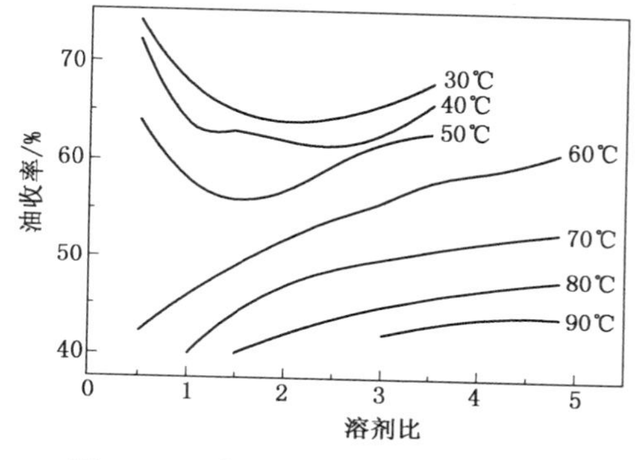

图 11-5　脱沥青油收率与溶剂比关系

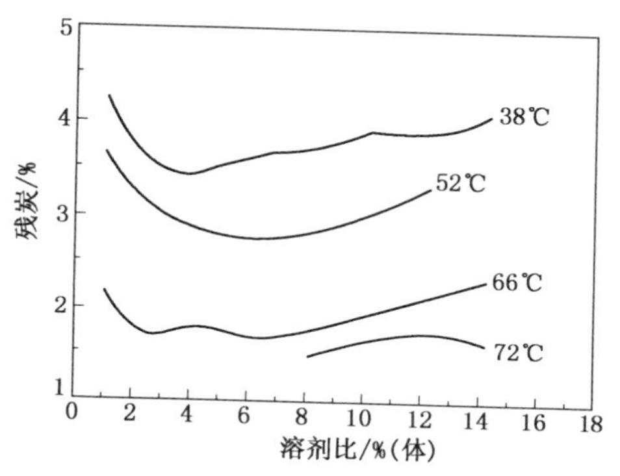

图 11-6　脱沥青油的残炭与溶剂比关系

(四) 原料油性质

一般情况下，在正常生产时，原料油的组成、性质不会被当作调整操作的参数来用。但是原料油的组成、性质与抽提效果有着密切的关系。当原料油的组成、性质发生变化时，有关的操作参数须及时作必要的调整。

渣油中油分含量多时，为使胶质、沥青质分离出来所需的溶剂比就得大，脱沥青油收率也高，相应黏度较低。原料中含油量少，而又需制取低残炭值的残渣润滑油时，所得脱沥青油黏度高、收率低，所需溶剂比虽小，但必须采用比较苛刻的操作条件。这是因为其中润滑油组分的化学结构接近于胶质，所以，必须提高抽提温度，以提高丙烷的选择性，才能保证脱沥青油的质量。

原料油的组成、性质不仅取决于原油性质，且与减压蒸馏的拔出率有关，拔出率越大，渣油越重、油分含量越低。在生产催化裂化原料时，也有将糠醛抽出油、催化裂化油浆掺混入减压渣油作为脱沥青原料。这样可以改善脱沥青装置的原料性质(如黏度降低、密度增大)，从而改善抽提操作。此外，在有利于重油催化裂化操作的同时，也降低了脱油沥青的蜡含量，提高沥青质量。

四、超临界技术在渣油脱沥青中的应用

传统的溶剂脱沥青过程是在溶剂的临界点以下的温度、压力条件下进行操作。为了降低操作能耗，超临界溶剂抽提和超临界溶剂回收的技术应用得到重视和发展。

当溶剂处于其临界温度以上的温度及高于其临界压力的条件时，此溶剂即处于超临界流

体状态。超临界流体的最大特性是汽液不分，但可以通过改变压力、温度来使流体具有液体或气体的性质，在这个变化过程中不需相变热。

超临界流体可以具有类似液体的密度及溶解能力，与液体溶剂相比，超临界流体的黏度小、扩散系数大，对传质和相间分离十分有利。用超临界溶剂对渣油进行脱沥青抽提时，由于超临界流体的黏度低、传质速率高，以及轻液相与重液相的密度差大，容易分层等原因，抽提塔的结构可以大为简化，其体积也可以缩小。从实验室研究和工业试验的结果来看，甚至在渣油和溶剂经过静态混合器后，只需进入一个沉降器(代替抽提塔)就可完成抽提和分层的任务。

溶剂脱沥青过程溶剂回收部分的投资和操作费用对整个装置的经济效益有重要影响。传统的回收方法是将溶液加热使其中的溶剂蒸发，这种方法的能耗较大，能耗大的主要原因是溶剂汽化时需大量的蒸发潜热。近年来，近临界溶剂回收(在一些文献中也称作准临界回收或临界回收)和超临界溶剂回收技术的应用使溶剂回收的能耗有了显著降低。在超临界条件或近临界条件下，溶剂的密度对温度、压力的变化比较敏感，通过恒压升温、或恒温降压、或同时升温降压等手段可以较大地减小溶剂的密度，从而降低溶剂的溶解能力。当溶剂的密度降低到一定程度时(例如0.2g/mL以下)，溶剂对脱沥青油的溶解能力已经很低，溶剂与脱沥青油分离成轻、重两个液相，从而达到回收溶剂的目的。采用此方法可以把提取液中的绝大部分溶剂分离出来，残存在脱沥青油中的少量溶剂可经进一步的汽提分出。在上述的分离过程中，由于没有经历由液相到气相的相变化，不需要提供汽化潜热，因而降低了能耗。据报道，与蒸发回收相比，其能耗可降低28%。

利用超临界流体的溶解能力随温度、压力(密度)而连续变化的特点，超临界流体抽提可以有两种原理流程。第一种流程的特点是：抽提段和回收段保持相同的温度，抽出相经减压使超临界流体丧失对溶质的溶解能力，达到分离溶质、回收溶剂的目的，溶剂经增压循环使用。第二种流程的特点是：抽提段和回收段的压力保持不变，抽出相经加热升温使超临界流体丧失对溶质的溶解能力，分出溶质、回收溶剂，溶剂经冷却至抽提所需温度循环使用。当然，还可以设计既升高温度又降低压力的流程，但要从能耗高低来考虑如何选择流程。

工业上已有的溶剂脱沥青装置的抽提塔绝大多数是在溶剂的临界点以下操作，采用近临界溶剂回收方法比较方便易行，节能效益也很好，因而得到了广泛的应用。若抽提部分是在超临界条件下操作，操作压力和温度都较高，则采用超临界溶剂回收方法可能更合适。在实际应用中，超临界流体所处的条件范围多采用对比温度 T_r 为1.0~1.2、对比压力 P_r 为1.5~2.5。

第三节 溶剂精制

在减压馏分油和丙烷脱沥青油中含有多环短侧链芳烃、含硫、含氮、含氧化合物和胶质等润滑油非理想组分，它们的存在会造成油品黏度指数低、抗氧化安定性差、酸值高、腐蚀性强、颜色深。为了产品能达到润滑油基础油的要求，必须除去这些非理想组分。常用的精制方法有：酸碱精制、溶剂精制、吸附精制、加氢精制等。目前，我国主要采用溶剂精制法，其工艺基本情况见表11-8及图11-7。

表 11-8 溶剂精制工艺概况

原　　料	减压馏分油、丙烷脱沥青油	
工艺原理	液-液抽提(或萃取)分离	
主要设备	抽提塔	
工艺条件	温度 60~120℃、压力 0.5MPa，溶剂比 3~6(体积)。	
产　品	精制油	抽出油
产品特性	黏度指数、抗氧化安定性、酸值、腐蚀性、颜色、残炭值等符合规格要求。	富含多环芳烃、含硫、含氮、含氧化合物和胶质
产品用途	制取润滑油基础油	提取橡胶操作油、调合燃料油
所用溶剂	糠醛(少部分装置用酚、N-甲基吡咯烷酮)	

一、溶剂精制原理

(一) 精制原理

溶剂精制的原理就是利用某些有机溶剂对润滑油原料中所含的各种烃类，具有不同溶解度的特性，非理想组分在溶剂中的溶解度比较大，而理想组分在溶剂中的溶解度比较小，这样，在一定条件下，可将润滑油原料中的理想组分与非理想组分分开。这种分离过程属于液-液抽提(或萃取)过程。由于是物理过程，精制油品的收率取决于原料油中理想组分的含量，因此，生产润滑油的原料选择至关重要。

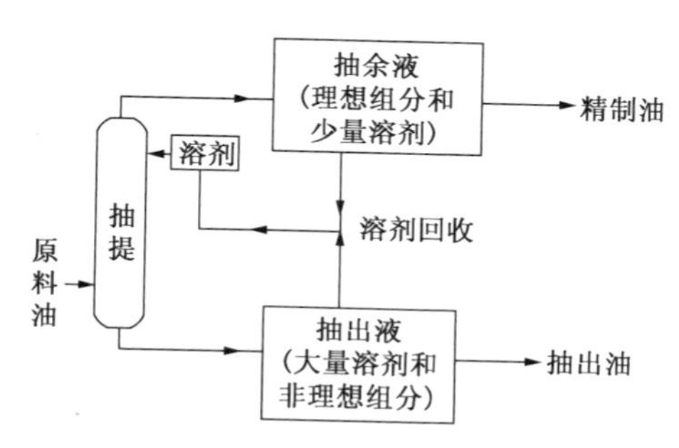

图 11-7 溶剂精制方法示意图

(二) 理想溶剂

同一原料中非理想组分的极性和密度均比理想组分的要大，因此其溶剂一般要求具有较强的极性和较大的密度，同时还需考虑溶剂回收循环使用。所以，作为理想的精制溶剂应具备下述条件：

① 选择性好，对非理想组分的溶解能力强，以保证精制油品的质量；对理想组分溶解力小，以提高精制油收率。

② 溶解能力强，有利于采用较低溶剂比、降低装置能耗。

③ 与油有较大的密度差，黏度小，有利于逆相流动、传质和分离。

④ 与油有较大的沸点差，易回收；沸点过高，回收成本高；沸点过低，则需高压回收，成本也大。

⑤ 应有较高的化学安定性、热安定性、抗氧化安定性，能反复循环使用。

⑥ 无毒或毒性小，不易燃易爆，对设备腐蚀性要小。

⑦ 来源方便，价格便宜。

实际上，这些条件同时都达到的溶剂是不存在的。比如，溶剂的选择性与溶解能力常常是矛盾的，即选择性强的溶剂其溶解能力小。随着温度的升高，油品在溶剂中的溶解度增加，但选择性降低。溶剂的选择性是指溶剂对润滑油的理想组分与非理想组分的溶解度差别，溶解度相差越大，则溶剂选择性越好。

（三）常用溶剂

目前工业使用的溶剂主要有糠醛、酚和*N*-甲基吡咯烷酮（NMP）三种，每个溶剂均有自己的优点和不足之处，还没有一个全面性质均佳的溶剂。三种溶剂的性质见表11-9，实际使用性能见表11-10。

表11-9　三种主要溶剂的性质

性　质	糠　醛	酚	*N*-甲基吡咯烷酮
分子式	呋喃环-CHO（O=C-H）	苯环-OH	吡咯烷酮环（=O，N-CH_3）
相对分子质量	96.03	94.11	99.13
密度（25℃）/（g/cm^3）	1.159	1.071	1.029
沸点/℃	161.7	181.2	201.7
熔点/℃	-38.7	40.97	-24.4
与水生成的共沸物			
常压共沸点/℃	97.45	99.6	（不产生）
共沸物含溶剂/%	35.0	9.2	—
20℃时在水中溶解度/%	5.9	8.2	—
比热容/[kJ/（kg·K）]	1.742	2.349	1.758
蒸发潜热/（kJ/kg）	446.3	478.6	482.6

表11-10　三种主要溶剂的使用性能比较

性　质	糠　醛	酚	*N*-甲基吡咯烷酮
相对成本	1.0	0.36	1.5
适用性	极好	好	很好
选择性	极好	好	很好
溶解能力	好	很好	极好
稳定性	好	很好	极好
腐蚀性	有	腐蚀	小
毒性	中	大	小
乳化性	低	高	中
剂油比大小	中等	低	很低
抽提温度	中等	中等	低
精制油收率	极好	好	很好
产品颜色	很好	好	极好
能量费用	中	中	低
投资	中	中	低
操作费用	中	中	低
维修费用	低	中	低

从表中数据可见，三种溶剂各有优缺点，选用时须结合具体情况综合考虑。NMP在溶解能力和热及化学稳定性方面都比其他两种溶剂强，选择性则居中，所得精制油质量好、收率高，装置能耗低。加之该溶剂毒性小、安全性高，使用的原料范围也较宽。因此，近年来已逐渐被广泛采用，全世界NMP精制在润滑油精制中所占比例已超过了50%。而我国的情况却有所不同，因NMP的价格贵而且需要进口，故尚未获得广泛应用。在我国糠醛的价格较低，来源充分(我国是糠醛出口国)，适用的原料范围较宽(对石蜡基和环烷基原料油都适用)，毒性低，与油不易乳化而易于分离，加以工业实践经验较多，因此，糠醛是目前国内应用最为广泛的精制溶剂，约占总处理能力的83%。酚因溶解能力强常用残渣油的精制，约占总处理能力的13%。其主要缺点是毒性大，适用原料范围窄，近年来有逐渐被取代的趋势。

二、糠醛精制工艺流程

不同溶剂的精制原理相同，在工艺流程上也大同小异，现阶段我国应用最多的是糠醛精制，因此给予重点介绍，其余两种精制方法请自行参阅其他的有关资料。

糠醛精制工艺原则流程如图11-8，该流程包括溶剂抽提、溶剂回收和溶剂干燥三个部分。工艺流程已充分考虑了糠醛对热和氧不稳定、与水生成共沸物、含水会降低溶解力等特性。

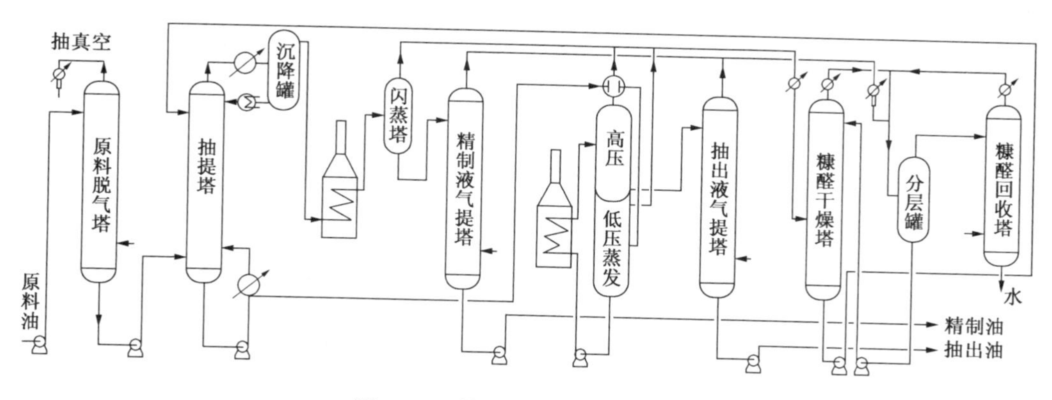

图11-8　糠醛精制工艺原理流程

(一)糠醛溶剂抽提

原料油经换热后先进入原料脱气塔，在真空、水蒸气汽提下脱除原料油中溶解的氧，以防止糠醛与氧作用生成酸性物并进而缩合生成胶质，造成设备的腐蚀和堵塞。脱气后的原料油从抽提塔下部进入，糠醛从塔的上部进入，依靠密度差使二股液体在塔内逆向流动进行萃取。油中的非理想组分溶解进入糠醛相至塔底出抽出液(提取液)，油中的理想组分不断上升至塔顶出精制液(提余液)。

(二)溶剂回收

溶剂回收的能耗可占到溶剂精制总能耗的75%~80%，它包括精制液和抽出液两个系统。精制液中含溶剂少，而抽出液中含糠醛量多，可达85%以上，这部分溶剂回收的能耗要占溶剂回收总能耗的70%，所以各炼厂均将抽出液的溶剂回收列为节能工作的重点。

精制液因含溶剂少，其溶剂回收较为简单。精制液经过加热炉加热(控炉出口温度≯230℃)后，先进入闪蒸塔回收部分溶剂，然后进入汽提塔脱除残余溶剂。汽提塔在减压下操作，以降低糠醛的汽化温度，防止糠醛变质。

抽出液中因含有大量溶剂，在使用蒸发方法回收时应设法充分利用溶剂的冷凝潜热，以降低溶剂回收的能耗，为此常用双效蒸发或三效蒸发等多效蒸发流程。所谓多效蒸发是指以多塔多次蒸发替代一塔一次蒸发，而且各塔的操作压力、温度不同，溶剂在低压下蒸发时所需要的热量是来自于高压蒸出的溶剂蒸气的冷凝潜热，从而达到降低加热炉热负荷以及装置能耗的目的。图 11-8 采用了双效蒸发流程，其回收溶剂的加热炉负荷为单效蒸发时的 61% 左右；采用三效蒸发的能耗更低，其加热炉的热负荷只有单效蒸发时的 40% 左右。多效蒸发后，进入减压汽提塔脱除抽出油中的残留溶剂。

(三) 溶剂干燥和脱水

糠醛含水会明显降低其溶解能力，用于抽提的糠醛应控制含水量在 0.5% 以下。虽然糠醛的沸点(161.7℃)与水的沸点有较大差别，但糠醛与水会形成共沸物，低温时糠醛与水部分互溶，因此无法用简单的蒸馏法将两者分开。在生产中，糠醛与水的分离要采用双塔流程(如图 11-9)。它是基于在常温下糠醛与水为部分互溶、在蒸发汽化时糠醛与水会形成低沸点共沸物的原理。来自汽提塔顶的糠醛与水蒸气混合物(糠醛含量 35%)，冷凝冷却(约 40℃)后进入分液罐，此罐中的液体可分为两层，上层为含醛约 6.5% 的水相，下层为含水约 6.5% 的醛相，将上层的水相送入水溶液脱糠醛塔，下层的醛相送入糠醛脱水塔。在水溶液脱糠醛塔底放出水，糠醛脱水塔底得到含水小于 0.5% 的干糠醛。两个塔的塔顶均为醛-水共沸物，将其冷凝、冷却到常温后送入分液罐中进行沉降分层。两塔均在近于常压下操作，脱水塔以汽提蒸气为热源，干燥塔以来自蒸发塔的糠醛蒸气为热源。

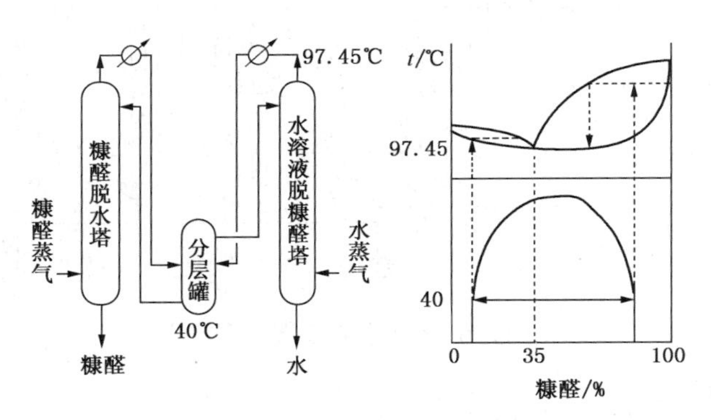

图 11-9 双塔回收流程和原理图

三、影响糠醛精制的主要因素

影响抽提过程的因素主要是抽提温度和溶剂比两项。

(一) 抽提温度

溶剂精制为液-液萃取过程，其首要条件是必须使抽提系统保持两个液相。因此，溶剂精制的抽提操作温度有一个允许范围，其上限是体系的临界溶解温度，即体系成为单个液相的最低温度，其下限则是润滑油和溶剂的凝固点温度。

临界溶解温度的高低决定于溶剂的种类、原料油的组成以及溶剂比。根据相似相溶原理，原料油中含稠环芳烃越多，临界溶解温度就越低。随着烃类侧链长度的增加，临界溶解温度升高；随着芳香环和环烷环环数的增加，临界溶解温度急剧下降。图 11-10 为糠醛和 NMP 的临界溶解温度曲线。由图可见，在其他条件相同时，糠醛的临界溶解温度比 NMP 的高，表明糠醛的溶解能力相对较低。某温度下，溶剂比很小时，溶剂全部溶于油中完全互溶成一相；溶剂比增加到溶剂在油中的溶解度达到饱和后，再继续增加溶剂比，则系统出现两相，要使其形成一相，则需提高温度(即临界溶解温度提高)；溶剂比增加到一定值后，油容易全部溶于溶剂中，即临界溶解温度反而降低。

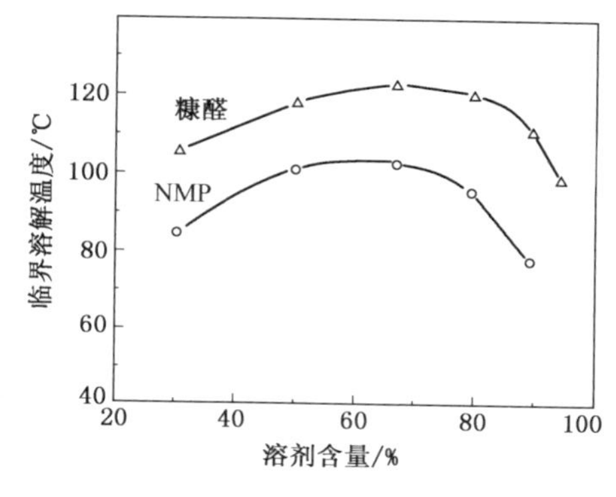

图 11-10 临界溶解温度曲线

在实际生产中，抽提温度一般比临界溶解温度低 20~30℃，适宜的操作温度还需综合考虑。图 11-11 表示了抽提温度对精制油的质量和收率的影响规律：在溶剂比不变的条件下，随着温度的升高，溶解度增大，精制油收率下降；精制油的黏度指数则是随着温度的升高先增大后下降。在溶解度不太大时，溶解度随着温度升高而增大，非理想组分更多地溶于溶剂而被除去，精制油的黏度指数升高；当溶解度增大至一定程度后，溶剂选择性降低得过多，于是精制油黏度指数转而下降。在精制油黏度指数出现最高值对应的温度下，溶剂具有较高的溶解度和较好的选择性。但是，在实际生产中，该点温度并不一定就是最合理的抽提温度。因为除精制油质量外，还需考虑精制油的收率、装置能耗等因素。

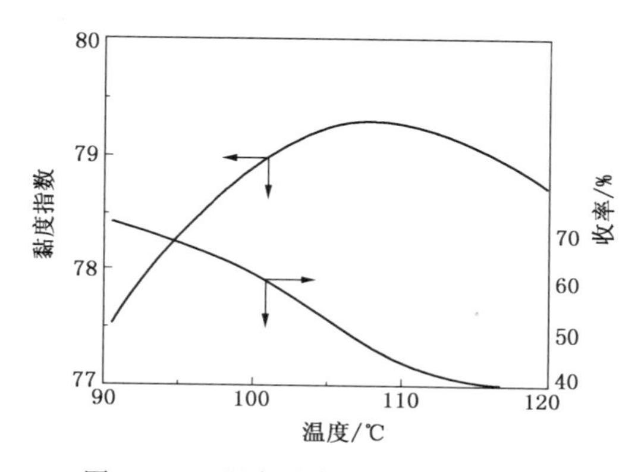

图 11-11 温度对溶剂精制过程的影响

原料油不同抽提温度也不同，对馏分重的、黏度大的、含蜡量多的原料油，选用的温度应高些。

为保证精制油的质量和收率，溶剂精制的抽提塔有一温度梯度：塔顶温度高(60~100℃)、塔底温度低。例如糠醛精制抽提塔内的温度梯度约为 20~50℃。塔顶温度较高、溶解度高，可以保证精制油的质量；塔底温度较低、溶解度低，可以使理想组分从抽出液分离出来返回塔顶，保证精制油的收率。

(二) 溶剂比

温度等条件一定时，溶剂的溶解度及选择性不变，提高溶剂比可提高溶解总量，因此，精制油的质量提高，但其收率降低。增大溶剂比也不会出现精制油黏度指数先提高后降低的现象。

适宜的溶剂比应根据溶剂性质、原料油性质及精制油的质量要求，通过实验来综合考虑。一般来说，精制重质润滑油原料(非理想组分含量多、黏度大)时采用较大的溶剂比，而在精制较轻质的原料油时则采用较小的溶剂比。例如在糠醛精制时，对重质油料采用 3.5~6，对轻质油料采用 2.5~3.5。提高溶剂比或提高抽提温度都能提高精制深度。对于某个油品要求达到一定的精制深度时，在一定范围内，可用较低的抽提温度和较大的溶剂比，也可以用较高的抽提温度和较小的溶剂比。由于低温下溶剂的选择性较好，采用前一种方法可以得到较高的精制油收率，故多数情况下选用前一个方案。但是也应当注意到提高溶剂比会增大溶剂回收系统的负荷、增大操作费用，同时也会降低装置的处理能力。因此，如何选择最适宜的抽提温度和溶剂比应当根据技术经济分析的结果综合考虑。此外，对油品的精制深度要掌握恰当，精制深度过大，油中所含有的具有天然抗氧化性质的硫化物也被过分清除，反而会使油品的抗氧化能力下降。

(三) 抽提塔循环回流

图 11-8 描述了抽提塔塔顶及塔底循环回流。塔顶精制液经冷却降温进入沉降罐(相当于一个平衡级)，沉入罐底的糠醛及中间组分经换热升温返回抽提塔。既加强分离效果又调节塔顶温度，从而提高精制油质量或降低溶剂比。塔底部分抽出液经冷却后循环回抽提塔，可以降低塔底温度、提高塔底流体中非理想组分浓度，将理想组分和中间组分置换出去，从而提高分离精确度和精制油收率。但循环量过大会影响精制油的质量以及抽提塔的处理能力。

(四) 原料油中的沥青质含量

沥青质几乎不溶于溶剂中，而且它的相对密度介于溶剂与原料油之间，因此，在抽提塔内容易聚集在界面处，增大了油与溶剂通过界面时的阻力。同时，油及溶剂的细小颗粒表面被沥青质所污染，不易聚集成大的颗粒，使沉降速度减小，严重时甚至使抽提塔无法维持正常操作。因此，对原料油中的沥青质含量应当严格限制。

(五) 抽提塔的效率

润滑油溶剂精制多用转盘塔和填料塔。转盘塔的结构见图 11-12。塔壁上设有一系列等间距的固定环，塔的中心轴上装有一组水平的转盘，每个转盘正好位于两个固定环的中间。中心轴由电力带动。设计使用转盘塔的意图是：当转盘转动时带动塔内流体一起转动，液流中产生高的速度梯度和剪应力，剪应力一方面使连续相产生强烈的旋涡，另一方面使分散相破裂成细小的液滴。这样就增大了两相接触面积，有利于提高抽提效率。但是在实际生产中，许多转盘抽提塔的操作状况并不理想。一些研究结果表明，大型转盘抽提塔内的轴向返混十分严重，大约塔高的 60%~90%都是用来补偿轴向返混，只有很小比例的塔高对两相逆流接触传质是有效的，因此塔的效率非常低。研究结果还表明，转盘塔的结构参数和操作参数与许多因素有关，这些关系还有待于进一步的研究。

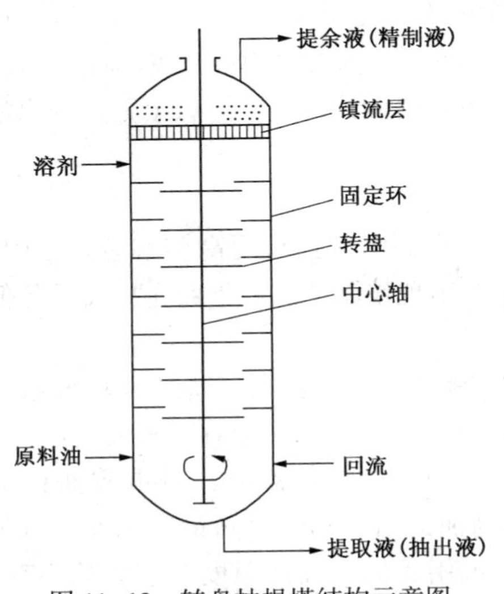

图 11-12 转盘抽提塔结构示意图

近年来开发的一些适用于液-液抽提的新型填料，且采用转盘-填料复合塔，更具有处理能力大和传质效率高的优点。比如，清华大学开发的内弯弧形筋片扁环填料(DH-1 填料)在用于一些润滑油溶剂精制时取得了明显的经济效益。

(六) 溶剂质量

由于糠醛的化学不稳定性而易生成糠酸及油品中的酸性物质被抽提进入循环糠醛溶剂等因素的影响，糠醛溶剂在循环使用过程中，其酸度呈增加趋势。严重时影响精制效果、引起设备腐蚀、增加剂耗和装置能耗，水的存在会加速对设备的腐蚀。因此，润滑油糠醛精制生产过程对循环糠醛溶剂的酸度及水分有较严格的要求(一般要求糠醛溶剂的酸度≯10mgKOH/100g)。保证溶剂质量的主要措施有：保证新鲜溶剂质量、原料油脱气脱水、溶剂回收加热温度不超过230℃(一般控制220℃)、溶剂干燥脱水、用氮气密封。当循环糠醛溶剂的酸度超标时，目前国内主要采用在糠醛水溶液中加入无机碱或单乙醇胺碱性物质的办法，以降低溶剂酸度。

第四节　溶剂脱蜡

为了保证润滑油的低温流动性，必须将润滑油料中的高凝点组分(蜡)脱除。常用方法有：冷榨脱蜡、分子筛脱蜡、尿素脱蜡、细菌脱蜡、溶剂脱蜡以及加氢降凝(包括催化脱蜡、加氢异构等)等。我国主要采用溶剂脱蜡法，其工艺基本情况见表11-11。

表11-11　溶剂脱蜡工艺概况

原　料	溶剂精制油	
工艺原理	结晶过滤分离	
主要设备	套管结晶器、鼓式真空过滤机	
工艺条件	温度-40～-20℃、压力0.5MPa，溶剂比3～6(体积)。	
产　品	脱蜡油	脱油蜡
产品特性	凝点(倾点)低	熔点高
产品用途	制取润滑油基础油	制取各种牌号蜡产品
所用溶剂	丁酮和甲苯	

一、溶剂脱蜡原理

(一) 脱蜡原理

一般情况下，随着温度的降低，蜡会因在油中的溶解度减小而结晶析出，并形成包油的网状结构，从而使油品失去流动性。而溶剂脱蜡工艺是在溶剂稀释、“溶油不溶蜡”等作用下，降低温度使蜡结晶析出并长大晶粒，但不形成包油的网状结构，通过过滤分离、回收溶剂后，得到低凝点的脱蜡油和高熔点的蜡。

(二) 理想溶剂

理想溶剂需具有以下性质：

① 溶剂在脱蜡温度下的黏度小，有利于蜡的结晶。

② 溶剂应具有良好的选择性，即对油有良好的溶解能力，而在脱蜡温度下，对蜡的溶解度小。

③ 溶剂的沸点不应很高，它的热容和蒸发潜热要低，以便于用简单蒸馏的方法回收。但沸点也不能过低，以避免在高压下操作。

④ 溶剂的凝点应较低，在脱蜡温度下不会结晶析出。

⑤ 溶剂应无毒，不腐蚀设备，而且化学安定性好，容易得到。

满足以上所有要求的理想溶剂是不存在的。但使用混合溶剂基本能满足生产要求，目前工业上使用最广泛的溶剂是甲基乙基酮(或丙酮)与甲苯(或再加上苯)混合溶剂，故常称酮苯脱蜡。其中的酮类是极性溶剂，有较好的选择性，但对油的溶解能力较低；苯类是非极性溶剂，对油有较好的溶解能力，但选择性欠佳。将两种溶剂按一定的比例混合后使用，其中的酮类充当蜡的沉淀剂，苯类充当油的溶解剂。使用混合溶剂进行脱蜡，还可根据不同的原料油性质，灵活地调变溶剂的配比组成，以适应不同的脱蜡要求。

(三) 常用溶剂

工业常用的溶剂及其主要性质见表 11-12。

表 11-12 常用溶剂的性质

项 目	丙酮	甲基乙基酮	苯	甲苯
分子式	$(CH_3)_2CO$	$CH_3COC_2H_5$	C_6H_6	$C_6H_5CH_3$
相对分子质量	58.05	72.06	78.05	92.06
密度(20℃)/(g/cm³)	0.7915	0.8054	0.8790	0.8670
常压沸点/℃	56.1	79.6	80.1	110.6
熔点/℃	-95.5	-86.4	5.53	-94.99
临界温度/℃	235	262.5	288.5	320.6
临界压力/MPa	4.7	4.1	4.87	4.16
黏度(20℃)/(mm²/s)	0.41	0.53	0.735	0.68
闪点/℃	-16	-7	-12	8.5
蒸发潜热/(kJ/kg)	521.2	443.6	395.7	362.4
比热容(20℃)/[kJ/(kg·K)]	2.150	2.297	1.700	1.666
溶解度(10℃)/%				
溶剂在水中	无限大	22.6	0.175	0.037
水在溶剂中	无限大	9.9	0.041	0.034
爆炸极限/%(体)	2.15~12.4	1.97~10.1	1.4~8.0	6.3~6.75

丙酮-苯-甲苯混合溶剂是一种良好的选择性溶剂，它们对油的溶解能力强，对蜡的溶解能力低，同时黏度小，冰点低，腐蚀性不大，沸点不高，毒性也不大。但其闪点低，应特别注意安全。

甲基乙基酮(简称丁酮)对蜡的溶解度很小，但对油的溶解能力比丙酮大，所以逐步取代了丙酮溶剂。苯的结晶点较高，在低温脱蜡时常会有苯的结晶析出，使脱蜡油的收率降低。在低温下，甲苯对油的溶解能力比苯强，对蜡的熔解能力比苯差，即它的选择性比苯强。此外，甲苯的毒性比苯的小。因此，甲苯基本取代了苯作溶剂。目前，工业上已广泛使用丁酮-甲苯混合溶剂。

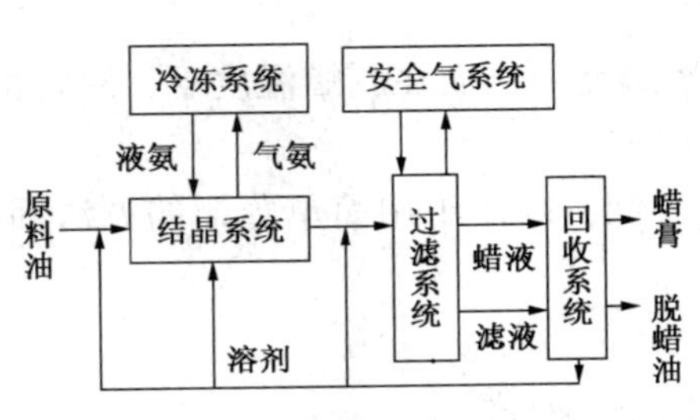

图 11-13 溶剂脱蜡工艺方法流程示意图

二、溶剂脱蜡工艺流程

溶剂脱蜡工艺方法流程示意如图 11-13，它由五个系统组成，各系统作用见表 11-13。

表 11-13　溶剂脱蜡工艺各系统的作用

系　统	作　用
冷冻系统	制冷降温，取出结晶时放出的热量。一般以氨为介质，液氨汽化吸热带走热量，然后再压缩冷却液化循环
结晶系统	将原料油和溶剂混合后的溶液冷到所需的温度，使蜡从溶剂中结晶出来，并供给必要的结晶时间，使蜡形成便于过滤的状态
过滤系统	将已冷却后析出的蜡和油分开
溶剂回收系统	把蜡和油中的溶剂分离出来。包括从蜡、油和水回收溶剂
安全气系统	为了防爆，在过滤系统中及溶剂罐用安全气封闭。溶剂的爆炸浓度低、爆炸范围宽，因此需用惰性气体保护。工业上大部分采用氮气作为安全气，也有用空气燃烧脱氧后作安全气的

以下重点介绍结晶、过滤、溶剂回收等系统流程。

（一）结晶系统

结晶系统工艺方法流程示意如图 11-14。原料油经蒸汽加热(热处理)，使原有结晶全部熔化，再在控制的有利条件下重新结晶。对脱沥青油原料，通常是在热处理前加入一次溶剂稀释，对馏分油原料则可以直接在第一台结晶器的中部注入溶剂稀释，称为“冷点稀释”。通常在前面的结晶器用滤液作冷源以回收滤液的冷量，后面的结晶器则用氨冷。原料油在进入氨冷结晶器之前先与二次稀释溶剂混合。由氨冷结晶器出来的油-蜡-溶剂混合物与三次稀释溶剂混合后去滤机进料罐，三次稀释溶剂是经过冷却的由蜡系统回收的湿溶剂。由于湿溶剂含水，在冷冻时会在传热表面结冰，因此在冷却时也用结晶器。氨冷结晶器的温度通过控制液氨罐的压力来调节。

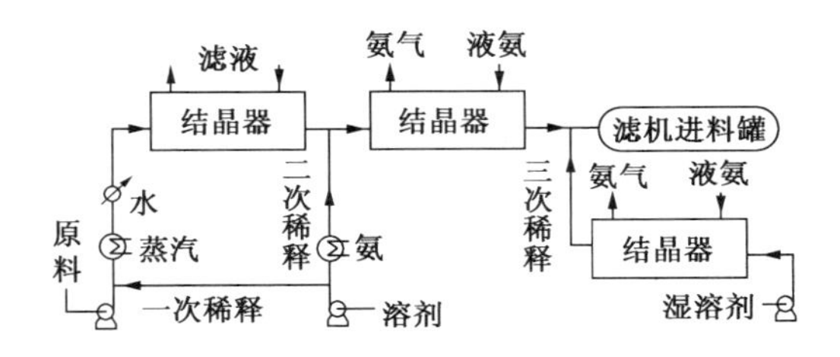

图 11-14　结晶系统工艺方法流程示意图

在大型的溶剂脱蜡装置，需使用多台结晶器，为了减小压降，这些结晶器采用多路并联。

酮苯脱蜡过程的结晶器一般都用套管式结晶器。它是由直径不同的两根同心管组成。通常外壳直径为 200mm，内壳直径为 150mm。原料油从内管通过，冷冻剂走夹层空间。内管中心有贯通全管的装有刮刀的旋转钢轴，刮刀与轴用弹簧相连使刮刀紧贴管壁，这样可以不断刮掉结在冷却表面上的蜡，从而提高传热效率、保证生产正常进行。一般每根套管长 13m，若干根组成一组，例如有 16 根、12 根、10 根等几种。原料油和溶剂在套管结晶器内有一定的停留时间以便使混合物的冷却速度不致太快。由于油-蜡-溶剂混合物是个复杂体系，没有可供实用的准确的传热计算公式，工业设计中一般都采用经验的总传热系数，其值约 41～52W/(m^2·℃)。设计时，在计算出传热面积之后还应核算在套管内的冷却速度是否在允许范围之内。一般冷却速度应控制在 60～80℃/h，结晶后期可适当加大冷却速度。

（二）过滤系统

过滤系统的主要作用是将蜡与油分离，其原理流程见图 11-15。其主要设备是鼓式真空过滤机，结构原理图见图 11-16。

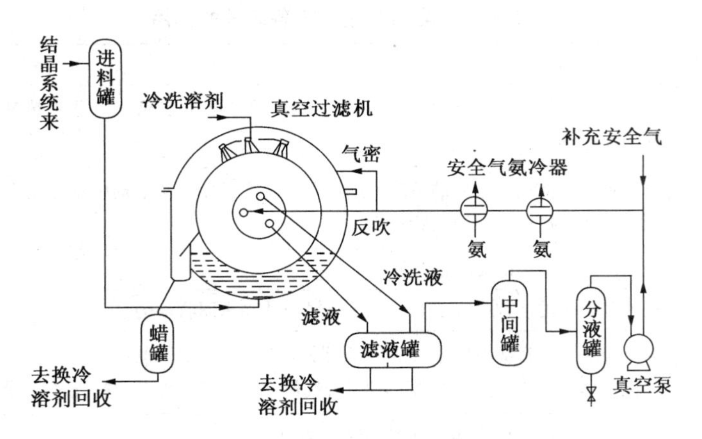

图 11-15 过滤系统原理流程图

从结晶系统来的低温油-蜡-溶剂混合物进入高架的滤机进料罐后，自流进各台过滤机的底部，滤机装有自动控制仪表控制进料速度。

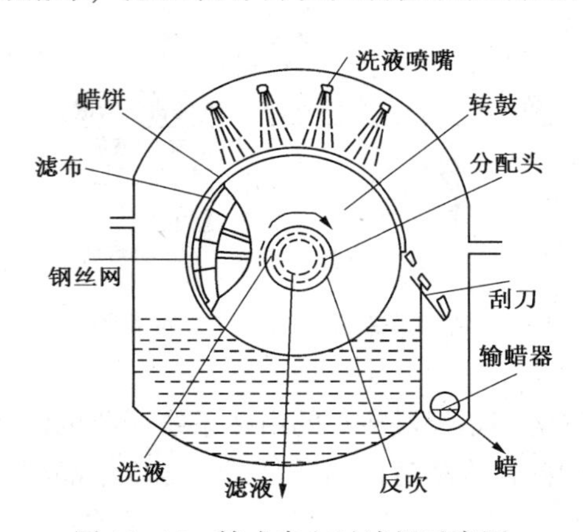

图 11-16 鼓式真空过滤机示意图

过滤机的主要部分是装在壳内的转鼓，转鼓蒙以滤布，部分浸没与冷冻好的原料油-溶剂混合物中(浸没深度约为滤鼓直径的 1/3 左右)。滤鼓分成许多格子，每格都有管道通到中心轴部，轴与分配头紧贴，但分配头不转动。当某一格子转到浸入混合物时，该格与分配头真空吸出滤液部分接通，以 26~52 kPa 的残压将滤液吸出。蜡饼留在滤布上，经受洗液冷洗，当转到刮刀部分时接通惰性气反吹，滤饼即落入输蜡器，用螺旋搅刀送到滤机的一端落入下面的蜡罐。我国通用的滤机每台有 $50m^2$过滤面积。滤机的抽滤和反吹都用惰性气体循环，滤机壳内维持 1~3kPa(表压)以防空气漏入。惰性气体中含氧量达到 5%时应立即排空换气，以保证安全。反吹压力一般为 0.03~0.045 MPa(表压)。

过滤后的蜡饼经冷洗后落入蜡罐，然后送去溶剂回收系统。冷洗液中含油量很少，经中间罐后可作稀释溶剂，这样可以减小溶剂回收系统的负荷。滤液被送回结晶系统进行换冷后进入溶剂回收系统。

过滤机在操作一段时间后，滤布就会被细小的蜡结晶或冰堵塞，需要停止进料，待滤机中的原料和溶剂混合物滤空后，用 40~60℃的热溶剂冲洗滤布，此操作称为温洗。温洗可以改善过滤速度，又可减少蜡中带油，但温洗次数多及每次温洗时间长则占用过多的有效生产时间。

过滤系统的关键问题是要提高过滤速度，影响过滤速度的主要因素是蜡晶的粒度和滤液的黏度，过滤速度随着蜡晶粒度的增大和滤液黏度的降低而提高。滤机的操作条件如过滤的真空度、滤机内的液面高度、滤鼓的转速等对过滤速度也有影响，应根据实际情况作适当的调节。

在处理含蜡量多的油料时，滤布上积存的蜡饼较厚，造成冷洗的困难，会因蜡的含油量过高而使脱蜡油收率降低。为此可采用两段过滤和滤液循环工艺，将一段过滤所得到的含油量较多的蜡，再加溶剂进行稀释后送往二段过滤，二段过滤的温度可略高于一段3~4℃。一段滤液即脱蜡油液，经换冷后送至溶剂回收，一段冷洗液及二段滤液因含油量很少、温度低，可不经过溶剂回收而直接去结晶系统作第二次、第三次稀释溶剂用，故称滤液循环。采用该项工艺后，脱蜡油的收率可提高8%~10%，蜡膏的含油量也从10%~16%降低到4%~8%。

为了能同时生产基础油和石蜡，可用脱蜡-脱油联合工艺，包括一段脱蜡、两段脱油和滤液在三段之间的逆流循环。其工艺特点是蜡二段脱油的滤液全部作为蜡一段脱油的稀释溶剂，蜡一段脱油的滤液大部分作为原料油的二次稀释溶剂，形成滤液的逆流循环，在保证稀释比的前提下，溶剂不经汽化、冷却而直接循环使用，减少了溶剂回收系统的负荷，可显著降低装置的能耗。为了同时保证脱蜡油和蜡产品，部分蜡一段脱油的滤液经溶剂回收后得到蜡下油(该部分油品存在于脱蜡油中会提高油品的凝点，存在于蜡中会降低蜡的熔点)出装置。

以大庆减压三线油为原料的脱蜡-脱油工艺的操作条件、产品质量和收率列于表11-14及表11-15。所得精蜡的含油量可小于0.4%，能满足食品蜡的要求。

表11-14　大庆减三线油脱蜡-脱油工艺数据

脱　　蜡		一段脱油	
原料油温度/℃	65	总溶剂比	2.5
溶剂组成(甲乙酮：甲苯)	65：35	稀释	2.0
总溶剂比	3.7	冷洗	0.5
一次稀释	0.5	过滤温度/℃	15
二次稀释	1.0	二段脱油	
三次稀释	1.2	总溶剂比	2.0
冷洗	1.0	稀释	1.0
过滤温度/℃	-22	冷洗	1.0
过滤速度/[kg原料油/(m²·h)]	150~180	过滤温度/℃	20

表11-15　大庆减三线油脱蜡-脱油工艺产品质量

原料和产品	d_4^{20}	凝点/℃	含油量/%	收率/%
原料油	0.8624	>50	—	100.00
脱蜡油	0.8967	-16	—	58.52
精　蜡	—	熔点>58℃	<0.4	25.86
蜡下油	—	—	—	15.62

(三)溶剂回收系统

由过滤系统出来的滤液(溶剂和油)和蜡液(蜡和溶剂)分别进入溶剂回收系统回收其中的溶剂，如图11-17。

回收的方法都是采用蒸发-汽提方法。为了减小能耗，蒸发过程都采用多效蒸发方式。依次进行低压蒸发、高压蒸发、再低压蒸发。高压蒸发塔的操作压力和温度分别为0.3~0.35MPa及180~210℃，低压蒸发塔在稍高于常压下操作，蒸发温度为90~100℃。由汽提

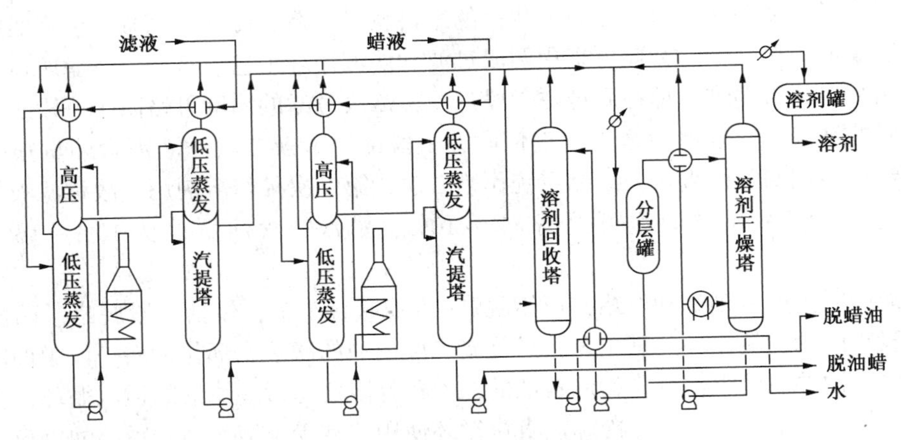

图 11-17 溶剂回收系统工艺原理流程

塔底得到的脱蜡油和蜡中含溶剂量一般可低于 0.1%。

滤液各蒸发塔及蜡液第二个、第三个蒸发塔出来的溶剂蒸汽经冷凝后进入溶剂罐(干溶剂),可作为循环溶剂使用。由蜡液第一个蒸发塔及两个汽提塔出来的蒸汽含有水分,经冷凝后均进入溶剂分水罐。在分水罐内,上层为含水约 3%~4%的湿溶剂,下层为含溶剂(主要是酮)约 10%的水。由于甲基乙基酮与水会形成共沸物(沸点 68.9℃、含水 11%),因此溶剂与水的分离可以采用双塔分离方法,最后得到基本上不含溶剂的水和含水低于 0.5%的溶剂。双塔分离回收溶剂的原理与糠醛脱水相同。

三、影响溶剂脱蜡过程的主要因素

溶剂脱蜡过程的工艺条件应能满足以下两个要求:保证脱蜡油的凝点达到要求;形成的蜡结晶状态良好而易于过滤分离,以提高脱蜡油收率和装置处理能力。

因溶剂脱蜡工艺流程长、工艺复杂、设备多,其影响因素很多,对其主要因素讨论如下。

(一) 原料油性质

原料油的含蜡量及蜡组成取决于原油性质及馏程。不同原油的含蜡量及蜡组成分布不一样,同一原油各馏分中的含蜡量及蜡组成分布也不同。

表 11-16 为几种馏分脱出的粗蜡的化学组成数据。随着馏分沸点的升高,蜡中的正构烷烃含量减小、异构烃及芳烃含量增大,相应的晶体颗粒由片状石蜡逐渐变成针状的微晶蜡,生成蜡饼的渗透性变差,而且细小的晶粒易堵塞滤布,过滤分离的难度增大。因此,重馏分油比轻馏分油难于过滤,而残渣油比馏分油难于过滤。

表 11-16 几种粗蜡的化学组成

原料油	低黏度油料	一般润滑油料	中性油料	渣油润滑油料
化学组成/%				
正构烷烃	70.7	33.4	16	12
异构烷烃+烷基环烷烃	20	43.5	61	48.5
烷基芳香烃	8.5	20	23	35.5
烯烃	0.3	0.6	—	1.5
胶质	0.5	2.5	—	2.5

原料油的馏程宽窄也影响脱蜡过程。馏程越窄，其蜡性质越接近，结晶越好。馏程过宽时，分子大小不一、结构不同的蜡混在一起，形成共结晶，影响结晶体的成长，并容易包油，致使过滤困难。同样道理，当原料含胶质、沥青质较多时，因共结晶作用，使固体烃析出时不易连接成大颗粒晶体，而是生成微粒晶体，易堵塞滤布，降低过滤速度，同时由于易粘连，蜡的含油量大。但原料油中含有少量胶质时却可以促使蜡结晶连接成大颗粒，提高过滤速度。此外，原料油中含水较多时易在低温下析出微小冰晶，吸附于蜡晶表面妨碍蜡晶生长，而且易堵塞滤布，增大过滤难度。

因此，对溶剂脱蜡油质量有一定要求，轻质原料与重质原料应分别处理，并应根据具体原料性质调整操作条件。

（二）溶剂组成

由于溶剂的稀释作用以及对蜡的一定溶解能力，脱除溶剂后的脱蜡油的凝点比脱蜡温度要高得多。因此，为能得到预期的产品，必须把溶剂-润滑油料冷却到比脱蜡油所要求的凝点更低的温度。这个温度差称为脱蜡温差(脱蜡温差=脱蜡油的凝点-脱蜡温度)。

溶剂的选择性越差，则溶剂对蜡的溶解度越大，脱蜡温差也越大。显然，这对脱蜡过程是很不利的，因为要得到同一凝点的油品，脱蜡温差大时就必须使脱蜡温度降得更低。例如：为制取凝点为-18℃的残渣润滑油，当脱蜡温差为24℃时脱蜡温度必须冷到-42℃；但若脱蜡温差为10℃，则脱蜡温度只须冷到-28℃。因此，必须提高溶剂的选择性，降低脱蜡温差，使脱蜡过程不必在过分低的温度下操作，从而节省冷量、降低操作能耗。

溶剂的选择性与溶解力往往是矛盾的，实际生产中主要通过调节溶剂组成使混合溶剂具有较高的溶解能力和较好的选择性。提高甲苯含量可提高溶剂的溶解力；而酮是蜡的沉淀剂，提高酮含量可提高溶剂选择性。但可使出现第二液相(分出润滑油)的温度升高。

溶剂组成应根据原料油的黏度、含蜡量以及脱蜡深度等具体情况来确定。对重质油料，宜增加苯量减少酮量；反之则增加酮量减少苯量。对于含蜡量高的油料，溶剂中的酮含量则可以较大些。当脱蜡深度大时，也就是要求脱蜡温度低时，由于低温下溶剂的溶解能力降低、原料油的黏度增大，此时，溶剂中酮的比例应小些，同时增大甲苯的含量。

溶剂的组成不仅影响对油的溶解能力，而且还会影响结晶的好坏。在含酮较多的溶剂中结晶时，蜡的结晶比较紧密、带油较少，易于过滤。从有利于结晶的角度看，常常希望用含酮较多的溶剂。但是含酮量过大容易产生第二个液相，不利于过滤。在酮含量较小的情况下，过滤速度和脱蜡油收率随酮含量的增大而增大。但是当酮含量增大至一定程度后，再增大酮的含量时，过滤速度和脱蜡油收率反而下降。其原因是当溶剂中的酮含量增大到一定程度后，再增大酮的含量就不能使油在低温下全部溶于溶剂中，而使不该析出的组分也被析出，此时黏稠的液体与蜡混在一起，使过滤速度和脱蜡油收率反而下降。一般情况下，溶剂组成为丁酮40%~65%、甲苯35%~60%。

（三）溶剂比

溶剂比是溶剂量与原料油量之比，它分为稀释比和冷洗比两部分。溶剂的稀释比应足够大，从而可以充分溶解润滑油，在过滤温度下降低油的黏度，使之利于蜡的结晶，易于输送和过滤。同时，这也可使蜡中的含油量减小，提高脱蜡油的收率。但稀释比过大也使油和蜡在溶剂中的溶解量增大，从而使脱蜡温差增大，同时也增大了冷冻、过滤、溶剂回收的负荷。表11-17为溶剂比影响溶剂脱蜡过程的一组典型数据。因此，溶剂比大小的选择应经过综合的考虑。一般来说，若原料油的沸程较高，或黏度较大，或含蜡较多，或脱蜡深度较大(亦即脱蜡温度较低)时，须选用较大的溶剂比。通常，在满足生产要求的前提下趋向于选用较小的溶剂比。

表11-17 溶剂比影响溶剂脱蜡过程的典型数据

溶剂比(体)	过滤时间/s	脱蜡油收率/%	脱蜡油凝点/℃	脱蜡温差/℃
4：1	12	76.3	2	7
4.5：1	10	78	2	7
5：1	8	79.5	2	7
6：1	5	83	2	11

(四) 溶剂加入方式

溶剂的加入对蜡晶的生长有相互矛盾的影响：一方面使黏度降低有利于蜡晶长大；另一方面因稀释而使蜡分子扩散距离加大，不利于蜡晶长大。为利于蜡晶生长，生产中一般采用多次加入方式(多次稀释法)，即在冷冻前和冷冻过程中逐次把溶剂加入到脱蜡原料中。逐步充分利用溶剂的稀释作用，又不致使蜡分子扩散距离加大，从而改善蜡的结晶，提高过滤速度，并可在一定程度上减小脱蜡温差。

在采用多次稀释方式时，在一定范围内降低第一次稀释的稀释比及增大依次稀释溶剂中的酮含量可使脱蜡温差减小，有利于结晶，并使蜡中带油减少。国内有的溶剂脱蜡装置还采用将稀释点后移的“冷点稀释”方式，即将脱蜡原料油冷却降温至蜡晶开始析出、流体黏度较大时，才第一次加入稀释用溶剂。冷点稀释方式在用于轻馏分油时其效果较好，对重馏分油则效果差些，而对残渣油则不起作用。冷点稀释方式用于石蜡基原料油时的效果比用于环烷基原料油好。

进行多点稀释时，加入的溶剂的温度应与加入点的油温或溶液温度相同或稍低。温度过高，则会把已结晶的蜡晶体局部溶解或溶化；温度过低，则溶液受到急冷，会出现较多的细小晶体，不利于过滤。

(五) 冷却速度

冷却速度是指单位时间内溶剂与脱蜡原料油混合物的温度降(℃/h)。

在脱蜡过程中，当温度降低到某个温度后，原料油中的蜡就达到过饱和状态，此时，蜡结晶就开始析出，首先是生成蜡的晶核。过饱和度越大，从过饱和状态到饱和状态的时间就越短，生成的晶核数目就越多，结晶也就越细小，蜡结晶的大小不一。因此，在冷冻初期，冷却速度不宜过快。此外，冷却速度过快时，溶液的黏度增大较快，对结晶也不利。所有这些情况都会造成过滤的困难。所以，在脱蜡的过程中常常需要控制冷却速度，特别时冷却结晶初期的冷却速度。

对套管结晶器来说，一般在结晶初期，冷却速度最好在60~80℃/h，而后期则可提高到150~250℃/h，有的高达300℃/h。提高冷却速度可以提高套管结晶器的处理能力。

(六) 加入助滤剂

助滤剂能与蜡分子产生共晶，将薄片形蜡晶改变成类似树枝形状的大晶，可明显提高过滤速度，从而提高设备处理能力和提高脱蜡油收率。

助滤剂是一些表面活性物质，按化合物的结构大体可分为三种。

(1) 萘的缩合物

烷基链的平均碳数为25~40，缩合物的平均相对分子质量在2000以上。

(2) 无灰高聚物添加剂

如丙烯酸酯，聚甲基丙烯酸酯，乙烯醋酸乙烯酯、聚 α 烯烃、聚乙烯吡咯烷酮和乙丙共聚物等。

(3) 有灰的润滑油添加剂

如硫化烷基酚、烷基水杨酸钙等。据报道，在加入聚 α 烯烃助滤剂(加入量为0.05%)时，过滤速度可提高到2~3倍。

第五节 白土补充精制

润滑油料经过糠醛溶剂精制、溶剂脱蜡之后，仍可能含有未被除净的硫化物、氮化物、环烷酸、胶质和残留的极性溶剂。为确保基础油的抗氧化安定性、光安定性、腐蚀性、抗乳化性和颜色、透光度等质量指标合格，必须进一步精制将这些有害杂质去除。

工业上常用的补充精制方法有两种：白土补充精制和加氢补充精制。

一、白土精制原理

(一) 白土的组成及性质

白土是一种结晶或无定形物质，多微孔、比表面积大。白土有天然和活性两种。天然白土就是风化的长石，活性白土是将白土用8%~15%的稀硫酸活化、水洗、干燥、粉碎而得，它们的化学组成见表11-18。活性白土规格见表11-19，它的比表面积可达 $450m^2/g$，其活性比天然白土大4~10倍，所以工业上多采用活性白土(白土用量3%~15%)。

表11-18 白土的化学组成

组　成	水分/%	SiO_2/%	Al_2O_3/%	Fe_2O_3/%	CaO/%	MgO/%
天然白土	24~30	54~68	19~25	1.0~1.5	1.0~1.5	1.0~2.0
活性白土	6~8	62~63	16~20	0.7~1.0	0.5~1.0	0.5~1.0

表11-19 活性白土规格

名　称	脱色率/%	游离酸/%	活性度①	粒度(通过120目筛)/%	水分/%
质量指标	≥90	<0.2	≥220	≥90	≤8

① 白土的活性度用常温下(20~25℃)中和100g白土试样所消耗0.1mol/L NaOH溶液的毫升数表示。白土的活性度越大，白土质量就越好、活性越好、吸附精制能力越强。活性度与白土的化学组成、颗粒度、水分及表面清洁程度有关。

(二) 白土精制原理

油品中残留的少量胶质、沥青质、环烷酸、磺酸、酸渣及选择性溶剂、水分、机械杂质等为极性物质，白土对它们有较强的吸附能力，而对理想组分的吸附能力极其微弱。白土吸附各种烃类能力的顺序为：胶质、沥青质>芳烃>环烷烃>烷烃；芳烃和环烷烃的环数越多，越易被吸附。

白土精制就是利用白土的吸附选择性，在一定温度下用活性白土处理油料，吸附而除掉极性杂质，降低油品的残炭值及酸值(或酸度)，改善油品的颜色及安定性。

二、白土精制工艺过程

白土精制有渗滤法和接触法，目前普遍使用接触法。

润滑油白土补充精制工艺原理流程如图 11-18。原料油经加热后进入混合器与白土混合约 20~30min，然后用泵送入加热炉。加热以后进入真空蒸发塔，蒸出在加热炉中裂化产生的轻组分和残余溶剂，塔底悬浮液进入中间罐。从中间罐先打入史式过滤机，滤掉绝大部分白土，然后再通过板框式过滤机脱除残余固体颗粒。经补充精制后得到符合质量要求的润滑油基础油。

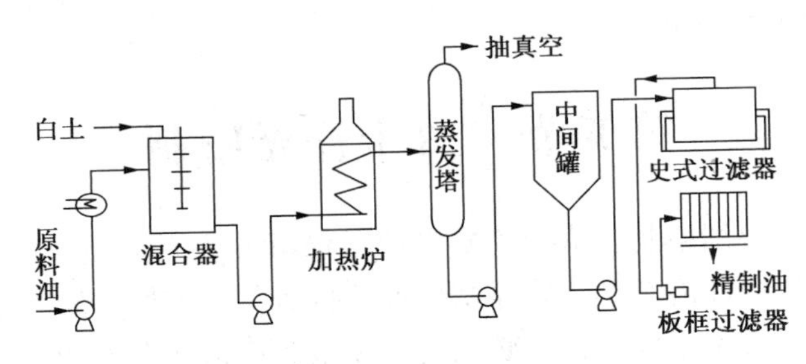

图 11-18　白土精制(接触法)工艺原理流程

白土的输送有吸入与压送两种形式。吸入式靠负压输送；压送式是用高于大气压的压缩空气吹动物料进行输送。

三、影响白土精制的操作因素

影响白土精制操作条件的主要因素是原料油和白土性质。原料前处理精制深度不够，含溶剂太多等都会增加白土精制的困难。一般而言，原料越重，黏度越大，油品质量要求越高，操作条件就越苛刻；而当白土活性高，以及颗粒度和含水量适当时，在同样操作条件下，产品质量会更好。

影响白土精制的主要操作条件为白土用量、精制温度、接触时间等。

(一) 白土用量

一般白土用量越大，精制油质量越好；但精制油质量与白土用量并非正比关系。白土用量过多，对不加抗氧剂的油品会因精制过度而将天然的抗氧化剂(微量酚基或硫基胶质)完全除掉，使油品安定性降低，此外还会造成浪费白土、降低精制油收率、过滤机负荷大、设备磨损等弊端。不同油品白土用量不同，部分润滑油料精制的白土用量见表 11-20。

表 11-20　润滑油料白土补充精制的白土用量及温度

润滑油料	白土用量/%	接触温度/℃
机械油	2~4	200~210
内燃机发动机	1~3	230~240
变压器油	3~5	150~160
汽轮机油	10~15	150~160
真空泵油	10~15	160~170
残渣润滑油	15~25	270~280

(二) 精制温度

白土吸附油品中不良组分的速度，主要取决于所精制油品的黏度。油品黏度大，则吸附速度小；而升高精制温度，有利于降低黏度和增加不良组分的移动速度与白土活性表面接触的机会。在实际操作中，应尽量保持油品的黏度低些，混合物加热到高于油品的闪点时，白土的吸附能力达到最高，但也接近了分解温度，如硫化物容易分解出 H_2S。部分润滑油料白土精制的适宜温度范围见表 11-20。

另外，因白土具有一定的表面酸性，在高温下对油的裂解有催化作用，因此精制温度的选择应考虑避免油的裂解，否则既降低了精制油收率，又会引起加热炉管结焦，操作周期缩短。

（三）接触时间

指精制温度下白土与油品接触的时间，即在蒸发塔内的停留时间。为了使油品与白土能充分接触，必须保证有一定的吸附和扩散时间。适宜的接触时间一般为 20~40min。

润滑油的补充精制除采用白土精制之外，还越来越多地采用加氢精制。白土精制与加氢精制比较，各有特点。一般说来，白土精制的脱硫能力较差，但脱氮能力较强，精制油凝点回升较小，光安定性比加氢精制油好。白土精制的缺点是要使用固体物，劳动条件不好，劳动生产率低，废白土污染环境，不好处理。目前，尽管加氢精制发展很快，白土精制还未被完全替代，某些特殊油品还必须采用白土精制。

白土精制工艺还广泛用于石蜡、白油以及一些特种油品的精制，也作为某些油品经酸洗、碱洗精制后的补充精制。各种油品的精制工艺流程大体相同，操作条件因油品性质而异，轻质油品的精制温度要比重质油品的低。

第六节　润滑油加氢技术

传统的润滑油基础油生产，是采用溶剂脱蜡、溶剂精制和白土补充精制工艺。这种物理分离的方法只能是保留原料中原有的理想组分，去掉非理想组分。因而，基础油收率、黏度指数增加值与其他性能的改善是有限的。

润滑油加氢技术是通过化学方法，使润滑油原料中的非理想组分转变为理想组分，并脱除杂环化合物，因而基础油收率高、油品各项质量指标的改善更为明显。加氢技术在基础油生产中的应用有多种工艺形式。下面主要讨论润滑油加氢处理、催化脱蜡、异构脱蜡工艺。

一、润滑油加氢处理

根据加氢工艺在润滑油加工流程的位置和作用，大致可以分为以下几种：

（一）加氢补充精制或加氢后精制

该工艺多用于润滑油常规加工流程中的最后一道工序，一般用来代替白土补充精制，见图 11-19，图 11-20。其目的是脱除上游工序中残留的溶剂、易于脱除的含氧化合物、部分易脱除的硫化物、少量氮化物等，以改善油品的色度、气味、透明度、抗乳化性以及对添加剂的感受性等。

该工艺是条件很缓和的加氢处理过程。在该过程中，含氧、含硫、含氮化合物发生氢解反应，生成易分离的 H_2O、H_2S、NH_3，而这些化合物的烃基部分转化成的烃类或留在油中，或经过汽提、分馏而被分出。操作条件大约为：氢分压 2.0~5.0MPa，温度 200~340℃，空速 0.5~3.0h^{-1}，氢油比小于 500。由于条件缓和，加氢深度浅，氢耗量仅为原料的 0.4%左右。这个过程基本上不改变烃类的结构，只能去掉微量杂质、溶剂和改善色度。与白土精制比较，这个过程简单、收率高，产品品质好，并且没有处理废白土渣的麻烦，特别适合于加

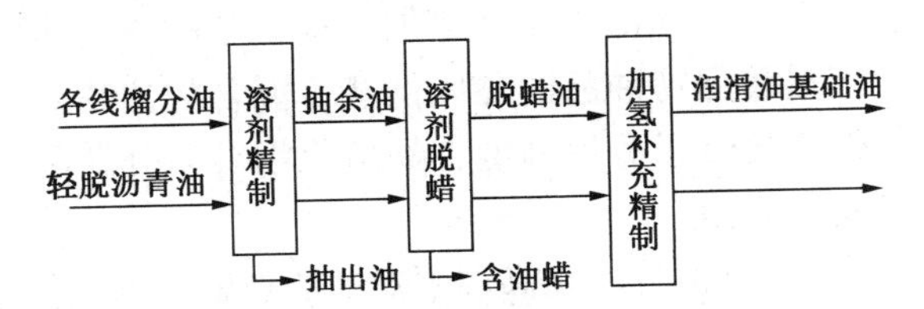

图 11-19 加氢补充精制的方法流程(正序)

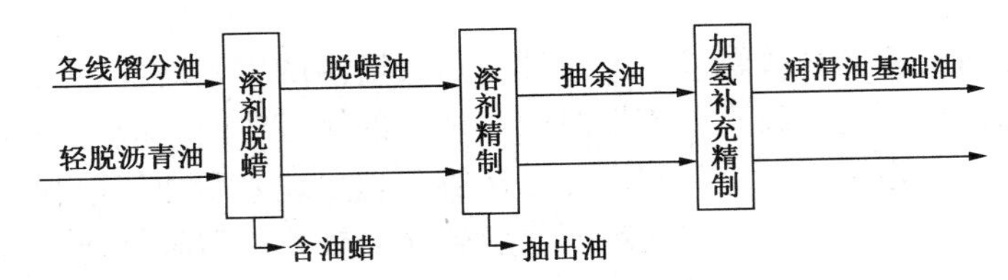

图 11-20 加氢补充精制的方法流程(反序)

工含硫高、含氮低的油料。

（二）加氢预处理

该工艺用作润滑油常规加工流程的初始加工工序，见图 11-21。其目的是脱除原料油中的杂原子化合物，改善后续溶剂精制的运行性能，如改善相分离效果，提高精制油收率，降低溶剂比，减缓设备腐蚀及溶剂的氧化结焦，降低油品酸值和胶质含量，降低抽出油含硫量等。浅度加氢时只发生脱氧、脱硫反应，深度加深时则还会发生脱氮、芳烃饱和等反应，但很少发生加氢裂化反应。此工艺多用于高酸值环烷基原料的加工。该工艺条件比较缓和，其加氢转化深度近似或稍高于加氢补充精制，所用催化剂也相似。

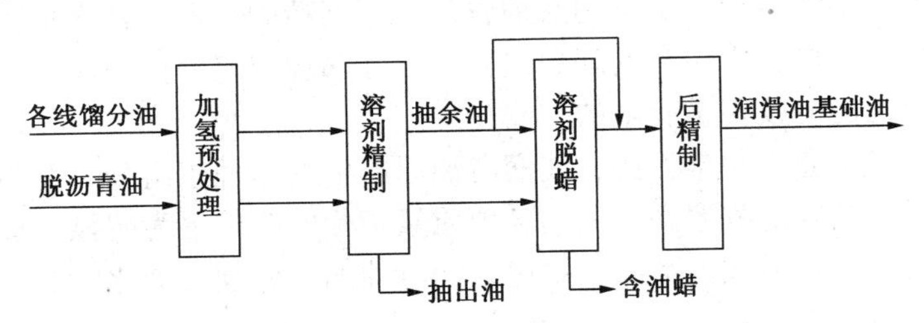

图 11-21 加氢预处理的方法流程

（三）加氢后处理

该工艺在润滑油加工中的应用如图 11-22。其目的是脱除原料中的芳烃、不饱和及不稳定的化合物，得到颜色、安定性极好的产品。在基础油的生产流程中，当采用了反应深度较深的加氢转化工艺时，常需要安排加氢后处理工艺。对该工艺最重要的要求是，能有效地使芳烃饱和而不损及其他理想组分，因而采用较高的操作压力、较低的反应温度。

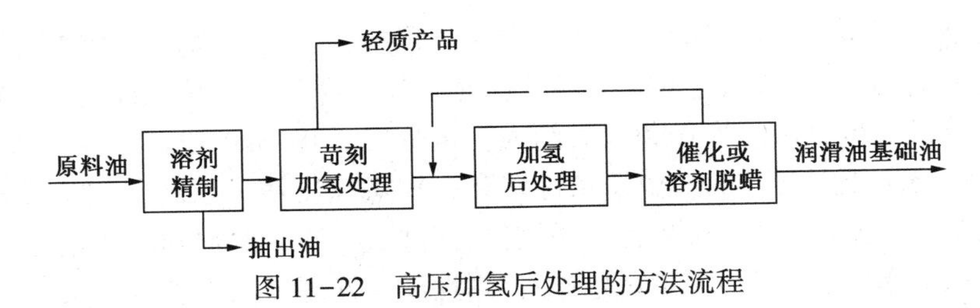

图 11-22 高压加氢后处理的方法流程

（四）苛刻加氢处理或简称加氢处理

该工艺最主要的功能是提高油品的黏度指数，改善油品的其他性能，完全或部分取代常规的溶剂精制，见图 11-22。在该工艺中烃类与非烃分子都发生显著的转化反应(包括加氢裂化)，生成一部分轻质产品，因此又称为润滑油加氢裂化或称为加氢转化。该工艺现在已经成为生产 API Ⅱ类油与Ⅲ类油的主要技术之一。

二、润滑油催化脱蜡

润滑油催化脱蜡技术是在氢气和择形分子筛的存在下，将高凝点的正构烷烃选择性地裂化成气体和较小的烃分子，从而降低润滑油凝点的过程。

催化脱蜡的主要反应是典型的择形催化裂化反应。其反应机理与催化裂化的主要区别是加氢脱蜡催化剂以 ZSM 型沸石为主体，由于受沸石特殊孔道的限制，只允许小于 0.55nm 的直链烷烃或带甲基侧链的烷烃进入孔道内进行裂化反应。

图 11-23 为某炼厂催化脱蜡工艺流程图。进料为常三线和减二线溶剂精制油，由于原料的酸值高、黏度大，多环芳烃含量多，容易在催化剂上形成积炭，堵塞催化剂孔道，使脱蜡催化剂很快失活，为此，原料需先精制后再进入加氢脱蜡。

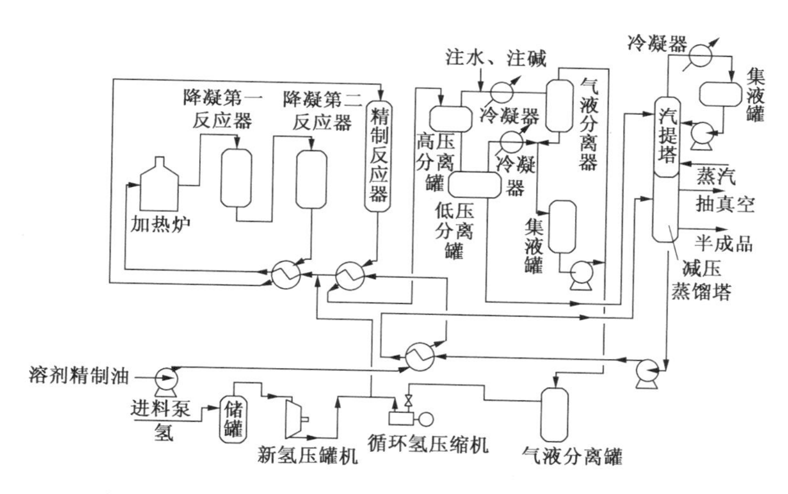

图 11-23　环烷基原油润滑油馏分催化脱蜡的工艺流程

操作条件：反应器入口压力 2.8～3.1MPa；氢油体积比约 450∶1；空速 0.9～1.0h^{-1}；反应温度 270～310℃。原料和产品性质列于表 11-21。

表 11-21　环烷基减二线加氢脱蜡原料和产品性质

项　　目	原料(经溶剂精制)		产　　物	
	60DN	300DN	60DN	300DN
黏度(40℃)/(mm^2/s)	9.847	58.23	11.24	63.46
闪点/℃	143	189	142	186
色度/号(SY)	5	5	1	2
凝点/℃	-38	-23	-68	-38
倾点/℃			-54	-27
碱氮/(μg/g)	90.21	236	79.12	229

续表

项目	原料(经溶剂精制)		产物	
	60DN	300DN	60DN	300DN
硫/(μg/g)	378	335	136	297
馏程/℃				
初馏点	294	330	297	331
95%	358	431	365	415

三、润滑油异构脱蜡

润滑油异构脱蜡技术是指在专用分子筛催化剂的作用下，将高倾点的正构烷烃经异构化反应生成低倾点的支链烷轻。

润滑油异构脱蜡一般采用加氢裂化–异构脱蜡–加氢后精制加工流程。因为异构与后精制催化剂中含有贵金属，要求进料中硫含量不超过10~20μg/g，氮含量不高于2μg/g，因此加氢裂化催化剂要有好的加氢脱硫、加氢脱氮性能，以保证后续两种催化剂性能的充分发挥，延长其运转周期。

异构脱蜡–加氢后精制催化剂是整个技术的核心，其性能的好坏直接影响润滑油基础油收率与质量。异构脱蜡的作用是将润滑油馏分中的长链烷烃(即所谓的蜡)异构成支链烃(即油)，降低油品的倾点。加氢精制后精制的作用是使芳烃和烯烃饱和，改善油品的安定性和颜色。最终得到的润滑油基础油芳烃含量极低，产品油可达到API Ⅱ$^{+}$类油或Ⅲ 类油标准。

习题与思考题

1. 何谓丙烷脱沥青？丙烷脱沥青的基本原理是什么？

2. 何谓“临界回收”？

3. 丙烷脱沥青的操作影响因素有哪些？

4. 简述生产润滑油基础油的“老三套”工艺包括的主要工艺及它们所起的作用？

5. 简述溶剂精制工艺采用的溶剂有哪些？工艺主要原理是什么？简述温度梯度在溶剂精制的作用？

6. 简述溶剂精制工艺中的溶剂回收方法和原理？

7. 溶剂脱蜡采用的溶剂有哪些？简述溶剂脱蜡工艺主要原理？

8. 润滑油脱蜡的目的是什么？它使油品的哪项指标得到改善？

9. 何谓脱蜡温差？为什么说它是衡量脱蜡过程的重要标志？脱蜡温差与哪些因素有关？可否为负值？为什么？

10. 溶剂对脱蜡的作用是什么？对溶剂有哪些要求？工业上常用的脱蜡溶剂组成是什么？其中各组分的作用是什么？

11. 在酮脱水塔及汽提塔中吹入水蒸气的目的有什么不同？它们各自回收溶剂的原理是什么？

12. 对于馏分重的原料油、含蜡少的原料油及要求脱蜡深度深的油对溶剂组成有何要求？

13. 简述润滑油加氢处理、催化脱蜡、异构脱蜡的原理和主要特点。

14. 试比较“老三套”工艺与临氢工艺生产润滑油基础油的优缺点。

参考文献

[1] 林世雄．石油炼制工程[M].3版．北京：石油工业出版社，2000.
[2] 侯芙生．中国炼油技术[M].3版．北京：中国石化出版社，2011.
[3] 陈绍洲，常可怡．石油加工工艺学[M]．上海：华东理工大学出版社，1997.
[4] 寿德清，山红红．石油加工概论[M]．北京：石油大学出版社，1996.
[5] 水天德．现代润滑油生产工艺[M]．北京：中国石化出版社，1997.
[6] 张东杰．丙烷脱沥青工艺节能技术应用[J]．节能，2004，263：49.
[7] 周干堂，李万英．中国润滑油基础油发展思路探讨[C]//2007年中国石油炼制技术大会论文集．北京：中国石化出版社，2007：245-246.
[8] 安军信，行程，吕玲．国内外润滑油基础油的供需现状及发展趋势[J]．市场观察，2015(1)：11-19.

第十二章　石油产品的调合

第一节　概　　述

为了适应各部门的不同需要，要求石油产品的种类、规格很多。炼油厂根据自身已有的工艺装置和原油供应等具体情况，一般只生产几种组分油，再利用组分油进行调合，来获得各种性能的石油产品。油品调合是指通过技术、调合手段满足各种油品指标条件下，按一定的配方进行调合而生产出成本最低、符合质量要求的高品质石油产品。油品调合是石油炼制的最后一道加工工序。大多数燃料和润滑油等石油产品都是由不同组分调合而成的。燃料调合是指各加工工艺生产的汽油、柴油馏分如催化裂化汽油、重整汽油、少量常压汽油以及常减压蒸馏出的常一线、常二线、加氢柴油和催化柴油等，各组分按一定比例适当加入一定量的添加剂经调合技术得到商品汽油和柴油的过程。润滑油调合是指基础油的调合和基础油与添加剂的调合。基础油调合是把不同牌号的中性油调合成黏度、凝点等理化指标满足要求的基础油；基础油与添加剂的调合则是按配方规定的比例把已混合好的基础油和添加剂调合成理化指标和使用性能都符合规格标准的商品润滑油。

所谓添加剂是指在油品中加入数量很少的一种物质，一般只占产品量的百分之几，甚至百万分之几，就可以大幅度地改进油品的某方面的性能，得到符合质量要求的产品，这种添加的物质称为“添加剂”。添加剂有时还能解决从改进加工工艺方面难以解决的质量问题。在我国，关于石油产品的润滑油添加剂按其功能一般可分为：清净剂和分散剂；抗氧抗腐剂；抗压抗磨剂；油性剂和摩擦改进剂；抗氧剂和金属减活剂；黏度指数改进剂；防锈剂；降凝剂；抗泡剂；抗乳化剂等十种。燃料添加剂按其功能一般可分为：汽油抗爆剂；十六烷值改进剂；表面燃烧防止剂；抗氧防胶剂；金属钝化剂；清净分散剂；抗腐剂；防冰剂；流动性能改进剂；重油添加剂等十种。需要时，请参阅有关文献。

油品调合的目的就是如何充分利用原料，合理使用组分增加产品品种和质量，满足市场需求。

第二节　调合机理

油品的调合大部分为液-液相系互相溶解的均相混合；个别情况下也有不互溶的液-液相系，混合后形成液-液分散体；当润滑油添加剂是固体时，则为液-固相系的非均相混合或溶解固态的添加剂量并不多，而且最终互溶，形成均相。

一般认为液-液相系均相混合的机理是下述三种扩散机理的综合表现。

(1)分子扩散

由分子的相对运动引起的物质传递。这种扩散是在分子尺度的空间内进行的。

(2)湍流扩散

当机械能传递给液体物料时，在高速流体和低速流体界面上的流体，受到强烈地剪切作用，形成大量的旋涡，由旋涡分裂运动所引起的物质传递。这种混合过程是在涡旋尺度的空内进行的。

(3)主体对流扩散

包括一切不属于分子运动或涡旋运动的而使大范围的全部液体循环流动所引起的物质传递。这种混合过程是在大尺度空间内进行的。

主体对流扩散只能把不同的物料“剪切”成较大的“团块”而混合到一起，主体内的物料并没有达到均质。通过“团块”界面间的涡流扩散，才进一步把物料的不均匀程度缩小到涡流本身的大小。此时虽没有达到均质混合，但是“团块”已经变得很小，而数量很多，使“团块”间的接触面积大大增加，为分子扩散的加速创造了条件。均质混合最终由分子扩散完成。

油品调合是上述三种扩散过程的综合，在实际调合时哪种扩散过程起主导作用是不尽相同的。

第三节　调合工艺

各种油品的调合，除了个别添加剂外，大部分都是液-液互溶体系，可以用任何比例进行调合。调合油的性质与调合组分的性质和比例有关，与调合过程的顺序无关。

一、调合步骤

油品调合的大致步骤为：①根据成品油的质量要求，选择合适的调合组分；②在实验室调制小样，经检验小样质量合格；③准备各种调合组分(包括配制添加剂母液等)；④按调合比例将各调合组分混合均匀；⑤检验调合油的均匀程度及油质量指标。

应特别注意的是小样试验调合油的各项指标必须经检验全部合格后，才能进行大量调合，以免出现调合后虽改善了某些性能，而使其它个别性能不合格的问题。

二、调合工艺

常用的调合工艺有两种：即油罐调合和管道调合。

(一) 油罐调合

在调合罐内进行的调合称为罐式调合。常用调合的步骤是先用泵将各种组分按需要的比例(根据各组分的性能和对成品油的质量要求确定)从各贮存罐中抽出送入调合罐，经机械混合均匀后泵送至成品油罐贮存。

1. 泵循环喷嘴油罐调合

对于调合比例变化大、批量较大的中、低黏度油品，采用泵循环喷嘴油罐调合，即在调合油罐内增设喷嘴，被调合物料经过喷嘴的喷射，形成射流混合。高速射流穿过罐内物料时，一方面可推动其前方的液体流动形成主体对流运动；另一方面在高速射流作用下，射流边界可形成大量涡旋使传质加快，从而大大提高混合效率。如图12-1所示，这种方法设备简单、操作方便，效率较高，适用于中低黏度油品的调合。

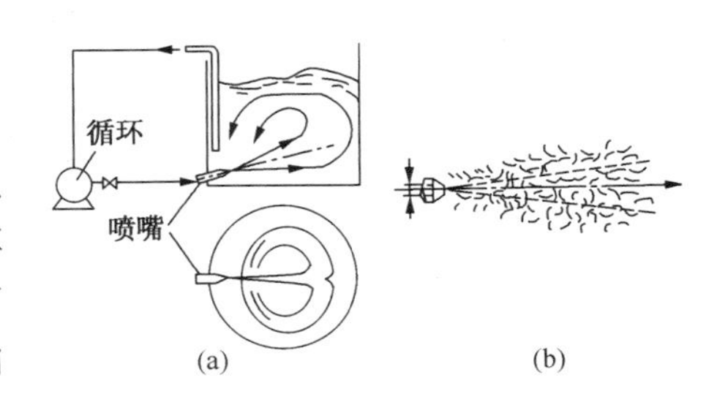

图12-1　喷嘴搅拌作用下的物料流动状态

(a)主体对流流向；(b)射流边界形成的涡旋

2. 机械搅拌调合

对于批量不大的成品油调合，特别是润滑油的调合，可在装有搅拌器的油罐内，用机械搅拌的方式进行调合。搅拌器有两类：①罐侧壁伸入式，一个或数个搅拌器从油罐侧壁伸入罐内，搅拌器叶轮是船用推进式螺旋桨型；②罐顶中央伸入式，只适用于油罐容积小于20m^{3}立式调合罐，用于小批量但质量、配比等要求严格的特种油品调合，如为便于小包装的灌桶作业的特种润滑油或稀释添加剂的基础液等。搅拌器有桨式和推进式两种。

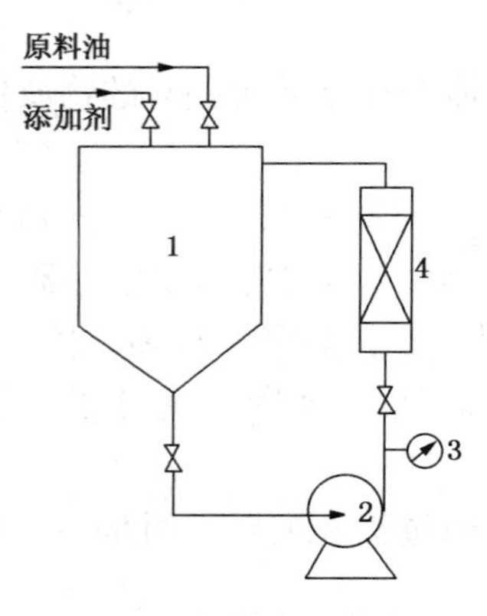

图12-2 加静态混合器的间歇式调合工艺示意图

1—调合罐；2—泵；3—压力表；4—静态混合器

另外，在循环泵出口，物料进调合罐之前增加一个合适的静态混合器，可比机械搅拌缩短一半以上的调合时间，而调合的油品质量也优于机械搅拌。如图12-2所示。

(二) 管道调合

管道调合适用于大批量调合，它是将各调合组分和添加剂按预定比例同时送入管道混合器，进行均匀调合的方法。管道混合器常用的是管式静态混合器，其作用是流体逐次流过混合器内每一混合元件前缘时，即被分割一次，并被交替变换，最后由分子扩散达到均匀混合的状态。管道调合具有以下优点：①成品油随用随调，可取消调合油罐，减少油品的非生产性储存，减少油罐数量和容积。②可提高一次调合合格率。③减少中间取样分析、取消多次油泵转送相混合搅拌，从而节省了能耗。④全部过程密闭操作，减少油品蒸发、氧化，减少损耗。⑤可实现自动化操作，既可在计算机控制下进行自动化调合；也可使用常规自控仪表，人工给定调合比例，实行手动调合操作；或用微机监测、监控的半自动调合系统。

图12-3为闭环质量控制，三组分和两种添加剂共五个管道的润滑油调合系统的流程与控制示意图。调合控制系统主要由微处理机、在线黏度和凝点分析仪、混合器及其他常规设备与仪表组成，进行轻、中、重三种基础油、复合添加剂、降凝剂共五种管道来料的自动调

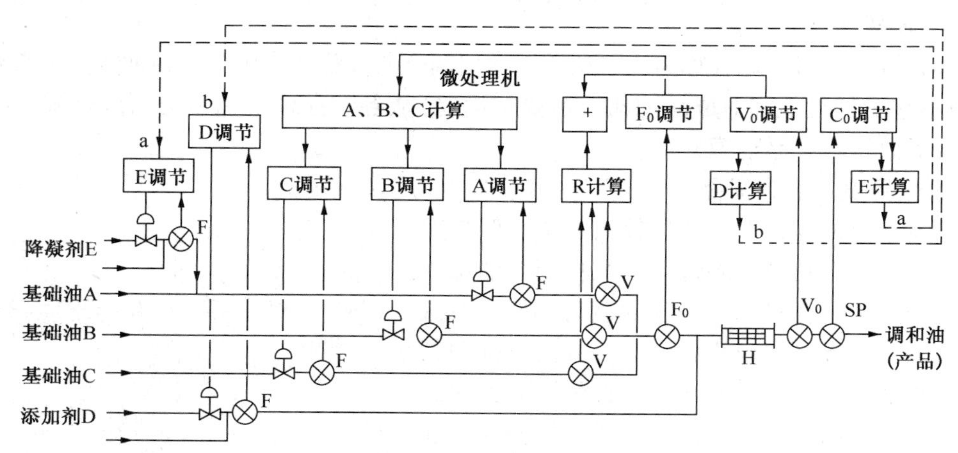

图12-3 管道自动调合流程示意图

F—流量计；V—黏度计；H—混合计；SP—凝点在线分析仪；R—目标调合比

合。微处理机根据输入的程序自动完成调合比例计算、纯滞后补偿、流量调节与凝点数值控制等。添加剂按比例自动跟踪加入闭环质量控制系统中。

三、影响调合质量的因素

调合组分的质量、调合设备等都影响调合后油品的质量。

（1）调合组分的精确计量

无论油罐调合还是管道调合，精确的计量都是十分重要的。精确的计量是各组分投料时正确比例的保证。批量调合虽然不要求投料时流量的精确计量但要保证投料最终的精确数量。组分流量的精确计量对管道调合是至关重要的，流量计量的不准，将导致组分比例的失调，进而影响调合产品的质量。

（2）组分中的水含量

组分中含水会直接影响调合产品的浑浊度和油品的外观，有时还会引起某些添加剂的水解，而降低添加剂的使用效果，因此应该防止组分中混入水分。

（3）组分中的空气

组分中和系统内混有空气是不可避免的，对调合也是非常有害的。空气的存在可促进添加剂的反应和油品的变质，另外，由于计量器一般使用的是容积式的，所以会因气泡的存在导致组分计量的不准确，影响组分的正确配比。

（4）调合组分的温度

调合温度过高会引起油品和添加剂的氧化或热变质，温度偏低使组分的流动性能变差而影响调合效果，因此要选择适宜的调合温度，一般以55~65℃为宜。

（5）添加剂的稀释

有些添加剂非常黏稠，使用前必须熔融、稀释，调制成合适浓度的添加剂母液，否则既可能影响调合的均匀程度，又可能影响计量精确度，但添加剂母液不应加入稀释剂太久，以免影响润滑油产品的质量。

（6）调合系统的洁净度

调合系统内存在的固体杂质和非调合组分及添加剂等，都是对系统的污染，都可能造成调合产品质量的不合格，因此调合系统要保持清洁。

第四节　油品理化性质的调合特性

油品为复杂混合物，其大部分物性不具加和性。如果调合油品的性质等于各组分的性质按比例的加和值，则称为这种调合为线性调合，亦即有加和性；不相等者则称非线性调合，即没有加和性。非线性调合存在调合效应，调合后的数值高于线性估算值的为正调合效应（正偏差），低于线性估算值的为负调合效应（负偏差）。具有质量加和性的油品性质有硫含量、酸值、残炭、灰分等；具有体积加和性的油品性质有馏程（初馏点和干点无加和性）、密度、酸度、实际胶质等。无加和性的质量指标包括辛烷值、黏度、闪点、蒸气压、倾点、凝点和十六烷值等。

文献介绍的计算调合性质的线性的或非线性的关联式，有的十分复杂，公式中包含了大量的系数，而确定这些系数还要进行大量的研究工作；有的则条件很强，缺乏通用性。有些性质的调合效应还存在相互矛盾的情况。实际应用中，油品调合仍采用经验的和半经验的方法。一般的做法是：①根据调合产品的质量要求及各调合组分的性质，采用经验或半经验计算式或经验图表，计算各组分的调合比例；②在实验室进行小样调合试验，得到调合油完全符合质量标准要求的最佳调合比例；③生产调合。

有关调合比和调合油性质计算方法和图表较多。为了取得最好的经济效益，可用线性规划法确定混合时的最优配方。近年来，我国已开发出多种油品调合的优化软件并应用于生产。下面对燃料及润滑油的调合油品主要性质的估算方法作一简介，详细内容请参考有关文献。

一、汽油辛烷值

几个汽油组分调合时，可根据各组分的调合辛烷值按线性加和关系计算所得调合汽油的辛烷值。组分的调合辛烷值 A_{ON} 可用下式表示：

$$A_{ON}=B_{ON}+100(C_{ON}-B_{ON})/V_A \tag{12-1}$$

式中 B_{ON}——基础组分的辛烷值；

C_{ON}——调合汽油的辛烷值；

V_A——调合组分含量(体积分数),%。

同一组分与不同的基础组分调合时，可表现出不同的调合效应。组分调合辛烷值大于其单独存在时的实测辛烷值(即净辛烷值)时为正调合效应，反之则为负调合效应。有资料介绍，某催化裂化汽油调入直馏汽油中，其马达法调合辛烷值大于净辛烷值，而研究法则相反；调入重整全馏分汽油或重整重馏分汽油中，两者均低于净辛烷值，调入重整轻馏分中则高于净辛烷值；调入烷基化汽油中，马达法调合辛烷值小于净辛烷值，而研究法的辛烷值则基本相同。

二、汽油蒸气压

目前广为采用的是 Chevron Research 公司提出的一个简便的经验方法。该法把雷特蒸气压(RVP)换算为蒸气压调合指数($VPBI$)，然后按加和规律进行计算。

$$(VPBI)_t=\sum_{i=1}^{n}V_i(VPBI)_i \tag{12-2}$$

$$(VPBI)_t=(RVP)_t^{1.25} \tag{12-3}$$

$$(VPBI)_i=(RVP)_i^{1.25} \tag{12-4}$$

式中 $(RVP)_t$——混合产品要求的蒸气压，kPa；

$(RVP)_i$——i 组分的蒸气压，kPa；

V_i——i 组分的体积分率。

也可按摩尔分率进行加和计算：

$$M_t(RVP)_t=\sum_{i=1}^{n}M_i(RVP)_i \tag{12-5}$$

式中 M_t——混合产品的总摩尔数，mol；

M_i——i 组分的摩尔数，mol。

三、柴油十六烷值

由于柴油的十六烷值可用由其烷烃、环烷烃、芳香烃的百分含量 P、N、A 按下式计算：

$$十六烷值=0.85P+0.1N-0.2A \tag{12-6}$$

因此调合柴油的十六烷值可用线性加和关系估算。

四、柴油凝点

调合柴油的凝点估算可采用引入凝点换算因子的方法。

当凝点 $SP \leq 11℃$ 时，

$$SP=9.4656T^{3}-57.0821T^{2}+129.075T-99.2741 \tag{12-7}$$

当凝点 $SP>11℃$ 时，

$$SP=-0.0105T^{3}-0.864T^{2}+13.811T-16.2033 \tag{12-8}$$

式中 T 为凝点换算因子，由有关资料查得。此法先用加和性关系（质量的）算出调合油的凝点，查出与之对应的换算因子，再代入上式计算。实际应用中发现，此法尚有一定的误差。使用时应根据原油性质、加工方法、调合比例等实际情况对换算因子作适当的修正。

五、油品黏度

黏度是柴油、润滑油、燃料油等石油产品的最主要性能之一。目前通用的油品调合黏度计算式为：

$$\lg \mu_{t} = \sum_{i=1}^{n} V_{i} \lg \mu_{i} \tag{12-9}$$

式中 μ_t——混合油在与组分油相同温度下的黏度；

μ_i——i 组分油黏度；

V_i——i 组分的体积分率。

若以质量分率代替上式的体积分率，也能得到满意的结果，据称调合油黏度计算值与实测误差仅在 $\pm0.1mm^2/s$ 范围之内。

六、闪点

油品的闪点主要由油品中所含轻组分决定，闪点较高的重组分调入很少量的低沸点组分时，调合油的闪点就会大大下降到接近纯低沸点组分的闪点，而远远偏离线性调合。调合闪点的计算较繁琐，柴油与润滑油方法还有各自的调合闪点计算方法。

针对调合某一油品，根据各种主要油品物性计算出的调合比例不尽相同，所以，还需综合考虑，最后得出最佳调合比例。需考虑的因素主要有：①使调合油品全面达到产品质量标准的要求，并保持产品质量的稳定性；②提高油品一次调成率；③充分合理利用各组分资源，控制“质量过剩”，提高产品收率和产量，以获得最佳经济效益。

习题与思考题

1. 试述石油油品调合的目的意义。
2. 简述油品调合的特性。
3. 何谓油品添加剂？
4. 试例举十种润滑油添加剂和十种燃料添加剂。

参 考 文 献

[1] 林世雄．石油炼制工程[M]．3 版．北京：石油工业出版社，2000.
[2] 王丙申，钟昌龄，孙淑华，等．石油产品应用指南[M]．北京：石油工业出版社，2002.
[3] 寿德清，山红红．石油加工概论[M]．北京：石油大学出版社，1996.
[4] 殷长龙，夏道宏．汽油辛烷值改进剂研究进展[J]．石油大学学报：自然科学版，1998，22(6)：129-133.
[5] 陈绍洲，常可怡．石油加工工艺学[M]．上海：华东理工大学出版社，1997.
[6] 水天德．现代润滑油生产工艺[M]．北京：中国石化出版社，1997.